U0667695

Intelligent Construction Technology Innovation and Practice of Super-High Arch
Dam—Intelligent Construction of Xiluodu Arch Dam（300m-Grade）

特高拱坝智能化建设技术创新和实践
——300m级溪洛渡拱坝智能化建设

樊启祥　张超然　等　著

Fan Qixiang　Zhang Chaoran

清华大学出版社
北京

内容简介

　　高拱坝质量与安全事关国计民生。我国拱坝建设已进入 300m 级时代,施工期温控防裂、运行期整体安全和抗震安全是其建设面临的三大挑战。温控防裂是世界性难题,采用现有技术仍然难以解决。本书旨在为特高拱坝建设提供科技支撑和系统解决方案:针对"特高拱坝温控防裂、工作性态分析、工程数据共享"等难题,基于"感知、分析、控制"的特高拱坝智能化建设理论,在"实时监测、全坝分析、智能控制、协同工作"等多学科技术上进行系统研究,介绍了以"大坝全景信息模型与智能拱坝建设信息化平台"为核心软件环境,及"大坝施工全过程综合信息感知与实时监控技术、基于海量感知数据的大坝仿真分析关键技术、大坝-基础质量智能控制技术"等智能控制装置和系统。

　　图书内容新颖翔实,涉及多学科交叉,涵盖移动通信技术、数据筛选分析技术、三维仿真技术、预警预判和决策支持技术、高精度定位技术等多种技术,为特高拱坝施工期质量控制、温控防裂等提供了科技支撑和系统解决方案,可供相关领域人员参考和学习。

版权所有,侵权必究。侵权举报电话:010-62782989　13701121933

图书在版编目(CIP)数据

　　特高拱坝智能化建设技术创新和实践:300m级溪洛渡拱坝智能化建设/樊启祥等著. —北京:清华大学出版社,2018

　　ISBN 978-7-302-46628-4

　　Ⅰ. ①特…　Ⅱ. ①樊…　Ⅲ. ①高坝－拱坝－混凝土坝－水利建设　Ⅳ. ①TV642

　　中国版本图书馆 CIP 数据核字(2017)第 067705 号

责任编辑:张占奎
封面设计:傅瑞学
责任校对:刘玉霞
责任印制:李红英

出版发行:清华大学出版社
　　　　网　　址:http://www.tup.com.cn, http://www.wqbook.com
　　　　地　　址:北京清华大学学研大厦 A 座　　　　　邮　　编:100084
　　　　社 总 机:010-62770175　　　　　　　　　　　邮　　购:010-62786544
　　　　投稿与读者服务:010-62776969, c-service@tup.tsinghua.edu.cn
　　　　质量反馈:010-62772015, zhiliang@tup.tsinghua.edu.cn
印 装 者:三河市铭诚印务有限公司
经　　销:全国新华书店
开　　本:185mm×260mm　　　　印　　张:30.25　　　　字　　数:733 千字
版　　次:2018 年 8 月第 1 版　　　　　　　　　　　印　　次:2018 年 8 月第 1 次印刷
定　　价:268.00 元

产品编号:068973-01

著　　者

樊启祥　张超然　洪文浩　周绍武

廖建新　杨　宁　邬　昆　李庆斌

张国新　王仁坤　戴科夫　彭　华

周宜红　林　鹏　刘有志　胡　昱

杨　萍　杨秀国　林恩德

作者简介

　　樊启祥　男,1963 年 12 月生,中共党员,工学博士,教授级高工,现任中国华能集团副总经理。历任中国三峡总公司筹建处工程技术部技术处助理工程师,中国三峡总公司筹建处利源公司工程项目处副处长、监理组长,中国三峡总公司工程建设部左岸工程部临时船闸项目处处长、临时船闸与升船机项目部主任、航建项目部副主任及主任,中国三峡总公司工程建设部副主任兼航建项目部主任,2004年 2 月至 2018 年 1 月底任中国长江三峡集团公司(原中国三峡总公司)副总经理。长期在大型水电工程建设一线从事技术和管理工作,是我国著名的水利水电工程专家。主持建设了三峡双线五级船闸和金沙江向家坝、溪洛渡、白鹤滩、乌东德等巨型水电工程,致力于水电工程智能化建设、工程项目数字化动态管控、水工大体积与衬砌混凝土材料与温控、水电开发流域与项目环境保护等关键技术,以及大型复杂水电工程建设管理等方面的实践与研究工作,取得多项创新成果。获国家科技进步二等奖 4 项,省部级与行业级科技奖励 32 项;享受国务院政府特殊津贴,入选国家新世纪"百千万人才"工程、"有突出贡献的中青年专家"。

作者简介

张超然　男,1940年8月生,中共党员,中国工程院院士。1966年毕业于清华大学水利系,分配到水利电力部成都勘测设计院,先后担任坝工室主任、设计总工程师、院副总工程师、副院长、院总工程师等职务;1996年8月调中国长江三峡工程开发总公司,任总工程师职务,2003年当选工程院院士。一直从事水利水电工程勘测设计和科研试验工作,负责我国20世纪已建成的最大水电站——二滩水电站的设计,主持高混凝土坝设计方法和准则、高坝泄洪消能、高强度大体积混凝土特性等关键技术研究和成果应用上取得重大成果;主持锦屏一级、官地、沙牌、福堂、东西关、小关子等条件复杂的大中型水电站的勘测设计工作;参与主持三峡工程建设中的重大技术问题的研究和决策,在混凝土坝快速施工、高边坡开挖与支护、大流量和高落差截流等技术研究工作中取得重大成果;参与主持金沙江溪洛渡、向家坝特大型水电站工程建设中重大技术问题的研究和决策,在特高拱坝施工和温控防裂、高拱坝智能化建设等技术研究工作中取得重大成果。

　　远眺溪洛渡,巍巍拱坝横矗金沙,"坝"气十足,但鲜为人知的是,开工之初,对于如何保证溪洛渡特高拱坝的建设质量,不少人存有疑虑。正是在这样的环境和背景下,中国三峡集团依托现代化的信息和管理手段,通过打造"数字溪洛渡"工程和特高拱坝智能化建设,实现实体大坝、仿真大坝、数字大坝三坝同筑,不仅有效解决了高拱坝施工建设的诸多难题,保证了蓄水、发电目标的顺利完成,更促进了工程施工效率和管理水平的极大提升,开启了高拱坝建设管理的新时代。

　　溪洛渡大坝为混凝土双曲坝,坝顶高程610m,最大坝高285.5m,为超高薄壁拱坝,工程地质条件复杂,施工与质量控制难度大。这是中国三峡集团开发建设的首座300m级拱坝,在此之前,集团公司并没有同类工程的建设经验。尽管集团公司开发建设的世界水电"翘楚"——三峡工程已经高质量完成主体建设任务,并安全高效投入运行,但在复杂的高拱坝施工领域,集团公司技术、管理和经验的储备仍是"白纸一张"。溪洛渡工程规模巨大,举国关注,如何保证工程的建设质量,不仅业界普遍关心,更是集团公司必须回答的问题。

　　与重力坝相比,拱坝,特别是高拱坝的结构、受力情况极为复杂,整个施工过程中,坝体的受力状况都在不断调整。这些特点给拱坝的施工质量控制带来很大挑战,因此,拱坝也被认为是水工界最复杂的建筑物。我曾经表示:"拱坝是真正培养工程师的地方"。拱坝自身的特点决定了溪洛渡工程的建设难度之大,而工程自身的实际情况,让建设者身上本就不轻的担子又重了几分。溪洛渡大坝的自身体积收缩变形、混凝土刚性、徐变等力学指标都不理想,对大坝抗裂不利。因此,曾有专家断言:"溪洛渡大坝浇筑之日,就是混凝土裂缝出现之时"。

　　如何从特高拱坝永久安全运行出发,进行有效的设计和施工质量管理、进度计划管理,实现科学的施工组织、合理的资源配置和进度安排,对拱坝施工期工作性态及混凝土施工质量与进度进行实时动态仿真监测控制是建设过程中必须关心的主要问题。在实际施工中出现不确定状况时,如何快速反应,对技术要求、施工方案进行实时动态的调整和优化,对保证拱坝建设的均质性、均衡性、连续性与整体性,对高拱坝施工质量与进度具有重要意义。

　　溪洛渡大坝工程应用计算机技术、仿真技术、精确温控技术、信息传输技术,从实体大坝到数字大坝,再到智能大坝,借助现代化信息和管理手段,实现了大坝建设的全方位控制与管理,在世界高拱坝建设领域居领先地位。300m级溪洛渡拱坝智能化建设,充分利用科技发展成果,采用新型测量仪器和设备,进行规范化、系统化、信息化的数据采集和处理,建立统一的综合业务协同工作平台,实现工程数据的有效流转;基于海量数据、质量安全判断规则与标准,利用实时数据全过程开展整坝真实工作性态分析,通过专家咨询体系,对拱坝建设质量、安全和进度进行预判与决策;运用智能设备及系统,通过预定的时程曲线和控制标准进行动态优化和调控,实现目标和过程的有效控制,并结合阈值达到预测、预警报警和动态调整的目的。

溪洛渡特高拱坝智能化建设,体现了集成化、全生命期和科学、现代化的管理体系创新,其核心理念是:"集成化"——强调基于管理活动的项目参与各方(业主牵头下的设计、监理、施工、科研、技术咨询)资源的最优整合,特别是面向建设管理过程、全员的协同工作极大提高了项目管理效率,实现了科研成果紧密结合生产实践,真正做到产学研用的良性循环,实现了各方的互利与共赢;"全生命期"——强调从设计、施工到运行全过程的方案和措施设计、工程数据采集,保证信息的"六性"(及时性、真实性、准确性、全面性、有效性和预见性);"质量保障"——强调质量管理的动态性,关键是预警、预报,主要在预防。

高拱坝智能化建设,体现了施工全过程的全面精细化控制技术创新,其核心理念是:"精细控制"——采取一系列的智能控制技术,如通水冷却智能控制系统、混凝土智能振捣系统和灌浆记录仪数据在线监控系统,保障了施工数据的及时性和真实性,确保设计技术要求的落实;"精细化管理、精细化施工"——研发了一套行业软件,对混凝土基础处理、混凝土施工、温度控制的数据进行全面的搜集、整理、分析、展示、共享,促进了精细化施工和管理,保证了数据的准确性和全面性;"预防为主"——保证工程的质量和安全需要参建各方的协调配合,需要做到精心管理、精心设计、精心科研、精心施工;谨慎、客观、前瞻性的科研成果为上述要求的落实提供支持,保证了数据的有效性和预见性,为工程质量和安全的预控提供保障。

高拱坝智能化建设,体现了建设过程遵循实时、在线、个性化的行动原则,其核心理念是:"实时、在线"——通过集成一体化协同工作平台内智能化监测系统,实现了施工数据的实时、在线采集;"仿真反馈"——在施工数据实时、在线采集的基础上,实现全过程、全方位的仿真反演,做到及时预警预报、可知可控;"个性化控制"——特高拱坝结构复杂,温度、应力应变分布不均,施工进度控制困难,为全面实现工程质量、进度、安全等目标,须对悬臂高度、通水冷却方案、灌浆时机等采取个性化控制。

强大的数据采集、分析能力,预警预报,辅助施工决策,是 300m 级溪洛渡拱坝智能化建设的特点之一。特高拱坝规模大,各类生产数据内容庞大,采用传统的桌面数据录入模式,不仅费时费力,还存在数据准确性低、及时性差等问题。为尽可能有效地采集数据,项目大规模应用了信息采集与感知技术,实现了拱坝多专业建设全过程监测,有效解决了各专业施工过程记录、追溯以及信息实时共享等难题,实现了多模式的数据采集手段。通过自动采集和导入拌合楼的生产数据、缆机运输数据,避免了人工干预与额外操作,保证了数据采集的准确性与及时性;在大坝浇筑及温控管理过程中,借助在线式手持数据采集系统,技术人员能够对采集的目标进行统一的条码编码,实现快速扫描定位和数据的快速录入,并通过规范约束,尽可能减少出错的可能性。大幅提高人工测量的工作效率;数字测温与光纤测温相结合的逐仓混凝土温度实时监测传输系统,实现了混凝土温度自动、实时观测;智能仓面管理系统首次解决了施工过程中质量数据采集面多、变动性大、数据量大、及时性高等难题,实现了盯仓数据等质量信息实时采集与传输。同时,借助二维图表与三维可视化相结合的数据查询与分析模式,系统解决了繁杂的数据采集、统计和分析工作,使得现场生产数据及时准确、完整真实地反馈到管理层,使各级管理人员能迅速、准确地掌握到第一手数据资料,及时了解现场生产情况,并为决策层提供准确、及时的数据和辅助分析,为有效指导管理施工奠定基础。此外,为了实现有效的现场施工过程、施工质量管理,在对现场数据的有效、及时采集的基础上,通过制定各类标准与阈值,以及根据拟合参数预测变化趋势,来实现分析预警、报警。

对拱坝真实性态的科学感知、仿真分析与动态控制,是 300m 级溪洛渡拱坝智能化建设的另一个特点,可实现高拱坝有序、安全、按期建设的本质要求。面对超出规范、前无经验的特高拱坝建设,为确保其全生命期安全,在系统、全面、科学的论证分析基础上,从理论和实践的结合与提升来看,溪洛渡拱坝建设至少需要对每一个浇筑块、每一层接缝、每一个施工过程和每一次结构体系的变化,都要做好两件事:一是已完成的施工,要与设计、科研的预计成果吻合,符合规律;二是对即将施工的部分进行预测分析、合理调整,使其安全可控。基于数据挖掘技术和 DIM 中的海量数据,针对溪洛渡特高拱坝温度应力、工作性态和进度控制,通过全坝全过程真实工作性态仿真分析,实现了高可靠度施工分析优化,实现了仿真分析向事前预测、事中控制、事后反馈的转变。在施工现场开展了全级配混凝土起裂断裂韧度、扩展以及失稳断裂韧度的研究,为正确评价大坝开裂风险、大坝已有裂缝的扩展风险提供定量科学依据;开展了横缝在不同施工期相应的张开机制的理论分析,改进了工艺措施,实现了横缝张开与接缝灌浆的全过程、全状态动态控制;提出了悬臂高度个性化控制分析概念,给出了特高拱坝全坝段个性化悬臂高度控制值的应力判断标准以及相应数值分析方法;现场监测分析坝趾灌浆作用机理,提出了等效灌浆压力求解模型,确定了溪洛渡贴角灌浆时机和灌浆压力的安全取值,并在实际中得到了检验;解决了干热河谷高拱坝高温季节浇筑温控防裂的关键技术;提出了特高拱坝施工期全过程跟踪反馈仿真与精细化仿真相结合的动态、个性化工程设计与控制理论,对运行期大坝真实应力状态进行了非线性精细仿真分析,预测了溪洛渡拱坝长期运行的安全性;进行了基于分布式光纤的大尺度和小尺度的温度状态实时、在线监测与反馈,为现场温控施工提供了指导。

举例来说,溪洛渡拱坝最高温度控制相对较低,中冷和二冷温降幅度有限,再加上实际最高温度控制一般要低于设计允许最大值,故横缝的开度及张开的时机都会受到一定的影响。溪洛渡拱坝第一批次冷却横缝开度偏小,为确保后期冷却时大坝横缝张开并具备较好的可灌性,经仿真分析提出提高一期冷却目标温度,提高非约束区最高温度,改进冲毛工艺,减小横缝粘结强度,超冷 1～3℃,加强上、下游表面保温等综合措施;另外,在对横缝张开数据统计分析的基础上进行了反演分析,为避免横缝突然张开对已灌区产生不利影响,建议接缝灌浆拟灌区上部至少确保 3 个灌区横缝处于张开状态。对横缝开度与缝面处理的研究,明确了横缝面"净除乳皮"的质量标准。

通过预定的时程曲线和控制标准进行动态优化和调控,并结合阈值进行预测、预警和报警,是 300m 级溪洛渡拱坝智能化建设最终达到的目标。溪洛渡拱坝,建立了大体积混凝土振捣智能监控系统,实现了特高拱坝混凝土振捣施工过程实时在线监控与分析预警,形成了大坝混凝土振捣施工质量智能监控评价方法及预报警流程;研制了通水冷却智能控制系统,结合逐仓全过程全坝测温技术,实现了逐仓智能通水精准控制;将网络化管理技术引入灌浆记录仪领域,研制了灌浆记录仪实时在线智能监测系统,改变机组旁站的单机、单线监测方式,实现了多机、集中监测和灌浆过程控制全面自动化、数字化。

施工期温度应力控制和裂缝预防一直是高拱坝建设最为重要的问题之一。作为大坝混凝土最重要的一项温控防裂措施水管冷却,在控制大坝最高温度、冷却速率、温度梯度和接缝灌浆进度等方面发挥了极其重要的作用。在以往的工程实践中,混凝土内部温降速率受到水管布置型式、冷却水温、通水流量、天气等多方面因素的影响,当出现温降速率超标时,往往只能凭人工经验对水管通水流量或者冷却水温进行调整,由于水管冷却的过程是一个由近及远逐渐变化的过程,施工期大坝内部埋设的水管往往多达上百、千条,仅仅依靠人工的方式进行调整往往很难避免降温过程偏离设计指导曲线的情况,这种传统的工作模式往往导致人为失误多、开裂风险大的问题。溪洛渡,通过收集、整理混凝土通水冷却方面相关科研成果,并对溪洛渡拱坝混凝土的历史通水数据进行了详细、系统、深入的研究,提出了一套有效的计算理论和控制模型,研制了与之匹配的一体化流量和温度控制装置;基于温度-时间过程线,进行实时反馈分析,动态调整通水流量,保证混凝土温控过程满足设计要求。智能通水控制系统,可实时、自动地检测混凝土大坝的温度,进而实现通水量的自精确控制,实现了"小温差、早冷却、慢冷却"精确、个性化智能控温,有效降低建设大坝的用水成本,降低通水冷却工作强度。

在混凝土浇筑方面,通过卫星定位技术(RTK 动态差分)实现对振捣台车振捣头的精确定位,获取仓面混凝土实时振捣覆盖情况,并再通过对振捣头的全程动态监控,综合分析各振捣点的振捣质量关键控制指标,结合质量控制专家知识库、相关技术规范要求及现场试验结果确定质量控制标准,实现对混凝土振捣过程质量监控与在线评估分析,有效避免漏振、过振及欠振等不规范施工行为的发生,保证混凝土施工质量及时受控。以此技术为基础,进一步研究混凝土施工"一条龙"数字监控,包括混凝土水平运输、缆机运行、平仓机、振捣(振捣车与人工振捣)监控、数据挖掘分析等,以提升混凝土施工质量控制水平。

随着科学技术的发展,大型设备和自动化控制手段应用于大坝施工,筑坝技术得到了不断进步。进入 21 世纪,特高拱坝建设和运行面临更加复杂的自然环境和社会环境,单纯依靠物质手段的进步已经难以保证大坝全寿命周期的安全可靠运行,需要运用数字化、信息化技术,提高拱坝建设管理水平,落实精细化管理措施,从而保证施工质量和大坝全寿命周期的安全可靠运行。基于全寿命周期管理理论构建的 300m 级溪洛渡拱坝智能化建设关键技术,是一个集网络、硬件、软件、项目合同各方和专家团队为一体的综合性人机交互系统,为保障工程质量、进度、安全提供了先进的系统解决方案。正如我在 2010 年和 2011 年度金沙江水电开发质量专家组第六次和第七次质量检查中所说,"特高拱坝智能化建设能够做到数字化监控,能够时时刻刻知道大坝的性态,非常了不起,世界上大坝施工还没有能够做到这个程度的。温度控制智能化,这也是很了不起的事情。到目前为止,世界上没有一个大坝能建立这样这一个在线监测系统,这对指导施工是非常有效的。"

展望 21 世纪的未来发展,我国特高拱坝的建设还面临着极为艰巨的建设任务和管理任务,积极探讨新的技术、新的结构、新的材料、新的工艺,尤其是要吸取数字化、智能化的发展成果,全面提升高坝大库的建设和管理水平。本书针对特高拱坝建设过程中温控防裂、工作性态分析以及数据采集和共享等难题,结合溪洛渡特高拱坝建设,系统总结并介绍了特高拱坝智能化建设创新和实践成果,本人衷心希望本书的出版能为高拱坝的设计人员、施工人员、监理人员和建设单位提供有价值的参考。

陆佑楣

2018 年 4 月

当今世界,数字化、信息化水平已成为衡量一个国家综合实力、国际竞争力和现代化程度的重要标志,信息技术是推动社会生产力发展和人类文明进步的新的强大动力。党中央、国务院高度重视我国信息化工作。党的十六大就把大力推进信息化作为我国在新世纪头二十年经济建设和改革开放的一项主要任务,向全党提出了"以信息化带动工业化,以工业化促进信息化"的要求;党的十八大要求"推动信息化和工业化深度融合""促进工业化、信息化、城镇化、农业现代化同步发展";党的十九大则提出,要突出关键共性技术、现代工程技术创新,建设网络强国、数字中国、智慧社会。

经济社会的健康快速发展,离不开水与能源的支撑,而水资源的开发利用离不开修建大型工程。我国现已建成各类水库大坝 9.8 万座,总库容超过 9300 亿 m³,其中坝高 15m 以上的大坝就有 3.8 万座,已建成世界最高拱坝锦屏一级,最高碾压混凝土坝光照,最高面板堆石坝水布垭,还有三峡、二滩、小浪底、小湾、龙滩、溪洛渡等一批世界级的水库大坝先后建成。高坝枢纽库容大、装机容量大、水推力巨大,一旦发生严重破坏,会造成难以估计的人民生命和财产损失,所以保证高坝枢纽的施工质量和运行安全,是保障国家经济和公共安全的重大需求。

数字化、信息化是新时期进一步提高我国水利水电建设事业管理水平和技术水平的核心问题之一。现代信息技术的飞速发展,使我国水资源管理更加精细化。同时,数字化、智能化也大大提升了水电建设管理的水平和层次,在保障水库大坝安全、高质量建设,合理调配流域水资源、实现水电站安全经济运行方面发挥出重要作用。

作为我国第二大水电站的溪洛渡电站工程,是我国"西电东送"战略的骨干工程项目。中国三峡集团以溪洛渡大坝建设为核心打造"数字大坝",开创了国内特高拱坝智能化建设的先河。"数字大坝"建设了一个集网络、硬件、软件、项目参建各方和专家团队为一体的综合性人机交互系统,其功能涵盖了混凝土施工、温控、灌浆、金结、监测、仿真分析、预警预控等大坝工程建设管理的全过程。有关成果在溪洛渡高拱坝建设中得到了成功应用,在很大程度上解决了特高拱坝建设管理面临的挑战,使工程建设得以顺利进行,为工程全生命周期的安全可靠运行提供了重要保障。

溪洛渡"数字大坝"和智能化建设关键技术的应用是技术与管理的创新。这一探索开创的高拱坝建设管理模式,不仅铸造了溪洛渡工程这一西部精品,也为我国水电开发积累了宝贵经验,促进了传统基建行业向信息化、自动化、网络化、智能化方向发展;也为规范施工过程、提高生产效率、提高竞争能力,提供确实有效的管理工具。它将为我国水电开发和能源建设提供强大动力,也可为国内外同类高坝建设管理提供借鉴。希望本书的出版能够全面提升特高拱坝的建设水平和管理水平。

汪恕诚

2018 年 6 月

　　这些年我多次到过溪洛渡拱坝建设现场,也参与过相关研究、咨询工作。尽管在可研阶段认为建特高拱坝条件相对优越,地质条件较好,拱高比合适,但溪洛渡大坝位于长江干流,安全要求特别高,不利因素和建设难度也非常突出,如地震设防标准、坝身泄洪流量及泄洪功率位居世界特高拱坝之首,大坝结构复杂程度为世界拱坝之最,综合技术难度极大。溪洛渡是世界上首例全坝粗骨料利用了地下洞室玄武岩开挖料的特高拱坝。混凝土本体材料抗裂特性导致坝体温控防裂面临技术难题。

　　自20世纪中叶以来,中国的大坝建设发展迅速。特别是近20年来世界级的特高拱坝设计和建设集中在我国,特高拱坝研究最具挑战性的三大问题为施工阶段的温控防裂、运行阶段的坝肩稳定和特殊工况的抗震安全研究。假如这三个问题都解决好了,大坝的安全就有了保障。那么,运行以后的坝肩稳定问题,根据现代筑坝技术、现代地质勘测、试验分析和地基加固措施来看,也取得较成熟经验;对特殊条件下的抗震安全问题,在汶川地震中给出了一个初步的答案,对于拱坝来说,抗震能力较强。其余,一个保证大坝安全的核心问题是施工期的抗裂问题,这是重点关键之一,要保证拱坝能够安全、优质、高效建成,首先要保证施工过程中避免结构性的温度裂缝出现。全世界一两百年的建坝历史,高坝历史也有半个多世纪,还没有一个工程能够从施工过程的最初阶段,一直到长期运行阶段,拿出大坝性能的动态观测和数模实时反馈全过程对比结果,主要难点在于复杂因素众多,如温度应力、自身体积变形、徐变、浇筑块关系、地基约束、地基变形等。

　　溪洛渡的智能化建设,通过在施工浇筑、分缝、温度控制、材料各个层面上采取了措施,总结和吸取了我国拱坝施工的经验和教训,浇筑的混凝土没有发现裂缝。从溪洛渡智能大坝建设施工的第一仓混凝土开始,一直到目前的长期运行,将原型观测、数模预报结合得很好,通过设计、施工、监理和科研等单位动态协同创新,把质量安全的潜在危险解决在萌芽状态,真正做到了事前预测、事中控制、事后反馈,确保大坝施工、运行全生命期的安全。溪洛渡的智能化建设在国际坝工建设史上具有创新。"300m级溪洛渡拱坝智能化建设关键技术"也获得了2015年度国家科技进步二等奖。

　　我很高兴看到本书即将交付印刷,该书对特高拱坝智能化建设和管理中的原创成果:智能通水温控,DIM大坝全景信息模型,智能灌浆、智能振捣、混凝土施工"一条龙"智能控制、人员智能安全保障等做了系统总结。在溪洛渡特高拱坝建设过程中也开创了"一个中心、两个支撑、三个支柱"的产学研用项目管理新模式。我也高兴看到这些智能建设技术已在白鹤滩、乌东德等大型水电站中推广使用,这必将促进水工建筑学科的发展,引领世界高坝智能建设的方向。

张楚汉

2018 年 3 月于清华园

溪洛渡水电站是中国第二大、世界第三大水电站。其枢纽主要建筑物由混凝土双曲拱坝、地下引水发电系统和泄洪建筑物组成。混凝土双曲拱坝最大坝高 285.50m，是世界上已建的三座 300m 级特高双曲拱坝之一。大坝位于长江干流，是控制性水利水电枢纽，安全要求特别高。电站周边及水库区处在我国西南地震高发区，地震设防标准 0.355g，坝身泄洪流量 32255m³/s 及泄洪功率位居世界特高拱坝之首，大坝结构复杂程度（4 层 25 孔口）为世界拱坝之最，综合技术难度极大。考虑工程安全直接关系到国家经济命脉和长江流域的安危，必须不折不扣把溪洛渡水电站建成西部典范工程和国际一流水电站。

溪洛渡拱坝的挑战前所未有，它是我国首批挑战 300m 级拱坝建设的依托工程，也是世界上孔洞最多、泄流最大的拱坝。"世界的水电在中国，中国的水电在西部，西部的水电看溪洛渡。"溪洛渡是唯一一个坝体混凝土粗骨料采用地下洞室玄武岩开挖料的特高拱坝，与国内同类工程相比，弹模高、极限拉伸值小、徐变小、自身体积收缩变形大，混凝土自身综合抗裂能力较弱。尽管有针对性地开展了原材料选择与配合比优化设计，选用国内外类似工程已成功应用的材料，并重视吸取采用新技术、新材料，重点选择极限拉伸值大、线胀系数小、发热量低的混凝土配合比，尽可能减小坍落度和用水量，以改善混凝土抗裂性能，采用高内含氧化镁改善混凝土自身体积变形但改善效果有限，但大部分混凝土自身体积变形试验结果仍难以全部满足 $-20 \times 10^{-6} \mu\varepsilon$ 的设计要求。有专家甚至说，溪洛渡大坝混凝土一浇筑就要开裂。在这种背景下，业界主要负责同志们在一起交流，共识就是溪洛渡拱坝混凝土建设的目标就是不出现温度裂缝，至少不能出现危害性裂缝，绝对不能出现意想不到的情况。

为此，围绕混凝土变形性能以及混凝土防裂安全，按照"全坝全约束、全年生产冷混凝土、高内含氧化镁水泥、严格最高温度、严控温度变幅、严格表面保温养护、严格预报预警"等来实现最严格的温控措施，确保混凝土防裂安全。其中，个性化、精细化的分段缓慢通水冷却的严格控制是重点，决定着混凝土温度过程以及拱坝接缝灌浆的质量与进度，也是预报预警以及调控的主要环节。为此，从混凝土内部温度感知、通水过程的通水流量、通水水温、混凝土温度的实时自动计算、分析和比较，也就是一体流温控制装置（阀组件），对通水流量进行自动调整，实现了全部的自动化，达到了智能控制。通过这套系统，有效控制了全坝、全过程、孔口及季节气温变化下的温度目标值和温度梯度，大坝建设过程中没有出现温度裂缝。

在这个过程中，也进行了爆破开挖精细化质量控制、混凝土施工全过程的质量监测、基础处理灌浆质量的研究。在混凝土浇筑方面，运用物联网等技术，首次实现了混凝土拌合、运输、平仓、振捣的全程实时监控。对混凝土振捣过程的智能控制、反馈与预警，有效避免了漏振、过振、欠振等问题,是大坝混凝土施工质量控制的重大创新;在灌浆方面,通过数字抬动仪与四参数灌浆自动记录仪的协同,实现了抬动、压力、流量、密度的现地和远程实时监测及控制,确保了灌浆质量;在爆破开挖方面,通过定量、个性、动态的钻爆设计,以及"三定""三证""三校"的管理与定量评价体系,达到"爆破就是雕刻"。

溪洛渡工程自 2007 年顺利截流后,进入河床坝基开挖,揭示了河床水文地质条件的新情况,进行了下部扩大开挖,也对双曲拱坝下部基础部位的结构体型进行了加厚。对这种处理方式,国内专家们有不同的认识,但通过多家对比计算分析和慎重的多次技术咨询与决策,形成了扩大基础、整体结构、连续浇筑、加强固灌的共识。这种地质变化带来的设计调整,带来的影响至少是三个方面:一是地基与坝体的整体安全;二是扩大基础后下部 20m 深岩体范围内包含 14% 需要处理的弱卸荷下限岩体的基础处理;三是保证安全和质量目标下,大坝按期蓄水发电的大坝分年建设进度与度汛安全。

这些问题,时刻困扰着溪洛渡的参建各方。国内有二滩建设成果,同期也有同类工程实践,但溪洛渡 300m 级拱坝有自身需要跨越的挑战,超出了国内规范,如何做到稳扎稳打、一步一个脚印,真是如临深渊、如履薄冰。从理论和实践的结合与提升来看,溪洛渡拱坝建设至少需要对每一个浇筑块、每一层并缝、每一个施工过程和每一次结构体系的变化,都要做好两件事:一是已完成的施工,要与设计、科研的预计成果吻合,符合规律;二是对后续施工过程要进行预测分析、合理调整,达到安全可控。

从这些问题出发,从河床坝基第一方混凝土开始浇筑起,就组织科研团队独立开展第三方分析,与设计工作同步,有关成果通过专家系统的技术咨询后,进行决策,并转入实施。为了确保仿真分析的真实准确,开展了有关全级配混凝土断裂性能试验,也依托各类监测和实验数据,开展了全程参数反演;形成了快速建模、高速仿真、结构缝非线性模拟及施工期温度、应力、变形、渗流多场耦合分析等核心技术,实现了拱坝结构体型的有效控制和施工进度的动态优化;实现了混凝土抗裂安全及大坝安全状态的分析与预报,确保了工程度汛安全和均衡高效建设。对大坝基础整体安全,开展了进度、温度、应力的耦合仿真分析与预测的基础上,围绕拱坝建设的整体性、均衡性、均匀性和连续性,开展了孔口部位、拱坝悬臂、横缝开合、陡坡坝段等的专题研究,这些精细研究,揭示了有关规律和机理,从微观上进一步保证了拱坝整体质量和安全。

为了时刻掌握大坝的质量和安全状态,时刻把控大坝建设过程中的主要问题,时刻协调拱坝建设各专业、各阶段的矛盾,必须时刻知晓大坝工作状态,真实把握大坝建设的脉搏,各类、各方的信息要能实时共享,以第一时间为各方判断,采取措施。DIM 是大坝全景信息模型,BIM 主要是面向建筑工程的,DIM 是面向水电工程的。iDam 包含了拱坝建设各专业模块和相关管理模块,包括温控、灌浆和混凝土施工过程等主要业务模块,并在产学研用之间,建立了规范的数据交互利用和成果发布应用的格式文件。

唯一的、统一的工程数据和共享、协同的业务平台十分重要。这两方面的主要作用,是实时获取各类工程数据,并为设计、科研、施工、管理等各方共享,在大坝建设数字化的基础上,首次实现了拱坝建设的智能化。真实、实时、全面的工程数据系统和业务协同平台,尤其是数据在项目各方间的有效交流,实现了特高拱坝真实工作性态的过程仿真和预测,有效指导了设计、施工、监理和运营单位的生产管理,确保了大坝整体安全。

近期,国际水电协会 IHA 北京会议展示了世界水电未来的发展前景,我国水电建设和运行形成的杰出成果必将在世界舞台上发挥更大的作用。信息技术的迅猛发展是各专业必须面对的机遇。水电这个传统行业，承担了新的责任，引来新的机遇。面对超出规范、前无经验的特高拱坝建设，为确保其全生命期安全，在系统、全面、科学的论证分析基础上，建设阶段必须实时、真实地把握拱坝建设过程的安全状态。水电工程建设全面感知、真实分析、实时控制的特高拱坝智能化建设理论，以及在溪洛渡拱坝建设中形成的智能化成果，代表了今后筑坝技术的发展方向，使水电管理从传统粗放管理发展到智能精细管理，中国水电的升级会呈现给世界一个崭新的面貌。300m级溪洛渡拱坝智能化建设关键技术研究与应用，攻克了坝肩槽精细爆破开挖、坝体温控防裂、坝体-基础质量控制与快速施工、水工信息化建设等技术难题，实现了拱坝智能化建设，创造了大坝浇筑680万 m^3 混凝土未发现温度裂缝、常态混凝土取芯20.59m和国内外钢衬混凝土最短间歇期26天均衡施工的世界纪录，提前工期11.5个月确保按期蓄水发电。中国工程院陈厚群、郑守仁等院士专家向国务院提交的调研报告认为：溪洛渡开创了我国智能高拱坝建设的先河；潘家铮、马洪琪、张楚汉等院士专家对本成果予以高度肯定和评价；中国大坝协会汪恕诚理事长评价本成果是技术与管理的重大创新。国际大坝委员会名誉主席 Luis Berga 教授认为溪洛渡拱坝智能化建设已居世界领先地位，成功解决了"无坝不裂"的世界难题。

本书针对特高拱坝建设过程中温控防裂、工作性态分析以及数据采集和共享等难题，结合溪洛渡特高拱坝建设，介绍了特高拱坝智能化建设理论，进行了特高拱坝智能化建设技术创新和实践，研发相应的智能控制装置和系统，达到大坝真实工作性态的可知可控，保证溪洛渡拱坝优质、按期建成。全书内容新颖翔实，涉及多学科交叉，涵盖物联网技术、移动通信技术、数据筛选分析技术、三维仿真技术、预警预判和决策支持技术、高精度定位技术等多种技术，为特高拱坝施工期质量控制、温控防裂等提供了科技支撑和系统解决方案，也可为相关领域人员提供极具参考和学习价值的工具资料。本书具体创新内容有三点：一是针对特高拱坝建设过程中所面临的挑战，考虑传统筑坝模式难以解决温控防裂等世界难题，创建了感知、分析、控制闭环智能控制的大坝智能化建设理论；攻克了智能温控、智能振捣、数字灌浆、精细爆破等关键技术，研发了智能控制成套装置和系统，实现了通水冷却过程的智能控制，混凝土施工全过程在线监控、预警和反馈，灌浆工程现地和远程实时监控。二是针对特高拱坝施工期温度、应力、变形、渗流全过程的多场耦合分析难点，建立了特高拱坝施工进度与真实工作性态的耦合仿真分析方法，实现了全坝、全过程、实时工作性态的动态可控；开展了横缝辨识、悬臂控制、陡坡防裂、贴脚加固等精细仿真，揭示了特高拱坝整体变形协调机理，提出了个性化判别标准与动态控制方法。三是针对复杂环境条件下的数据采集、多方参与条件下的共享、协同、交互的要求，海量数据条件下的数据挖掘和数据应用问题，创建了大坝全景信息模型，研发了拱坝智能化建设与运行信息化平台，确保了全面感知、真实分析与实时控制的有效运转，实现参建各方协同工作、快速反应，高效指导了设计、施工、监理和建设单位的生产管理。

本书较为系统地介绍了特高拱坝智能化建设技术创新理论方法和工程实践应用成果。全书共分9章：第1章简要介绍拱坝的建设与发展，特高拱坝建设特点和面临的挑战，数字化、智能化建坝的发展趋势以及溪洛渡特高拱坝智能化建设，由樊启祥、张超然著；第2章主要对感知、分析、控制的闭环智能控制的特高拱坝智能化建设理论和体系，以及全面感知、真实分析、实时控制的主要技术体系，智能控制系统核心装置和保证感知分析控制有效运行的软件环境(iDam)和管理模式进行总体说明,由樊启祥、周绍武著;第3章总结了高拱坝施工过程监控体系和方法、智能感知技术、复杂环境下数据双向传输系统以及数据集成模型DIM和施工数据挖掘与应用,由廖建新、杨宁、邬昆著;第4章详细说明了全坝全过程真实工作性态仿真理论和方法,以及在溪洛渡施工期和运行期实践成果,由张国新、李庆斌、杨萍著;第5章阐述了高拱坝整体协调变形机理及个性化温控措施,由林鹏、胡昱、周宜红著;第6章介绍了高拱坝施工期施工进度仿真与实时控制技术和管理模式,由王仁坤、杨宁、杨秀国著;第7章详细说明了坝体-基础施工过程智能控制关键技术,包括大体积混凝土通水冷却智能温控技术、大体积混凝土施工"一条龙"智能控制技术、基础处理数字灌浆技术、拱肩槽边坡开挖爆破高精控制技术、基于实时定位系统的智能安全管理,由林鹏、杨宁、戴科夫著;第8章介绍了高拱坝智能化建设协同平台构建和开发,对体系结构设计、功能规划与实现,以及在溪洛渡建设中的应用进行了较为详细的说明,由彭华、林恩德著;第9章对全文进行概括性总结,说明智能化建坝技术在溪洛渡拱坝总体应用成效和推广应用价值,由樊启祥著。

本书主要由中国长江三峡集团樊启祥、张超然、周绍武、洪文浩、廖建新、杨宁、邬昆、王仁坤、张超然、李庆斌、张国新、戴科夫、彭华、周宜红、林鹏、刘有志、胡昱、杨萍、杨秀国、林恩德撰写,涂怀健、邱向东、于永军、黄耀英、陈文夫、尹习双、汪志林、李俊平、李仁江、黄夏秋、钟桂良、刘金飞、张攀峰、陈万涛、黄达海、李金宝、王克祥、黄卫华、周政国、刘晓东、刘刚、汪红宇、席前伟、赵春菊、李金桃、王振红、黄涛、王沁、何林、杨静、柏龙君、李云城、刘迎雨等人也为本书编写付出了辛勤的劳动。本书的撰写和出版得到了陆佑楣院士、张楚汉院士以及中国大坝协会汪恕诚理事长的鼓励和指导,得到了中国长江三峡集团公司、中国水电顾问集团成都勘测设计研究院、清华大学、中国水利水电科学研究院、中国水利水电第八工程局有限公司、武汉英思工程科技有限公司、三峡大学、二滩国际工程咨询有限责任公司等单位的帮助和支持,特此致谢!另外,在本书的编写过程中,引用了部分文献资料,并已经将主要参考文献附在各章后,在此谨向有关作者致谢!

由于理论技术发展的阶段性和局限性,以及作者的学识和水平有限,书中疏忽和不足之处在所难免,恳请读者批评指正。

作 者
2017 年 12 月于北京

目 录

CONTENTS

CONTENTS

第 ① 章

概　述

100多年以来,人们一直在探索建设更好大坝的相关理念和技术,大致可分为人工化阶段、机械化阶段、自动化阶段、数字化阶段、智能化阶段[1-30]。其中,数字化阶段主要通过信息采集技术结合数值仿真模拟技术指导设计,引领水电朝向数字化、可视化方向发展[9-22];智能化阶段采用新型量测仪器和设备,进行现代化、信息化的数据采集和处理,建立仿真模型,进行集成创新,使整个工程的进展和质量完全可控,引领水电技术进入智能建造时代[23-30]。进入21世纪,随着计算机网络技术、现代控制技术、智能技术、可视化技术、无线局域网技术、数据卫星通信技术等高科技技术水平的不断提升,将互联网、物联网技术与筑坝技术相结合,促使水电行业智能建造从萌芽到成熟并逐渐在大坝建设中得的实践应用。面对超出规范、前无经验的特高拱坝建设,借助全面感知、真实分析、实时控制的智能化建设理论,以及在溪洛渡拱坝建设中形成的智能化成果,重点解决大坝建设过程中施工现场的原材料、拌合楼、水平运输与垂直运输、仓面下料、平仓振捣及温控养护等“一条龙”智能化控制[25-28],对采集的海量数据开展有效深度分析,实现现场监测、仿真分析、智能控制一体化融合,进而实现其高标准、高质量、高速度建设。

1.1　拱坝的建设与发展

拱坝作为一种经济性和安全性均较优越的坝型,在世界各国都被广泛采用。根据国际大坝委员会截至2013年底统计,世界上坝高超过100m的大坝,土石坝417座,占47.0%;重力坝230座,占25.6%;拱坝187座,占22.4%;其他6.0%;已建在建坝高超过200m的大坝共74座,拱坝35座,占42.30%[31-34]。

1.1.1　国外拱坝的建设

最古老的拱坝遗址——Baome拱坝(坝高12m)建于罗马时期,位于法国的圣·里米省南部,运用现代力学方法薄壁圆筒公式设计建造的代表性工程是意大利的Zola拱坝(坝高36m)[35,36]。20世纪20年代,在拱冠梁法基础上,萨凡奇、伏格特、克恩等提出了试载法,首次形成了完整、系统的现代结构力学方法,为拱坝的飞速发展奠定了基础。目前,国外已建成的最高拱坝是苏联的英古里(HHFYPH)双曲拱坝,坝高271.5m,坝底厚度86m,厚高比0.33;其次是意大利修建的瓦依昂(Vajont)拱坝,坝高261.6m。法国的托拉拱坝则是世界上已建的最薄拱坝,坝高88m,坝底厚2m,厚高比仅0.023。

1936年,美国垦务局修建的胡佛(Hoover)重力拱坝(图1-1)是世界上首座200m级以上的拱坝,坝高221m,底厚201m,坝面断面接近重力坝,反映了当时美国"断面厚硕、拱梁并重"的拱坝设计特点[37]。该坝对坝工技术的重要贡献是对大体积混凝土温度控制做了系统研究,详细研究了冷却水管、宽缝冷却、预冷骨料和坝体采用预制混凝土块,经过综合分析比较以及欧瓦希(Owyhee)坝的现场试验,选定了水管冷却温控方案[35,36]。

与美国不同,欧洲坝工专家更加强调"拱"的作用,对付坝踵拉应力不是采用加厚的办法,而是切除受拉区的混凝土。1935年法国坝工专家设计了高90m的马里奇(Marege)拱坝(图1-2),该坝切除了底宽7m的上游坝踵混凝土,成为世界上第一座双曲拱坝。考虑拱坝的拉应力主要发生在坝体沿基础的周边,为了消除拉应力,意大利工程师首先设置了周边缝,第一座周边缝拱坝——奥雪莱塔(Osigletta)建于1939年。

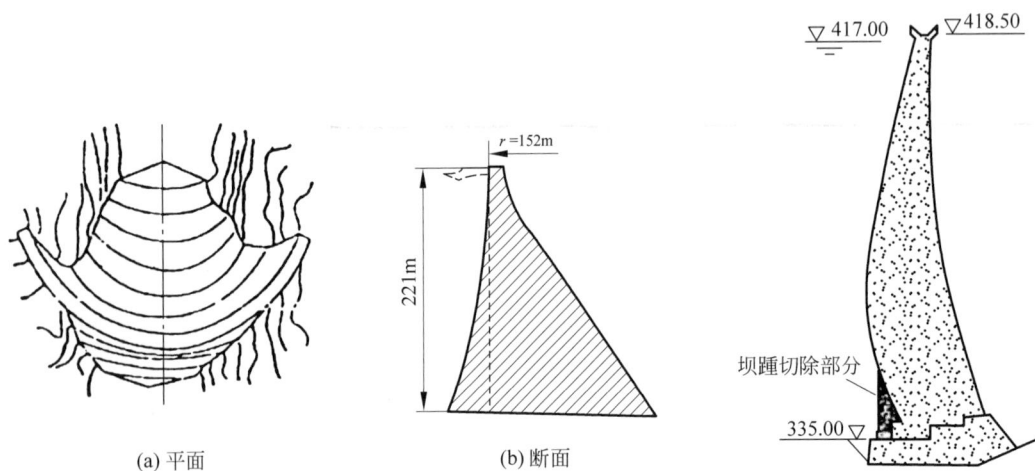

(a) 平面　　　　(b) 断面

图1-1　胡佛重力拱坝体型

图1-2　法国马里奇拱坝

欧洲工程师的大胆尝试改变了坝工建设的技术发展方向,1950—1975年间修建了大量特薄高拱坝,代表着当时拱坝修建技术的先进水平。如意大利的特里拱坝(坝高265.5m),瑞士的康脱拉拱坝坝高(230m)、柳松拱坝坝高(208m),前南斯拉夫的姆拉丁其拱坝坝高(220m),伊朗的巴列维拱坝坝高(203m),西班牙的阿尔曼德拉拱坝坝高(203m)等,除柳松拱坝外,其厚高比均小于0.15。

总的来说,20世纪欧洲、美国、苏联引领100m、200m拱坝的建设过程中,总的趋势是随着坝的高度不断增加,坝顶长度也因推广应用至宽河谷而增长,坝型则向双曲薄拱的方向发展,设计的允许应力明显提高,对坝址地形、地质条件的要求也放宽了,甚至在不良的地形、地质条件下也建成了不少高拱坝。然而,一些技术上不确定因素和认识上的片面性。如对坝肩的抗滑稳定性认识不充分,以致投入运行后拱坝失事和破坏事件仍不能完全杜绝;又如,在大坝选型和参与同其他坝型竞争时,认为拱坝具有较高的超载能力和单纯追求坝薄、体积小的目标等,也促使设计超越某些准则的限制,从而导致了不良后果。如瓦依昂拱坝(图 1-3)因地质勘探不充分和地质条件评估失误导致库岸滑坡失稳报废[33,35];马尔帕塞(Malpasset)拱坝因拱肩失稳导致溃坝[33,35];奥地利柯恩布莱因(Kolnbrein)(图 1-4)因坝体太薄,加上坝址河谷开阔,梁向承受较大荷载,导致坝踵开裂影响初期蓄水运行[38-43]。另一方面,温控防裂一直是拱坝施工期重点关注的问题,国内外因温控措施不当导致坝体开裂对工程长期运行安全产生不利影响屡见不鲜,据观测调查,苏联萨扬舒申斯克拱坝(Sayano-Shushenskaya)共出现大小裂缝 5590 条,贯穿整个坝段的裂缝约有 300 条,平均每 10000m³ 有裂缝 9.2 条,开裂坝块占总坝块数的 24%,每块平均有裂缝 3.7 条,裂缝平均开度 0.2mm(一般开度 0.05~1.0mm,83% 裂缝开度超过 0.3mm,6% 超过 0.5mm),长度最大达 30m[33,42-44]。

  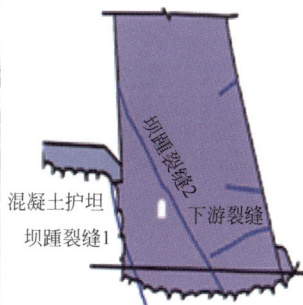

图 1-3　瓦依昂拱坝　　　　　　　　图 1-4　奥地利柯恩布莱因拱坝

1.1.2　中国拱坝的建设

我国很早就开始利用拱形结构修桥,建坝的历史也很悠久,但拱坝的修建是近代才开始的。建造于 1927 年的福建厦门的上里浆砌石拱坝,是我国的第一座拱坝,坝高 27m。1949 年以后,我国开始大规模修建拱坝。响洪甸重力拱坝是我国第 1 座高拱坝(坝高 87.5m)。20 世纪 80 年代建成了凤滩、白山、龙羊峡、东江、紧水滩等 5 座百米以上的混凝土拱坝。90 年代,东风、隔河岩、李家峡、二滩拱坝(图 1-5)先后建成[34,41]。

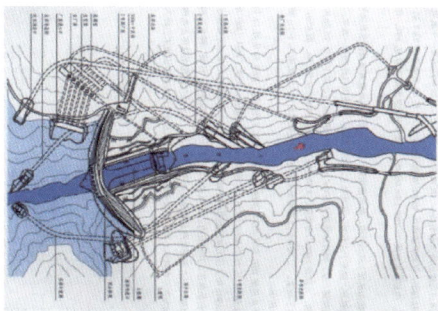 

(a) 枢纽布置图　　　　　　　　　　(b) 大坝照片图

图 1-5　二滩拱坝

二滩拱坝是我国 21 世纪前建成的最高拱坝,坝高 240m,坝顶弧长 774.69m,拱冠梁顶厚 11.0m,最大底宽 55.75m,最大拱端厚度 58.51m,弧高比 3.21,厚高比 0.232。1991 年开工建设,1998 年竣工。该工程在坝基勘测与地质勘查,岩体质量评价与坝基稳定,高拱坝设计方法和准则,"高水头、大泄量、窄河谷"条件下的泄洪消能,地下厂房大洞室群的围岩稳定和支护设计,混凝土温控防裂等诸多领域取得创新型成果。它是国内首座坝高突破 200m 的高拱坝,在国内拱坝建设中具有里程碑的意义。

随着我国西部大开发、西电东送战略的实施,2000 年以来国内水电工程施工技术发展非常迅速,众多有代表性的大型、特大型水电工程纷纷启动。混凝土高拱坝、特高拱坝施工发展迅猛,已成为西南、西北地区大型水利枢纽的主要坝型之一,在建及待建的项目众多。在世界十二大已建、在建 200m 以上高拱坝、特高拱坝中,溪洛渡是典型代表(图 1-6)。

图 1-6　溪洛渡特高拱坝(285.5m)

1.1.3　特高拱坝的建设

特高拱坝是指坝高超过 240m,需要对专门的问题进行研究的拱坝[45]。表 1-1 给出了我国在建、已建、拟建的超过 200m 高拱坝和特高拱坝。二滩拱坝(240.0m)已运行 15 年,小湾拱坝(294.5m)2012 年开始蓄水至正常蓄水位,世界最高的锦屏Ⅰ级拱坝(305.0m)和溪洛渡拱坝(285.5m)2014 年蓄水至正常蓄水位,拉西瓦拱坝(250.0m)在接近正常蓄水位附近运行 3 年,2015 年抬升至正常蓄水位。其中,白鹤滩拱坝(289.0m)、乌东德拱坝(270.0m)正在建设。为实现水能资源的有效开发利用,我国未来还将在金沙江、怒江等江河上拟建 240m 以上特高拱坝 6 座,其中 300m 级特高拱坝 5 座,这些坝的高度大多超过国外已建最高拱坝英古里(272m)的高度[46]。

表 1-1　我国已建、在建、拟建 200m 以上高拱坝

序号	名称	坝高/m	所在河流	备注	序号	名称	坝高/m	所在河流	备注
1	怒江桥	288	怒江上游	拟建	9	古学	240	澜沧江上游	拟建
2	同卡	276	怒江上游	拟建	10	小湾	294.5	澜沧江	已建
3	罗拉	275	怒江上游	拟建	11	溪洛渡	285.5	金沙江下游	已建
4	松塔	295	怒江中游	拟建	12	锦屏	305	雅砻江	已建
5	马吉	290	怒江中游	拟建	13	拉西瓦	250	黄河	已建
6	叶巴滩	224	金沙江上游	拟建	14	二滩	240	雅砻江	已建
7	旭龙	213	金沙江上游	拟建	15	白鹤滩	289	金沙江下游	在建
8	孟底沟	201	雅砻江	拟建	16	乌东德	270	金沙江下游	在建

1.2　特高拱坝建设特点和面临的挑战

1.2.1　我国特高拱坝建设特点

（1）坝高谷宽，坝体应力水平高[47-50]

我国特高拱坝坝顶弧长普遍大于 600m，坝高谷宽使大坝承受巨大的水推力（如溪洛渡约 1300 万 t，锦屏 I 级约 1300 万 t，小湾约 1800 万 t），是国外同类工程的 2～3 倍。这一特点导致我国特高拱坝压应力水平较高，一般在 8.5～10.0MPa，普遍超过国外 1.5～2.5MPa，此外拉应力问题也非常突出。

（2）浇筑仓大，温控难度大[47-50]

为控制坝体应力水平，特高拱坝通常采取加大坝体厚度（小湾、溪洛渡等底厚超过 70m，白鹤滩将达 100m 以上）。然而高度及底厚增加，再加上通仓柱状浇筑，导致上下层约束增强；二是混凝土高掺粉煤灰、高掺 MgO 或内含 MgO，早期最高温度控制相对较易，而后期发热量大导致二期冷却温降幅度增大。这两个特点均对特高拱坝的温控防裂产生不利的影响。

（3）地质复杂，地基处理困难[47-50]

拱座的抗滑稳定安全性是保证拱坝安全的关键，特高拱坝，尤其是河床坝段，坝基地质缺陷处理将显著增加特高拱坝设计与施工的难度。我国特高拱坝多处于西部高山峡谷，区域构造运动剧烈，工程地质问题突出，几乎各种工程地质问题均可能碰到，尤其是软弱岩体、软弱结构面可能导致拱座失稳和坝基岩体不均匀变形。小湾、锦屏 I 级、溪洛渡等拱坝的地质缺陷处理已成为影响工程工期、投资和安全风险的重要因素。

（4）谷深坡陡，开挖支护量大[47-50]

特高拱坝的工程边坡通常高达 300m 以上，自然边坡更是高达 1000m 以上。开挖边坡高、规模大，岩体结构复杂，边坡稳定条件较差是我国特高拱坝工程边坡的基本特征。小湾拱坝左岸坝肩开挖边坡高约 700m，宽约 500m，右岸边坡高约 600m，宽约 550m；锦屏 I 级拱坝自然边坡高度超过 1000m；拉西瓦拱坝左岸边坡也高达 700m。

（5）工期长，施工期应力状态复杂[47-50]

特高拱坝坝体混凝土量巨大（溪洛渡 686 万 m³、小湾 761 万 m³、白鹤滩约 900 万 m³），施工周期长，施工期状况多，应力条件非常复杂。当坝体浇筑高度接近或超过 200m 时，受接缝灌浆制约，坝体上部还存在 60m 以上的悬臂高度，若基坑充水不当、初期蓄水水位抬升速率控制不当或坝体混凝土存在缺陷，坝体开裂风险将显著增加。

1.2.2　特高拱坝建设面临的挑战

1.2.2.1　施工期温控防裂

温度裂缝是温度应力超过混凝土抗裂能力的结果，其产生取决于温差和约束。特高拱坝一般坝体较厚，通仓柱状浇筑坝块长，基础约束和新老混凝土之间相互约束强，应力控制困难；另外，低温封拱采用低温水冷却方式将坝体温度在短期内降至封拱温度，降温幅度大、降温速率快，再加上中后期冷却时上下层相互约束等，拉应力极易超标导致出现温度裂缝。

从开裂风险出现的部位而言,基础约束区受下部基岩约束,若冷却高度太小,上部混凝土弹模一般高于地基的弹模,上下层约束可能大于基础约束。另外,特高拱坝基础约束区二冷区,可能受基岩和上部混凝土双重约束,出现横河向贯穿性裂缝。另一方面,特高拱坝陡坡坝段约束面长、约束力强,易引起与约束面近似平行的超标拉应力,从而产生沿建基面的法向裂缝。此外,受内外温差影响,坝体表面也可能产生表面裂缝。

从发生的时间而言,裂缝一般发生在一冷、二冷末期。一期冷却温降幅度过大时,早龄期混凝土强度较小,可能导致混凝土开裂;二冷末期一般是温差和应力最大的时刻,开裂风险较大。此外,低温季节以及寒潮或者昼夜温差较大的季节,均易产生内外温差裂缝[51-53]。

1.2.2.2 运行期整体安全

拱坝联合受力的结构特性决定超载能力强、可靠度指标高。现有研究资料表明,只要保证混凝土强度足够,混凝土碳化、冻融和冲蚀等损伤深度通常很浅,可在不影响大坝正常运行的条件下进行修复,有"优质实体高拱坝可以长期服役"结论。

但对于特高拱坝,在高渗透压力、高应力水平、循环荷载作用下的混凝土耐久性问题,还缺乏系统的研究。另外,特高拱坝的基础条件大都比较复杂,受风化卸荷、断层等软弱带和节理裂隙的影响,坝基经常采取水泥灌浆、化学灌浆等材料进行加固处理,边坡、基础、抗力体等大量采用大吨位锚索、预应力锚杆以及高分子材料等新型材料,这些关键部位与大坝使用寿命相同,但是缺乏必要的检查和维护条件;个别特高拱坝坝体内部出现混凝土温度裂缝,经高质量的化学灌浆处理,内部缺陷对坝体整体受力影响不大,但化学灌浆材料的工作环境复杂,其长期运行的耐久性和可靠性值得关注。

以上在工程规划、设计和施工阶段存在的风险因素,若没有充分识别,没有采取规避、控制或者转移措施,终将在运行阶段诱发,造成严重后果;同时,运行阶段未做到及时检查、定期评估、合理维护,潜在微小危害因素的累积和发展,也必造成严重后果[46]。

1.2.2.3 特殊工况下抗震安全

特高拱坝多建于陡峻河谷,时常与高强度地震活动和复杂地质条件伴生。一些特殊高拱坝设计地震烈度达Ⅷ级和Ⅸ级,地震工况成为主要控制工况之一。我国现行水工建筑物抗震设计规范针对设计烈度高于六级的水工建筑物、高度大于200m或有特殊问题的壅水建筑物,其抗震安全还应进行专门的研究论证。已建特高拱坝抗震专门论证中,往往出现动拉应力超过混凝土动抗拉强度、坝肩块体抗滑稳定性短时性不满足安全要求的现象[46]。

1.2.3 高拱坝施工过程控制技术发展现状

1.2.3.1 高拱坝混凝土施工质量控制技术发展现状

1. 影响混凝土施工质量的主要因素

高拱坝混凝土施工包含生产、运输、浇筑和养护四大工艺流程,人、机械、方法和环境是影响施工质量的四个主要因素。其中,人的质量意识和技术素质,通过施工过程中的操作与管理作用于施工质量;机械设备技术性能、工作效率、工作质量、可靠性、安全性等,通过施工过程中机械设备的使用作用保证施工质量;施工方法的先进性、创新性、成熟性和实用性,通过其执行作用于施工质量;施工过程中气温、湿度、降水、风力、管理风险等,通过影响混凝土性能直接作用于施工质量[54,55]。

2. 施工质量控制方法

传统高拱坝混凝土施工质量控制,针对不同施工工艺流程,采取分别控制措施。生产过程控制拌合机械的性能、加料顺序和拌合时间,通过出机口混凝土性能检测确保生产质量;运输过程控制运输机械的性能、运输时间、运输过程混凝土防护等,通过入仓混凝土性能检测确保运输过程质量;浇筑过程控制平仓与振捣机械性能、工艺流程落实,通过旁站和施工后检测确保浇筑过程质量;养护过程控制通水流量、温度等,通过临时温度计控制温升确保养护过程质量。

上述质量控制措施或方法,往往采用抽检方式,如混凝土拌合时间每 4h 检测一次,坍落度每 4h 检测 1~2 次,拌合物温度和气温每 4h 检测 1 次等[56],存在不连续和抽检代表性差的潜在缺陷;施工过程通过施工单位自检、监理工程师旁站的方式落实施工工艺,监督施工效果,受人员经验参差不齐,精力局限,难以全方位监控,存在定性控制、控制效果定性描述等潜在缺陷;施工后的试验检查存在控制不及时的潜在缺陷。

1.2.3.2 高拱坝通水冷却控温技术发展现状

施工期温度应力过大是高拱坝开裂的重要原因之一,防止大体积混凝土温度开裂主要从控制温度和改善约束两方面来解决[57-59],通常采用人工通水冷却实现温度控制,使混凝土温度保持在设计的"温度-时间-空间曲线"附近。1931 年美国垦务局在欧瓦希(Owyhee)拱坝上,第一次正式进行了混凝土水管冷却的现场试验,结果令人满意。此后两年,胡佛水坝首次在混凝土内全面预埋通水冷却水管,获得较理想的温控防裂效果。随后通水冷却以其灵活性、可靠性及多用性等特点,在世界各国拱坝的施工中广泛采用。我国在 1955 年修建第一座混凝土拱坝——响洪甸拱坝时,首次采用了预埋冷却水管,获得不错的防裂效果。随后,在三峡大坝、周公宅拱坝、二滩拱坝等众多的大型水利工程中得到了广泛应用。目前,人工通水冷却已成为大体积混凝土施工中不可或缺的关键温控措施[21,60]。

随着冷却水管的大规模应用与发展,国内外学术界也对冷却水管的相关问题开展了大量的研究工作。陆力、黎汝潮、陈秋华等先后在试验方面对其冷却效果开展研究[61-63];针对铺设冷却水管的大体积混凝土温度场的理论求解研究,美国垦务局在平面方面进行求解[64],朱伯芳给出了金属、非金属水管在平面和空间问题上的计算方法[65,66],Chiu 在Fourier-Biot 热传导方程基础上对均匀铺设水管的温度场进行了理论求解[67],J. Charpin 等建立了简化水管布置模型并加以讨论[68],T. G. Myers 等通过理论与数值求解的方法对水管材料、半径、流速等参数对冷却效果的影响进行了分析[69],刘晓青等以混凝土、水管结点温度为未知量给出了冷却效应直接算法[70];Kawaraba H[71]、麦家瑄[72]、朱伯芳[73]、刘宁[74]、Jin Keun Kim[75]等就水管冷却的有限元求解给出了不同的方法。

当前,高拱坝通水冷却控制手段单一,受制于工程条件与施工成本的限制,难以布置足够的相关监测仪器,做不到通水流量的精细控制,还受制于配套技术水平,难以做到实时动态的反馈控制。主要弊端包含:

(1) 采用人工记录流量球阀、水银温度计和水表的数据变化,人工调整通水流量间隔长;同时,人工采集温度和流量数据工作量大,受主观因素以及设备运行状况影响较大。

(2) 受采集时间间隔长、数据可靠度不高、信息反馈慢局限,通水精度不高,效率低。这样的温控策略往往不能够将温度变化精确控制在设计温控曲线附近,可能导致局部偏离较大。若保温效果不佳,或突遇寒潮,往往防裂效果差,容易导致混凝土开裂。

(3) 为了实现温度控制目标,往往采取加大通水流量的策略,这样势必造成不必要的水资源浪费,也很难实现多坝段整体温度协调、精细化、个性化控制。

1.2.3.3   高拱坝施工进度控制技术发展研究

1. 进度分析与控制常规方法

水利水电工程施工条件较为复杂,工程规模更为庞大,涉及专业多、牵涉范围广,因此又具有极强的实践性、复杂性、多样性、风险性和不连续性的特点。常用的进度计划分析与控制的方法主要有横道图法、网络图法、前锋线法及列表法等。其中,横道图法又叫甘特图法,是施工中应用最广、历时最长的进度计划表现形式。横道图的横向线条结合时间坐标,来表达各个工作的起讫时间、先后顺序、持续时间、总工期以及流水作业的情况,对各种资源的计算也便于从图上进行叠加。网络图法虽然在施工进度的编制和管理中广泛应用,但缺乏直观性和形象性,应用的效果取决于用户及决策者的水平。前锋线比较法是从计划检查时间的坐标点出发,用点画线依次连接各项工作的实际进度点,最后到计划检查时间的坐标点为止,形成前锋线。这些常用的进度分析与控制方法各有优缺点,但随着水电工程规模的不断增大、施工工艺日益复杂、影响因素众多,难以满足进度分析需求[76-79]。

2. 施工进度仿真技术研究和发展趋势

国外水电工程领域对计算机仿真技术的研究始于20世纪70年代,在第11届国际大坝会议上,Jurencha和Widmann提出了混凝土重力坝施工过程模拟技术,并在奥地利Schlegeis坝的建设中应用[80]。Halpin将计算机模拟与网络计划技术相结合,对混凝土运输进行了模拟,是仿真系统软件CYCLONE的前身[81]。其他国家的相关学者也开展了相关的研究,但由于西方发达国家大多数水电开发程度较高,当前在建和待建的大中型高拱坝工程较少,近年来在水利水电工程施工仿真领域的研究成果并不多见[82-84]。国内施工仿真技术的研究始于20世纪80年代二滩水电站的建设过程中,研发了双曲拱坝混凝土模拟系统,为二滩工程的设计、施工和建设管理决策提供了定量、科学的依据[82]。从20世纪80年代至21世纪初,施工仿真技术的研究成果不断丰富,如基于地理信息系统GIS、开放信息库OpenGL在三维动态可视化仿真等,并在三峡、龙滩、小湾、构皮滩、锦屏Ⅰ级、溪洛渡、沙牌、向家坝等大型水电工程的高坝混凝土施工中得到了较为广泛的应用[85-90]。但该阶段仿真主要应用于设计阶段。

21世纪初前后，随着众多大型水电工程开始进入实际施工阶段，施工现场的决策需求为仿真技术提供了新的挑战和发展契机，施工仿真领域的研究人员开始探索面向施工阶段的施工进度实时仿真技术。如天津大学钟登华等在高拱坝施工仿真的基础上，结合实时控制方法，提出了基于实时仿真的高拱坝施工进度预测与分析方法，建立了高拱坝实时控制的进度仿真和控制流程，给出了高拱坝施工进度动态调整与控制的实现方法，并在拉西瓦、锦屏Ⅰ级等工程中成功应用[89]。此外，在施工仿真技术不断发展的同时，实现了对仿真成果的高效、直观的可视化表达，如基于GIS的水电工程三维可视化模拟方法，并结合虚拟现实技术、虚拟现实平台进行了大坝、地下洞室群等建筑的施工可视化仿真[86-90]。

随着信息技术的发展，高拱坝施工仿真技术有待在以下方面进一步研究与发展。一是在仿真建模方面，集成通用可视化建模环境、物联网模块、分析环境、成果输出于一体的高效仿真平台将是未来发展趋势；二是在施工仿真阶段，需要在分析周期、现场决策需求调查、边界条件采集、仿真成果反馈、咨询成果提交方式等方面进一步考虑不同参建单位在进度控制方面的不同需求，提高施工仿真技术在指导和管理进度上的科学化和精细化；三是针对设计阶段仿真模型的简单化，在施工阶段仿真模型中应该充分反映决策思路的差异，进一步提高施工仿真模型的精细化和智能化，以实现定量决策；四是引入三维设计BIM技术和可视仿真技术，充分利用三维设计平台的参数化设计、标准构件库以及强大的空间分析计算功能，为施工仿真同时提供基础空间属性数据和可视化；五是集成温控、应力、进度的一体化仿真技术，综合温控、应力、施工进度的全过程仿真分析能为系统决策提供更全面支持。

1.3 数字化、智能化建坝的发展趋势

1.3.1 信息技术在筑坝技术方面的研究应用

随着信息技术的飞速发展，以信息采集技术、通信与网络技术、信息存储与管理技术、系统集成技术等为代表的多种现代信息技术，在国内外的工程施工领域得到越来越多的应用，已逐渐成为工程施工过程控制质量的重要手段和方法。

从2003年开始，美欧发达国家逐渐开始在施工过程管理中推广应用无线技术、手持应用技术，希望以此解决施工过程中对各种实时生产数据的采集、处理、传送问题，以提高关键业务数据在施工参建各方间的有序流动，促进施工过程的标准化、规范化进程，实现提高生产效率、沟通效率、知识积累等管理目标。目前，在发达国家，无线与手持的应用形式已经逐渐渗透到施工生产过程管理的各个环节，但在工程整体应用方面，还缺乏成功应用实例。

国内信息技术在坝工中的研究应用，主要通过信息采集技术结合数值仿真模拟技术指导设计，按设定的参数对大坝的施工进度和质量进行全天候监控，从而为后期的工程验收、

安全鉴定和施工期、运行期安全评价提供强大的信息服务。李婷婷[91]将数据仓库技术应用到大坝安全监测领域,构建了大坝安全监测信息数据仓库平台,用以支持高层决策分析;施松新[92]研究了基于 GIS 平台的数字流域系统集成关键技术及实现,对其中的组件 GIS 技术、多层体系结构、系统设计、功能设计等进行了深入的探讨,并结合"数字清江系统"的具体应用进行实例分析;朱伯芳[21]等人提出了高拱坝数字监控、全坝全过程仿真计算、施工期温度与应力控制决策支持系统等技术;马洪琪、钟登华[17-20]等人研究提出了堆石坝填筑质量 GPS 监控及附加质量法检测密度技术,应用 GPS 技术、网络技术、数据库技术等对心墙堆石坝碾压施工质量和坝料上坝运输情况进行实时监控,为筑坝技术向数字化、信息化方向积累了丰富经验,社会及经济效益显著。上述数字化、信息化建坝技术的研究以及在糯扎渡、官地、水布垭等工程的应用,引领世界筑坝技术进入数字化、可视化阶段。

1.3.2　高拱坝施工过程智能控制的发展趋势

1.3.2.1　物联网技术简介

物联网(Internet of things)是通过各种信息传感设备,如射频识别装置、红外感应器、全球定位系统、激光扫描器等,将任何物品与局域网或互联网连接起来,进行通信和信息交换,以自动、实时地对物体进行识别、定位、追踪、监控并触发相应事件的一种技术。按照信息流向以及处理方式,物联网可分为感控层、网络层和应用层(图 1-7)。感控层以 RFID、传感器、GPS、视频等为主,功能是感知和识别物体,采集信息,并将信息传递出去;网络层通过各种私有网络、互联网、有线和无线通信网、网络管理系统和云计算平台实现数据的传输和计算,负责传递和处理感知层获取的信息;应用层包含应用支撑平台子层和应用服务子层,

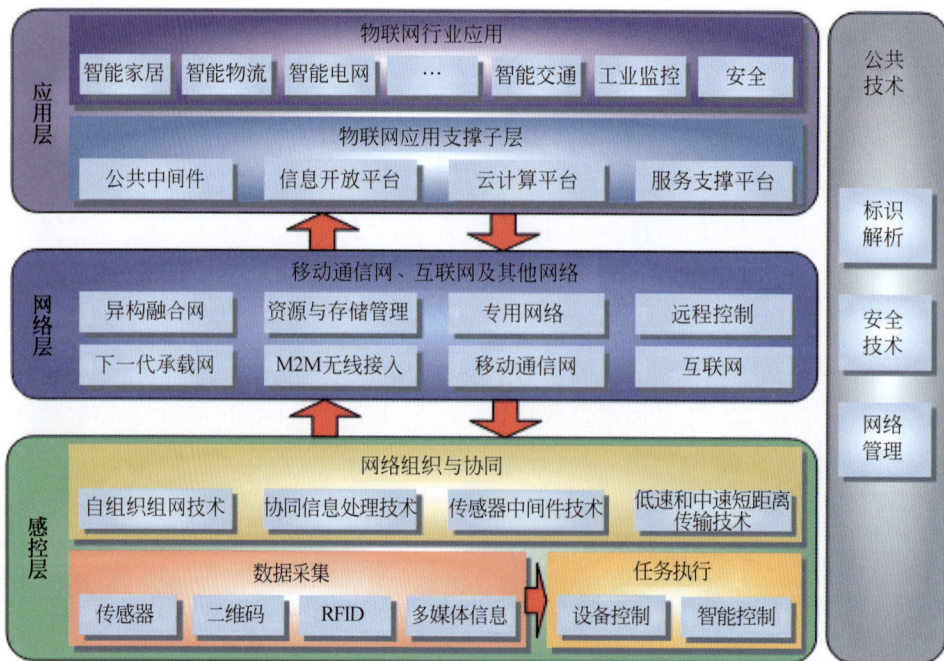

图 1-7　物联网技术框架[95,96]

应用支撑平台子层用于支撑跨行业、跨应用、跨系统之间的信息协同、共享、互通的功能,应用服务子层是物联网和用户的接口,它与行业需求结合,利用经过处理的感知数据,为用户提供丰富的服务,实现物联网的智能应用[93-96]。

物联网具有三个显著特征:一是全面感知,通过在物体上的各种信息传感设备,实现物体静态属性和动态属性的全面采集,使物体可以被感知,也能与外部其他物体进行互相感知;二是可靠传递,通过各种通信网络,将感知到的物体属性信息在物联网内进行高可靠、高安全、实时地流通和传递,且信息的流通和传递是双向的,在接收物体传来信息的同时可将指令信息传递给物体;三是智能处理,利用云计算、模糊识别、大数据等各种智能技术,及时对海量的信息数据进行分析和处理,使物联网内的物体能够自我管理和相互管理,实现对物体的智能化控制。

1.3.2.2　高拱坝施工过程智能控制发展趋势

物联网创造性地实现了物与物之间的相连,让物体具有了智慧,能够在任何时间、任何地点针对任何事物做到人与物、物与物之间的智能化交流,对于物体的智能管理也因此得以实现,相比于传统的监管方式在效率上、准确度上、信息获取上、实时情况掌控上、突发事件处理上、宏观数据的分析上等都无疑是一次质的飞跃。目前,物联网技术已经广泛应用到智能交通、智能电网、监控服务、政府工作、工业监控、绿色农业、个人健康、食品溯源、智能家居、环境监测、公共安全等多个领域[93]。

在信息技术飞速发展的时代背景下,水利水电行业必将强化信息技术的应用。物联网技术作为继计算机、互联网与移动通信网之后的世界信息产业第三次浪潮的主角,必将渗入大体积混凝土施工质量控制、通水冷却控制、施工进度管理控制的各个环节,成为高拱坝施工智能控制技术的关键支撑。

1.4　溪洛渡特高拱坝智能化建设

1.4.1　溪洛渡拱坝工程概况

溪洛渡水电站位于四川省雷波县与云南省永善县接壤的金沙江溪洛渡峡谷中,下游距宜宾市 184km,左岸距四川省雷波县城约 15km,右距云南省永善县城约 8km,是一座以发电为主,兼有拦沙、防洪和改善下游航运等综合效益的大型水电站。枢纽由拦河大坝、泄洪建筑物、引水发电建筑物等组成。正常蓄水位高程 600m,死水位高程 540m,水库总库容 128 亿 m^3,防洪库容 46.5 亿 m^3,调节库容 64.6 亿 m^3。左、右岸各安装有 9 台单机容量 770MW 的巨型水轮发电机组,总装机 13860MW。

溪洛渡拱坝是溪洛渡水电站主要建筑物,坝顶高程 610.0m,建基面开挖最低高程 324.5m,是目前世界已建第三高拱坝。坝顶拱冠厚度 14.0m,坝底拱冠厚度 60.0m,最大中心角 95.58°,顶拱中心线弧长 681.51m,厚高比为 0.216,弧高比为 2.451,为特大型超高薄壁双曲拱坝。坝体混凝土方量 686 万 m^3,共设置横缝 30 道,分为 31 个坝段,采取不分纵缝的通仓浇筑方式,最大仓面面积约 1835m^2。坝身布设 7 个表孔、8 个深孔及 10 个导流底孔。图 1-8 给出了溪洛渡拱坝孔口正视图和河床坝段剖面图。

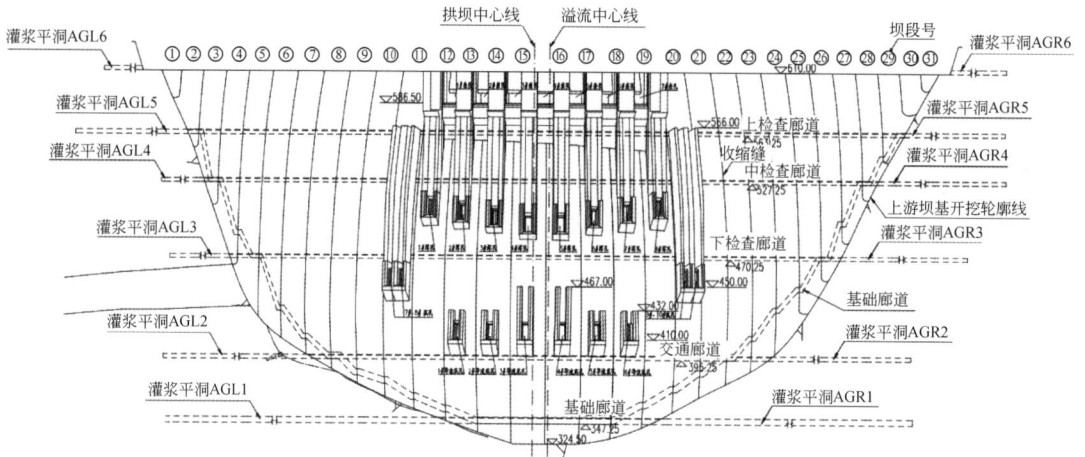

(a) 溪洛渡拱坝孔口正视图

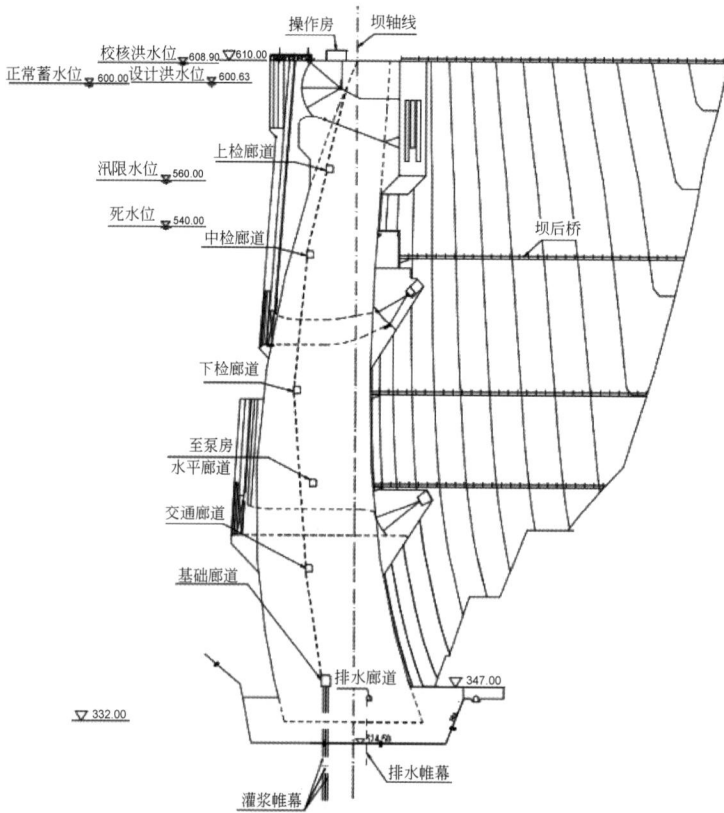

(b) 河床坝段剖面图

图 1-8 溪洛渡拱坝结构图

1.4.2 溪洛渡拱坝建基面和坝体结构优化设计

1.4.2.1 建基面选择与坝体结构体型优化

溪洛渡坝址所在金沙江峡谷长 4km,河道顺直,河谷呈较对称的 U 型,谷坡陡峻,山体雄伟,无沟谷和断层切割。坝址区出露岩性主要为二叠系上统峨眉山组玄武岩($P_2\beta$),根据岩相变化分为 13 个岩流层($P_2\beta^{14} \sim P_2\beta^1$),大坝建基面从高高程至低高程揭露了 $P_2\beta^{12} \sim P_2\beta^3$ 共 10 个岩流层,各岩流层上部 $1/5 \sim 1/4$ 层厚以角砾熔岩为主,下部以玄武岩为主。二叠系下统茅口组灰岩(P_{1m})深埋于坝基以下约 90m。溪洛渡坝基岩体划分为 Ⅰ、Ⅱ、Ⅲ₁、Ⅲ₂、Ⅳ₁、Ⅳ₂ 和 Ⅴ 级共五个岩级七个亚级,综合岩体质量分级及其力学参数见表 1-2。

表 1-2 溪洛渡拱坝坝址岩体综合岩体质量分级及其力学参数表

岩级	亚级	岩体结构类型	声波纵波速/(m/s)	变形模量建议值/GPa		弹性模量建议值/GPa		允许承载力/MPa
				水平	垂直	水平	垂直	
Ⅰ		整体块状结构	>5500	24~36	24~36	33~50	33~50	
Ⅱ		块状结构	4800~5500	17~26	12~16	22~30	16~22	12~20
Ⅲ	Ⅲ₁ 含凝灰质角砾熔岩	块状结构	4000~4800	10~12		14~20	13~16	7~9
	Ⅲ₁ 玄武岩角砾熔岩	次块状结构	4500~5200	11~16	9~11			
	Ⅲ₂	镶嵌结构	3500~4500	5~7	4~6	7~9	5~8	5~7
Ⅳ	Ⅳ₁	碎裂结构	2700~4000	3~4	2.5~3.5	4~5	4~5	2~3
	Ⅳ₂	碎裂结构	2500~4000	0.9~2.0	0.5~1.0	1.0~2.6	0.7~1.2	
Ⅴ		散体结构	<2500	0.5~0.8	0.3~0.4	0.7~1.1	0.4~0.5	

注:含凝灰质角砾熔岩位于第 3、4、6 层顶部(左岸在高程 340m、360m、380m 左右;右岸在高程 340m、370m、400m 左右)。

可行性研究阶段,拱坝两岸坝基主要利用微风化~新鲜岩体,局部利用弱风化下段岩体,河床坝基置于高程 332m,左右岸建基面平均嵌深分别为 73.0m 和 87.7m。随着设计工作对坝基岩体质量及力学性能、拱坝力学特性和结构设计特点的进一步认识,结合国内外经验,综合考虑岩体承载能力、坝体应力条件、坝肩岩体稳定性、混凝土耐久性与抗渗,以及安全、经济、施工等因素,在中上部局部利用Ⅲ₂级岩体,在中下部局部利用Ⅲ₁级岩体,对拱坝建基面进行不同方案的对比分析优化。优化后的建基面,高程 430m 以下利用弱风化下段Ⅲ₁级偏里的岩体;高程 430~560m 陡壁区主要置于Ⅲ₁级岩体;高程 560m 以上局部利用Ⅲ₂级岩体。对河床高程 332m 揭示的局部Ⅳ₁级岩体,由竖井槽挖方式修改为按槽底高程 324.5m 与两侧优化设计建基面顺利衔接的形式。溪洛渡坝址地面线、可研方案建基、优化方案和对比方案建基面见图 1-9,表 1-3 列出了三种建基面下游拱端不同水平嵌深。

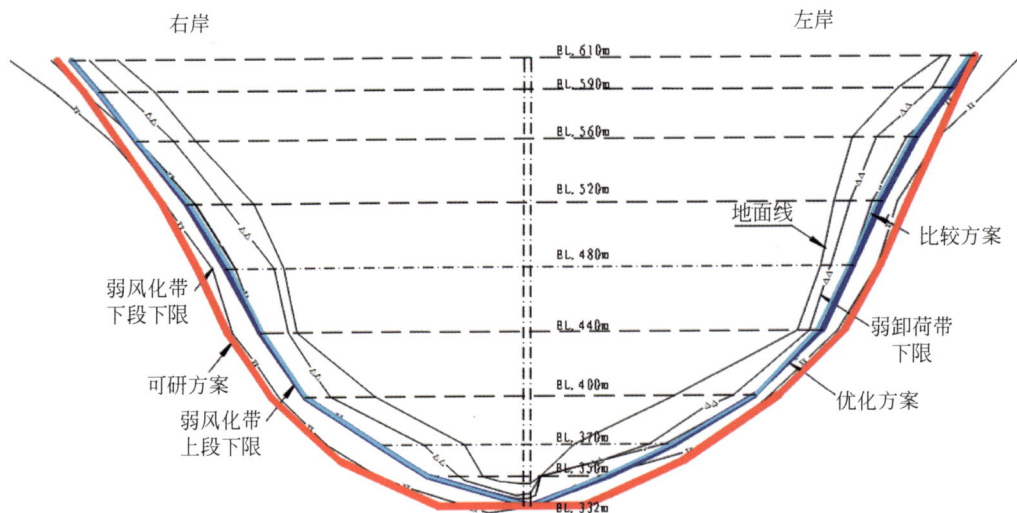

(a) 三种建基面拱端嵌深下游立视图

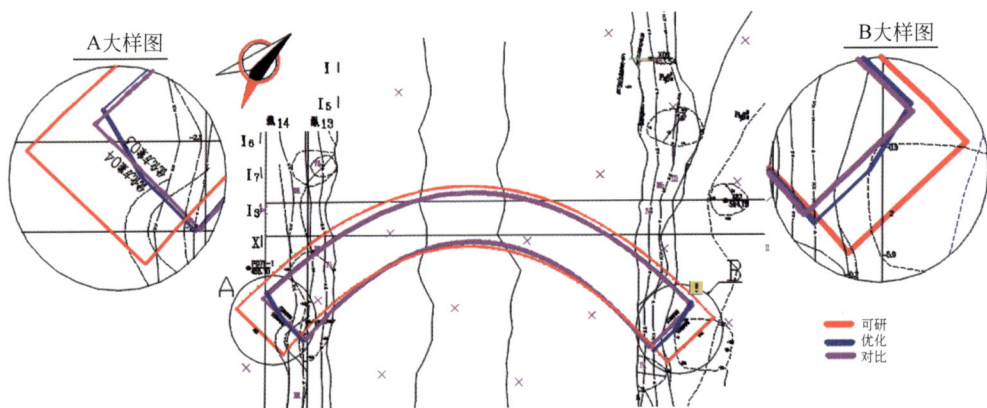

(b) 三种建基面高程440m拱圈嵌深平切图

图 1-9 溪洛渡坝址地面线、可研方案建基面、优化方案建基面剖面图

表 1-3 三种建基面下游拱端水平嵌深比较

方 案		两岸高程							
	高程/m	610	590	560	520	480	440	400	平均
可研方案	左岸	22.2	39.6	54.1	47.2	41.4	30.4	70.1	43.6
优化方案		20.4	34.4	40.8	30.1	21.4	16.4	51.3	30.7
对比方案		17.2	31.4	37.9	27.3	16.8	12.0	50.0	27.5
可研方案	右岸	31.4	45.2	49.1	56.8	57.2	45.2	63.2	49.7
优化方案		29.3	36.0	38.4	43.0	37.5	24.6	45.7	36.4
对比方案		29.4	36.0	37.2	41.1	34.4	23.4	45.0	35.2

溪洛渡坝址地形较为对称,地质条件均匀,各种线形拱圈均能较好地适应坝址的地形地质条件,而抛物线形和统一二次曲线拱坝的坝体应力分布相对较优。通过有限元法应力分析及刚体极限平衡法坝肩稳定分析的深入比较,综合考虑工程地质、设计、施工及工程经验

等多种因素,选择抛物线双曲线作为溪洛渡拱坝水平拱圈线形,并结合建基面优化对拱坝体型进行了优化,优化后坝体参数见表 1-4。优化后的河床建基面左岸平均嵌深 54.3m,右岸评均嵌深 46.1m,较可研减少 18.7m 和 41.6m;左右两岸建基面下游拱端嵌深减少约 13m。最大开挖坡高左、右岸均减少 40m,基础开挖方量减少约 161 万 m³,坝体混凝土方量减少约 113 万 m³。

表 1-4　抛物线双曲拱坝体型参数特征值

项　　目	可研方案	优化方案	对比方案	差值 可研—优化	差值 可研—对比	差值 优化—对比
拱冠顶厚/m	14	14	14	0	0	0
拱冠底厚/m	69	60	60	9	9	0
拱端最大厚度/m	75.7	64	64	11.7	11.7	0
顶拱中心线弧长/m	698.07	681.49	678.65	16.58	19.42	2.84
最大中心角/(°)	96.21	95.13	95.36	1.08	0.85	−0.23
厚高比	0.248	0.216	0.216	0.032	0.032	0
弧高比	2.512	2.451	2.441	0.061	0.071	0.01
上游倒悬度	0.217	0.141	0.125	0.076	0.092	0.016
柔度系数	10.68	11.1	11.29	−0.42	−0.61	−0.19
混凝土方量/万 m³	665.6	555.29	501.74	110.31	163.86	53.55
坝基开挖量/万 m³	526	365	314.7	161	211.3	50.3

此外,采取沿上游侧拱座非径向开挖(图 1-10),解决拱端厚度较大,采用径向开挖将造成的拱端上游侧开挖量过大,以及高边坡稳定等问题,并在上下游设置贴角(图 1-11),增大拱坝梁底部和水平拱圈拱端的面积和刚度,降低上游坝踵主拉应力和下游坝趾主压应力,以保证溪洛渡坝体坝基结构整体安全。常规分析和工程类比成果表明,优化后拱坝应力位移分布规律、稳定状态及整体稳定安全性均能满足设计要求,超载能力较强;上、下游坝面基本上均处于受压状态,拉应力分布只出现在顶拱两端附近很小范围内;拱坝对坝体及基础综合变形模量的变化具有一定适应能力。在基本荷载组合情况下,多拱梁法坝体最大拉应力不大于 1.2MPa,压应力不大于 9.0MPa,抗压强度安全系数 4.0,起裂超载系数 $K_1=2$,非

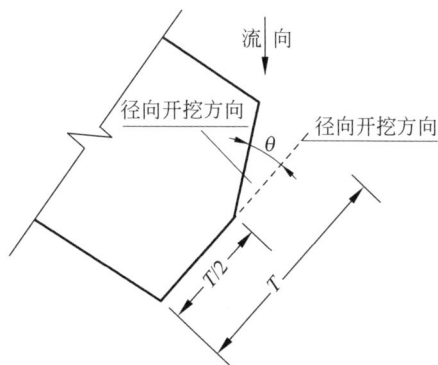

图 1-10　溪洛渡拱坝拱肩槽上游侧拱座非径向开挖示意图

线性变形超载系数 $K_2=3\sim4$,极限超载系数 $K_3=8.5$,综合超载降强法得到超载系数为 4.8。

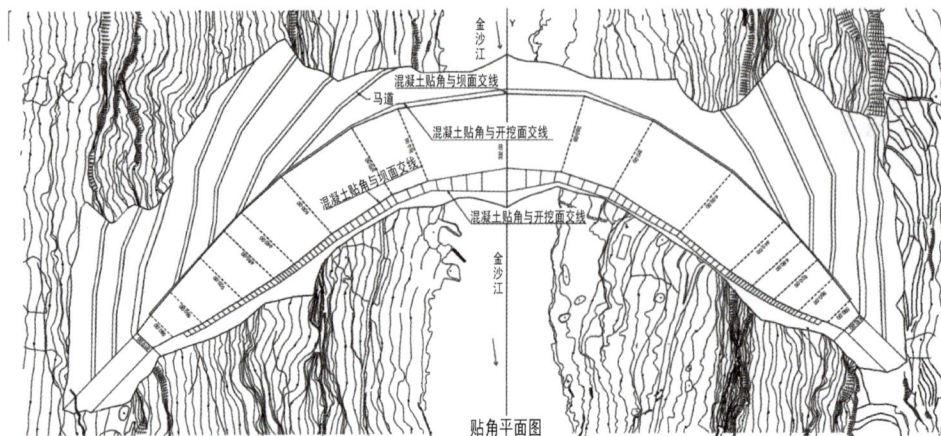

图 1-11 坝后混凝土贴角图

1.4.2.2 河床坝段基础地质变化应对策略

随着对拱肩槽建基面开挖进展,对高程 $610\sim500\mathrm{m}$、$500\sim400\mathrm{m}$ 和 400m 以下三个区发育于玄武岩各岩流层中的层间、层内错动带和强风化夹层以及出露于建基面的弱风化 III_2 类、弱卸荷 IV 类岩体等地质缺陷采取置换开挖。基础置换总体布置、剖面图见图 1-12 及图 1-13。置换开挖后,高程 $560\sim610\mathrm{m}$ 建基面,以 II、III_1 级岩体为主,部分利用 III_2 岩体;高程 $560\sim400\mathrm{m}$ 陡坡坝段建基面以 II、III_1 为主,左岸 III_2 级岩体占 5.3%、右岸仅 0.8%;高程 $400\sim328\mathrm{m}$ 缓坡坝段建基面 III_1 级岩体占 90% 以上,满足建基面岩体质量要求。

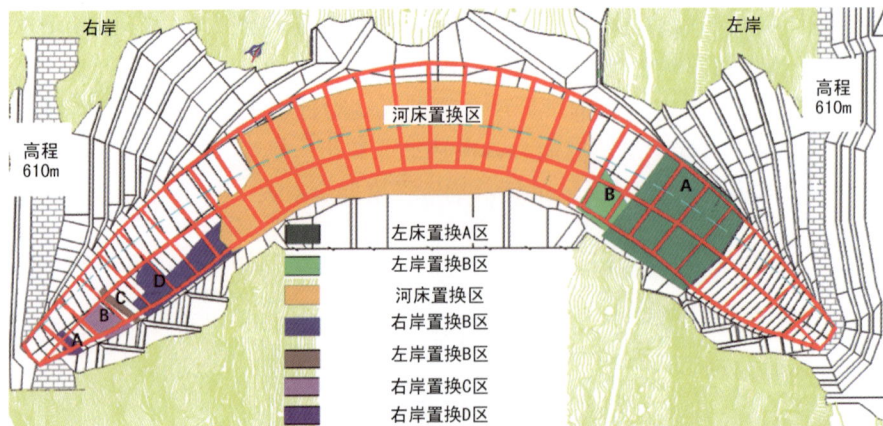

图 1-12 基础置换处理总体布置图

河床坝段基础补充地质勘测成果和实际开挖成果显示:河床坝段建基面部分岩体受风化卸荷和层内错动带的影响,岩体完整性较差,出露有部分 III_2 级岩体;河床高程 $328\sim324.5\mathrm{m}$ 建基面以下 20m 深度范围内的岩体以 III_1 为主,约占 86%,III_2 级岩体所占比例约

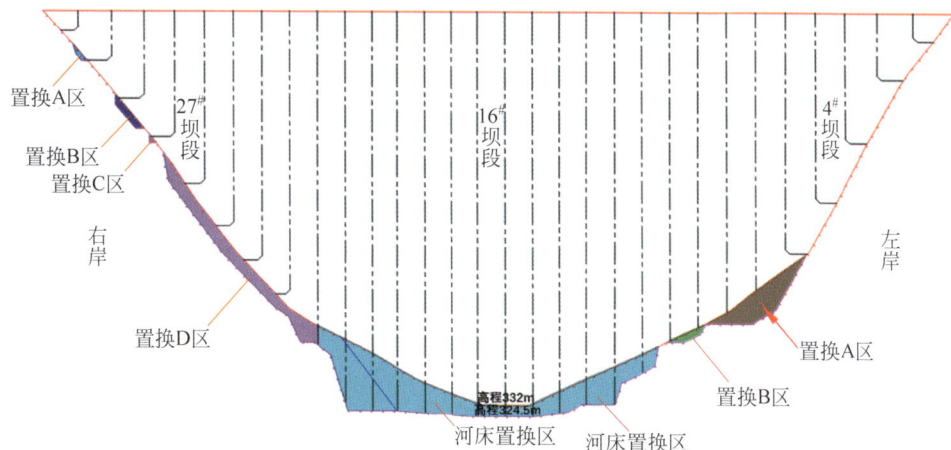

图 1-13 基础置换处理典型剖面图

14%,其最低高程约为 300m;右岸高程 360~400m 下游侧出露 2~3m 厚Ⅲ₂级岩体,两岸局部有规模较小的错动带密集发育区。声波测试表明,河床坝基岩体总体上能满足设计要求,只在局部层间、层内错动带发育部位声波值偏低,考虑到河床坝段岩体中分布的层间、层内错动带展布与拱坝梁的荷载近于垂直,是基础变形的关键部位,需要扩大基础受力面积,加强固结灌浆,改善岩体的均匀性和提高地基的刚度。针对开挖后地质情况的变化,对河床坝段拱坝建基面在维持最低高程 324.5m 的基础上,确定了"扩大开挖、加强固灌、整体结构、连续浇筑"的综合处理方案。

"扩大开挖"是指对高程 324.5m 以上的Ⅳ₁、Ⅲ₂级岩体进行整体扩大开挖,对建基面表层的Ⅲ₂级岩体进行挖除,对建基面上的层间、层内错动带和强风化夹层进行局部刻槽置换处理。为进行基础下游地质缺陷处理,减少置换基础面几何形态突变对坝体结构造成不利影响,置换开挖区范围向两岸及下游 5~10m 进行适当扩大。通过河床置换开挖及建基面扩挖,使得河床坝基置于较为完整的Ⅲ₁级岩体之上,高程 332~400m 两岸坝基仍置于Ⅱ、Ⅲ₁级岩体,且Ⅱ级岩体分布范围略有增加。溪洛渡拱坝建基面置换开挖后全景图及建基面岩体质量分级见图 1-14 及图 1-15。

图 1-14 溪洛渡拱坝建基面全景图(1∶2000)

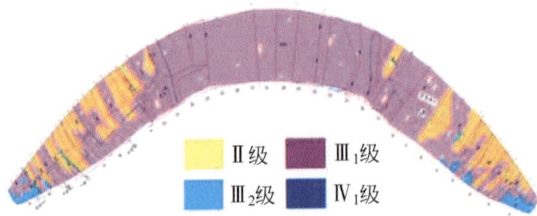

图 1-15 扩大开挖后岩体质量分级图(1：1000)

"加强固灌"是指对高程 324.5m 以下的岩体,尤其是建基面以下 20m 深度范围内约 14%的Ⅲ$_2$级岩体进行加强固结灌浆,以提高基础的完整性与抗变形能力。一是加大灌浆孔深,按进入Ⅱ级岩体 5m 控制。二是加密灌浆孔,灌浆孔孔距由 3.0m×1.5m(横河向×顺河向)调整为 1.5m×1.5m。三是调整灌浆压力和灌浆工艺,调整开灌水灰比。调整后要求基岩透水率 q<10Lu[①] 部位采用 2：1 水灰比开灌,10Lu≤q<30Lu 部位采用 1：1 水灰比开灌,q≥30Lu 的部位采用 0.8：1 水灰比开灌;"吸水不吸浆"区域采用 3：1 磨细水泥开灌。四是在灌浆孔内增设锚筋桩(3Φ32)。图 1-16 给出了溪洛渡拱坝固结灌浆分区布置图和加密固灌典型剖面图。

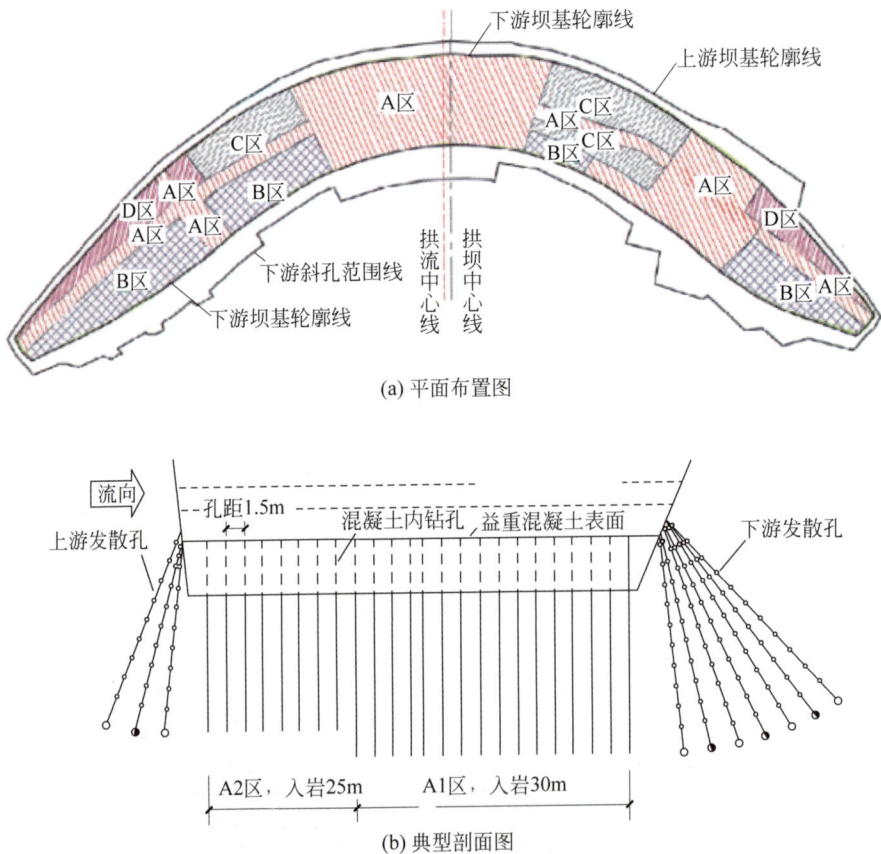

(a) 平面布置图

(b) 典型剖面图

图 1-16 溪洛渡拱坝固结灌浆布置图和典型剖面图

---

① Lu(吕荣)为透水率单位。

整体结构是将扩大基础部分与原坝体作为一个整体进行结构设计和施工。面对基础扩大开挖与置换开挖后的建基面,进行"独立基础垫座"与"扩大基础整体结构"的对比分析,通过结构永久安全、施工质量控制与建设工期的综合对比分析,最终选定"扩大基础整体结构"方案,并对置换混凝土、贴角混凝土和坝体结构混凝土在不同部位、不同高程的关系都进行了合理的分界,对结构变化处进行合理设计,避免应力集中。图 1-17 为溪洛渡河床坝段地质缺陷置换开挖与扩大开挖后的拱坝整体结构剖面图。

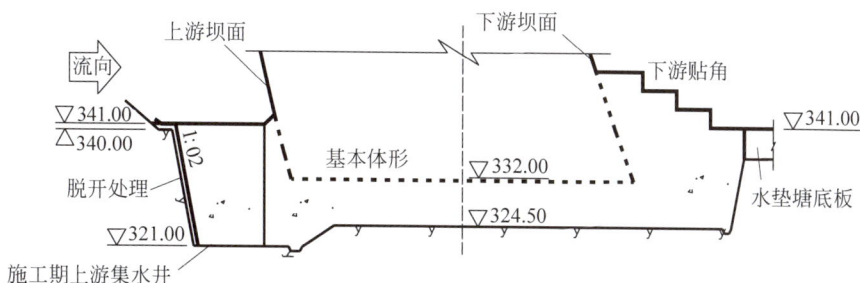

图 1-17　溪洛渡拱坝扩大基础整体结构剖面图(15$^\#$ 横缝剖面图)

采用规范方法、线弹性和非线性有限元法进行基础处理效果、拱坝整体稳定以及拱坝动力分析,"整体结构"方案计算结果表明:拱坝底部基础扩挖处理后水推力有所加大,但坝基刚度和强度也有所增加,底部基础扩挖不影响拱坝位移和应力的总体分布规律;拱坝中下部高程基础综合变形模量值与优化设计阶段的采用值相比有所提高,拱坝建基面相邻高程综合变形模量值比优化设计阶段更为均匀;拱坝位移、应力分布规律基本没变,位移、应力值的量级相当,在荷载组合作用下的坝体位移、应力,施工期坝体位移、应力满足设计要求。地质力学模型试验也表明:尽管建基面整体开挖至高程 324.5m 后坝高有所增加,总荷载加大,但由于在下游设有贴角,并对低部位两坝肩部分低强岩体采取了混凝土置换,基础刚度有所增加,地质力学模型超载破坏试验揭示的上、下游面和基础破坏过程与可研、优化方案类似,但安全度比可研、优化方案更高,上游坝踵起裂荷载 P_1 为 $(2.0\sim2.5)P_0$(P_0 为正常水荷载),非线性变形荷载 P_2 为 $(5.0\sim6.0)P_0$,极限荷载 P_3 为 $(9.0\sim9.5)P_0$[①]。

"连续浇筑",一是对高程 324.5m 以上的混凝土按照基础约束区混凝土施工技术要求进行连续浇筑,置换区分缝为拱坝横缝的自然延伸,减小置换混凝土对施工进度的影响。为保证固结灌浆质量,采取有盖重(一般 6m)固结灌浆,为减少固结灌浆长间歇带来的混凝土开裂问题,"加强固灌"从工期上一般需要"5进5出"(一进为抬动孔和先导孔施工,二进到四进为灌浆孔施工,五进为检查孔施工,进和出指利用混凝土层间间隙期进入有盖重的混凝土仓面)。二是将坝趾下游侧扩大开挖部分的回填混凝土作为坝趾贴角,与坝体混凝土一起浇筑。

1.4.3　溪洛渡拱坝建设面临的挑战

溪洛渡特高拱坝施工期温控防裂处在一个特别的阶段,有小湾工程的建设经验,也有混

---

① 溪洛渡拱坝安全度采用三种计算方法,分别为点安全法、常刚度迭代和极限荷载法。可研方案和优化方案安全度分析采用拱坝极限荷载法。

凝土材料自身抗裂特性先天不足。实施阶段,尽管开展了大坝混凝土施工配合比和性能试验,其自身体积变形仍为收缩20~40微应变(设计可研阶段少量试验成果,仅少量表现为微膨胀20微应变)。在这种背景下,溪洛渡拱坝的建设更为严谨,更有挑战。目标是不出现温度裂缝,且绝对不能出现危害性裂缝。另一方面,溪洛渡工程2007年顺利截流后,进入河床坝基开挖,针对河床水文地质条件的新情况,经对比分析和慎重技术咨询与决策,虽形成了"扩大基础、整体结构、连续浇筑、加强固灌"的共识,但这种地质变化引起的设计调整,带来的影响至少有三个方面:一是地基与坝体的整体安全;二是扩大基础后下部20m深岩体范围内包含14%需要处理的弱卸荷下限Ⅲ$_2$岩体的基础处理质量控制;三是保证安全和质量目标下,大坝按期蓄水发电和分年建设进度控制与度汛安全。

1.4.3.1　材料特性与复杂结构温控防裂

1. 材料抗裂性能先天不足

溪洛渡大坝混凝土粗骨料为玄武岩,细骨料为灰岩。招标设计阶段试验研究结果表明,由于玄武岩弹性模量较大,受骨料性质的影响,混凝土性能存在以下问题:(1)极限拉伸值不高,180d的极限拉伸变形为$100×10^{-6}$左右;(2)自身体积变形为收缩型,最大$-40×10^{-6}$,达不到微膨胀要求,这是混凝土温控设计中最为突出的问题;(3)弹性模量高;(4)徐变小;(5)导温系数小。这些特性使得混凝土变形能力较差、抗裂能力较低,需加以重视。

在调研国内外工程的相关经验的基础上,考虑主要采用了两条技术路线,即内含氧化镁及外掺氧化镁技术。通过大量的试验和理论研究表明:(1)外掺氧化镁技术,在理论上具有可控性,可根据混凝土特性确定生产工艺、掺量等参数。但是由于外掺氧化镁技术缺乏大型工程应用经验、无行业或国家标准、产品生产及质量不够稳定且混凝土安定性存在争议,以及试验方法和评价标准不统一等问题,因此该技术现阶段并不成熟,试验结果还不足以决定采用。(2)内含氧化镁技术,产品有国家标准和大型工程应用经验,在三峡大坝等工程也得到较为有效的应用。但其膨胀性和膨胀时间较难控制,且时效性差,难以满足溪洛渡大坝工程技术要求。该技术在溪洛渡招标设计阶段的试验并不理想,收缩值高达$-40×10^{-6}$。通过调整氧化镁含量、水泥成分等综合措施,使得该技术在抑制混凝土收缩方面得到了一定程度的改进。综合考虑各项因素,最后决策仍采用内含氧化镁技术,但必须研究解决改善混凝土变形性能和提高混凝土抗裂能力。

针对上述情况,在施工设计阶段对水泥品质提出了更严格的技术要求,尽可能地采取措施,改善混凝土变形性能,使混凝土自生体积变形值达到不小于$-20×10^{-6}$的设计要求,提高混凝土的综合抗裂能力。在混凝土材料方面主要采用了下列措施:(1)调整水泥中对抗裂有利的矿物组成和性能指标,在国标基础上提出了更严密、更精细化的要求(见表1-5);(2)适当提高水泥中对变形性能起作用的氧化镁含量在4.2%~5.0%,并要求水泥生产时尽可能提高对膨胀起决定性作用的膨胀源——方镁石含量;(3)改进水泥生产工艺,从原材料选配、煅烧、粉磨等各方面进行研究,以生产出满足上述要求的水泥。同时,在混凝土的配合比设计上,适当降低水胶比并提高粉煤灰掺量(由可行性研究阶段的30%提高到35%),重点选择极限拉伸值大、线胀系数小、发热量低的混凝土配合比,并尽可能减小坍落度和用水量改善混凝土抗裂性能。

表 1-5　溪洛渡工程规范与国家规范比较

规范	MgO 含量/%	比表面积 /(m²/kg)	28d 抗压 强度/MPa	28d 抗折 强度/MPa	水化热/(kJ/kg)	
					3d	7d
溪洛渡规范	4.2~5.0	250~320	49±3.5	≥7.5	≤241	≤283
GB 200—2003	≤5.0	≥250	≥42.5	≥6.5	≥251	≥293

在上述技术措施的基础上，经过生产和试验研究，内含氧化镁混凝土各项特性满足设计要求，同时混凝土具有如下特点：(1)用水量低、水泥用量少；(3)抗压强度高、抗冻、抗渗等级高；(3)绝热温升低、线膨胀系数小；(4)极限拉伸值富裕不大；(5)自身体积变形为早期是微收缩型、后期略有微膨胀；(6)弹模高、徐变小；(7)导温系数较小。同时混凝土的抗裂特性也得到了改善，水泥改良后的混凝土自生体积变形早期呈微膨胀变形，7d 之后开始收缩，7d 自生体积变形达到最大(约 10×10^{-6})，28d 自生体积变形平均为 -4.66×10^{-6}，60~90d 左右自生体积变形平均达到 $-10\times10^{-6}\sim-20\times10^{-6}$，然后体现出微膨胀变形。

现场实际试验成果以及无应力计试验结果表明，大坝混凝土抗压、抗拉、抗渗、抗冻、劈拉等指标满足设计指标要求；线膨胀系数和混凝土绝热温升指标较好；弹性模量偏大。但大坝 A、B、C 区混凝土 180d 极限拉伸值偏低，仅接近调整后的设计指标 0.05×10^{-4}；混凝土自生体积变形呈收缩性，存在 $25\times10^{-6}\sim39\times10^{-6}$ 收缩变形。与国内同类工程相比，仍呈现弹模高、极限拉伸值小、徐变小、自身体积收缩变形大、混凝土自身综合抗裂能力较弱等特性。与国内同类工程抗裂性能参数对比见图 1-18。

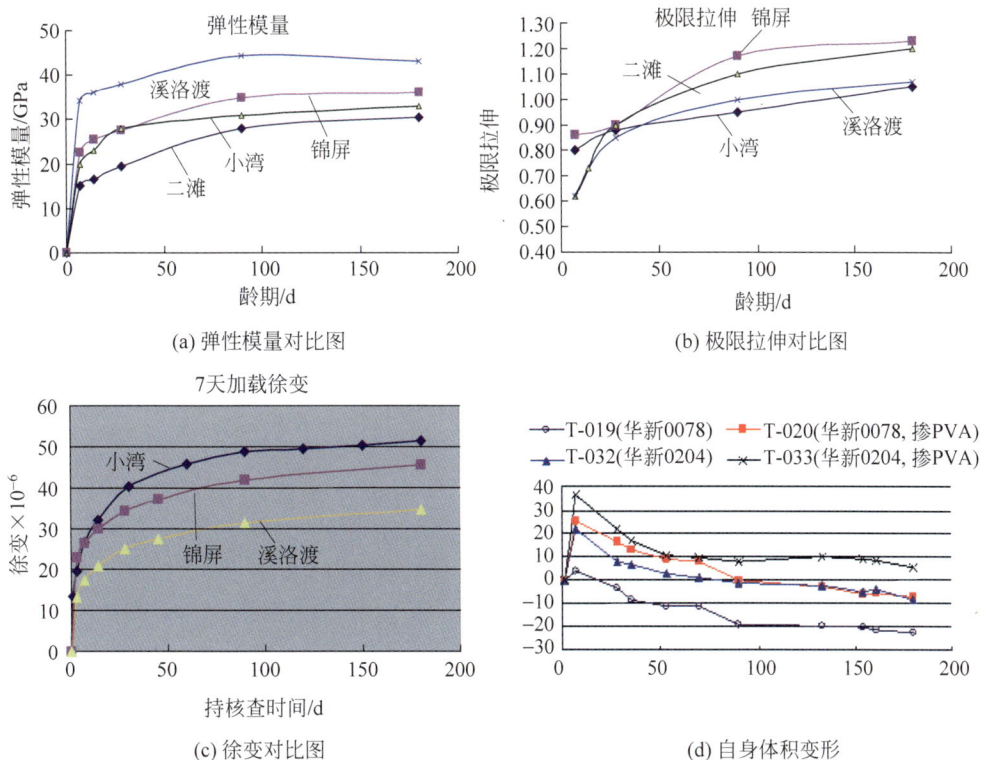

(a) 弹性模量对比图

(b) 极限拉伸对比图

(c) 徐变对比图

(d) 自身体积变形

图 1-18　溪洛渡玄武岩坝体混凝土抗裂性能参数

2. 传统人工通水冷却难以满足精细控温要求

溪洛渡拱坝按照"全坝全约束、全年生产冷混凝土、高内含氧化镁水泥、严格最高温度、严格温度变幅、严格表面保温养护、严格预报预警"等措施,来实现最严格的温控措施,以确保混凝土防裂安全。其中,个性化、精细化的分段缓慢通水冷却的严格控制是重点。

溪洛渡拱坝温度控制水管冷却过程,从时间上分为一期、中期和二期三期共九个阶段(图 1-19)。一期冷却通水龄期约 21d,中期降温、二期降温和接缝灌浆各阶段的通水龄期分别大于 45d、90d 和 120d,一期降温、中期降温和二期降温的目标温度分别为 21℃、17℃和各部位的封拱温度(12~16℃)。控温阶段要求将混凝土温度维持在各期冷却目标温度附近,减少温度回升。另外,在垂直高度方向,接缝灌浆自下而上分成已灌区、拟灌区、同冷区、过渡区和盖重区共五区(图 1-20)。对不同同冷层高度下,五区垂直温度梯度下接缝灌浆坝体温度和应力分析,高程 515m 以下为两个同冷区,高程 515m 以上为 1 个同冷区,两侧坝段混凝土龄期原则上不得小于 120d。

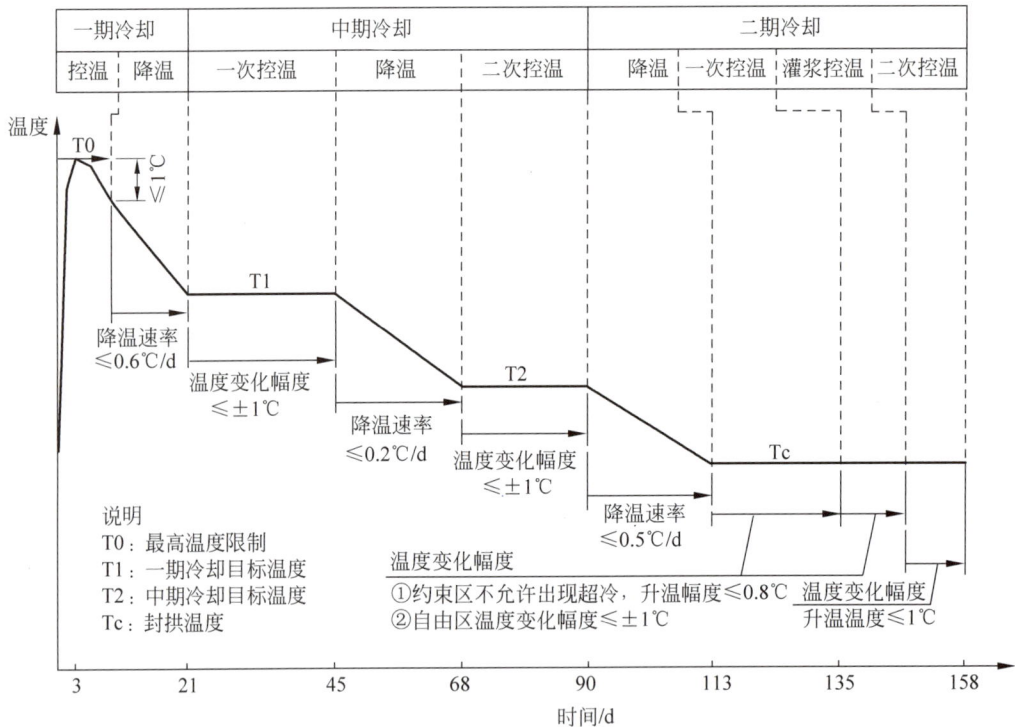

图 1-19 溪洛渡拱坝混凝土"三期九段"温控曲线

为确保接缝灌浆区同高程相邻坝段同时冷却至设计封拱温度,同时兼顾各坝段施工进程不一致出现的温度差异情况,以形成合适的温度梯度,必须精确地控制降温幅度,并协调分期冷却降温及控温时间,以减小混凝土梯度造成的温度应力。为此,通水冷却过程中,必须及时了解温升、温降、温控阶段状态等情况,适时进行流量及水温调整等工作,以使混凝土温控过程全程可控。然而,传统的通水冷却技术主要依靠人工进行,耗时费力,且冷却过程往往某一时段采用固定的水温及流量,不能够实现通水的实时调节,降温速率不能有效保证。通水数据及通水过程的真实性、及时性受人的主观意识影响较大,无法达到三期九段及

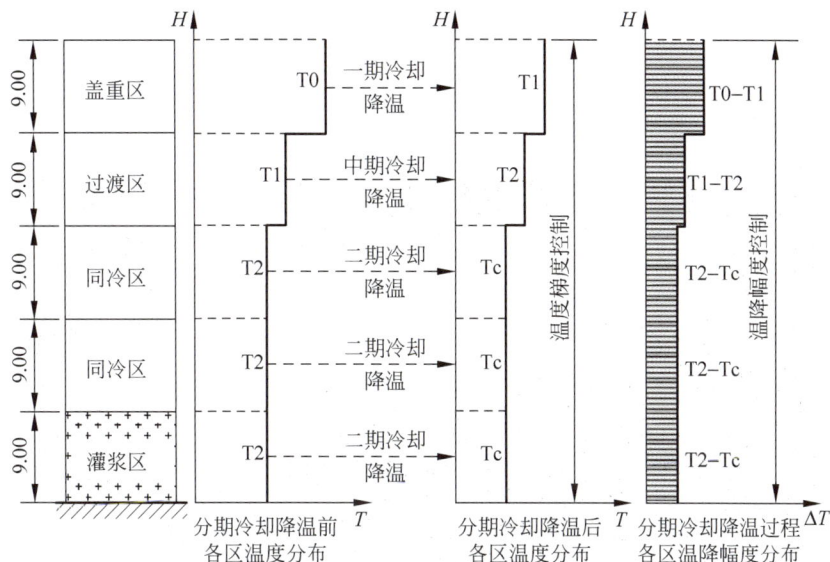

图 1-20 溪洛渡拱坝接缝灌浆温度梯度控制图

五区垂直温度梯度对"小温差、早冷却、慢冷却"的精细化温控防裂的要求。另外,坝体通仓薄层浇筑,扩大基础后基础约束区浇筑仓面最大达 1835m²,基岩约束作用较大,二冷末控制不当极易产生贯穿性裂缝。

3. 复杂结构增加坝体开裂风险

拱坝基础约束区、孔口约束区通常是温控防裂的重点区域。溪洛渡坝身设置 4 层 25 个孔口,孔口数居国内外同类工程之首(表 1-6)。复杂孔口群的金结设备制作及安装工作量大,与坝体混凝土施工相互交叉、干扰多,施工控制难度大;泄洪深孔流道采用全钢衬,深孔钢衬安装抬吊困难,拼接焊缝多、规格高、仓面施工场地狭小,难以快速施工,混凝土间歇期一般将达 30d 以上(设计最长间歇期一般不超过 28d)。这些都大大增加了坝体混凝土开裂风险。

表 1-6 国内特高拱坝坝身泄洪与孔口数对比表

项目	坝型	坝高/m	坝身孔口数量(表孔/深孔/底孔)	坝身泄洪流量/(m³/s)
乌东德	双曲拱坝	270	11(5/6/0)	27184
白鹤滩	双曲拱坝	289	13(6/7/0)	30000
溪洛渡	双曲拱坝	285.5	25(7/8/10)	32278
锦屏Ⅰ级	双曲拱坝	305	11(4/5/2)	10577
小湾	双曲拱坝	294.5	18(6/7/5)	16889
二滩	双曲拱坝	242	17(7/6/4)	16400

1.4.3.2 河床Ⅲ₂级岩体基础处理质量控制

拱坝坝体与坝基岩体联合受力特点决定拱坝基础必须有足够的整体性、均一性、稳定性和抗渗性。对于特高拱坝,确保基础处理质量尤为重要。溪洛渡拱坝基础主要地质问题为玄武岩的层间层内错动带及风化夹层,河床坝段建基面全部以Ⅲ$_1$类和Ⅱ类岩体为主,建基面以下深度20m范围内局部含有Ⅲ$_2$级岩体(图1-21)。经综合研究对比,采取加密固灌等基础处理措施,满足坝体基础整体协调变形的要求。

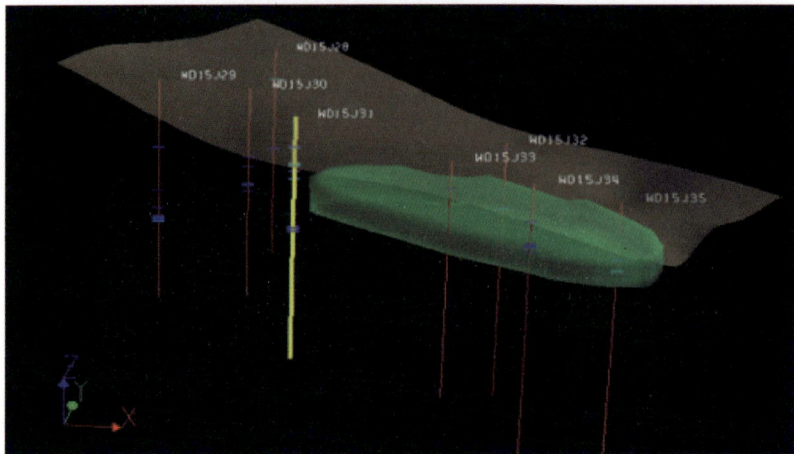

图 1-21　河床基础Ⅲ$_2$级岩体分布图

红线—地质勘探孔;绿色区域—Ⅲ$_2$岩体;灰色区域—河床建基面

　　灌浆工程为隐蔽工程,传统灌浆过程中大量的操作都需要人工反复调节完成,费时费力,且操作水平和操作精度难以保证,不利于提高灌浆施工质量;加之灌浆结果的不可见性,施工人员很难直观地跟踪和检查其进度与质量状况,施工质量和进度的过程管理一直为工程管理中的重点与难点。针对溪洛渡河床基础一定深度含有14%的Ⅲ$_2$级岩体,为确保坝基加固质量可控,急需探索更加科学的灌浆质量控制模式。

1.4.3.3　扩大基础后坝体结构整体安全

　　溪洛渡拱坝河床坝段基础地质变化与对策,对比可研设计,重点有两方面的变化,一是河床坝段建基面以下20m深度范围内Ⅲ$_2$级岩体所占比例约14%,突破了拱坝设计规范对建基基础岩体质量的传统要求;二是扩大开挖优化拱坝底部结构,加宽河床坝段下部基础结构,增加上下游贴角,使河床坝段坝基底宽由64m扩大至87m。面对这些情况,没有成熟的工程经验可供借鉴,虽进行了拱坝应力、稳定的复核,但仍需要验证。

　　要确保优化调整后的大坝全生命期安全,从理论上必须进一步深化对拱坝结构的认识,尽可能精确仿真计算特高拱坝各阶段的真实工作性态,提出全过程或各阶段安全评价指标,建立特高拱坝的安全评价体系;从实践上看,建设期至少需要对每一个浇筑块、每一层接缝灌浆、每一个施工过程和每一次结构体系的变化都要做好两件事:一是已完成的施工,要与设计、科研的预计成果吻合,符合规律;二是将要开始的施工进行预测分析,合理调整,细化施工过程,使建设过程安全可控。

1.4.3.4　长江干流分年度汛和挡水安全

　　特高拱坝施工为一个系统工程,具有约束条件多、边界条件复杂等特点,还需考虑施工导流、度汛、蓄水发电等阶段性的目标要求。溪洛渡拱坝施工过程中,受坝基地质缺陷处理和基础固结灌浆工程量增加等综合影响,坝体混凝土施工进度相对于合同工期滞后约 11.5 个月。作为西部大开发的重点工程和西电东送骨干电站,如期蓄水发电目标必须以质量和安全为目标,通过资源优化和施工优化来实现。根据金沙江流域多年水文观测,溪洛渡坝址多年平均流量为 $4570\mathrm{m}^3/\mathrm{s}$,实测最大流量 $29000\mathrm{m}^3/\mathrm{s}$,调查历史最大洪水流量 $36900\mathrm{m}^3/\mathrm{s}$,需要严格控制拱坝工程中坝体混凝土施工、接缝灌浆施工、坝基处理、坝体各孔洞金结安装等形象节点时间,确保施工期安全度汛。

因此,面对河床水文地质条件变化带来的结构设计调整和合同工程量增加导致的优质按期蓄水和分年度汛压力,如何克服混凝土持续高强度施工带来的设备人力资源困难,如何保证各单元混凝土备仓浇筑科学快速,如何保证廊道、孔口、悬臂等特殊部位混凝土均衡上升,如何高效进行基础处理、金结制安施工,以减小对混凝土施工的影响等,这一系列问题需要在施工组织、施工技术、结构安全、进度分析与控制和现场组织与管理上,要有更多重大的突破。

1.4.4　溪洛渡特高拱坝智能化建设

高拱坝智能化建设,就是采用新型量测仪器和设备,进行现代化、信息化的数据采集传输和处理,建立仿真模型,进行集成创新,使整个工程的质量和进展完全可控。具体而言,就是利用先进的传感技术、先进的设备、先进的控制方法以及先进的决策支持系统,按照“统一模型、平台和接口,数据准确、全面、及时、共享,直接面向生产需求,重在预测、预报、预警、预控,应用操作简单、直观、逼真、智能”的原则,实现高拱坝施工全过程在线、实时、智能监控,重点解决大坝建设过程中施工现场的原材料、拌合楼、水平运输与垂直运输、仓面下料、平仓振捣及温控养护等“一条龙”的智能化控制,对采集的数据开展有效分析,实现现场监测、仿真分析、智能控制一体化融合,进而实现其高标准、高质量、高速度的安全建设。

图 1-22 描述了溪洛渡特高拱坝基于真实数据驱动的智能化建设系统,是从结构整体

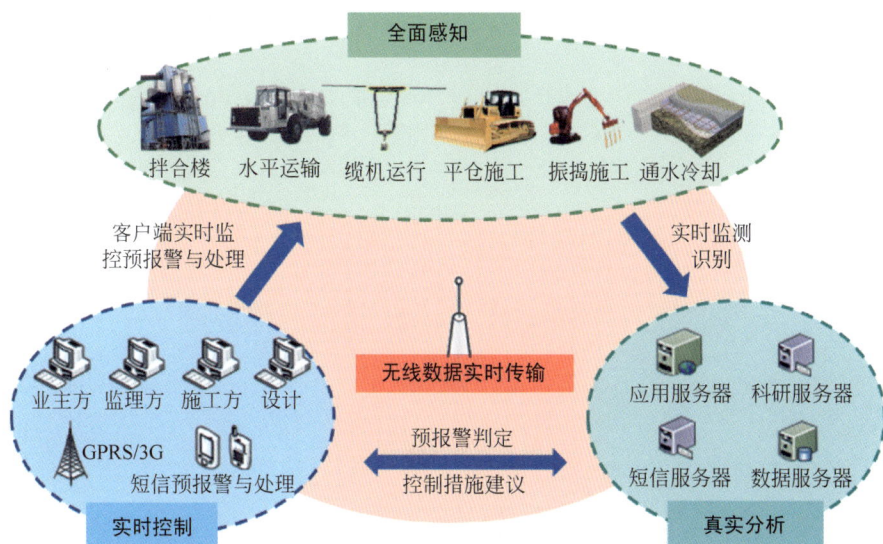

图 1-22　溪洛渡基于真实数据驱动的闭环智能控制体系框架图

性、混凝土均匀性、坝体均衡性、施工连续性和工程耐久性出发,以混凝土无裂缝、大坝和基础最优工作性态控制,并确保其全生命期工程安全为目标,针对"混凝土温控防裂、质量控制、坝身快速施工、基础处理"等关键难题,基于"全面感知、真实分析、实时控制"的特高拱坝智能化建设理论,集合设计、施工、监理、科研院校和科技公司等跨专业、跨单位的力量,集成互联移动技术、数据筛分技术、三维仿真技术、预警预判和决策支持技术、高精度定位技术,构建了溪洛渡特高拱坝智能化建设体系框架。

(1)大规模应用水工无线光纤和数字测温计,研发了智能手机仓面管理系统、灌浆数据自动采集等智能化监测技术,解决了复杂环境下工程信息的准确、及时采集问题,快捷、全面获取大坝属性与施工现场数据,并集成进入大坝全景模型(dam information model,DIM);

(2)以光纤传输、WiFi无线覆盖、3G+ZigBee等通信技术为基础的综合性数据实时双向传输系统,确保拱坝数据采集传输的高稳定性与现场的高适用性;

(3)基于数据挖掘技术和智能采集的海量数据,通过全坝全过程真实工作性态仿真分析,对温度应力、变形特性等工作性态和进度控制开展分析优化,动态调控;

(4)建立拱坝建基岩体开挖,基础处理,混凝土拌合、运输、振捣,混凝土温度控制,拱坝工作性态与进度优化的综合定量评价体系,为智能化建设提供判断准则和判别标准;

(5)研发混凝土振捣数字监控及预警反馈控制系统、通水冷却智能控制系统和基础灌浆智能监控系统,实现了大坝混凝土浇筑质量全过程、混凝土通水冷却和基础灌浆处理的预警、预报和智能控制;

(6)运用"智能大坝"协同业务工作平台(intelligent dam analysis management,iDam),为溪洛渡拱坝智能化建设提供先进的信息共享工具,实现过程数据在参建各方的有效流转,确保全面感知、真实分析和实时控制的高效运转。

参考文献

[1] 梁维燕,邴凤山,饶芳权,等.中国电气工程大典.第5卷.水力发电工程[M].北京:中国电力出版社,2010.

[2] 董哲仁.试论生态水利工程的基本设计原则[J].水利学报,2004,10:1-6.

[3] 王平平.浅议水利工程施工管理[J].中国水运(学术版),2007,01:63-64.

[4] 陈述,郑霞忠,余迪.水利工程施工安全标准化体系评价[J].中国安全生产科学技术,2014,10(2):167-172.

[5] 傅春,杨志峰,刘昌明.水利现代化的内涵及评价指标体系的建立[J].水科学进展,2002,13(4):502-506.

[6] 欧阳红祥,李欣,方国华.水利工程管理现代化及其评价体系[J].南水北调与水利科技,2012,10(1):150-157.

[7] 方国华,高玉琴,谈为雄,等.水利工程管理现代化指标体系的构建[J].水利水电科技进展,2013,33(3):39-44.

[8] 刘永强,张洪瑞,钱璧君.基于FAHP的水利工程项目成本风险管理研究[J].水电能源科学,2009,27(4):151-154.

[9] LIN P,LI Q B,FAN Q X,et al. Real-time monitoring system for workers' behavior analysis in large-dam construction site [J]. International Journal of Distributed Sensor Networks,2013.

[10] 王国进,赵志勇,董泽荣,等.监测体系建立与监控体系研究[J].水利学报,2011,42(增刊):75-80.

[11] LIN P,LI Q B,HU H. A flexible network structure for temperature monitoring of a super high arch dam [J]. International Journal of Distributed Sensor Networks,2012. doi：10.1155/2012/917849.

[12] Gaziev E. Safety provision and an expert system for diagnosing and predicting dam behavior [J]. Hydrotechnical Construction,2000,34(6)：285-289.

[13] 钟登华,常昊天,刘宁,等.高堆石坝施工过程的仿真与优化[J].水利学报,2013,44(7)：863-871.

[14] 钟登华,胡程顺,张静.高土石坝施工计算机一体化仿真[J].天津大学学报,2004,37(10)：872-877.

[15] 钟登华,赵晨生,张平.高心墙堆石坝坝面碾压施工仿真理论与应用[J].中国工程科学,2011,13(12)：28-32.

[16] 钟登华,吴康新,任炳昱.面向对象的高拱坝施工全过程动态仿真[J].天津大学学报,2007,40(8)：976-982.

[17] 钟登华,刘东海,崔博.高心墙堆石坝碾压质量实时监控技术及其应用[J].中国科学：技术科学,2011,41(8)：1027-1034.

[18] 马洪琪,钟登华,张宗亮,等.重大水利水电工程施工实时控制关键技术及其工程应用[J].中国工程科学,2011,13(12)：20-27.

[19] 崔博,胡连兴,刘东海.高心墙堆石坝填筑施工过程实时监控系统研发与应用[J].中国工程科学,2011,13(12)：91-96.

[20] Zhong D H,Cui B,Liu D H,et al. Theoretical research on construction quality real-time monitoring and system integration of core rockfill dam [J]. Sci China Tech Sci,2009,52(11)：3406-3412.

[21] 朱伯芳.高拱坝的数字监控[J].水利水电技术,2008,39：15-18.

[22] 朱伯芳,张国新,许平,等.混凝土高坝施工期温度与应力控制决策支持系统[J].水利学报,2008,39：1-6.

[23] 樊启祥,洪文浩,汪志林,等.溪洛渡特高拱坝建设项目管理模式创新与实践[J].水力发电学报,2012,31(6)：288-293.

[24] 李庆斌,林鹏,胡昱.特高拱坝建设科研模式创新与实践——兼论科研工作在溪洛渡拱坝建设项目管理模式中的地位与作用[J].水力发电学报,2013,32(5)：281-287.

[25] 林鹏,李庆斌,周绍武,等.大体积混凝土通水冷却智能温度控制方法与系统 [J].水利学报,2013,44(8)：950-957.

[26] 樊启祥,周绍武,林鹏,杨宁.大型水利水电工程施工智能控制成套技术及应用[J].水力发电学报,2016.47(6)：80-87.

[27] 钟桂良,尹习双,等.高拱坝混凝土运输过程智能控制技术研究[J].水力发电学报,2015,41(2)：55-58.

[28] 张国新,刘毅,李松辉,刘有志,等.混凝土坝温控防裂智能监控系统及其工程应用[J].水利水电技术,2014,45(1)：96-102.

[29] 钟登华,王飞,吴斌平,等.从数字大坝到智慧大坝[J].水力发电学报,2015,34(10)：1-13.

[30] 李庆斌,林鹏.论智能大坝[J].水力发电学报,2014,33(1)：139-14.

[31] 贾金生.中国大坝统计、建设进展及未来任务简论[C]//现代坝工技术国际研讨会暨中日韩瑞大坝委员会学术交流会,2009.

[32] 贾金生,袁玉兰,郑璀莹,马忠丽,等.中国水库大坝统计和技术进展及关注的问题简论[J].水力发电,2010,36(1)：6-10.

[33] 汝乃华,姜忠胜.大坝事故与安全：拱坝[M].北京：中国水利水电出版社,1995.

[34] 中国大坝协会.100m 以上高拱坝统计资料[R].2010.8

[35] 朱伯芳,高季章,陈祖煜,厉易生.拱坝设计与研究[M].北京：中国水利水电出版社,2002.

[36] 金峰.高等水工结构-拱坝工程讲义[M].北京：清华大学,2010.

[37] 李瓒.胡佛大体积重力拱坝体形设计思想剖析[J].西北水电,2000(2)：50-52.

[38] 金峰,等.奥地利高拱坝考察报告[R].北京：清华大学,2007.

[39] 夏颂佑,鲁慎吾,KOLNBREIN.拱坝坝踵开裂机理探讨[J].水电站设计,1999,15(1):26-33.

[40] ZENZ G,LINORTNER J. Hydropower plant Ermenek-arch dam construction[J]. Felsbau,2007,25(5):36-42.

[41] 王仁坤,等.水工设计手册:第五卷[M].2版.北京:中国水利电力出版社,1987.

[42] 汝乃华.拱坝开裂的历史经验[J].水利学报,1990(9):17-25.

[43] 田斌.奥地利Kelnbrein拱坝坝踵开裂成因探讨[J].河海大学学报,1997,24(6):92-95.

[44] 国内外水利枢纽工程混凝土裂缝及处理的调查与研究(下)[C]// 宜昌:中国长江三峡工程开发总公司,2003.157-204.

[45] 王仁坤.溪洛渡等特高拱坝的关键技术研究与实践[J].现代水利水电工程抗震防灾研究与进展,2011.

[46] 特高拱坝建设总结及安全运行管理研究[R].北京:国家能源局,2015.

[47] 李瓒,陈飞,郑建波,等.特高拱坝枢纽分析与重点问题研究[M].北京:中国电力出版社,2004.

[48] 邹丽春,王国进,汤献良,等.复杂高边坡整治理论与实践[M].北京:中国水利水电出版社,2006.

[49] 潘家铮.水电要为减排做更多的贡献[J].中国三峡,2010(7):5-11.

[50] 周建平,杜效鹄.中国特高拱坝建设特点与关键技术问题[J].水力发电,2012,38(8):29-32.

[51] 张国新,谢敏,赵文光,向弘.特高拱坝温度应力仿真与温度控制的几个问题探讨[C]//水电2006国际研讨会,昆明,2006.

[52] 张德荣,刘毅.锦屏一级高拱坝温控特点与对策[J].中国水利水电科学院学报,2009,7(4):270-274.

[53] 张国新,樊启祥,刘有志,周绍武.特高拱坝温控标准与措施的优化研究[J].水利学报,2012,43(sl):52-58

[54] 袁光裕,等.水利工程施工[M].北京:中国水利水电出版社,2005.

[55] 张超然,等.水利水电工程施工手册——混凝土工程[M].北京:中国电力出版社,2002.

[56] 国家能源局.水工混凝土施工规范:DL/T 5144—2015[S].北京:中国电力出版社,2015.

[57] 朱伯芳.大体积混凝土温度应力与温度控制[M].北京:中国水利水电出版社,2012.

[58] 张国新,杨波,张景华.RCC拱坝的封拱温度与温度荷载研究[J].水利学报,2011,42(7):812-818.

[59] 刘晓青,李同春,韩勃.模拟混凝土水管冷却效应的直接算法[J].水利学报,2009,40(7):892-896.

[60] 吴中如.水工建筑物安全监控理论及其应用[M].北京:高等教育出版社,2003.

[61] 陆阳,陆力.大体积混凝土后期冷却优化控制[J].水力发电,1995 1995(6):42-46.

[62] 黎汝潮.三峡工程塑料冷却水管现场试验与研究[J].中国三峡建设,2000(5):20-23.

[63] 陈秋华,邵敬东,赵永刚.RCC高拱坝埋设冷却水管技术研究[J].水电站设计,2001 17(3):12-14.

[64] Bureau of reclamation. Cooling of concretedams:final reports[M]. Washington DC,USA:Bureau of Reclamation,1949

[65] 朱伯芳.混凝土坝的温度计算[J].中国水利,1956,11:8-20.

[66] ZHU B F. Effect of cooling by water flowing nonmetalpipes embedded in mass concrete [J]. Journal of Construction Engineering and Management,1999,125(1):61-68

[67] LIUC. Temperature field of mass concrete in a pipe lattice[J]. Journal of Materials In Civil Engineering,2004,16(5):427.

[68] CHARPIN J,MYERS T,FITT A D,et al. piped Water Cooling Ofconcrete Dams[C]//MASON D P,FORWKES N D. Publicationof the 1st South African Mathematics In Industry Studygroup. Johannesburg:University of the Witwatersrand,2004.

[69] MYERS T,FOWKES N,BALLIN Y. Modeling the cooling of concrete by piped water [J]. Journal of Engineering Mechanics,2009,135(12):1375.

[70] 刘晓青,李同春,韩勃.模拟混凝土水管冷却效应的直接算法[J].水利学报,2009,40(7):892-896.

[71] KAWARABA H,KANOKOGI T,TANABE T. development of the FEM program for the analysis of

pipe cooling effects on the thermal stress of massive concrete[j]. Trans JCI,1986,8：125-130.

[72]　麦家煊.水管冷却理论解与有限元结合的计算方法[J].水力发电学报,1998,29(4)：31-41.

[73]　ZHU B F,CAI J B. Finite element analysis of effect of pipe cooling in concrete dams[J]. Journal of Construction Engineering and Management,1989,115(4)：487-498.

[74]　刘宁,刘光廷.水管冷却效应的有限元子结构模拟技术[J].水利学报 1997,28(12)：43-49.

[75]　KIM J K,KIM K H,YANG J K. Thermal analysis of hydration heat in concrete structures with pipe-cooling system[J]. Computers & Structures,2001,79(2)：163-171.

[76]　袁光裕.水利工程施工[M].3 版.北京：中国水利水电出版社,2001.

[77]　陈燕顺.建筑工程项目施工组织与进度控制[M].北京：机械工业出版社,2003.

[78]　ALAN A,PRITSKER B. Modeling and analysis using QCERT network[M]. NewYork：John Wiley and Sons,lnc. 1977.

[79]　MOELLER G L,DIGMAN L A. Operations planning with VERT[J]. Operations Research,1981,29(4)：676.

[80]　JURECHA W,WIDMANN R. Optimization of dam concreting by cable cranes［C］//11th International Congress on Large Dams,Vol. Ⅲ,1973：43-49.

[81]　HAIPIN D H. CYCLONE method for modeling job site processes[J]. Journal of Construction Engineenngand Management,ASCE,1977,103(3)：489-499.

[82]　YOSHIHIRO K,MAMORU H. Design of Concrete placement scheduling and controll system in dam construction[J]. Transactions of the Japan Society of Civil Engineers,1984,J4：339-340.

[83]　KAMA V,MARTINEZ J. Visualizing simulated construction operations in 3D［J］. Journal of Computingin Civil Engineering,2001,15(4)：329-337.

[84]　MOHAMED Y,ABOURIZK S. Frame work for building intelligent Simulation models of construction operations[J]. Journal of Computing in Civil Engineering,ASCE,2005,19(3)：277-291.

[85]　朱光熙.二滩水电站双曲拱坝混凝土浇注的计算机模拟[J].工程理论与实践,1985(3)：25-32.

[86]　ZHONG D H,LI J R,ZHU H R. Geographic information system based visual simulation methodology and its application in concrete dam construction processes[J]. Journal of Construction Engineering and Management,ASCE,2004,130(5)：742-750.

[87]　李景茹,钟登华.基于 GIS 的混凝土坝施工可视化仿真技术及其应用[J].中国工程科学,2005,7(8)：70-74.

[88]　钟登华,练继亮.大坝仿真计算中机械浇筑强度分析与优化研究,水利水电技术,2003,34(7)：47-57.

[89]　钟登华,任炳昱,李明超,等.高拱坝施工质量与进度实时控制理论及应用[J].中国科学：技术科学,2010,40(12)：1389-1397.

[90]　申明亮,熊碧露,肖宜.基于 openGL 的混凝土坝施工三维动态图形仿真[J].中国农村水利水电,2012,(5)：85-86.

[91]　李婷婷.混凝土坝健康诊断及其预警系统[D].南京：河海大学,2006.

[92]　施松新.基于 GIS 的数字流域系统集成关键技术研究[D].武汉：华中科技大学,2004.

[93]　黄桂田,龚六堂,张全升.中国物联网发展报告(2011)[M].北京：社会科学文献出版社,2011.

[94]　王保云.物联网技术研究综述[J].电子测量与仪器学报,2009,23(12)：1-7.

[95]　陈海滢,刘昭.物联网应用启示录——行业分析与案例实践[M].北京：机械工业出版社,2011.

[96]　乔亲旺.物联网应用层关键技术研究[H].电信科学,2011,10A：59-62.

溪洛渡水电站原始地貌（摄影者张国良，2013 年）

完建溪洛渡水电站全景（摄影者王连生，2017 年）

溪洛渡水电站工程开始截流(摄影者王连生,2007 年 11 月 7 日)

溪洛渡建设者向截流龙口发起总攻(摄影者庞卡,2007 年 11 月 8 日)

溪洛渡大江截流成功（摄影者王连生，2007 年 11 月 8 日）

溪洛渡基坑上下游围堰防渗墙施工（摄影者王连生，2007 年 12 月 7 日）

第 ② 章

特高拱坝智能化建设理论和体系

特高拱坝施工过程复杂,涉及基础开挖、基础处理、混凝土浇筑、接缝灌浆以及金属结构安装等多个施工环节,且各施工环节相互之间交叉影响、错综复杂,施工过程中随着接缝灌浆的进度,拱坝的结构形态、拱梁体系在不断转化。"全面感知、真实分析、实时控制"的特高拱坝智能化建设理论,以新一代通信技术为支撑,集成了物联网技术、移动通信技术、数据筛选分析技术、三维仿真技术、预警预判和决策支持技术、高精度定位技术,在"实时监测、全坝分析、智能控制、协同工作"等关键科学技术问题上进行系统研究和实践,形成了以"大坝全景信息模型(dam information model)与智能拱坝建设信息化平台(intelligent dam management)"为核心的先进的软件环境,以及"大坝施工全过程综合信息感知与实时监控技术""基于海量感知数据的大坝智能化(仿真)分析关键技术""大坝-基础质量关键智能控制技术"等智能控制关键技术,并研发相应的智能控制装置和系统,解决了特高拱坝混凝土温控防裂、质量控制、均衡快速施工、基础处理、结构工作性态分析、工程数据共享等关键施工难题,为特高拱坝建设提供科技支撑和系统解决方案。

2.1　概述

2.1.1　控制论的基本要求

自从 1948 年诺伯特·维纳发表了著名的《控制论——关于在动物和机器中控制和通信的科学》[1]一书以来,控制论的思想和方法已经渗透到了几乎所有的自然科学和社会科学领域。维纳把控制论看作是一门研究机器、生命社会中控制和通信的一般规律的科学,是研究动态系统在变的环境条件下如何保持平衡状态或稳定状态的科学。典型的控制流程如图 2-1 所示[2]。

控制论强调系统的行为能力和系统的目的性。控制论认为任何系统要保持或达到某一目标,就必须采取一定的行为。输入和输出就是系统的行为。控制论的研究表明,无论自动机器,

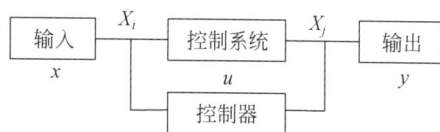

图 2-1　典型控制流程

还是神经系统、生命系统,以至经济系统、社会系统,抛开各自自身的质态特点,都可以看做一个自动控制系统[2-5]。自动控制(automatic control)就是指在没有人直接参与的情况下,利用外加的设备或装置,使机器、设备或生产过程的某个工作状态或参数自动地按照预定的规律运行[6-8]。

20 世纪 80 年代以后,信息技术、计算技术的快速发展及其他相关学科的发展和相互渗透,也推动了控制科学与工程研究的不断深入,控制系统向智能控制系统的发展已成为一种趋势。智能控制(intelligent controls)就是在无人干预的情况下自主地驱动智能机器实现控制目标的自动控制技术[9-14]。智能控制的研究和应用,集合互联网、物联网技术在更大深度和广度上的进行拓展[15-18]。

2.1.2 高拱坝施工过程控制要求

我国的特大型水电工程,均位处深山峡谷地区,工程水文地质条件复杂,施工环境恶劣,施工安全问题突出,施工场地狭小,不利于施工设施布置与交通运输,大坝施工难度很大。高拱坝施工过程涉及基础处理、大坝混凝土浇筑、接缝灌浆以及金属结构安装等多个施工环节,且各施工环节相互交叉影响;同时高拱坝施工过程还受水文、气象等自然环境、施工场地及交通布置、机械设备与建筑材料、施工工艺与组织方式等诸多因素的影响,需要以拱坝结构安全及大坝混凝土无裂缝为出发点,处理好拱坝建设技术。

高拱坝的结构安全、施工质量和进度是施工过程控制的核心要素。因此,如何从高拱坝永久安全运行出发,在大坝建设过程中,有效地进行拱坝工作形态的施工质量的动态监控与分析,比选合理的施工方案,及时调整与控制施工进度,高效地集成与分析大坝建设过程中的施工信息,实现远程、移动、及时、便捷的工程建设管理与控制,是高拱坝工程建设能否实现高标准、高强度连续施工的关键技术问题[19-23]。

虽然目前高拱坝进度和质量控制利用信息化技术已取得很大的成果[24-26],但在实际生产实践中高效组织其建设过程还存在以下诸多不足。在进度控制方面,主要通过台账记录仓位浇筑信息、人工安排跳仓计划,耗时耗力且仅适合短期进度计划,对于中、长期的进度预测分析缺乏数据的有效支持,当需要对多个跳仓方案优化比选时更显得无能为力[27-51];在质量控制方面,主要通过"施工方三检制、监理检验开仓制和监理巡视、监理旁站"方式,受人为因素影响较大[52-73];在工程数据方面,参建各方只负责采集分析跟自己相关的信息,"信息孤岛"现象比较明显,缺乏一种网络环境下的集成化综合分析平台,来解决复杂环境下的数据采集和海量数据共享问题[74-82]。

2.1.3 特高拱坝智能化建设理论

特高拱坝智能化建设,是在大坝建设数字化的基础上,基于物联网、自动测控和云计算技术,运用通信与智能控制技术,实现对大坝结构全生命期信息的实时、在线、个性化管理与分析,从而实现对坝体、坝基实时工作性态进行控制的综合筑坝集成技术。简言之,就是采用通信与智能控制技术对大坝全生命期实现所有信息的实时感知、自动分析与性能控制的筑坝技术。图 2-2 给出了基于物联网的闭环智能控制高拱坝智能化建设体系结构图。

该体系的基本特征为通过对混凝土结构、施工设备、施工环境和现场人员的管理与控

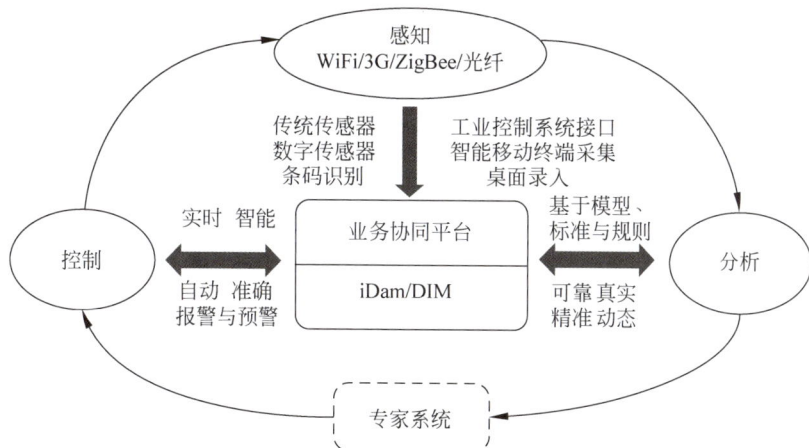

图 2-2 闭环控制特高拱坝智能化建设体系结构图

制,将施工过程、监测反馈信息、环境信息等各类数据自动采集进入数据库,实现监测数据仿真分析一体化、施工管理和预警控制在线智能化,减少在大坝结构建设运行过程中的人为干预,实现对施工现场人员和工程质量的安全有效智能管控,达到提高生产效率、增强大坝结构安全目的,从而确保工程全生命期安全。

由图 2-2 可以看出,实时全面传感感知、实时数据驱动的真实分析、预报预警实时控制是智能控制的三个关键要素。感知,就是采用自主研发的先进的传感与采集技术,及时、全面获取工程数据,并依靠互联、移动网络实时传输;分析,就是基于海量数据、质量安全判断规则与标准,利用实时数据全过程开展坝体真实工作性态分析,通过知识管理专家咨询体系,对拱坝建设质量、安全和进度进行预判与决策;控制,就是通过智能设备及系统,通过预定的时程曲线和控制标准进行动态的优化和调控,实现目标和过程的有效控制,并结合阈值比较分析,达到预测、预警报警和动态调整的目的。

2.1.4 高拱坝智能化建设内涵

高拱坝智能化建设,体现了集成化、全生命特性,科学、现代化的管理创新,其核心理念是:①集成化,强调基于管理活动的项目参与各方(业主牵头下的设计、监理、施工、科研、技术咨询)资源的最优整合,特别是面向建设管理过程及全员的协同工作,极大地提高了项目管理效率,实现了科研成果紧密结合生产实践,真正做到产学研用的良性循环,实现了各方的互利与共赢;②全生命期,强调从设计、施工到运行全过程的方案和措施设计、工程数据采集,保证信息的"六性"(及时性、真实性、准确性、全面性、有效性和预见性);③质量保障,强调质量管理的动态性,关键是预警、预报,主要在预防。

高拱坝智能化建设,是施工全过程全面精细化的施工技术、控制技术的创新,其核心理念是:①精细控制,采取一系列的智能控制技术,如通水冷却智能控制系统、混凝土数字振捣系统和灌浆记录仪数据在线监控系统,保障了施工数据的及时性和真实性,确保设计技术要求和工艺的落实;②精细化管理、精细化施工,研发了一套行业软件,对混凝土基础处理、混凝土施工、温度控制的数据进行全面的搜集、整理、分析、展示、共享,促进了精细化施工和管理,保证了数据的准确性和全面性;③预防为主,保证工程的质量和安全需要参建各方的协调配合,需要做到精心管理、精心设计、精心科研、精心施工;谨慎、客观、前瞻性的科研成果为上述要求的落实提供支持,保证了数据的有效性和预见性,为工程质量和安全的预控提供保障。

高拱坝智能化建设,体现了建设过程遵循实时、在线、个性化的行动原则创新,其核心理念是:①实时、在线:通过集成一体化协同工作平台内智能化监测系统,实现了施工数据的实时、在线采集;②仿真反馈:在施工数据实时、在线采集的基础上,实现全过程、全方位的仿真反演和预测仿真,做到及时预警预报、可知可控;③个性化控制:特高拱坝结构复杂,温度、应力应变分布不均,施工进度控制困难,为全面实现工程质量、进度、安全等目标,须对悬臂高度、通水冷却方案、灌浆时机等进行个性化控制。

2.2　全面感知

高拱坝施工过程工程数据的全面感知,就是结合施工现场的自然条件与施工布置特点,通过自主研发的先进、成熟的感知设备与信息采集技术,将无线传输、智控设备自动采集、现场 PDA 录入、计算机桌面录入、RFID 射频识别等数据采集手段引入到大坝基础处理、混凝土施工、温度控制等数据的采集工作中,全面、及时地获取拱坝建设的真实信息,并依靠互联、移动网络实时传输,有效及时地传输进入数据库,主要把握感知和实时传输两个环节。图 2-3 给出了特高拱坝施工过程全面感知技术体系图。

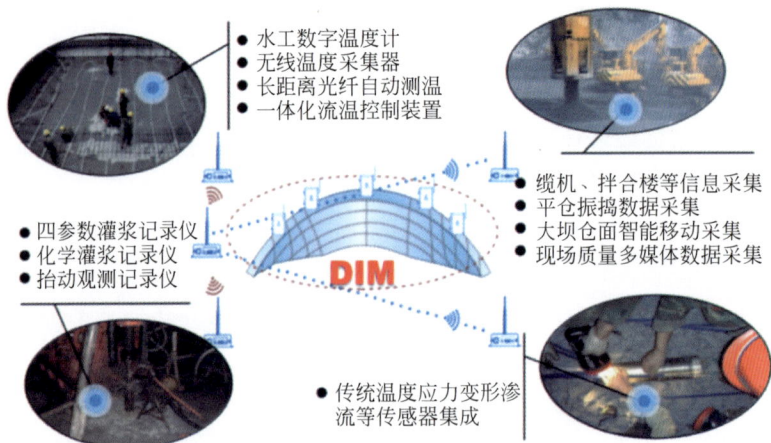

图 2-3　高拱坝施工数据全面感知和双向传输体系图

2.2.1　基于互联网的全过程智能化监测

具体实施过程,可根据各个业务的应用场景,分析并选择合适的感知技术,并以此为基础对感知流程进行重组、对采集模式进行优化,形成一系列符合拱坝施工特点的数据感知模式,具体内容如下:

(1) 在工程施工现场,利用光纤、WiFi、3G＋ZigBee 等通信传输技术,建立覆盖整个工

地的无线网络,利用无线传输或光纤传输等手段,为综合数据采集提供稳定、高速的网络基础设施;

(2) 对有自动控制设备的生产系统,应用数据库技术及组态技术,实现与监控系统的对接,进行数据的实时提取与分析;

(3) 对于作业面不固定,流动性较大的采集部位,应用无线数据采集终端及射频/条码识别技术,进行灵活、实时的数据采集;

(4) 对于大批次的实时跟踪数据,应用在线式数字传感器,实现周期性、高效的数据采集;

(5) 对于流程化、表单化的设计、质检等数据,采用移动 PDA/智能手机/现场手工录入与流程化的数据处理模式,或专用的导航式数据录入系统,通过规范性管理减少出错的概率。

2.2.2 大坝全景信息模型 DIM

建筑信息模型(building information model,BIM)是一个设施(建设项目)物理和功能特性的数字表达,是一个共享的知识资源,通过分享有关这个设施的信息,为该设施从建设到拆除的全生命期中的所有决策提供可靠依据;在项目的不同阶段,不同利益相关方通过在 BIM 中插入、提取、更新和修改信息,以支持和反映其各自职责的协同作业[83-89]。BIM 具有可视化、协调性、模拟性、优化性和可出图性五大特点[83-89]。

大坝全景信息模型(dam information model,DIM),是在全面继承大坝 BIM 设计信息的基础上,以工程结构物分解(project breakdown structures,PBS)、结构物(地质)三维模型为核心,运用三维数字技术,工程建造过程中动态集成工程设计等基础信息、施工过程信息、安全监测信息等与大坝工程相关的所有信息(图 2-4),重点实现面向建造过程及工程全生命期的水工建筑物的综合信息管理。BIM 面向设计过程,形成的是设计成果,模型粒度较粗、不能动态反映施工动态与细节;而 DIM 侧重于设计和施工过程的统一,建模更加复杂,细度更高,包括复杂的工程地质信息、个性化坝体结构、众多的关键隐蔽部位(如灌浆孔段)等,结构信息维护与动态更新更加复杂。

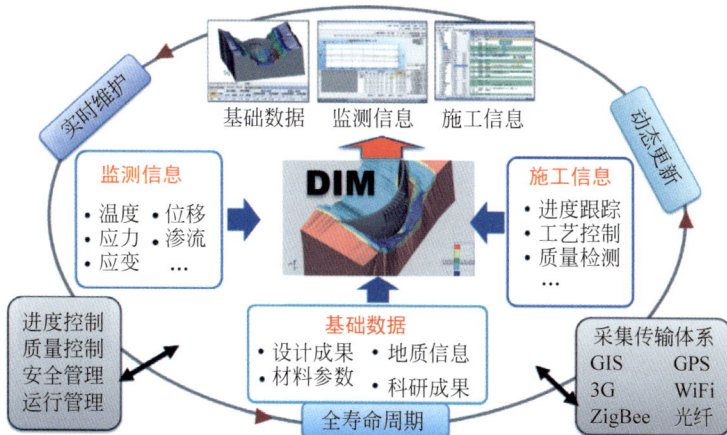

图 2-4 高拱坝智能化建设数据集成模型 DIM

DIM 采用专业参数化 BIM 建模软件(CATIA＋GoCAD)及可视化应用组件(VTK),通过模型网格化与轻量化处理与输出的模式,满足各个层级的应用需求。模型利用参数化增量建模与剖切建模等技术,实现施工期结构模型的动态更新、施工过程信息动态叠加,支持现场数据驱动下的模型同步更新,支持动态形象展现与信息共享,支持物料的实时跟踪,支持实时的工程量统计与工程质量跟踪与评价。

2.2.3 基于原型试验的工程参数获知

2.2.3.1 全级配混凝土断裂性能试验

特高拱坝浇筑一般都采用全级配混凝土。在特高拱坝的施工现场,对全级配水工混凝土力学性能的抽样检测,主要采用湿筛后的混凝土拌合物成型的标准试块。因全级配水工混凝土骨料最大粒径达到 150mm,直接采用全级配水工混凝土成型断裂试件,会对试件模具与试验条件等提出较高要求,所以一般采用湿筛混凝土制成较小尺寸试件来评估大坝混凝土的断裂性能[90,91]。因此,我国《水工混凝土断裂试验规程》中规定,对于断裂试件要求采用原体工程中的混凝土配合比湿筛后成型[92]。

但是,全级配混凝土内水泥砂浆及骨料含量与湿筛混凝土的比例不同,实验室条件下测得的湿筛混凝土的断裂指标不能真正代表和完全反映全级配混凝土的实际断裂性能。准确确定不同龄期条件下全级配水工混凝土断裂参数的变化规律关系到能否正确评价结构开裂情况,研究不同龄期变化对全级配水工混凝土断裂参数的影响就具有重要的工程意义。

溪洛渡利用拌合楼系统生产的混凝土,现场浇筑完成几何尺寸 $S \times D \times B$(S 为构件有效高度,D 为构件宽度,B 为构件厚度)分别为 800mm×800mm×450mm、1000mm×1000mm×450mm、1200mm×1200mm×450mm 的全级配混凝土试件。通过楔入劈拉法试验,研究了全级配混凝土试件的断裂性能,获得了各构件的荷载-裂缝口张开位移(pressure-crack mouth opening displacement,P-CMOD)全曲线,以及相关断裂参数,如断裂能、断裂韧度、临界裂缝口张开位移等,揭示了龄期变化对全级配混凝土断裂性能的影响规律,分析了全级配混凝土断裂性能随构件截面尺寸的变化规律(图 2-5),为大坝混凝土温控防裂设计提供了技术支撑。

2.2.3.2 外掺改性 PVA 混凝土抗裂性能试验

已有试验结果表明,掺改性 PVA(Polyvinyl Alcohol)纤维可提高混凝土的极限拉伸值及自身体积变形性能,可有效改善混凝土抗裂性能指标[93-95]。在溪洛渡大坝进行了外掺改性 PVA 纤维混凝土系统试验研究。结果表明:现场掺改性 PVA 纤维混凝土比未掺 PVA 混凝土 7d、28d、90d 和 180d 抗压强度略有提高,28d 劈拉强度掺改性 PVA 纤维混凝土较未掺提高 8.3％;7d、28d、90d、180d 极限拉伸值与未掺相比分别提高 10％、10.3％、11.8％和 4.8％;现场掺改性 PVA 纤维与未掺改性 PVA 纤维混凝土同龄期(270d)自生体积变形减少收缩约 14.7×10^{-6} 微应变,相应的混凝土开裂应力提高 20.9％;掺改性 PVA 纤维后大坝混凝土施工存在不同程度的泌水,但将坍落度控制在 20～40mm 范围内,基本能保证浇筑过程中无泌水产生。室内试验也验证掺改性 PVA 纤维后可适当降低混凝土砂率 0.5％～1.0％,降低混凝土的单位用水量,并提高混凝土的抗压强度,而不影响混凝土的其余各项性

$$K_{IC}^{un}=0.3271\ln M-0.5491\quad R^2=0.9391$$

$$K_{IC}^{ini}=0.2458\ln M-0.8715\quad R^2=0.9391$$

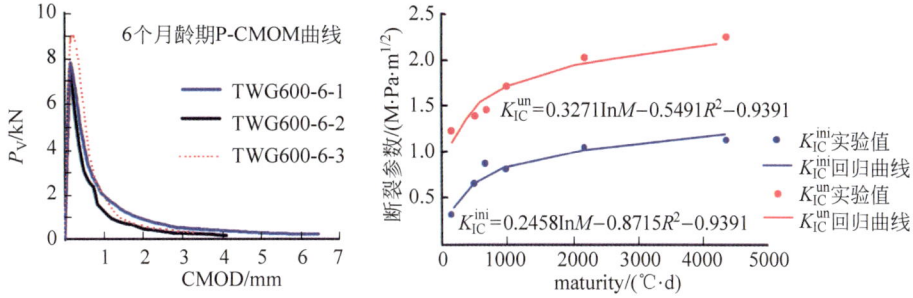

图 2-5 溪洛渡现浇混凝土试件全级配断裂性能试验

能指标。表 2-1～表 2-4 给出了溪洛渡掺改性 PVA 纤维混凝土性能试验部分结果。

表 2-1 改性 PVA 纤维混凝土拌合物性能试验结果

试验编号	设计要求	水胶比	粉煤灰掺量/%	纤维型号	纤维掺量/(kg/m³)	外加剂 JM-ⅡC/%	用水量/(kg/m³)	砂率/%	坍落度/mm	含气量/%
H-01	$C_{180}40$	0.41	35	—	0	0.4	82	21	72	5.3
H-02	$C_{180}40$	0.41	35	TX1-A	0.9	0.5	82	21	60	5.8
H-03	$C_{180}40$	0.41	35	TX1-B	0.9	0.5	82	21	50	4.5
H-04	$C_{180}40$	0.41	35	TX2-A	0.9	0.5	82	21	52	4.6
H-05	$C_{180}40$	0.41	35	TX2-B	0.9	0.5	82	21	55	4.2
H-06	$C_{180}35$	0.45	35	—	0	0.4	82	22	79	4.8
H-07	$C_{180}35$	0.45	35	TX2-B	0.9	0.5	82	22	48	4.8

表 2-2 改性 PVA 纤维混凝土性能试验结果

试验编号	抗压强度/MPa				劈拉强度/MPa				抗压弹模/GPa			
	7d	28d	90d	180d	7d	28d	90d	180d	7d	28d	90d	180d
H-01	20.2	33.7	48.8	53.4	1.58	2.36	3.45	3.88	30.4	33.6	41.5	43.8
H-02	21.9	36.6	50.7	55.3	1.82	2.77	3.64	3.82	27.5	37.5	39.3	43.2
H-03	—	35.3	50.9	56.9	—	2.54	3.40	3.82	—	—	—	—
H-04	—	37.7	49.0	57.4	—	2.48	3.59	4.02	—	—	—	—
H-05	—	40.5	53.6	60.7	—	2.50	3.65	4.09	—	—	—	—
H-06	—	29.7	41.9	49.5	—	2.10	3.26	3.72	—	—	—	—
H-07	—	31.5	45.1	53.5	—	2.40	3.50	3.76	—	—	—	—

续表

试验编号	轴拉强度/MPa				极限拉伸值（×10⁻⁴）				轴拉弹模/GPa			
	7d	28d	90d	180d	7d	28d	90d	180d	7d	28d	90d	180d
H-01	2.16	2.87	3.78	4.08	0.62	0.78	0.92	1.04	33.0	38.2	43.7	45.2
H-02	1.96	2.87	3.85	4.28	0.73	0.87	1.06	1.13	32.1	38.7	40.9	41.9
H-03	—	2.93	3.65	4.10	—	0.89	1.04	1.11	—	41.1	41.6	42.6
H-04	—	2.53	3.46	3.83	—	0.81	1.02	1.12	—	38.6	42.6	44.2
H-05	—	2.67	3.37	4.15	—	0.87	1.04	1.12	—	37.2	42.2	43.6
H-06	—	2.40	3.32	4.13	—	0.73	0.89	1.00	—	40.7	44.7	44.9
H-07	—	2.33	3.46	3.98	—	0.83	1.03	1.08	—	40.3	41.1	45.2

表 2-3　混凝土干缩试验结果

使用部位	纤维品种	水胶比	级配	干缩试验值（×10⁻⁶）							
				3d	7d	14d	21d	28d	90d	120d	140d
H-01	—	0.41	四	−26	−63	−114	−151	−191	−342	−361	−373
H-02	TX1-A	0.41		−25	−63	−111	−155	−184	−315	−344	−355

表 2-4　混凝土自生体积变形试验结果

试验编号	水胶比	PVA/(kg/m³)	水泥品种批次	自生体积变形（×10⁻⁶）									
				1d	7d	28d	35d	53d	70d	90d	133d	154d	161d	180d
T-019	0.41	—	华新(0078)	0	3.84	−3.28	−8.50	−11.6	−11.4	−19.1	−20.1	−20.3	−21.3	−22.82
T-020		0.9		0	25.22	16.5	13.1	8.67	7.83	0.08	−2.75	−6.22	−5.63	−7.23

试验编号	水胶比	PVA/(kg/m³)	水泥品种批次	自生体积变形（×10⁻⁶）									
				210d	240d	270d	300d	330d	365d	395d	425d	455d	485d	515d
T-019	0.41	—	华新(0078)	−24.82	−22.64	−24.36	−26.13	−25.98	−28.79	−24.61	−29.42	−29.88	−29.17	−28.64
T-020		0.9		−10.54	−7.28	−11.16	−12.00	−12.07	−15.01	−12.75	−13.52	−16.84	−18.52	−15.63

根据掺 PVA 混凝土抗裂特性，首次结合仿真计算，明确了低温季节浇筑掺 PVA 纤维混凝土的部位：一是结构敏感部位，如缓坡、陡坡坝段狭长形、呈三角形断面等浇筑仓；二是孔口（导流底孔、深孔等）边墙和顶板，尤其是长宽比大于 10 的部位；三是浇筑时平均气温低于 10℃、预计间歇期超过 14d 的浇筑仓的最后一个坯层等；四是混凝土盖重固结灌浆作业面顶层最后一个坯层（含质量检查、加密或补强等）；五是廊道封闭的 1～2 个仓号。

2.3　真实分析

真实分析就是基于数据、质量安全判断规则与标准以及知识管理专家咨询体系的仿真分析、判断与决策，同时利用大数据技术展开信息分析与数据挖掘应用，满足决策支持和协同工作的需要。

在进度方面，基于互联网技术对拱坝施工全过程的混凝土拌合、运输、卸料、平仓、振捣、温控、养护等各环节进行在线实时监测，以秒级为间隔实时采集施工全过程数据，获取海量的真实施工过程数据，分析现场施工效率和施工组织水平、特点、规律，这是人工搜集数据无法企及的；通过大数据技术对这些海量的真实数据进行相关性分析，可获取各环节之间、环节内部各影响因素之间的关联关系，如缆机运行效率与大坝浇筑强度的关系、平仓机型号及配置与小时浇筑强度的关系、施工时段及气象条件对缆机运行效率的关系等，基于这些相关性分析得到的施工规律，再结合现有仿真模型中经实践验证的仿真理论，形成更准确的施工进度仿真模型；以此模型开展温度、应力及进度的耦合仿真分析、复杂孔口微观仿真和缆机全工况调度仿真，预测优化施工组织方案，实现拱坝结构体型的有效控制和施工进度的动态优化，确保工程度汛安全和均衡高效建设。

在仿真方面，基于实时采集的海量监测数据，分阶段动态反演分析获取坝体基础真实力学、热学参数，结合施工过程等真实初始条件和边界条件，全坝全过程模拟拱坝施工"六大过程"——跳仓浇筑、温度控制、材料硬化、环境变化、封拱灌浆、蓄水过程，动态跟踪分析坝体真实工作性态(温度场、应力场、变形场及渗流场等)，并将不同区域、不同龄期混凝土的应力与相对应混凝土龄期强度对比，得到各时刻安全系数场，实现对大坝整体混凝土不同区域、时段、关键节点抗裂安全状态的分析与预报；开展复杂约束条件下横缝辨识、悬臂控制、陡坡防裂、贴脚加固等精细仿真，揭示特高拱坝施工期和运行期整体变形协调机理，提出个性化判别标准与动态控制方法，为拱坝整体安全风险控制提供决策依据。

2.3.1 基于互联网的施工工序工效分析

"Garbage In，Garbage Out"(垃圾进，垃圾出)，施工边界条件和仿真参数等仿真系统输入数据对仿真分析可靠度的重要性可见一斑。传统的施工仿真技术中，高拱坝施工边界条件主要来自设计图档、工程经验和人工观察。如缆机在装料、重罐提升、复合运动、仓面对位、卸料等各环节的周期和速度参数，通常可从设备的设计手册中获取，或者人工观察一段时间缆机的运行情况来记录其运行效率。由于水电工程的不可复制性，尤其是设备制作和控制系统的进步，历史工程经验参数不一定适用；人工观察时间有限，抽样数据不能准确反映实际情况；图档资料更新缓慢，不能及时反映现场边界条件的变化。基于互联网技术对施工全过程的实时监控，可为施工仿真系统及时提供高精度的施工边界条件。

(1) 缆机运行效率参数

通过实时监控缆机运行任意时刻的位置和速度信息，可提取符合工程特点和操作管理水平的缆机运行效率参数，以及其效率与仓面位置、施工时段(日间/夜间、不同季节)、施工类型之间的关联规律。

(2) 运输各环节的衔接时间参数

实时跟踪记录每罐混凝土从拌合楼、侧卸车、缆机、仓面平仓、振捣各环节的运输和施工时间、位置信息，可获取各环节之间的衔接时间，如缆机料罐与侧卸车衔接的卸料等待时间、吊罐在仓面等待卸料的时间等。

(3) 不同类型仓面的备仓时间参数

全面记录已浇筑仓的实际备仓时间和仓面类型，可分析统计仓面类型与备仓时间的关联关系，为后续仓面的施工预测提供参考。

2.3.2 耦合进度的全坝全过程真实工作性态分析

拱坝一般是边浇筑边进行横缝接缝灌浆，由单一坝段悬臂状态转化为同层灌区封拱形成拱圈,封拱区和未封拱区随着浇筑高度增加和冷却过程。坝体下部结构特性工作性态是一个动态变化的过程,已灌区也会对未灌区产生整体约束作用,单一坝段模型无法有效模拟全坝温度应力、横缝开度、封拱前后应力重分布等,只有采用全坝全过程仿真才能真实反映特高拱坝真实工作性态。全坝全过程工作性态分析,就是从大坝浇筑的第一仓混凝土开始,全程跟踪模拟大坝浇筑过程、气温变化过程、材料参数变化过程、温度和应力变化过程、模缝开合过程、封拱灌浆过程、蓄水过程等。

耦合施工进度的全坝全过程真实工作性态分析(图 2-6),就是基于大坝实际浇筑面貌,运用高拱坝施工进度仿真模型,基于不同相邻高差、全坝高差、悬臂高度等控制参数和防洪度汛、蓄水发电等关键约束条件,开展多方案进度仿真,分析个性化控制方案对进度的敏感性程度;以进度仿真得到的浇筑顺序和明细数据作为全坝全过程仿真的基础,分析、预测、展现分析不同浇筑顺序和面貌情况下拱坝施工期到长期运行期的温度场、渗流场、位移场和应力场等;根据各施工时段坝体结构特点、应力分布状态提出个性化的高差控制指标,反馈给施工进度仿真进一步补充分析,实现温度应力控制、进度优化等双控目标。另一方面,基于大坝实际浇筑面貌、跳仓及温控数据等,对全坝的实时温度状况和应力状况等工作性态进行仿真分析、验证,通过将不同区域、不同龄期混凝土的应力与相对应混凝土龄期强度进行比较,求出各时刻的安全系数场;对比关键控制指标,对现场施工控制效果、施工措施或蓄水规划进行评价,对可能超标现象开展预报、预警,并提出相应的应对措施,确保大坝结构安全。

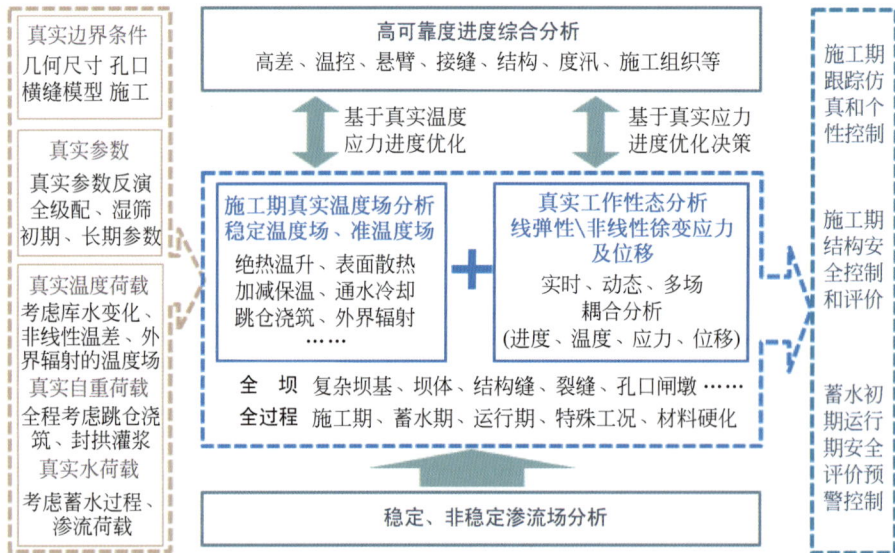

图 2-6 耦合施工进度的全坝全过程真实工作性态分析

2.3.3 基于监测数据的坝体坝基参数反演

大坝全景信息模型基本囊括了所有的设计、施工和监测方面的信息,主要包括设计热力学基本参数、出机口混凝土、大坝混凝土现场钻芯试件室内试验热学、力学参数、现场室内试验混凝土强度等参数、温度监测数据、无应力计参数、水准仪参数、多点位移计、测缝计等监测数据。

　　数据是工程的核心所在,在海量的数据中,如何从中获取真实体现大坝混凝土的材料特性的参数是非常关键的一环。为确保施工仿真计算结果的精确性和有效性,为客观评价大坝的安全状态提供有效依据,须紧密结合施工期各种原型观测及试验数据,对不同数据进行综合比较、去伪求真,并采用先进的反演优化算法,对关键热、力学参数展开动态反演分析,内容涉及混凝土绝热温升,上、下游表面散热系数,线膨胀系数,自生体积变形,混凝土和基础弹模等对大坝温度和应力影响较大的关键参数。图 2-7 给出了基于改进加速遗传算法的温度场参数反演算法流程图[96]。

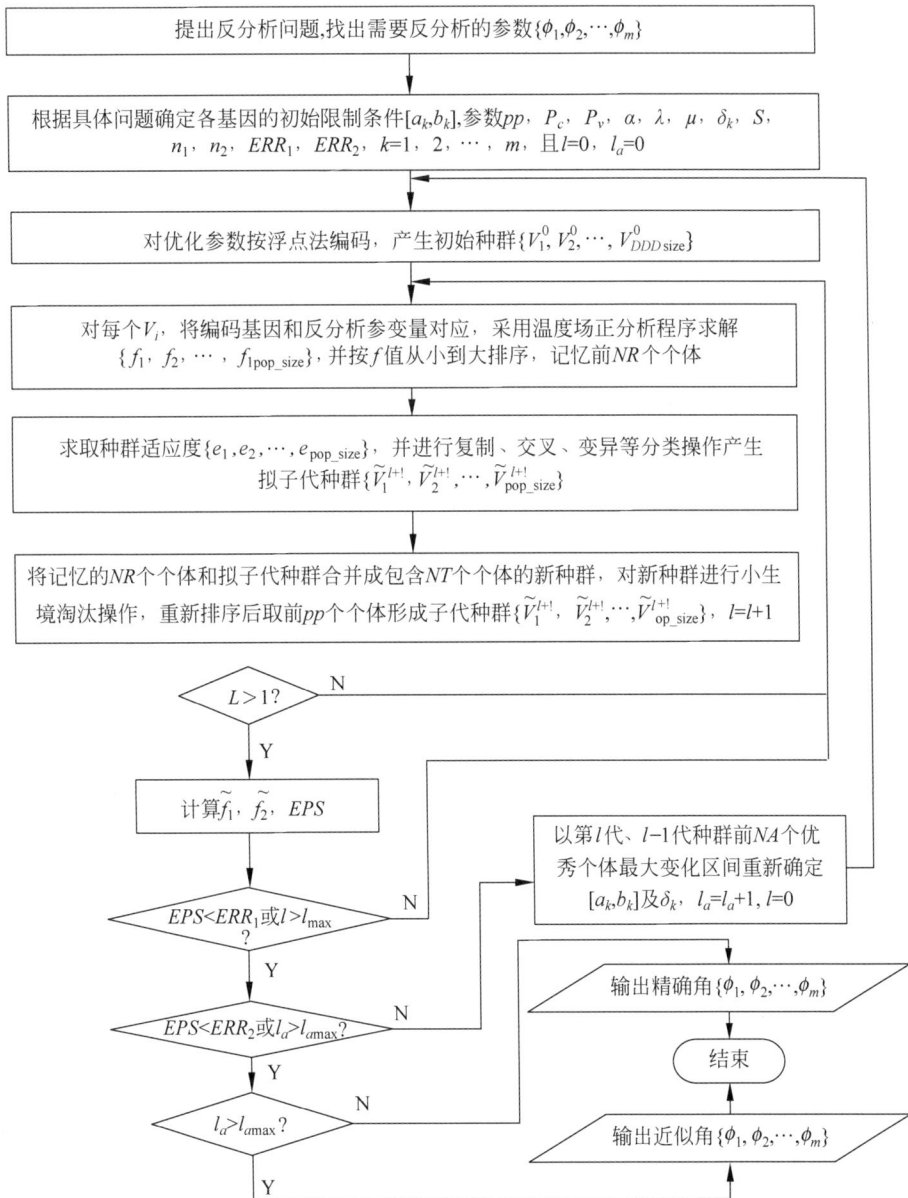

图 2-7　参数反分析流程图

2.3.4 施工过程安全分析和评价准则

实际上,高拱坝安全评估要回答两个问题,一是正常蓄水位等荷载条件下高拱坝的正常工作性态如何,二是高拱坝还有多少安全裕度,两者相辅相成而又有所区别。在正常荷载情况下,高拱坝处于弹性工作性态。高拱坝的真实工作性态的安全性,可采取点安全度的方法来评价。通过全坝全过程仿真分析,可以得到自大坝第一仓混凝土浇筑之日起至运行至运行后期全过程的整坝应力。选择合适的混凝土破坏准则,用强度除以应力,就可以得到全坝全过程的安全度。

在高拱坝(常态与碾压)设计与施工中,一般给出大坝混凝土 7d、28d、90d、180d 的强度指标,可按照下式计算高拱坝全过程的点安全系数:

$$k(t) = \frac{f_\sigma(t)}{f_s(\tau)}, \quad f_s(\tau) = \begin{cases} f_s(\tau), & \tau \leqslant 180\text{d} \\ f_s(180), & \tau > 180\text{d} \end{cases}$$

式中,$k(t)$ 为 t 时刻的点安全系数,可以为抗拉点安全系数、抗压点安全系数,也可按照 Drucker-Prager 准则计算点安全系数;$f_\sigma(t)$ 为 t 时刻分析得到的应力指标,根据安全强度准则的不同选用不同的值,计算抗拉点安全强度时取第一主应力,计算抗压点安全强度时取第三主应力;$f_s(\tau)$ 为该处混凝土 t 时刻相应龄期为 τ 的强度指标,根据安全强度准则的不同选用不同的值,计算抗拉点安全强度时取抗拉强度,计算抗压点安全强度时取抗压强度。

通过上述方法,即可以综合评价不同时刻采用不同强度准则时的整坝点安全度,从中可以判断出正常工作性态下哪些时刻、哪些部位是较危险的,从而进行重点关注。

2.4 实时控制

实时控制就是按照预定的时程控制曲线和标准进行动态优化和调控,并结合阈值或趋势分析预警值进行预测、预警和报警。高拱坝施工智能控制技术集数据采集技术、网络与通信技术、数据仓库与数据挖掘技术、决策支持技术、监测仿真分析、实时控制技术于一体,通过对大坝施工过程信息高效动态的采集和集成管理,对施工过程实现实时、在线监测与反馈控制,并提出高拱坝高质量标准、高强度连续施工的综合措施和建议,实现流程如图 2-8 所示。具体过程如下:

(1) 通过移动终端、桌面客户端和数据接口等形式实现大坝施工质量、进度、基础处理、安全监测和设备运行信息的自动采集或者手动采集。

(2) 通过 GPRS、3G、WiFi 无线网络或光纤等局域网络实现信息的快速传输,并发送至远程数据库服务器中。

(3) 根据指定的监控指标标准和判别准则,服务器端的应用程序实时分析判断高拱坝施工质量与进度相关信息是否超出设计标准要求,对于超标信息实施预报警机制。

(4) 利用采集到的施工动态信息建立高拱坝施工信息数据仓库,在此基础上进行深入的数据挖掘分析,从中发现有用的知识来辅助管理者科学决策。

(5) 利用施工期采集的原型观测数据进行坝体基础关键热、力学参数展开动态反演分析,结合进度仿真成果或坝体实际面貌,开展全坝全过程仿真分析,评价拱坝工作性态,优化施工组织方案或施工措施,保证坝体结构安全。

(6)根据管理者的决策信息和施工动态监控产生的预报警信息进行反馈、智能控制现场施工,指导现场施工人员及时采取相应的措施。

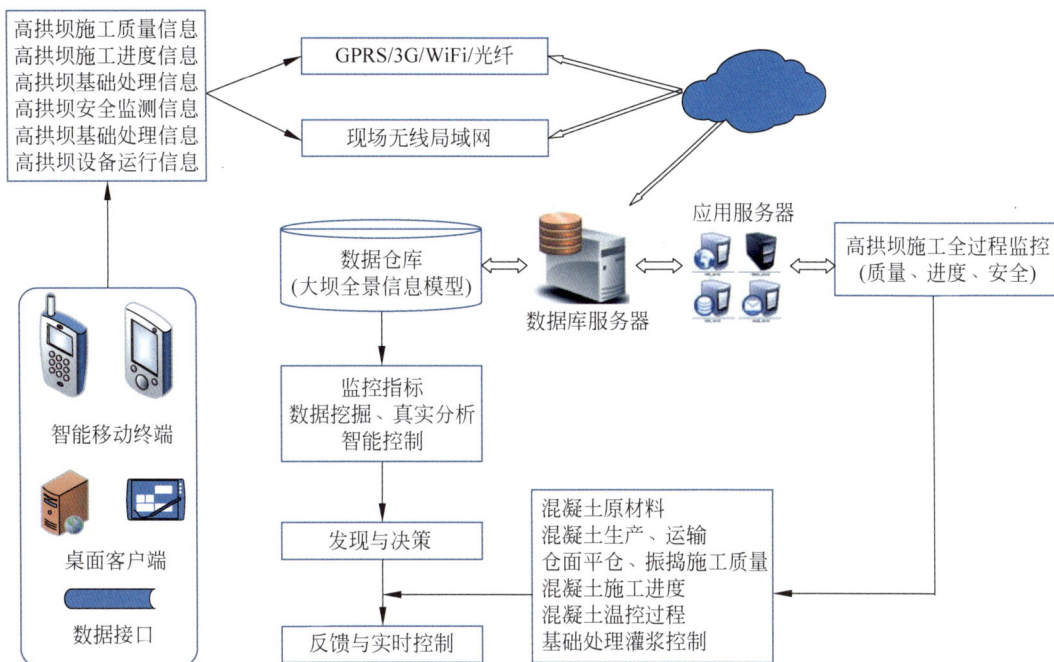

图 2-8　高拱坝实时控制技术实现流程图

2.4.1　实时控制判断准则和判别标准

高拱坝智能化建设实时控制技术,要实现施工过程的智能化识别、定位、跟踪、监控、仿真和管理,必须从源头上、在过程中及时有效地自动辨识被控过程参数、自动调整过程控制参数以及适应被控过程参数的变化,必须要有一整套与其施工过程相匹配的控制准则和专家系统。高拱坝混凝土施工全过程监控和综合定量评价控制体系图见图 2-9,将采用互联网技术获取的混凝土生产数据、运输过程监控数据、平仓过程监控数据、振捣过程监控数据、冷却通水监控数据有机结合起来,跟踪每一方混凝土生产、运输、平仓、振捣、通水控温等流程中影响混凝土施工质量的因素,针对获取的数据分析各环节质量控制参数与质量的相关性,包括质量达标时各个质量控制参数的分布范围,获得各质量参数控制准则,综合评估混凝土施工质量,进而运用该准则对各环节进行优化与智能控制。

对于混凝土原材料和混凝土拌合性能等,可分别根据原材料质检指标、配合比偏差率指标以及混凝土拌合时间等,获得其判断准则和判别标准;对于混凝土水平和垂直运输,可在关键位置点(如拌合楼、卸料平台、道路岔口、卸料平台、缆机吊钩等)设置传感器,识别侧卸车和缆机各自的运输循环时间,识别侧卸车和缆机在各工作环节工作时长与等待时长,作为材料匹配、装料匹配、运转匹配、运输匹配、卸料匹配的判断准则;对于混凝土平仓振捣,可将平仓、振捣等质量关键控制要素(如坯层厚度、振捣时长、振捣深度等)作为实时监控预警的判别准则;对于混凝土通水冷却,则可根据设计温控技术要求,将最高温度、降温速率以

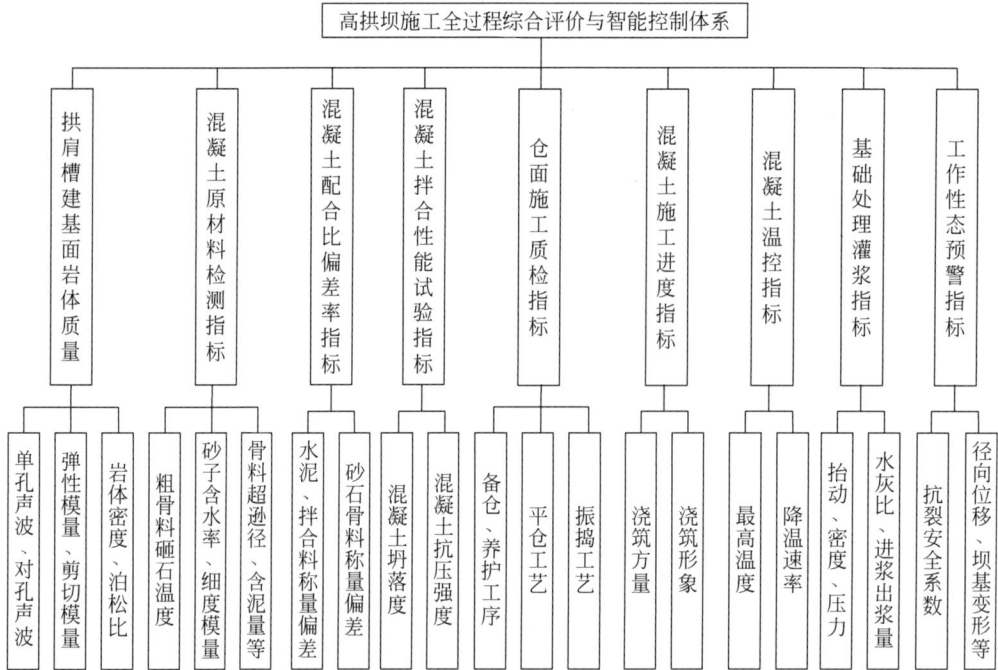

图 2-9　高拱坝施工全过程综合评价与控制体系示意图

及异常温度控制作为准则；基础处理工程可根据施工工艺过程控制要素,将灌浆压力、浆液密度、水灰比以及抬动位移等作为监控、反馈预警控制指标。拱坝进度优化则可根据间歇期、高差标准(悬臂高度、相邻高差、全坝高差)、典型仓浇筑时间以及度汛标准、总进度计划等关键节点控制指标综合考虑；拱坝工作性态评价和预警可基于监测资料、施工组织、蓄水规划等开展全坝全过程仿真分析,建立全坝全过程仿真预警指标、监测数据预警指标和多元回归统计预警指标三位一体的预警指标体系。

对于建基面岩体质量,可根据弹性波(主要指地震波和声波)在岩体中传播运动的动力学特征(波速、振幅、频率)的变化与岩体质量的对应关系,通过建立声波波速与岩级比例的关系来定量评价。图 2-10 给出了溪洛渡建基面不同深度弹性模量、岩体分级关系曲线,并

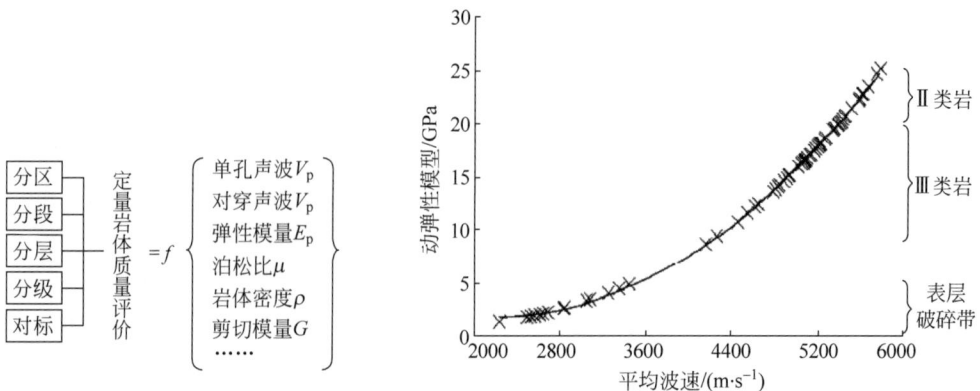

图 2-10　建基面 0~20m 深度范围岩体弹性模量与波速平均值关系曲线

以此为基础,根据"以岩级为基础,安全为准则,合理利用弱风化岩体作为建基岩体,兼顾拱端推力分高程区段确定其利用程度"的建基面确定和处理原则,从空间几何上将岩体"分区、分段、分层",从物理力学特性上将岩体分级,从工程措施上采用不同标准严格对照验收,满足拱坝对建基面的要求。

2.4.2 高拱坝智能化建设专家系统

专家系统是一个智能计算机程序系统,其内部含有大量某个领域专家水平的知识与经验,能够利用人类专家的知识和解决问题的方法来处理该领域问题。也就是说,专家系统是一个具有大量专门知识与经验的程序系统,它应用人工智能技术和计算机技术,根据某领域一个或多个专家提供的知识和经验进行推理和判断,模拟人类专家的决策过程,以便解决那些需要人类专家处理的复杂问题。图 2-11 给出了一般专家系统的结构图[97-100]。专家系统通常由人机交互界面、知识库、推理机、解释器、综合数据库、知识获取等 6 部分构成。其中尤以知识库与推理机相互分离而别具特色。专家系统的体系结构随专家系统的类型、功能和规模的不同,而有所差异。

高拱坝实时控制系统的一般结构见图 2-12,其核心主要由三部分组成,即主控程序、数据库和模型库。用户通过人机接口(用户界面)对数据库、模型库及主控程序进行操作,在系统运行过程中,通过主控程序调用数据库中的数据及模型库中的模型进行计算,由主控程序进行复杂的仿真计算,并与智能控制判断准则和判别标准对比分析,进行复杂的系统判定,实时预警且自动调整控制,并将计算结果存入数据库中,供结果表达需求。其中,专家、知识工程师体系由项目业主、结构专家、施工技术专家、项目经理、安全专家等参与。由于工程建设程序具有动态变化的特点,因此专家体系的成员构成亦表现为渐变演化的趋势,需要在实施环节中动态调整。以溪洛渡拱坝为例,知识专家工程师从质量、安全出发,分阶段、及时地对重大关键技术进行了不同方案的咨询和决策,先后召开 14 次专题会,研究了 149 个专题,其中,仿真相关专题 85 个,现场实施方案专题 14 个,数据采集传输 45 个,管理创新专题 2 个,低热水泥应用研究专题 3 个。

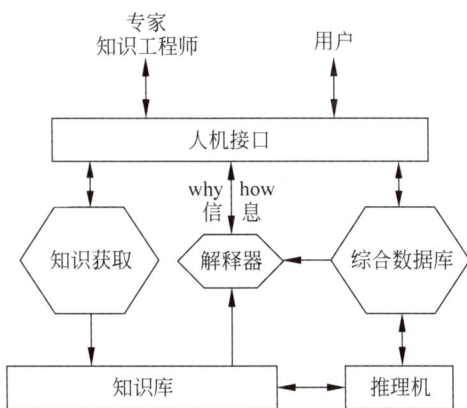

图 2-11 一般专家系统的结构图[100-103]

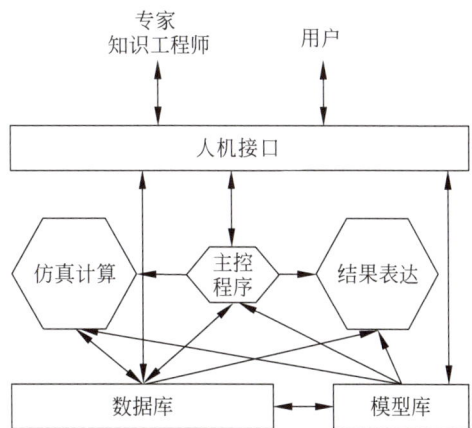

图 2-12 高拱坝实时控制系统一般结构

2.4.3 高拱坝施工智能控制技术

2.4.3.1 通水冷却智能控制系统

智能温控系统(图 2-13)通过无线水工数字温度计和大规模分布式光纤等进行全坝、逐仓温度感知自动采集并实时传输,通过一体流温控制设备和控制箱,实现通水流量的智能动态调整。其主要设备包括冷热水循环供水系统、每组冷热水进管上的校核电磁流量计和一体流温控制设备、在出水管上安装的数字温度测量装置。具体控制过程如下:

(1)在浇筑仓混凝土中安装水工数字温度计和分布式光纤,测量浇筑仓内部混凝土平均温度,基于温度自动采集仪系统,实现温控数据自动采集。

(2)在进水管、出水管上安装内插式数字测温装置(固化入一体流温控制装置),测量进水管、出水管温度,并通过两者之间的水温差实时求出混凝土温度的平均降幅。

(3)通过无线传输网络,将实时采集的混凝土内部温度数据、进水口水温及其温差送至服务器和控制箱。

(4)服务器根据混凝土温度降幅,按照流量与温度预测算法计算冷却通水实时控制流量,发送控制指令给控制箱,控制箱依照控制指令自动控制一体流温控制装置内调节阀的电动阀开度,实现通水流量的智能个性化控制。

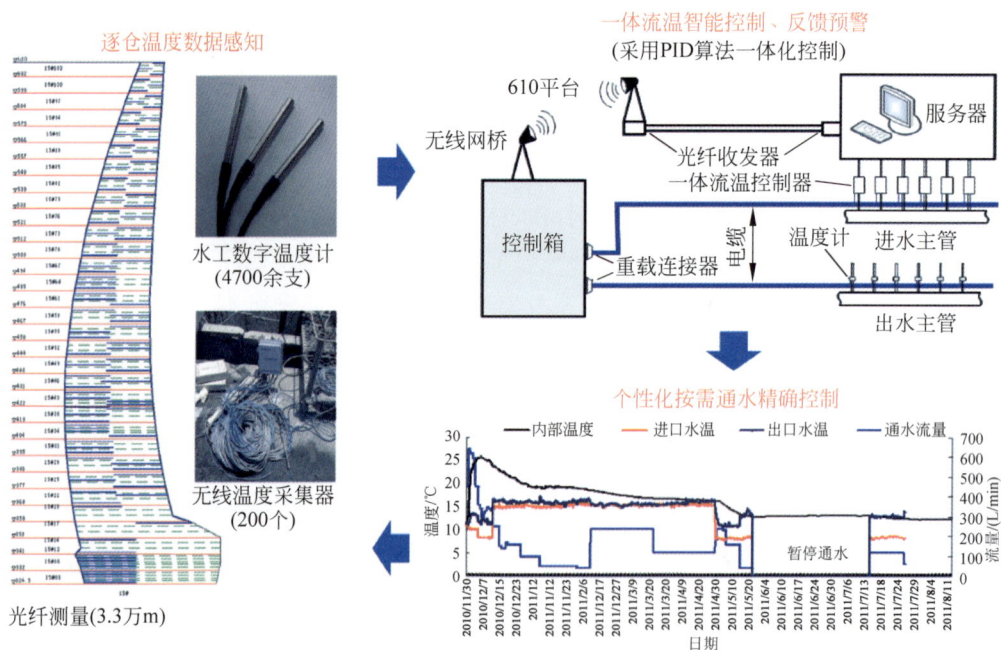

图 2-13 通水冷却智能控制系统

2.4.3.2 混凝土运输全过程数字监控系统

混凝土运输全过程数字监控,采用无线射频识别(radio frequency identification,RFID)技术、感应测量技术、无线传输技术实现混凝土运输车与拌合楼、运输车与料罐(或缆机吊钩)的关联监控,系统包括服务端、客户端、集成监控设备及 RFID 卡片几个主要部分。实施的具体方案如下：

（1）在运输道路的重点关注位置（如拌合楼进出口、拌合楼出机口、卸料平台进出口、缆机料罐、道路岔口等）设置无源RFID标签；在侧卸车及缆机吊钩上安装集成物联设备，前者设备上布置采用RFID技术、感应测量技术、无线传输技术的相关传感器，后者设备上布置采用北斗定位技术、超声波测距技术、无线传输技术的相关传感器。

（2）设置运输车上的RFID读卡模块识别范围，使之能方便地在出料口或卸料时读取到对应出机口或料罐（缆机吊钩）的卡片，且不能读取到附近其他出机口或料罐卡片。

（3）通过安装在侧卸车和缆机吊钩上的集成设备，实时获取侧卸车进入拌合楼、离开拌合楼、卸料的准确时间，以及缆机吊钩的三维坐标位置和速度、空间上与其他物品的距离，集成处理后通过无线网络将其发送给服务器。

（4）服务器将解析出的监测数据进行处理，分析得到缆机和侧卸车的运料属性、排队时间、运输耗时、物料匹配、运行安全、运输效率等运输过程关键参数，将监测与分析结果存储并分发给监控客户端。

（5）客户端通过实时图形化显示、历史数据查询、报表输出等方式完成运输全过程分析；结合运输过程关键参数的控制指标或判别准则，对实时监测到的数据进行智能判断，发现超出控制指标时通过监控客户端、短信、监控终端等向施工管理人员、现场操作人员发送报警和建议措施，并记录处理结果，实现智能反馈控制与预警。实时预警控制内容包括缆机超速、缆机防碰撞、侧卸车装料错误和侧卸车卸料错误等。

2.4.3.3　混凝土仓面振捣质量数字监控系统

混凝土仓面振捣质量数字监控系统（图2-14），通过安装在平仓机和振捣车上的监控流动站实时获取施工数据，通过现场架设的无线通信网络将监控数据发送至数据处理及应用中心的服务器，经实时处理后由数据监控终端展示给系统使用人员，实现对平仓振捣质量的实时在线远程监控和智能控制。系统包括服务端、客户端和集成监控设备等主要部分，实施的具体方案如下：

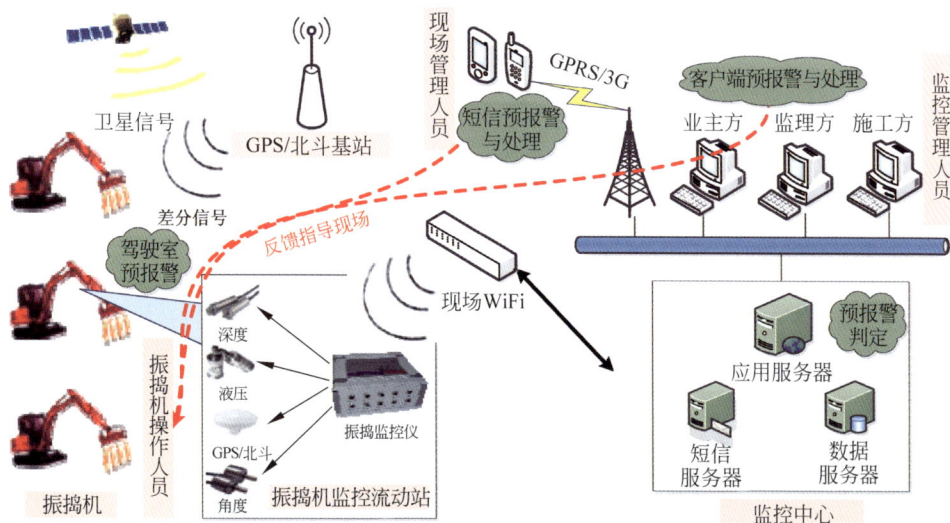

图2-14　混凝土智能振捣质量及预警控制设计流程

（1）在平仓机上安装集成物联设备，该物联设备集成卫星监控主机、卫星接收天线、罗盘方位传感器、数据缓存 WiFi 无线通信模块。其中，卫星天线和罗盘方位传感器安装在驾驶室顶。

（2）在振捣机上安装集成物联设备。物联设备集成采用北斗定位技术、超声测距技术、空间角度测量技术、无线传输技术等相关传感器。

（3）通过平仓、振捣车上安装的物联设备，实时获取平仓机的工作位置、平仓轨迹、平仓高程等平仓施工关键参数，以及振捣机的振捣位置、振捣时长、插入角度、插入深度、拔插速度等振捣施工关键参数，集成处理后通过 WiFi 模块发送给服务端。

（4）服务端接收数据后存储至数据库，分析振捣车位置、坯层覆盖时间、坯层厚度和坯层振捣深度、振捣时间等工作状态，并将监测与分析结果存储并分发给监控客户端。

（5）客户端通过实时图形化显示、历史数据查询、报表输出等方式实现浇筑、平仓、振捣的数据分析；同时结合平仓、振捣施工关键参数的控制指标，对感知与分析的数据进行智能判断，发现超出控制指标要求时通过监控客户端、短信、控制终端等向施工管理人员、现场操作人员发送报警和建议措施。实时预警控制内容包括以振代平、漏振欠振过振、振捣时长、振捣棒插入深度等。

（6）对于人工振捣棒，通过在振捣棒上安装定位标签，在浇筑单元（仓面）四周布设使用脉冲无线电（ultra wideband，UWB）定位技术的基站接收定位标签信号定位振捣棒，与各基站相连的终端设备通过无线网络将振捣棒的振捣位置发送给服务器。

2.4.3.4 基础处理数字灌浆系统

基础处理数字灌浆系统（图 2-15）利用无线传输、网络、信息技术，实现了灌浆压力与抬

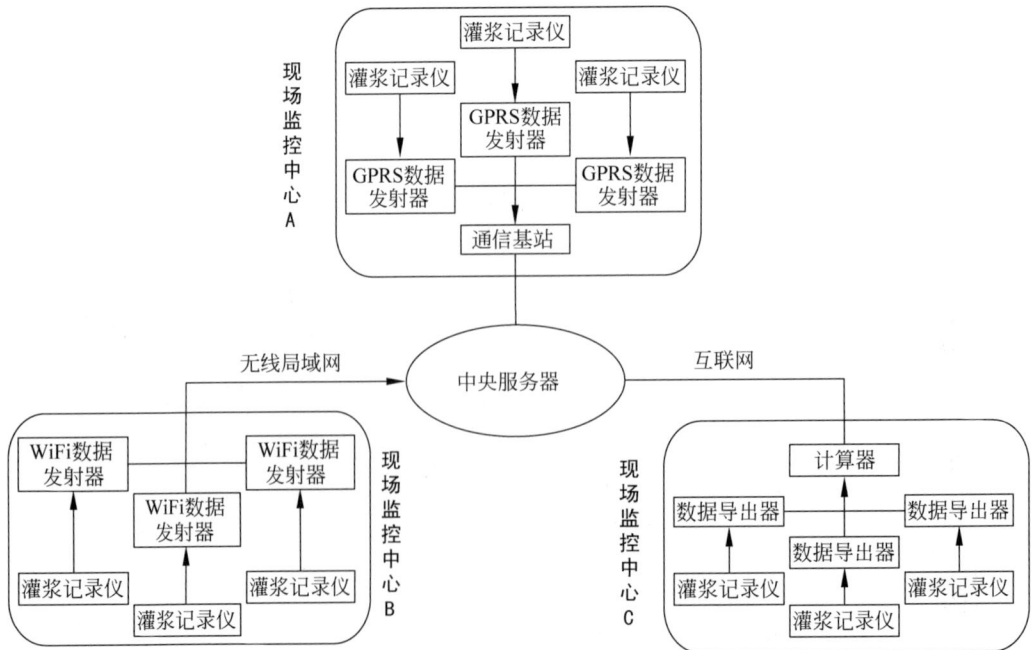

图 2-15 基础处理数字灌浆系统

动监测协同工作、多台灌浆自动记录仪联网集中监控、数据自动传输、成果在线分析和移动远程控制,为各相关方及时了解灌浆信息、掌握灌浆进度、进行施工监控和管理提供强大的平台,解决了灌浆工程监理人员少、监控分散的难题,保证了灌浆过程数据安全和工程质量。系统由无线灌浆自动记录仪、现场监控中心、中央服务器和加密硬件等组成,其控制过程如下:

(1)灌浆自动记录仪内部集成无线传输模块,实时采集和记录灌浆压力、进浆出浆流量、浆液密度以及抬动检测值等,并将其实时传输存储入现场监控中心和中央服务器。

(2)现场监控中心主机,通过内设的记录仪记录控制程序,接收、分析各施工面灌浆记录仪采集来的灌浆数据。若灌浆压力、流量、抬动等超过预先设定值或出现异常,监控中心的报警器将自动通知施工人员停止施工或远程遥控灌浆自动记录仪停止工作,并记录下报警时刻的各种相关数据,供分析和处理;同时,通过数据收发器所联网络,确定各灌浆自动记录仪位置,自动检测灌浆自动记录仪是否在线并绘制灌浆自动记录仪分布图。

(3)中央服务器通过GPRS、WiFi数据发射器以及数据线与灌浆自动记录仪相连,进行数据汇总和集中管理,将其传输至网络化灌浆信息管理平台,对各个点的灌浆施工信息进行综合整理并分类保存,实现灌浆资料查看、搜索、整理、导出、保存及打印等。

2.4.4 智能控制核心装置

1. 一体化流量和温度控制装置

一体化流量和温度控制装置(图2-16)具备自动采集冷却水管的温度和通水流量、流量PID调节等功能,只要主控制器给定流量,一体化通水装置就能自动完成流量调节。该装置具有优良的控制稳定性(浮点控制/比例控制),保证冷却通水流量稳定准确,从而控制混凝土温度和应力。

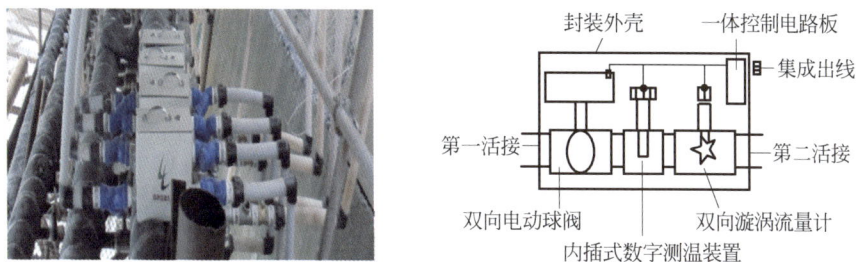

图 2-16 一体化流量和温度控制装置

该装置包括电动球阀、内插式数字测温装置、流量测量装置和一体控制电路板,并固定集成封装在外壳中,装置两端有与外界管径相同的活接连接。双向电动球阀可根据控制指令对流量大小和方向实现控制;内插式数字测温装置实时测量管内流体温度;双向涡轮流量计通过输出脉冲、电磁或电流信号,实时传输瞬时或累计流量;一体控制电路板对双向电动球阀进行控制,对流量和温度进行传输。其中,该装置还包括第一活接(外接主流体管)及第二活接(外接浇筑仓支管)。

2. 混凝土振捣质量智能监控仪

混凝土振捣质量智能监控仪（图 2-17）为混凝土振捣质量监控的处理单元，将其与架设于振捣台架上的测距模块、定位装置、振动传感设备、角度传感设备连接，可通过信号输出模块与显示单元连接，能够对振捣棒的插入深度与插入角度进行精确监测，并且通过定位装置获得振捣棒的振捣间距；还能根据振捣棒振动状态，结合振捣棒插入情况实现振捣时长的精确监测，并通过显示单元显示及预警，实现振捣质量的实时控制；同时可以通过无线通信方式实现振捣监控数据的存储与传输，可实现远程监控与历史追溯等功能。

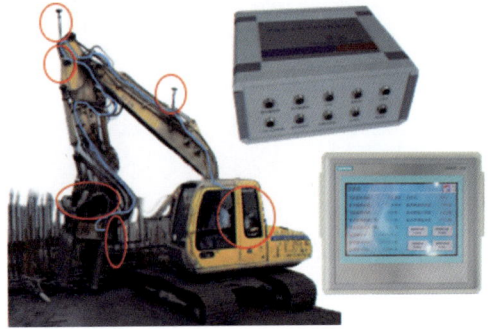

图 2-17 混凝土振捣质量智能监控仪

3. 四参数灌浆自动记录仪

灌浆自动记录仪是灌浆工程数据感知的中心环节。图 2-18 是具有无线传输功能的灌浆自动记录仪。该记录仪主机由数据采集模块、中央处理器、键盘、显示器和电子硬盘组成，数据采集模块、键盘和显示器分别与中央处理器单向连接，电子硬盘与中央处理器双向连接。仪器在测量流量、压力、密度时，可测量地表抬动量，并分析其与其余三种灌浆参数之间的相互关系，使地表抬动原因的确定更方便、更准确，处理效率高；内置的无线收发器包括无线收发电路、协议控制器和通信协议软件，具有在线状态查询、实时数据上传和记录报表上传等功能。

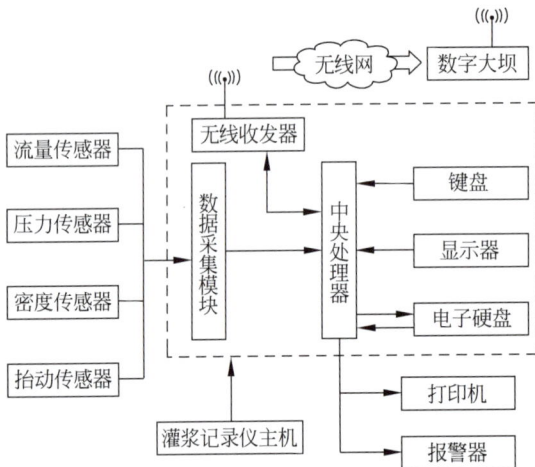

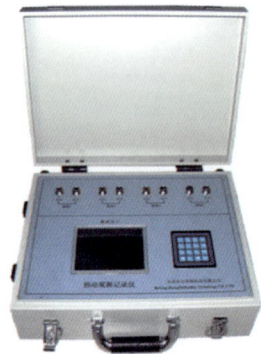

图 2-18 四参数灌浆记录仪结构图

图 2-18 中流量传感器、压力传感器、密度传感器和抬动传感器为输入装置，通过电缆与灌浆记录仪主机内部的数据采集模块相连；数据采集模块将从流量、压力、密度或抬动传感器获得的数据传输给中央处理器进行处理，操作人员可以通过键盘向中央处理器输入指令，将数据送到显示器上显示，对电子硬盘进行数据的读取和存储。打印机和报警器均为输出装置，分别通过电缆与灌浆记录仪主机内部的中央处理器相连，根据中央处理器内部的设定值，报警器可以实现实时报警，提醒工作人员进行相应处理。

2.5 智能化建坝业务协同平台

拱坝智能化建设协同平台(intelligent dam analysis management,iDam),以大坝全景信息模型 DIM 为核心,是一个参建各方信息共享、协同、交互的业务工作平台。平台采用企业级分布式应用架构,基于 MS.Net2.0 平台开发,开发工具为 Visual Studio 2008,后台数据库采用 Oracle10g;可视化平台采用 VTK 平台,集成大量高效模型处理与专业化分析算法,支持交互式、参数化模型处理与动态可视化展现;服务器采用 X86 架构服务器集群,支持 20T 容量的高速 SAN 存储,支持双机热备与应用负载均衡;数据格式为 TICI,支持专业分析软件(Gid/Tecplot/Ansys)、仿真分析计算网格模型与仿真成果信息的识别与转换。

一方面,基于全过程智能化监测和集成,提供全面、准确、及时的覆盖大坝建设各专业、全过程的信息数据,并可对其进行查询、分析、反馈和直观展示;另一方面,基于平台中统一的拱坝结构模型、三维地质模型、计算边界条件、网格剖分、岩石力学参数和混凝土热力学参数,紧密结合施工进度等开展真实数据驱动的全坝全过程仿真,对大坝的整体安全状态、应力状态、开裂风险等进行分析,为现场混凝土施工、温控防裂、基础处理的质量控制服务,并制定技术标准与阈值进行科学预测、预报和预警,重点对混凝土开裂风险和拱坝应力变形状态进行有效监控,为拱坝在建设期和运行期各阶段安全状态的判定服务,从而实现全面感知、真实分析和实时控制的特高拱坝智能化建坝体系有序运转。

根据平台的内涵,平台以混凝土工程为重点,涵盖大坝混凝土浇筑一条龙管理及混凝土温控管理,以及其他工程施工过程的管理,包括混凝土浇筑、混凝土温控、固结灌浆、帷幕灌浆、接缝灌浆、基础开挖、金属结构安装等;同时,重点对大坝施工进度(仿真)、工程量统计、地质与结构参数、温度场应力场分析评价等进行管理,辅助精细化过程管理与工程决策。图 2-19 给出了高拱坝智能化建设业务协同平台 iDam 总体业务功能。

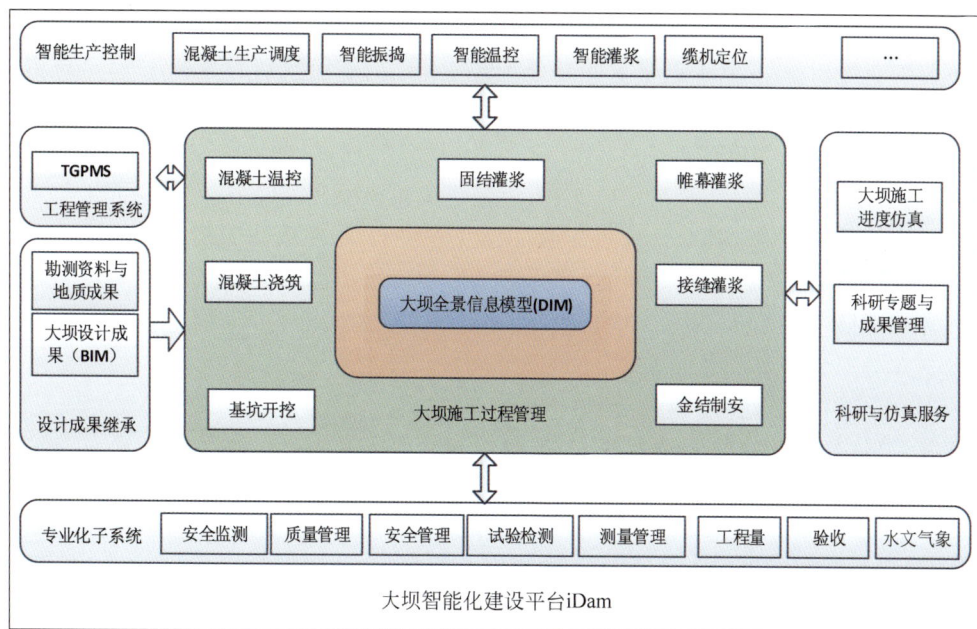

图 2-19 智能化建设业务协同平台 iDam 总体业务功能

（1）以智能化建设平台（iDam）各专业模块为基础，实现大坝施工过程管理，实现包括基础开挖、固结灌浆、大坝混凝土浇筑及温控、接缝灌浆、帷幕灌浆与金属结构安装等施工全过程精细化管理。

（2）以集成入平台的智能生产控制为基础，利用先进的软硬件集成技术，实现对现场施工环节的数字化监控与智能化控制，包括混凝土生产调度、智能振捣、智能温控、数字灌浆、缆机定位等。

（3）以 DIM 为基础，继承大坝设计成果，实现大坝工程勘测、设计信息的继承、设计成果的统一管理与实时动态更新，为施工过程精细化管理提供数据支持，反映工程动态，并最终形成可交付的"数字大坝"。

（4）以科研与仿真分析模块为基础，为大坝工程开展一系列科研仿真服务，并提供专题管理、资料管理与成果发布功能；实现包括进度仿真、坝基岩体与大坝结构数值计算与仿真分析成果的管理。

（5）专业化子系统从专业服务的角度，满足工程整体需求，提供包括安全监测、质量管理、安全管理、测量管理、试验检测管理、工程量、验收、水文气象等可独立运行的专业化信息。

2.6　拱坝智能化建设管理模式和科研模式

2.6.1　"智能大坝"建设项目管理模式

1935 年建成的美国胡佛大坝，为加快施工进度、控制施工质量，在以业主为主导、强化科研和施工设计的建设模式上，形成了施工工人的组织与激励、施工工艺创新、科研设计先行的胡佛大坝模式。随后，欧美高拱坝，如葛兰峡谷（Glen Canyon）、撒扬·舒申科等拱坝的建设施工借鉴了该模式，在 20 世纪上半叶建成了一批 200m 以上的高拱坝[101,102]。面对超出现行规范的特高拱坝建设，为保证其建设质量与安全，必须重视发挥科研对项目建设的技术支撑与安全保障作用，从面向事后问题分析转变到面向事前预判的源头管理，科研机构全过程深度参与、产学研用紧密结合。

"智能大坝"建设项目管理模式（图 2-20）具体体现为科学的系统管理、智能的共享平台、动态的工程设计、实时的科研团队支持，以建设单位为项目管理中心（含协同工作平台），以科研和咨询单位（专家团队）为技术支撑，以设计、施工、监理单位为实体大坝建设基本支柱（简称"一个中心、两个支撑、三个支柱"），形成产学研相结合的有机整体，使得项目各干系人的优势资源得到了充分发挥，集成创新，产学研用紧密结合，充分发挥了科研对项目建设的技术支撑与安全保障作用。

"一个中心"就是以业主为主导，组织专业软件公司和参建单位，开发建立并不断完善覆盖拱坝施工管理全方位、全过程的综合业务协同业务平台 iDam，并推动平台在实际工作中的应用。依托 iDam 平台充分发挥业主的主导和建设管理中心作用，对常规管理，分阶段组织召开专题会议；对超常问题，提前研究大坝建设施工计划和技术难题，使工

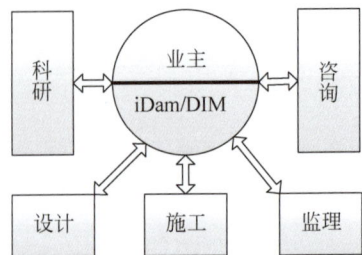

图 2-20　"智能大坝"建设项目管理模式

程进展和质量始终处于受控状态。

"两个支撑"就是要求科研和咨询单位全过程保持对施工现场的跟踪,及时开展仿真分析,针对建设过程中出现的问题提出应对措施;根据施工计划预测可能面临的困难提出预控措施,及时将科研成果转化为生产力。以溪洛渡为例,在建设过程中建立了以总工程师为技术中心、集国内拱坝建设一流专家于一体的技术咨询与决策团队,从质量安全出发,分阶段、及时地对重大关键技术进行了不同方案的咨询和决策,保证设计调整、科研成果与拱坝建设实际的结合与应用。

"三个支柱",就是组织施工、监理、设计积极参与平台 iDam 建设,发挥主观能动性。按照预报警和决策支持系统提出的要求,落实施工措施、加强过程控制、动态优化设计,促进工程建设的顺利进行,保证工程在施工期和运行期的质量和安全。

2.6.2 "4+1+N"管理执行模式

高拱坝智能化建设是一个集硬件、软件、参建单位和专家团队为一体的综合性人机交互过程。以 iDam 协同工作平台为核心构建的"4+1+N"拱坝建设管理执行模式(参建四方、一个协同平台、多家科研单位),可以实现工程数据在参建四方和科研、设计单位的有效流转,满足快速反应,协同工作要求。

"智能大坝"的"4+1+N"项目管理执行模式,是建设单位根据建设需求,专业化软件公司根据业务需求进行拱坝智能化建设平台 iDam 的设计和开发,并进行硬件设备采购、安装;平台通过自动采集和人工采集的方式,将工程基本数据和施工数据录入系统,并根据管理要求对各种数据进行分类、统计,以形象、直观的方式为参建四方提供施工管理决策的支持信息;参建四方和科研团队跟踪施工进展,提出需要研究解决的重要问题;科研团队从平台提取工程基本数据和施工过程数据进行仿真计算,提出施工建议。

其中,信息化协同工作平台体现了工程建设向实时、精细化管理技术发展的方向,是建设管理执行模式的联系纽带和核心,为工程建设的参建四方和科研单位之间的信息交流奠定基础,并将建设工地外延扩展;参建四方和科研单位通过协同平台数据库,实现了施工现场信息准确、及时的提取和真实分析,解决施工过程中的问题,选择最优措施,实现"产、学、研、用"快速有效结合。

2.6.3 "智能大坝"建设的科研模式

我国高坝建设的科研采用重点攻关形式。攻关题目由设计院根据设计需求首先提出,然后组织相关专家论证,高校科研单位参与,最后业主配合,由科技部立项进行跟踪科研论证;研究的问题多是紧密结合工程中一些涉及超出现有规范的重大问题;研究时机主要侧重两头,一头是在项目启动前的前瞻性研究,另一头是侧重在工程建设出现问题后的补救性研究;科研成果有些是为满足规范审查服务,本质上科研转化为生产力的动力不足、效率不高。结合"一个中心、两个支撑,三个支柱"的"智能大坝"建设项目管理模式,紧密围绕工程实际,重视对特高拱坝高标准、高质量、高速度建设的核心需求,做好科研单位研究角色和研究方法的两个转变,跨单位、跨学科、跨地区三个一体化的科研模式(图 2-21),丰富了"产、学、研、用"结合的新概念,生产实践中达到了理论与实践统一、科学与民主统一。

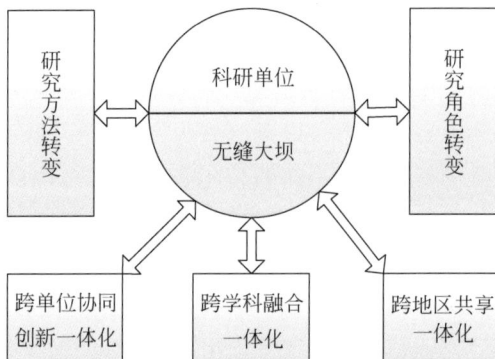

图 2-21 "智能大坝"建设的科研模式示意图

"一个核心需求",就是保证大坝在建设运行全生命期安全稳定,保证大坝主体结构不出现结构性裂缝和其他可能造成工程失事的潜在风险。这就要求科研工作者在施工阶段的基础加固处理、温控防裂,施工组织优化、运行阶段的坝肩稳定、特殊工况的抗震安全研究以及相关的基础应用研究都要围绕这一核心需求开展,从而实现理论与实践的有效统一。

"两个转变",主要是研究角色的转变和研究方法的转变。研究角色的转变,就是突破以往"业主拟定研究内容、科研单位执行"的科研模式,而是紧密结合现场出现的问题,实时提出科研建议和研究方案,开展跟踪科研,及时反馈,及时解决生产中的难点问题,动态研究、动态预测生产实际中可能出现的各种情况,并给出有效预警值以及预防措施;研究方法的转变,就是突破直线推断的科研方式,根据外界条件的变化,创新研究方法、研究适宜的安全标准,因地制宜。

"三个一体化",是跨单位、跨学科、跨地区的科研模式。跨单位协同创新一体化,意指以课题组为基本单元,不同研究单位(包含施工、设计、业主)作为科研主体,就同一科研课题和研究目标,企业、高校、院所开展合作,协同研究,极大地激发研究人员的创新潜能;跨学科研究一体化,就是针对高拱坝建设过程中的不可预测性、不确定性,开展综合性的、多学科交叉的研究,从定性描述到定量刻画,从经验描述到机理揭示,从因子识别到系统整合,实现从单尺度描述到多尺度嵌套、从单过程描述到多过程耦合、从确定性描述到不确定性分析;跨地区科研一体化,通过互联网、云等,将工区之外的不同材料、结构、数值实验室和科研院所紧密联系起来,实现现场、营地、高校、建设单位多地区不同科研人员,为共同的科研课题开展协同工作,提高科研效率。

参考文献

[1] N. 维纳. 控制论: 或关于在动物和机器中控制和通信的科学[M]. 2 版. 北京: 科学出版社, 2009.
[2] 董景新, 赵长德, 熊沈蜀, 郭美凤. 控制工程基础[M]. 北京: 清华大学出版社, 2006.
[3] 高金源. 计算机控制系统[M]. 北京: 清华大学出版社, 2007.
[4] 张大松. 闭环式人工胰岛系统建模与控制仿真[D]. 武汉: 华中科技大学, 2008.
[5] 王行愚. 控制论基础[M]. 上海: 华东化工学院出版社, 1989.
[6] 孔凡才. 自动控制原理与系统[M]. 3 版. 北京: 机械工业出版社, 2015.

［7］ 封苏伟.自动化控制系统设计实例手册［M］.北京：中国建筑工业出版社,2011.

［8］ 赵一丁.自动控制系统［M］.2 版.北京：北京邮电大学出版社,2007.

［9］ 王茂森,戴劲松,祁艳飞.智能机器人技术［M］.北京：国防工业出版社,2015.

［10］ 高安邦,石磊,张晓辉.典型工控电气设备应用与维护自学手册［M］.北京：中国电力出版社,2015.

［11］ 阎毅,贺鹏飞,李爱华,晋刚,胡国英.信息科学技术导论［M］.西安：西安电子科技大学出版社,2014.

［12］ 莫会成,等.微特电机［M］.北京：中国电力出版社,2015.

［13］ 王玉洁,等.物联网与智慧农业［M］.北京：中国农业出版社,2014.

［14］ 阎毅,贺鹏飞,李爱华,晋刚,胡国英.信息科学技术导论［M］.西安：西安电子科技大学出版社,2014.

［15］ 王士同.人工智能教程［M］.北京：电子工业出版社,2006.

［16］ George F. Luger.人工智能复杂问题求解的结构和策略 ［M］.北京：机械工业出版社,2009.

［17］ 沟口理一郎.人工智能［M］.卢伯英,译.北京：科学出版社,2003.

［18］ 蔡自兴,徐光祐.人工智能及其应用 ［M］.3 版.北京：清华大学出版社,2003.

［19］ 丁世来,胡志根,刘全,大坝混凝土浇筑块排序方法的评价研究［M］.红水河,2004,23(2)：97-100.

［20］ 王仁超,石英,李名川,小湾大坝混凝土浇筑施工仿真研究［M］.四川大学学报(工程科学版),2004,36(4)：10-14.

［21］ 吴康新,混凝土高拱坝施工动态仿真与实时控制研究［D］.天津：天津大学,2008.

［22］ 练继亮,钟登华.混凝土坝施工仿真多目标评判理论与方法［J］.水力发电学报,2005,94：75-79.

［23］ 孙锡衡,齐东海.水利水电工程施工计算机模拟与程序设计［M］.北京：中国水利水电出版社,1997.

［24］ THOMAS M F. The impact of emerging information technology on project management for construction［J］. Autom Constr,2010,19(5)：531-538.

［25］ FARAG H G,KHALIM A R,AMIRUDDIN I. Usage of information technology in construction firms ［J］. European Journal of Scientific Research,2009,28(3)：412-421.

［26］ FROESE. Impact of emerging information technology on information management［J］. International conference on computing in civil engineering,ASCE,2005.

［27］ JURECHA W,WIDMANN R. Optimization of dam concreting by cable-cranes［J］. 11th International Congress on Large Dams,Vol. Ⅲ,1973：43-49.

［28］ POKU S E,ARDITI D. Construction scheduling and progress control using geographical information systems［J］. J Comput Civ Engrg,2006,20(5)：351-360.

［29］ YOSHIMURA Y,TSUBOKURA T,OHSATO A. Progress control method using the knowledge of skilled manager on construction stage in plant construction ［C］//Proceedings of the ASCE International Conference,2005,1-12.

［30］ ZUBAIR A M,MUHD Z A,MUSHAIRRY M. An automatic project progress monitoring model by integrating Auto CAD and digital photos［C］//Pceeding of Cmputing in Cvil Egineering,ASCE,2005,1-13.

［31］ SONG L G,MOHAMED Y,ABPI RIZK S M. Early contractor involvement in design and its impact on Construction Schedule Performance［J］. J Manage Eng,2009,25(1)：12-20.

［32］ SUKUMARAN P,BAYRAKTAR M E,HONG T,et al. Model for analysis of factors affecting［C］// ROH S,et al. An object-based 3D walk-through model for interior construction progress monitoring, Autom Constr,2010. doi：10. 1016/j. autcon. 2010. 07. 003.

［33］ AHUJA V,THIRUVENGADAM V. Project scheduling and monitoring：current research status［J］. Construction Innovation：Information,Process,Management,2004,4(1)：19-31.

［34］ LEE D E,YI C Y,LIM T K. Integrated simulation system for construction operation and project scheduling［J］. J Comput Civ Engrg,2010,24(6)：557-569.

［35］ FRITZ G,GERT Z,OTT M. Simulation-based analysis of disturbances in construction operations ［C］// Proceedings IGLC-15,2007,571-579.

[36] CASTRO S,DAWOOD N. Roadsim: simulation modeling and visualization in roadconstruction[C]// Proceedings of the congress,ASCE,2005,33-42.

[37] SONG L G, COOPER C, LEE S H. Real-time simulation for look-ahead scheduling of heavy construction projects[C]// Conference Proceeding,ASCE,2009,1318-1327.

[38] 朱光熙,徐世志.缆机浇筑混凝土坝的计算机模拟技术研究[J].水利学报,1985(9)：62-71.

[39] 朱光熙.二滩水电站双曲拱坝混凝土浇注的计算机模拟[J].系统工程理论与实践,1985,5(3)：25-32.

[40] 何有忠,邱向东,殷奎生.计算机模拟跳块优化技术在三峡二期大坝浇筑施工中的应用[J].水电站设计,2002,18(1)：6-11

[41] 杨学红,刘全,范五一.大坝混凝土施工过程赋时 Petri 网络模拟方法[J].系仿真学报,2005,17(10)：2512-2516

[42] 翁永红,谢红忠.水工混凝土工程施工实时动态仿真[J].人民长江,2001,32(10)：20-22.

[43] 黄志强,李云辉.大型混凝土拱坝施工进度风险分析[J].湖北水力发电,2007,73(6)：43-46。

[44] 钟登华,练继亮,吴康新,等.高混凝土坝施工仿真与实时控制[M].北京：中国水利水电出版社,2008。

[45] ZHONG D H,LI J R,ZHU H R,SONG L G. Geographic information system-based visual simulation methodology and its application in concrete dam construction processes[J]. Journal of Construction Engineering and Management,ASCE,2004,130(5)：742-750.

[46] 吴康新.凝土高拱坝施工动态仿真与实施控制研究[D].天津：天津大学,2008.

[47] 钟登华,练继亮.大坝仿真计算中机械浇筑强度分析与优化研究[J].水利水电技术,2003,34(7)：47-57.

[48] 佟大威.水电工程施工进度与质量实时控制研究 [D].天津：天津大学,2009.

[49] 钟登华,吴康新,任炳昱.面向对象的高拱坝施工全过程动态仿真[J].天津大学学报,2007,40(8)：976-982.

[50] 钟登华,刘东海,郑家祥.基于 GIS 的混凝土坝施工三维动态可视化仿真研究[J].系统工程理论与实践,2003,5(5)：125-130.

[51] ZELJKO M. , ROBERT C. Impact of total quality management on home-buyer satisfaction[J]. Journal of Construction Engineering and Management,1999,125(3)：198-203.

[52] 马林.全面质量管理[M],北京：中国科学技术出版社,2006.

[53] 刘广第.质量管理学[M].2 版.北京：清华大学出版社,2015.

[54] 何文熙.建筑防水工程质量管理与控制研究[D].天津：天津大学,2008.

[55] 宋天田.地铁盾构隧道的 PDCA 质量管理[J].现代隧道技术,2010,47(2)：24-28.

[56] 常金玲.基于 PDCA 的信息系统全面质量管理模型[J].情报科学,2006,24(4)：584-587.

[57] SOKOVIC M. Quality improvement：PDCA cycle vs. DMAIC and DFSS[J]. Strojniski Vestnik, 2007,53(6)：369-378.

[58] 约瑟夫·朱兰.朱兰质量手册[M].北京：中国人民大学出版社,2003.

[59] 李新远.工程施工质量管理的研究 [D].成都：西南交通大学,2008.

[60] 何颖.人工神经网络在建筑工程施工质量管理中的应用研究 [D].南京：南京理工大学,2010.

[61] WANG Y, XUAN W H, MA X. Statistical methods applied to pavement construction quality assurance[J]. ICCTP, ASCE,2010,3358-3365.

[62] 姚刚,郭平,林岚.建筑工程项目施工质量控制系统[J].重庆大学学报,2003,26(2)：51-55.

[63] 姜继茂.建筑工程项目的施工质量管理研究 [D].南京：南京理工大学,2007.

[64] 黎明.建筑施工项目质量管理的现状分析与对策研究[D].重庆：重庆大学,2008.

[65] 齐文波.建筑工程质量管理方法和应用研究：[D].南京：东南大学,2006.

[66] 赵恺.以质量控制为中心的工程现场质量管理[J].中国质量,2005(10)：90-91.

[67] AREK E, TOMOYA S. Total quality management implementation in the egyptian construction

industry[J]. J Manage Engineering,2008,24(3)：156-161.

[68] 李志武.混凝土双曲拱坝施工质量控制与管理[J].小水电,2005,126(6)：53-56.

[69] 黄恩福.沙牌碾压混凝土高拱坝施工技术与质量控制[C]//水电 2006 国际研讨会,2006,219-227.

[70] 杨浦生.水电工程施工中的质量控制[J].人民长江,1998,29(10)：6-8.

[71] 蔡阳.现代信息技术与水利信息化[J].水利水电技术,2009,40(8)：133-138.

[72] CHENG M Y,CHEN J C. Integrating barcode and GIS for monitoring construction progress[J]. Autom Constr,2002,11(1)：23-33

[73] 袁帅华,肖汝诚.基于网络的桥梁智能化施工控制系统研究[J].同济大学学报(自然科学版),2007,35(6)：734-738.

[74] 王定飞.基于无线及网络通信的施工信息监测系统[D].南京：东南大学,2005.

[75] 于福华.基于无线网络的高速公路施工监控系统研究与设计[D].西安：长安大学,2006.

[76] 徐承军.基于无线局域网的集装箱码头机械调度系统的仿真、优化与监控[D].武汉：武汉理工大学,2007.

[77] 李洋波,黄达海.高拱坝施工的温控数据库系统[J].武汉大学学报(工学版),2008,41(4)：52-55.

[78] 李婷婷.混凝土坝健康诊断及其预警系统 [D].南京：河海大学,2006.

[79] 肖庆华.岩石力学与工程中的数据挖掘技术应用[D].南京：河海大学,2004.

[80] 张静.基于知识库的建筑工程施工质量控制平台研究[D].武汉：华中科技大学,2005.

[81] 程春田,欧春平.流域防洪决策支持系统集成管理[J].大连理工大学学报,2001,41(1)：108-111.

[82] 施松新.基于 GIS 的数字流域系统集成关键技术研究[D].武汉：华中科技大学,2004.

[83] 王广斌,张洋,姜阵剑,张俊生.建设项目施工前各阶段 BIM 应用方受益情况研究[J].山东建筑大学学报 2009,24(5)：438-442.

[84] 刘爽.建筑信息模型(BIM)技术的应用[J].建筑学报,2008(2)：100-101.

[85] 王婷,刘莉,等.利用建筑信息模型(BIM)技术实现建设工程的设计、施工一体化[J].上海建设科技,2010(1) 5：62-63.

[86] 陈彦,戴红军,刘晶,成虎,等.建筑信息模型(BIM)在工程项目管理信息系统中的框架研究[J].施工技术,2008,37(2)：5-8.

[87] 傅筱等.建筑信息模型带来的设思维和方法的转型[J].建筑学报,2009(1)：77-80.

[88] 清华大学软件学院 BIM 课题组. BIM Research Group.中国建筑信息模型标准框架研究[J].土木建筑工程信息技术,2010,02(2)：1-5.

[89] 刘银龙,杨德恒.BIM 技术的发展与应用[J].城市建设理论研究：电子版,2013 (11).

[90] 徐世烺,周厚贵,高洪波,等.各种级配大坝混凝土双 K 断裂参数试验研究——兼对水工混凝土断裂试验规程制定的建议[J].土木工程学报,2006,39(11)：50-61.

[91] ZHAO Z,KWON S H,SHAH S P. Effect of specimen size on fracture energy and softening curve of concrete：Part I. Experiments and fracture energy [J]. Cement and Concrete Research,2008,38(8-9)：1049-1060.

[92] 中华人民共和国国家发展改革委员会.水工混凝土断裂试验规程：DL/T 5332—2005[S].北京：中国电力出版社,2005.

[93] 胡康宁.高强高模聚乙烯醇纤维在砂浆/混凝土中的应用[C]//中国国际建筑干混砂浆生产应用技术研讨会论文集,2004：141-144.

[94] 冯长伟.闸室墙高性能混凝土抗裂和耐撞磨性能的研究[D].南京：东南大学,2008.

[95] 胡康宁,秦鸿根,朱晓斌.郭伟掺 PVA 纤维的抗裂改性水泥的性能与应用研究[J].三次中国硅酸盐学会房建材料分会建筑结构与轻质板材专业委员会论文,2010：15-20.

[96] 陈向阳,朱岳明,王振红.基于实数编码的加速遗传算法在混凝土温度场反分析中的应用[J].三峡大学学报(自然科学版),2008,30(5)：4-7.

[97] 史忠植.高级人工智能[M]2 版.北京：科学出版社,2006.

[98] George E Luger.人工智能——复杂问题求解的结构和策略[M].5 版.史忠植,张银奎,赵志崑,等译.北京:机械工业出版社,2005.

[99] 史忠植,梁永全,吴斌,等.知识工程和知识管理[M].北京:机械工业出版社,2003.

[100] 史忠植.知识发现[M].北京:清华大学出版社,2001.

[101] 李瓒,陈飞,郑建波,等.特高拱坝枢纽分析与重点问题研究[M].北京:中国电力出版社,2004.

[102] 张志会.世界经典大坝——美国胡佛大坝概览[J].中国三峡,2012(1):69-78.

溪洛渡坝肩槽开挖爆破（摄影者王连生，2007年8月25日）

溪洛渡右岸坝肩槽预裂爆破钻孔施工（摄影者王连生，2007年9月9日）

溪洛渡大坝基坑抽干河床出露（摄影者王连生，2008 年 5 月 26 日）

溪洛渡大坝基坑开挖（摄影者王连生，2008 年 5 月 31 日）

溪洛渡坝肩槽开挖质量（摄影者王连生，2007 年 10 月 5 日）

溪洛渡大坝基坑、水垫塘开挖完成（摄影者王连生，2009 年 2 月 24 日）

溪洛渡大坝首仓混凝土开浇（摄影者王连生，2009 年 3 月 27 日）

溪洛渡大坝坝体混凝土浇筑（摄影者王连生，2009 年 7 月 7 日）

第 3 章

高拱坝施工过程智能化监测和数据挖掘

基于互联移动技术,通过在现场布置蜂窝状的无线网络覆盖与传输设备,形成无线网状(MESH)网络,对工地作业范围进行整体网络覆盖;同时,针对现场的网络应用状况,配置专业的数据采集设备,该设备支持工业级的防护手段,支持条码扫描、无线宽带接入等功能,满足现场数据采集的应用需要;应用工业组态技术,设计并实现了多个数据自动采集接口,包括混凝土生产数据自动导入接口、光纤测温自动数据接口、天气水情信息自动导入接口、大坝仿真系统数据导入接口等;依托无线传输技术、数字测温技术以及嵌入式应用技术,为施工期温度等监测数据的采集提供了新的在线、离线一体化方案。其中,在线方案通过数字式温度计、数据记录器、无线发送装置的组合,全面实现施工期温度数据的自动采集、传输与分析功能;当在廊道、隧洞等相对密闭的环境中无法接入网络时,则可以采用人工及手持式数据采集器的方式实现数据的采集与传输。在解决了大坝施工信息的传输问题后,将施工过程各类的施工信息集成入大坝全景信息模型中,以供管理者进行查询、分析和决策,并利用数据挖掘技术,发现不同来源的数据信息之间潜在的内部关系,为管理者对大坝施工过程的实时控制分析提供决策支持。

3.1 高拱坝施工过程监控体系和方法

3.1.1 高拱坝施工过程系统描述

高拱坝混凝土施工是一个复杂的系统工程,它可以分解为混凝土生产、混凝土运输以及混凝土浇筑、混凝土通水冷却、基础处理等若干个彼此关联的子系统,其施工过程的系统描述如图 3-1 所示。

这些子系统之间相互影响,共同决定了大坝混凝土施工质量和进度,只有提高混凝土生产、运输到仓面浇筑整个施工作业一条龙的效率后,大坝混凝土施工效率才能得到提高,其中任何一个环节出现问题都将导致大坝混凝土施工效率低下。若混凝土生产子系统中的拌合楼出现故障不能正常生产,将导致混凝土运输车在拌合楼前排队等待供料从而影响大坝混凝土浇筑施工;如果混凝土运输子系统中的混凝土运输车辆配置不足,将会出现拌合楼

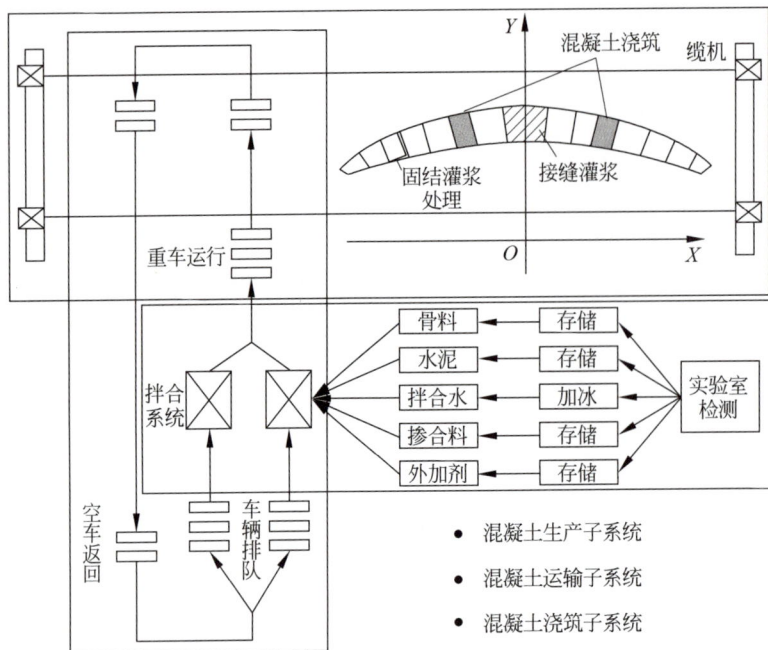

图 3-1 高拱坝混凝土施工过程系统描述

等车以及缆机的吊罐等车的现象,也将严重影响大坝混凝土施工效率。在混凝土浇筑子系统中,如果大坝仓面混凝土平仓振捣不及时,做不到混凝土定点下料而需要频繁地移动缆机的大车来进行对位,同样也会影响大坝混凝土施工整体效率。若基础处理灌浆压力控制不当导致坝体开裂,裂缝处理将会显著影响坝体上升效率和结构整体安全,通水冷却也有类似现象[1-5]。

3.1.2 高拱坝施工过程监控体系和方法

高拱坝施工实时控制系统监控指标,主要包括混凝土原材料质检指标、混凝土生产配合比偏差率指标、混凝土拌合性能试验指标、混凝土施工一条龙(水平运输车辆缆机、拌合楼以及平仓振捣等)、混凝土温度控制以及基础处理灌浆等六大类,其监控体系如图 3-2 所示[6-13]。大坝现场主要利用各种信息技术(information technology,IT)来实现信息的采集、传输、存储与管理等[14-22]。

(1) 施工现场与试验室信息采集与分析

基于互联移动技术,利用信息采集设备完成现场与试验室诸多施工信息的采集与分析。如通过编写拌合楼、缆机、灌浆记录仪及水文气象的数据接口程序,来完成施工信息的自动采集;通过 PDA 或仓面数据智能采集系统,来完成现场仓面施工质检信息的采集与分析;通过混凝土温度检测系统,实现温控数据的自动采集;通过电子计算机录入,实现试验室质检试验信息采集等。

(2) 现场与后方通信网络系统建设

在拱坝施工现场,由于施工环境限制不具备有线组网的条件,因此需要采用无线通信WiFi网络覆盖和GPRS、3G移动无线网络混合组网的方式,而在后方以业主营地为中心布

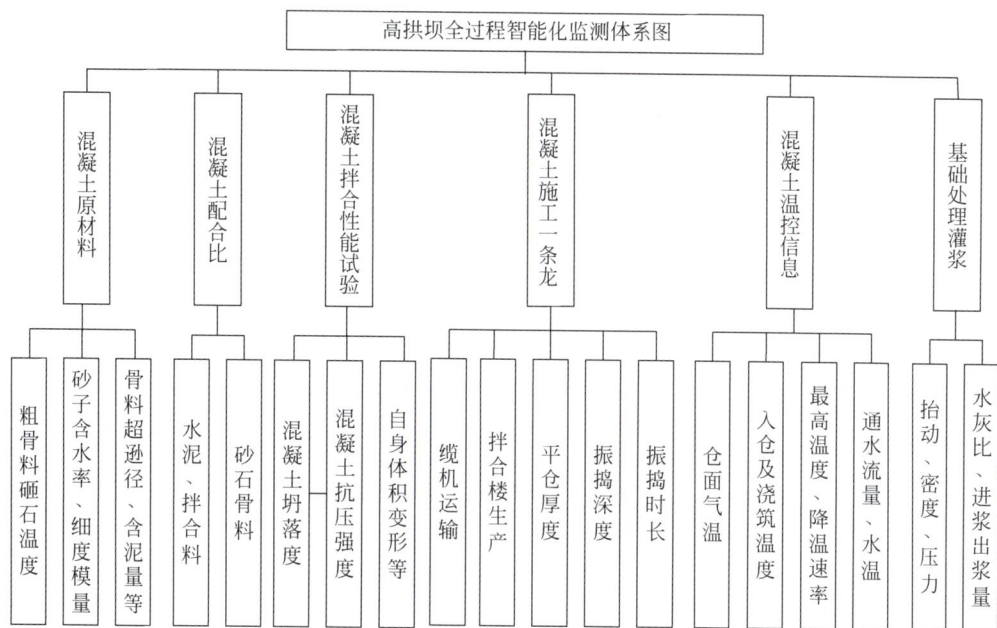

图 3-2 高拱坝混凝土施工全过程监控体系图

设传输网络,并通过光纤将业主、承包商、监理、设计各家承建单位的网络进行连接,以有线的方式进行组网;现场的无线网络与后方的有线网络整合在一起,构成大的施工局域网络系统。

（3）数据集成模型构建

通过建设高拱坝施工信息数据集成模型,来对采集到的各种施工信息进行有效的存储与检索;通过构建面向主题的数据仓库,供用户对其中的数据进行挖掘分析,从而发现有价值的知识。

（4）协同工作平台搭设

利用数据集成模型搭建施工过程综合信息协同工作平台,给管理者提供一个施工过程控制管理的整体应用技术平台,实现工程数据的高效获取和流转。在生产与管理方面,辅助用户实现施工过程精细化管理和控制;在设计与科研方面,辅助设计和科研单位制定混凝土施工进度计划,开展全坝全过程工作性态仿真分析,选择最优施工组织和施工措施。

3.2 基于互联网的智能感知技术

3.2.1 生产数据自动采集系统

生产数据自动采集是对高拱坝施工业务数据进行抽取、转换、传输、存储的过程。在此过程中,必须按照一定的规则和方法将所需数据从各种数据源提取后,进行相应转换,经过网络传输,最后加载、存储到主数据库中。要采集的数据主要包括拌合楼生产数据、缆机单循环数据、灌浆自动记录仪的数据、水文气象数据等。因缆机系统、混凝土生产系统的厂家、设备参数多样,在综合数据采集与分析系统平台的基础上,利用二次开发的控制接口,将生产、运行数据集成进入数据库。图 3-3 为自动导入任务管理器主界面。

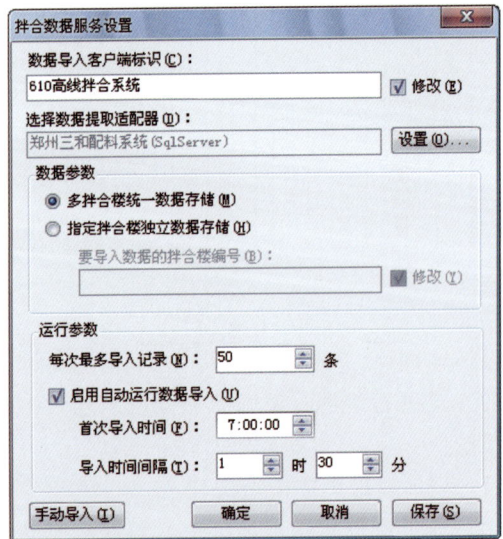

3.2.1.1 混凝土生产系统数据采集

拌合楼系统的控制室,实现了拌合系统车辆的自动识别,生产调度、混凝土生产、生产材料的自动管理及相关数据的管理。通过数据操作中间件(对外接口),采用 Windows 服务模式运行,利用 SQL Server 数据库实现数据的存储,达到对拌合楼控制室内记录的混凝土配合比、称量系统、车辆调度信息、生产打料信息(包括时间、方量、要求配合比、实际配料值)等数据定期自动导入或手动导入(图 3-4)。

图 3-3 自动导入任务管理器主界面　　图 3-4 拌合楼自动导入配置界面

数据接口功能包括混凝土配合比同步(配合比号、配合比编号、混凝土标号、水泥、粉煤灰、特大石、大石、中石、小石、砂、冰、水、外加剂、硅粉等)、混凝土生产数据同步(调度号、拌合楼号、混凝土标号、配合比编号、生产时间、罐次、方量、操作人员、使用部位、搅拌时间以及设定和实际配料的配比信息)、水平运输数据同步(调度号、调度编号、配比号、部位、车牌号、盘方量、出机口、完成量等)。

利用实时采集的混凝土生产数据,可以查询每一盘混凝土生产情况,并进行混凝土入仓强度分析,当班产量、拌合楼的产量分析、原材料消耗情况分析及每台自卸车的工作效率分析等;可以用来分析拌合楼的生产强度、生产方量、各配比的生产强度、单仓的生产强度、拌合楼称量误差分析等;可以通过调度号与水平运输数据进行关联,分析出具体哪个配合比的混凝土、何时由哪个拌合楼生产、何时通过哪个出机口装料到哪个车上。

3.2.1.2 缆机运行状态数据采集

缆机系统是一套综合的工业控制系统,由基于数字信号处理(digital signal processing,DSP)的控制系统及微机监控系统组成。以溪洛渡工程为例,5 台缆机监控系统平台均采用西门子 WinCC 组态软件,数据采用 SQL Server 存储。WinCC Connectivity Pack 组件接口

（见图 3-5），能够采集缆机组态软件数据库中周期性存储的状态参数值信息，主要包括主塔位置、副塔位置、小车位置、小车速度、大钩深度、大钩位置及载荷等。

图 3-5　缆机运行数据采集管理界面

　　基于实时采集的缆机运行数据，结合料罐自重、装载重量范围、卸料平台位置、拱坝坐标等信息，能按缆机的单次循环，输出缆机的载荷重量、起吊时间、上升开始时间、速度、水平运输开始时间、最大速度、下降开始、最大速度、到达部位（坐标）、回程时间，形成缆机的单循环轨迹（见图 3-6），并以此确定循环过程的装料、运输、浇筑、回程各个阶段的时长。缆机单循环状态切换原理见图 3-7。

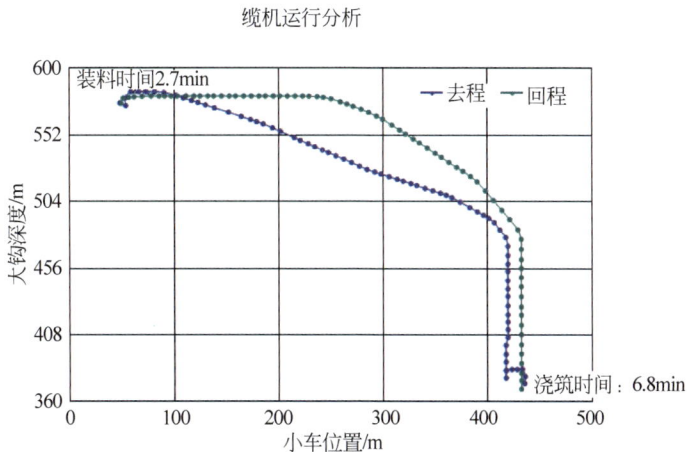

图 3-6　缆机单循环轨迹示意图

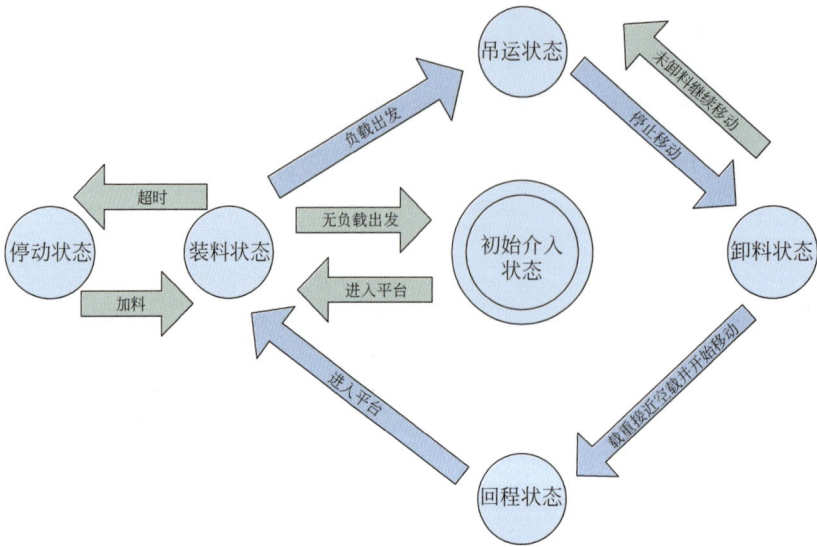

图 3-7 缆机混凝土浇筑单循环状态切换

利用实时采集的缆机单循环数据,可以用来分析和查询缆机在指定时间段内的运行状态,分析统计一段时间内的缆机运行状态(吊混凝土、打杂、待修、待令、闲置等);分析各个阶段(月份)缆机运行状态的变化趋势。此外,还可以及时获取缆机调运混凝土每个单循环过程的对位、下料、起运、卸料、起罐等关键节点信息,并以此为基础实现运行效率的综合对比分析,分析优化缆机运行操作过程,改进缆机的运行模式,从而提升大坝混凝土"一条龙"的施工效率。

3.2.1.3 灌浆过程数据采集

灌浆记录仪是一种自动记录灌浆过程重要技术参数(流量、压力、水灰比等)的仪器。硬件系统主要由工业控制机、微型汉字打印机、信号调理电路、压力传感器、流量传感器、水灰比传感器、通信屏蔽电缆和转换部分等组成。流量、压力和水灰比等传感器布置在灌浆孔的特定位置,将检测到的物理量信号转换成电流信号。数据采集模块将电流信号进行模数转换(analog to digital,A/D),经通信转换模块送到计算机串口。监控软件将采集到的信号,采用一定的算法进行数据处理,在显示器上以文字和曲线的形式显示灌浆过程的各个重要信号量,对灌浆过程进行实时监控,记录、保存重要的灌浆数据,灌浆结束后打印灌浆数据和曲线[23-30]。

图 3-8 为灌浆记录仪与抬动观测仪数据接口方案,图 3-9 为灌浆自动记录仪数据导入服务配置界面图。具体为:根据灌浆自动记录仪厂家接口标准要求,将灌浆数据通过无线传输或复制方式导入中间数据库,通过自动导入接口定期采集中间数据库中的灌浆过程数据,包括冲洗、压水、灌浆、封孔过程中的压力、流量数据及最终的工序结果数据,也可对抬动监测数据进行采集,通过对实时采集的灌浆数据进行统计与分析,实现对灌浆进度、过程质量的综合管理。

3.2.1.4 气象水文数据接口

一般情况下,水文气象站的水情信息存储在气象站的 SQL Server 数据库当中,可直接

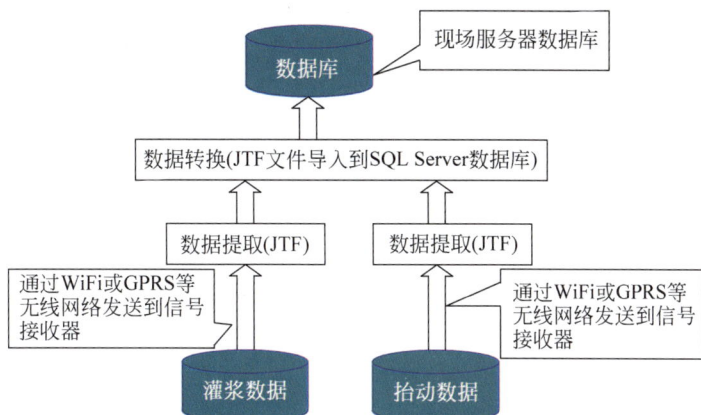

图 3-8　灌浆记录仪与抬动观测仪数据接口方案

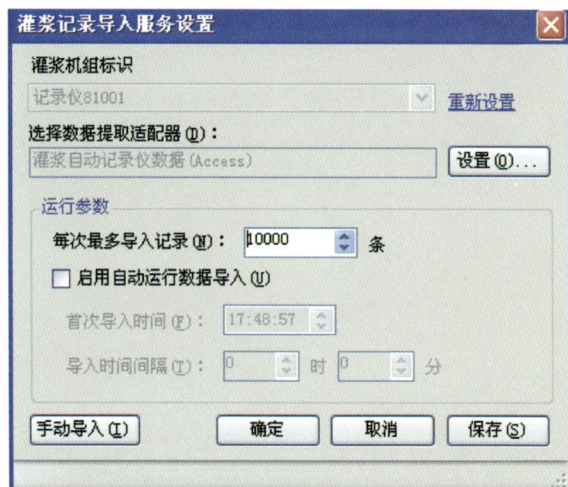

图 3-9　灌浆自动记录仪数据导入服务配置界面

连接其数据库进行查询显示;而天气信息是以文本文件的形式在气象站的服务器进行存储,需要对文件进行共享并解析、发布、查询,气象水文数据接口采用联机模式,每天固定一个时间将需要的文件数据解析、存储。

3.2.1.5　安全监测数据导入

通过桌面应用程序,并使用特定记录格式 EXCEL 工作表,对永久温度计、无应力计埋设信息,永久温度计、无应力计测量结果信息(包括记录时间即批次、监测值、计算公式、计算参数)等数据进行导入,及时反映安全监测信息。

数据接口功能,包括安全监测仪器基础信息同步和安全监测仪器监测数据同步。前者用于记录各仓的安全监测仪器埋设信息,包括设备类型、埋设部位、仪器编码、大地坐标、仪器所在高程、计算公式、计算参数及埋设时间等;后者是将相同记录时间(同一批次)的安全监测数据定期导入数据库中,包括仪器编号、观测日期、观测时间、电阻值等。

3.2.2 仓面数据智能采集系统

3.2.2.1 系统架构

针对大体积混凝土施工场面多、变动性大、数据量大、及时性高的数据场景,基于手持式智能设备构建了仓面数据智能采集系统,实现了复杂多变环境下大坝混凝土浇筑过程数据(主要是盯仓数据)及安全、质量信息的实时采集。系统基于安卓平台研发,与原有手持式掌上电脑(personal digital assistant,PDA)采集设备相比,具有传输数据方式多样化、支持多媒体数据采集,更高效的输入方式,支持数据离线传输,网络自动识别等先进功能。系统功能结构如图 3-10 所示。

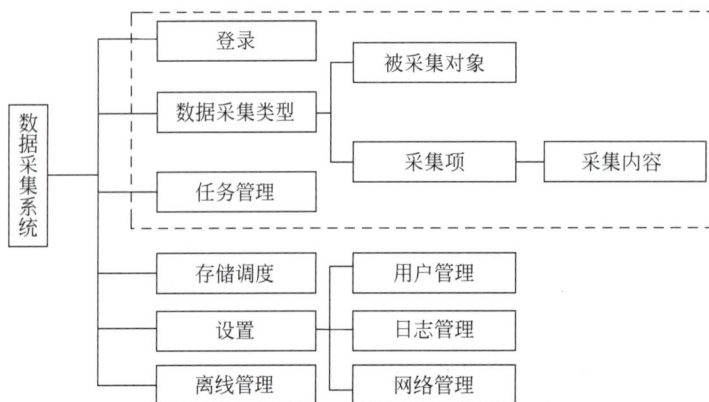

图 3-10 仓面数据智能采集系统功能结构

3.2.2.2 系统网络架构

图 3-11 给出了系统网络架构。其中,数据采集设备采用智能安卓手机取代手持设备PDA,实现盯仓施工记录的实时采集与上传;网络覆盖主要通过布设现场局域网络,设置桥

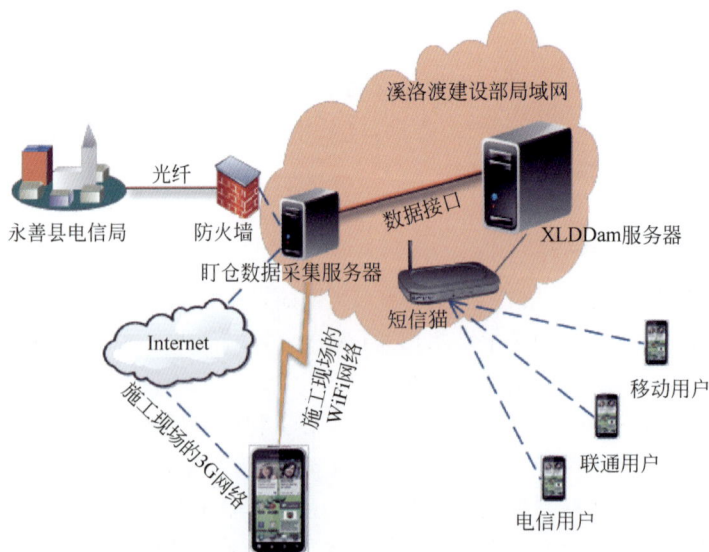

图 3-11 仓面数据智能采集系统架构图

接点；同时考虑无线局域网 WiFi 信号覆盖范围有一定的限制，以 3G 网络作为辅助网络，保证信号无死角；数据采集存储则考虑现场网络信号可能不稳定，使其具备离线储存数据功能，通过 3G 移动网络或 WiFi 无线局域网络，将所有离线数据发送至服务器中；数据发布是通过服务器将系统上传的工程数据直接发布到桌面系统的数据录入页面，且数据状态为已提交，待管理层审核后即可在线查询。

3.2.2.3 系统架构特点

（1）现场复杂环境下适应性高

以往在现场作业面实现数据采集，往往会碰到网络覆盖盲区、强光照射等问题。仓面数据智能采集系统具备网络自动识别功能，支持在 WiFi 断网时自动切换到 3G 模式，以及本地数据缓存与智能提交、离线登录与认证等技术，日间夜间显示模式切换等，现场适用性极高。

（2）录入方便，内容多样

考虑现场操作不方便，系统综合应用大图标界面，支持单手操作、拇指操作模式及导航式数据录入模式，优选基于列表的选择性录入方法，采用文字、语言、图片、手绘等多种录入形式，较好地适用了现场的应用需要。

（3）支持盯仓巡检等数据背靠背的录入

系统支持监理与施工单位背靠背并行录入仓面数据且互不影响，并可提供客观、综合的参考对比。此外，数据录入时间由操作时间直接确定、不能事后调整，保证了数据录入的及时性；不同数据采用单一入口录入，支持不同层次、维度与主题的分析。

3.2.2.4 系统功能

图 3-12 给出了系统数据采集主要业务模块，主要包括盯仓数据采集、现场数据采集和安全质量管理三大类。

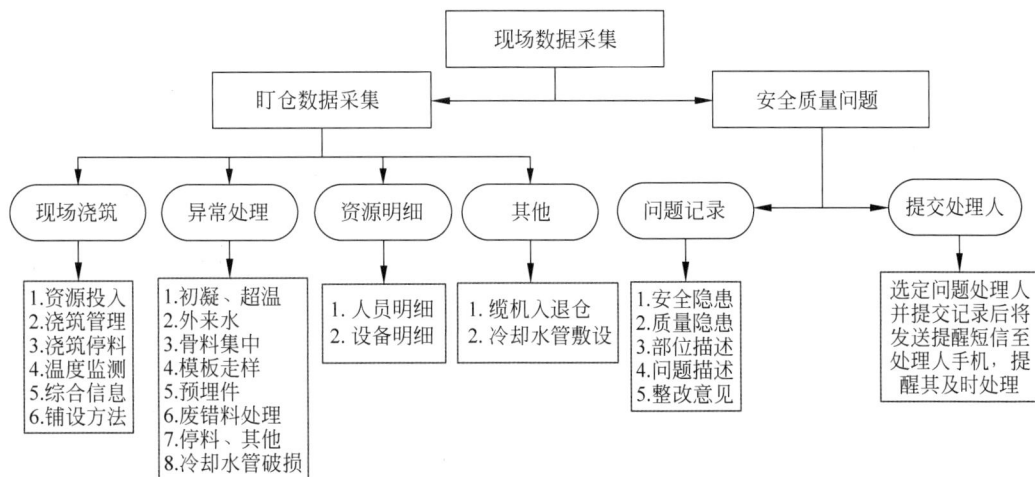

图 3-12 仓面数据智能采集系统数据采集内容

1. 盯仓数据

盯仓数据采集模块用来实现混凝土浇筑过程中各类事件的登记,包括温度、混凝土来料情况、浇筑方式、资源投入情况、设备运行情况、异常及处理情况等。仓面监管人员负责以流水账的模式实时记录当前发生的仓面事件。数据采集管理时分为现场浇筑(图 3-13)、异常处理(图 3-14)、资源明细、其他等四大块进行记录。

图 3-13 现场浇筑

图 3-14 异常处理

现场浇筑记录,主要包括资源投入(图 3-15)、浇筑管理、浇筑停料、温度监测、综合信息、铺设方法等记录内容。异常处理记录,主要包括初凝、超温、外来水、骨料集中、模板走样、预埋件、废错料处理、停料以及其他异常事件发生的具体部位、原因、处理方法及最终结果的记录;冷却水管破损记录,主要对仓内冷却水管的破损情况进行记录,记录内容包括破损冷却水管编号、破损部位、破损原因、修复情况等详细记录。资源明细记录,包括设备运行记录和工种及管理人员的到场数量、人员明细。此外,还可对浇筑仓内浇筑设备、缆机的入退仓的状态、冷却水管的铺设状态和铺设时间进行记录。表 3-1 给出了系统盯仓数据模块采集的主要内容。

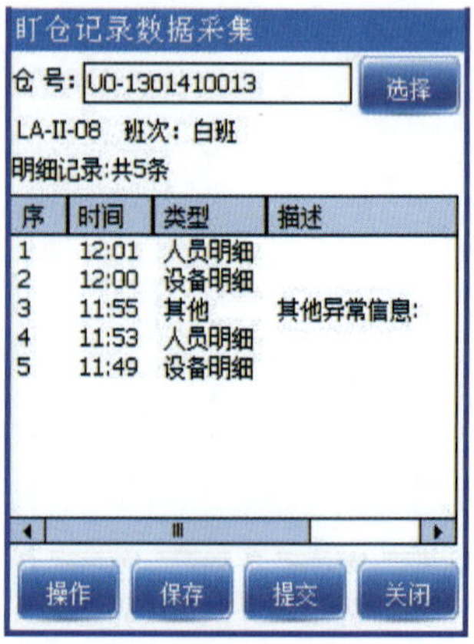

图 3-15 资源投入

表 3-1 盯仓数据采集内容

项目	输 入 项	管 理 内 容
浇筑状态	开收仓、交班	开仓、收仓及交班时间,注意事项与说明
	停料、续浇	发生时间及停料原因(换料等待、拌合楼故障、水平及垂直运输设备故障、平仓不及时、混凝土振捣不及时、停电、天气变化)
	铺设方法	对条带宽、条带数、条带方向、层厚等进行记录
仓面温度采集	仓面气温	仓面小环境气温
	入仓温度	混凝土下料后平仓前,距混凝土表面 5～10cm 处测量的混凝土温度
	浇筑温度	平仓振捣后,覆盖上层混凝土前,在距混凝土面 10cm 深处的温度
仓面资源投入情况	入仓设备	记录实际投入的缆机、侧卸车车号
	仓面设备	平仓机、装载机、手持或振动棒、喷雾机等
	设施投入	包括铲具、锹具、瓢具、桶具、保温被、防雨布等设施投入情况,在浇筑开始前对照仓面设计进行核对
	人员投入	仓面指挥员、带班班长、质检员、平仓指挥员、监理、特殊部位负责人填写人员工号;其他技术工种如浇筑工、木工、电工、值班预埋工、仓面辅助工,填入总数量
异常情况	初凝、超温	时间、是否停料、面积、位置、弃料量
	外来水、骨料集中	时间、是否停料、来水方向、面积、位置、坯层
	模板走样	时间、是否停料、位置、走样尺寸
	预埋件	时间、是否停料、异常类型(冷却水管破裂、冷却水管堵塞、排气槽受损、仪埋电缆受损)
	废错料处理	时间、是否停料、原因(废料入仓、级配错误)、面积、位置
	停料	时间、是否停料、停料原因(换料等待、拌合楼故障、平仓不及时、混凝土振捣不及时、停电、天气变化等)
其他	综合信息	混凝土来料情况、处理骨料集中、处理零星泌水、处理零星外来水、钢筋调校、调校预埋件、调校模板、仓面喷雾、保温被覆盖、永久外露面复振及时性、彻底性情况的记录
	缆机入退仓	记录当前仓的浇筑设备缆机是否已退仓、退仓的时间
	冷却水管铺设	对浇筑仓内冷却水管的铺设状态和铺设时间进行记录

2. 温控过程数据采集

温控过程数据模块主要采集包括温度数据(图 3-16)、通水与养护(图 3-17)和其他信息。其中,温控数据主要包括混凝土温度、冷却通水水温和流量、出机口温度、现场气温、温控异常等信息的记录。通水与养护主要包括通水状态、开始养护、结束养护、养护检查、通水异常、通水换向、开始闷温时间、闷温记录、通水类型等信息的记录;其他信息主要包括停止通水和恢复通水。表 3-2 给出了温控过程数据采集内容。

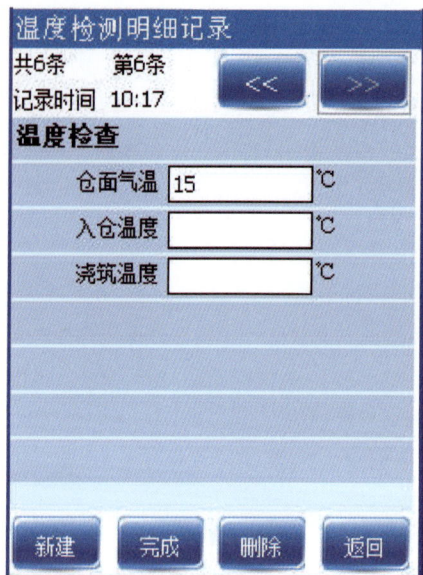

图 3-16 仓面温度

图 3-17 通水与养护

表 3-2 温控过程数据采集内容

项目	输入项	管理内容
温度数据采集	混凝土温度	实时记录埋设在浇筑仓内部各温度计检测的电阻值,通过系统自动换算成温度;数字温度计、光纤等
	冷却通水	浇筑仓内埋设的各冷却水管的进水温度、出水温度以及流量等数据
	出机口温度	拌合楼出机口处的混凝土温度,包括拌合楼出机口号、仓号、配合比、出机口温度值、气温等信息
	现场气温	主要是大坝施工现场检测的气温值
	温控异常	主要是对各仓在混凝土温控过程中出现的温控异常情况进行记录,内容包括发生异常情况的仓号、异常的类型以及异常的描述
通水养护	通水状态	记录仓的当前所处的通水阶段、通水温度以及通水的流量
	养护	养护时间以及养护部位、保温手段、保温措施
	通水异常	通水过程中发生异常的时间,异常原因以及异常事件描述等的记录
	通水换向	通水冷却主管通水换向的时间
	闷温	主管闷温温度,检测时间以及是否结束闷温的判定
	通水类型	根据混凝土内部温度以及现场环境温度判断仓内冷却通水的类型和通水类型的转换,主要记录的是仓内冷却通水的类型,如冷却水、常温水等,并记录该类型水的通水时间和发生通水类型转换时的时间等
其他信息	停止通水	通水停止原因,如冷却水管破损、超冷或温度降幅超标,及其发生时间
	恢复通水	通水故障排除或者通水停止原因查明,恢复通水时间以及具体原因

3. 安全质量管理

安全质量管理(图 3-18)主要记录施工现场存在质量问题的部位、问题描述、附件(照片、视频及音频)以及安全问题的处理等信息,并在上传信息后实时发送简要信息给问题处理人。

图 3-18 安全隐患

3.2.2.5 应用效果

2012 年 8 月 20 日至 2012 年 9 月 4 日,溪洛渡河床坝段 11#~20# 坝段共录入盯仓数据 400 余条,其中采用仓面数据智能手机采集系统录入 180 条数据,其中监理方占 85 条,施工方占 95 条,采用手机数据采集系统上传的盯仓数据都能保证数据的及时性。

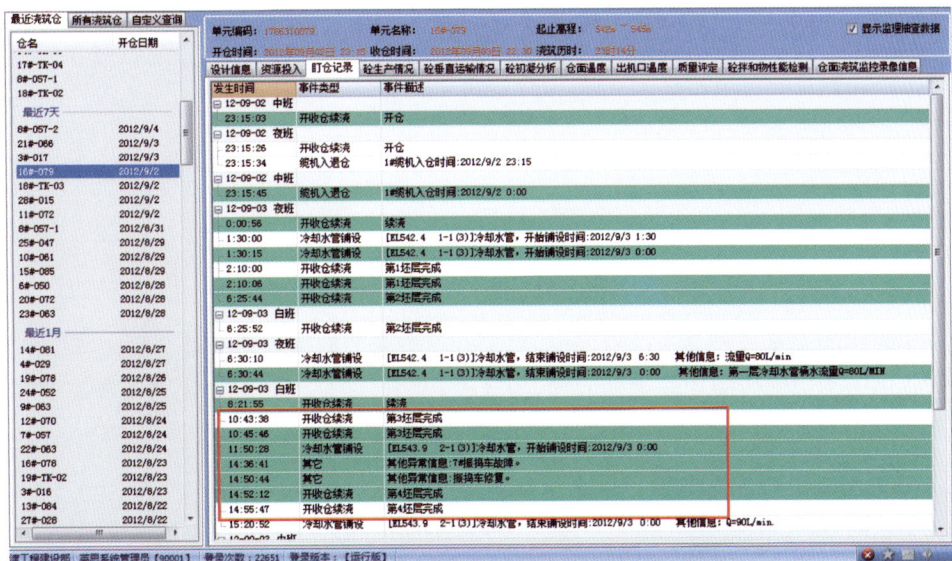

图 3-19 基于仓面数据智能采集系统的盯仓数据管理

3.2.3 混凝土温度检测系统

3.2.3.1 大坝数字测温

大体积混凝土施工过程温度控制是大坝工程质量管理的关键,传统的测温模式采用差阻式温度计、人工读数方式,存在数据不及时、不全面等问题,且数据采集分析的劳动强度高,不利于精细化管理。大坝数字测温基于互联网技术,利用数字化感知、工业无线通信技术以及嵌入式应用技术,为施工期温度等监测数据采集提供在线、离线一体化方案,来实现温控状态实时评判,提高温控预测分析的效率与准确程度,全面提升混凝土温控的管理水平,保证大坝混凝土的施工质量。

大坝数字测温系统提供无线方案(基于无线温度采集仪的无线测温)和在线方案(手持式温控数据采集)两种温度采集方式。无线方案通过数字式温度计、数据记录器及无线温度采集装置的组合,全面实现施工期温度数据的自动采集、传输与分析功能;在线方案采用人工及手持式数据采集器的方式实现数据的采集与传输,主要针对廊道、隧洞等相对密闭的环境中无法接入网络的情况。图 3-20 为大坝数字测温系统逻辑结构图。

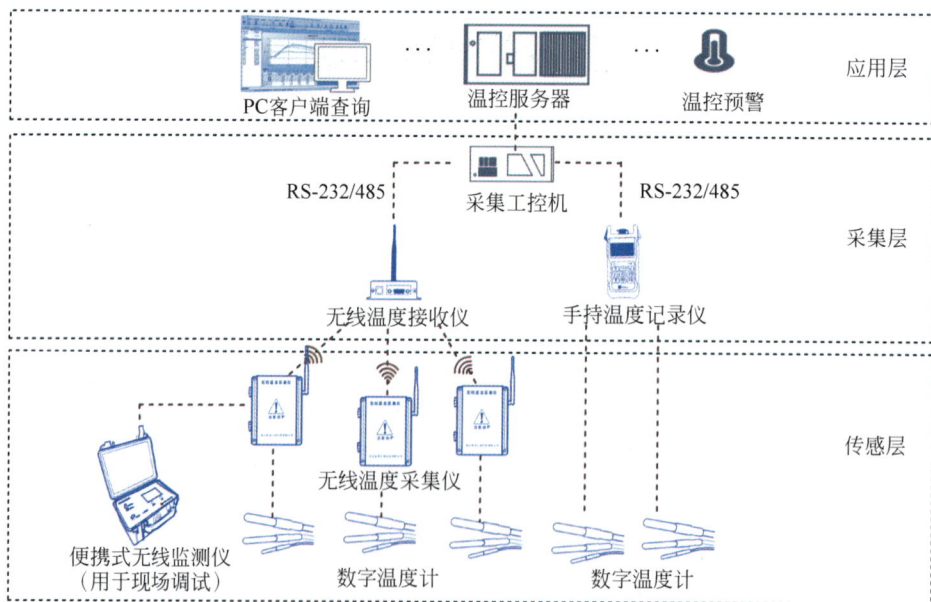

图 3-20 系统逻辑结构图

大坝数字测温系统所采集的温度值、采集时间等业务数据均不可随意修改,解决了传统测温过程中人为因素影响比较大的问题,为准确、及时、综合判断混凝土温度状态提供了必要的依据,也为智能温控奠定了基础。

1. 在线方案——手持式温控数据采集

施工期间,由于作业面广、现场干扰较多,采集部位随大坝上升而不断改变,施工现场温控数据采集耗时耗力,且数据的完整性、准确性也较低。手持式温控数据采集系统以数字温度传感器和手持式数据采集器为主要设备,能完成数据的一次性记录,减少了读数、记录、补录入数据等环节。与传统的温度测量方式相比，省去了纸张记录的繁琐和二次录入工作量，也提高了温度数据采集工作效率，并在一定程度上避免人为造成的数据错误。图 3-21 给出了基于手持设备的水工数字式温度数据采集流程。

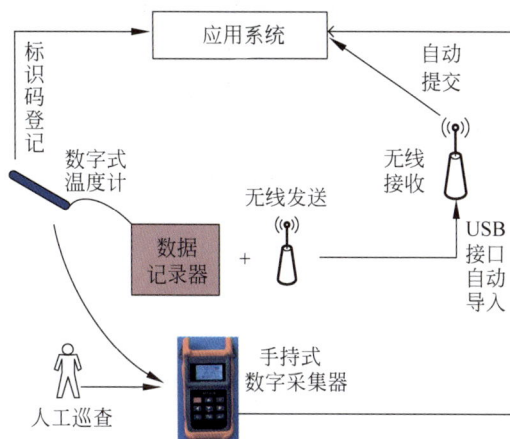

图 3-21　水工数字式温度数据采集流程

手持式温控数据采集主要包括混凝土浇筑阶段的温控数据采集及冷却通水阶段的温控数据采集，其中浇筑阶段的施工数据，通过混凝土浇筑盯仓记录和仓面数据智能采集系统实现。冷却通水阶段温控数据采集内容如表 3-3 所示。

表 3-3　混凝土温控数据采集

采 集 内 容	说　　明
混凝土内部温度	定期采集内部埋设温度计的读数，如施工期温度计、测温管、光纤测温点等
混凝土表面温度	定期采集混凝土仓的表面温度数据
特殊位置温度	基岩温度、水管附近埋设的试验温度计等
通水流量	采集冷却通水期间每根主管的流量数据(L/min)
通水进出口温度	采集冷却通水期间每根主管的进出口温度读数
通水换向	通水主管路的换向时间
停水闷温	记录施工期间的停水，闷温开始及结束时间，闷温结束后的温度读数
异常事件	冷却过程中的异常信息，包括温度计突然失效、异常停水、温度异常等
工地气温	记录工地的小环境温度，一般每隔 4~6h 采集一次

数据采集具体实现过程如下：对采集目标进行统一的条码编码，包括各类温度检测仪器、冷却水管等，在采集时通过扫描采集目标条码，识别后输入采集的结果值即可，如电阻值、流量值、温度值等，操作模式简单，流程固定。图 3-22 给出了手持设备现场温度采集示意图。

2. 无线方案——无线测温系统

无线测温系统通过先进的无线网络技术、自动化技术实现浇筑仓混凝土温度数据自动采集，由数字式温度传感器、手持式温度记录仪、无线温度采集仪、温控管理服务器与分析软件组成。无线采集仪采用电池供电，无需外接电源及通信电缆，带自动休眠功能，耗电量极低，支持远端的电量监控，无线通信的稳定性好，完全满足施工期混凝土温度的观测要求。方案架构见图 3-23。

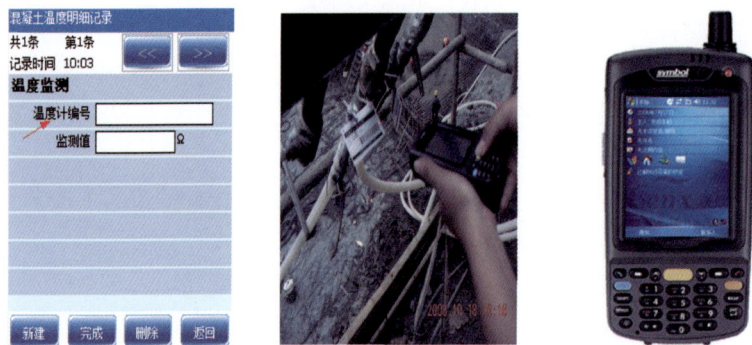

图 3-22 手持设备现场温度采集示意图

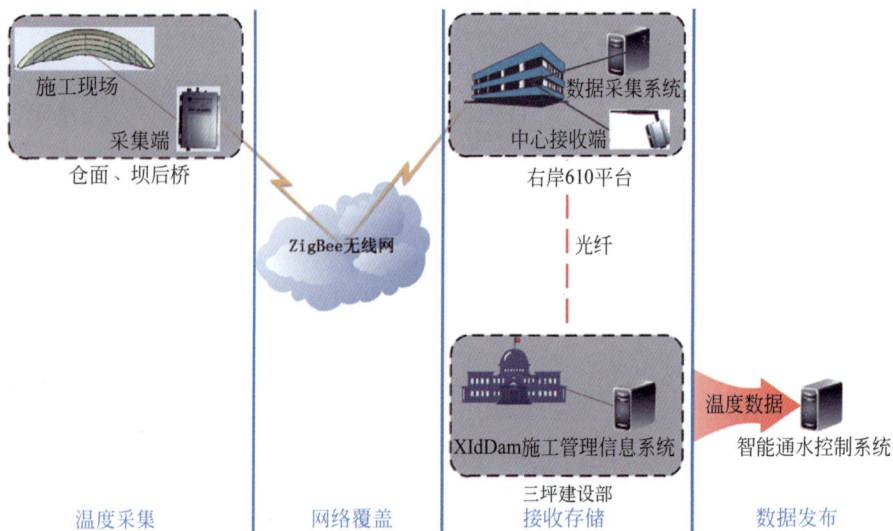

图 3-23 温控数据自动采集架构图

（1）温度采集

在浇筑仓面部署无线温度采集仪，见图 3-24，每台设备可连接 8～10 支数字温度计，无线温度采集仪每 30min 自动唤醒，将温度数据通过无线网络自动发送到采集工控机。

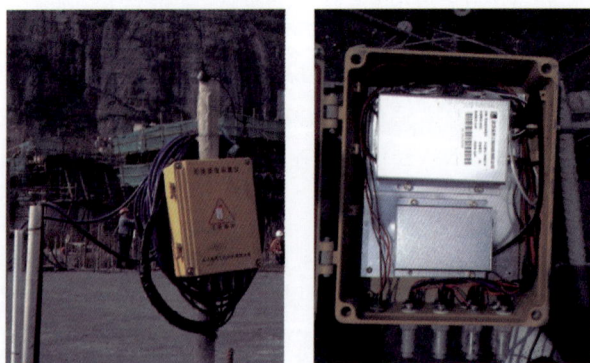

图 3-24 无线测温设备现场实际安装示意图

（2）数据采集存储

在左岸或右岸部署 1 台数据采集工控机,接收无线温度采集仪采集的混凝土温度并进行本地存储,通过现场已经部署的光纤网络将数据传输到服务器上（图 3-25）。

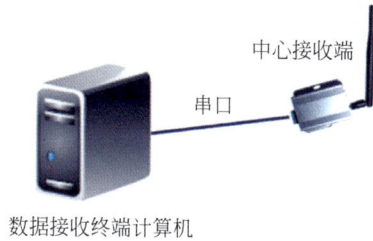

图 3-25 接收存储

（3）温度数据发布

采用 Web 服务形式（图 3-26），以保证不同软件平台通用性。

图 3-26 数据发布示意图

3. 无线温度采集仪

无线温度采集仪（图 3-27）是集 ZigBee 无线通信和协议转换为一体的温度数据采集产品,通过无线和上位机建立通信,采用 2.4GHz 扩频技术,信号抗干扰能力强,组网方便,适用于室内、室外、大坝、桥梁混凝土等环境温度的实时监测和分析。

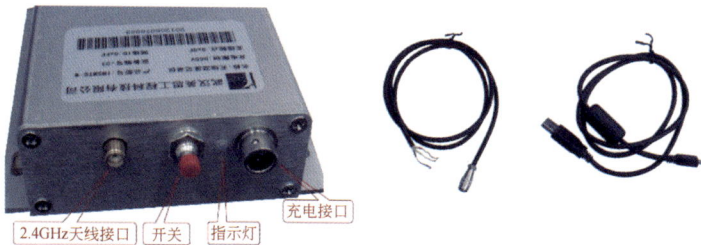

图 3-27 无线温度采集仪

无线温度采集仪在参数设置完后,可与现场同网络架设的中继路由、中心主站,通过 ZigBee 无线组成无线局域网络。红色虚线箭头方向为数据采集后进行数据上传过程,黑色虚线箭头为上位机发送指令后对数据进行查询命令、无线温度采集仪远程调试指令的下达过程。上位机和中心主站直接通过 UT-216 接口转换器相连。

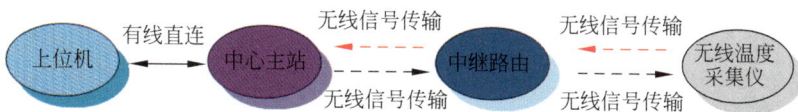

图 3-28 无线温度采集仪数据采集流程

4. 应用成效

溪洛渡大坝累计投入数字温度计 4000 余支、无线温度采集仪 150 台、手持温度记录仪

20 台,可满足日常温控数据采集需求。以右岸 26#-030 仓和 22#-058 仓 2 个典型仓温度数据采集为例,每个无线采集设备都连接 4 个温度计,2 台设备在数据采集、上传过程中均未出现掉数据现象,数据采集成功率达 100%。

表 3-4 给出了无线数字测温系统与传统模式对比表。与人工手动巡检方式相比,无线测温系统有如下优点:①数据实时性高,能快速进入服务器;②温度数据采集频率高,可达到 30min/次;③减少人力投入和时间投入。

表 3-4 数字测温与传统模式对比表

传统工作模式	数字化工作模式	传统工作模式	数字化工作模式
设备与工具		作业方式	
测量装置	差阻式测温仪 四芯观测电缆	数字测温仪 三芯通信电缆	人力手工捆扎标识牌	电脑系统录入标识码
数据采集	数字电桥	手持式数据采集器 在线数据采集模块	人力手工记录时间、设备名称、读数	便携巡检、数据导入、无线网络自动传输
数据传送	人工投入及纸张消耗	采集仪＋USB 接口无线收发装置	人工携带＋手工录入	仪器一次性自动读取自动定时记录
数据存储	纸张　EXCEL 表记载	数据库	分散式的文件保护	集中式共享存储完备的备份机制
数据分析	EXCEL 分析报告分发	温度分析软件	人工计算图表文件流转	自动图标绘制、权限控制下的自主查询

3.2.3.2 大范围分布式光纤测温系统

分布式光纤测温系统具有实时在线监测的优势[31-35],一方面可以从空间区域监测大坝任意浇筑块的温度特性,另一方面可以对混凝土大坝从浇筑到退役的温度变化全过程进行跟踪,便于有针对性地进行相应的温控防裂措施。它既是传感器,又是传输介质,沿着光纤线路,可每隔一定距离设置一个温度监测点,从而获得沿整条光纤线路上的线温度测值。

通过广泛的市场调研,选用基于拉曼散射技术,以多模光纤作为传感器,能够监测出探测光纤沿程温度值的分布式光纤温度测量系统(Sentinel-DTS),连接形式如图 3-29 所示。其功能指标如下:Sentinel-DTS 将传感光电模块和 PC 耦合在一个标准单元中,温度精度 ±0.5℃,空间分辨率 1m,取样间隔 0.5m,最大量程可达到 10km,测量温度可高达 600℃。经过室内混凝土光纤测温试验,选

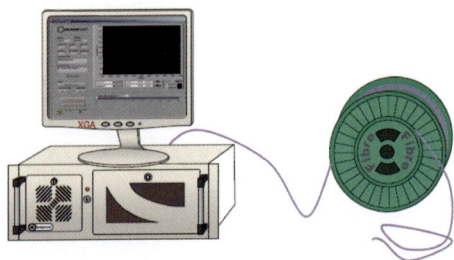

图 3-29 分布式光纤和 DTS

用光缆作为测温光纤,光缆是一个内部 $50/125\mu m$ 的多模光纤,可进行单端或双端测温,一经连接到 Sentinel-DTS,即可实现分布式温度测量。

1. 分布式光纤测温系统结构

光纤测温的远程控制系统主要有三个部分:第一部分通过构建局域网对每台 DTS 主机实现远程控制;第二部分是将 DTS 主机的测温数据实时采集并备份到控制主机上,按用户需求的时间段对数据进行筛分;第三部分是针对光纤测温数据为线监测的特点,实际工程只需要光纤沿线中某一段测温数据,因此需要从整条光纤线路的测温数据中提取重点关注的测点温度,即需要设计并开发程序以实现批量自动提取。光纤测温远程控制系统的结构图如图 3-30 所示。

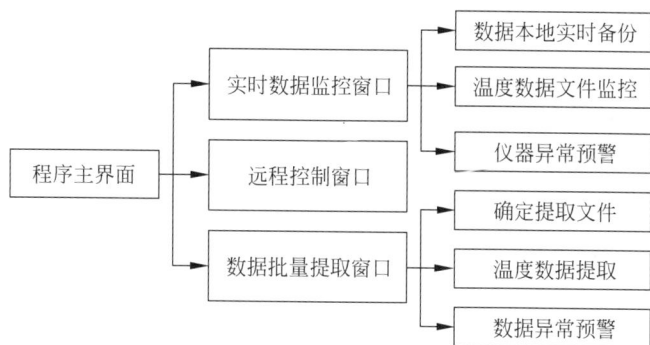

图 3-30　系统总体结构图

(1) 局域网构建

通过双绞线、光纤收发器、光纤和路由器进行光纤测温主机之间的互联,最终形成由一台服务主机和多台光纤温度监测主机构成的局域网。基于多台 DTS 测温主机建立的局域网如图 3-31 所示。

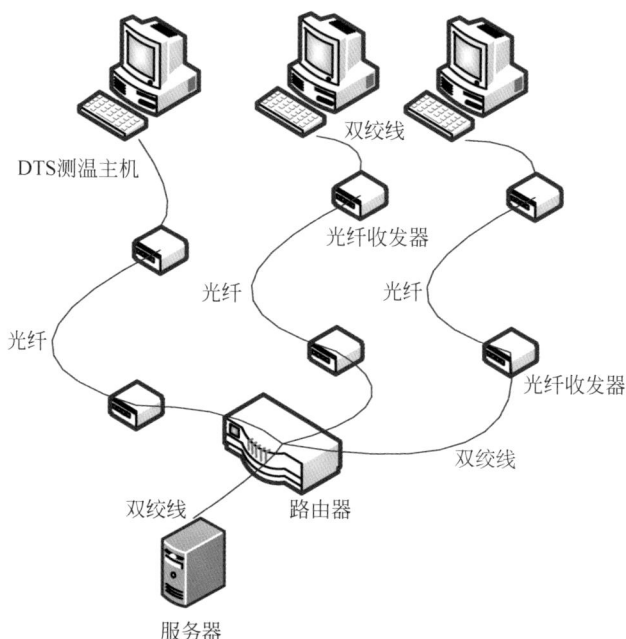

图 3-31　局域网连接示意图

（2）实时监控系统

实时监控系统主要包括服务器端和客户机端。对于光纤测温所构建的局域网来说，服务器端为服务主机，用于对客户机实施远程监控；客户机端为各台光纤测温主机，客户机端程序作为一个进程运行，用于响应服务器端的监控命令，并根据服务器的需要，及时对客户机采样，将采样数据返回给服务器。对于客户端，首先在客户端加入一个控件数组。对于服务器端，同样添加相同数目的控件数组，设置对应连接端口。这样就构成了一个远程数据通信的连接模式。远程控制部分流程图如图 3-32 所示。

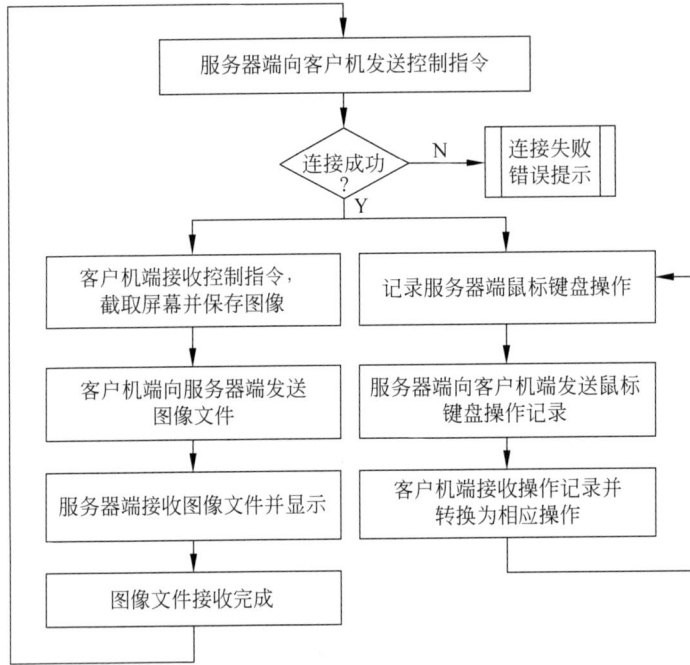

图 3-32　远程控制流程图

（3）远程数据监控及提取

通过局域网访问对监测仪器进行监控，并借助 Visual Basic(VB)中的 Timer 控件，将新生成的温度数据文件复制到本地服务器。

（4）测温数据自动提取

因分布式光纤集传感器与信号传输器于一体，所测温度是沿光纤全程长度均匀等间距分布的，因此需要利用埋设于浇筑仓中的光纤所对应刻度进行温度数据提取。

2. 光纤埋设

（1）定位

为了使所测温度更具有代表性，铺设时避开冷却水管所在高程，将光缆埋设在冷却水管之上的一个坯层，即距冷却水管 0.5m 处，同时使光缆避开灌浆孔的钻孔位置，确保不被钻孔作业打断；另外，要使光缆经过常规测温点（温度计、测温管）的位置，方便将光缆测温结果与常规测温结果比较。

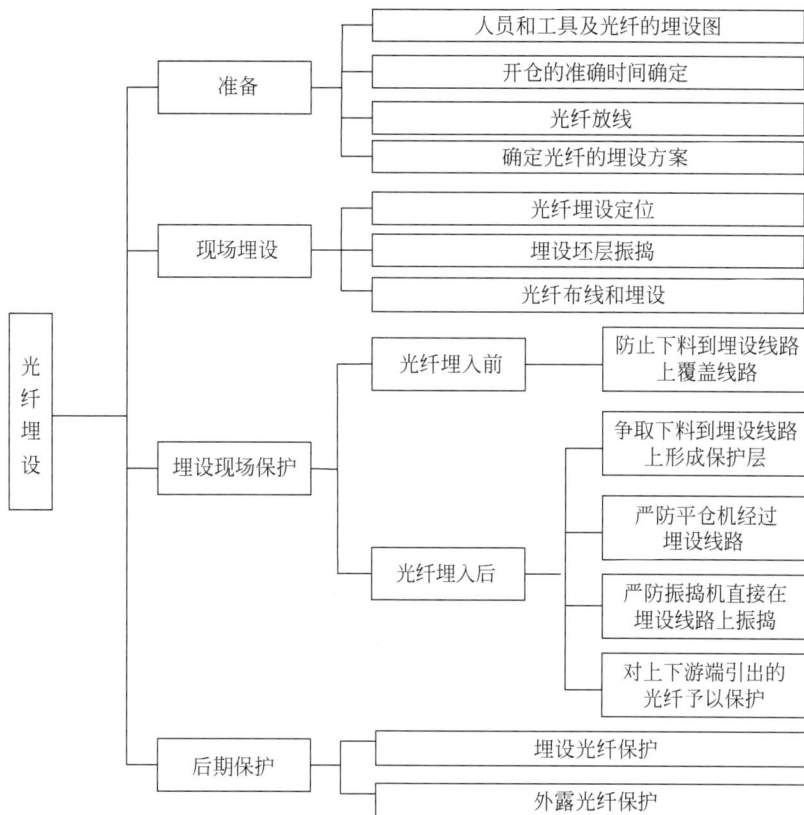

图 3-33 光纤埋设流程图

（2）埋设

首先根据设计图纸将光缆定位，确定控制点，然后采用手持式振捣棒沿线振捣，待混凝土松软后将光缆压入坯层中。该方法铺设速度快，简便实用，效果良好。

（3）保护

对于仓内光缆，应注意振捣和碾压不得正对光缆；对于从仪器到仓面沿程的光缆，禁止人为覆盖重物以及过度挤压、弯曲。

光纤的熔接是一个技术难点。由于光纤十分精细，且对周围环境要求较高，给熔接工作带来较大的困难。一般光纤接口弄断后的再熔接，需先将断点两端各剪掉 20cm；熔接成功后，宜绑在钢筋上，排除光纤接头被振捣机振断的风险，并在最外层采用套管保护；在套管中使用填充材料，两端设法卡紧，这样既可以受弯也可以受拉。套管的材料可以用 PVC 塑料管、薄壁小口径钢管或钢丝网等，套管中使用填充材料可使用发泡塑料或混合胶等。防止光纤受拉破坏的方案见图 3-34。

3. 分布式光纤应用及成效

溪洛渡大坝选择 15# 和 16# 河床坝段和左右 1/4 拱 5# 和 23# 岸坡坝段埋设分布式光纤，与常规温度计埋设在浇筑仓同一坯层，以便相互印证。5# 坝段埋设光纤共计 58 仓，累计埋设测温光纤长度 3058m；在 15# 坝段埋设光纤共计 99 仓，累计埋设测温光纤长度 4782m；在 16# 坝段埋设光纤共计 99 仓，累计埋设测温光纤长度 4886m；在 23# 坝段埋设

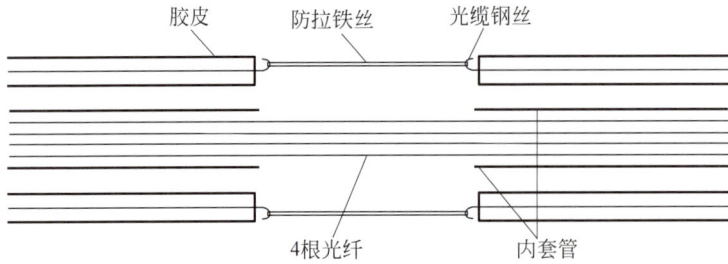

图 3-34 光纤防受拉破坏方案

光纤共计 76 仓,累计埋设测温光纤长度 3692m。总共进行了 332 个混凝土浇筑块的光纤测温工作,累计埋设光纤长度 26710m,其中测温光纤长度 16418m,发布了 3235 个测温点的温度测量成果,并及时将测温数据上传到 DIM 系统。图 3-35 给出了溪洛渡拱坝分布式光纤埋设布置示意图。

监测站的布置随大坝混凝土施工进度而变动,以监测站稳定、牢靠、震动少、灰尘少为原则,确保光纤测温稳定可靠。4 个典型坝段布置了 3 台 DTS 测温主机。初期,仅 15# 和 16# 两个河床坝段有光纤测温,将光纤分别引至上游左岸高程 400m 平台监测房和下游右岸高程 383m 平台监测房进行温度监测,监测站布置如图 3-36 所示;岸坡 23# 坝段开始浇筑时,将光纤引至右岸高程 412m 平台新增设的监测房中进行温度监测,当大坝浇筑块达到一定高度时,将光纤监测房安置到廊道内,即将上游左岸高程 400m 平台监测房的测温主机移至大坝高程 395m 廊道 15# 监测支廊道内,承担 15# 和 16# 坝段上下游光纤测温工作;岸坡 5# 坝段开始浇筑第一仓混凝土时,将光纤引至左岸高程 420m 平台新增设的监测房中进行温度监测。后期测站布置如图 3-37 所示。

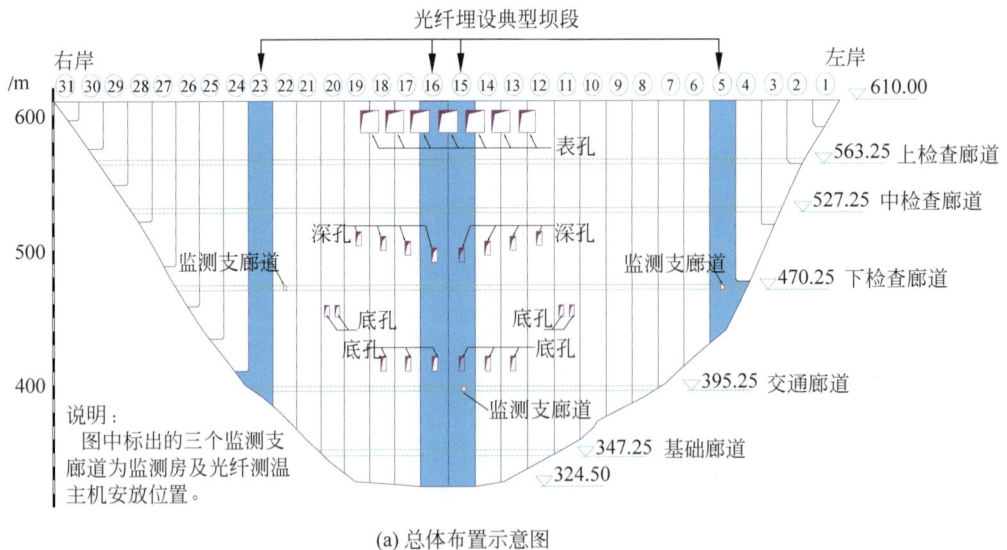

(a) 总体布置示意图

图 3-35 溪洛渡拱坝分布式光纤埋设布置示意图

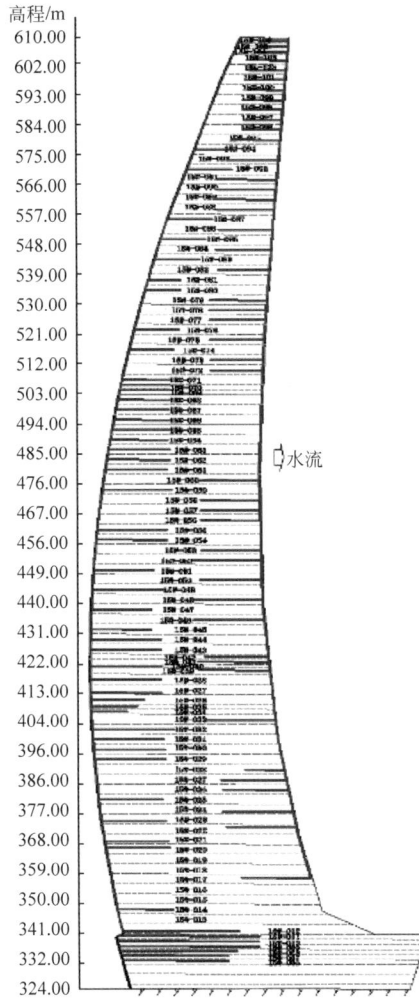

(b) 15#坝段

图 3-35(续)

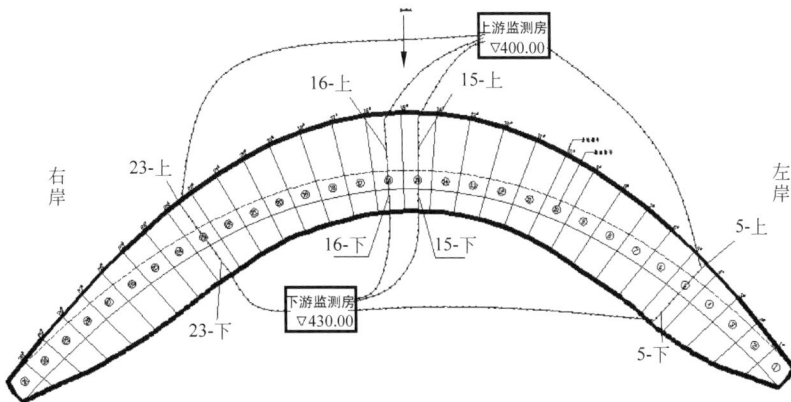

图 3-36 前期监测站布置示意图

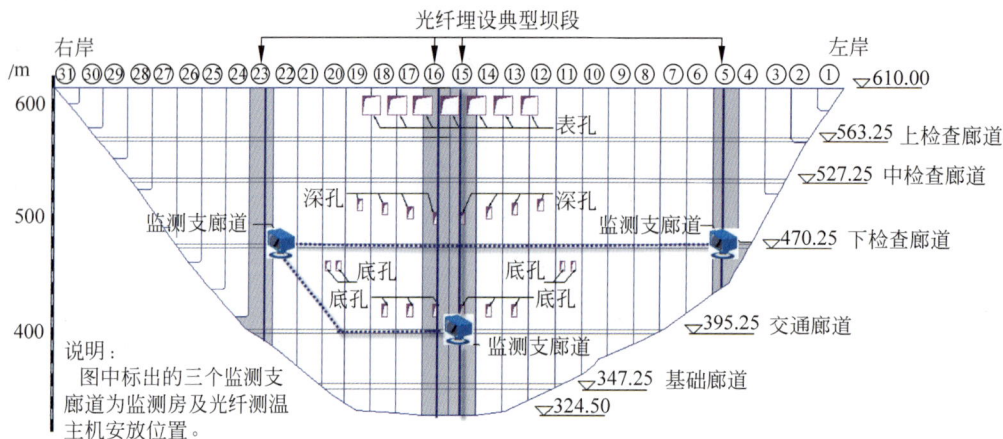

图 3-37　后期监测站布置示意图

现场多组分布式光纤测温与常规温度计测温的对比试验表明,分布式光纤测温和常规温度计测温数据变化趋势具有良好的一致性,仅存在 0.5℃ 左右的数值波动,呈良好的相关关系,表明了光纤测温技术的真实性、可靠性和准确性。分布式光纤测温由于具有线和实时测温的优势,可获得混凝土浇筑仓内更广泛的温度信息。

结合分布式光纤在线测温技术,溪洛渡特高拱坝设计了一系列大尺度温度分布和小尺度温度分布现场监测试验,全方位获得了特高拱坝真实温度状态和边界初始条件,并实时指导了大坝混凝土通水冷却、养护、保温等。其中,大尺度温度分布包括典型坝段各浇筑仓温度过程线,上、下游表面垂直向温度分布,坝体内部垂直向温度分布,顺河向温度分布,剖面温度分布和单坝段轴向温度分布等;小尺度温度分布包括浇筑仓顶面及新入仓混凝土冷击、上下游表面及横缝侧面、冷却水管周围、导流底孔周围、泄洪深孔周围等局部的温度分布。同时,在分布式光纤感知的温度和应力应变数据的基础上,分区(大坝混凝土 A 区、大坝混凝土 B 区、大坝混凝土 C 区)、分时段(高温季节、低温季节)反演了大坝混凝土导温系数、导热系数、绝热温升系数、5cm 保温苯板保温效果、3cm 保温苯板保温效果、3cm 和 4cm 军绿色保温被保温效果、喷涂 3cm 及 5cm 聚氨酯保温效果、钢衬保温效果等热学参数,以及混凝土热膨胀系数和自生体积变形、已灌区温度回升机理、高温季节太阳辐射热、上游库水水温、实际温度荷载、混凝土徐变及抗拉强度等,这些材料参数的获得为溪洛渡拱坝的温度应力仿真计算提供了基础性数据。

3.3　复杂环境下数据双向传输系统

现场工程数据的实时采集离不开稳定高效的网络应用环境。高拱坝施工现场环境复杂,左右岸跨度大,作业面多变,遮挡多、干扰大,为了能把在现场采集到的施工信息快速地传输到系统中心服务器,使业主、监理和施工各方之间做到信息及时高效地沟通分析,实现管理者对施工各环节的实时控制分析决策,需要在工地构建一体化的网络环境来解决现场的信息采集、传输和反馈的实时性问题。根据工程实际情况和技术调研,制定通信组网方案,该方案包括监控中心(总控中心和现场分控站)、有线通信网络、定位基准站无线电差分网络、数据流动站和气候监测站等部分。

图 3-38 给出了整个系统网络结构图。首先在大坝施工现场搭建了无线网络覆盖,把现场的 PC 终端和大型设备接口采集的信息,无线实时发送至系统中心服务器内,而现场利用 PDA、智能移动终端将采集到的施工信息通过 GPRS、光纤传输、WiFi 无线覆盖、3G＋ZigBee 等传送到系统中心服务器内;然后,把施工现场、业主营地、监理营地和施工营地各自的通信网络通过光纤进行联结,构成一个大的局域网络,为参建各方在施工过程中的质量与进度实时控制,搭建了一个公共的网络平台;另外,通过把业主营地的系统中心服务器与 Internet 相连接,可以便于远程授权用户登录系统进行相应的分析决策。

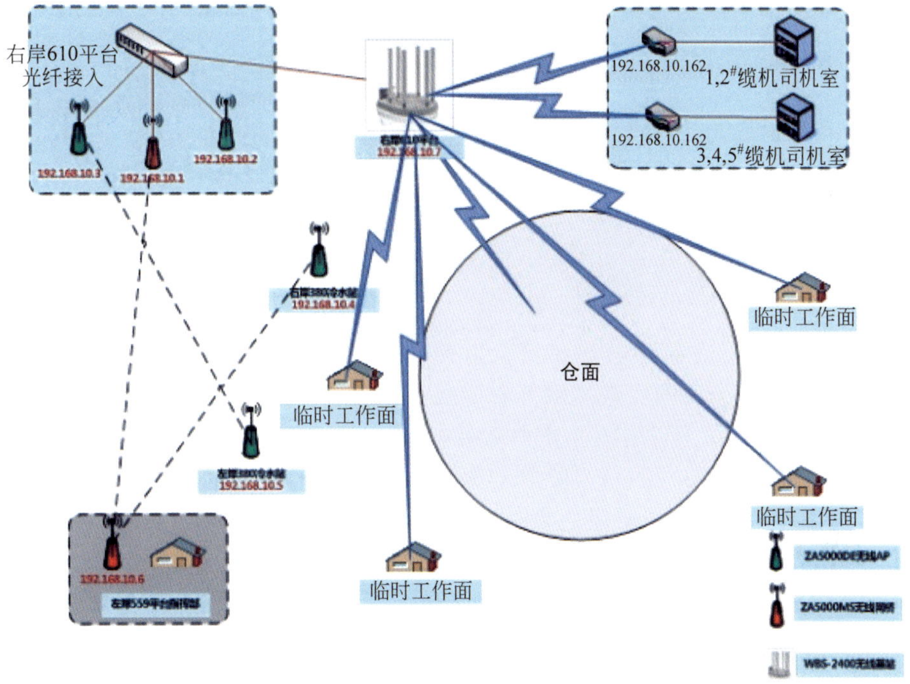

图 3-38 系统网络拓扑结构

数据实时传输系统的主要特点如下:①利用 100Mb/s 光纤实现前方调度中心与后方办公营地的宽带网络连接,利用光纤环网保证前后方通信的稳定性,支持视频等高带宽数据传输。②无线覆盖设备具有超高接收灵敏度、超强回传能力,提供与传统设备至少 3 倍的距离、9 倍的面积、6 倍的带宽,1 台设备加普通基站辅助即满足大坝左右岸、上下游的 2km² 范围的无线覆盖需求。设备具备超强抗干扰能力,智能天线阵列可有效控制对干扰信号的接收以及有效控制发射信号对其他设备的干扰,因此在终端非常密集的极端情况下,同一点或者同一方向可以放置多台设备来扩容客户数量而不会产生干扰。③对低功耗设备、低带宽信息传输,辅助采用 ZigBee 工业级数据传输协议,采用电池供电而支持长时间的稳定工作,避免了长距离供电布线,减少维护工作,降低现场施工干扰。

3.4 大坝全景信息模型

在解决大坝施工信息的传输问题后,还应将施工过程各个环节的信息进行综合集成,将各类施工信息集成到一个综合数据模型中,以供管理者进行查询、分析和决策,使其能够发现不同来源数据信息之间潜在的内部关系,并对大坝整个施工过程的质量和进度情况有更为全面的了解,从而为管理者对大坝施工过程的实时控制分析提供决策支持。

综合数据集成模型就是把不同来源、格式、特点性质的数据信息,在逻辑上或物理上有机地集中在一起,从而为用户提供全面的数据共享。能否将分布在异地的异构的各个数据源中的数据集成在一起,以统一的数据形式供用户查询分析是高拱坝智能化建设的基础。所涉及的数据信息主要包括基础信息(设计成果、水文地质信息、材料参数、科研成果等)、施工信息(混凝土原材料质量信息、混凝土拌合生产信息、缆机运行信息、混凝土质量试验信息、大坝仓面施工信息、灌浆信息、温控信息以及施工进度信息等)和监测信息(温度、应力、横缝、渗流等)。将这些数据信息集成进入统一的模型,方便用户对数据之间潜在的相关关系的挖掘分析。

3.4.1 建筑信息模型

BIM 是依赖三维数字模型表达建筑全寿命周期内各专业的信息,这些信息为建筑规划、设计、施工、运维等阶段的实现提供可靠依据,并支持数据跨专业共享,以达到协同设计。因此,BIM 技术的特点在于利用核心建模软件,建造建筑物的三维数字模型。BIM 所实现的是整个建筑生命周期的应用,每个阶段实现的过程各不相同,通过初期建模和各个阶段的协同最终实现高效工作。各个阶段的参与人员都可以通过对信息模型的实时浏览和数据替换对项目进行其职能范围内的全方位掌控,保证工程质量,加快工程进度。以 BIM 应用为载体的项目管理信息化,提升项目生产效率、提高建筑质量、缩短工期、降低建造成本,具体体现在三维渲染、宣传展示、快速算量、精度提升、精确计划、减少浪费、多算对比、有效管控、虚拟施工、有效协同、碰撞检查、减少返工、冲突调用、决策支持等,具体实现流程见图 3-39。

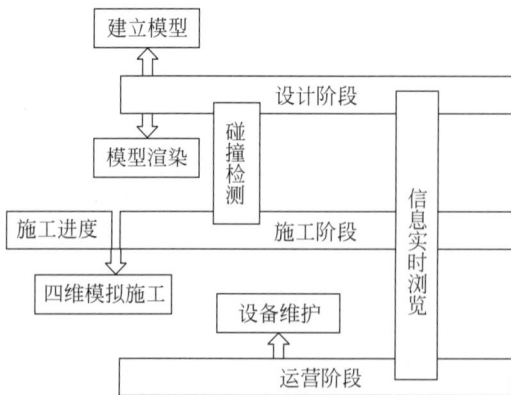

图 3-39 建筑全生命期 BIM 实现流程图

设计阶段,通过使用 BIM 系列软件搭建具有庞大信息量的三维 BIM 模型。通过模型整合进行数据交流,对结构件和管线之间进行碰撞检查;施工阶段,将 BIM 模型与施工组织进度计划链接,进行四维施工模拟,然后对施工过程真实再现,实现对施工方案的验证和优化,避免返工和浪费;运营阶段,通过 BIM 数据库的庞大信息量,对工程项目进行优质管理,通过灾害应急模拟分析,找出各个环节的问题,高效管控。在设计、施工两个阶段之间,有一定的衔接工作,施工模拟过程中出现的工序问题,设计和施工参与方可以直接在 BIM 模型中进行信息替换,优化并改善方案,最终设计人员减少了后期变更,施工人员增强了掌控能力。

BIM 已成为建筑行业的一个新兴的主流高端技术。然而,在水利水电工程中,BIM 的应用仍然停留在设计阶段某个建筑物的某个环节工作中,施工和运营阶段基本是空白,直接影响到项目建设生命期的管理。在大坝工程建设中,BIM 理念仍然未深入,应用工程尚处在摸索起步阶段,对 BIM 系列软件的应用也不成熟,软件二次开发开始引人关注。

3.4.2 大坝全景信息模型

大坝全景信息模型(图 3-40)首先建立统一的分层级编码体系、坐标体系及设计骨架,继承并管理大坝相关的三维结构设计成果,包括大坝地质信息、大坝整体几何模型、分段模型及单元模型;并以大坝三维几何模型为基础,实现对大坝的结构特征、各部位混凝土及材料热力学参数、大坝温控分区等设计属性的继承与管理。同时,为了实现施工过程管理,还在 DIM 属性库中增加了施工过程属性库,将建筑物与其施工方法、施工过程质量控制要求、材料性能要求等信息集成起来,并在施工期以 DIM 为核心,实现对施工进度、工艺及工艺质量完成情况、原材料质检及施工过程质量检查、动态分析等进行跟踪与信息集成,随着施工的进展不断丰富、动态完善大坝信息模型,最终实现从设计到施工、到运维期的信息整合与传递。DIM 模型结构图见图 3-41。

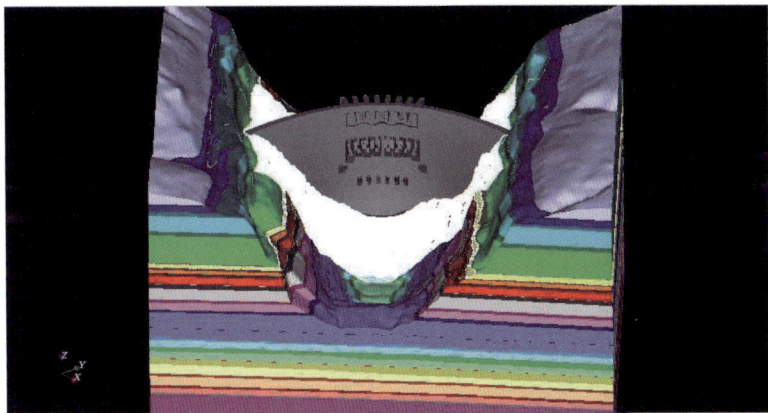

图 3-40 大坝全景信息模型(大坝模型 + 地质模型)

以大坝全景信息模型(DIM)为核心的一体化平台,可实现大坝相关设计、监测、进度、施工、质量、地质等属性信息,在业主、设计、施工、监理及科研单位之间的共享与有序流动,与实体大坝同步演进,最终形成具备丰富信息、可随时追溯、分析、查阅的有血有肉的"数字大

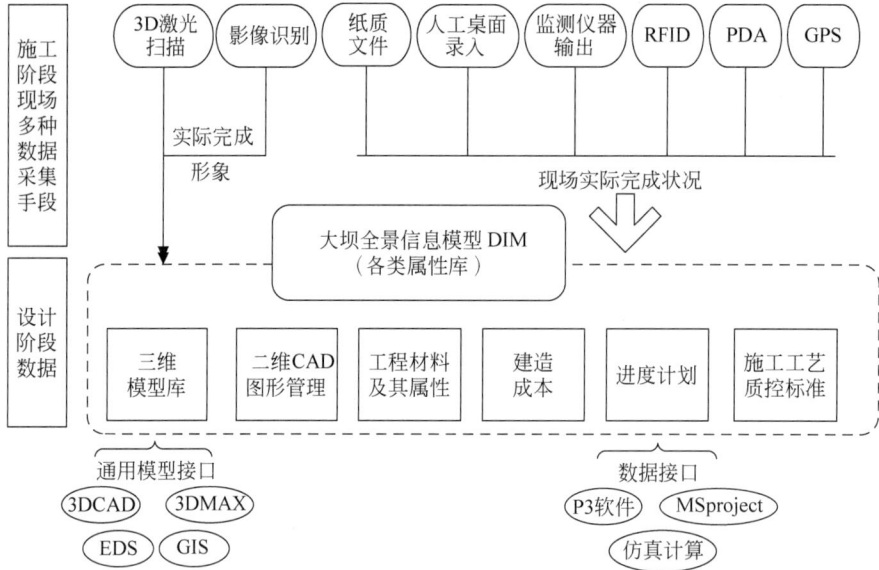

图 3-41 大坝全景信息 DIM 模型结构图

坝",实现大坝信息从设计、施工到运营过程的一体化管理。

1. 大坝三维结构描述

大坝主体结构描述由图形与关键业务数据共同完成。对坝体体型的三维图形描述,对较为规则的重力坝、单曲拱坝、支墩坝等,由坝轴线及典型坝段的剖面共同形成,相对坐标系一般采用坝轴线作为横坐标、顺河道方向作为纵坐标。双曲拱坝由于在 x/y 两个坐标轴上都没有明显的数据规律,三维形态描述时主要以水平拱圈为基础形成。拱坝三维体型描述的思路如图 3-42 所示。

(1) 水平拱圈定义

通过拱圈函数来建立,水平拱圈的计算密度以仓号高度为准,一般为 3m;施工控制坐标以大地坐标为准,对某一仓号来说,给出上下游 4 个控制点的坐标,根据建模的要求计算上下游曲面的控制点坐标。

(2) 建基面的定义

在坝块基础属性定义中,通过对各坝块基础高程的定义,完成建基面在各坝块的最低高程的定义;以此反映建基面三维模型,形象描述建基面的形体及空间坐标属性。

(3) 廊道平洞定义

采用由整体到局部(即分部分项单元工程)四层

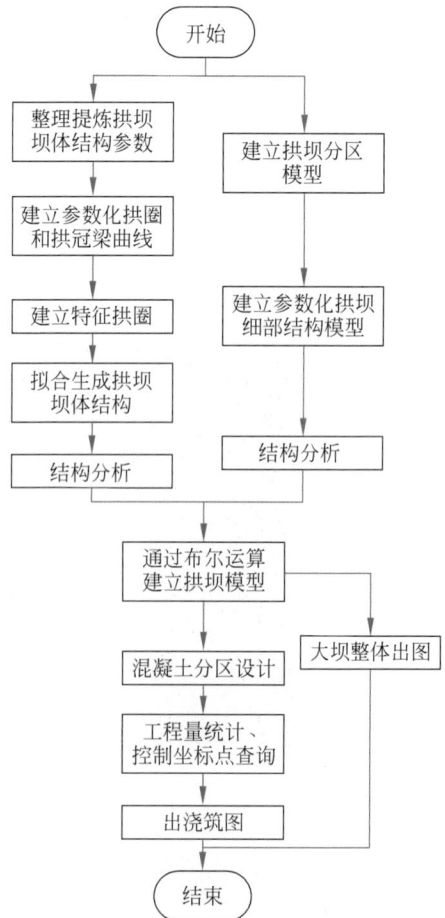

图 3-42 拱坝三维模型构建思路

机构定义的方式；第四层需指定施工位置的编码、名称及廊道平洞类型,数据完善后点击保存即可。廊道平洞定义数据将被单元定义时所使用(指定单元所在施工位置及施工部位默认编码)。

坝体结构、埋设仪器、坝体分区的描述,如横缝、灌区、坝段、仓号等,主要通过关键控制参数实现,如缝面定义表(DAM_FACE_DICT)、坝段定义表(DAM_SEGMENT_DICT)、坝块定义表(DAM_BLOCK_DICT)、仓号定义表(DAM_CELL_INFO)、材料分区表(DAM_METER_AREA)、温控分区定义表(DAM_TEMPR_AREA)、封拱温度分区表(DAM_ARCHTEMP_AREA)、接缝灌浆灌区定义表(DAM_GROUTING_AREA)中描述的特征参数(坐标点)来建立。表 3-5 给出了坝体材料分区定义表。

表 3-5　大坝材料分区表(DAM_METER_AREA)

编号	名　称	英 文 标 识	字 段 类 型	描 述 信 息
1	止高程	HIGH_POS	NUMBER(22,4)	大坝材料分区的止高程
2	坝段号	SEGMENT_ID	NUMBER(9)	坝段号
3	起高程	LOW_POS	NUMBER(22,4)	起高程
4	强度等级	INTEN_RANK_ID	NUMBER(9)	由强度等级表中获取
5	备注信息	COMMENTS	VARCHAR2(200)	备注信息

2. 三维地质结构模型描述

三维地质模型,包括地形、地层岩性、结构面、岩级、物理地质作用等。复杂地质体中的各种地质信息,可以看作是三维空间中的函数,利用各种野外实测资料分别建立相应的曲面拟合函数,进而利用计算机建模达到直观地表达地质信息在工程岩体中的分布规律,提高对于地质规律的认识,指导工程项目的地质勘测施工及监测。

坝区开挖后地形模型,通过在地面布设激光设备及 GPS 基准站、监控点,采用三维激光扫描技术,通过点云文件、DEM/DOM 处理实现。其主要原理是基于对被测对象进行高速的激光扫描,获取被测对象表面的高密度三维坐标数据,进而得到完整、全面、连续的点云数据,通过对采集的激光点云数据进行各种后处理(如计量、分析、对比、模拟、展示等操作),来逼近目标结构的整体原形及矢量化结构。三维激光扫描仪通常由扫描仪主机、数码相机、外接电源、三脚架组成。图 3-43 给出了采用三维激光扫描技术获得的溪洛渡拱肩槽三维基础地表模型及三角网格模型。

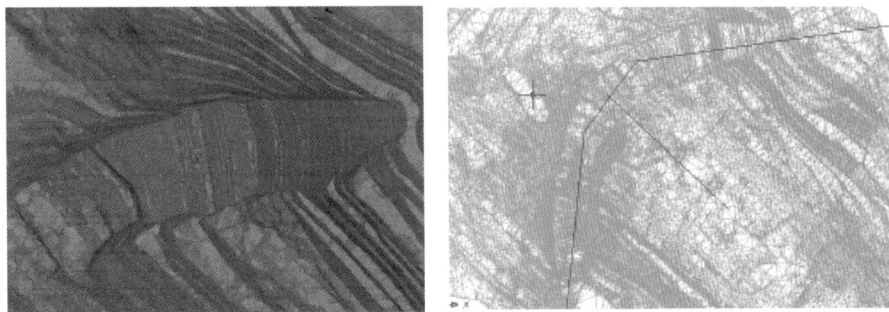

图 3-43　开挖后三维基础地表模型及三角网格模型

三维地质模型使用专业的三维地质建模工具 GOCAD 构建,GOCAD 中的对象包括
PointSet、Curve、Sur2face、Solid、Voxet、Sgrid、Well、Group、Channel、2D-Grid、X-Section、
Frame、Model3d 等类型。三维地质模型描述流程见图 3-44。通过 GOCAD,可以实现坝址
区原始模型、开挖区地表模型、开挖区三维地质(含缺陷)模型的构建(图 3-45)。

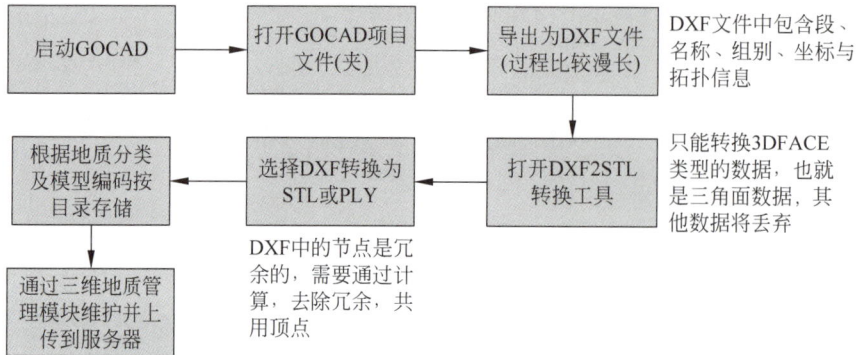

图 3-44　GOCAD 地质模型转换流程

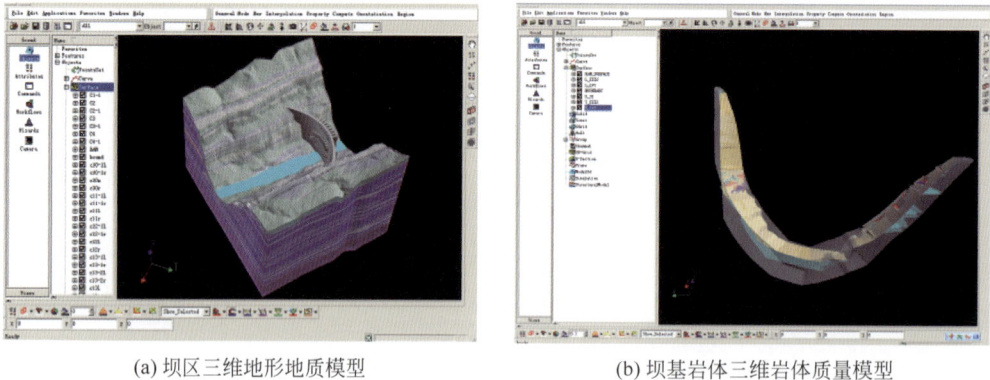

(a) 坝区三维地形地质模型　　　　(b) 坝基岩体三维岩体质量模型

图 3-45　三维地质模型

3.4.3　模型功能

大坝全景信息模型以三维模型为基础,可从整体到局部对工程地质信息、工程设计信
息、工程施工信息进行全面的查询和展现。模型既能展现整体、宏观的综合数据信息,也能
展现局部、微观的详细数据信息;既能展现单个专业方向的数据信息,也能展现多个专业方
向的数据信息;既能展现某一时间的数据信息,也能展现某个时间段之内的数据信息。同
时,支持以三维模型为基础的综合数据关联,结合三维可视化平台和各专业系统业务特点,
实现虚拟现实环境下的现场施工实况、工程进度形象、施工及安全监测成果的可视化查询展
现,且利用大数据相关技术,或以工程联机分析为基础的数据分析与挖掘,为建设过程决策
提供支持。

1. 工程数据集成

DIM 模型集中存储、管理拱坝地质信息和设计成果基础信息,进度/质量控制标准和施

工过程信息和安全监测信息等工程数据,通过对工程关键技术指标的数据挖掘,实现实时的工程进度、工效、质量偏差的自动分析与预警,以及权限控制下业务数据在工程参建各方间的高效流动与分发。

基础信息包括大坝所处地形与建基面特性、各类岩性和地质结构的参数与分布、水文地质条件、混凝土物理力学和变形试验成果、坝体结构三维体型、数值分析的基础网格、拱坝和基础联合体的应力变形、设计与施工技术标准和主要控制指标等,要涵盖从预可行性研究开始到施工结束各阶段的试验、检测、设计和科研成果。图 3-46 给出了基于模型构建的统一的三维地质模型与仿真计算模型。

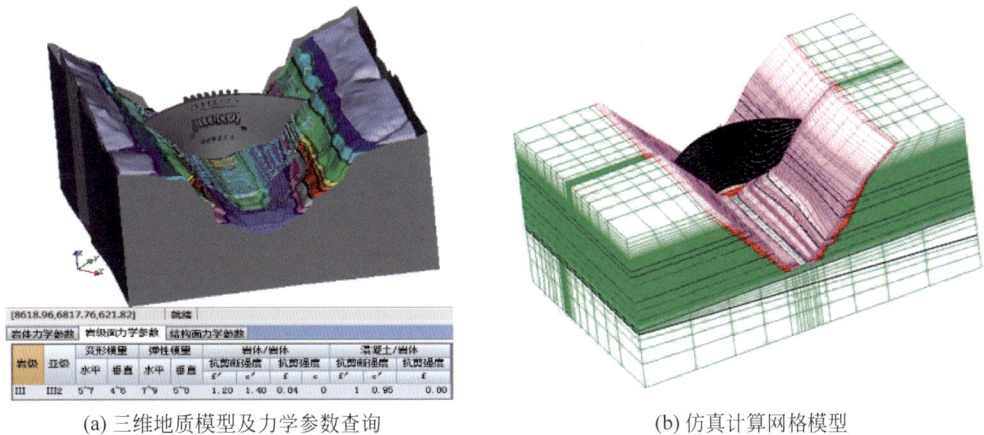

(a) 三维地质模型及力学参数查询　　　　　(b) 仿真计算网格模型

图 3-46　三维地质模型与仿真计算模型

施工过程信息(图 3-47)是拱坝建设全过程中的施工动态成果,包括基础开挖、固结灌浆、混凝土原材料、混凝土生产运输和浇筑、混凝土全过程温度控制、接缝灌浆、金属结构制作和安装、主要施工机械设备等专业的施工工艺与质量的监测、试验和验收的动态成果,也包含拱坝施工过程中的均衡性和连续性成果,如相邻块高差、最大高差以及悬臂高度等。

监测信息(图 3-48)主要是通过施工期与运行期布设的安全监测仪器获取大坝建设过程中基础和拱坝结构性态等的实时监测数据,主要有混凝土温度、应力应变、无应力计、钢筋应力、混凝土接缝开合度、坝体正倒垂以及大坝和基础的沉降位移等。通过对监测数据采集分析处理查询,可掌握水库大坝的实时运行状况,及时发现异常情况并采取措施。

以溪洛渡为例,大坝从置换块第一仓混凝土浇筑开始,将各专业设计、施工、科研全过程数据,全部录入模型中并加以综合应用,共采集数据超过 5000 万条,优化后数据总量达 9.4TB;管理埋设安全监测仪器 3590 支,完好数 3496 支,完好率达 97.38%;另外还埋设混凝土温度计 4723 支,实现对大坝施工过程的全面监控和数据集成。

2. 地质参数管理

三维地质模型,可更加准确而快速地进行工程地质分析,进而为工程设计和施工建设服务。图 3-49 给出了基于三维地质结构整体功能图,结合工程地质可视化分析以及综合分析工具(平面切割、矩形盒状切割、云图与等值线等),可以实现如下功能:

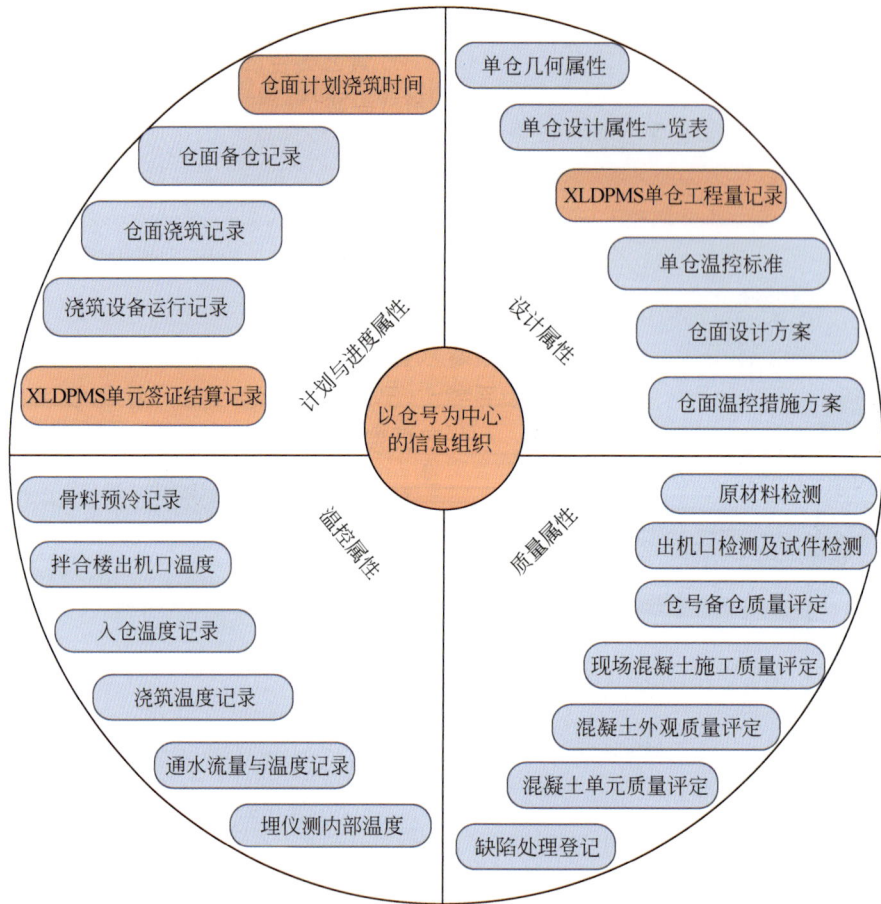

图 3-47 以浇筑单元为核心的施工过程数据集成

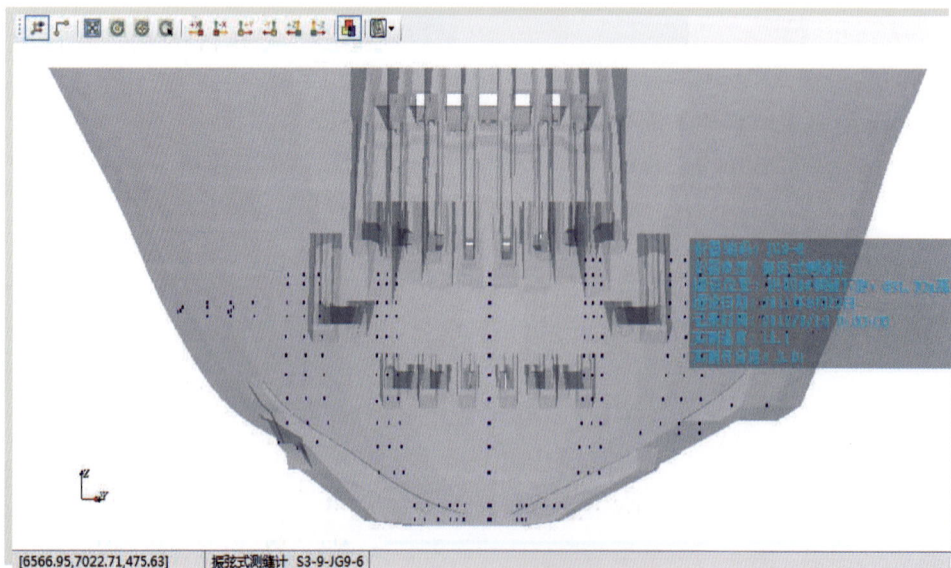

图 3-48 监测信息集成

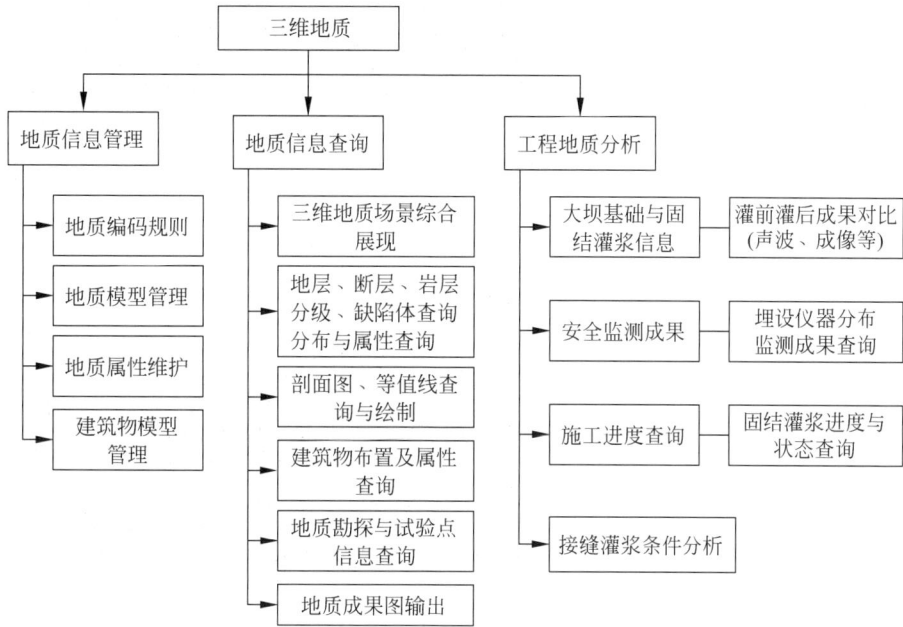

图 3-49 三维地质结构整体功能图

（1）地质模型的可视化显示，包括光照、透明、消隐、纹理计算等；

（2）地质信息的三维展示，包括单层面显示、三维地质体显示、剖切面显示等；

（3）任意部位、方向和深度的三维地质体剖切查询，岩体质量分级的可视化查询分析，地质缺陷部位的针对性查询；

（4）平硐、钻孔勘探布置、物探检测成果的管理、三维展现与信息查询；

（5）集合三维工程地质数据库，实现工程地质信息的采集、维护与存储，实现工程信息的三维可视化及双向动态多模式查询；

（6）提供必要的工程地质分析成果的输出功能，包括若干种常见的三维文件格式。

3. 坝体属性查询和交互式分析

基于模型可实现拱坝坝体基础信息的全面分析和查询，如大坝部位坐标、起止高程、混凝土浇筑，方量，单元上表面、坝前、坝后、缝面面积，坝段、坝块、单元体积查询；大坝基础强约束区、弱约束区、孔口约束区、自由区分布情况查询；大坝材料分区，混凝土不同强度等级的设计分布情况；各类标准温控指标的三维展示，包括基础温差标准，内外层温差标准，一期、中期、二期通水温度标准、封拱温度等。

此外，结合多模式的数据展现手段，如透明度处理、渐变色彩、分段色彩展现、动态提示等，可实现诸如物探检测成果分析、接缝灌浆条件分析、接缝灌浆进度与质量查询、固结灌浆进度与成果分析、大坝浇筑状态分析、大坝浇筑计划查询、安全监测成果查询、帷幕灌浆进度与成果分析、空间信息点布置等交互式分析展现查询。图 3-50 给出了基于 DIM 模型的大坝浇筑进度和温控三维分析和查询。

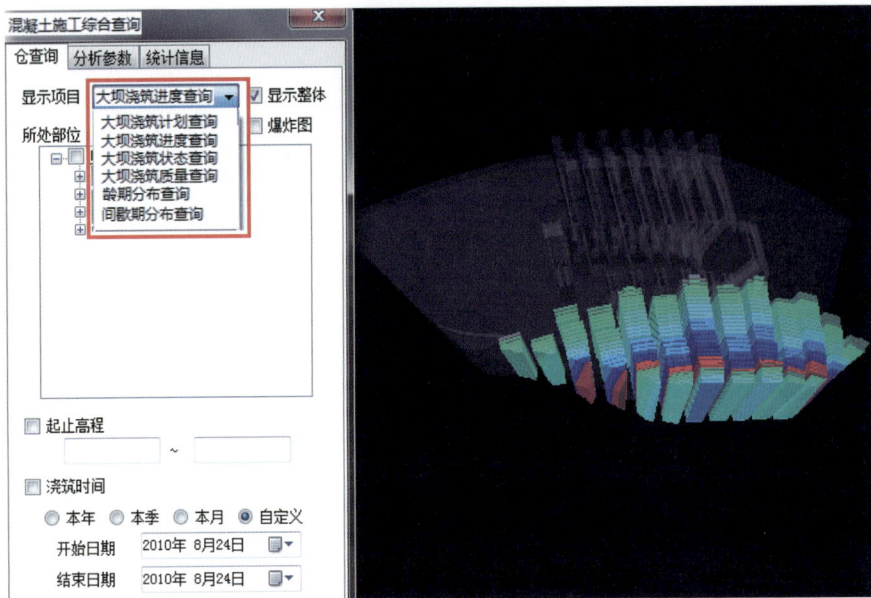

图 3-50　基于 DIM 模型的大坝浇筑进度和温控三维综合查询

3.5　基于大数据理念的施工数据挖掘与应用

3.5.1　高拱坝施工数据特征和数据挖掘

　　高拱坝施工全过程监测,涵盖了混凝土施工全过程的所有环节,完整记录了稍纵即逝的大坝混凝土施工过程信息。这些数据具有数据量庞大、数据种类多且完整、单条数据价值小但数据集合后价值巨大的特征,可为混凝土施工历史评价、当前分析和未来预测提供前所未有的数据基础。如何实现对这些海量数据的高效存储和管理,并发现这些数据中潜在的内部关系和规律,挖掘出对于指导高拱坝施工过程控制管理有益的知识,是很有实际意义的工作。

　　数据挖掘(data mining,DM)就是从大量的、不完全的、有噪声的、模糊的、随机的实际应用数据中,提取隐含在其中的、人们事先不知道但又具有潜在使用价值的信息和知识的过程[36]。它融合了数据库、机器学习、人工智能、专家系统、统计学、数据可视化等多个领域的理论和技术。综合运用这些数据挖掘技术,可以揭示出数据库中隐藏的多种潜在关系和重要信息。

3.5.2　高拱坝施工过程数据挖掘分析流程

　　数据挖掘借助于各种挖掘技术,如统计分析技术、关联规则技术、人工神经网络技术、遗传算法等,对 DIM 模型数据仓库中的数据进行挖掘分析,以期能够获得对于大坝施工控制管理有价值的信息[37]。高拱坝施工信息数据挖掘分析流程如图 3-51 所示。

　　(1)首先要对所研究的对象进行面向主题的分析,再在这个基础上进行数据仓库的结

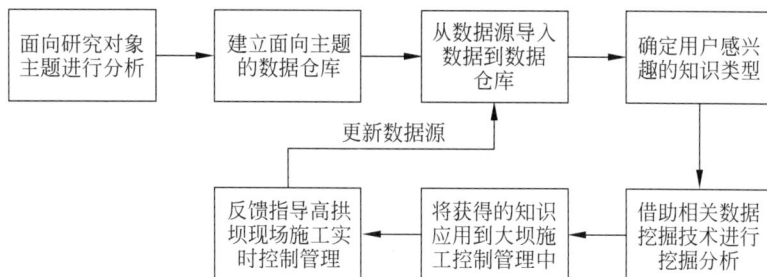

图 3-51 高拱坝施工信息数据挖掘分析流程

构设计并建立面向主题的数据仓库。

（2）然后将外部数据源的数据经过抽取筛选后导入数据仓库中，并确定用户希望挖掘得到的知识类型，再借助相关的数据挖掘工具进行数据的挖掘分析。

（3）最后将挖掘获取的知识应用到大坝施工控制管理中，反馈指导现场人员的施工实时控制管理工作。

随着大坝施工进程的前进，要不断更新数据源中的数据并导入数据仓库中，重复循环上述的数据挖掘分析过程，以便管理者可以从最新的数据中发现新的知识来不断地指导大坝现场施工管理，从而对大坝施工过程进行实时控制。

3.5.3 高拱坝混凝土施工数据挖掘与分析

运用数据挖掘技术，对高拱坝混凝土施工监控感知的海量数据进行分析，可对混凝土生产、运输、平仓、振捣各环节的生产效率、规范性和施工质量进行评估和控制，为各环节的工艺优化、实时控制管理提供可靠的决策依据；同时，通过各环节数据联合在线分析，可发现施工资源配置短板，为施工资源调整和配置优化提供科学的分析手段。

1. 水平运输效率和物料匹配分析

水平运输实时监控获取的混凝土运输车辆的装料、运输、卸料信息，包括运输车进入拌合楼、离开拌合楼、到达卸料点、卸料空返等各个状态的时间以及装载混凝土材料属性等，通过数据挖掘可用于以下分析：

（1）运输车装料效率分析：包括排队概率、平均排队时间、装料时间等，分析拌合楼生产效率与运输车数量配置的匹配关系。

（2）运输速度分析：从拌合楼到卸料点、再返回拌合楼的单个运输循环的时间和速度，分析运输路线的合理性。

（3）运输车卸料效率分析：如排队概率、平均排队时间、卸料时间，分析卸料的效率，反映运输车与缆机的匹配性。

（4）平均运输强度：反映单台车的运输能力，用于估算运输车辆配置方案。

（5）各种混凝土材料运输量统计：辅助混凝土浇筑计量。

2. 缆机运行轨迹和坯层覆盖分析

缆机运行数据主要包括缆机定位数据（起吊、重罐行走、卸料和空返），即各时刻缆机吊罐的空间位置属性。基于缆机运行数据，可开发以下数据挖掘功能：

（1）缆机各环节平均运行时间分析：如供料平台待料时间、重罐提升时间、重罐下降时间、仓面卸料等待时间、空罐返回时间。

（2）制约缆机效率的关键环节分析：将各环节平均运行时间与缆机额定运行参数对比，可发现提高缆机运输效率的关键环节。

（3）缆机配置参数修正：根据实际平均运行参数，修正缆机运行效率参数，用于资源配置合理性分析。

（4）缆机运行轨迹分析与优化：通过对缆机调运轨迹的分析，优化缆机复合运行的最优轨迹。

（5）下料点位置和坯层覆盖时间分析：通过对吊罐的定位监控，记录各坯层下料点位置和卸料时间，可分析是否按照条带法有序施工及各坯层的覆盖时间。

3. 平仓效率和质量评价分析

平仓机获取的数据，包括平仓机任意时刻工作位置、工作状态。通过比较分析平仓机实时情况、平仓轨迹、平仓覆盖范围、与振捣范围比较等信息，可以作以下分析：

（1）平仓机覆盖范围分析：通过对平仓机工作轨迹的监控，与仓面设计的机械平仓区域对比，可评价平仓作业的范围是否满足仓面设计要求。

（2）平仓质量评价：分析各部位的铺料厚度是否满足坯层设计厚度，综合评价浇筑仓的平仓质量。

（3）以振代平现象分析：综合平仓机工作覆盖范围和铺层厚度的监控，反映各浇筑仓是否存在以振代平现象。

（4）工作效率分析：通过平仓的工作时间、闲置时间，分析平仓机的实际效率和配置合理性。

4. 振捣效率和质量评价分析

振捣机获取的实时数据，包括每次振捣位置、插入深度、持续时间、插拔速度，通过对振捣数据的监控，可对振捣质量、工作效率、作业规范性和有序性等进行分析和评价。

（1）振捣质量综合评价：统计各坯层的覆盖范围、插入深度、振捣时间的合格率，预警非有效振捣的部位，综合评价各浇筑仓振捣质量。

（2）振捣效率分析：根据监控数据，计算振捣机的连续工作时间、移位时间、正常短暂停工时间和长时间闲置时间等，分析振捣机的实际生产效率和有效利用率，辅助分析振捣机配置的合理性。

（3）作业规范性分析：根据振捣机的插入深度和振动时间数据，结合平仓机的覆盖范围，综合分析是否存在以振代平等不规范施工现象。

（4）作业有序性分析：通过振捣作业轨迹，分析是否按照条带法或仓面设计的浇筑顺序施工。

5. 综合分析

混凝土生产、运输（水平运输和垂直运输）、平仓、振捣、温控一条龙各环节之间的衔接和资源匹配性，往往是制约施工进度和资源充分利用的关键，通过监控数据的综合分析，可为加强各环节的紧密衔接和优化资源配置方案提供依据。

（1）机械利用率综合评价：通过全面监控，可详细记录混凝土施工的主要设备机械（如混凝土运输车、缆机吊罐、平仓机、振捣机等)的运行数据,可分析各设备总工作时间、有效工作时间、闲置时间,从而得到各机械设备的实际利用率,便于有针对性地改善施工机械的运行效率或调整资源配置。

(2) 资源匹配性综合分析:通过对一条龙各环节的监控,记录混凝土生产、混凝土生产与水平运输的匹配分析,包括水平运输与垂直运输的匹配,缆机供料与仓面平仓的匹配,平仓与振捣的匹配。

(3) 坯层覆盖综合分析:根据缆机下料点及振捣机振捣点记录,可分析仓面相邻坯层同一位置的下料时间和振捣时间间隔,从而综合分析各坯层的综合时间,分析覆盖时间是否满足要求。

(4) 作业有序性综合分析:根据缆机下料点位置和顺序、振捣点位置和顺序,可分析下料点轨迹和振捣轨迹,综合分析混凝土浇筑的有序性。

(5) 浇筑施工质量综合评价:通过对混凝土覆盖时间、平仓质量、振捣施工质量,综合评价混凝土浇筑施工质量。

3.5.4 溪洛渡拱坝仓面施工数据挖掘分析

溪洛渡大坝按 650 万 m³ 混凝土计算,可产生约 150 万条完整拌合记录,单条记录包含数据约 10 条,共计 1500 万条数据;垂直运输需缆机运行约 70 万次循环,每次循环包含供料平台对位、料罐装料、重罐垂直起升、复合运动、重罐垂直下降、仓面对位、卸料、空罐起升、复合运动、空罐下降等各环节的时间、速度、位置、载重等数据,记录运行数据可达 4 亿条;混凝土振捣数据,按每秒一次的采集精度,平均单次振捣 30s,产生振捣数据约 1.1 亿条。对上述数据进行采集、集成并进行挖掘,可进行缆机运行效率的分析、运输全过程的施工调度、仓面作业资源的调配、施工过程质量控制、备仓效率优化、混凝土仓面施工有序性分析等。

1. 混凝土浇筑坯层覆盖时间分析

通过对振捣点综合信息分析,获取任一坯层(仓面顶坯层除外)、任一振捣点位混凝土的覆盖间隔时间,充分揭示混凝土坯层整体及细部覆盖时间分布情况,实现覆盖时间精细化的评估控制,从而优化混凝土浇筑过程资源配置,避免覆盖不及时形成的局部冷缝等质量问题。以 12# 坝段高程 593~596m 仓第 3 坯层为例,其覆盖时间分布示意图如图 3-52 所示。

实际施工中,12# 坝段高程 593~596m 共配置两台振捣机、两台平仓机、两台缆机入仓,已监控区域采用一台振捣机、一台平仓机、一台缆机供料。从坯层覆盖时间统计来看,95% 左右面积均在 4h 内覆盖完毕,仅局部(约占 4.6%)超过 4h,最长覆盖时间为 5.4h。综合来看,入仓强度及平仓振捣过程满足坯层覆盖时间要求,仓面资源配置合理。

2. 混凝土振捣作业规范性分析

综合分析振捣棒实时插入深度与有效振捣时间数据,仓面局部存在"以振代平"现象。12# 坝段高程 593~596m 仓面第 6 坯层,理论坯层厚度 50~55cm,设计插入深度 60~65cm(插入下一坯层 10cm),实际第 6 坯层振捣深度大于 65cm 的振捣点超过一半,见图 3-53(a);从振捣时间的分布情况来看,振捣深度较大区域其振捣时间也明显偏长,见图 3-53(b)。综合

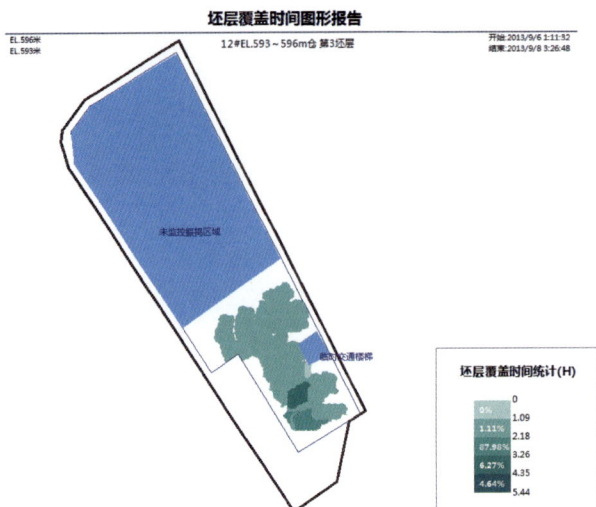

图 3-52 12#坝段高程 593~596m 仓第 3 坯层覆盖时间分布示意图

分析,认为该部分应该属于振捣机以振代平引起,因料堆较高,振捣棒插入深度偏大,将料堆振平并振捣密实,整个过程所需时间也会比平仓后再振捣所需时间偏长。

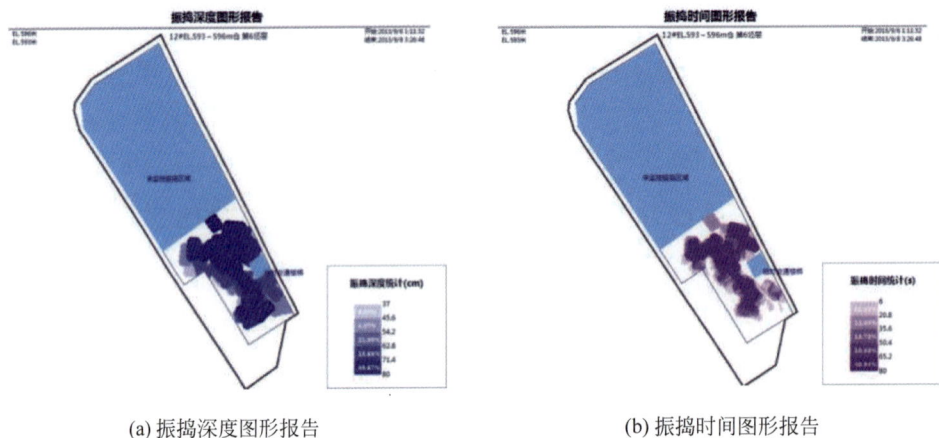

(a) 振捣深度图形报告

(b) 振捣时间图形报告

图 3-53 混凝土振捣作业规范性分析示意

从施工现场观察结果看来,因仓面狭长,局部不便布置平仓机等原因,存在"以振代平"现象,以此要求加强对平仓机监控,并提升监控精度,加强对不规范施工行为的管理。

3. 振捣作业有序性分析

根据振捣机施工轨迹,可以判断混凝土下料点、振捣顺序与轨迹,是否符合条带法施工特点,作为评判仓面施工规范性、提升仓面作业效率的参考。图 3-54 给出了9#坝段第 1 坯层振捣轨迹示意图。从图中可

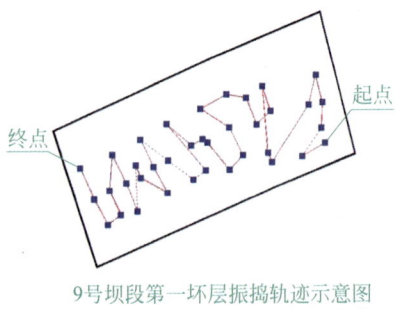

9号坝段第一坯层振捣轨迹示意图

图 3-54 振捣作业有序性分析示意

以看出,各振捣作业点总体而言条带清晰,依次有序推进。振捣点与周边模板均保持有足够安全距离,满足规范技术要求。

参考文献

[1] 李景茹.大型工程施工进度分析理论方法与应用[D].天津:天津大学,2003.

[2] 李先镇.水利水电工程质量控制要点[M].北京:中国水利水电出版社,1999.

[3] 水利水电施工工程师手册[M].北京:中科多媒体电子出版社,2003.

[4] 赖一飞.水电工程进度控制及其优化方法研究[D].武汉:武汉大学,2001.

[5] 丰景春.水利水电工程业主方贯用/进度集成控制信息系统模型研究[D].南京:河海大学,1999.

[6] 中国水电顾问集团成都勘测设计研究院.溪洛渡水电站拱坝建基面清理施工技术要求(A版),2009.

[7] 中国水电顾问集团成都勘测设计研究院.溪洛渡水电站拱坝混凝土温度控制施工技术要求(A版),2009.

[8] 中国水电顾问集团成都勘测设计研究院.溪洛渡水电站拱坝坝基固结灌浆施工技术要求(A版),2009.

[9] 中国水电顾问集团成都勘测设计研究院.溪洛渡水电站拱坝帷幕灌浆和排水施工技术要求(A版),2009.

[10] 中国水电顾问集团成都勘测设计研究院.溪洛渡水电站拱坝混凝土通水冷却施工技术要求(A版),2009.

[11] 中国水电顾问集团成都勘测设计研究院.溪洛渡水电站拱坝置换区混凝土施工技术要求(A版),2009.

[12] 中华人民共和国国家经济贸易委员会.水工混凝土施工规范:DL/T 5144—2001[S].北京:中国电力出版社,2002.

[13] ZHONG D H,REN B Y,LI M C. Theory on real time control of construction quality and progress and its application to high arc dam[J]. Sci China Tech Sci,2010,53:2611-2618.

[14] 郭英楼.信息技术及其应用[M].北京:国防工业出版社,2005.

[15] 李宗耀,徐梅,李灵.现代信息技术及应用基础教程[M].天津:天津大学出版社,2005.

[16] 陈跃国,王京春.数据集成综述[J].计算机科学,2004,31(5):48-51.

[17] 黄颖.复杂大系统的数据集成技术研究[D].南京:南京理工大学,2006.

[18] 邹卫国,郭建胜,刘建军,等.基于联邦数据库的数据集成体系研究[J].中国管理信息化,2009,12(13):86-88.

[19] 周娜娜.基于联邦数据库的信息集成[D].重庆:重庆大学,2006.

[20] ALZAHRANI R M,QUTAISHAT M A,FIDDIAN N J,et al. Integrity merging in an object-oriented federated database environment[J]. Advances in databases,1995,940:226-248.

[21] 常丰峰,刘艳,阎保平.网格环境下的数据集成中间件的设计与实现[J].计算机应用研究,2006,5:131-133.

[22] 张德文,徐梦春,马慧.基于多中间件的数据集成方案[J].计算机工程与设计,2007,28(21):5081-5083.

[23] 王超等.基于PLC的灌浆压力自动控制系统设计与试验研究[J].中南大学学报(自然科学版),2014,44(10).

[24] 蒋小春,等.灌浆自动记录仪防作弊方法:201010195588.2[P].

[25] 李凤玲.灌浆压力控制系统的关键技术研究[D].长沙:中南大学,2009.

[26] 孙仲彬.灌浆压力自动控制系统的设计与实践[C]//中国水利学会地基与基础工程专业委员会第十一次全国学术技术研讨会论文集.成都,2011.

［27］ 王超,等.关键参数自适应灌浆测控系统的研制与应用[J].中南大学学报(自然科学版),2013(11)：4474-4482.

［28］ 于秀燕.自动配浆控制系统[J].黑龙江造纸,2004,32(1)：46.

［29］ 樊启祥,周邵武,蒋小春,等.灌浆现场过程监控方法及系统：201110335403.8[P].

［30］ 夏可风,龙达云.灌浆自动记录仪和灌浆施工自动化[J].水力发电,1994(3)：24-25.

［31］ 赵仲刚.光纤通信与光纤传感[M].上海：上海科学技术文献出版社,1993.

［32］ 蔡德所.光纤传感技术在大坝工程中的应用[M].北京：中国水利水电出版社,2002.

［33］ TSANG W T.半导体光检测器[M].杜宝勋,译.北京：电子工业出版社,1992.

［34］ 刘天夫,张步新.光纤后向拉曼散射的温度特性及其应用[J].中国激光,1995,22(9)：695-700.

［35］ CULSHAW B,DAKIN J.光纤传感器[M].武汉：华中理工大学出版社,1997.

［36］ 张云涛.数据挖掘原理与技术[M].北京：电子工业出版社,2004.

［37］ 邵峰晶.数据挖掘原理与算法[M].北京：中国水利水电出版社,2005.

溪洛渡水电站大坝工程之夜（摄影者王连生，2009 年 12 月 18 日）

溪洛渡大坝底孔施工（摄影者王连生，2010 年 8 月 11 日）

溪洛渡大坝在峡谷中成长(摄影者王连生,2010 年 12 月 2 日)

溪洛渡大坝底孔施工(摄影者王连生,2011 年 5 月 10 日)

第 **4** 章

全坝全过程真实工作性态分析与预测

　　本章围绕高拱坝真实工作性态问题,基于真实数据驱动的高拱坝全坝全过程真实工作性态分析,从理论、方法、认识和应用四个层面开展工作。在理论和方法层面,主要研究高拱坝的真实荷载、全坝全过程仿真分析方法和真实参数,建立起考虑真实温度、自重和水压荷载、考虑复杂地质条件、大坝横缝和已有缺陷,考虑全级配混凝土与湿筛混凝土差异等,模拟大坝自第一仓混凝土浇筑到封拱蓄水至长期运行的全过程高拱坝真实工作性态研究理论体系;在认识层面,主要是提出高拱坝建设过程中悬臂高度、横缝控制、温控防裂等的新理论;在应用层面,主要是运用全坝全过程真实工作性态分析方法,解决溪洛渡拱坝施工期工作性态跟踪仿真和个性控制问题、施工期结构安全控制和评价、初期蓄水和运行期安全评价与预警控制、运行期非对称温度场及其对结构应力的影响等。

4.1　全坝全过程真实工作性态仿真理论和方法

　　全坝全过程真实工作性态分析[1]的基本思想就是模拟混凝土从第一仓浇筑至运行后期的全过程,考虑拱坝施工期、初次蓄水期、运行期遇到的所有主要荷载,并与实测资料反演相结合,真正做到分析结果反映拱坝的真实工作性态。为此,在荷载选择和参数选取上均要与之相适应,计算荷载要考虑施工期到运行期的全过程,并反映混凝土浇筑、封拱、分期蓄水、运行等因素的影响;计算参数采用大坝全级配混凝土的参数,并根据温度、应变、位移等实测资料反演混凝土绝热温升、导热系数、表面散热系数、线膨胀系数、自生体积变形、弹性模量等参数,从而确保分析结果与拱坝实际工作性态相吻合;通过全过程动态跟踪模拟仿真,真实地反映拱坝边浇筑、边封拱,下部坝体封拱灌浆形成一个整体后对上部混凝土的整体约束作用,上部未封拱的倒悬体在一期、中期和二期冷却过程中的应力变化,横缝开度变化、倒悬体应力变化、封拱后应力变化等。

　　高拱坝施工全坝全过程真实工作性态仿真分析的基本特点:一是整坝,是对包括所有结构缝、孔口、闸墩、复杂地质条件在内的整个大坝(包含缺陷)进行模拟;二是全过程,需要从大坝浇筑第一仓混凝土开始就对大坝施工期、初次蓄水期、运行期的工作性态进行模拟,至少需要模拟六个过程,即跳仓浇筑过程、材料硬化过程、温度控制过程、封拱灌浆过程、蓄水过程及环境量变化过程；三是真实边界条件仿真，需要从模型、边界条件、施工过程、计算参数等各方面尽可能接近真实状态。

4.1.1 高拱坝真实荷载模拟

现有规范中[2,3]，对拱坝应力分析和稳定评价采用的荷载进行了具体规定，这些规定考虑了影响拱坝受力的主要荷载，但与拱坝的真实工作状态有所区别。在坝高较低时，这些区别所带来的工程风险可以涵盖在较高的安全系数里，而对于高拱坝，特别是 300m 级的特高拱坝而言，由于安全余度相对较低，荷载的简化带来的设计状态与真实状态的差异可能导致较大的工程风险。

4.1.1.1 自重荷载

特高拱坝的施工一般是分期、分块浇筑混凝土，在施工及初次蓄水过程中，拱坝的实际承载结构不断变化，拱坝的受力状态也非常复杂。传统分析方法中，结构力学法认为坝体自重一次作用在梁上，简化有限元分析通常采用自重一次整体施加。由于这两种方法的假定与实际的施工过程出入较大，研究结果同拱坝实际的工作性态会有出入。因此，正确地模拟拱坝的实际受力状态，应考虑拱坝的施工过程和初次蓄水过程。

对比分析横缝的接触非线性，不同的施工过程、封拱过程以及蓄水方案中自重和水荷载加载方式对坝体应力的影响，认为自重模拟方式对自重应力计算结果影响较大。整坝一次施加自重和自重全部由梁承担，自重应力相差 36%；真实模拟拱坝跳仓施工过程，自重应力与前两种极端结果相差 16%～17%。分期封拱、分期蓄水对坝体水压应力影响不大，但比整坝一次蓄水大 8%。

综合考虑自重及水压荷载时，坝体应力随荷载的模拟方式变化较大，自重全部由梁承担，过小地估计了坝体上游拉应力；而整体施加自重、水压时，计算的拉应力又偏大。为了保证计算精度，200m 级以上的高拱坝的应力计算应按 10 次以上的分期浇筑、分期封拱，并真实模拟实际分期蓄水过程[4]。

4.1.1.2 真实水压荷载

在现有分析中，作用于坝体的水压荷载通常以静水压力施加，作用于库盆的水压则没有明确是否施加，坝基渗流荷载则通常通过专门的有限元分析来考虑。对于高拱坝而言，因水压荷载的不同模拟方式对坝体应力存在明显影响，在进行高拱坝真实工作性态研究时，应考虑这一因素，尤其是考虑库盆水压和分期蓄水的影响。

考虑库盆压力以后，坝体主拉应力及铅直拉应力最大值都增大 10%～20%，坝拱建基面拉应力范围也相应增大，设计中仅考虑坝面水压力的计算方法是偏危险的，在条件许可时宜考虑库盆压力的影响。库水压力以面力或体积力计算，对坝体应力的影响差别较小，不超过 10%，但库盆压力对拱坝应力的影响不宜忽视。

随着分期分层封拱与蓄水次数的增加，坝体的拉应力逐渐增大。这是由于分期封拱蓄水时，下部水压由下部坝体承担，水位升高引起的水压增量由下部坝体和上部坝体分担。分期封拱蓄水比一次蓄水坝踵应力大 8%左右[1]。

4.1.1.3 温度荷载

温度荷载是拱坝的重要荷载之一,现有的设计荷载与真实情况相比有较多简化,如库水位影响、非线性温差影响、库水温分布影响等,这些简化可能对坝体应力产生不利影响。在拱坝真实工作性态研究时,应尽可能模拟拱坝的真实温度荷载,考虑到不同的设计阶段,资料不够时可做适当的简化。真实温度荷载的模拟要考虑以下几点:①运用全坝全过程仿真分析方法,模拟施工期、运行期温度荷载的全过程;②仿真模拟中要考虑库水位变化的影响、非线性温差的影响,库水温分布尽量采用数值计算方法计算;③与现有规范相配套的运行期温度荷载计算,用考虑库水位变化的计算公式进行计算[5-10]。

1. 考虑水库水位变化的温度荷载

《混凝土拱坝设计规范》(DL/T 5346—2006)中朱伯芳公式未考虑库水位变化对温度荷载的影响[5],而实际上对于特高拱坝,库水位的年内变化是很大的,如溪洛渡拱坝坝前运行水位变化达到60m,库水位变化必然对温度荷载产生重要影响。考虑库水位变化的温度荷载计算,建议采用如下公式[11]:

$$\left.\begin{array}{l} T_{m} = T_{m1} + T_{m2} - T_{m0} \\ T_{d} = T_{d1} + T_{d2} - T_{d0} \end{array}\right\} \tag{4-1}$$

式中,T_m、T_d为拱坝的温度荷载;T_{m0}、T_{d0}为封拱温度场的平均温度和等效温差;T_{m1}、T_{d1}为运行期年平均温度场沿厚度的平均温度和等效温差;T_{m2}、T_{d2}为运行期变化温度场沿厚度的平均温度和等效温差。T_{m1}和T_{d1}可计算如下:

$$\left.\begin{array}{l} T_{m1} = \frac{1}{2}(T_{um} + T_{dm}) \\ T_{d1} = T_{dm} - T_{um} \end{array}\right\} \tag{4-2}$$

式中,T_{dm}为下游坝面年平均温度等于年平均气温加日照影响;T_{um}为上游坝面年平均温度。考虑水库水位变化后,可得到T_{m2}和T_{d2}计算公式如下:

$$\left.\begin{array}{l} T_{m2} = \sum_{n=1}^{\infty} \frac{\rho_{1n}}{2}\{A_{dn}\cos[\omega_n(\tau - \tau_0 - \xi_{dn} - \theta_{1n})] + A_{un}\cos[\omega_n(\tau - \tau_0 - \xi_{un} - \theta_{1n})]\} \\ T_{d2} = \sum_{n=1}^{\infty} \rho_{2n}\{A_{dn}\cos[\omega_n(\tau - \tau_0 - \xi_{dn} - \theta_{2n})] - A_{un}\cos[\omega_n(\tau - \tau_0 - \xi_{un} - \theta_{2n})]\} \end{array}\right\} \tag{4-3}$$

其中,

$$\rho_{1n} = \frac{1}{\eta_n}\sqrt{\frac{2(\mathrm{ch}\eta_n - \cos\eta_n)}{\mathrm{ch}\eta_n + \cos\eta_n}}$$
$$\rho_{2n} = \sqrt{a_n^2 + b_n^2}$$
$$\theta_{1n} = \frac{1}{\omega_n}\left[\frac{\pi}{4} - \arctan\left(\frac{\sin\eta_n}{\mathrm{sh}\eta_n}\right)\right]$$
$$\theta_{2n} = \frac{1}{\omega_n}\arctan(b_n/a_n)$$
$$a_n = \frac{6}{\rho_{1n}\eta_n^2}\sin(\omega_n\theta_{1n})$$
$$b_n = \frac{6}{\eta_n^2}\left[\frac{1}{\rho_{1n}}\cos(\omega_n\theta_{1n}) - 1\right]$$
$$\eta_n = \sqrt{\frac{n\pi}{\alpha P}}L, \quad \omega_n = \frac{2n\pi}{P}$$

若取$P = 12$,则$\omega_n = n\pi/6$

其中,L为坝体厚度,m;a为混凝土导热系数,m^2/月。

2. 库水温分布的真实模拟与温度荷载的选取原则

(1) 影响水库水温分布的主要因素

水库水温是水电站大坝的一个重要的温度边界条件,是大坝温度应力和温度控制的重要影响因素之一。通过大量调研分析,通常情况下影响水库水温的主要因素有四个方面:水库形状、水文气象条件、水库运行条件、水库初始蓄水条件。水库的形状参数包括水库库容、水库深度、水库水位-库容-库长-面积关系等。水文气象参数包括气温、太阳辐射、风速、云量、蒸发量、入库流量、入库水温、河流泥沙含量、入库悬移质等。水库运行条件参数包括水库调节方式、水电站引水口位置及引水能力、水库泄水建筑物位置及泄水能力、水库的运行调度情况、水库水位变化等。水库初始蓄水参数包括初期蓄水季节、初期蓄水时地温、初期蓄水温度、水库蓄水速度、坝前堆渣情况、上游围堰处理情况等[7,12-14]。图 4-1 是某水库汛期不同运行方式下,坝前水库水温分布实测值[15]。

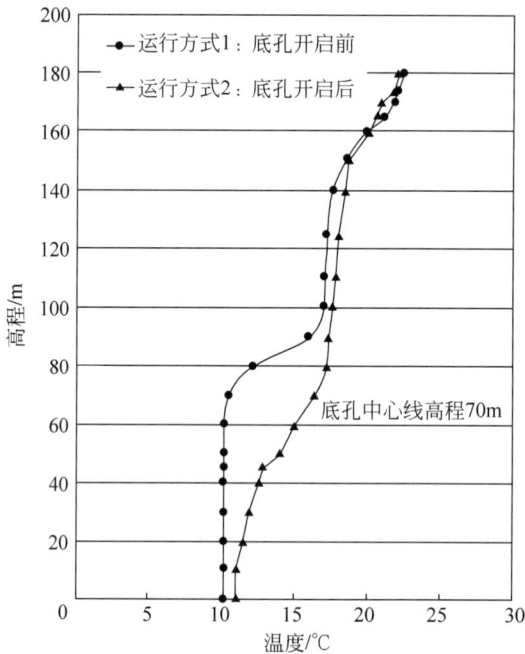

图 4-1 不同运行方式对坝前水库水温分布的影响[15]

(2) 水库水温分析的主要方法

鉴于水库水温在坝工设计中的重要性,人们很久以来用各种形式来研究模拟其分布规律。目前国内坝工界确定水库水温度分布的主要方法有三类:一是经验公式法(朱伯芳方法);二是数值分析法,三是综合类比法[7,16-24]。这三种方法进行真实库水温模拟均可,朱伯芳方法被工程界广泛使用;数值分析方法和综合类比方法因考虑因素较多,一些重大工程均采用这两种方法进行水库水温预测。

朱伯芳方法是经验公式法的代表,该方法在对实测水温统计分析的基础上,提出了一套计算库水温度年内变化、年均温度、年变幅、相位差的公式,并以其权威性和快捷简便,长期为工程界广泛应用;大量水库水温分布观测发现,尽管水库在形状、长度、宽度和气候条件、水文条件、运行条件上差异很大,但水库水温沿相同高程上的分布(横、纵向)却基本上是平直的。基于这种发现,数值分析法利用一维模型结合数值分析来研究水库水温问题。综合类比方法则是将一般类比方法与数值计算法相结合,将可比水库(已建的一座或多座)的相关实测参数通过经验分析引用于未建水库的数值计算中,进行包络式数值分析,得出未建水库有可能发生的水温分布情况。特高拱坝一般采取数值分析法。

3. 考虑太阳辐射热的非线性温差

工程实例和研究表明,左右岸太阳辐射差异会造成拱坝下游坝面局部应力集中,从而导致浅层开裂,进而影响拱坝的耐久性。冬季非线性温差使坝体表面附近温度荷载值下降,拉应力增大,压应力减小;夏季非线性温差使坝体表面附近温度荷载值上升,拉应力减小,压应力增大;坝体上部因厚度较小,非线性温差的影响几乎波及整个断面,坝体下部因坝体较厚,非线性温差只影响到靠近表面 7m 左右的范围,内部影响很小;在坝体下部,因水温变幅很小,上游坝面温度变幅也很小,非线性温差在上游面的影响范围要远小于在下游面的影响范围[24-26]。

高拱坝真实工作性态分析,采用晴空辐射模型[26-28],并利用光线追踪算法,计算在考虑周围地形遮蔽影响下的拱坝坝面太阳辐射强度。根据 ASHRAE(American Society of Heating,Refrigerating and Air-Conditioning Engineers)晴空模型,建筑物吸收的太阳辐射由直射辐射、天空散射辐射和反射辐射组成。入射到非垂直表面的太阳总辐射强度为直射辐射、散射辐射和反射辐射的总和,计算公式为

$$G_t = \left[\max(\cos\theta, 0) + CF_{ws}(\sin\beta + C)\right]G_{ND} \tag{4-4}$$

入射到垂直表面的太阳辐射强度为

$$\left.\begin{array}{l} G_t = \left[\max(\cos\theta, 0) + \dfrac{G_{dV}}{G_{dH}}C + \rho_g(\sin\beta + C)\right]G_{ND} \\[3mm] \dfrac{G_{dV}}{G_{dH}} = 0.55 + 0.437\cos\theta + 0.313\cos^2\theta \end{array}\right\} \tag{4-5}$$

式中,G_{ND} 为垂直入射直射太阳辐射强度;F_{ws} 是表面与天空之间的角系数;ρ_g 为周围环境的反射率;β 为太阳高度角;θ 为入射角;c 为待定参数。

以上计算得到的太阳辐射强度是物体表面接收的总辐射强度,在表面还会发生反射。所以建筑物实际吸收的太阳辐射强度为

$$G_{abs} = \xi G_t$$

其中,G_{abs} 为建筑物实际吸收的辐射强度;ξ 为混凝土吸收率,G_t 为总辐射强度。图 4-2 为夏季某日下午 2 点二滩拱坝坝面的瞬时太阳辐射强度,与现场实拍拱坝下游面日照情况比较。从图中可以看出,下午 2 点时,拱坝下游面中间区域被遮蔽,计算结果与实际情况符合良好。

图 4-2　夏季某日下午 2 点计算与实拍太阳直射分布比较

图 4-3 为下游面月下旬的温度分布,从图可知左右岸温度差异可达 6℃。拱坝下游面典型原型观测点的计算和实测旬平均温度值见图 4-4,考虑太阳辐射后计算温度场与实测值符合良好。

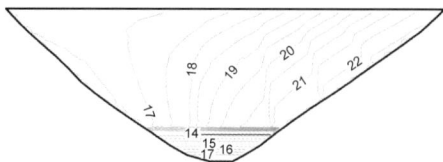

图 4-3　下游坝面月下旬温度分布(℃)[28]

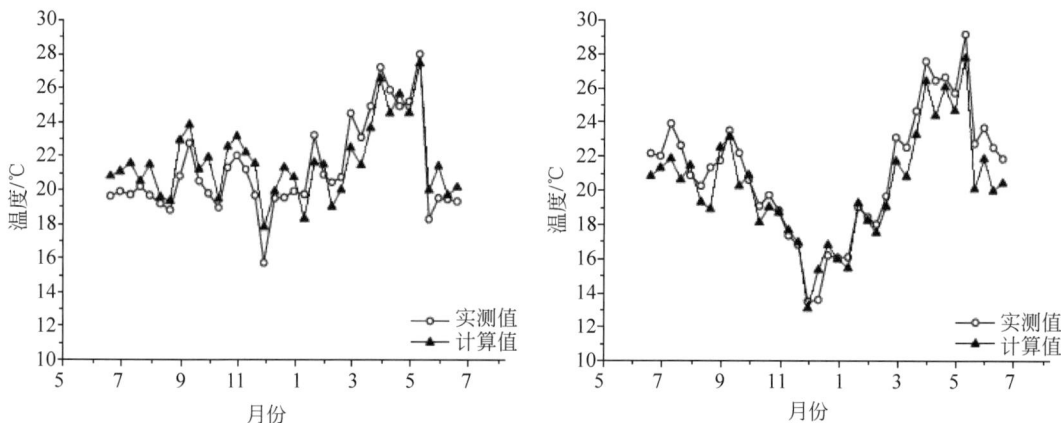

图 4-4　拱坝下游面左右岸测点温度值比较

4.1.2　关键参数获取与分析

4.1.2.1　关键参数选取和获知

如何从海量数据中获取真实体现大坝混凝土材料特性的参数是非常关键的。混凝土抗裂特性参数的确定,有利于客观地评价混凝土的真实抗裂性能;热学参数的合理确定,有利于准确地获取大坝真实的温度分布规律;力学特性参数的确定,则有利于真正模拟大坝真实的工作性态,为工程安全控制与评估提供客观依据。鉴于湿筛混凝土试件参数和大坝全级配混凝土实际参数存在差别,高拱坝真实工作性态分析应采用全级配混凝土试验参数为基本参数[29-31]。

(1)混凝土抗裂特性参数

综合分析比较混凝土湿筛,全级配混凝土轴拉、劈拉、抗拉强度、极限拉伸值等抗裂性能参数,以及根据全级配混凝土的断裂韧度试验来判断混凝土的抗裂特性等,真实工作性态以轴拉强度作为抗裂安全的评判标准进行应力控制,为工程温控防裂决策提供依据。

(2)混凝土的热学参数

混凝土热学参数包括绝热温升、比热、导热系数、导温系数、表面散热系数,这些参数在设计阶段可参照传统温控研究中的方式来选取,在施工阶段可根据温度计的监测数据进行参数反演[32]。值得一提的是,现在特高拱坝建设中,混凝土多掺了 30％ 以上的粉煤灰,导致后期发热较大,但现有模型不能反映这一特点。六参数绝热温升模型能更好地反映混凝土因高掺混煤灰而后期发热大的特点:

$$\theta = \theta_{\mathrm{u}} \left(\frac{t_{\mathrm{e}}^{m}}{n + t_{\mathrm{e}}^{m}} \right) \tag{4-6}$$

$$t_{\mathrm{e}} = \int_{0}^{t} \exp\left[\frac{E_{\mathrm{a}}}{R} \left(\frac{1}{273 + T_{\mathrm{r}}} - \frac{1}{273 + T} \right) \right] \mathrm{d}t \tag{4-7}$$

式中,θ 为绝热温升;n、m 为相关参数;t_{e} 等效龄期;E_{a} 为混凝土活化能,$\mathrm{J/mol}$;R 为气体常数,一般取值为 $8.3144\mathrm{J/(mol \cdot K)}$;$T$ 为绝对温度;T_{r} 为标准养护温度。

（3）混凝土力学参数

混凝土力学参数包括弹性模量、泊松比、线膨胀系数、容重、徐变、自生体积变形等,其中弹性模量、自生体积变形、徐变值均与龄期相关,相应的公式参见文献。在设计期间,应根据全级配混凝土试验参数选取,如无法开展全级配混凝土试验,应在湿筛混凝土试验参数基础上进行折算;在施工期间,应根据无应力计、垂线位移等监测资料反演混凝土弹性模量、线膨胀系数等关键参数。基础弹模则可根据多点位移计和水准仪等沉降变形监测数据来反演。

（4）其他参数的确定

大坝、基础的应力变形仿真计算模型、安全度评价模型、非线性分析模型等,可由多方共同协商模型大小、尺寸参数等,参建各方统筹安排,形成统一的仿真计算参数体系。

4.1.2.2 参数反演与分析方法

1. 变形监测资料分析与弹性模量反演

坝体变形受到很多因素的影响,包括坝前水位 h_{w}、外界气温 T、坝体高度 h_{d}、时效 τ、混凝土徐变 $\varepsilon_{\mathrm{cr}}$、坝体温度变化及初次蓄水期不可恢复的压缩变形等。在水位、气温、坝高、初期蓄水及时效四个主要影响因素作用下,坝体内观测点的变形可表示为 $\delta_{\mathrm{i}} = f(h_{\mathrm{w}}, h_{\mathrm{d}}, T, \tau)$。根据荷载作用的叠加原理:

$$\delta_{\mathrm{i}} = f(h_{\mathrm{w}}, h_{\mathrm{d}}, T, \tau) = \delta_{0} + \delta_{h_{\mathrm{w}}} + \delta_{h_{\mathrm{d}}} + \delta_{T} + \delta_{\tau} \tag{4-8}$$

其中,δ_{0} 为初始变形量;$\delta_{h_{\mathrm{w}}}$、$\delta_{h_{\mathrm{d}}}$、δ_{T}、δ_{τ} 分别为水位、高度、气温、初期蓄水及时效引起的变形量,都是非线性函数。采用拟合公式,对各测点变形进行逐步回归分析,得到各因子参数,进而可由各测点拟合方程,分离出水压、气温及初期蓄水时效分量变化过程线。其中,水压和气温分量随着水压和气温的变化往复变化,是可逆的,反映了结构的弹性状态;自重因子一旦浇筑完成就不再变化,是确定量;而初期蓄水及时效因子大部分是不可恢复的永久变形。力学参数反演分析一般采用监测变形总量进行,这时会使计算弹性模量小于实际弹性模量。为得到更准确的弹性模量,应采用反映结构弹性特征的水压变形分量进行反演。

2. 地基变模与混凝土弹模反演方法

（1）基于竖向变形观测结果的坝体弹性模量反演

设有 M 层竖向变形观测廊道,各层廊道之间的竖向变形差值为

$$\Delta\delta_{k}^{j} = \delta_{k}^{j+1} - \delta_{k}^{j}, \quad j = 1, 2, \cdots, N, k = 1, 2, \cdots, M - 1 \tag{4-9}$$

式中,N 为观测次数。

采用有限元方法,只考虑自重,模拟施工过程,假定各分区弹性模量的比例不变,取设计弹性模量为初值,第 i 次计算的弹性模量系数为 λ_i,即弹性模量为 $\{E_i\}=\lambda_i\{E_0\}$。仿真分析自重作用下大坝变形,计算不同坝高时各层相邻廊道测点部位的变形值,得到第 i 次有限元计算结果两层廊道之间的竖向位移差 $\Delta\delta_{ki}^j$,则计算结果与观测结果的误差为

$$\Delta e_{ki}^j = \Delta\delta_{ki}^j - \Delta\delta_k^j \tag{4-10}$$

对应于每一次计算 λ_i 的总误差可以用下式计算:

$$S_i = \frac{1}{N}\sum_{j=1}^{N}\sqrt{\frac{1}{M}\sum_{k=1}^{M}(\Delta\delta_{ki}^j - \Delta\delta_k^j)} \tag{4-11}$$

其中,S_i 为 λ_i 的函数。由上式可拟合出 S 与 λ 的函数关系,以 S 最小为目标,即可求出误差最小的 λ_i 值,对应的弹性模量即为反演坝体混凝土的弹性模量初步结果。

(2) 基于基础变形观测结果的基础综合弹性模量反演

高拱坝一般都埋设了大量的变形仪器测量基础变形,如建基面附近的基础位移计、基础内部的多点位移计、倒垂线等,其中基础位移计和多点位移计一般用于观测建基面法向或竖向位移,垂线则是观测水平位移。基础位移反映了自大坝浇筑开始的位移变化,其中包含坝体自重引起的变形、温度变化影响、岩体时效变形的影响等,在成果使用前应进行回归分析将自重变形和水压变形等分量分离出来。

基础综合弹性模量的反演利用有限元仿真分析方法,以设计推荐的基础分区及变形模量为初值 $\{E_0\}$,取不同的基础变形模量系数 λ_i(i 为第 i 次反演分析),坝体混凝土则采用上述反演的结果,仿真模拟大坝浇筑及蓄水过程,计算坝体及基础变形场随时间的变化,取出各测点分析每次仿真计算的误差,按照(1)中的方法可反演出基础的弹性模量。

3. 基于大坝垂线观测结果的坝体混凝土弹性模量反演

前面反演了坝体弹性模量,但由于竖向变形测值较小,反演结果受到测量误差及反演误差影响较大,反演出来的弹性模量可能精度较低,因此需要根据坝体垂线观测结果进行反演校正。由于垂线实测变形受各种因素的影响,反演前需要先分离出水压分量,再用有限元仿真分析的方式模拟不同弹性模量系数时水位变化过程中的垂线变形值,反演出弹性模量系数,从而反演出弹性模量。同时,库盆水压力和大坝封拱后的温度回升对坝体变形有一定的影响,若仿真过程中这些因素未能充分考虑,会对弹性模量的反演结果造成一定的影响。

4.1.3　快速仿真分析平台软件系统

基于全坝全过程仿真分析的思想,开发大型仿真模拟软件系统 SAPTIS[33-36]。该系统功能主要包括前处理部分(pre-processor)、后处理部分(post-processor)和计算分析部分(analyzer)三部分,用于仿真模拟混凝土结构在施工过程中温度场、应力场、渗流场的变化;线弹性和非线性分析可以仿真模拟混凝土结构浇筑过程中多种因素、多种措施对温度场、应力场的影响;还可分析各种工程措施如有盖重固结灌浆、锚杆锚索、基础处理等对工程结构变形、应力和承载力的影响,以及多种缝(横缝、裂缝等)的开合等。SAPTIS 软件平台系统主体结构搭建如图 4-5 所示。

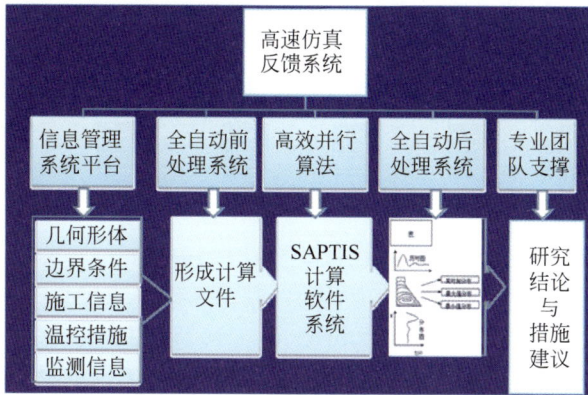

图 4-5　SAPTIS 软件平台系统主体结构

1. 前处理部分

高拱坝是分坝段分仓浇筑。一仓混凝土浇筑后上下游面、坝段侧面、顶面是散热面,上边一层混凝土浇筑后,下部一仓混凝土的顶面成为内部面不再进行表面散热,坝段的各个暴露面会根据需要粘贴保温板;此外,还要进行通水冷却。作为一个施工期温度场温度应力仿真程序的前处理程序,要能够反映这些特点。SAPTIS 分析系统的前处理充分考虑了这些特点,将前处理工作分为几个步骤,程序实现前处理部分过程如图 4-6 所示。

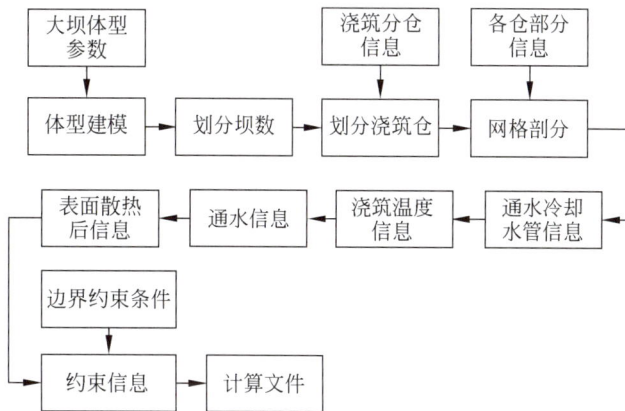

图 4-6　SAPTIS 前处理流程图

2. 主分析程序

（1）施工期温度场仿真分析

稳定温度场和准稳定温度场只与边界条件有关,此处不多介绍。施工期温度仿真分析需要考虑绝热温升、保温措施、通水冷却、跳仓浇筑等。其中,绝热温升采取了四种模型,即指数模型、双曲线模型、复合模型和成熟度模型;表面散热按第三类温度边界条件模拟,通过表面散热参数的变化模拟不同的风速、表面湿度、保温措施等对表面散热的影响,每个散热面均给出一个散热系数随时间的变化过程。当表面从与大气接触的一般散热面变为水位以下时,边界条件从第三类改为第一类,或将表面散热系数改为无穷大。当相同坝段尚未浇筑时,侧面为第三类边界条件;相同坝段浇筑后,则散热消失,变为结构内部的热传导。仓面喷雾、积水、洒水养护也通过改变表面散热系数及环境温度模拟。

（2）线弹性徐度应力仿真分析

线弹性徐度应力仿真分析，考虑混凝土的硬化过程、徐变等因素，荷载考虑温度、自重、水压、自生体积变形等，通过逐层追加单元方式模拟混凝土的浇筑过程。

（3）结构非线性分析

非线性分析将温度分析得到的温度荷载直接代入非线性分析模块计算应力，用屈服准则判断各单元的状态，对于屈服的单元进行非线性迭代计算。非线性分析具备线弹性徐变应力分析的全部功能，追加了非线性功能。非线性分析的基本理论为弹塑性理论，采用的屈服准则为四个屈服准则：莫尔-库伦（Mohr-Coulomb）、理想弹塑性准则（Drucker-Prager）、混凝土三个参数准则、混凝土五个参数准则。具体使用中，不同的材料根据需要选择不同的屈服准则，一般软弱带等构造采用 Mohr-Coulomb 准则，混凝土采用三个参数或五个数准则。平台程序中所有的准则都增加了抗拉强度准则，并可考虑压碎破坏。

（4）各种缝的模拟

水工结构分析中遇到的缝可分为三类：构造缝（横缝、纵缝）、裂缝及岩石的节理裂隙，可采用无厚度接触单元和有厚度缝单元模拟各种缝。由于缝间开合是一个几何非线性问题，剪切屈服为材料非线性问题，因此缝的迭代计算包含了几何非线性和材料非线性两个非线性过程的迭代。

（5）高速求解器

SAPTIS 开发了一个储量小、速度快的高效求解器。该求解器只存储部分非零元素，迭代计算中只有非"0"元素参与计算，通过优化的方式，尽量将乘除法计算压缩到最小。采用该求解器，SAPTIS 用目前 PC 机可求解 200 万自由度的大型方程。

3. 后处理部分

SAPTIS 的后处理程序主要有过程线、等值线、最大最小值统计、安全系数计算等，也可以将结果输出成商业后处理程序的格式，用商业程序处理。包络图是将每个点的最高温度或最大应力取出放在同一张图上，画成等值线；过程线图则是将所关心部位（通常是最大值出现的部位）的温度或应力随时间的变化过程画出，可一目了然地表示出每个点的温度或应力的变化过程，清楚地回答最大值发生的时间，以便抓住时机进行控制。

因温度场、温度应力场随时间变化，对每个工况，计算时步多达几百上千个，计算结果数据庞大，将每个时刻的结果用全部表或图的形式表示出来几乎是不可能的。因此，将重点时刻的温度场、变形场、应力场分布，用切剖面画等值线的方式标明，有些时步还可以画出应力矢量图。

4.2 全坝、全过程仿真关键技术难题

4.2.1 高拱坝快速自动建模方法

1. 高拱坝坝体快速建模技术

根据拱坝上下游面立视图和相应的体型参数，按照流程图 4-7 完成拱坝及基础网格的

自动剖分：①在上下游立视图的基础上进行二维 CAD 超元划分；②将 CAD 网格转化为二维有限元网格；③运用二维有限元网格和体型参数生成三维坝体超元网格；④在三维坝体超元网格的基础上增加地基单元；⑤对超元网格进行加密，建立适用于高拱坝仿真分析的有限元网格。

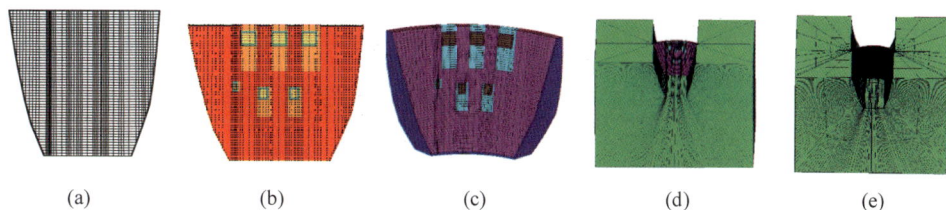

(a) (b) (c) (d) (e)

图 4-7 高拱坝快速建模的主要流程

2. 复杂地质条件的块体切割

块体切割问题最早由 Warburton P. M. 提出[37]，经过彭校初[38]、Lin D.[39]、池川洋二郎[40]、鲁军[41,42]、井兰如[43-46]、石根华[47,48]、SONG J. S.[49] 等学者不懈努力，目前三维块体切割技术已经发展比较成熟，能够生成空间任意形状的多面体。三维块体切割技术基于 Ikegawa Y. 和 Hudson J. A.[50] 提出的矢体概念，认为多面体是由若干有向面环所围成的有向体。在组合拓扑学中，任意形状空间多面体可以看作三维空间中一有向复合形 K，此复合形满足公式，即

$$\partial(\partial K) = \partial\partial K = \partial\left(\partial\sum_{i=0}^{M}S_i\right) = \partial\left(\sum_{i=0}^{M}\partial S_i\right) = \sum_{i=0}^{M}\partial(\partial S_i) = 0 \tag{4-12}$$

因此，对于多面体的每一条边在空间都与多面体的两个环路的两条有向边重合。而这两条有向边的起点和终点在空间上位置正好颠倒，因此其和为零。当空间任意多边形切割此多面体而形成多面体族时，结论依然成立。块体切割算法中块体搜索的基本思路正是利用多面体边界有向边之和为零这一结论，并引入相应的判别规则（最大右旋角准则或者是最小左旋角准则）从而形成被切割的多面体族。

在完成块体搜索后，必须对形成的块体进行拓扑性检查和块体体积总和检查，以保证块体搜索的正确性。这方面，石根华博士提出相应检验准则[47,48]：

二维块体拓扑性检查：对于任意形状的多边形，必须满足

$$\partial\partial P_i = 0 \tag{4-13}$$

三维块体拓扑性检查：对于任意形状的多面体，必须满足

$$\partial\partial B_i = 0, \quad \sum_i \partial B_i = \partial T \tag{4-14}$$

块体体积总和检查：块体系统的体积总和应该等于目标体的体积，

$$\sum_i V(B_i) = V(T) \tag{4-15}$$

其中，三维拓扑性检查也可采用 Euler-Poincaré 公式实现，即对于多面体而言，其点数、棱边数、面数、体数以及孔洞数需满足

$$N_v + N_f - N_e = 2(N_b - N_h) \tag{4-16}$$

将断层、节理等地质不连续面近似为有限尺寸的空间圆盘面，把未模拟断层等不连续面

的拱坝有限元网格模型转化为目标块体群,运用以上三维块体切割技术对其进行切割,便得到考虑断层影响的块体模型。块体切割前后的模型如图4-8所示。

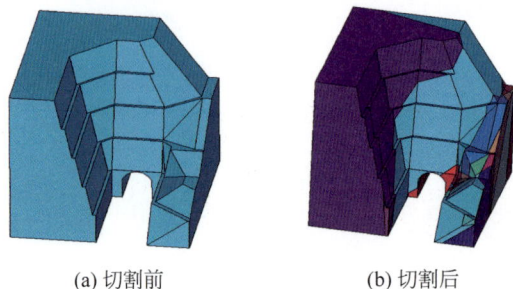

(a) 切割前 (b) 切割后

图 4-8 切割前后的块体模型

3. 切割后单元的重构

对于切割后形成的块体群模型,块体可以按切割状态分为两类:一是未被结构面切割的块体,这部分块体可直接转化为有限元分析的单元,单元及节点编码可套用原有拱坝模型中的编码;另外一种就是被结构面切割后形成的块体,这类块体由于形态复杂(图4-9),不能直接转化为有限元分析的基本类型单元(图4-10),故采用单元重构技术进行二次剖分,获得满足要求的单元。

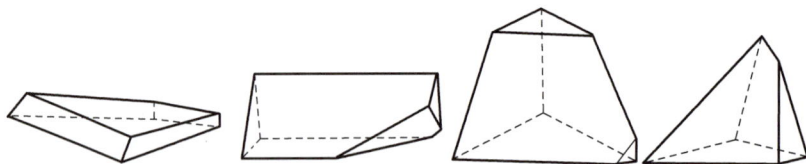

图 4-9 切割后形成块体的可能形态

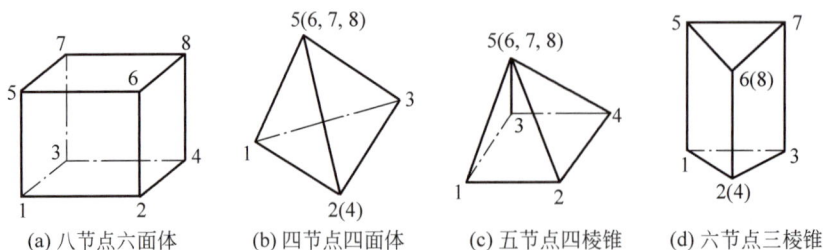

(a) 八节点六面体 (b) 四节点四面体 (c) 五节点四棱锥 (d) 六节点三棱锥

图 4-10 三维有限元中的几种单元形态

在进行单元重构时,必须保证二次剖分形成的单元与未参与重构的单元(第一类块体型成的单元)在单元交界面上的节点是融合的,以满足位移协调的要求。鉴于这个要求,必须采用限制 Delauney 四面体剖分技术对第二类块体进行剖分,将块体角点转化为四面体单元的节点,同时不会增加新的节点。

经过单元重构以后,新增单元数目较多,但由于单元重构仅在断层等不连续面穿过的单元进行,重构模型的单元总数增加较少,并且重构模型中仍以八节点六面体单元为多数,四节点四面体的常应变单元数量较少。因此,运用重构后的模型进行计算,仍可保证计算结果具有较高的精度;同时,还可以实现考虑结构面存在的全自动单元重构,这样大大降低了建模难度,也显著提高了建模速度。

4.2.2 横缝真实性态模拟模型

高拱坝横缝工作性态非常复杂,浇筑早期,因混凝土温升横缝处于受压状态,横缝传递压力和剪切作用,抗拉强度较小;冷却过程中,温降收缩横缝张开;封拱灌浆后横缝间歇填充,横缝能传递压力和剪切作用,且有一定的抗拉强度。

图 4-11 为键槽变形示意图,改进的带键槽接触面模型的三维接缝单元模型[51]认为,当 $\nabla w + e \geqslant 0$ 时缝面脱开,$E_z = 0$(E_z 为法向刚度,在接触面上为 E,一旦横缝张开,法向刚度为 0)。但是,在 $\nabla w + e > 0$,即缝面脱开情况下,如果 $|\Delta \mu| \geqslant (\Delta w + e) \cot \beta$,则键槽面会发生接触,此时接缝单元的法向刚度不应为零,有限厚度模型对此未加考虑(e 为坝体横缝灌浆前,接缝面法向存在的初始开度;Δw 为单元受力变形的 z 向相对位移;β 为键槽面与接缝面的夹角)。

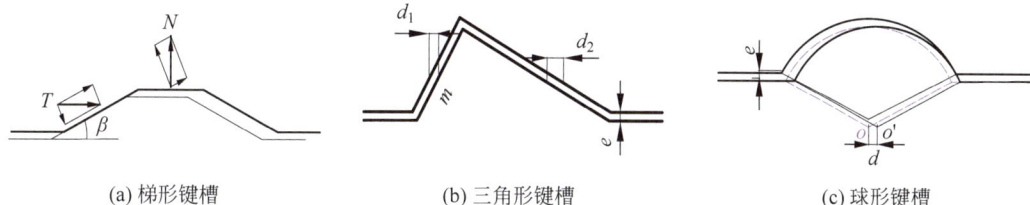

| (a) 梯形键槽 | (b) 三角形键槽 | (c) 球形键槽 |

图 4-11 不同键槽示意图

为了反映接缝具有一定开度而键槽面接触的影响,将原有模型进行了改进,推导了零厚度带键槽接触面单元的应力应变关系,考虑了键槽受拉、受压、抗剪等可能的各种工作模式,并利用精细数值模型的有限元计算,对应力、应变公式中的参数进行了率定。

此外,基于接触面开合迭代算法研究[52],建立能模拟横缝实际开合过程的混凝土接触面模型。在处理接触面单元的开合迭代时,为了防止接触面嵌入带来的问题,引入接触面模型的状态变量,记录每个迭代步前后接触面的开合状态,认为单元状态不再发生改变时迭代收敛;同时,在每个迭代步中采用预先判断接触面状态,及时增减刚度弹簧、加减力的办法,加快了收敛速度,在保障计算结果合理的前提下,减小了计算代价,适用于大规模的数值计算。

4.2.3 夹层代孔列法渗流场模拟

利用排水孔降低水工建筑物基础中的渗透压力,是增强抗滑稳定性的重要工程措施。但是排水孔是渗流场中的奇点,如何考虑排水孔的作用是渗流场有限元分析中的一个难点。以等效排水夹层代替排水孔列[53],并根据平均水头相等的条件来决定夹层的渗透系数,可有效地分析有排水孔的三维渗流场,计算很方便且计算精度得以显著提高。如图 4-12(a)所示,地基中设有排水孔列,排水孔间距为 $2b$,孔半径为 r_w。用图 4-12(b)所示排水夹层代替排水孔列,夹层厚度为 e,深度与排水孔相同,夹层的水平渗透系数与岩体相同,适当改变其竖向渗透系数 k_z,使排水夹层的排水效果总体上与排水孔列相同。

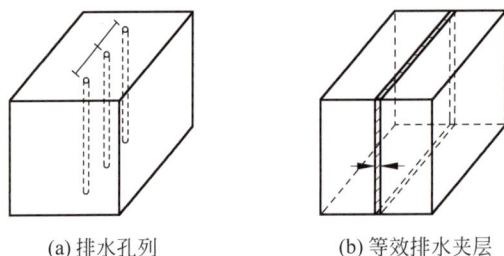

(a) 排水孔列　　　　　(b) 等效排水夹层

图 4-12　排水孔列与排水夹层

4.2.4　方程组求解的高效并行算法

1. 基于 CPU 的并行算法和实现

基于正交匹配追踪(OMP)的并行化改造主要基于一种高效的 Krylov 子空间迭代法和预条件技术开发方程组求解程序,并进行基于 OMP 的并行化改造。主要工作内容为:进行数据结构的分析、矩阵特点(包括结构和数值特征)分析、程序结构分析和程序运行性能的瓶颈分析,在并行化改造过程中,通过对程序的执行方式、编译选项、数据存储方式等进行改造,最终程序能够无限制地在共享存储体系结构的并行计算机上进行并行计算,通过对 8 组数据的测试,显示其并行效率很高。测试数据和结果如表 4-1 所示。

表 4-1　基于 OMP 并行化改造测试结果(4CPU 并行)

数据组		1	2	3	4	5	6	7	8
矩阵阶数		42387	10696	56106	160227	322362	373233	958995	938968
计算时间/s	串行程序	23.71	2.89	1.60	223.94	10.98	1127.70	5178.90	2630.20
	串行优化	8.87	1.05	0.81	91.03	6.28	519.48	2168.80	923.67
	并行程序	3.78	0.79	0.27	59.14	3.36	466.94	1480.10	662.41
	加速比	6.28	3.64	5.98	3.79	3.26	2.42	3.50	3.97

基于消息传递接口(message passing interface,MPI)的集群环境的方程组并行求解软件的主要基于消息传递并行编程模型和 AZTEC(AZTEC 是美国 Sandia 国家实验室开发的一个高效的求解线性方程的并行迭代解器库,提供多种 krylov 子空间迭代法和多种预条件子)并行迭代求解器库,进行软件并行求解器开发。改造遵循单程序流多数据流(single program stream multiple data stream,SPMD)并行模式,通过 MPI 和 AZTEC 并行编程,实现数据结构转换,数据的分块并行求解,以及结果数据的结构转换和收集;同时,基于 AZTEC 软件库,方程组求解可以选用多种 Krylov 子空间迭代法和多种预条件子,提供多种选项和参数的调优设置。表 4-2 和表 4-3 是对两组矩阵的个别算法的测试结果。从表 4-2 和表 4-3 中可以看出,求解算法灵活多变,求解效率很高。

表 4-2 迭代求解方法组合

求 解 方 法		预 条 件 子	
		整体	子区域
方法 1	重启型 GMRES	区域分解	ILUT（带阈值的不完全 LU 分解）
方法 2	CGS	Sym-gs（非重叠区域分解 3 步对称高斯塞德尔迭代）	
方法 3	BICGSTAB	Sym-gs（非重叠区域分解 3 步对称高斯塞德尔迭代）	

注：填充阈值 4，舍弃阈值 10^{-8}，收敛准则：$\|r\|_2/\|r_0\|_2$。

表 4-3 测试结果

阶数	方法	求解时间/s	迭代次数	收敛容差	CPU 数
160227 阶矩阵	方法 1	37.8	22	1.0×10^{-20}	1
		18.9	68	1.0×10^{-20}	4
	方法 2	34.9	30	1.0×10^{-20}	1
		12.6	77	1.0×10^{-20}	8
	原程序	67.0	483	1.0×10^{-20}	1
373233 阶矩阵	方法 3	331.5	147	1.0×10^{-20}	1
		216	1133	1.0×10^{-20}	4
		128.9	1162	1.0×10^{-20}	8
	原程序	430	1229	1.0×10^{-20}	1

2. 基于 GPU-CPU 的并行算法和实现

基于 GPU 的并行求解开发，采用基于时程的动态松弛技术进行显示迭代计算，对于计算静态问题，采用虚拟质量和人工阻尼技术时，可取得较好的收敛性。测试结果表明：对于 NVIDIA GTX 580 显卡（显存 3GB）平台，计算 200 万阶的拱坝和复杂地基系统的方程组，求解时间为 100s；进一步优化后其求解效率还可以大幅提高。

表 4-4 不同 CPU-GPU 算法求解效率

CPU 处理器类型	32-CPU	单核 CPU	双核 i5 CPU
CPU 计算方法	单行直接稀疏算法	串行直接稀疏算法	动态松弛算法
GPU 求解效率	4.2	40.3	445

4.3 真实工作性态仿真分析和预测流程

4.3.1 仿真分析和预测流程

全坝全过程真实工作性态仿真分析和预测，是一个包括多个步骤的分析流程，包括：①多约束条件下（相邻高差、全坝段高差、悬臂高度、度汛蓄水、温控防裂、应力控制等）进度方案拟定，这是全坝全过程进度仿真、分析、预测的基础；②监测资料的全面分析；③热学和力学参数反演分析；④全坝全过程仿真的温度场、变形场和应力场分析；⑤现阶段工作性态分析评价和监测值准确性校核；⑥下一阶段或下一水位工作性态预测和评价；⑦新一轮循环流程。仿真分析和预测的具体流程见图 4-13。

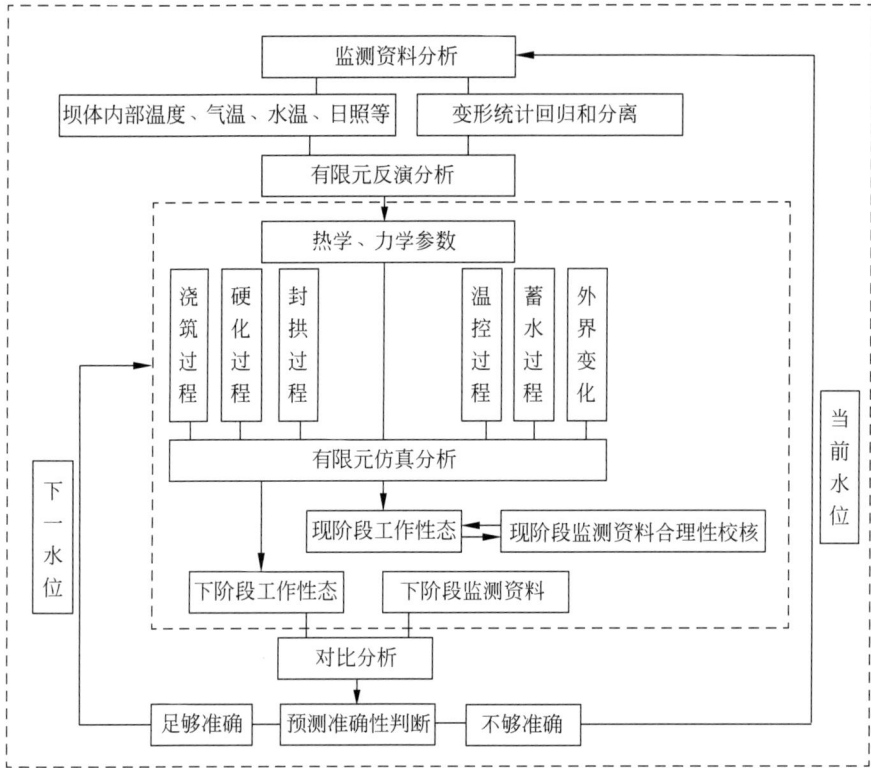

图 4-13 仿真分析和预测具体流程

（1）多约束条件下进度方案拟定

以大坝实际浇筑面貌为基础，将各坝段实际悬臂高度、最大相邻高差、最大全坝高差、当前间歇期与应力控制、温度控制等指标的差异程度，作为浇筑优先级的权重因子，结合特高拱坝复杂环境下的约束条件，进行施工进度敏感性分析，拟定高线、中线、低线等控制计划，并以此得到的浇筑顺序作为全坝全过程真实工作状态等仿真的基础。

（2）力学、热学参数反演

以施工期实时监测的海量资料为基础，结合岩体和混凝土设计力学参数，进行热学、力学参数反演，通过有限元仿真分析反演得到结构短期内的热学、力学参数。这种混凝土和基岩的表现弹性模量应该不等于实际混凝土弹性模量，而是综合了其他因素在内的宏观表现弹性模量。实测资料表明，在混凝土的残余水化热和环境温度的影响下，坝体内部温度会出现较大幅度的温度回升（如小湾），封拱后的温度回升普遍在 $5\sim6℃$，局部可达到 $9\sim12℃$，这种温升作用不可忽略。因此，要整理分析坝体混凝土内部测点温度变化情况，根据实测气温、水温、日照等边界条件，结合混凝土材料试验热学参数，反演分析坝体混凝土实际表现热学参数，给出与实际变化相吻合的计算温升过程。

（3）全坝全过程仿真分析

考虑实际浇筑、硬化、封拱灌浆、温控、蓄水和边界条件实际变化等六个过程，采用反演分析得到的力学参数和热学参数，通过全坝全过程仿真分析计算得到结构温度场、变形场和应力场。将计算结果与监测结果进行对比，评价仿真结果的合理性和准确性，若差异较大，需调整计算参数并复核边界条件进行重新计算。另外,利用计算结果对监测数据的合理性进行判断,若个别测点数据可能受其他因素影响,不能准确反映实际情况,可以剔除或校正。

(4) 短期工作性态预测

以施工仿真得到的浇筑顺序,或规划的未来短时间内的水位变化情况作为控制条件,采用反演的力学和热学参数,利用全坝全过程真实工作性态模型,分析不同浇筑顺序和面貌情况下的大坝温度、应力分布状况,并结合各施工时段坝体不同部位的结构特点、应力分布控制要求,提出个性化的悬臂高度、相邻高差、全坝段高差等控制指标,并反馈给进度仿真系统进一步分析,从而将温控及应力仿真、进度仿真紧密结合,优化大坝浇筑形态控制指标;同时基于实时监测的温度、横缝等数据,揭示该时段、该浇筑状态或当前水位条件下与下一施工阶段、后期蓄水规划下一水位条件下的全坝工作性态(温度场、应力场、变形场和渗流场等),评价结构当前性态或下一阶段或后一蓄水位的结构性能,使施工期、初期蓄水期拱坝各个关键节点、关键部位的变形、应力规律及开裂风险全程可知、可控。

(5) 预测成果检验和新一轮分析

将预测成果与施工期监测成果或蓄水位下监测成果进行对比,分析预测结果的合理性和准确性。若吻合良好,说明参数取值合理,可直接进行下一阶段的仿真预测分析;若预测效果较差,需重新进行第(1)步~第(4)步的研究工作,反演新的力学和热学参数,然后进行新一轮预测工作。

4.3.2　安全评价指标体系

高坝施工期真实工作性态评价可采取点安全度,即通过全坝全过程真实工作仿真分析,选择合适的混凝土破坏准则,用强度除以应力,得到全坝全过程的点安全度(详见2.3.4节);初期蓄水预警指标体系,选择坝体与坝基结构变形和应力作为主要安全预警指标,以渗透压力作为辅助预警指标。该预警指标通过当前监测值叠加下一水位预测增量值来确定。考虑到可能存在的监测和计算误差等,完全取用一个确定的数值并不一定合适,以阈值上下变动一定范围进行控制。结合其他工程,一般按5%控制。若监测值明显偏小或偏大,则可能是监测数据、监测系统或结构出现异常,要及时查找原因,以便于及时采取有效措施。

初期蓄水安全评价体系为三位一体的预警指标体系,包括全坝全过程仿真预警指标、基于监测数据的预警指标和多元回归统计预警指标,三者相互校核更为有效和准确。其中,全坝全过程仿真预警指标是采用全坝全过程仿真分析方法,自坝体开始浇筑开始分析,根据实际坝体浇筑、封拱、蓄水和环境条件变化,计算结构响应,与实际监测数据相互校核,得到结构实际刚度,根据可能蓄水方案,仿真得到坝体未来的变形、应力等关键预警指标;基于监测数据的预警指标是考虑长周期数值仿真可能受岩石蠕变和混凝土徐变等因素的影响,有一定偏差,因此基于当前监测数据,累加仿真计算分析的坝体响应分量,如变形和应力等,得到坝体未来的变形和应力等关键预警指标;多元回归统计预警指标是采用统计回归分析方法,建立短期预测模型,得到坝体关键预警指标。

采用前期监测值,结合短期预测方法,预测后期可能出现的量值,该预测量值在一定的范围内变化,是结构正常弹性工作性态的反映。若监测值在此范围内,则结构工作正常,在安全范围内;若明显偏小或明显较大,要及时查找原因,并对预警指标进行修正。这种分阶段周期性实时跟踪、反馈和预警方式,使得预警指标具有实时性、周期性和准确性。

4.4   溪洛渡拱坝施工期工作性态跟踪仿真、预测与控制

4.4.1   坝体-基础真实参数获取

4.4.1.1   全级配混凝土断裂性能试验与分析

1. 试验构件

因全级配混凝土骨料粒径达 150mm,试验构件厚度须达到 3 倍骨料粒径,且各构件最小韧带高度也须满足大于 3 倍骨料粒径。溪洛渡拱坝采用大坝高线 2# 拌合楼生产混凝土,现场浇筑 D800、D1000、D1200 三个系列的全级配混凝土楔入劈拉构件(构件有效高度 $H \times$ 构件宽度 $D \times$ 构件厚度 B 为 800mm×800mm×450mm、1000mm×1000mm×450mm、1200mm×1200mm×450mm),使得试件的代表性、均匀性、骨料随机性等方面都与大坝实际浇筑混凝土相同。其中,D800 系列分为 28d、90d、180d 龄期三组,即 D800-28\D800-90\D800-180。D1000、D1200 两系列构件试验龄期都为 180d。各试件的韧带高度 H_1 满足大于 3 倍骨料最大粒径。试件初始缝高比 a_0/H 为 0.40。试件具体信息见表 4-5。

表 4-5   大坝混凝土试件尺寸及材料力学性能

试件编号	试件数量	试件有效高度 H/mm	试件宽度 D/mm	试件厚度 B/mm	初始缝长 a_0/mm	抗压强度 f/mm	劈裂抗拉强度 f/MPa	弹性模量/GPa	试件龄期/d
D800-28	3	800	800	450	320	26.64	2.70	23.0	28
D800-90	3	800	800	450	320	30.50	3.21	25.0	90
D800-180	3	800	800	450	320				
D1000-180	3	1000	1000	450	400	30.75	3.24	26.2	180
D1200-180	3	1200	1200	450	480				

2. 试验加载

试件为三组不同尺寸 $C_{180}40$ 全级配混凝土楔入劈拉试样,用双线钢轴对称支承,支承位置一般选取在试件宽度的 1/4 处。虽然理论上位于四分点上最好,可消除竖向力对断裂性能影响,但考虑到试验机对中因素,操作起来比较复杂,并且对断裂性能的影响很小,故采用支座与夹具传到试件上的竖向荷载都位于固定的距试件中心 65mm 处,试验证明这样消除了竖向力对断裂性能的影响。

裂缝口张开位移采用 YYJ 系列夹式电子引伸计。试验过程中,荷载-裂缝口张开位移(pressure-crack mouth opening displacement,P-CMOD)和应变由采用 IMC 数据采集系统,保证了试验数据采集的及时性与精确性。通过楔形加载块和传力板将较小的竖向外荷载 P 转化成较大的水平劈拉力 P_h,其转化关系为

$$P_h = P/2\tan\theta \tag{4-17}$$

式中,θ 为楔形角。

图 4-14 给出了全级配混凝土楔入劈拉构件断裂试验加载全景图及破坏图。

3. 试验成果分析

表 4-6 给出了溪洛渡拱坝混凝土 30d、90d、180d 龄期不同构件全级配断裂性能试验数据

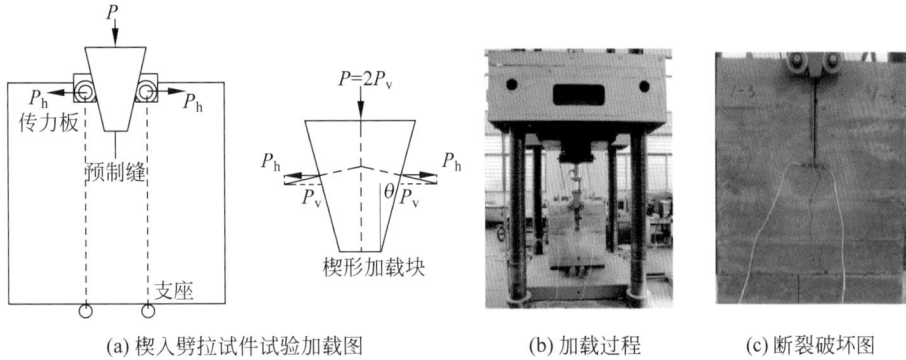

(a) 楔入劈拉试件试验加载图　　　　(b) 加载过程　　　　(c) 断裂破坏图

图 4-14　现场浇筑全级配水工混凝土试件加载全景图及断裂破坏图

结果。由表中数据可知,30d 龄期全级配混凝土起裂断裂韧度平均值为 $0.931 \mathrm{MPa \cdot m^{1/2}}$,失稳断裂韧度平均值为 $1.504 \mathrm{MPa \cdot m^{1/2}}$,临界缝高比平均值为 0.501,断裂能平均值为 $520 \mathrm{N/m}$,断裂性能符合一般规律;90d 龄期起裂断裂韧度平均值为 $1.072 \mathrm{MPa \cdot m^{1/2}}$,失稳断裂韧度平均值为 $2.09 \mathrm{MPa \cdot m^{1/2}}$,临界缝高比平均值为 0.557,断裂能平均值为 $606 \mathrm{N/m}$;180d 龄期 8 个构件的起裂断裂韧度平均值为 $1.222 \mathrm{MPa \cdot m^{1/2}}$,失稳断裂韧度平均值为 $2.418 \mathrm{MPa \cdot m^{1/2}}$,临界缝高比平均值为 0.570,断裂能平均值为 $673 \mathrm{N/m}$。

表 4-6　溪洛渡高拱坝全级配断裂性能试验数据结果统计表

龄期	试件编号	起裂荷载 P_{ini}/kN	峰值荷载 P_{max}/kN	临界裂缝口位移 $CMOD_c$/mm	临界缝高比 a_c/H /(mm)	起裂断裂韧度 K_{IC}^{ini} /(MPa·m$^{1/2}$)	失稳断裂韧度 K_{IC}^{un} /(MPa·m$^{1/2}$)	断裂能 /(N/m)
30d	D800 1-1	23.38	29.02	0.22	0.4898	0.874	1.360	480
	D800 1-2	25.90	31.24	0.25	0.5011	0.967	1.511	508
	D800 1-3	22.42	30.45	0.30	0.5429	0.839	1.671	477
	D800 1-4	28.01	33.07	0.23	0.4716	1.045	1.473	613
90d	D800 2-1	28.12	34.99	0.29	0.5252	1.049	1.815	617
	D800 2-2	30.79	41.27	0.41	0.5607	1.148	2.394	638
	D800 2-3	27.30	32.83	0.37	0.5842	1.019	2.072	564
180d	D800 3-1	29.75	41.74	0.43	0.5675	1.109	2.478	673
	D800 3-2	32.75	36.81	0.37	0.5629	1.221	2.154	607
	D1000 1-1	33.33	47.13	0.47	0.5619	1.111	2.455	898
	D1000 1-3	41.10	45.86	0.54	0.5927	1.367	2.666	825
	D1000 1-4	39.86	47.44	0.50	0.5723	1.326	2.561	819
	D1200 1-1	40.55	47.3	0.48	0.5655	1.232	2.283	468
	D1200 1-2	38.45	45.03	0.43	0.5539	1.169	2.091	638
	D1200 1-4	40.73	51.75	0.58	0.584	1.237	2.659	659

　　以相同试件尺寸(试件有效高度 $H=800 \mathrm{mm}$)的 D800-28、D800-90、D800-180 系列试件为研究对象,图 4-15 为 D800 系列混凝土抗压强度及劈裂抗拉强度随龄期变化规律、弹性模量随龄期变化规律、起裂断裂韧度及失稳断裂韧度随龄期变化规律、断裂能随龄期变化规律,构件龄期从 30d 增加到 90d 时,材料力学性能参数与断裂参数增加较为明显;构件龄期

从 90d 增加到 180d,材料力学性能参数与断裂参数增加幅度相对减小。

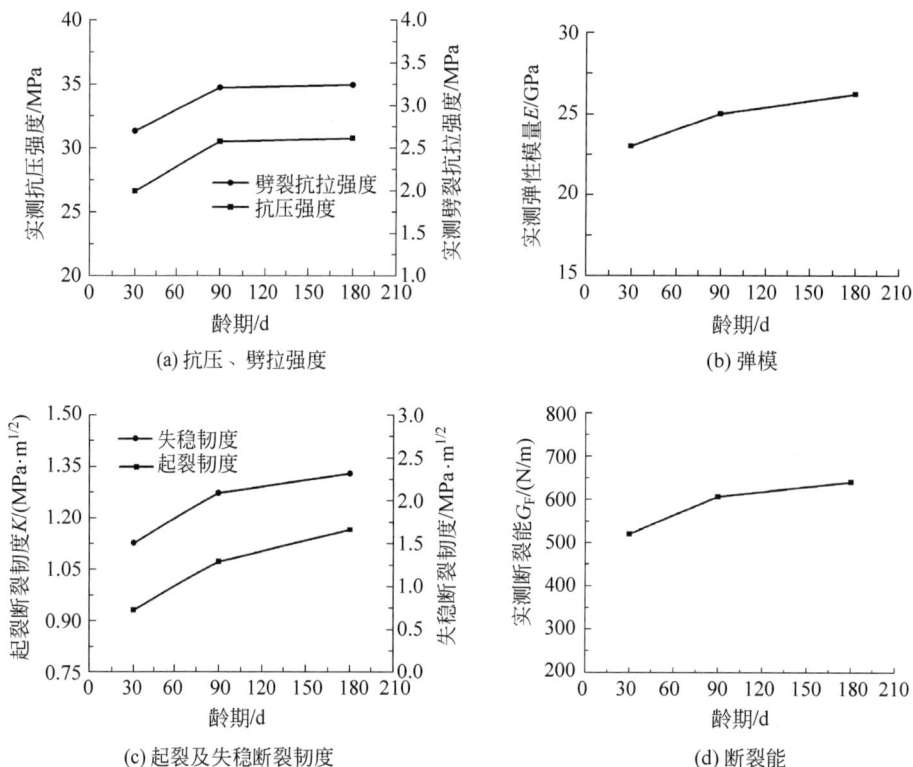

(a) 抗压、劈拉强度

(b) 弹模

(c) 起裂及失稳断裂韧度

(d) 断裂能

图 4-15　抗压强度、劈拉强度、弹性模量、断裂韧度、断裂能随龄期变化规律

以相同试件龄期(180d 龄期)的 D800-180、D1000-180、D1200-180 系列试件为研究对象,发现起裂断裂韧度 K_{ini} 随试件尺寸的增加呈现小幅波动,但变化的幅度较小(图 4-16)。整体来看,在试件有效高度 $H=800\sim1200\text{mm}$ 范围内,全级配混凝土的起裂韧度与失稳韧度不存在明显的尺寸效应。

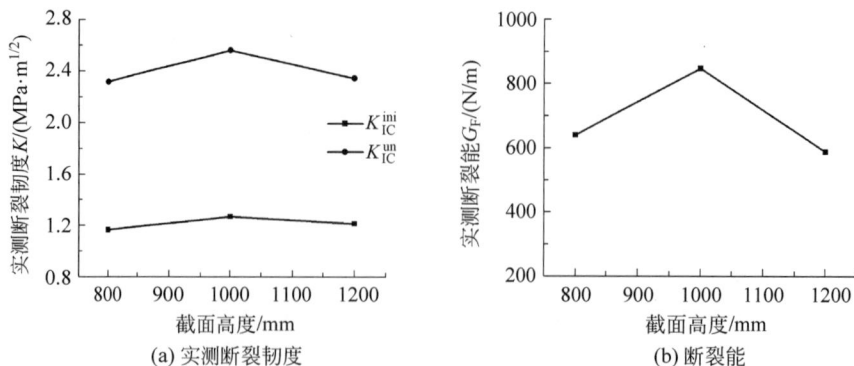

(a) 实测断裂韧度

(b) 断裂能

图 4-16　断裂性能随截面变化规律

4.4.1.2　热力学参数动态反演与现场测试综合反演分析技术

利用先进的改进加速遗传算法,对施工期的参数进行动态反演,实时反映混凝土的真实

力学特性,为确保正确评估大坝混凝土的真实热、力学特性以及仿真计算结果的准确性提供保障。反演的参数包括绝热温升、线膨胀系数、混凝土和基岩弹模、表面散热系数、自生体积变形等。

1. 线膨胀系数和自生体积变形

根据大坝各个阶段中冷和二冷期间大坝现场无应力计监测的数据成果,结合大坝实际横缝开度及反演仿真分析结果,根据多组数据体现出现的规律,溪洛渡拱坝实际线膨胀系数反演结果为$(7.1\sim7.3)\times10^{-6}/℃$(设计阶段为$6.5\times10^{-6}/℃$),见图4-17,自生体积变形值取$-40\times10^{-6}$m(图4-18)。

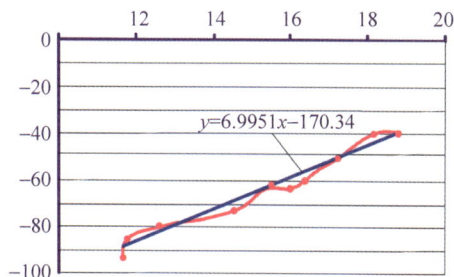

图4-17 线膨胀系数反演

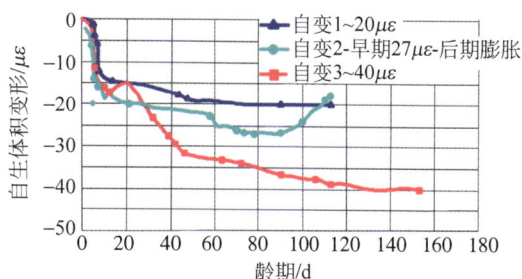

图4-18 自生体积变形

2. 绝热温升

根据水化度的定义和混凝土的热力学特性,对于同种混凝土而言,无论其养护温度和龄期如何变化,只要具有相同的水化度,则其热力学性能也应该相同,故水化度和成熟度之间存在一定的函数关系。为此,在绝热温升反演中引入基于成熟度理论的混凝土等效龄期绝热温升模型(详见4.1.2节)。这一模型更能直观表述混凝土温度、龄期以及水化反应对其热力学特性的影响。

鉴于实际工程中反映出现的最大差异是工程现场的混凝土与室内混凝土的散热过程,这个散热过程与自身温度历程密切相关,而自身温度对导温、导热和比热等参数影响相对较小。因此,为突出主要问题,反演中只对混凝土的标准实验条件下(20℃)的最终绝热温升值及相关的成熟度敏感性参数n、m和E_a进行反演。图4-19给出了溪洛渡$C_{180}40$混凝土绝热温升模型。图4-20给出了溪洛渡拱坝$C_{180}40$混凝土绝热温升反演结果,与设计值较为吻合。

$$\theta=27.3\times\left(\frac{t_e^{2.11}}{4.32+t_e^{2.11}}\right)$$
$$t_e=\int_0^t\exp\left(6041\times\left(\frac{1}{273+T_r}-\frac{1}{273+T}\right)\right)\mathrm{d}t$$

图4-19 溪洛渡$C_{180}40$混凝土绝热温升模型

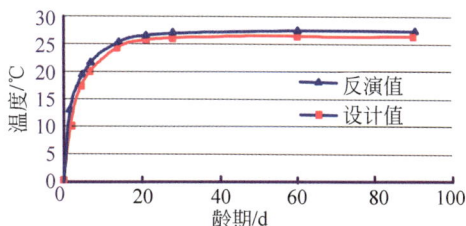

图4-20 $C_{180}40$混凝土绝热温升反演值与设计值对比

3. 基础弹模

根据溪洛渡建基面岩体质量分区图(图4-21),结合水准监测成果和多点位移计监测资料,反馈分析不同坝段基础的实际材料分区情况。图4-22为溪洛渡拱坝坝基垂直变形多点位移计监测数据与反演结果对比图。可以看出,反馈分析所得的位移结果与实测位移吻合较好,计算结果可以较好地反映真实情况。同时,反演和监测资料表明,河床坝段的垂直位移要明显大于两岸坝段,初步分析认为主要是因为河床坝段建基面高程较低,大坝高度要高于两岸坝段,竖向压力更大所致,也可能与部分坝段的基础岩体的变模及局部构造较为软弱相关。从基础弹模的量值来看,河床部位的基岩弹模普遍要小于两侧岸坡坝段,进一步证实为何河床坝段的竖向位移要普遍大于岸坡坝段。

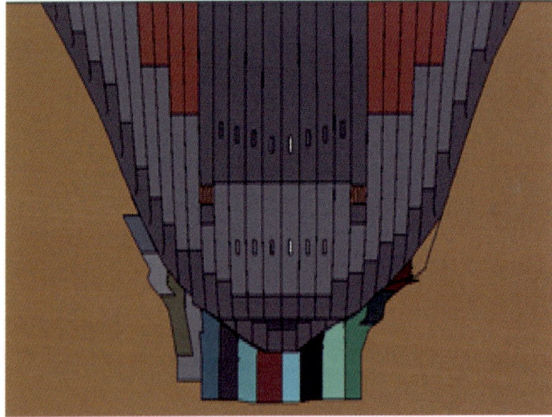

图 4-21 岩体质量分区

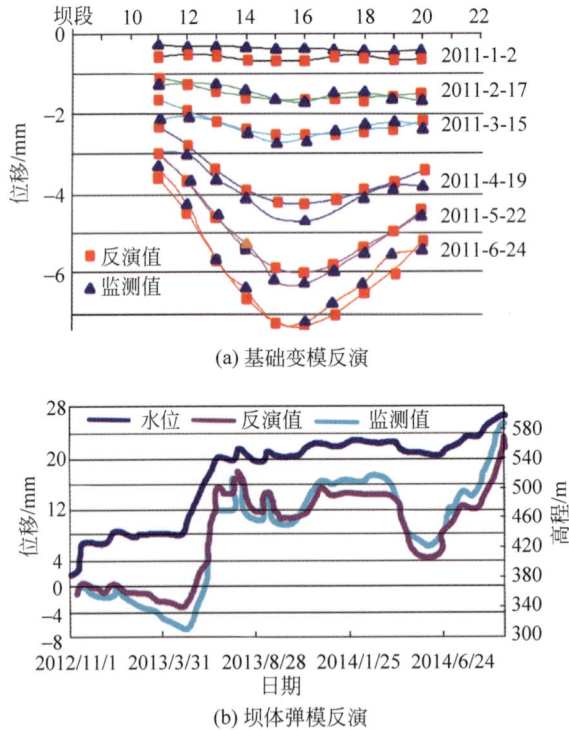

(a) 基础变模反演

(b) 坝体弹模反演

图 4-22 溪洛渡拱坝基岩垂直位移多点位移计反演与实际监测结果对比图

4. 现场弹模测试分析技术

采用现场钻孔弹模技术,对不同龄期全级配混凝土开展弹模测试,揭示了室内试验弹模测试值与现场弹模测试值之间的差异,混凝土现场早期弹模明显大于室内试验值,但后期弹模值趋向一致(图 4-23)。这一试验为真实模拟大坝工作性态提供了可靠参数。

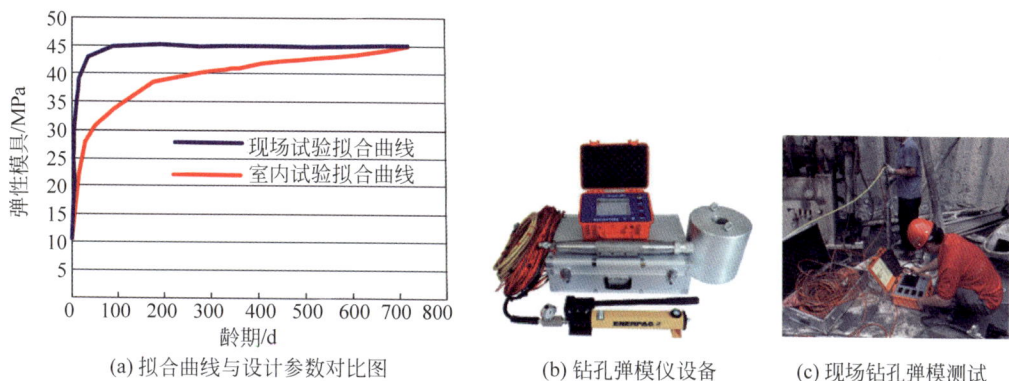

(a) 拟合曲线与设计参数对比图   (b) 钻孔弹模仪设备   (c) 现场钻孔弹模测试

图 4-23　现场实测弹模数据及拟合曲线与设计参数对比图

4.4.2　横缝工作性态分析和开合控制

4.4.2.1　施工期横缝开合规律分析

从图 4-24 可以看出,溪洛渡拱坝横缝开合过程特点如下:①早期一期温升温降阶段横缝基本处于闭合状态,若温降幅度不大,较长时间段内横缝处于闭合状态,主因是温升阶段横缝之间以压应力为主,随着冷却过程坝体收缩产生拉应力,前期温升压应力被抵消,再抵消横缝间的粘结强度,横缝才张开;②中期冷却至二期冷却期间,大部分横缝才开始张开,表明该时段温降产生的拉应力超过横缝粘结强度;③非约束区,早期横缝大都处于闭合状态,随着温降过程,横缝会顺利张开,开度一般在 1.0mm。

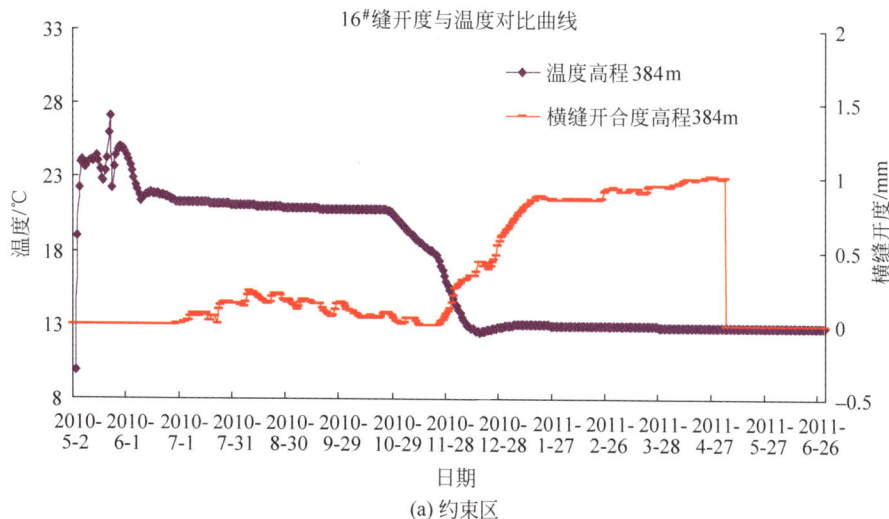

(a) 约束区

图 4-24　溪洛渡典型区域温控过程与横缝张开过程示意图

16#缝开度与温度对比曲线

(b) 非约束区

图 4-24(续)

4.4.2.2 基础约束区横缝开度较小原因分析

表 4-7 为基础约束区横缝开度实测数据。由表 4-7 可知,即使某些坝段一冷降温阶段降温明显,横缝也并没有在一冷期间就张开,部分横缝到了一冷末、中冷甚至是二冷某个时段才突然张开。图 4-25 中 15#和 16#横缝除高程 328.7m 在一冷张开外,其他部位均未在一冷期间张开,到中冷时才有部分张开,大部分到二冷才张开。

表 4-7 基础约束区不同冷却阶段横缝开度

高程/m	开度范围	一冷末	中冷末		二冷末	
		平均值	开度范围	平均值	开度范围	平均值
324.5~332	−0.22~1.02	0.16	−0.15~1.13	0.34	0.22~1.59	0.69
332~341	−0.19~−0.07	0.00	−0.15~0.79	0.18	0.25~1.2	0.61
341~350	未埋设	未埋设	未埋设	未埋设	未埋设	未埋设
350~359	−0.17~0.46	0.09	−0.21~0.88	0.17	0.08~1.61	0.73
张开比例	19.8%		63.9%		100%	

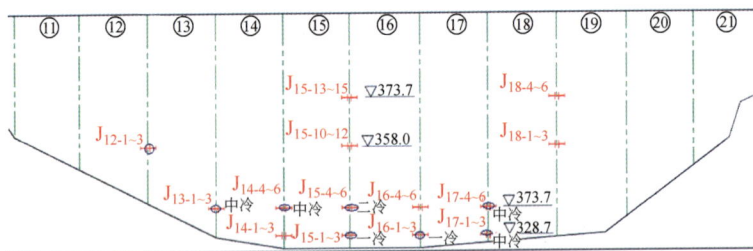

图 4-25 不同阶段横缝开合情况示意图

全坝全过程仿真表明:溪洛渡拱坝基础约束期横缝早期不张开、后期突然张开原因有三个:一是早期温降幅度小,自浇筑以来平均最高温度仅 24.5℃左右,一冷温降幅度仅 3~4℃,中冷和二冷的温降幅度为 3~4℃,偏小。二是早期弹模大,使得一冷末应力偏小,温升期混凝土膨胀在缝面引起挤压应力,后期温降时的拉应力增量必须是先克服这部分预压应力,才能转成拉应力,进而促使横缝张开。因混凝土早期弹模大,升温期引起的压应力也大,一冷末后拉应力相对较低,大都在 0.5MPa 以下,是导致部分高程横缝未能及时张开的主因。三是横缝粘结强度较大,早期横缝粘结强度一般为 0.4~0.8MPa。

此外,自重、自生体积变形、横缝张开不同步等因素也对横缝开度有一定影响。如自重会对横缝有一个侧向挤压作用,抵消横缝面的轴拉应力;同一高程的横缝张开的区域呈错位分布,减小了轴向应力,也可能导致部分区域横缝没有张开或者开度不大。

4.4.2.3 施工期横缝粘结强度分析

由 4.4.2.2 节分析可知,横缝未能及时张开可能与横缝的粘结强度有关,也可能与横缝错位张开减小了轴向应力有关。图 4-26 是基于全坝全过程仿真分析的横缝不张开典型横缝面应力过程线。由图可知:①如果给横缝面一个粘结强度,不允许横缝张开,那么横缝面

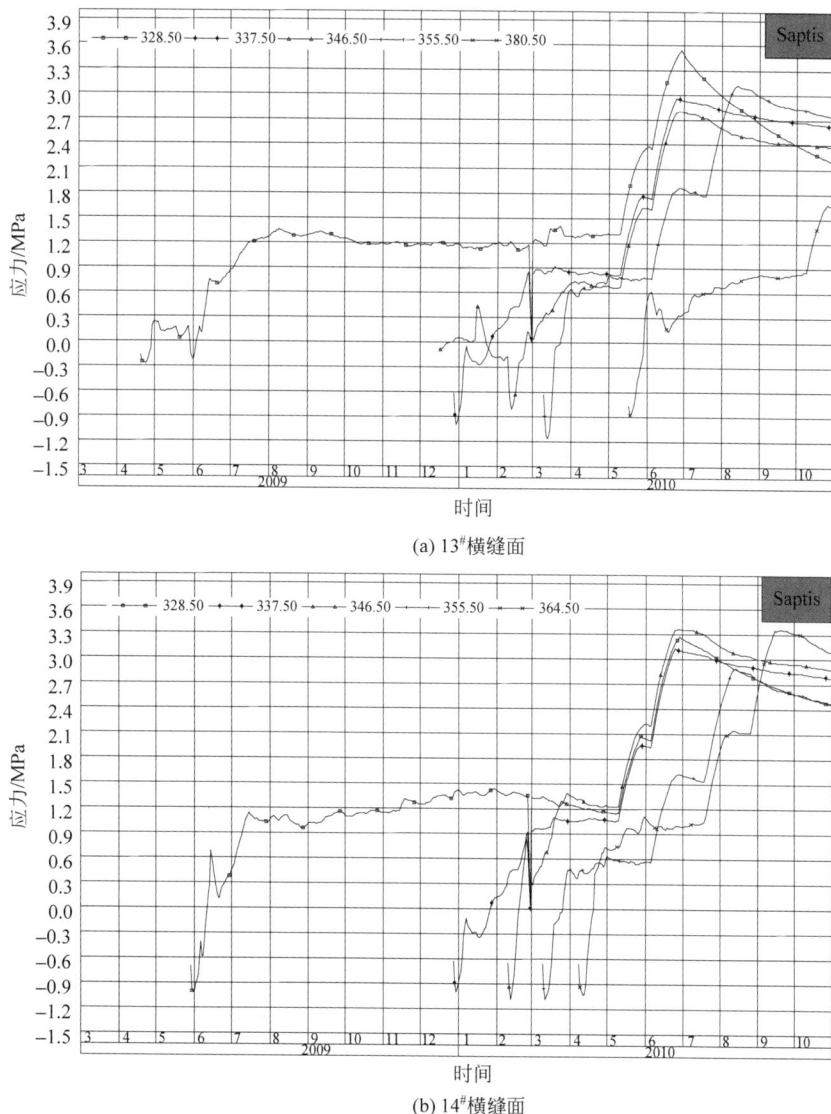

(a) 13#横缝面

(b) 14#横缝面

图 4-26 横缝不张开典型高程应力过程线

上一冷末的轴向应力将达到 0.6～1.2MPa,考虑到混凝土早期强度偏弱,如果整体粘结强度小于这一值,那么横缝将张开,反之横缝仍将处于闭合状态。②如果横缝一直处于闭合状态,二冷末应力将达 3.0～4.0MPa。显然,在这样的应力状态下,横缝必将张开,甚至可能大于本体强度导致出现裂缝。③从计算结果来看,横缝不可能全部处于闭合状态,出现错位张开的可能性更大。

实际施工过程中,可能存在这样一种情况,当 3 个或 2 个坝段的两侧横缝张开后,它们成为一个整体,轴向约束减小,轴向应力相应减小。当轴向应力小于横缝强度时,内部的 1～2 条横缝可能因粘结强度过大而未张开。图 4-27、图 4-28 分别为 3 个坝段和 2 个坝段模型计算的横缝面上典型高程应力过程线。由图可得:若 3 个坝段处于粘结状态(轴向长度约 60m),一冷末横缝面上最大轴向拉应力为 0.4～1.0MPa,二冷末的轴向应力为 0.8～2.0MPa;若 2 个坝段处于粘结状态(轴向长度 40m),一冷末横缝面上最大轴向拉应力为 0.2～0.8MPa,二冷末的轴向应力为 0.8～1.5MPa。

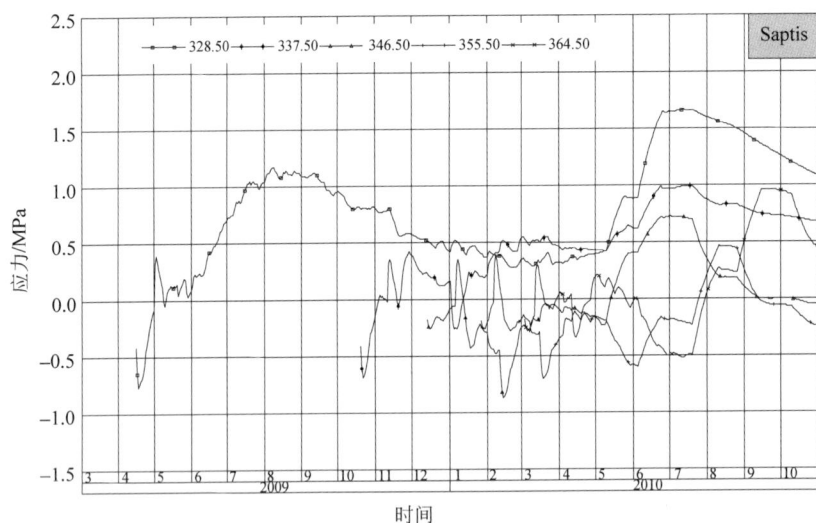

图 4-27　3 坝段模型计算的 16# 横缝面典型应力过程线

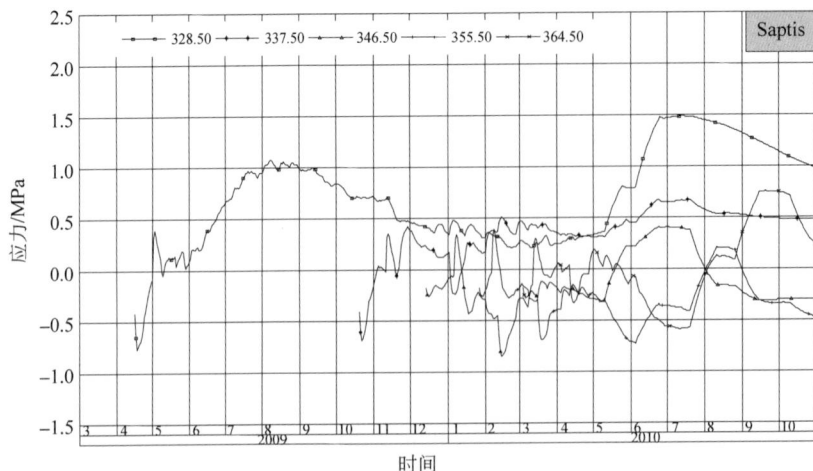

图 4-28　2 坝段模型计算的 15# 横缝面典型高程应力过程线

以横缝开度反馈分析为基础,结合实际横缝监测成果,考虑到横缝粘结强度与混凝土龄期的一致性,认为横缝经冲毛后早期粘结强度为 0.5~0.8MPa,后期张开的横缝粘结强度可能达 1.5MPa 以上。

4.4.2.4 横缝开度动态控制措施研究

基于上述分析,为确保后期冷却时横缝张开并具备较好的可灌性,可采取以下措施与方法:①提高一期冷却目标温度由 20℃至 22℃;②提高非约束区最高温度至 29℃,一期冷却目标温度为 24℃;③改进冲毛工艺,减小横缝粘结强度;④超冷 1~3℃;⑤加强上、下游表面保温;⑥上、下游表面采用低温流水养护。其中,提高一期冷却目标温度 2℃可有效提高横缝开度 0.2mm 左右(图 4-29);将非约束区最高温度从 27℃提高至 30℃,同时调整一冷目标温度至 24℃,可提高横缝开度 0.5~0.6mm;超冷 3℃可增大后期横缝开度 0.3mm(图 4-29),但约束区应力值也将增加 0.3~0.4 MPa,非约束区增幅 0.1~0.2MPa;改进冲毛工艺,减小横缝粘结强度,对横缝张开时机有影响,对最终横缝开度值影响不大,但有利于横缝顺利张开;加强上、下游表面保温或采用低温流水养护,均有利于靠近上下游侧横缝的张开,但对中间部位横缝开度影响不大。

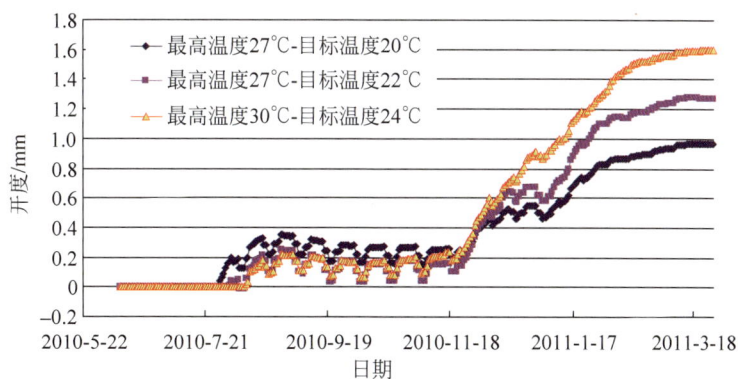

(a) 提高最高温度和一冷目标温度

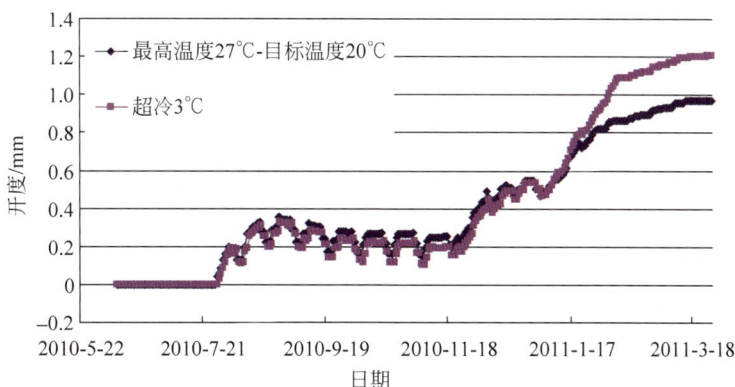

(b) 超冷

图 4-29 不同温控措施下拱坝横缝开度开合对比图

4.4.3　全坝全过程悬臂高度敏感性分析

高拱坝施工期悬臂高度控制,是多种荷载叠加后综合作用的结果。从荷载因素来看,必须考虑自重、温度应力、自生体积变形和徐变,蓄水时还需考虑水荷载;从倒悬效果看,包括单纯悬臂梁作用和整体倒悬作用。悬臂梁作用可采用材料力学方法判断;整体倒悬必须真实模拟拱坝施工过程自重、温度应力、徐变和自生体积变形等,逐步叠加其过程作用,模拟拱坝浇筑过程才能真实反映实际情况。

基于全坝全过程真实工作性态仿真技术,根据拟定的施工组织方案,溪洛渡大坝分四个阶段真实模拟大坝浇筑过程,开展悬臂高度敏感性分析,对悬臂变化对拱坝整体和局部应力进行分析和预报。经仿真计算及实践,认为高拱坝施工期开裂风险并不是单一的悬臂应力所致,而应该综合考虑悬臂、自重、温度和徐变等综合作用的影响(一般以拉应力作为控制标准)。即特高拱坝悬臂不宜采用统一标准来控制,应根据实际施工过程中整体工作性态安全可控来动态调整。

4.4.3.1　分阶段悬臂高度控制敏感性分析

1. 第一阶段(基于 2009 年 11 月浇筑面貌)

根据施工进度计划,该阶段悬臂高度大都在 60m 以上,最大悬臂高度达 69m(设计悬臂高度控制标准:孔洞坝段不高于 50m,一般坝段不超过 60m)。其中,第 4 层和第 6 层灌区灌前倒悬达到 69m,第 7 层灌区也达到 60m。根据施工组织计划,采用全坝全过程仿真分析模型,主要分析第 0~7 层灌区不同灌浆时段、不同悬壁高度下时大坝典型坝段应力分布及变化情况。

各灌区接缝灌浆前温度和重力耦合应力分析表明,若出现 60m 以上倒悬,单独自重作用导致的上下游表面竖向应力、内部主应力以压应力为主,最大主应力在 0.2MPa 以下,对施工期温度应力带来不利影响有限;当温度与自重耦合作用时,倒悬最大时应力都可控制允许拉应力之内,最大应力 1.2MPa,满足混凝土抗裂要求。第 4、6 层灌区灌浆前(悬臂高度 69m),该时段下游表面应力均可控制在 1.0MPa 以下(第 6 层灌区灌浆前倒悬应力最大,图 4-30),综合应力也未超标,满足混凝土抗裂设计要求,倒悬对整体的影响较为有限。

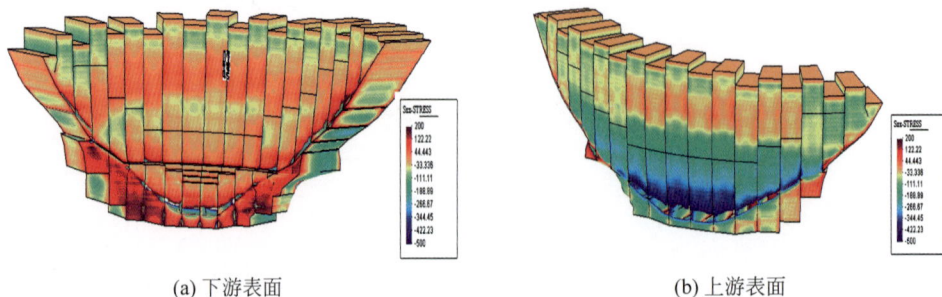

(a) 下游表面　　　　　　(b) 上游表面

图 4-30　第 6 层灌区(高程 377~386m)接缝灌浆前应力包络图(2011 年 1 月 6 日)

2. 第二阶段（基于 2010 年 8 月浇筑面貌）

本阶段进度仿真显示最大悬臂高度为 81m，出现在 19# 坝段（2010 年 11 月），此后悬臂高度也都在 60m 以上，最大达 75m。采用全坝全过程仿真模型，分析第 0～12 层灌区不同灌浆时段、不同悬壁高度下时大坝典型坝段应力分布及变化情况，重点关注第 3 层灌区灌浆前（悬臂高度 81m）和第 5 层灌区悬臂高度达到 75m 时全坝整体温度、应力情况。

图 4-31～图 4-34 给出了第 3、5、9、12 层灌区典型时刻应力分布图。从图中可以看出：①第 3 层灌区灌浆前下游表面的竖向应力以压为主，这是因为该灌区内部已完成了二期冷却，内部为拉应力，表面则为压应力。倒悬对整体的影响较为有限，没有出现超标现象。②下游表面最大竖向拉应力出现在第 5 层灌区，二冷完成且尚未灌浆前。此时，高程 380～400m 出现约 1.5MPa 的竖向拉应力，因自重在该区域产生压应力，故拉应力主要由温度应力引起，主因是该区域为高温季节浇筑，二冷完成时间为低温季节（1 月份），年平均温度最低，此应力由环境温度降低所致。③其他各层灌区灌浆前，自重和温度应力的综合作用都控制在允许范围之内。

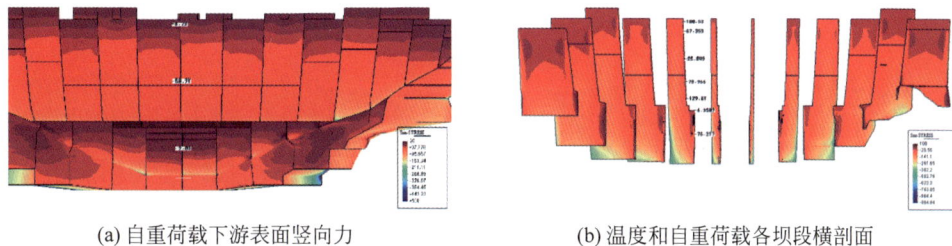

(a) 自重荷载下游表面竖向力　　　　　　(b) 温度和自重荷载各坝段横剖面

图 4-31　第 3 层灌区灌浆前全坝全过程仿真应力分布图

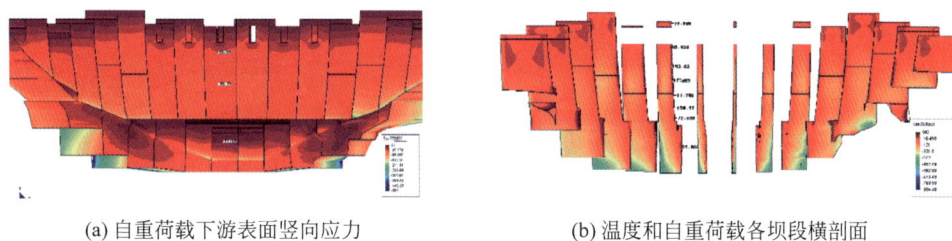

(a) 自重荷载下游表面竖向应力　　　　　　(b) 温度和自重荷载各坝段横剖面

图 4-32　第 5 层灌区灌浆前全坝全过程仿真应力分布图

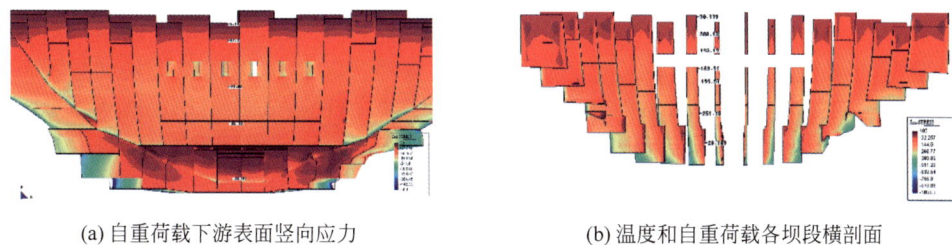

(a) 自重荷载下游表面竖向应力　　　　　　(b) 温度和自重荷载各坝段横剖面

图 4-33　第 9 层灌区灌浆前全坝全过程仿真应力分布图

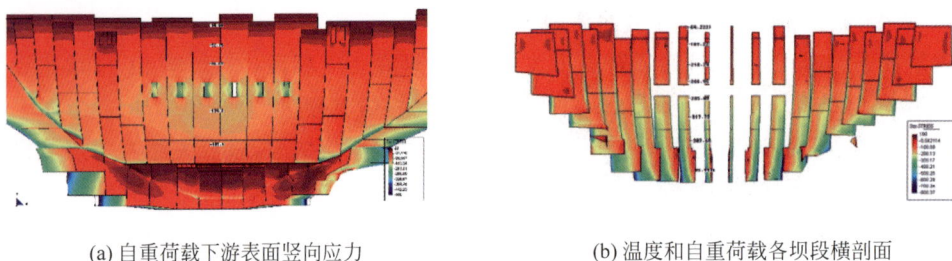

(a) 自重荷载下游表面竖向应力　　　　　　(b) 温度和自重荷载各坝段横剖面

图 4-34　第 12 层灌区灌浆前全坝全过程仿真应力分布图

3. 第三阶段（基于 2010 年 12 月浇筑面貌）

基于 2010 年 12 月浇筑面貌，开展大坝施工及接缝灌浆进度仿真，至 2011 年 9 月，大坝悬臂高度整体偏高，第 10 层灌区以上悬臂高度都达到 81m 左右，如此大的悬臂高度在类似特大工程中较为少见。为了准确地掌握大坝浇筑过程中不同浇筑进度、不同悬臂高度对大坝整体应力的影响，基于全坝全过程仿真模型对其施工期应力场、温度场和位移场进行分析，典型计算结果见图 4-35 及图 4-36。

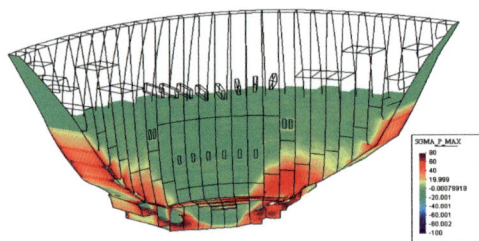

图 4-35　有自重荷载整体倒悬应力

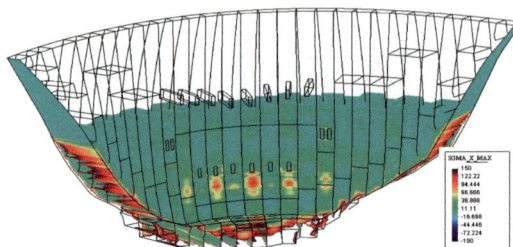

图 4-36　考虑温度和自重整体作用的
下游表面轴向应力

综合分析第 0～11 层灌区施工期整体的应力分布情况，主要结论为：①仅考虑自重荷载，出现 81～84m 悬臂高度，上游竖向应力大都以压应力为主，下游竖向最大拉应力可控制在 0.4MPa 以下，主要在贴角区；整体封拱后，下游侧靠近左右两岸（11#、12# 和 13# 坝段，20#、21# 和 22#）基础区将出现 0.2～0.6MPa 的拉应力。②整体上看，大应力区主要位于基础约束区，最大应力在 1.8～2.3MPa，局部出现应力超标现象，系应力集中或固结灌浆期间长间歇所致；脱离基础约束区，最大应力都在 0.8～1.5MPa，满足温控抗裂设计要求。③温度应力与自重整体联合作用时，最大应力并不是发生在倒悬高度最大时，而是出现在高温季节浇筑的混凝土过冬时。在不考虑短周期温度骤降等因素时，下游最大轴向应力可达到 1.3～1.5MPa。这一结果表明，大坝防裂的重点仍然应以温度应力为主。④虽然大坝悬臂高度对下游表面综合应力的影响较为有限，但自重荷载对横缝面起到一个挤压效果，对横缝早期张开是不利的，悬臂高度越高，挤压作用越明显。因此，条件允许仍要尽可能控制悬臂高度。

4. 第四阶段（基于 2011 年 8 月浇筑面貌）

该阶段，大坝最高坝段浇筑至高程 490m，即将进入深孔施工。受深孔钢衬安装和浇筑限制，施工仿真的全坝悬臂高度、相邻高差和最大高差控制指标均突破了现有规范要求，悬臂高度将达 75m、相邻高差将达 15m、最大高差达 33m 或 36m。在这种情况下,基于全坝全过程分析模型,根据后续施工计划,全程模拟大坝浇筑过程,预测评价该工况下施工期拱坝整体工作性态,提出针对性预防措施,以实现拱坝快速、均衡、高效施工。

从不同灌浆高程的整体应力分布来看(图 4-37),悬臂高度、相邻高差和最大高差均超标的施工组织进度基本可行,高程 500m 以上悬臂高度达到 75m 时不会导致超标的不利应力出现,且因后期蓄水,大坝整体处于受压状态。此外,从几个典型灌浆时段的缝面应力来看,相邻高差的影响主要体现在高坝段与低坝段之间的压缝效果,同时高块与低块的接触面会出现一定的剪应力,最大剪应力达到 0.5~1.2MPa,考虑到混凝土早龄期层间抗剪切能力相对较弱,这种开裂风险值得重视。

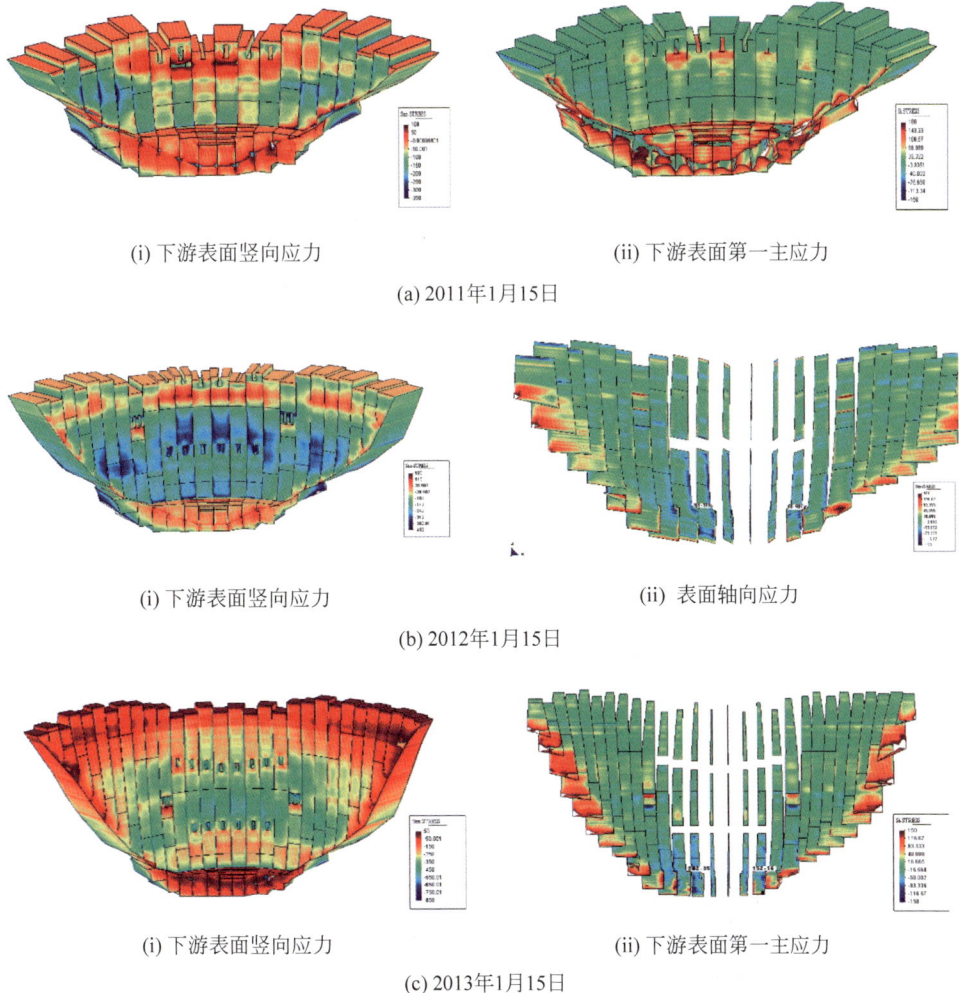

(i) 下游表面竖向应力　　　　　　　　(ii) 下游表面第一主应力

(a) 2011年1月15日

(i) 下游表面竖向应力　　　　　　　　(ii) 表面轴向应力

(b) 2012年1月15日

(i) 下游表面竖向应力　　　　　　　　(ii) 下游表面第一主应力

(c) 2013年1月15日

图 4-37　分年度不同时刻大坝下游面应力包络图

4.4.3.2　溪洛渡实际悬臂高度控制成果

上述分析表明,施工期自重荷载导致的不利拉应力主要出现在坝体表面,自重倒悬表面拉应力叠加温度应力的表面拉应力将是最不利的工况。因此,考虑悬臂应力时,应该重点关注表层温度拉应力出现阶段或时刻,这也是倒悬所致开裂风险最大的时刻。

特高拱坝施工期悬臂高度应根据拱坝整体工作性态动态调整的思路和分阶段全坝全过程悬臂高度分析成果来确定。溪洛渡悬臂高度控制标准突破了现有规范标准(图 4-38),多数坝段在部分时段悬臂高度控制在 75m 以上,大坝也并未由于悬臂高度局部时段过大而导致开裂风险。工程实践结果也验证了动态控制悬臂高度这一思想的可行性。

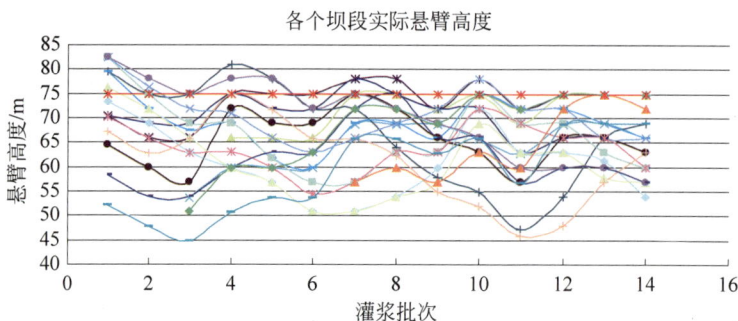

图 4-38 溪洛渡悬臂高度控制成果

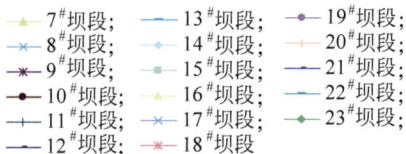

7#坝段;	13#坝段;	19#坝段;
8#坝段;	14#坝段;	20#坝段;
9#坝段;	15#坝段;	21#坝段;
10#坝段;	16#坝段;	22#坝段;
11#坝段;	17#坝段;	23#坝段
12#坝段;	18#坝段	

4.4.4 施工期坝体-基础整体工作性态分析

4.4.4.1 坝体-基础变形应力状态比较分析

(1)施工期大坝基础位移与应力分析

图 4-39 及图 4-40 分别为施工期 15# 坝段垂直位移云图和拱坝第三主应力图,表 4-8 给出了详细特征应力值。施工期(截至 2011 年 8 月)计算分析表明:①下游面顺河向位移均为负值,即坝体向上游倾斜最大位移为 22.5mm,发生在 16# 坝段顶部;因倒悬影响,竖直向下的位移在大坝上游面取得最大值,约 3cm。②基础弹性模量提高,可改善大坝基础受压状态,减少压应力集中,使应力分布均匀,但改善程度有限。上、下游面拉应力水平不超过

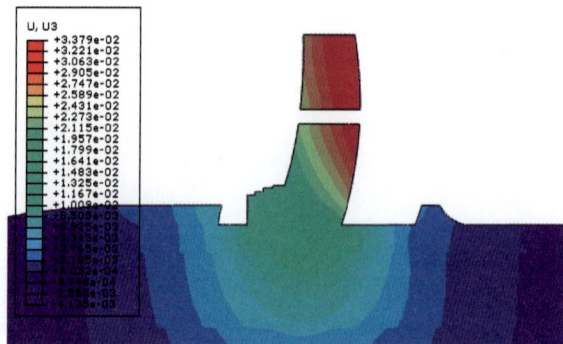

图 4-39 15# 坝段施工期垂直位移云图(单位:m)

2MPa,拉应力主要集中在左右岸陡坡坝段上部高程。下游面孔口部位较其他部位拉应力大；左右岸拱端压应力水平相当,小于 5MPa,左岸略大于右岸。建基面,特别是上游侧主要是压应力,均值为 3～4MPa。

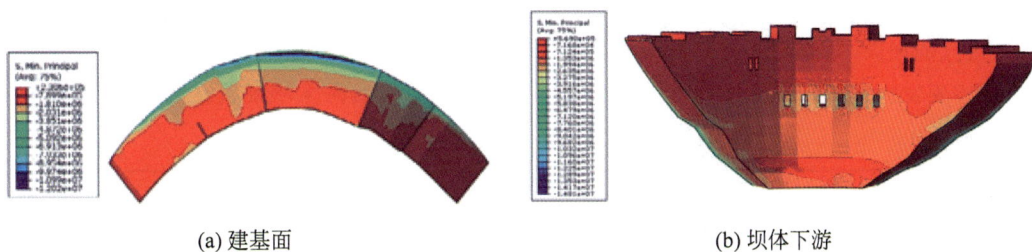

(a) 建基面

(b) 坝体下游

图 4-40 施工期第三主应力图(单位：Pa)

表 4-8 施工期拱坝特征应力值(负值表示压应力)

上　游　面			下　游　面			
左拱端最大拉应力	右拱端最大拉应力	坝踵最大压应力	左拱端最大压应力	右拱端最大压应力	坝址最大拉应力	坝面最大拉应力
1.09	1.11	−4.5	−2.8	−2.42	−1.27	1.9

(2) 计算变形与真实变形比较分析

表 4-9 列出了河床坝段高程 314m 垂直位移计算值与监测值。从表中可以看出,16# 坝段实测值与计算值是非常一致的。其余 2 个坝段计算值与实测值有较大差别,说明全坝全过程仿真对基岩各区域的材料属性区分还不是很精细。16# 坝段是中间坝段,其拱分载的能力比较弱,主要是梁作用,所以垂直向的位移较大；越靠近两岸,拱分载的能力越强,垂直向位移越小。图 4-41 列出了河床坝段垂直位移计算值与实测值比较。从图中可以看出,施工期的垂直位移值随坝段的变化规律是一致的,在 16# 坝段差别很小。运行期的垂直位移值虽大于施工期,但规律一致。

表 4-9 河床坝段高程 314m 垂直位移值　　　　　　　　　　　　　　　　　　　　m

坝段	施工期计算值	施工期实测值	运行期计算值
14#	−4.02	1.53	−9.10
16#	−10.91	−10.99	−14.50
18#	−3.87	−0.06	−13.60

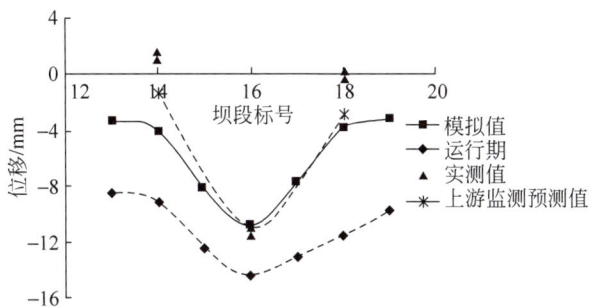

图 4-41 河床坝段高程 314m 垂直位移计算值与实测值

（3）计算应力分布与真实应力状态比较分析

表 4-10 列出了 10#、12#、15#、16#、20# 和 22# 坝段坝基应力计算值和压应力计观测的拱坝建基面压应力。从监测值来看，压应力计所测压力为 0～3.56MPa，最大压应力部位为 12# 坝段坝基中部。由表 4-10 可知：①实测值和计算值均显示，河床坝段基础上游侧压应力较大；靠近岸坡的坝段，下游侧基础呈现受拉状态。②在最大压应力的量值上两者基本一致；应力分布上，表现为河床坝段压应力大、两侧小且基本对称，这与当时大坝浇筑性态是符合的。

表 4-10 特征河床坝段压监测与计算应力值比较

坝段	高程/m	应力/MPa	
		实测	计算
10#	370.0	−0.10	1.270
12#	340.0	3.56	3.820
16#	324.5	1.15	1.537
20#	338.0	0.79	1.650
22#	376.0	−0.07	1.670

4.4.4.2 运行期应力和超载安全度预测

图 4-42 给出了运行期正常荷载下坝体第三主应力分布图。在运行期正常荷载组合作用下，最大顺河向位移为 106.9mm，河床坝段垂直位移在河床坝段分布符合拱坝规律。对于 16# 坝段，大坝整体应力状态呈对称性分布，建基面应力状态分布均匀。拱端压应力左岸略大于右岸，最大压应力值 15.1MPa，上游坝踵拉应力 0.29MPa，下游坝面最大拉应力值约 1.1MPa。孔口和拱端是拉压应力集中分布区。

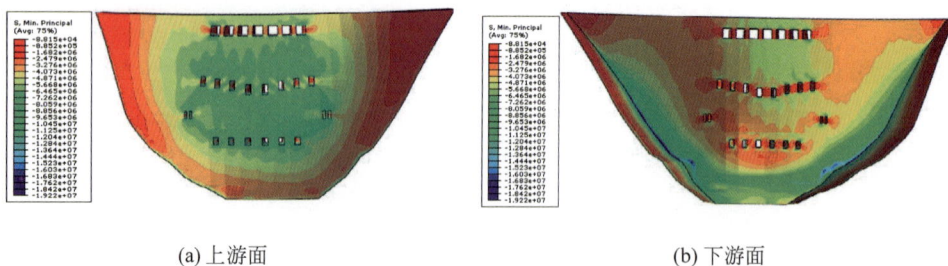

(a) 上游面   (b) 下游面

图 4-42 运行期正常荷载下坝体第三主应力分布图（单位：MPa）

此外，为了解大坝的可能破坏模式以及大坝在极限荷载下的整体安全度，在全坝全过程仿真分析模拟中，通过施加高倍数的水荷载，观察大坝及基础的塑性区分布来判断大坝的超载安全度。图 4-43 给出了大坝在超载作用下大坝下游面的塑性区分布。从超载计算可知，大坝在超载工况下的薄弱地方为孔口附近和上游面拱端。这些区域在超载 3.5～4.0 倍水荷载后，出现较大拉应力，并形成局部塑性区相互贯通，大坝进入非线性屈服状态。通过分析可以得出，大坝的起裂超载安全系数 $K_1 = 2$，非线性变形超载安全系数 K_2 为 3.5～4.0，极限超载安全系数 K_3 为 7～8（见图 4-43(b)）。溪洛渡大坝施工期和运行期整体安全都有保证，相比优化设计阶段，扩大基础三维地质力学模型试验成果略高。

(a) 2倍水荷载

(b) 7倍水荷载

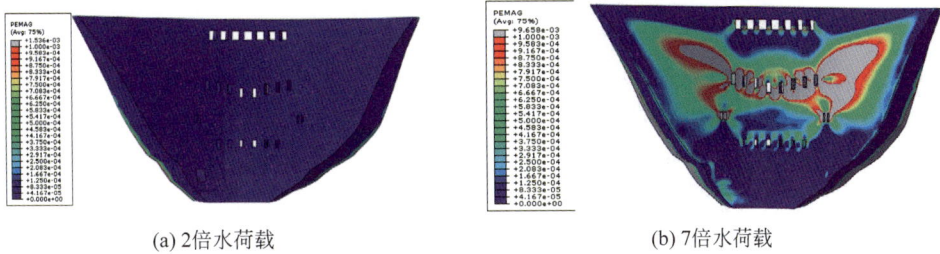

图 4-43 超载作用下大坝下游面的塑性区分布

4.4.4.3 坝肩变形应力状态分析

（1）坝肩岩体位移和应力

表 4-11 为施工期和正常运行工况下溪洛渡拱坝下游面顺河向位移。从表 4-11 中可以看出，坝肩岩体顺河向位移主要发生在拱端附近，最大位移出现在拱端上部。施工期，拱端的顺河向位移为 3.5mm；高程 440m 处左右拱端的位移均为 3.1mm 且倾向上游，拱端的横河向位移在 1mm 以下；正常运行荷载工况下，最大位移出现在下游拱端的中下部，为 29.5mm。顶部高程与底部高程的位移差值较小，最大不超过 18mm。下游坝面横河向位移均指向山里。

表 4-11　溪洛渡拱坝下游面顺河向位移　　　　　　　　　　　mm

项　　目	高程/m	610	590	560	520	480	440	400	360	332
施工期	左拱端	—	—	—	—	−3.3	−3.1	−2.5	−0.9	0.1
	拱冠	—	—	—	−22.5	−16.7	−10.4	−3.6	−0.2	
	右拱端	—	—	—	—	−3.4	−3.1	−2.7	−0.9	0.1
正常运行荷载	左拱端	5.3	7.8	15.2	18.2	23.8	23.7	27.4	27.2	23.7
	拱冠	94.8	99.8	103.9	106.9	100.5	89.3	72.2	48.8	25.3
	右拱端	3.5	5.1	10.4	15.6	20.4	25.5	29.5	25.4	21.2

备注：仿真分析基于 2011 年 9 月浇筑面貌：最大高程 494m，最小高程 470m，接缝灌浆至高程 422m。

图 4-44 及图 4-45 给出了施工期和正常运行工况下溪洛渡拱坝建基面第三主应力图。施工期坝肩岩体大部分处于压剪状态，部分区域出现拉剪状态，仅仅分布在拱端新浇筑部位（即较高的部位），坝踵附近岩体出现 4.7MPa 压应力；在运行期，坝体推力产生的附加应力主要分布在拱端附近区域，离坝稍远处受岩体自重应力场控制。大坝整体应力状态呈对称性分布，建基面应力状态分布均匀。拱端压应力左岸略大于右岸，最大压应力值 11.2MPa，

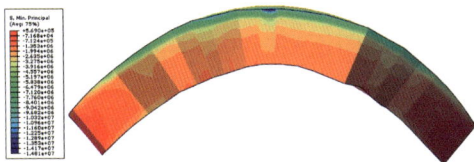

图 4-44　施工期建基面第三主应力图
（单位：MPa）

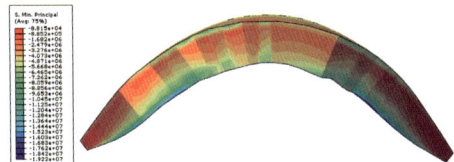

图 4-45　运行期建基面第三主应力图
（单位：MPa）

上游坝踵拉应力 0.29MPa,下游坝面最大拉应力值约 1.1MPa。

（2）坝肩夹层稳定状态分析

在正常荷载下,坝肩大部分区域并没有出现塑性区,但靠近河谷岸坡有岩体夹层出现屈服区,说明夹层对大坝工作状态的影响较明显。分析表明,基础岩体在夹层部位的安全度相对较低,比较容易屈服。在正常荷载作用下,已有部分基础在拱推力的作用下出现了屈服现象,须重点关注 C3 及 Lc6 局部屈服状态。图 4-46 给出了左右岸坝肩典型夹层 L3 屈服区图。可见在超载工况下,由于软弱夹层的存在,基础岩体在拱推力的作用下较大坝混凝土先发生屈服。

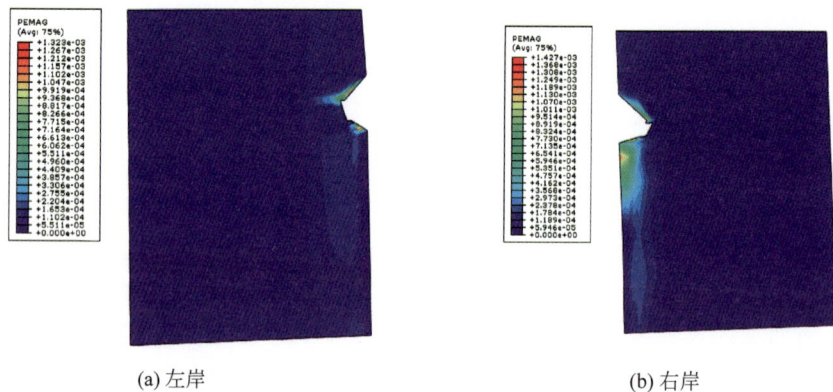

(a) 左岸　　　　　　　　　　　　　　　(b) 右岸

图 4-46　L3 夹层水平剖面的屈服区

4.4.5　施工期关键部位、关键节点工作性态分析

4.4.5.1　施工期坝趾贴角工作性态分析

溪洛渡大坝,根据高程 400m 以下两岸坝肩及河床坝基开挖揭示的地质条件,在拱坝结构及基础处理方案比较分析研究的基础上,决定对河床底部大坝结构进行相应的扩大处理,河床建基面高程由高程 332.00m 调整至高程 324.50m,拱坝基本体型不变,高程 400m 以下扩挖区回填混凝土、坝基下游延伸开挖区贴角混凝土与大坝混凝土整体浇筑,共同形成扩大的拱端基础断面。同时,对于大坝基础区和上下游开挖坡面衔接部位,分别设置上游贴坡和下游贴角,增设贴角后,扩大基础结构整体浇筑,顺水流方向长达 87m。面对河床坝段基础坝体结构的调整,根据施工组织计划,以每 2 个月为一种工况（从 2010 年 8 月起）,对大坝基础以及贴角区应力、变形进行分析。

坝趾贴角区拉应力值在坝体浇筑上升过程中逐渐减小,2010 年 8 月底浇筑完成时拉应力最大约 0.3MPa,位于 14# 坝段（图 4-47）,压应力最大约 4.5MPa,位于 19# 坝段。从 2010 年 10 月至 2011 年 12 月,每间隔 2 个月的最大拉应力分别为 0.232MPa、0.22MPa、0.22MPa、0.211Mpa、0.167MPa、0.198MPa、0.193MPa、0.189MPa;且贴角区建基面拉应力区域的分布从 2010 年 8 月底浇筑完成时占整个灌浆区的 80% 逐渐减少至 2011 年 12 月底的 5%,最大位移为 14.42mm,位于 15#、16# 坝段附近;坝趾贴角区位移基本左右对称,中部位移较大,两侧较小。

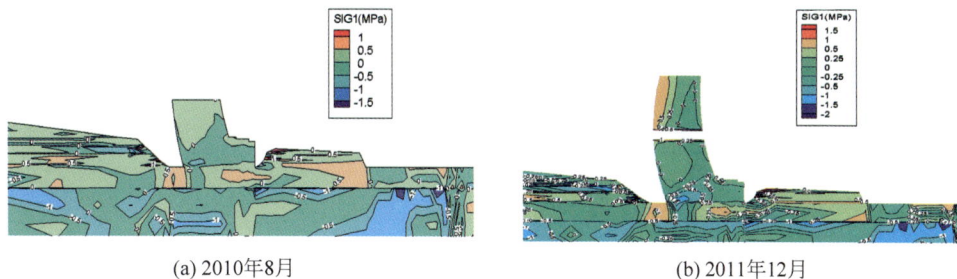

(a) 2010年8月　　　　　　　　　　　　　(b) 2011年12月

图 4-47　14# 坝段最大主应力等值线图

在施工期荷载作用下,坝基底部基础基本处于受压状态,各坝段压应力分布较均匀。固结灌浆高程 300m～324.5m 区域,压应力随着坝高上升而增大,仅岸坡坝段浅表处局部出现小值拉应力,但小于 1MPa,最大压应力值为 5.7MPa。表 4-12 列出了河床基础高程 300～324.5m 范围内的最大压应力。

表 4-12　基础高程 300～324.5m 最大压应力　　　　　　　　　　　MPa

工　　况	2010 年 8 月	2010 年 10 月	2010 年 12 月	2011 年 2 月	2011 年 4 月	2011 年 6 月	2011 年 8 月	2011 年 10 月	2011 年 12 月
最大压应力	−4.17	−4.20	−3.88	−4.1	−4.3	−4.5	−5.1	−5.7	−5.1

4.4.5.2　下游坝趾锚固区工作性态与锚固时机分析

（1）施工期、运行期锚固区域工作性态分析

图 4-48 表示施工期和运行期下游锚固区下游贴角区第一主应力。从图中可以看出,下游贴角拉应力基本为零（<0.5MPa）,压应力分布接近于基础的应力分布,相比大坝,贴角的安全度较高。从某种意义上来说,贴角区域应力表现为大坝下游面压应力与基础压应力的过渡,对大坝的整体应力分布规律有一定影响,施加锚索后,锚索对下游面的应力分布规律影响不显著,说明锚索对大坝整体应力分布状态只有一定的影响。

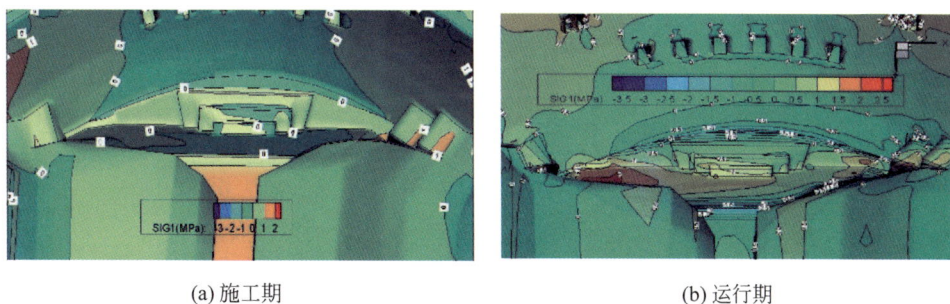

(a) 施工期　　　　　　　　　　　　　　(b) 运行期

图 4-48　施工期下游锚固区域下游贴角第一主应力

（2）贴角和锚索作用比较效果分析

表 4-13 列举了大坝在运行期有无贴角以及贴角锚索时的应力、位移特征值。从表中可以看出,增设贴角和施加锚索对下游面坝趾、左拱端、右拱端的最大压应力有比较大的影响,可以

显著减少拱端压应力集中,使压应力均匀分布,提高了拱坝的起裂和超载安全系数。

表4-13 无贴角、有贴角和加设贴角、锚索时大坝应力、位移特征值

位置	项　　目	无贴角、无锚索	加贴角	加贴角、加锚索
上游面	坝踵最大拉应力/MPa	0	0	0
	左拱端最大拉应力/MPa	0.17	0.6	0.45
	右拱端最大拉应力/MPa	0	0.5	0.33
下游面	坝趾最大压应力/MPa	−10.27	−8.0	−5.28
	左拱端最大压应力/MPa	−15.80	−13.96	−12.0
	右拱端最大压应力/MPa	−16.59	−13.85	−10.0
	坝面最大拉应力/MPa	0.92	1.5	1.27
拱冠梁位移/mm		150.8	129.4	128.6

注:运行期工况:上游水位600m,下游水位378m,上游泥沙高程490m,考虑温降。

(3) 坝趾贴角区锚固力损伤评价与锚固时机

对于预应力锚索而言,蠕变主要发生在应力集中区域。在锚固力作用下,岩体缓慢压缩变形,导致预应力的损失。锚索预应力损失主要分为两部分,即加载过程中系统损失(包括锚具、夹片等变形回缩、张拉系统的摩阻力以及卸载时油压释放等因素引起的损失)和加载结束后的松弛与变形损失(主要为钢绞线松弛与坡面岩体蠕变引起)。通常将锚索的预应力损失分为两部分:第一部分是系统损失,即加载过程中的损失;第二部分是松弛与变形损失,主要是钢绞线松弛与岩体蠕变引起的损失。需要重点关注第二部分的岩体变形损失,即松弛变形损失。

图4-49为溪洛渡锚索布置剖面以及锚固力损失示意图。其中,锚索轴向弹性模量195GPa,截面直径取8~10cm,锚索长度取50m。分析不同浇筑工况下,由施工期至运行期期间锚索的变形状况。在运行期正常荷载工况作用下,锚索最大变形为28.97mm,锚固力

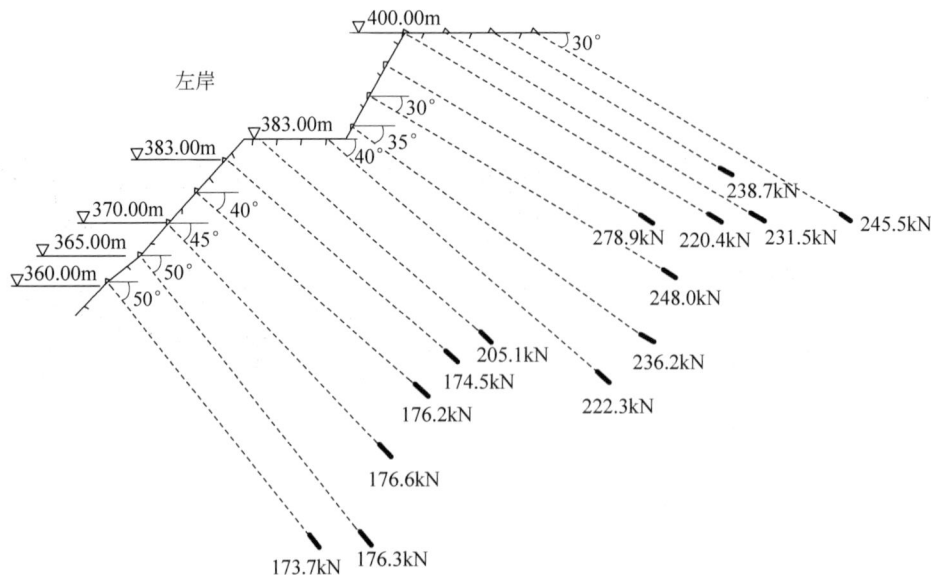

图4-49 溪洛渡锚索布置剖面以及锚固力损失示意图

损失约为29%,平均锚索松弛变形约14.97mm,平均锚固力损失约15.3%;施工期至正常运行期,锚索松弛变形约为12.64mm,锚固力损失约为12.9%;平均锚索松弛变形约7.27mm,锚固力损失约7.35%。

表4-14为施工期以及运行期施加锚索后坝体位移和应力。从表中可以看出,不同工况下运行期锚索变形量相差不大。考虑锚索的松弛是一个长期的过程,短期的松弛变形对大坝整体应力影响有限,锚固时机选择可在2011年下半年之后开展。

表 4-14　施工期及运行期施加锚索后坝体位移和应力比较

	锚固时机		正常荷载工况
	2012 年 12 月	2011 年 11 月	
下游面拱冠梁最大位移/mm	−3.9	−4.5	131.4
上下游坝面最大拉应力/MPa	0.22	0.26	1.27
坝趾最大压应力/MPa	0.81	0.78	5.28

4.4.5.3　施工期孔口区域工作性态分析

已有高拱坝孔口开裂的情况表明,导致孔口开裂的潜在因素有:混凝土材料性能、温控养护措施、蓄水方案和孔口设计方案。溪洛渡拱坝在12#~19#坝段布置7个表孔、8个深孔和10个导流底孔,坝内开设的小孔口对拱坝整体工作性态及应力状况影响不大,但在孔口附近会产生明显的应力集中现象,孔口周边局部部位会出现较大拉应力,从而导致局部裂缝的产生。考虑特高拱坝孔口部位构造复杂,在浇筑过程中还受诸如钢筋骨架绑扎架立等问题的干扰,是大坝温控需要重点关注的部位。以施工现场实测数据(如温控、横缝变形、跳仓和浇筑计划)为基础,综合考虑上下游牛腿布置特性、不同配合比温度特性、局部冷却通水加密措施,对不同工况下孔口区域温度场、应力场进行复核分析,评估施工期,以及运行期孔口开裂风险,并针对性的采取相应措施,对保证设计荷载作用下孔口及闸墩等运行安全和正常运行具有重要意义。

(1)施工期导流底孔封拱混凝土浇筑工作性态分析

溪洛渡拱坝坝身拱布设临时10个导流底孔,13#~18#坝段内高程410m布置6个临时导流底孔(1#~6#),孔口尺寸5m×11m(宽×高),11#坝段、20#坝段内高程450m分别布置7#、8#和9#、10#临时导流底孔(一坝双孔)。根据孔口混凝土封顶混凝土浇筑单元工程划分原则,且施工期的温度控制和孔口施工防裂工作是至关重要的。取顶板厚度分别为1m、3m、1.5m,分析不同顶板厚度对孔口区域应力的影响(图4-50),结果表明顶板厚度变化对孔口区域,尤其是顶板处的应力有一定的影响。当顶板厚度较大时,其下表面的拉应力相对较小。因此,适当增加顶板厚度对孔口区域的抗裂安全具有一定的作用。

从孔口区域应力场分析结果来看,孔口区域应力普遍偏大,尤其是孔口边缘对温度变化极为敏感。以15#坝段孔口周围典型点的应力为例(图4-51),受温度变化影响最大的是孔口下缘与下游牛腿相接处,最大主拉应力达1.6MPa以上,其次是孔口下缘上游中心处、孔口上缘与下游牛腿相接处,孔口上缘下游中心处相对最小,这三个点的最大主拉应力分别约为1.5MPa、1.3MPa、0.5MPa。如遭遇寒潮孔口局部最大主拉应力将达到1.5~2MPa,存在较大的开裂风险;当覆盖保温层后,坝体整体应力小幅减少,孔口周边和角缘处的应力得

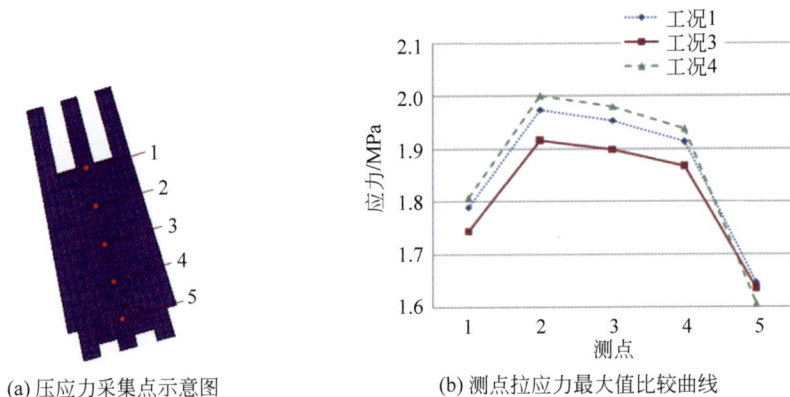

(a) 压应力采集点示意图　　　　(b) 测点拉应力最大值比较曲线

图 4-50 不同顶板浇筑厚度时不同区域顶板应力对比图

到较大缓解,最大应力值减小,应力集中区域面积减小。因此,孔口施工应严格控制间歇期,并落实上下游以及孔口流道内保温等措施。

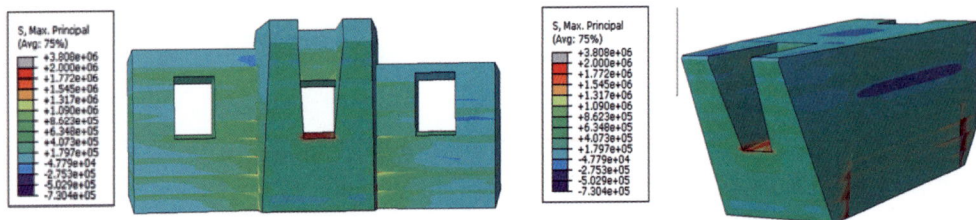

图 4-51 15# 坝段孔口最大主拉应力图

(2) 施工期泄洪深孔工作性态分析

深孔区域(含孔口约束区)高程为 479～524m,其中孔口范围 490.7～501.2m,主要集中在低温和次低温季节浇筑。低温季节,混凝土内部温度较高且强度较低,内外温差作用下仓面混凝土拉应力较大,遭遇寒潮冷击,仓面混凝土很容易被拉裂;同时,深孔钢衬安装占直线工期,间歇期将达 30～35d。长间歇期工况下,下层老混凝土温度已降到较低,遭遇"外高内低"型温差,表面温升膨胀导致老混凝土内部拉应力增大,同时受下层老混凝土强约束作用,上层新混凝土后期拉应力也较大,也易导致混凝土的开裂。根据溪洛渡拱坝深孔的设计形式,结合实际施工方案以及现场监测数据(如温控、横缝变形等),采取全坝全过程仿真分析结合局部坝段,选取深孔施工关键节点对其工作性态进行评价。

图 4-52 及图 4-53 给出了坝体深孔区域局部最大主应力云图。单坝段计算得出的拉应力区域要比多坝段稍微大一点,且多处出现超设计要求的拉应力区域,主要分布在孔口四周、底板和顶板;此外,某些变角点也会出现拉应力超标。分析主应力曲线可知,孔口区域侧墙,尤其是靠近孔口内部的混凝土最大拉主应力值较大,开裂风险比较大。孔口内部区域需要借助钢衬、配筋等方案加强抗拉能力,降低开裂风险。从位移分析结果来看,单坝段模型算出的位移结果要大于多坝段模型,但是差值不大,主要是由于多坝段受到两边坝段的约束,且因深孔下游闸墩牛腿相当于悬臂,拽着坝体向下游运动,故牛腿区域的顺河向位移要大于其他局部区域。

图 4-52　三坝段深孔区域局部最大主应力云图

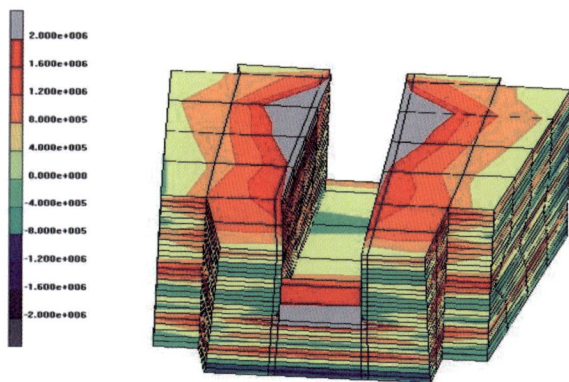

图 4-53　单坝段深孔区域局部最大主应力云图

4.4.6　施工期入冬温控防裂措施分析与优化

　　溪洛渡拱坝从 2009 年 3 月开始浇筑大坝置换混凝土,整个施工过程中经过 4 个冬季施工,分别包括 2009 年基础置换混凝土秋、冬季节浇筑,2010 年底孔混凝土秋、冬季浇筑,2011 年深孔混凝土秋、冬季节浇筑以及 2012 年表孔混凝土秋、冬季节浇筑等。低温季节温控措施的确定,不仅要考虑施工期单坝段的仓面保温防裂措施,还要考虑相邻坝段的高差控制、横缝面间歇时间控制、倒悬导致的不利应力影响控制,以及拱坝封拱后整体受力等综合因素的影响。入冬温控措施研究既有施工期的保温防裂问题(单坝段),又有整体工作性态联合作用问题,为此采用多/单坝段仿真(图 4-54)与全坝整体仿真(图 4-55)相结合的手段进行分析。

　　结合大坝实际浇筑进度,针对溪洛渡拱坝低温季节遇到的不同温控问题,在每年入冬前开展温控措施优化研究,提出针对性处理措施,2009 年基础置换混凝土的入冬温控防裂重点,在于尽可能缩短长间歇时间和加强仓面保温,超过 2 个月以上的长间歇仓面开裂风险难以避免,同时要合理控制灌浆上抬压力,避免温度应力和上抬应力联合作用的开裂风险。2010 年混凝土入冬时防裂的原则,首先要加大表面保温力度,比如底孔内壁、早龄期混凝土

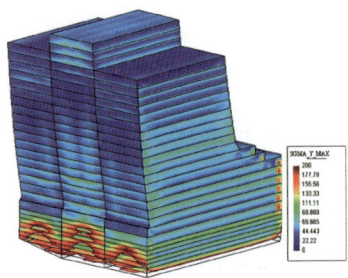

图 4-54 多坝段温度应力仿真模型

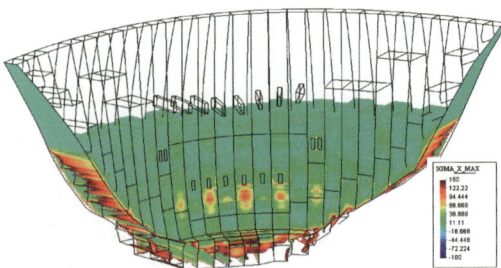

图 4-55 整坝温度应力仿真模型

和出现长间歇的仓面、横缝侧面以及高温季节浇筑的上、下游表面；其次要尽量实现均衡上升,合理控制相邻高差和悬臂高度、适当加快夏季浇筑仓中冷和二冷进度,以减小内外温差,底孔采用两区同冷和同灌方案,严控底孔区结构应力开裂风险；还要加强短周期温度应力和开裂风险的预报、预防工作。2011 年冬季防裂则应加强深孔自密实泵送混凝土冷却力度、严控最高温度,实施深孔孔口区两区同冷方案、高位底孔则需严格控制温降速率,采用个性化通水方案,中期冷却和二期冷却时也需采用两区同冷方案(图 4-56)。陡坡坝段系夏季浇筑,应尽量可能采用缓慢冷却方案,第一灌区应尽量采用 3 区同冷方案。

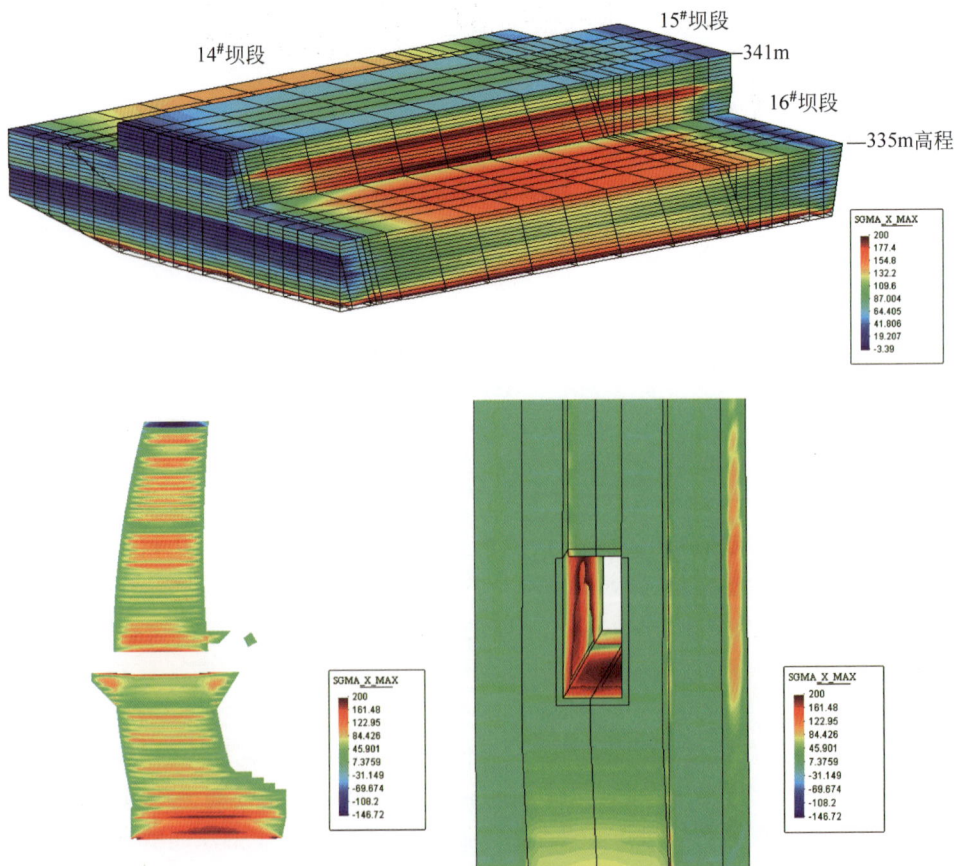

(a) 河床坝段孔口区域典型温度和温度应力包络图

图 4-56 入冬温控防裂关键控制技术相关结果

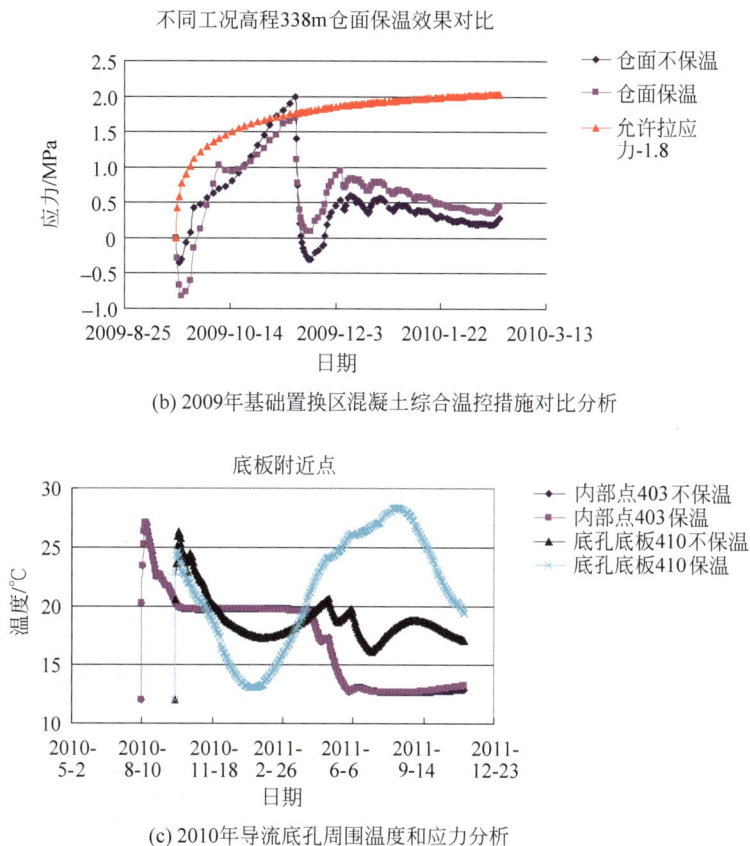

不同工况高程338m仓面保温效果对比

(b) 2009年基础置换区混凝土综合温控措施对比分析

底板附近点

(c) 2010年导流底孔周围温度和应力分析

图 4-56(续)

4.5　溪洛渡拱坝初期蓄水真实工作性态反馈分析与预测

4.5.1　大坝初期蓄水过程

2009 年 3 月 27 日大坝混凝土开始浇筑,2014 年 4 月 26 日浇筑到坝顶高程 610m 主体工程浇筑完成。图 4-57 给出了溪洛渡初期蓄水上游水位抬升过程线,按照蓄水至 440m、540m、560m、580m、600m 等 5 个特征水位的时间,整个蓄水过程分五个阶段。

4.5.2　初期蓄水监测资料分析

4.5.2.1　坝体变形

各坝段坝体变形测点数据与库水位相关性较好,表现为当库水位超过测点所在高程时,径向变位随水位上升朝下游变位,随库水位下降朝上游变位。切向变位,表现为左岸坝段随库水位上升朝左岸变位,随库水位下降朝右岸变位;右岸坝段随库水位上升朝右岸变位,随库水位下降朝左岸变位。总体来看,垂线系统各测点径向变位、切向变位原始数据与库水位相关性较好。15# 坝段拱冠梁垂线各测点径向变位、切向变位原始数据过程线见图 4-58。

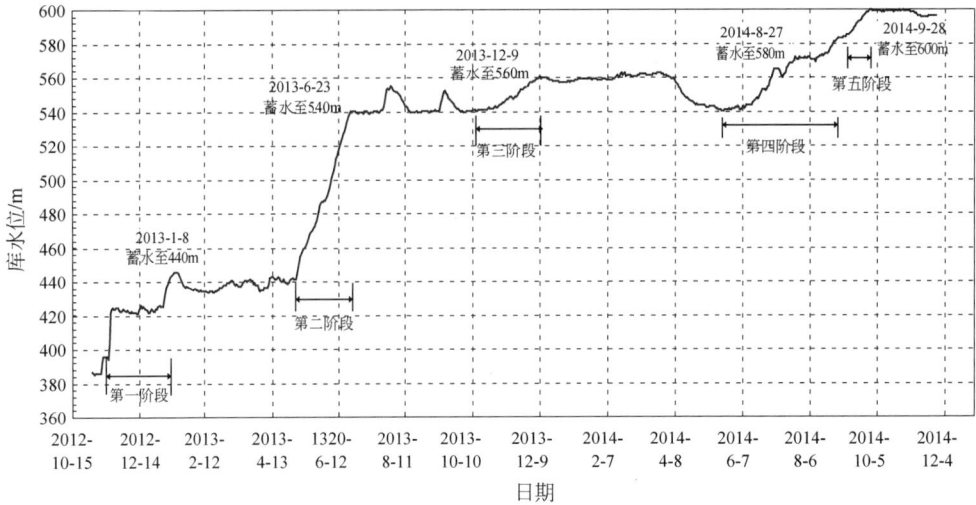

图 4-57 溪洛渡初期蓄水过程线

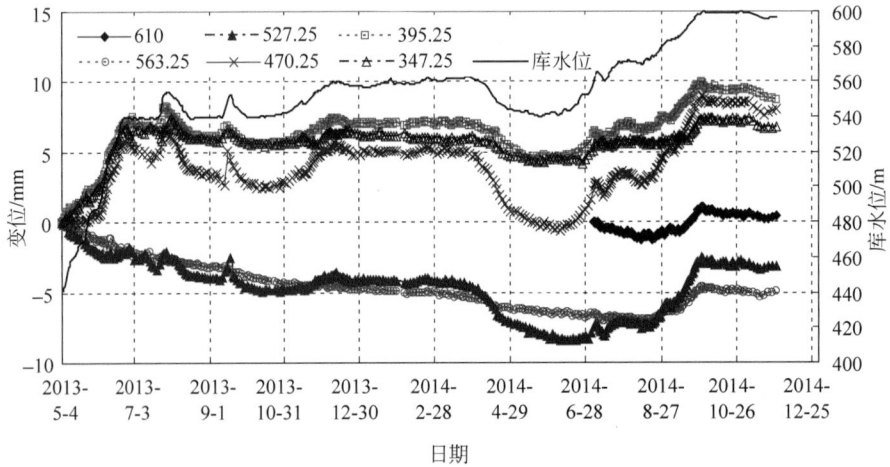

(a) 径向变位

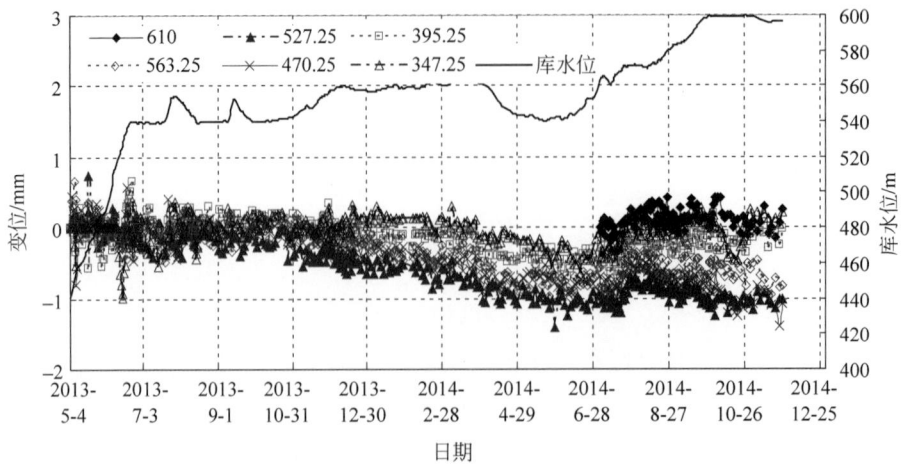

(b) 切向变位

图 4-58 15#坝段各测点径向变位及切向变形原始数据过程线

1. 径向变形

大坝径向变位空间分布显示,坝体径向变位从拱冠梁(15#坝段)向两岸变位逐渐减小,左右岸量值基本对称,变形协调。坝体最大径向变位测值为 23.50mm,位于 15# 坝段高程 470.25m,各坝段径向变位量均小于设计预测值(设计预测 600m 水位时最大径向变位为 (33.16±2)mm,位于拱冠梁高程 563.25m),坝体径向变位在可控范围之内。坝体各个垂线测点径向变位的实测值拟合的等值线图见图 4-59。5 个高程拱圈的径向变位都表现出良好的对称性(图 4-60),以拱冠 15# 坝段为界,向两岸径向变位逐渐减小。

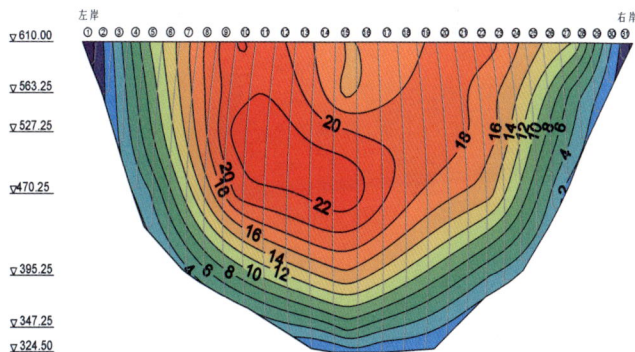

图 4-59 大坝径向变位等值线图
(单位:mm,2014-11-26)

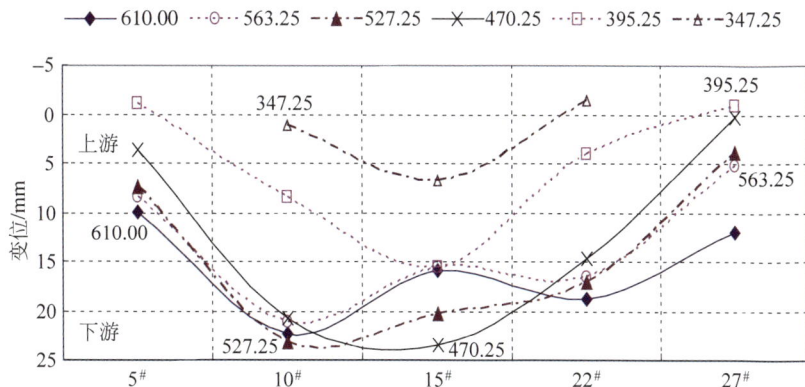

图 4-60 各高程拱圈径向变位分布图
(单位:mm,2014-11-26)

大坝蓄水至各特征水位时大坝径向变位的实测值拟合等值线见图 4-61。由图可以看出,各阶段蓄水过程中,大坝径向位移表现出与库水位良好的相关性,库水位上升时径向位移向下游,库水位下降时径向位移向上游。库水位平稳时,径向位移有向上游变化的趋势。

大坝径向变位呈现出协调性、同步性、同向性及收敛性四大特点,符合拱坝结构径向变位特点。库水位单调上升时,各测点均在朝下游变位,库水位单调下降时,各测点均在朝上游变位,呈现同步性及同向性的特点。梁向径向变位增量分布表现为由低高程至高高程逐

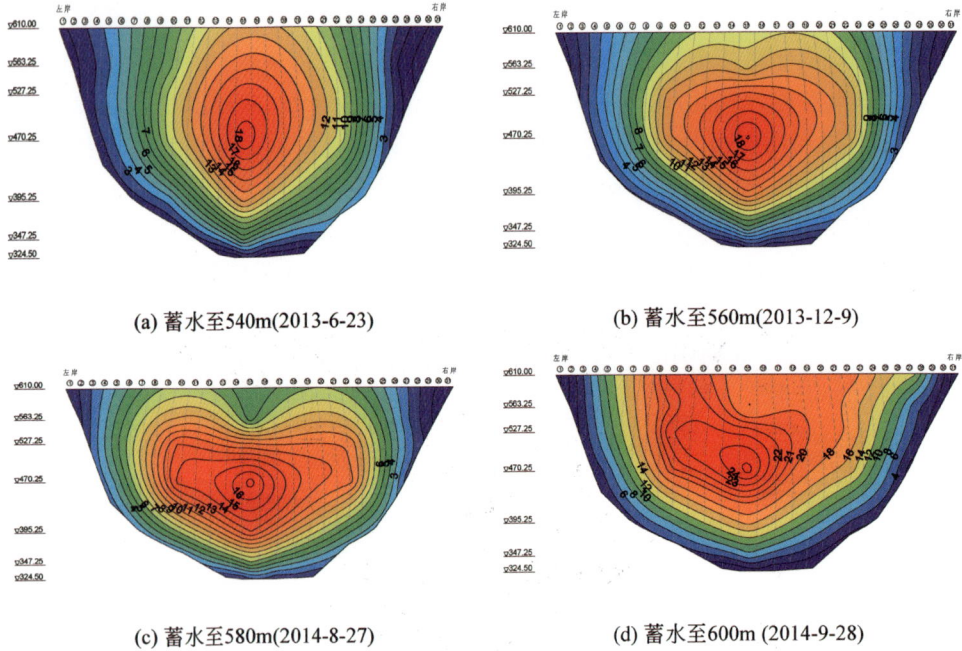

(a) 蓄水至540m(2013-6-23)

(b) 蓄水至560m(2013-12-9)

(c) 蓄水至580m(2014-8-27)

(d) 蓄水至600m (2014-9-28)

图 4-61　大坝蓄水至各特征水位时大坝径向变位的实测值拟合等值线图(单位：mm)

渐增大,拱向径向变位增量分布表现为拱冠坝段部位最大,两岸坝段增量值基本对称,梁向、拱向均符合拱坝结构弹性变形特点。

库水位稳定时(四次均稳定在 540m),各测点均朝上游变位,呈现出同步性及同向性的特点。四次稳定在 540m 时,随时间往后推移,径向变位增量总体在减小,但量值不大(-3mm 以内),表明由库盆等作用引起的时效变形开始显现,且时效变形在逐渐减小,呈现出一定的收敛性。表 4-15 为拱冠 15# 坝段径向变位增量分析表(库水位稳定期)。

表 4-15　拱冠 15# 坝段径向变位增量分析表(库水位稳定期)

序号	变 化 时 段	天数/d	库水位/m	封拱高程/m	浇筑高程/m	增量/mm				
						PL15-2	PL15-3	PL15-4	PL15-5	IP15-2
						563.25	527.25	470.25	395.25	347.25
1	2014-03-24—04-11	19	560~555	587	610	-3.61	-3.27	-2.14	-0.80	-0.19
2	2014-04-11—04-15	5	555~550	587	610	-1.97	-1.56	-0.99	-0.29	-0.04
3	2014-04-15—04-25	11	550~545	587	610	-4.43	-4.37	-3.34	-1.61	-0.83
4	2014-04-25—05-21	27	545~540	587	610	-3.86	-3.68	-2.80	-1.50	-0.66

注：PL15-2、PL15-3、PL15-4、PL15-5、IP15-2 为测点编号。

2. 切向变形

大坝各个垂线测点切向变位的实测值拟合成等值线见图 4-62。大坝切向变位空间分布显示,在各阶段蓄水过程中,切向变位对称中心(切向变位为 0)的位置随蓄水加载过程稍有调整,但大致均位于中间坝段,切向变位整体协调。目前切向变位整体由 15# 坝段向两岸变位,右岸量值大于左岸。最大值出现在 22# 坝段高程 610.00m 处,测值为 −8.85mm(指向右岸),量级处于可控范围之内。

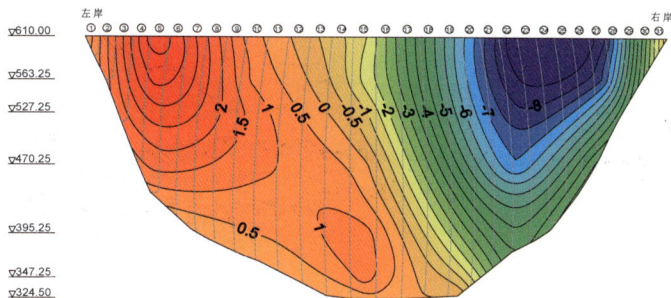

图 4-62　大坝切向变位等值线图(单位:mm,2014-11-26)

各高程拱圈切向变位分布见图 4-63。由分布图可以看出,6 个高程拱圈的切向变位都表现出良好的对称性。从切向变位量值来看,高程 610.0m 拱圈切向变位最大,从高高程到低高程拱圈切向变位依次减小。

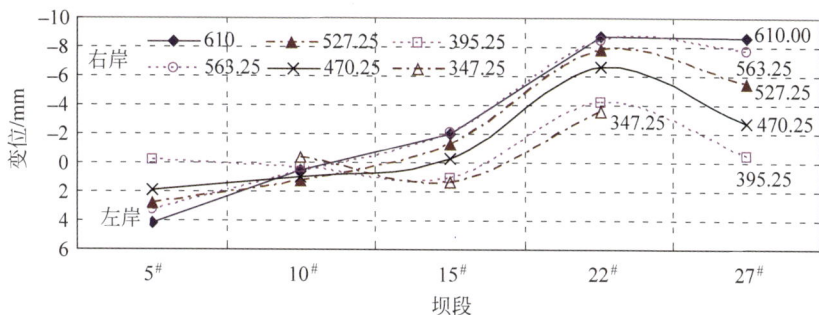

图 4-63　各高程拱圈切向变位分布图(单位:mm,2014-11-26)

将蓄水至各特征水位时大坝切向变位的实测值拟合成等值线见图 4-64。由等值线图可以看出,蓄水至各个特征水位时,切向变位对称中心(切向变位为 0)的位置随蓄水加载过程稍有调整,但大致均位于中间坝段。随着库水位不断升高,切向变位逐步增大,变化规律正常。右岸坝段的切向变位量值大于左岸坝段。

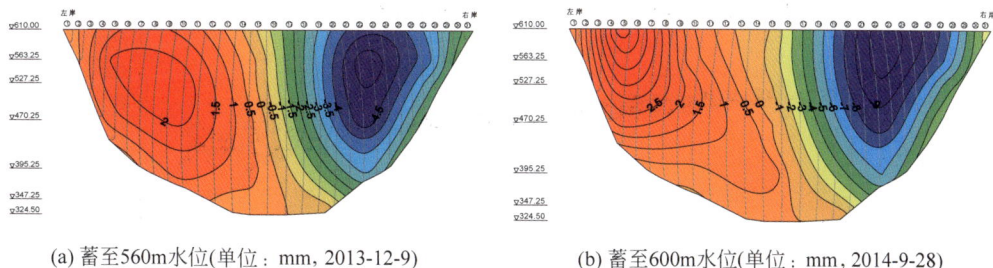

(a) 蓄至560m水位(单位:mm, 2013-12-9)　　(b) 蓄至600m水位(单位:mm, 2014-9-28)

图 4-64　大坝蓄水至各特征水位时大坝切向变位的实测值拟合等值线图

大坝 15# 坝段切向变位过程线见图 4-65。由过程线可以看出,大坝切向位移表现出与库水位良好的相关性:以拱冠 15# 坝段为界,库水位上升时,左边坝段向左岸位移,右边坝段向右岸位移；库水位下降时，左边坝段向右岸位移，右边坝段向左岸位移；库水位平稳时，切向变位变化较小，规律性不明显。

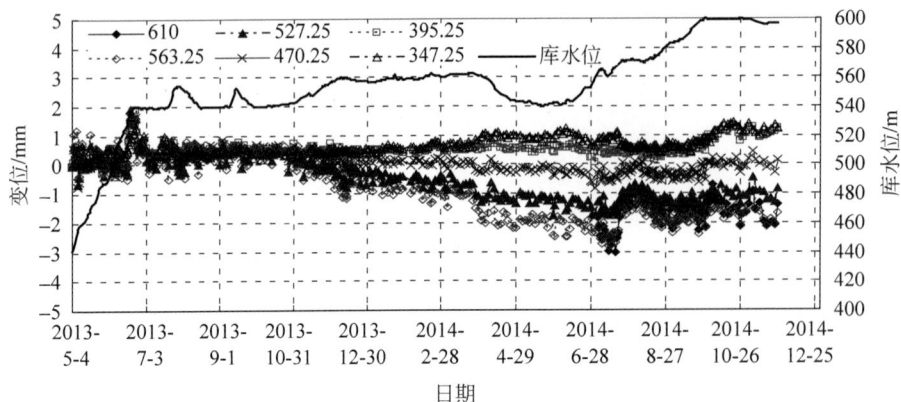

图 4-65 15# 坝段切向变位过程线

4.5.2.2 坝基变形

1. 垂线

布置在 5#、27# 坝段坝基廊道内的 2 条倒垂线，10#、22# 坝段高程 347.25m 坝基廊道的 2 条倒垂线，15# 拱冠坝段高程 347.25m 坝基廊道的 2 条倒垂线（其中一条锚固深度为另一条的 1/2），左、右岸坝肩灌浆廊道内的 2 组垂线系统监测显示，左右岸山体径向变位量值较小，规律性不明显。切向变位表现为左岸山体向左岸位移，右岸山体向右岸位移。河床坝段坝基径向变位与库水位呈现一定的正相关关系，切向变位量值较小，规律性不明显。左岸坝基径向变位监测成果历时过程见图 4-66 及图 4-67。从过程线可以看出，蓄水过程中，左右岸坝基径向变位规律基本表现为向上游变形，且随高程依次递减。左岸山体各垂线径向测值增量总体小于 4mm，右岸小于 2mm。

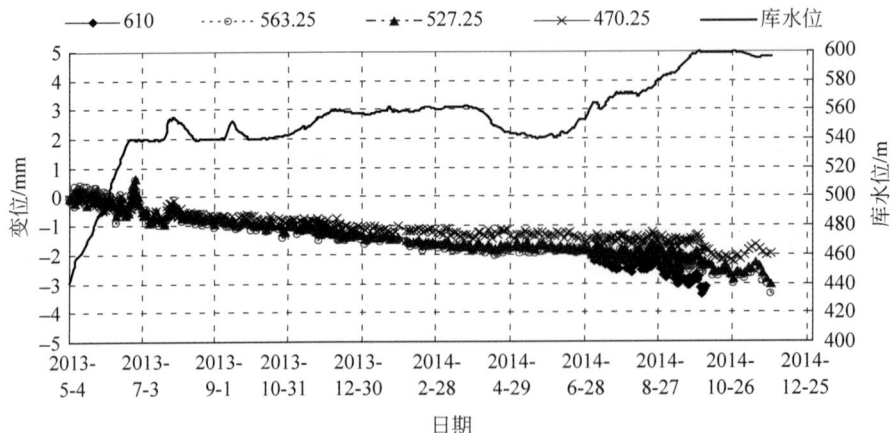

图 4-66 左岸坝基各高程径向变位过程线

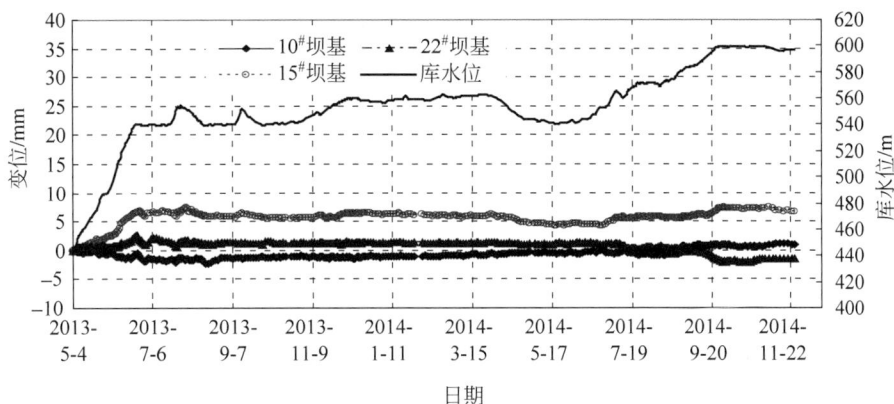

图 4-67　右岸坝基各高程径向变位过程线

2. 多点位移计

各特征水位典型坝段(10#、16#、22#)坝基多点位移计孔口位移见表 4-16。从表中可以看出,沉降主要发生在蓄水前,蓄水后坝基沉降测值趋于稳定,无明显变化。典型坝段多点位移计孔口测值为 $-19.07\sim-0.57$mm,坝基最大变形量值为 -19.07mm,发生在 16# 坝段上游侧的坝基多点位移计 M516-1 处。

表 4-16　各特征水位典型坝段坝基多点位移计孔口位移统计　　　　　　　　　mm

坝段	仪器编号	孔深	2013-5-4 水库水位 440m	2013-6-23 水库水位 540m	2013-12-15 水库水位 560m	2014-8-27 水库水位 580m	2014-9-28 水库水位 600m	2014-11-26 水库水位 600m
10#	$M^5$10-1	51m	-3.33	-3.45	-3.53	-3.70	-3.67	-3.50
16#	$M^5$16-1	56m	-20.11	-20.05	-20.01	-19.67	-19.09	-19.07
22#	$M^5$22-1	54m	-0.51	-0.57	-0.56	-0.65	-0.60	-0.57

注:数据截至 2014 年 12 月。

4.5.2.3　谷幅变形

溪洛渡谷幅监测共布置 7 条测线,其中上游 4 条,下游 3 条,分布在高程 561.00~749.00m,截至 2014 年 12 月的监测成果见表 4-17。由表可知,在各阶段蓄水过程中,谷幅变形呈现缩短趋势,最大缩短 46.62mm,位于距大坝上游 51m 的 VDL03-VDR03 测线(高程 722.0m)。谷幅收缩速率呈现逐渐减小的趋势,但尚未完全收敛。蓄水以来,库盆整体表现为下沉,最大沉降量 27.78mm,位于左岸 3# 公路上坝公路 KP08 测点,右岸沉降量略大于左岸。

表 4-17　谷幅监测成果统计分析

测试名称	高程 /m	距大坝距离 /m	首次观测时间	最近测值 /mm	上升期 440~540m	上升期 540~560m	上升期 560~600m	平稳期 稳定在 540m	平稳期 稳定在 560m	平稳期 稳定在 600m	下降期 560~540m	备注
VDL01-VDR01	749.00	340	2012-12-1	-40.56	-2.37	-6.07	-4.87	-6.78	-4.09	-4.90	-3.21	上游
VDL02-VDR02	611.00	257	2012-12-1	-32.28	0.13	-0.68	-3.57	-6.68	-6.61	-1.52	-3.05	
VDL03-VDR03	722.00	51	2012-12-1	-46.62	-2.28	-6.48	-7.97	-9.95	-4.96	-3.67	-4.37	
VDL04-VDR04	611.00	48	2013-5-1	-35.46	-2.21	-5.31	-6.60	-7.02	-4.84	-3.33	-3.47	

续表

测 试 名 称	高程/m	距大坝距离/m	首次观测时间	最近测值/mm	各特征水位下变化量/mm							备注
					上升期			平稳期			下降期	
					440~540m	540~560m	560~600m	稳定在540m	稳定在560m	稳定在600m	560~540m	
VDL05-VDR05	707.00	286	2012-12-1	−46.43	−4.44	−9.06	−7.29	−6.51	−5.71	−4.64	−2.86	
VDL06-VDR06	610.00	280	2012-12-1	−43.84	−6.21	−3.38	−9.38	−2.41	−4.67	−1.89	−3.15	下游
VDL07-VDR07	561.00	253	2012-12-1	−45.17	−3.89	−4.49	−8.31	−8.85	−6.11	−2.85	−3.27	

注：数据截至 2013 年 5 月。

4.5.2.4　库盆沉降

在大坝上游近坝库区两岸沿坝顶 610m 高程公路共布置 18 座水准点,其中左岸 11 座,右岸 7 座,监测上游库盘沉降变形,2012 年 10 月完成安装埋设,12 月取得基准值。库盆沉降监测成果见图 4-68 及图 4-69。由左右岸库盆沉降监测成果可知,蓄水期间库盆整体表现为下沉,右岸库盆沉降略大于左岸。左岸:2014 年 10 月 12 日(水位 599.82m),变形规律与前阶段类似,沉降量−16.24~24.62mm;2014 年 12 月 10 日(水位 593.98m),库水位略有下降,沉降量−15.18~27.78mm;右岸:2014 年 10 月 12 日(水位 599.82m),变形规律与前阶段类似,沉降量 15.62~21.74mm,2014 年 12 月 10 日(水位 593.98m),库水位略有下降,沉降量 16.54~25.56mm。

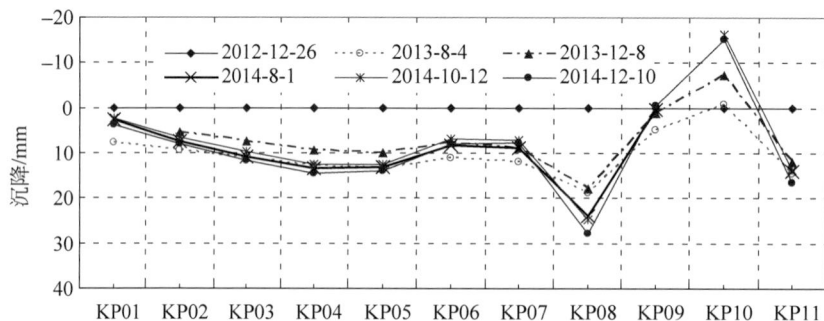

图 4-68　左岸库盆沉降监测成果分布图

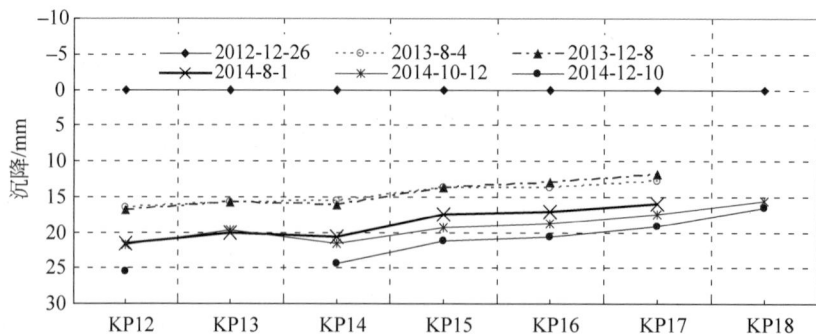

图 4-69　右岸库盆沉降监测成果分布图

4.5.2.5 渗流渗压

1. 坝基渗压

水库各特征水位坝基帷幕后、坝基排水幕后建基面测点扬压力折减系数柱状图见图4-70。从监测成果图可以看出，水位由440m上升到540m期间，随着水位逐渐升高，坝基帷幕后渗压折减系数有一定变化，此后，坝基帷幕的扬压力折减系数基本不变或有小幅降低，当前坝基帷幕后扬压力折减系数整体与初蓄至正常蓄水位600m时相比略有下降。当前坝基帷幕后扬压力折减系数 α_1 为0.09~0.24（设计允许值为0.4），排水幕后折减系数 α_2 为0.03~0.16（设计允许值为0.2），满足设计和规范要求。

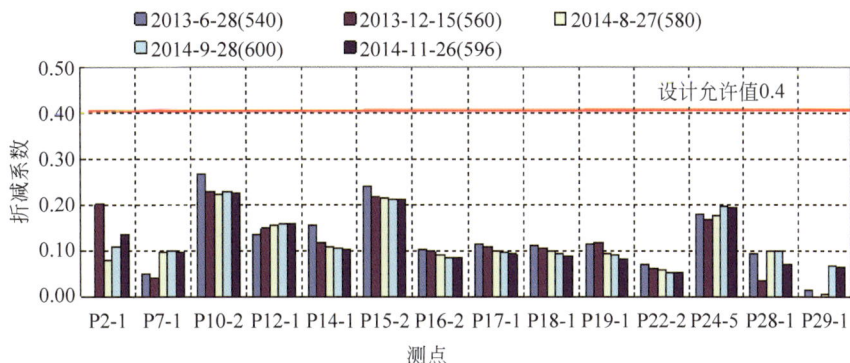

(a) 坝基帷幕后

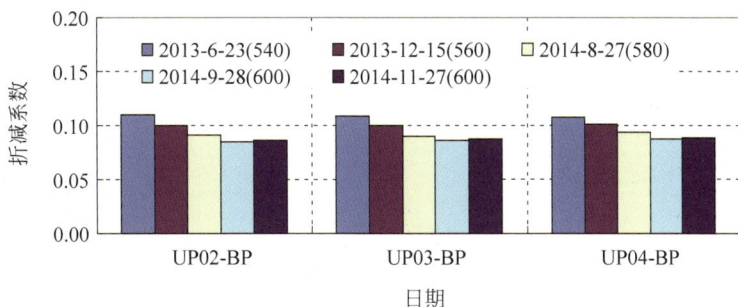

(b) 排水幕后

图4-70 各特征水位坝基建基面测点扬压力折减系数柱状图

2. 坝基渗透量

蓄水初期，坝基渗流量随库水位的上涨而增大，之后逐渐趋于稳定，坝基渗流量过程线见图4-71。到2014年年底，坝基渗流量为929.51L/min，高程341.25m排水廊道渗流量为663.99L/min，占总渗流量的71%。

4.5.2.6 应力监测

1. 坝体应力

坝体应变计组监测成果显示，拱坝基本处于受压状态。蓄水过程中，由于库水位推力作用

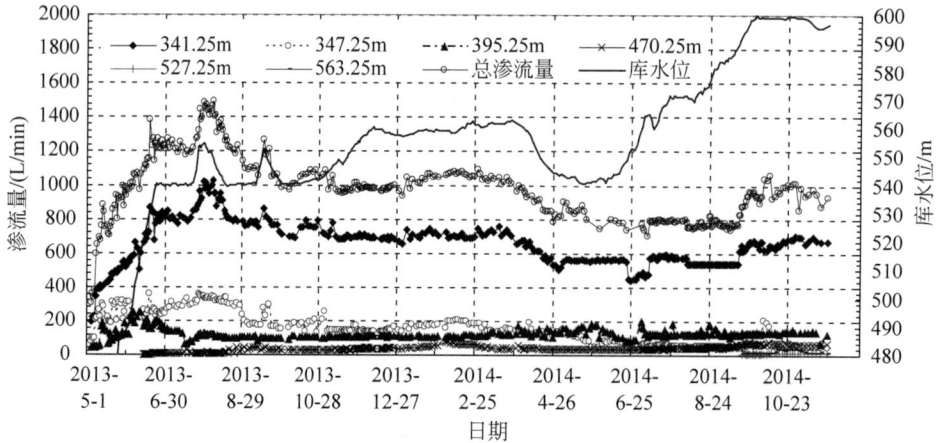

图 4-71 坝基渗流量过程线

的增大,导致坝体径向应力整体呈压应力增大趋势;库水位升高引起拱向作用增大,导致坝体切向应力整体呈压应力增大趋势;而上游水位引起的弯矩作用,导致坝体上游侧垂直向应力整体呈压应力减小趋势,下游侧垂直向应力整体呈压应力增大趋势。从监测成果来看,上下游坝基约束区部位应力在蓄水期间变化规律是正常的。实测近坝基的强约束区,垂直向压应力最大值为 7.56MPa(图 4-72),位于 18# 坝段坝踵部位(高程 334.40m 测点 S618-1),无拉应力出现;切向压应力最大值为 4.94MPa,在 29# 坝段坝踵部位(高程 562.20m 测点 S529-1),无拉应力出现;径向压应力最大值为 2.90MPa,位于 22# 坝段坝趾部位(高程 376.20m 测点 S622-3),径向拉应力最大值为 1.01MPa,位于 21# 坝段坝趾部位(高程 355.40m 测点 S621-4)。

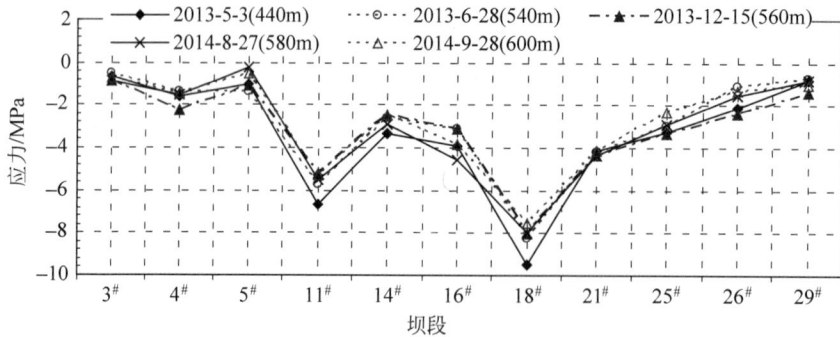

图 4-72 大坝上游约束区垂直向正应力分布

随着上游库水位的抬升,水平向水压力逐渐增大,水压力弯矩作用增强,拱向作用增强,坝体上游垂直向压应力总体呈减小变化,下游垂直向压应力总体呈增大变化,切向压应力增大明显。从监测成果来看,坝体应力在蓄水期间变化规律是正常的。实测坝体垂直向压应力最大值为 4.34MPa,位于 7# 坝段高程 520.2m 靠上游侧(测点 S_{57-5});垂直向拉应力最大值为 1.11MPa,位于 22# 坝段高程 604.20m 靠上游侧(测点 S_{522-9});切向压应力最大值为 7.51MPa,位于 16# 坝段高程 442.2m 靠下游侧(测点 S_{516-2}),无拉应力出现;径向压应力最大值为 4.74MPa,位于 16# 坝段高程 334.4m 靠下游侧(测点 S_{616-7});径向拉应力最大值为

1.61MPa,位于 12# 坝段高程 442.2m 靠下游侧(测点 $S_{512\text{-}2}$)。

2. 坝基压应力

拱坝与坝基接触部位的压应力计监测成果显示,坝基压应力为 1.86～7.99MPa,压应力最大值位于 12# 坝段中部(水平拱向与竖直向合力,图 4-73)。蓄水期间,随着水位的抬升,水平向压应力明显增大趋势(即拱向作用增强),坝踵部位竖直向压应力有所减小,坝趾竖直向压应力有所增大。

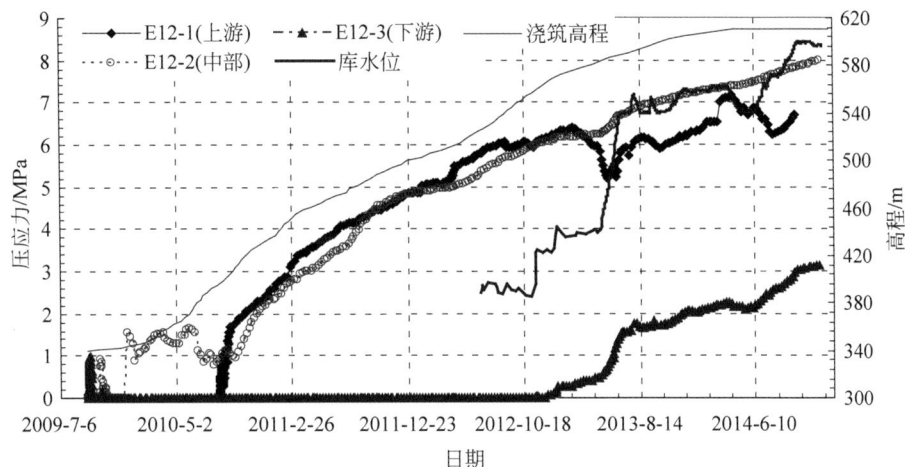

图 4-73　12# 坝段坝基压应力过程线

4.5.3　初期蓄水坝体-坝基工作性态分析

4.5.3.1　模型和工况

基于全坝全过程仿真分析模型,结合工程实际蓄水情况,主要考虑上游充水至高程 390m、450m 和 540m 三个关键节点时大坝-基础整体的工作性态。考虑到施工期已接缝灌浆的坝体残余温度应力对大坝-基础整体变形影响有限,反演分析侧重研究蓄水对大坝-基础整体的作用和对未接缝灌浆横缝张开的影响规律,计算主要荷载包括坝体自重、上游水压、相应下游水压和泥沙压力,未考虑坝体施工期温度应力,计算工况见表 4-18。其中,工况 4～6 是为了研究蓄水位对接缝灌浆的影响。

表 4-18　计算工况　　　　　m

工况	浇筑最低高程	浇筑最高高程	封拱高程	蓄水高程	工况	浇筑最低高程	浇筑最高高程	封拱高程	蓄水高程
1	518	548	476	390	4	610	610	575	530
2	566	593	530	450	5	610	610	575	550
3	610	610	575	540	6	610	610	575	560

4.5.3.2　大坝整体真实工作性态分析

（1）坝体变形

大坝拱冠梁、左拱端、右拱端在不同蓄水水位下顺河向变形沿高程的分布见图 4-74(a)，所取位移值为坝体曲面相应位置计算值，其中顺河向位移以向下游为正。由图可以看出，水位不高（390m 和 450m 水位）时，因自重作用河床坝段仍处于倒悬状态，产生向上游的变形，最大位移发生在悬臂顶部；随着库水位的升高，坝体向下游的顺河向位移增大，其中以拱冠梁变形最大，540m 水位时其最大变形发生在 1/2 水深处，拱冠梁最大位移为 48.8mm，左、右拱端位移基本一致，左、右拱端最大位移分别为 17.5mm 和 15.7mm。

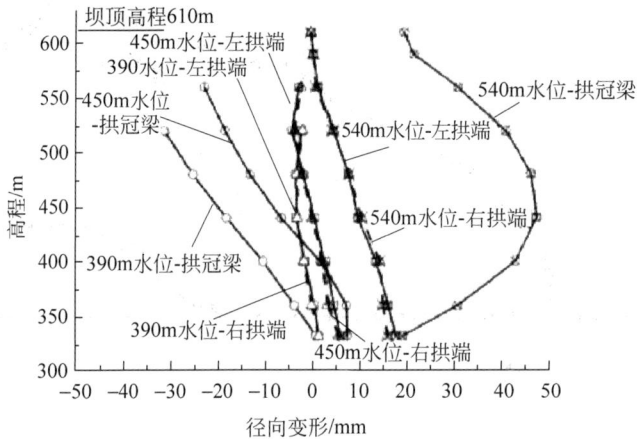

(a) 不同蓄水水位下典型部位的顺河向位移

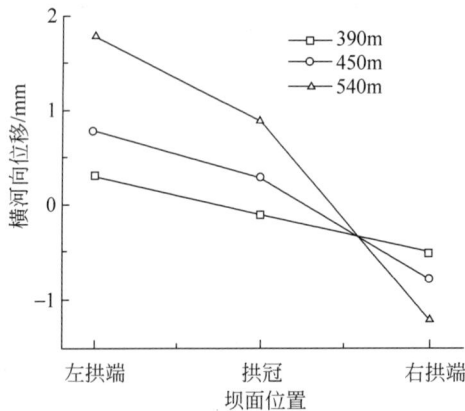

(b) 不同蓄水水位下347m高程的横河向位移

图 4-74　不同水位下坝体的变形情况

选取已灌浆区高程 347m 时蓄水过程中横河向变形变化情况进行分析，计算结果见图 4-74(b)。由图可以看出，各水位下，已浇筑坝体最大横河向位移出现在左、右拱端处，向两岸山里变形，拱冠梁附近位移较小。低水位（水位 390m）时，横河向位移变化平缓，且量值较小；随着水位升高，位移值逐渐增大，但量值都不大，540m 水位时坝体大部分区域横河向位移仍在 7mm 以内。对于同一坝段,灌浆高程以下坝体横河向位移较小,低水位时最大位移发生在悬臂顶部,高水位时最大值发生在中间坝段的中部高程。

（2）坝基变形

对典型坝段建基面顺河向位移、横河向位移和竖直向位移进行分析,以研究坝基在蓄水过程中的变形规律,坝基变形计算结果见表 4-19。由表可见:①坝基顺河向位移与库水位呈正相关,河床部位位移较大,两岸位移较小;②随着库水位增加,坝基向两岸的变形逐渐增大,但数值较小;③大坝基础河床部位沉降量大,两侧沉降量逐渐减小,随着库水压力增加坝基沉降增加。总起来看,坝基沉降变形数值不大,规律符合特高拱坝基础变形特征。

表 4-19　各坝段建基面的变形　　　　　　　　　　　　　　　　mm

水位/m	各坝段建基面向下游的顺河向位移			各坝段建基面向左岸的横河向位移			各坝段建基面竖直向下的位移		
	9#坝段	15#坝段	22#坝段	9#坝段	15#坝段	22#坝段	9#坝段	15#坝段	22#坝段
390	−1.14	2.81	−1.13	0.12	0.23	−0.19	16.3	21.5	15.7
450	3.14	6.57	4.31	0.56	0.31	−0.55	11.5	13.1	9.7
540	17.70	18.80	16.50	2.43	0.52	−1.73	20.8	22.4	19.7

（3）坝体应力

图 4-75 给出了不同水位下坝踵、坝趾和左右拱端特征部位的应力变化情况,图 4-76 为 390m 水位时上游面拉应力和下游面压应力云图。计算结果表明,已接缝灌浆的下部坝体整体表现为拱梁分载效应,在蓄水过程中,水推力主要由下部已封拱的坝体承担,使得坝体下部拱圈拱向应力增大,梁向应力减小;而悬臂坝体由于分缝削弱了拱向应力的传递,坝段表现为显著的梁向作用效应,主要承受自身梁向重力作用,故应力变化不大。

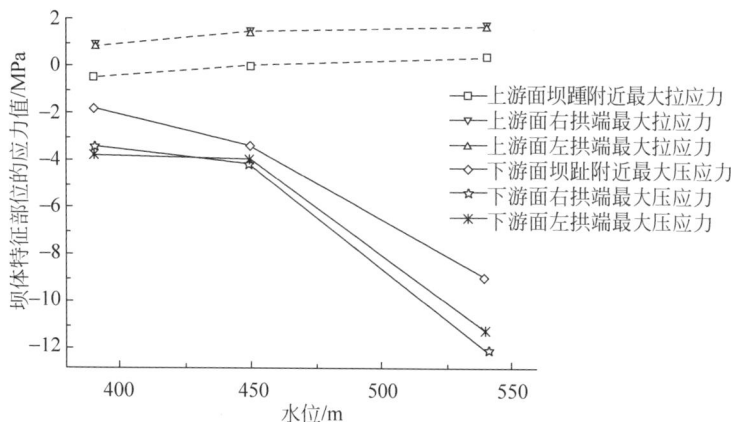

图 4-75　不同蓄水水位下特征点的应力变化

随着混凝土的浇筑和水位的上升,上游面拉应力和下游面压应力不断增大,具体表现为:①上游面拉应力主要集中在左、右岸陡坡坝段底部周边区域,390m 水位时,上游面右拱端区域最大拉应力为 0.93MPa,540m 水位时,最大拉应力 1.79MPa;②下游面最大主压应

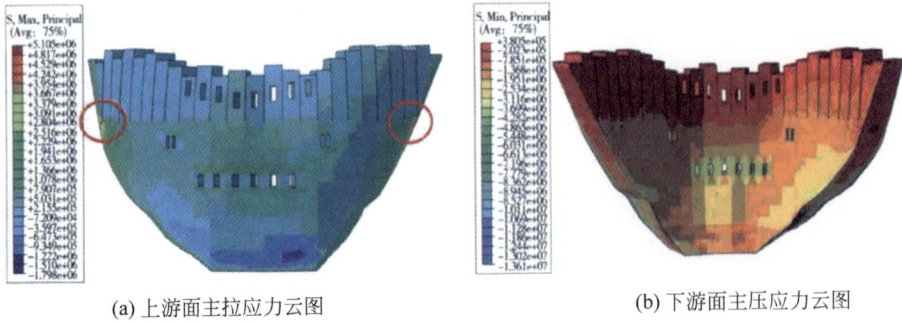

(a) 上游面主拉应力云图　　　　　　(b) 下游面主压应力云图

图 4-76　390m 水位时坝体上游面/下游面的应力云图(单位：MPa)

力出现在已灌浆坝段中下部周边区域和泄洪深孔区域,当水位为 540m 时,主压应力值已达到 12MPa 左右。此外,图 4-76(a)中清楚显示,蓄水初期,在拱端接缝、基础与悬臂三角交接区(红圈示意)出现了拉应力集中,需予以跟踪关注,后期的现场检查也证实这些区域出现了浅层应力集中。

（4）坝基应力

各水位下典型坝段建基面压应力见表 4-20。从表中可以看出：①在低水位时,河床坝段倒悬较大,拱冠梁上游坝基压应力大于下游,而两岸拱端基岩下游压应力较大。随着水位的升高,大坝整体向下游变形,拱冠梁上游坝基压应力减小、下游压应力增大,上游坝基由 3.42MPa 减至 1.43MPa,下游坝基由 2.31MPa 增至 2.73MPa,而两岸基岩上游和下游压应力皆随水位升高而减小。②蓄水过程水推力产生的附加应力主要分布在拱端附近区域,离坝稍远处受岩体自重应力场控制。蓄水过程中,大坝基础基本处于受压状态,河床坝基仅在紧靠上游坝踵的下部基岩局部区域有拉应力发生,坝肩岩体左右岸压应力分布基本对称。

表 4-20　典型坝段建基面压应力分布　　　　　　　　　　MPa

水位/m	7# 坝段		15# 坝段(拱冠梁)		22# 坝段	
	上游	下游	上游	下游	上游	下游
390	3.52	3.83	3.42	2.31	4.12	4.51
450	3.20	3.50	2.50	2.80	4.20	4.60
540	1.87	2.53	1.43	2.73	2.72	3.64

（5）横缝变形

选取接近拱端的 7# 和 23# 横缝、拱冠附近的 15# 横缝以及河床坝段转向岸坡坝段处的 19# 和 11# 横缝,分析水荷载对未灌浆横缝应力状态的影响,计算结果见图 4-77。由图可以看出,各水位下横缝基本受压,两岸横缝应力状态对称性较好,水位上升使得横缝缝面压应力不断增大。

不同蓄水位下横缝张开度的变化规律见图 4-78。水推力增加下部已灌浆坝体对上部未灌浆坝段约束作用,因此随着水位升高横缝开度减小,水位较低时,横缝开度受水压影响较大,随着水位的升高压紧闭合效果逐渐减弱。横缝张开度变化规律具体为：对于未灌浆

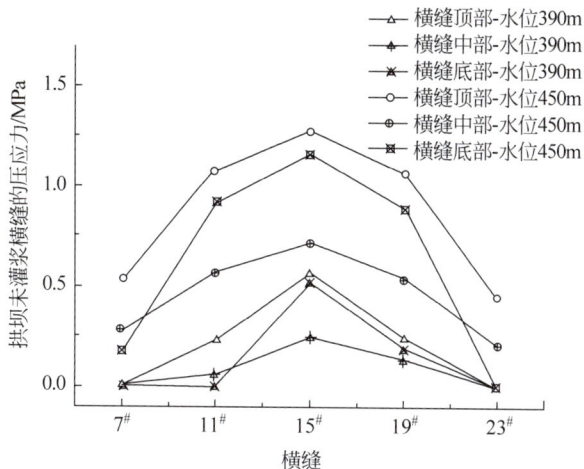

图 4-77 不同蓄水位下未灌浆横缝的压应力

横缝的中下部,低水位时拱端处横缝张开度大于河床处,高水位时反之;拱端处横缝开度对水位变化敏感度比河床处高,当水位由 390m 升至 540m 时,拱端张开度变化 0.8mm,是拱冠梁处的两倍;同一横缝,底部比顶部受水荷载影响显著,当水位由 390m 升至 540m 时,横缝顶端开合度变化不超过 0.04mm,远小于底部。

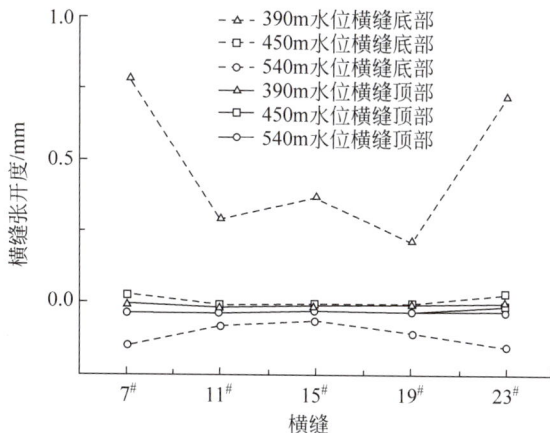

图 4-78 不同蓄水位下未灌浆横缝顶部和底部张开度

蓄水时坝体上部混凝土的浇筑和接缝灌浆还在继续进行,横缝受库水压力作用而压紧,对灌浆不利。通过调整上游水位,分析蓄水位对接缝压紧效果的影响,上游水位分别取 530m、540m、550m 和 560m 时,封拱灌浆高程为 575m。未灌浆坝体底部灌区各横缝在不同水位时中游和下游的张开度计算结果见图 4-79。由图可知,水位由 530m 变动至 550m 时,横缝张开度变化较小,压紧效果不明显,当水位变至 560m 时,横缝压紧效果变得显著。由此可见,为避免水荷载对横缝过大的压紧作用,保证接缝灌浆正常进行,当封拱灌浆高程为 575m 时,蓄水位应不大于 550m,即蓄水位距灌浆区底部高差宜为 30～40m。

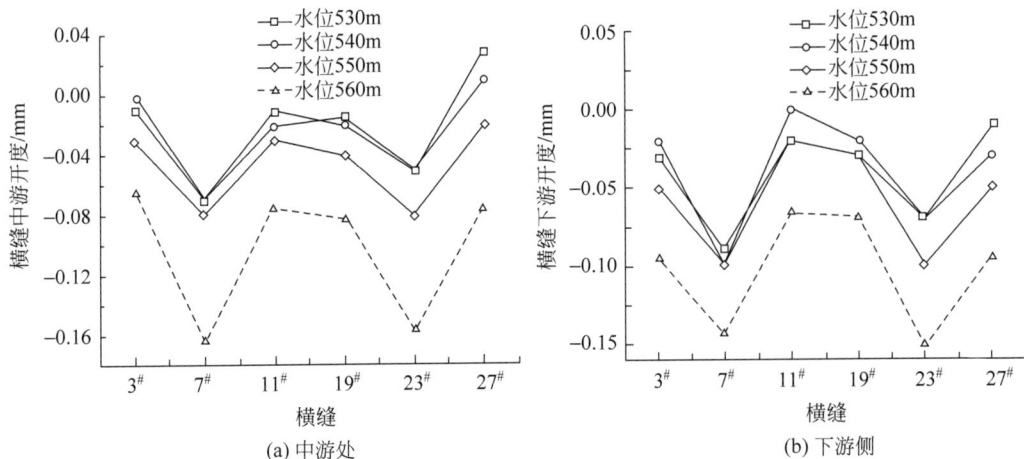

(a) 中游处

(b) 下游侧

图 4-79 不同蓄水位下横缝 584m 高程的张开度

4.5.3.3 初期蓄水预测指标与实测值对比分析

图 4-80 为蓄水位由 450m 升至 540m 拱冠梁坝段各高程径向位移增量计算值与实测值的对比,图 4-81 为蓄水 390m 时特征坝段 314m 高程处基岩的垂直位移计算值与实测值的对比,图 4-82 为蓄水 390m 时坝基下游侧压应力计算值与实测值的比较。从图中可以看出,虽然计算值与实测值略有差异,但变化规律是一致的。

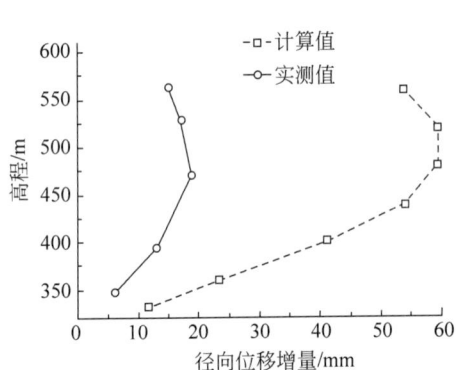

图 4-80 拱冠梁坝段径向位移增量对比

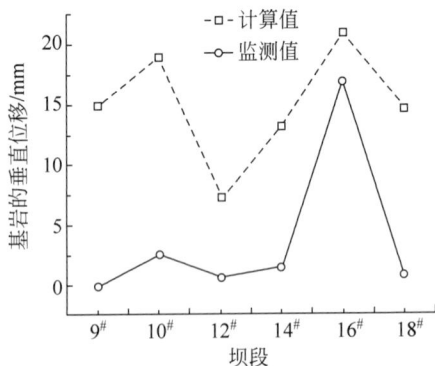

图 4-81 坝段高程 314m 处基岩垂直位移对比

图 4-83 为蓄水至 390m 水位时,横缝高程 490.7m 处张开度计算值与实测值的对比。由图可以看出,计算值也随坝段有所变化,但小于监测值,差异产生原因:①计算过程中只考虑了水荷载、泥沙和自重的作用,未考虑施工温度应力的作用;②实际工程中横缝张开度会受到施工行为的影响,如封拱灌浆和通水检查等。根据现场资料知,12# 横缝于 2011 年 12 月 5 日由于封拱灌浆诱发了横缝异常突增,多灌区开合度于同一时间大幅度跳增,因而 12# 横缝张开度实测值较大。9# 和 18# 横缝曾受灌浆施工行为干扰发生了不可逆的张开度增长,因此开合度也相对较大。

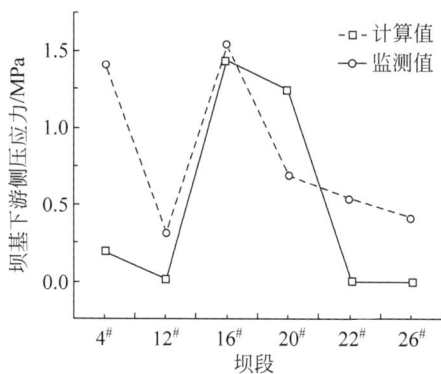

图 4-82　坝基下游侧压应力对比

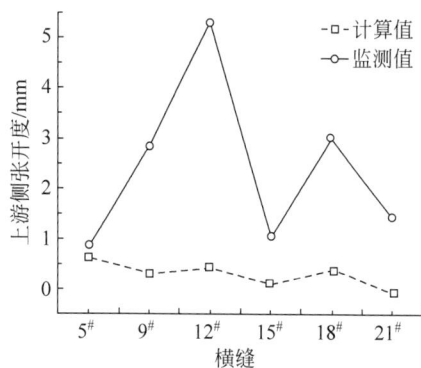

图 4-83　横缝张开度对比

4.5.4　初期蓄水大坝安全评价

　　溪洛渡拱坝初期蓄水运行安全及监测反馈分析表明,大坝及坝基变位合理,变形协调,无变形突变部位。大坝变形随着库水位的抬升而增加,随着库水位的下降而减小。各个蓄水阶段坝体位移、应力实测与预测的分布规律相同,符合大坝加载过程的一般规律。大坝处于正常工作状态,大坝运行安全可靠。

参考文献

[1]　ZHANG G X, LIU Y, ZHOU Q J. Study on real working performance and overload safety factor of high arch dam[J]. Science in China, Series E: Technological Sciences, 2008, 51(sup): 48-59.

[2]　中华人民共和国发展和改革委员会. 混凝土拱坝设计规范: DL/T 5346—2006[S]. 北京: 中国电力出版社, 2007.

[3]　中华人民共和国水利部. 混凝土拱坝设计规范: SL 282—2003[S]. 北京: 中国水利水电出版社, 2003.

[4]　葛劭卿, 张国新, 喻建清. 自重施加方式与初次蓄水过程对特高拱坝应力的影响[J]. 水力发电, 2006, 32(9): 25-27.

[5]　朱伯芳. 混凝土拱坝运行期裂缝与永久保温[J]. 水力发电, 2006, 32(8): 21-25.

[6]　张国新. 大体积混凝土结构施工期温度场、温度应力分析程序包 SAPTIS 编制说明及用户手册[Z]. 1994-2010.

[7]　朱伯芳. 库水温度估算[J]. 水利学报, 1985, (2): 12-21.

[8]　朱伯芳. 大体积混凝土温度应力与温度控制[M]. 北京: 中国电力出版社, 2012.

[9]　张国新, 杨萍, 胡平. 溪洛渡拱坝温度应力仿真分析及温控措施研究[R]. 北京: 中国水利水电科学研究院, 2005.

[10]　朱伯芳. 论拱坝的温度荷载[J]. 水力发电, 1984, (2): 23-29.

[11]　朱伯芳. 拱坝温度荷载计算方法的改进[J]. 水利水电技术, 2006, 37(12): 19-22.

[12]　张大发. 水库水温分析及估算[J]. 水文, 1984(1): 19-27.

[13]　岳耀真, 赵在望. 水库坝前水温统计分析[J]. 水利水电技术, 1997, 28(3): 2-7.

[14]　中华人民共和国水利部. 水利水电工程水文计算规范: SL 278—2002[S]. 北京: 中国水利水电出版社, 2002.

[15] 杨梦斐,李兰,李亚农,何月萍,等.规范推荐的水库水温经验预测方法比选研究[J].水资源保护,2011,27(5):55-58.

[16] 丁宝瑛,等.水库水温的调查研究[C]//水利水电科学研究院科学研究论文集(第9集).北京:水利电力出版社,1982.

[17] 范乐年,柳新之.湖泊、水库和深冷却池水温预报通用数学模型[C]//水利水电科学研究院科学研究论文集(第17集).北京:中国水利水电出版社,1984.

[18] 李怀恩.水库水温和水质预测研究述评[J].陕西机械学院学报,1987,3(4):90-97.

[19] 丁宝瑛,胡平,黄淑萍.水库水温的近似分析[J].水力发电学报,1987(19):17-33.

[20] 中国水利水电科学研究院.水库水温数值分析软件(NAPRWT)[CP].北京:中华人民共和国国家版权局,2004(登记号:2004SR06970).

[21] 陈小红.湖泊水库垂向二维水温分布预测[J].武汉水利电力学院学报,1992,25(4):376-383.

[22] 陈永灿,黄光伟,玉井信行,等.日本谷中湖水流及水质特性分区模拟分析[C]//中国环境水力学.北京:中国水利水电出版社,2002:15-21.

[23] 四川大学.雅砻江锦屏一级水电站与下游梯级电站联合调度对水温影响的研究[R].成都:四川大学,2003.

[24] 丁宝瑛,胡平.水工大体积混凝土温度场的边界条件[C]//大体积混凝土结构的温度应力与温度控制论文集.北京:兵器工业出版社,1991:34-55.

[25] 杨剑.基于原型观测资料的二滩拱坝下游面裂缝成因分析[D].北京:清华大学,2005.

[26] 王进廷,杨剑,金峰.左右岸日照差异对高拱坝下游坝面温度应力的影响[J].水力发电,2006,32[10]:41-43

[27] 锦萍,宋爱国.北京晴天太阳辐射模型与模型的比较[J].首都师范大学学报(自然科学版),1998,19(1):35-38.

[28] 陈拯,金峰,王进廷.拱坝坝面太阳辐射强度计算[J].水利学报,2007,38(12):1460-1465.

[29] 朱伯芳.论特高混凝土拱坝的抗压安全系数[J].水力发电,2005,31(2):25-28.

[30] 朱伯芳,张国新,郑璀莹,等.混凝土坝运行期安全评估与全坝全过程有限元仿真分析[J].大坝与安全,2007,(6):9-12.

[31] 杨强,程勇刚,赵亚楠,等.混凝土拱坝的极限分析[J].水利学报,2003,34(10):38-43.

[32] 朱伯芳.混凝土绝热温升的新计算模型与反分析[J].水力发电,2003,29(4):29-32.

[33] 张国新.SAPTIS:结构多场仿真与非线性分析软件开发及应用(之一)[J].水利水电技术,2013,44(1):31-35.

[34] 周秋景,张国新.SAPTIS:结构多场仿真与非线性分析软件开发及应用(之二)[J].水利水电技术,2013,44(9):42-47.

[35] 张磊,张国新.SAPTIS:结构多场仿真与非线性分析软件开发及应用(之三)[J].水利水电技术,2014,45(1):52-55.

[36] 刘有志,张国新.SAPTIS:结构多场仿真与非线性分析软件开发及应用(之四)[J].水利水电技术,2014,45(8):33-39.

[37] WARBURTON P M. Application of a new computer model for reconstructing block geometry analysis single block stability and identifying keystones[C]//Proceedings of the 5th Int. Congress on Rock Mechanics. Melbourne: [s. n.],1983:225-230.

[38] 彭校初.结构面三维网络模拟及块体理论分析[D].北京:清华大学,1992.

[39] LIN D. Element of rock blocks modeling[D]. Minneapolis: University of Minnesota,1992.

[40] 池川洋二郎.岩盤不連続面構造の立体幾何形状のコンピュータ処理に用いるダイレクテッド・ボディ[C]//土木学会論文集,1994:31-38

[41] 鲁军.离散单元法的数值模型研究及工程应用[D].北京:清华大学,1996.

[42] LU J. Systematic identification of polyhedral rock blocks with arbitrary joints and faults[J].

Computers and Geotechnics,2002,29(1):49-72.

[43] JING L,STEPHANSSON O. Topological identification of block assemblages for jointed rock masses [J]. International Journal of Rock Mechanics and Mining Sciences and Geomechanics Abstracts, 1994,31(2):163-172.

[44] JING L,STEPHANSSON O. Identification of block topology for jointed rock masses using boundary operators[C]//Proceedings of the International ISRM Symposium on Rock Mechanics. Santiago, 1994:19-29.

[45] JING L,STEPHANSSON O. Fundamentals of discrete element methods for rock engineering:theory and application[J]. International Journal of Rock Mechanics and Mining Sciences and Geomechanics Abstracts,2008,45(8):1536-1537.

[46] JING L. Block system construction for three-dimensional discrete element models of fractured rocks [J]. International Journal of Rock Mechanics and Mining Sciences and Geomechanics Abstracts, 2000,37(4):645-659.

[47] 石根华. 数值流形方法与非连续变形分析[M]. 裴觉民,译. 北京:清华大学出版社,1997.

[48] SHI G H. Producing joint polygons,cutting joint blocks and finding key blocks from general free surfaces[J]. Chinese Journal of Rock Mechanics and Engineering,2006,25(11):2161-2170.

[49] SONG J S,OHNISHI Y,NISHIYAMA S. Rock block identification and block size determination of rock mass[C]// Proceedings of the 8th International Conference on Analysis of Discontinuous Deformation Beijing,2007:207-211.

[50] IKEGAWA Y,HUDSON J A. A novel automatic identification system for three-dimensional multi-block systems[J]. Engineering Computations,1992,9(2):169-179.

[51] 朱伯芳. 有限厚度带键槽接缝单元及接缝对混凝土坝应力的影响[J]. 水利学报,2001(2):1-7.

[52] 郑璀颖. 混凝土坝中各种接触面的数值模拟方法研究及工程应用[D]. 北京:中国水利水电科学研究院,1992.

[53] 朱伯芳,李玥,许平,等. 渗流场分析的夹层代孔列法[J]. 水利水电技术,2007,38(10):42-72.

溪洛渡大坝坝体混凝土浇筑（摄影者王连生，2011年6月11日）

夜幕下的溪洛渡大坝建设工地（摄影者王连生，2011年7月16日）

溪洛渡大坝工程之夜（摄影者王连生，2011 年 8 月 5 日）

溪洛渡水电站工地夜景（摄影者王连生，2011 年 8 月 5 日）

溪洛渡大坝深孔钢衬吊安装（摄影者王连生，2011年9月16日）

溪洛渡大坝深孔钢衬安装（摄影者王连生，2011年10月28日）

第 5 章

高拱坝整体协调
变形机理及个性化温控措施

　　本章基于全面感知获得的横缝开度、温度等数据,对横缝开合、悬臂控制等关键变形进行研究,提出了满足大坝整体协调变形机理的个性化控制方案,解决了非协调变形引起的拱坝混凝土开裂风险。对横缝的研究,首次揭示了拱坝横缝张开机理,提出了横缝张开判定与控制方法,制定了应对方案并成功付诸实践;对悬臂高度的研究,比较了不同悬臂高度、相邻高差以及全坝高差,发明了分坝段分高程悬臂高度的个性化控制方法,保证了坝体的均衡快速上升;基于高拱坝温控标准,动态、个性化的工程设计与控制理念,对温控标准、冷却过程、相邻高差、封拱灌浆、同冷层层数的研究,确定高拱坝可分区、分季节、分部位制定温度控制标准和冷却过程;对同冷区冷却高度的研究,确定"两层灌区同冷、根据封拱高程、实时动态调整"的个性化、动态控制方法。

5.1　高拱坝横缝真实工作性态和辨识分析

　　拱坝施工期间,其横缝性态比较复杂。一是开合状态复杂,单条横缝不同高程处于不同的开合状态。底部已灌区域,缝面被接缝灌浆材料充实,而在接缝灌浆区域以上,因温控等因素,缝面张开,顶部部分区域因浇筑时间不长,缝面可能仍处于粘合状态。二是结构受力复杂,随着坝体上升,大坝逐步体现三维结构特征,河床坝段与陡坡坝段横缝性态的差异性日趋明显,影响横缝开合因素不再局限于温控、施工等因素,还需要考虑陡坡、倒悬和悬臂等因素。三是动态过程作用,早期固结灌浆和通水检查等外界因素会使得横缝拉开,并可能会对已接缝灌浆区域产生影响,尤其是在某些存在通水窜区现象的灌区[1-10]。

　　总体而言,施工期间横缝主要有三种工作状态,即接缝灌浆前闭合、接缝灌浆前张开及接缝灌浆后闭合。由于各处横缝在空间位置、初始形成时间、所处冷却阶段的不同,其各自的拉开时应不一致,同一时刻下各自的开合度变化趋势也不尽相同,这样将在拱坝横缝的铅直方向上产生开合梯度(图 5-1)。

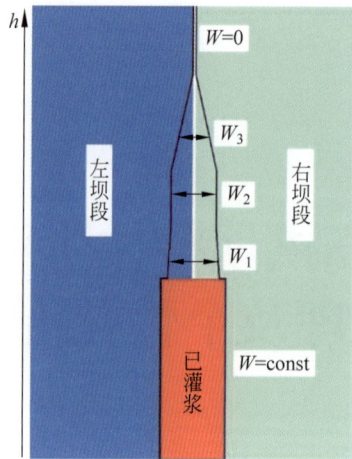

图 5-1 横缝开合梯度

5.1.1 高拱坝横缝变形异常现象

一般来说,在传统的高拱坝建设中,依靠正常的人工冷却措施,各个灌区横缝的拉开较有规律,典型横缝开合度监测曲线如图 5-2 所示。由于各处横缝在空间位置、初始形成时间、所处冷却阶段的不同,其各自的拉开时刻应不一致,同一时刻下各自的开合度变化趋势也不尽相同。

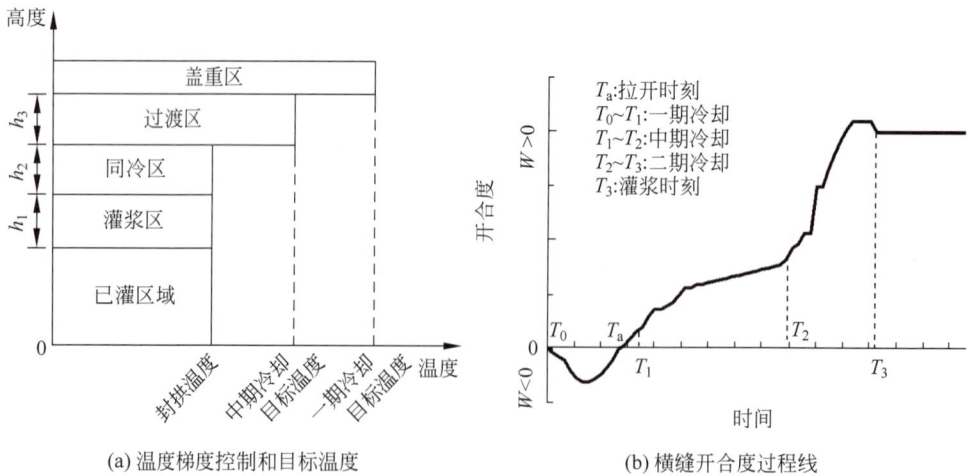

(a) 温度梯度控制和目标温度　　(b) 横缝开合度过程线

图 5-2 横缝正常开合度历程曲线

然而,在高拱坝施工过程中,出现了这样一种现象:在某些外界因素的诱导下,某条横缝上数个灌区同时拉开,不同高程位置的横缝开合度同时明显增大,甚至导致一些已灌浆区域的再次拉开。这种现象,不妨定义其为一种横缝增开(开合度突增)现象,普遍性和同时性是该现象的两个特点。严重的横缝增开问题将对拱坝的整体性产生较大的影响,修复工作也将拖延施工进度。

测缝计测量横缝开合度值具有空间、时间两种维度特性,不妨定义测缝计 m 在第 τ

天时读数值为 $W(m,\tau)$，单位为 mm，测缝计测量时间步长为 τ_{inc}，则第 τ 天的开合度变化为

$$\Delta W(m,\tau) = [W(m,\tau+\tau_{\text{inc}}) - W(m,\tau)]/\tau_{\text{inc}} \tag{5-1}$$

式中，$\Delta W(m,\tau)$ 的单位为 mm/d。从统计学角度出发，可以规定一种远大于正常开合度变化情况的开合度突增临界值，利用监测数据进行统计，当某一时刻某横缝的多组测缝计 a、b、c 均呈现了如下式的情况，则称该时刻该横缝产生了横缝增开现象：

$$\begin{cases} \Delta W(a,\tau_{\text{g}}) \geqslant C_{\Delta W} \gg W(a,\tau_{\text{g}})/[\tau_{\text{g}}-\tau_0(a)] = \left(\int_{\tau_0(a)}^{\tau_{\text{g}}} \Delta W(a,\tau)\right)/[\tau_{\text{g}}-\tau_0(a)] \\ \Delta W(b,\tau_{\text{g}}) \geqslant C_{\Delta W} \gg W(b,\tau_{\text{g}})/[\tau_{\text{g}}-\tau_0(b)] = \left(\int_{\tau_0(b)}^{\tau_{\text{g}}} \Delta W(b,\tau)\right)/[\tau_{\text{g}}-\tau_0(b)] \end{cases} \tag{5-2}$$

式中，$\tau_0(a)$、$\tau_0(b)$ 表示 a、b 测缝计读数初始时间，一般为该位置后浇仓浇筑时间。

以溪洛渡特高拱坝为例，在横缝的不同高程位置布设了测缝计，选取四条典型缝分别计作 A、B、C、D，以河床坝段的开仓日期作为时间原点，第 675 天到 677 天期间以及第 741 天至 743 天期间，A、B、C 和 D 横缝部分灌区的开合度变化出现异常情况，多组不同灌区的测缝计开合度曲线于同一时段突然上升，且增量较大，如图 5-3 所示(这里仅列出各位置顺河向中部的测缝计)，各图中的虚线时间代表第 674 天和第 740 天，编号数字代表灌区号。

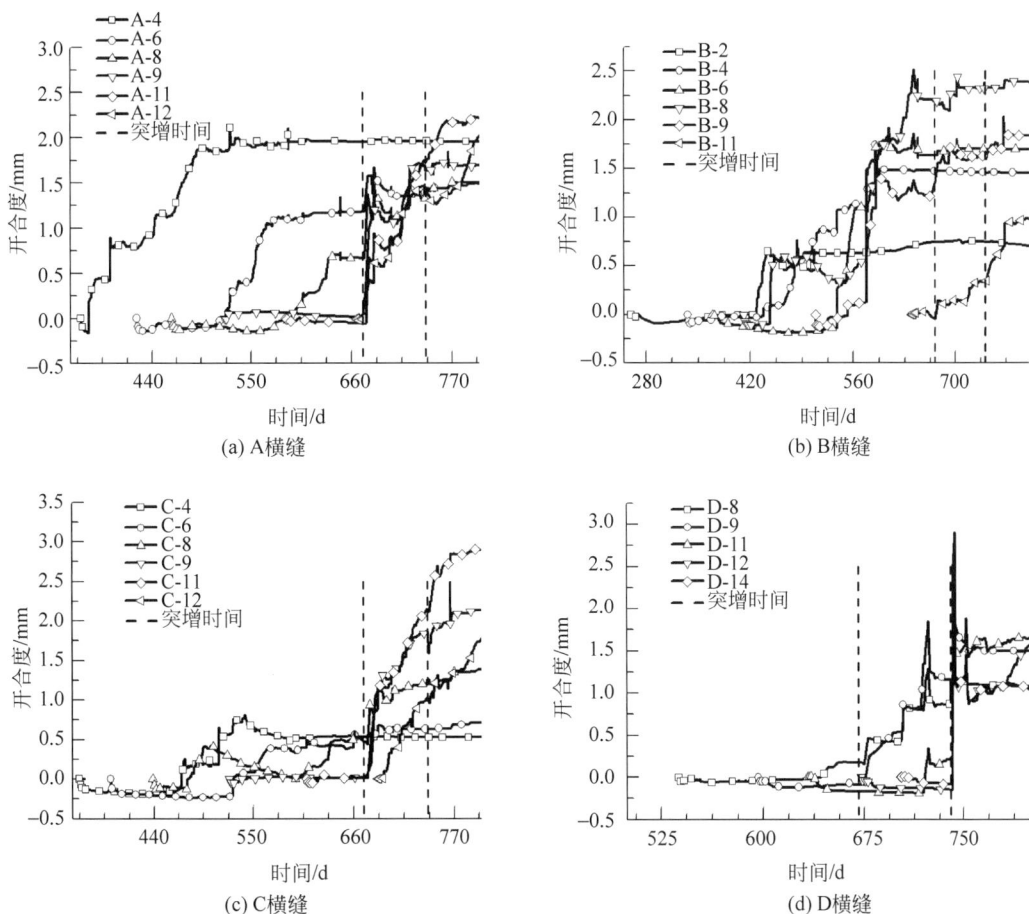

图 5-3 横缝测缝计监测结果

实际工程中,第 675 天时,全坝段底部 1～6 层灌区已经灌浆完毕,可见该时段 A 横缝增开现象的影响区域已达到部分已灌浆区域(A-6);同样,第 741 天时全坝段已完成了 1～8 层灌区的灌浆工作,该时段的增开现象对 D 横缝的已灌浆区域(D-8)也产生了一定的影响。

选取 0.05mm/d、0.10mm/d、0.15mm/d 作为 $C_{\Delta w}$ 的代表值,分别对两次突增时刻进行数据统计与分析,如表 5-1 所示(包括顺河向上游、中部及下游的所有测缝计)。从表 5-1 中可以看出,675d 时 A、C 横缝判断为增开的测缝计数量较多,应属于典型的横缝增开现象,D 横缝也有较轻微的增开趋势。741d 时 D 横缝的增开现象非常明显,而 A、B、C 则没有明显表现。

表 5-1　横缝增开统计(测缝计)

$C_{\Delta w}$ /(mm/d)	$\Delta W(m,675) > C_{\Delta w}$ 的测缝计数量				$\Delta W(m,741) > C_{\Delta w}$ 的测缝计数量			
	A	B	C	D	A	B	C	D
0.05	15(83.3%)	7(33.3%)	9(60.0%)	4(33.3%)	0(0.0%)	4(1.7%)	6(28.5%)	15(100.0%)
0.10	13(72.2%)	0(0.0%)	9(60.0%)	3(25.0%)	0(0.0%)	0(0.0%)	4(19.0%)	15(100.0%)
0.15	6(33.3%)	0(0.0%)	7(46.7%)	0(0.0%)	0(0.0%)	0(0.0%)	0(0.0%)	15(100.0%)

5.1.2　高拱坝横缝变形机理

5.1.2.1　横缝面薄弱机理

横缝界面薄弱原因与混凝土骨料-水泥石界面过渡区薄弱类似。新旧混凝土的界面同样存在类似于整浇混凝土中骨料与水泥石接触的这样一个过渡区。新旧混凝土的结合面比体系中骨料与水泥石界面还要薄弱,可能有以下几方面原因:①新旧混凝土接触界面存在一个类似于整浇混凝土中骨料与水泥石之间的界面过渡区,而这个过渡区本来就是一个薄弱环节;②界面处露出的石子、水泥石和新混凝土的界面接触与整浇混凝土中骨料与水泥浆的界面接触有差别;③整浇混凝土中骨料与水泥石之间粘结裂缝的延伸、扩展、连通最后导致混凝土破坏。此外,高压水冲毛工艺消减了②③的影响,使得处理后横缝缝面粘结强度较高。

5.1.2.2　缝面蓄能分析

理论上,混凝土一冷后的温度已由最高温度下降,基本呈收缩变形状态,不存在粘结作用的横缝面一般在一期冷却结束后应可以拉开。但实际工程中由于缝面冲毛工艺、拱坝体型结构等原因,缝面存有不同程度的粘结强度,导致缝面难以拉开。不考虑自生体积变形的情况下,简化模型如图 5-4 所示,以 $E(\tau)$、$\alpha(\tau)$ 代表典型龄期混凝土的弹性模量、线膨胀系数,$T(\tau)$ 代表混凝土温度,则在 τ_k 时刻缝面的张拉应力为

$$\sigma = \int_0^{\tau_k - \tau_0(B)} -E(\tau)\alpha(\tau)\frac{dT_A(\tau)}{d\tau}d\tau + \int_0^{\tau_k - \tau_0(B)} -E(\tau)\alpha(\tau)\frac{dT_B(\tau)}{d\tau}d\tau \tag{5-3}$$

实际上,可以根据各时段的温度监测信息,将上式离散后进行计算,即

$$\sigma = -\sum_{i=1}^n E_A(\tau_i)\alpha_A(\tau_i)\Delta T_A(\tau_i) - \sum_{i=1}^m E_B(\tau_i)\alpha_B(\tau_i)\Delta T_B(\tau_i) \tag{5-4}$$

不妨定义缝面封闭过程中两侧张拉能力的大小为一种缝面蓄能状态,缝面拉开得越晚, τ_k 越大;两侧坝段的冷却阶段拖得越久,缝面的张拉趋势越强,一旦拉开,产生的能量释放也越大。实际上,施工期坝体横缝面的开闭呈一种"上闭下灌中间开"的状态,如图 5-5 所示,其中未张开区域最底部的混凝土属于关键部位,该部位缝面蓄能越大,拉开时增开效应的影响范围越大,极端情况可能造成已灌浆区域的再次拉开。

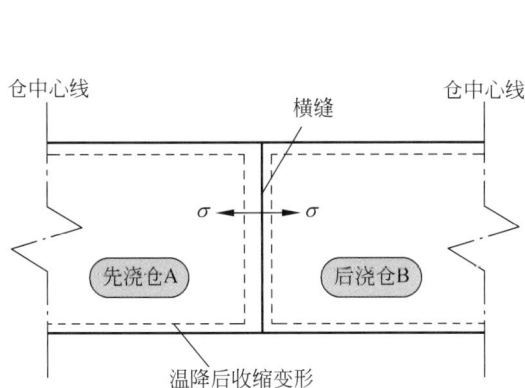

图 5-4 温度收缩示意图

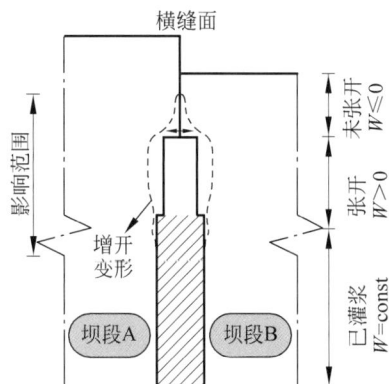

图 5-5 缝面开闭状态

缝面蓄能的大小,可以根据缝面闭合时间及温控阶段来制定相关指标进行估计,统计溪洛渡拱坝横缝增开时刻的相关指标如表 5-2 所示。可见,674 天时,A、C 横缝的判断指标较高,缝面蓄能较大,实际中由于 675 天时第 9 灌区的拉开,随之造成了邻近接缝的开合度的突然增大,影响范围达到了 7 个灌区,即第 6~12 层灌区。而 B 横缝则由于缝面蓄能较小,没有造成较明显的增开现象。同理,740 天时,只有 D 横缝的指标较高,产生了增开现象,其余的 A、B、C 横缝则没有明显反应。综上所述,横缝增开的程度与缝面蓄能情况有很大关系,蓄能较大的横缝更易发生较明显的增开现象。

表 5-2 缝面温控阶段表

时间	横缝	张开灌区	关键闭合灌区	所处温控阶段	温控阶段判断指标	缝面闭合时间判断指标
674d	A	7~8	9	二期降温＋二期降温	6+6=12*	173
	B	7~10	11	中期一次控温＋一期降温	3+2=5	57
	C	7~8	9	二期降温＋二期降温	6+6=12	207
	D	7~8	9	二期降温＋中期降温	6+4=10	93
740d	A	9~14	15	中期一次控温＋一期降温	3+2=5	20
	B	9~12	13	一期降温＋一期降温	2+2=4	19
	C	9~13	14	中期一次控温＋一期降温	3+2=5	18
	D	9~10	11	中期降温＋中期降温	4+4=8	119

＊ 判断指标按横缝面两侧坝段的温控阶段来判断,具体按先后顺序依次赋予权重 1~7,即一期控温为 1,一期降温为 2,中期一次为 3,中期降温为 4,中期二控为 5,二期降温为 6,二期一控为 7。

　　粘结强度较大的横缝由于难以及时拉开,造成缝面蓄能较大,而这些横缝则往往由于外因诱导而拉开。在溪洛渡中,一种典型外因就是通水检查。根据规范,有压力缝面通水检查是接缝灌浆前的必备工作。通过现场实践,发现横缝增开时刻 674 天、741 天恰恰发生在通水检查时刻(672 天、739 天)之后。以 662~700 天的 A 横缝为例,绘制 A 横缝各灌区的开合度变化如图 5-6 示。

　　实际工程中,该期间该缝共进行了两次缝面通水检查,分别在 672 天和 683 天。在两次通水作用下,开合度均产生了一定的增加并随后回落,这说明缝面的通水压力对横缝面将产生一定的挤胀作用。由于通水时间较短(一般约 1 天),这种挤胀作用在几天之内即消散。一般来说,这种程度的通水压力对横缝面的影响并不大,但一旦某些位置横缝的蓄能较大,这种作用正是其拉开的诱导因素。如 672 天的通水作用导致了缝面蓄能较大的 A-9 灌区拉开,较大能量的释放引发了大范围的横缝受到影响。

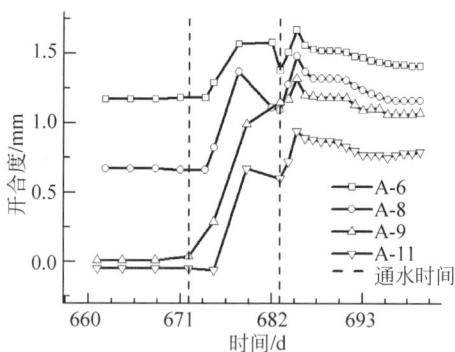

图 5-6　通水检查对横缝的影响作用

　　综上,横缝增开现象的成因基本可以归纳如下:由于缝面粘结强度的原因,部分位置横缝难以及早拉开,导致缝面蓄能较大,在某些外界因素的诱导下,如有压力通水检查等,促使这些灌区拉开,导致缝面蓄能释放,对邻近灌区横缝形成较大的张拉作用,从而影响上下相邻横缝同时引起连锁反应。

5.1.3　高拱坝横缝工作性态辨识方法

　　高拱坝施工期横缝性态辨识方法,在现有技术的基础上,通过使用横缝测缝计实时监测横缝张开度,然后按照判据计算相关指标进行横缝性态的判断,准确地把握横缝工作状态,为接缝灌浆时机的选择和横缝张开度的控制提供决策依据。横缝测缝计布置如图 5-7 所示,横缝性态判断流程图如图 5-8 所示。

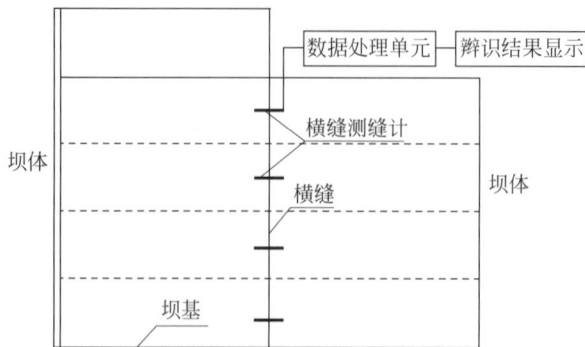

图 5-7　横缝结构及监测仪器

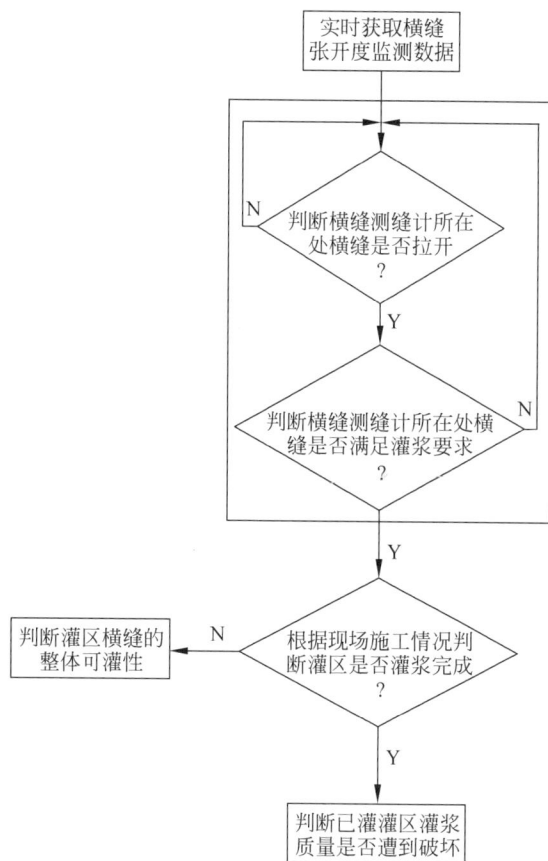

图 5-8　横缝性态判断流程图

1. 将采集信息输入数据处理单元

施工期间在横缝处布设横缝测缝计,以实时获得横缝的张开度监测值,将采集的数据和各灌区灌浆时间的信息输入到数据处理单元,横缝测缝计布设方式为:竖直方向上,在各灌区或间隔 1~2 个灌区布设横缝测缝计;横河向方向上,在全部或至少一半横缝处布设横缝测缝计;顺河向方向上,在中部或上中下游横缝处布设横缝测缝计。

2. 判定阈值

根据工程数据统计分析和工程经验等,预先设定各判据的阈值 $A_1 \sim A_6$,B_1 和 $D_1 \sim D_3$。A_1 为横缝拉开前一刻张开度的阈值,A_2 为横缝拉开前后张开度变化量的阈值,A_3 为横缝拉开前一刻张开度日变化量的阈值,A_4 为横缝拉开前后张开度日变化量的阈值,A_5 为横缝张开度日变化量比值的阈值,A_6 为横缝张开度的阈值,B_1 为横缝接缝灌浆所要求的缝面最小张开度,D_1 为横缝发生异常变化前一刻张开度日变化量的阈值,D_2 为横缝发生异常变化前后张开度日变化量的阈值,D_3 为横缝发生异常变化张开度日变化量比值的阈值。

3. 测缝计埋设处的横缝是否拉开的辨识

因灌浆前的坝体横缝为大体积新老混凝土粘结面,混凝土属于准脆性材料。根据拱坝工程横缝张开度数据的统计分析可知,横缝一般会在张开度为负值或微小正值时发生突增行为,这是横缝拉开的表现特征。采用张开度日变化量来描述横缝这种拉开行为,可分为三种情况。

(1) 在横缝张开度为负值或微小正值时,横缝张开度日变化量突然变大,较之前的张开度日变化量大很多,使得横缝张开度由负值变为正值或由微小正值变为较大正值,且随后几天内横缝张开度日变化量大于等于0,未发生回落,具体表达形式为

$$\frac{k_i - k_{i-1}}{t_i - t_{i-1}} \leqslant A_3, \quad \frac{k_{i+1} - k_i}{t_{i+1} - t_i} \geqslant A_4 \ \text{和} \ \frac{k_{i+2} - k_{i+1}}{t_{i+2} - t_{i+1}} \geqslant 0 \tag{5-5}$$

(2) 在横缝张开度为微小正值时,横缝后一天张开度日变化量与前一天的张开度日变化量的比值突然变大,且随后几天内横缝张开度日变化量大于等于0,未发生回落,横缝张开度由微小正值变为较大正值,具体表达形式为

$$\frac{k_i - k_{i-1}}{t_i - t_{i-1}} > A_3, \quad \frac{\dfrac{k_{i+1} - k_i}{t_{i+1} - t_i}}{\dfrac{k_i - k_{i-1}}{t_i - t_{i-1}}} \geqslant A_5 \ \text{和} \ \frac{k_{i+2} - k_{i+1}}{t_{i+2} - t_{i-1}} \geqslant 0 \tag{5-6}$$

(3) 一些横缝张开度一直变化较为平缓,并未在张开度由负值变为正值过程及增长过程中发生张开度突增行为,对于这种横缝拉开形式,可采用当横缝张开度大于某一较大张开度值来确定横缝已拉开,具体表达形式为

$$k_{i+1} \geqslant A_6 \tag{5-7}$$

根据横缝测缝计2张开度监测值来判断横缝测缝计埋设处的横缝3是否拉开,首先判断横缝张开度 k 是否满足条件:

$$k_{i+1} \geqslant 0, \quad k_i \leqslant A_1 \ \text{和} \ k_{i+1} - k_i \geqslant A_2 \tag{5-8}$$

若不满足,则说明横缝测缝计埋设处的横缝处于闭合阶段;若满足则继续进行判断,若满足以下三个条件中任一条件,说明横缝测缝计埋设处的横缝拉开,拉开日期为 i。

(1) $\dfrac{k_i - k_{i-1}}{t_i - t_{i-1}} \leqslant A_3, \dfrac{k_{i+1} - k_i}{t_{i+1} - t_i} \geqslant A_4 \ \text{和} \ \dfrac{k_{i+2} - k_{i+1}}{t_{i+2} - t_{i+1}} \geqslant 0$ (5-9)

(2) $\dfrac{k_i - k_{i-1}}{t_i - t_{i-1}} > A_3, \dfrac{\dfrac{k_{i+1} - k_i}{t_{i+1} - t_i}}{\dfrac{k_i - k_{i-1}}{t_i - t_{i-1}}} \geqslant A_5 \ \text{和} \ \dfrac{k_{i+2} - k_{i+1}}{t_{i+2} - t_{i-1}} \geqslant 0$ (5-10)

(3) $k_{i+1} \geqslant A_6$ (5-11)

其中,t_i 表示横缝测缝计始测日起第 i 日的监测日期;k_i 表示横缝测缝计始测日起第 i 日的张开度监测值;A_1 可考虑取一个微小正值,一般为 $0 \sim 0.2$mm;A_2 可通过参考横缝拉开前一段时间内张开度变化情况,取正常增长时张开度变化量的某一倍数来确定,该倍数的取值范围一般为 $2 \sim 4$ 倍;A_3 具体取值由横缝拉开前一段时间内张开度日变化量情况确定,根据统计分析和工程经验一般为 $0 \sim 0.05$mm/d;A_4 具体取值由横缝拉开前后张开度日变化量情况确定,一般大于 0.3mm/d;A_5 具体取值由横缝拉开前后张开度日变化量情况确定,一般大于 2;A_6 取值范围一般为 $0.2 \sim 0.3$mm;i 为正整数,且 $i \geqslant 2$。

若以上三个条件(1)、(2)和(3)皆不满足,说明横缝测缝计埋设处的横缝未拉开,仍处于闭合阶段。

只要测缝计埋设处的横缝未拉开,则需要不断地对测缝计埋设处的横缝进行是否拉开的判断,直至横缝拉开为止。

4. 测缝计埋设处的横缝是否满足灌浆要求的辨识

若经步骤 3 判断确定测缝计埋设处的横缝 3 已拉开,则接下来采用横缝测缝计 2 的张开度监测值对测缝计埋设处的横缝 3 进行是否满足灌浆要求进行考查。若 $k_i > B_1$,说明该横缝测缝计埋设处的横缝张开度满足灌浆要求。其中,B_1 为横缝接缝灌浆所要求的缝面最小张开度,一般取值为 0.5mm。

5. 灌区横缝是否具备灌浆条件的考查

当对所有的横缝测缝计 2 监测数据完成步骤 4 的判断后,则根据步骤 3 和步骤 4 的结果对布设有横缝测缝计 2 的未灌浆灌区的可灌程度进行考查。具体步骤如下:

(1) 计算表征灌区可灌程度的 p 指数。p 指数是指灌区测缝计埋设处横缝满足灌浆要求的测缝计数占整个灌区所埋设横缝测缝计数的比例,计算公式为

$$p = \frac{m}{n} \times 100\% \tag{5-12}$$

式中,m 为测缝计埋设处横缝已满足灌浆要求的测缝计数量;n 为整个灌区所埋设横缝测缝计的数量;p 为一个无量纲数,取值范围为 $0\% \sim 100\%$,用于表征灌区的可灌程度,p 值越大说明该灌区可灌程度越好。

(2) 计算表征一个灌区进行灌浆引发其相连灌区横缝开合度突增可能性大小的 q 指标。为防止横缝受通水和灌浆的诱导造成多灌区横缝张开度突增的情况,整个灌区横缝可灌程度的检查还需对每条横缝进行各灌区张开情况的检查,主要是对要考查可灌程度的灌区以上灌区横缝的拉开情况进行检查。q 指标计算公式为

$$q = \frac{l}{l_0} \times 100\% \tag{5-13}$$

式中,l 为要考查可灌程度的灌区以上三个灌区横缝皆已拉开的横缝条数;l_0 要考查可灌程度的灌区的横缝总条数;q 为一个无量纲数,取值范围为 $0\% \sim 100\%$,用于表征灌区的可灌程度。

(3) 根据 p 和 q 的值,结合工程的具体条件,可以明确整个灌区横缝的可灌程度,从而对灌浆时机的选择作出决策。

一般来说,若 $p \geqslant 90\%$ 且 $q \geqslant 85\%$,则该灌区可灌性较好,灌浆施工顺畅,基本不会发生整条横缝突增的行为使得已灌灌区接缝质量遭到破坏的情况;若 $p \geqslant 80\%$ 且 $q \geqslant 70\%$,则该灌区可灌性一般,勉强可进行灌浆,灌浆过程中可能有个别缝面会出现进浆困难等问题,存在发生整条横缝突增行为的可能性,但造成已灌灌区接缝质量遭到破坏的可能性不大;若 $p < 80\%$ 且 $q < 70\%$,该灌区可灌性较差,不宜立即进行灌浆,需对未满足灌浆要求的部位采取一定的措施使其满足条件后,再进行灌浆。

6. 已完成接缝灌浆的灌区灌浆质量是否遭到破坏的考查

因灌区 4 完成灌浆后,横缝 3 性态一般较为稳定,张开度变化都较为平缓,故可采用张开度日变化量对已灌灌区 4 横缝 3 的异常情况进行考查。当横缝张开度日变化量突然变

大,较之前的张开度日变化量大很多,或者横缝后一天张开度日变化量与前一天的张开度日变化量的比值突然增大,则说明横缝发生异常变化,灌浆质量遭到了破坏,具体表达形式为

$$(1) \quad \frac{k_i - k_{i-1}}{t_i - t_{i-1}} \leqslant D_1 \quad \text{且} \quad \frac{k_{i+1} - k_i}{t_{i+1} - t_i} \geqslant D_2 \tag{5-14}$$

$$(2) \quad \frac{k_i - k_{i-1}}{t_i - t_{i-1}} > D_1 \quad \frac{\dfrac{k_{i+1} - k_i}{t_{i+1} - t_i}}{\dfrac{k_i - k_{i-1}}{t_i - t_{i-1}}} \geqslant D_3 \tag{5-15}$$

其中,D_1 为横缝发生异常变化前一刻张开度日变化量的阈值,具体取值由横缝拉开前一段时间内张开度日变化量的情况确定,一般为 $0\sim0.05\text{mm/d}$;D_2 为横缝发生异常变化前后张开度日变化量的阈值,具体取值由横缝发生异常变化前后张开度日变化量情况确定,一般大于 0.04mm/d;D_3 为横缝发生异常变化张开度日变化量比值的阈值,具体取值由横缝发生异常变化前后张开度日变化量情况确定,一般大于 3。

若灌浆后的横缝的张开度满足上述两个条件中任一条件,说明横缝发生异常变化,已灌区接缝灌浆质量遭到破坏。

5.1.4 高拱坝横缝粘结强度控制方法

5.1.4.1 横缝粘结强度作用分析

由以上分析可知,新旧混凝土接触位置存在界面过渡区,由于旧混凝土的亲水性,结合面处的新混凝土的局部水灰比高于其余部位水灰比,降低了界面强度,导致新旧混凝土的结合部位成为承载能力较薄弱的部位。处于闭合状态的横缝本质上是一种大尺度范围上的新旧混凝土交界面,因此对于横缝粘结强度的考虑是有一定必要性的。

图 5-9(a)、(c)是溪洛渡两个不同横缝的测缝计读数,每组测缝计分上游、中游、下游三支布设在同一高程,可以看出横缝一般由于刚浇筑混凝土的体积膨胀,初期处于受压状态,开合度为负。由于人工冷却措施的作用,横缝两侧坝体混凝土温度逐渐降低,从图 5-9(b)、(d)可以看出横缝开合度从受压状态转换为受拉状态存在一种类脆性的突增变化,但温度在这个阶段的前后均保持平缓的降温幅度,这说明横缝间存在一定的粘结作用,当两侧混凝土收缩所产生的牵拉作用较小时,横缝粘结作用明显,开合度为负且变化不大,当牵拉作用可以克服粘结作用后,横缝开合度表现出突然增大现象。

5.1.4.2 横缝粘结强度控制方法

(1)首先根据设计进度计划及施工规范,制定控制指标,包括接缝灌浆设计时刻、规定最晚张开时刻、接缝灌浆最小要求开度,并按下式对通水冷却计划进行校核:

$$W(\tau_g) = L_1 \int_{\tau_0}^{\tau_g} \alpha_1(\tau) \frac{\mathrm{d}T_1(\tau)}{\mathrm{d}\tau} \mathrm{d}\tau + L_2 \int_{\tau_0}^{\tau_g} \alpha_2(\tau) \frac{\mathrm{d}T_2(\tau)}{\mathrm{d}\tau} \mathrm{d}\tau \geqslant W_g \tag{5-16}$$

式中,τ 代表时间;τ_0 代表横缝形成时刻;$W(\tau_g)$ 代表 τ_g 时刻的横缝开合度;$\alpha_1(\tau)$、$\alpha_2(\tau)$ 代表先浇、后浇混凝土仓的线膨胀系数;$T_1(\tau)$、$T_2(\tau)$ 代表先浇、后浇混凝土仓的温度;L_1、L_2

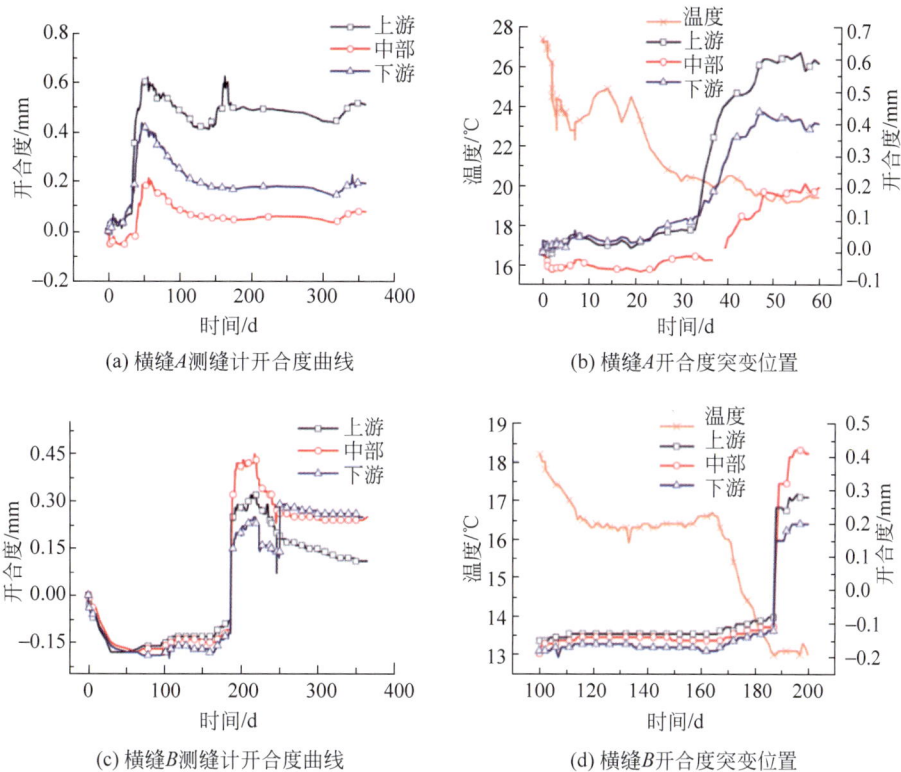

图 5-9 溪洛渡高拱坝横缝开合度实测曲线图

分别代表先浇、后浇混凝土仓的宽度。若计算出的 $W(\tau_g)$ 不满足上式,则说明原通水冷却计划不能满足要求,重新制定计划,并按上式校验;若计算出的 $W(\tau_g)$ 满足上式,则按照下式计算最大允许粘结强度:

$$\sigma_{\max} = \int_{\tau_0}^{\tau_c} - E_1(\tau)\alpha_1(\tau)\frac{\mathrm{d}T_1(\tau)}{\mathrm{d}\tau}\mathrm{d}\tau + \int_{\tau_0}^{\tau_c} - E_2(\tau)\alpha_2(\tau)\frac{\mathrm{d}T_2(\tau)}{\mathrm{d}\tau}\mathrm{d}\tau \qquad (5\text{-}17)$$

式中,$E_1(\tau)$、$E_2(\tau)$ 代表先浇、后浇混凝土仓的弹性模量;本步骤中的参数 $E_1(\tau)$、$E_2(\tau)$、$\alpha_1(\tau)$、$\alpha_2(\tau)$ 在设计阶段通过试验方式获得,$T_1(\tau)$、$T_2(\tau)$ 通过通水冷却计划获得。

(2) 施工期间布置横缝测缝计、数字温度计,每个灌区或间隔一个灌区在横缝上布置至少一支横缝测缝计,所测值即步骤(1)中的 W,并配合在同高程的混凝土仓内布置数字温度计。

(3) 控制先浇仓的横缝面冲毛程度 k,保证 $k<k_{\max}$。利用与坝体混凝土材料一致的试件进行新旧混凝土粘结试件的拉伸试验,可以采用直拉试验或劈拉试验,针对不同的缝面冲毛程度的试验可以获得该种冲毛程度所对应的抗拉强度。$k_{\max}$ 表示试验中抗拉强度为步骤(1)中所对应的冲毛程度。

(4) 控制先浇仓与暴露横缝面的温度,包括如下手段:对暴露横缝面必须覆盖保温被,并主动控制通水冷却措施;在一期冷却结束后的暴露期间内,保证先浇仓的混凝土温度维持在一期冷却目标温度上下不超过 1℃ 的范围内。

(5) 控制混凝土的降温速度,中期或二期冷却过程中降温速度不得超过 0.5℃/d,通过步骤(2)中布置的数字温度计对混凝土温度进行监控,实时调整通水冷却措施,保证冷却的缓慢正常进行。

(6) 步骤(3)中的实际横缝面冲毛程度 k 所对应的试验抗拉强度为 σ_c,通过监测结果实时计算缝面的张拉强度如下式:

$$\sigma(\tau_a) = \int_{\tau_0}^{\tau_a} -E_1(\tau)\alpha_1(\tau)\frac{\mathrm{d}T^{实测}(\tau)}{\mathrm{d}\tau}\mathrm{d}\tau + \int_{\tau_0}^{\tau_a} -E_2(\tau)\alpha_2(\tau)\frac{\mathrm{d}T^{实测}(\tau)}{\mathrm{d}\tau}\mathrm{d}\tau \qquad (5\text{-}18)$$

式中,τ_a 代表当前实际时刻;$T_1^{实测}(\tau)$、$T_2^{实测}(\tau)$ 代表实际监测的混凝土温度值。当横缝尚未张开时,比较 $\sigma(\tau_a)$ 和 $\sigma(c)$ 的大小:

若 $\sigma(\tau_a)<\sigma(c)$ 且 $\tau_a<\tau_c$,则属于正常现象;若 $\sigma(\tau_a)<\sigma(c)$ 且 $\tau_a\geqslant\tau_c$,则横缝拉开晚,应立即采取措施促使横缝张开,包括局部缝面有压力通水、缝面局部超冷;若 $\sigma(\tau_a)\geqslant\sigma(c)$,则存在局部横缝粘结强度较大,应加快两侧坝段的降温速度,此方法无效时,还应采取其他措施促使横缝张开,包括局部缝面有压力通水、缝面局部超冷。

5.2　高拱坝悬臂高度个性化控制技术

5.2.1　悬臂高度对坝体影响分析

高拱坝横缝未接缝灌浆前,单坝段浇筑块受力状态如同悬臂梁。随着坝体不断浇筑上升,未接缝灌浆高度超过一定值后,在坝体已接缝灌浆区域或者基础部位相当于悬臂梁根部,受倒悬坝体自重荷载作用可能产生拉应力,且应力值有超过大坝应力设计值的可能[11-16]。

当前国内混凝土拱坝设计规范[17,18],都还没有明确条文规定或者分项给出适用于不同特点及类型的特高拱坝的悬臂高度控制允许值。在各个特高拱坝的实际施工控制方案中,设计单位对于各种不同特点的特高拱坝、各不同拱坝的不同坝段以及不同灌区,大都采用统一的、单一的允许悬臂高度控制值[19]。实际施工过程中,由于不同形式拱坝、同一拱坝的不同坝段、同一坝段的不同高程相对应的混凝土都具有其自身个性特点,其浇筑形象、浇筑时间、温度变化和冷却条件等不同,接缝灌浆进程及接缝灌浆五区温度梯度控制要求导致各个不同拱坝的各个单坝段的受力状态也不尽相同,若采用统一标准值进行全坝悬臂高度控制,对大坝质量控制及安全管控不利,应在大坝应力安全标准控制范围内,从严出发,分区确定悬臂控制标准,并根据动态调整原则,在全坝全过程分析基础上实现动态控制。

5.2.2　悬臂高度个性化控制分析方法

现有的拱坝设计方案中,一般采用拱梁分载法或者有限元法进行不同悬臂高度情况下的坝体应力复核验算,综合分析后定出悬臂高度控制值。以溪洛渡水电站大坝混凝土温控技术要求为例,考虑混凝土的间歇期、各浇筑层上下温度梯度及相邻坝段高差等相应的控制标准:最大悬臂高度=接缝灌区高度(9m)+同冷区高度(9~18m)+过渡区高度(9m)+盖重区高度(6~9m)+相邻最大高差(9~30m),则此技术要求中大坝悬臂高度值的允许范围为 45~75m。

　　基于全坝全过程仿真分析模型,根据拟定的施工组织方案,模拟每仓混凝土浇筑过程中的温度应力荷载、自重荷载、自生体积变形荷载和徐变荷载等的逐步叠加作用。为实现对分坝段分高程个性化悬臂高度控制的分析,对于每个不同的坝段 $i(i=1,2,\cdots,m,m$ 为坝段号),按不同接缝灌浆进程 $n(n$ 代表该灌区及其以下已完成接缝灌浆)分成不同工况。对于每个工况,通过单元生死命令模拟每仓混凝土不断上升至大坝封拱高度的过程,期间不考虑接缝灌浆,即从第 $n(n \geqslant 1)$ 灌区已接缝灌浆开始浇筑到拱坝顶部,单坝段都为悬臂结构。当给定某一应力控制标准后,就可对应得到该坝段该高程情况下的悬臂高度允许值。重复以上步骤,即可得到不同坝段、不同高程情况下的悬臂高度控制值。悬臂高度个性化控制分析方法流程如图 5-10 所示。

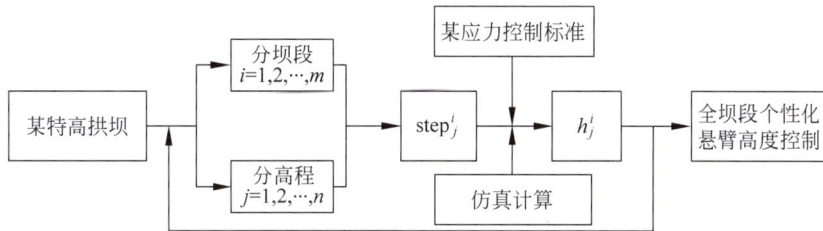

图 5-10　悬臂高度个性化控制分析方法的流程图

　　为更加直观和方便地确定不同坝段在不同应力控制标准情况下的悬臂高度控制值,可分别给出各个不同坝段在不同灌浆高程下的最大主应力极值,在不同悬臂高度下对应的应力分布规律,从而实现不同条件下分坝段分高程的悬臂高度控制值的快速确定。

5.2.3　溪洛渡特高拱坝悬臂高度个性化控制

　　溪洛渡坝体浇筑初期,受基础处理等影响,坝体施工面貌呈“凸”状;浇筑经过各孔口区域时,坝体施工面貌呈“凹”状。根据大坝混凝土施工进度仿真分析可知,大坝悬臂高度对施工进度影响较大,按照原有设计要求的大坝允许悬臂高度难以满足 2011—2013 年度汛期要求。由此,采用悬臂高度个性化控制分析方法,基于大坝典型的实际施工情况进行预测仿真(第 4 灌区以下已完成接缝灌浆,选取拟浇筑坝段中的典型坝段分别单独仿真计算,表 5-3 给出了坝段计算模型的相关信息),开展特高拱坝悬臂高度个性化控制分析研究。

表 5-3　典型坝段计算模型相关信息

坝　　　段		12#	13#	16# (带孔口)	16# (无孔口)	17#	19#	21#
单元数		2472	2784	4140	3648	2880	2568	2328
节点数		3640	4095	5684	5205	4235	3780	3410
浇筑仓数		95	104	103	103	107	101	86
浇筑 时间	开始	2009-09-15	2009-04-18	2009-05-07	2009-05-07	2009-04-16	2009-05-09	2009-05-09
	结束	2013-05-12	2013-04-21	2013-05-09	2013-05-09	2013-04-27	2013-04-22	2013-02-10

5.2.3.1　典型坝段悬臂高度控制值变化规律的分析

　　图 5-11 给出了典型坝段不同灌区灌浆后的悬臂高度与最大主应力极值的关系。由于

不同高程的大坝混凝土浇筑对应不同的外界气温,温度荷载对应力值的影响使得图中曲线呈不规则的变化趋势。

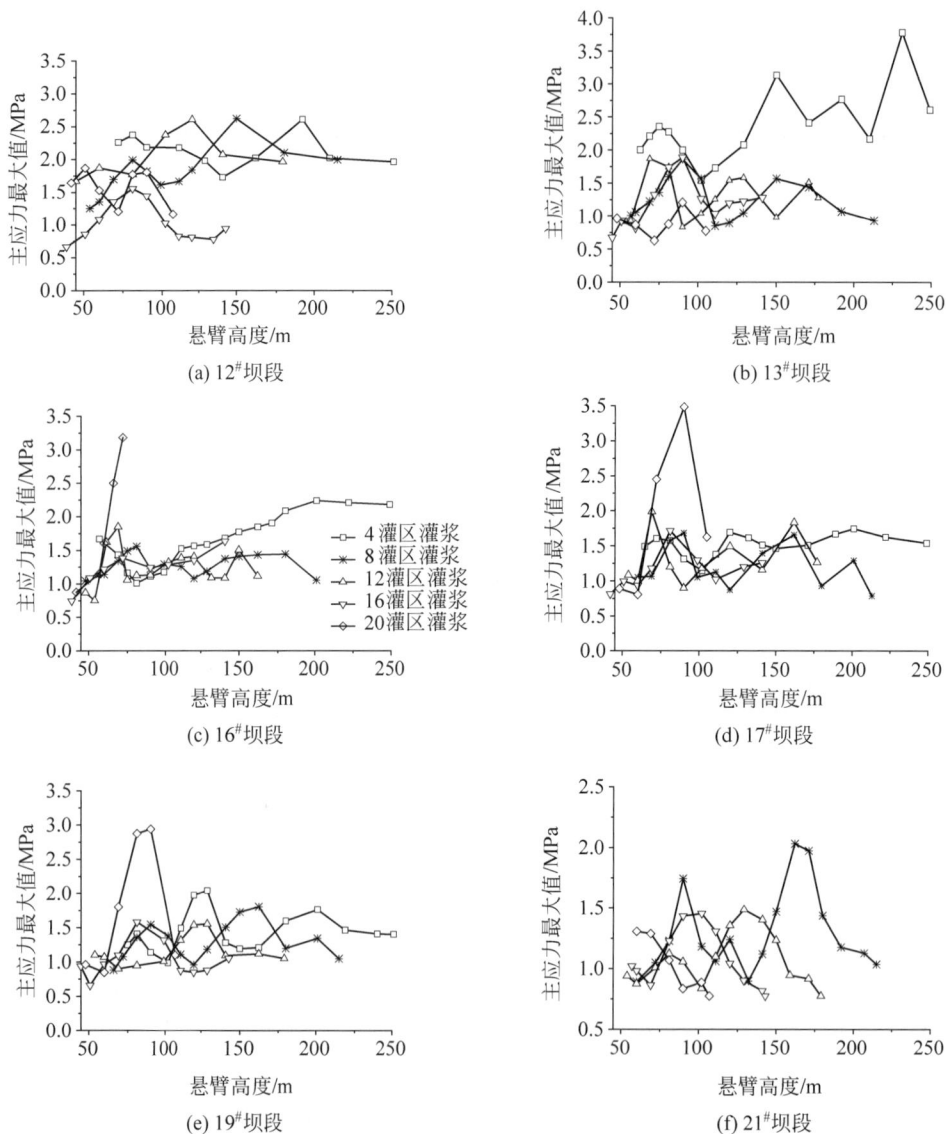

(a) 12#坝段

(b) 13#坝段

(c) 16#坝段

(d) 17#坝段

(e) 19#坝段

(f) 21#坝段

图 5-11　典型坝段不同灌区灌浆后不同悬臂高度对应的最大主应力极值

图 5-12 给出了拱坝河床中部典型坝段 16# 坝段第 4 灌区灌浆后的不同悬臂高度对应的最大主应力分布。第 4 灌区接缝灌浆高程为 359m,灌浆时间为 2010 年 12 月 15 日,此时坝体浇筑高程为 416m。由图 5-12 可见,刚接缝灌浆后(图 5-12(a)),主应力最大值分别出现在坝体上、下游面高程 392m 处,而接缝灌浆处高程 359m 处应力值相对较小,即自重荷载此时未起关键作用。分析原因可知:高程 392m 浇筑混凝土时间为 2010 年 6 月 18 日,为夏季高温浇筑,而此时接缝灌浆时间为冬季,即温度荷载占有主导作用。另以 21# 坝段第 8 灌区灌浆后的情况分析,接缝灌浆高程为 395m,对应时段的浇筑高程为 455m。接缝灌浆后的

主应力最大值分别出现在已浇坝体多个位置,主要原因是 395m 高程至 455m 高程的浇筑混凝土时间为 2010 年 10 月 5 日—2011 年 4 月 22 日,都避开了高温浇筑时间。

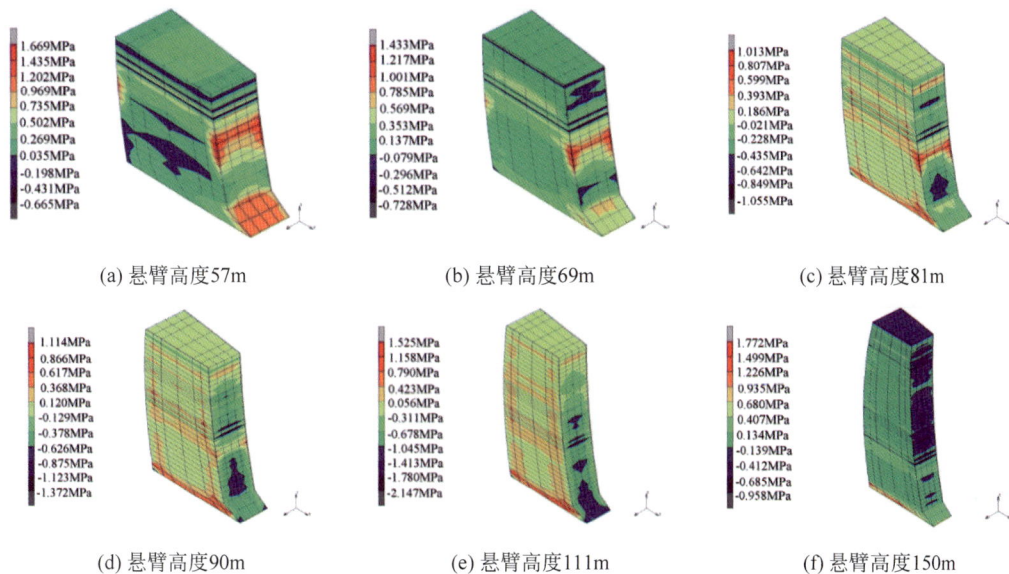

(a) 悬臂高度57m (b) 悬臂高度69m (c) 悬臂高度81m

(d) 悬臂高度90m (e) 悬臂高度111m (f) 悬臂高度150m

图 5-12 16# 坝段 4 灌区灌浆后的不同悬臂高度时最大主应力分布

以 16# 坝段第 4 灌区灌浆后情况为例进一步分析。当悬臂高度小于 69m,最大主应力极值都出现在高温季节浇筑的混凝土过冬时,即温度荷载在自重和温度等因素叠加作用产生的应力值中占主导作用(图 5-12(a)、(b))。随着悬臂高度的不断增加,最大主应力极值的出现位置不仅在上、下游面高程 392m 处,同时接缝灌浆高程 359m 处也出现了主应力的最大值(图 5-12(c))。悬臂高度超过 90m 后,最大主应力极值都出现在横缝接缝灌浆处,即高程 359m 附近(图 5-12(d)~(f))。由此可见,悬臂高度较大时,自重因素将占有一定比例。16# 坝段其他灌区灌浆后的最大主应力随悬臂高度增加也呈现上述变化规律。

其他坝段不同灌区灌浆后的最大主应力随悬臂高度增加而变化的规律也基本如上所述。综合分析各个坝段的计算结果可知:当悬臂高度小于 80m 左右,最大主应力极值一般出现在高温季节浇筑的混凝土过冬时,即此时的温度荷载占主导作用。随着悬臂高度的不断增加,最大主应力极值的出现位置基本未变,但接缝灌浆高程处也逐渐出现主应力最大值。当悬臂高度超过 100m 左右后,最大主应力极值一般出现在横缝接缝灌浆处,即悬臂高度较大时,自重荷载开始逐渐占有主导作用。典型坝段的温度荷载与自重荷载分别占主导,对应的悬臂高度统计见表 5-4。

表 5-4 第 4 灌区灌浆后悬臂高度影响因素的影响范围统计

坝　　段	12#	13#	16#	17#	19#
最大主应力出现位置对应的浇筑时间	2010-07-12	2010-08-08	2010-06-18	2010-07-28	2010-05-13
温度荷载占主导的高度/m	≤81	≤63	≤69	≤81	≤90
自重荷载占主导的高度/m	≥117	≥111	≥90	≥115	≥102

5.2.3.2 带孔口悬臂高度的分析研究

图 5-13 给出了 16# 坝段 4 灌区灌浆后的带孔口与不带孔口两种工况下,不同悬臂高度对应的最大主应力极值的比较结果。由图可见,带孔口与不带孔口坝段在悬臂高度 111m 之前,最大主应力极值相差不大。当悬臂高度为 111~120m 时,带孔口坝段最大主应力极值略大于不带孔口坝段。当悬臂高度为 120~180m 时,带孔口坝段最大主应力极值略小于不带孔口坝段。而悬臂高度超过 120m 之后,带孔口坝段的最大主应力极值变化迅速,特别是超过 180m 之后增加明显,远大于不带孔口坝段,其最大主应力极值的出现位置位于孔口的底面与顶面位置处。

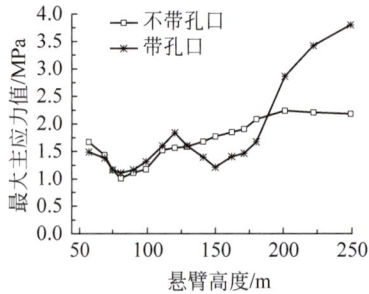

(a) 不同悬臂最大主应力值

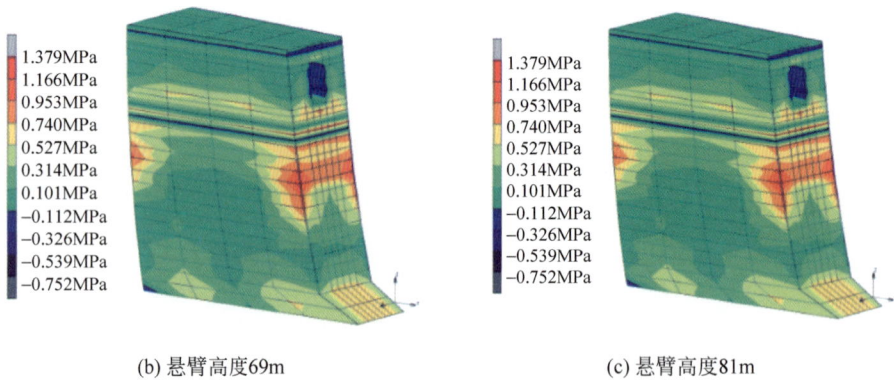

(b) 悬臂高度69m

(c) 悬臂高度81m

图 5-13 带孔口 16# 坝段第 4 灌区灌浆后不同悬臂高度时最大主应力分布

综合分析,当悬臂高度小于 111m,带孔口与不带孔口的最大主应力极值可视为基本一致,带孔口坝段悬臂高度允许值可取与不带孔口坝段一致。

5.2.3.3 溪洛渡拱坝悬臂高度控制分布

悬臂高度个性化控制方法,可按应力控制法和抗裂安全系数法考虑大坝混凝土的允许拉应力值。按不同应力控制标准或不同应力安全系数,就可由图 5-11 查到溪洛渡拱坝相应的悬臂高度控制值。表 5-5 给出了溪洛渡典型坝段基于悬臂高度个性化控制方法对应的悬臂高度控制值(应力控制法和抗裂安全系数法中,大坝混凝土允许拉应力分别取 1.5MPa 和 2.0MPa)。

表 5-5 允许拉应力为 1.5MPa 和 2.0MPa 时对应的典型坝段悬臂高度控制值

坝段灌区	允许极限拉应力	12# 坝段	13# 坝段	16# 坝段	16# 坝段带孔口	17# 坝段	19# 坝段	21# 坝段
4 灌区灌浆后		72	63	57	57	64.5	81	—
8 灌区灌浆后		60	75	75	75	69	81	81
12 灌区灌浆后	1.5MPa	45	57	54	54	60	81	>81
16 灌区灌浆后		69	72	81	81	69	69	>81
20 灌区灌浆后		42	>72	57	57	60	60	>81
4 灌区灌浆后		72	63	162	111	>60	120	—
8 灌区灌浆后		81	>63	>66	111	>60	>69	150
12 灌区灌浆后	2.0MPa	81	>63	>66	111	>60	>69	>150
16 灌区灌浆后		>81	>63	>66	111	>60	>69	>150
20 灌区灌浆后		>81	>63	66	66	60	69	>150

按应力控制标准值为 1.5MPa 时,溪洛渡特高拱坝悬臂高度控制值的分布如图 5-14 所示。其中,白色区域为底孔区域;数值的位置代表该灌区灌浆后的大坝混凝土浇筑上升的允许悬臂高度控制值,单位为 m。

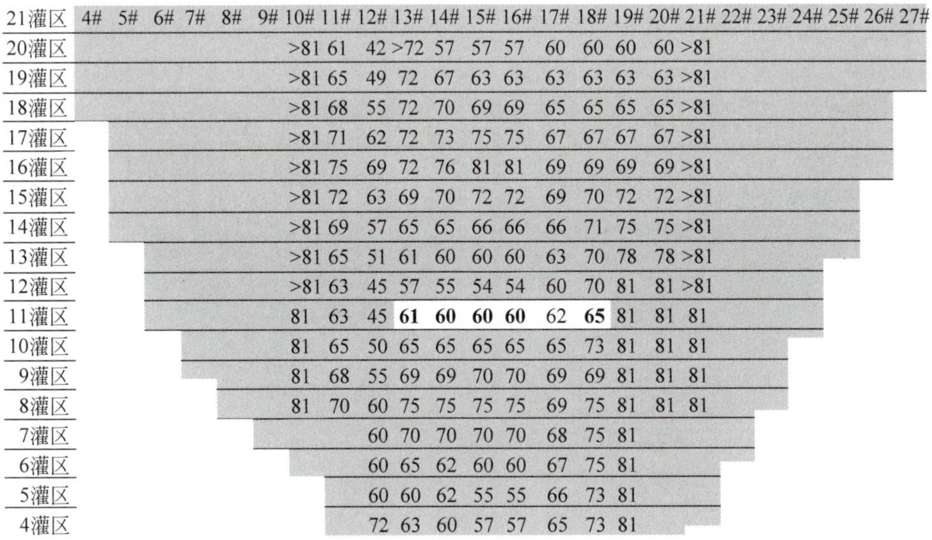

图 5-14 溪洛渡悬臂高度控制值分布(应力控制值为 1.5MPa)

5.3 高拱坝复杂基础坝趾灌浆作用机理与时机

5.3.1 灌浆压力选取方法

高拱坝大多处在复杂的基础上,这些基础往往岩溶发育、冲积层较厚,渗透性也比较大。对于这些复杂的地基,当设计应力强度变形及稳定不满足要求时,就要求对地基加固处理,以提高大坝的稳定要求。实际施工中往往对地基采取灌浆加固处理后，在坝趾后设置贴角或垫座，如小湾拱坝、溪洛渡拱坝、李家峡拱坝都在下游设置贴角或垫座，增加大坝的稳定性。但在坝趾区灌浆处理时往往引起抬动变形，导致施工期出现大坝开裂，因此开展复杂地基上高拱坝下游贴角固结灌浆抬动机理以及灌浆时机的研究具有重要意义。

灌浆压力是灌浆施工的重要参数，灌浆压力控制不好，在坝趾区灌浆处理时往往引起抬动变形，导致施工期出现大坝开裂，影响工期，也给将来大坝的安全运行带来隐患。国内外关于灌浆压力的选取没有一个统一的认识，其选取方法主要有经验选取法和试验方法，另外也有学者从岩体发生劈裂的角度提出劈裂灌浆压力和通过建立模型（如浆液扩张模型）的方法来确定最大灌浆压力。灌浆压力的经验选取方法最初认为灌浆压力与上覆岩层重量有关，实际上灌浆压力也会受岩体强度影响，这样才能解释某些典型岩体当灌浆压力超过上覆岩层重量而保持完整的现象，所以产生了修正后的经验法则，灌浆压力修正前后的经验选取准则具体见表 5-6。

表 5-6 灌浆压力选取的经验法则[21-27]

名称	修正前的经验法则	修正后的经验法则
美国	灌浆压力受上覆岩层厚度影响，上覆岩层每 1m 厚度增加 0.025MPa 的灌浆压力，近似上覆岩层重量	良好的成岩岩石：$P=h+1.33h\left(\dfrac{h}{900}+\dfrac{\sqrt[3]{h}}{20}\right)$ 对灌浆良好成层岩石：$P=h+1.33h\left(\dfrac{h}{400}+\dfrac{\sqrt[3]{h}}{40}\right)$ 坚硬致密的大块体岩石：$P=h+1.33h\left(\dfrac{h}{100}+\dfrac{\sqrt[3]{h}}{20}\right)$
欧洲	灌浆压力受上覆岩层厚度影响，上覆岩层每厚 1m 对应增加 0.1MPa 的灌浆压力，是上覆岩层自重的 4 倍	经常采用 Lombardi 公式：$R_{max}=\dfrac{P_{max}\cdot t}{C}$ R_{max} 为浆液的最大渗透半径，P_{max} 为最大灌浆压力，t 为裂隙宽度的一半，c 为浆液的黏聚力
中国	—	我国多采用的计算公式为 $p=p_0+mh$ p 为灌浆压力，p_0 为基岩表层段允许灌浆应力，m 为基岩每加深 1m 可增加的压应力，h 为灌浆段深度。p_0 与 m 的选用有对应的经验表格
其他学者	Grundy（法国）认为灌浆压力可选取灌浆面上覆岩层重力的 2 倍；Lippard（美国）认为 1m 上覆岩层厚度对应的安全容许压力为 1.73～5.77MPa	Weaver（美国）认为，对于强度弱的岩体，最小灌浆压力可取上覆盖层重力的 50%～70%，最大灌浆压力不应超过上覆盖层重力的 2 倍；对于强度高的岩体，最小灌浆压力等于灌浆孔塞栓以上岩层压力，最大灌浆压力可取为最小灌浆压力的 4 倍

5.3.2 高拱坝基础处理灌浆理论研究

5.3.2.1 灌浆过程模拟

由于岩体中存在水平层状裂隙，假设浆液在钻孔中流动，浆液沿裂隙向四周传递，沿灌浆孔方向灌浆压力由 P_{c1} 衰减至 P_{cn}，沿层状水平裂隙方向灌浆压力由 F_{c1} 衰减至 F_{cn}。考虑整体作用效果，灌浆孔中的灌浆压力为 $\overline{P}_c$，裂隙中的灌浆压力为 $\overline{F}_c$，沿竖直方向，对灌浆孔周围区域基础均有上抬作用，即由灌浆压力产生的抬动作用分布在整个灌浆区域，图 5-15 为灌浆压力传递示意图。

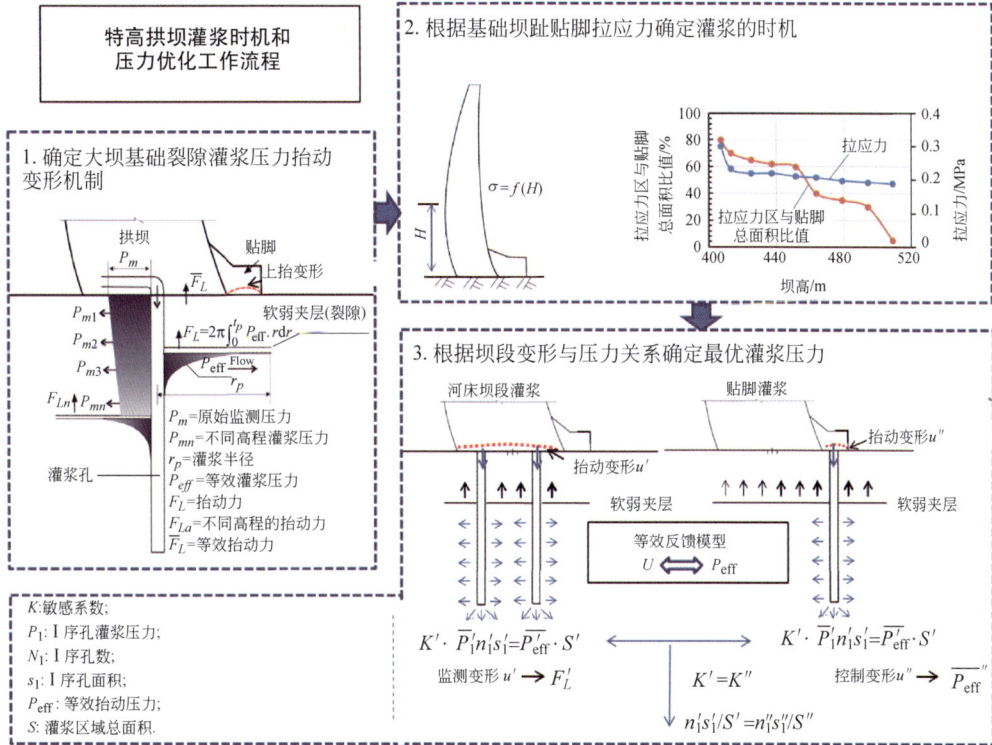

图 5-15 灌浆压力传递示意图和控制流程

实际施工中一般会布置多个灌浆孔，分布在灌浆底面，且往往采取分序灌浆，完全模拟较复杂。因此从整体作用效果考虑，将各孔灌浆压力等效为一均匀分布于灌浆区底面的等效灌浆压力 F。

5.3.2.2 等效灌浆压力与位移抬动的反分析

弹性力学计算公式为

$$\varepsilon = \frac{1}{2}(u\Delta + \Delta u) \tag{5-19}$$

$$\sigma = D\varepsilon \tag{5-20}$$

$$F = \sum_e \int_{v_e} BT\sigma \mathrm{d}v \tag{5-21}$$

由等效灌浆压力 F 得出其作用下各测点的抬动值。通过有限元分析，在灌浆模型中，输入一个等效灌浆压力对应一组位移抬动值。通过不断缩小数值解与实测值的差距，最终得到对应的等效灌浆压力。

反演分析采用目标函数的方法：先把需要反演的等效灌浆压力表示为向量 $\boldsymbol{X}=$

$[F_1,F_2,F_3,\cdots,F_n]^T$,求出实测位移的抬动分量 $\delta_{H_i}(\boldsymbol{X})$ 与有限元计算抬动位移 $\delta'_{H_i}(\boldsymbol{X})$ 的差值 $r_i(\boldsymbol{X})=\delta_{H_i}(\boldsymbol{X})-\delta'_{H_i}(\boldsymbol{X})$,据此建立反演优化的目标函数:

$$G(x) = \sum r_i^2(x) = \sum (\delta_{H_i}(x) - \delta'_{H_i}(x))^2 \qquad (5\text{-}22)$$

灌浆力学参数往往有一个给定的范围,即材料的先验信息 $0<a_i<E_i<b_i(i=1,2,\cdots,n)$,式中,$a_i$、$b_i$ 为第 i 个参数的上、下限值,这是优化的约束条件。在实际工程问题中,反演信息可事先由地质勘探、声波测试、岩石物理特性及实测灌浆压力等资料得到。

5.3.2.3 实际灌浆压力与等效灌浆压力的关系

对于灌浆区,由平衡条件可得

$$K(P_1 n_1 s_1 + P_2 n_2 s_2 + P_3 n_3 s_3) = FS \qquad (5\text{-}23)$$

其中,K 为敏感系数,与灌浆区域下的岩性和灌浆布置条件相关;P_1、P_2 和 P_3 分别为Ⅰ序孔、Ⅱ序孔和Ⅲ序孔的灌浆压力;n_1、n_2 和 n_3 分别为Ⅰ序孔、Ⅱ序孔和Ⅲ序孔布置的数目;s_1、s_2 和 s_3 分别为Ⅰ序孔、Ⅱ序孔和Ⅲ序孔的面积;F 为灌浆过程产生的对灌浆区域以上基岩和坝体具有抬升作用的等效灌浆压力;S 为灌浆区的总面积。

由于Ⅰ序孔灌浆时地基尚未固结,对应的灌浆压力最容易引起地基抬动,所以重点考虑 P_1,上式可以简化为

$$KP_1 n_1 s_1 = FS \qquad (5\text{-}24)$$

当灌浆区域下的岩性、灌浆孔大小和布置情况近似,则 K 值相同。

5.3.3 溪洛渡拱坝施工期坝趾灌浆时机研究

5.3.3.1 计算工况分析

根据 2010 年 8 月底至 2011 年 12 月底溪洛渡高拱坝的施工进度计划,设置 9 个工况。因自重是影响灌浆压力及效果的重要荷载,计算仅考虑自重荷载。通过工况 1~9 的应力分析结果来确定有利的灌浆时机,工况 10、11 采取试算法确定坝趾贴角等效灌浆压力。

表 5-7 计算工况(工况 1-9)

工 况	时 间	荷 载	最大/最小高程/m
1	至 2010 年 8 月底	自重	407/383.0
2	至 2010 年 10 月底	自重	413/392
3	至 2010 年 12 月底	自重	425/410
4	至 2011 年 2 月底	自重	437/425
5	至 2011 年 4 月底	自重	452/437
6	至 2011 年 6 月底	自重	464/449
7	至 2011 年 8 月底	自重	479/464
8	至 2011 年 10 月底	自重	494/479
9	至 2011 年 12 月底	自重	509/489.5

工况 10:工况 1+等效灌浆压力($F=0.06$MPa);工况 11:工况 7+等效灌浆压力($F=0.06$MPa)。

5.3.3.2 灌浆时机选择

表 5-8 为工况 1～工况 9 贴角区的最大主应力值及拉应力区范围。贴角区建基面拉应力区域的分布规律为：随着大坝高度的上升，贴角拉应力区域逐渐减小，从 2010 年 8 月底浇筑完成时占整个灌浆区的 80% 逐渐减少至从 2011 年 12 月底的 5%。贴角灌浆压力会造成相应部位的位移抬动，可能引起贴角区出现拉应力或原来存在的拉应力值和范围进一步加大，从而引起开裂。因此，施工期贴角对应的最大主应力水平和拉应力范围可以作为判断是否有利于灌浆的标准之一。

表 5-8　施工期贴角最大主应力与拉应力范围

工　　况	最大主应力/MPa	拉应力范围/%	备　　注
1	0.30	80	不利工况
2	0.23	70	不利工况
3	0.22	65	不利工况
4	0.22	62	不利工况
5	0.21	60	不利工况
6	0.167	40	有利工况
7	0.198	35	有利工况
8	0.193	30	有利工况
9	0.189	5	有利工况

由坝趾贴角区的应力与变形可知，贴角区拉应力分布区域随着大坝浇筑上升而减少，最大拉应力值也逐渐减小，2011 年 4 月之后逐渐转为压应力，相对有利灌浆。

5.3.3.3 反分析确定贴角区灌浆压力的安全取值

1. 河床坝段灌浆压力反演分析

河床坝段固结灌浆施工自 2009 年 5 月 10 日开始，截止到 2009 年 8 月 5 日，13#～19# 坝段开展了 1～2 进次的固结灌浆施工，结合 13# 坝段、17# 坝段和 19# 坝段的位移抬动观测数据，对等效灌浆压力 F 进行反演分析。

已知河床坝段固结灌浆对应的三序孔灌浆压力分别为 $P_1 = 0.8\text{MPa}$，$P_2 = 1.0\text{MPa}$，$P_3 = 1.5\text{MPa}$。根据式 $K(P_1 n_1 s_1 + P_2 n_2 s_2 + P_3 n_3 s_3) = FS$，可以确定等效灌浆压力 F 与 P_1 的关系。

采用简单试算法，13#～19# 坝段的等效灌浆压力 F 分别取 0.03MPa、0.04MPa 和 0.05MPa，则其对应贴角区的位移抬动等值线图如图 5-16 所示，实测值与计算值对比表见表 5-9。经过与观测点的现场实测资料对比，取等效灌浆压力 $F = 0.04\text{MPa}$ 是比较理想的。

表 5-9　13#、17# 和 19# 坝段抬动实测值与计算值

坝　　段	位　　置		实测值/mm	计算值/mm	相对误差/%
13#	13-T1	距上游 11.67m	150	150	0
	13-T2	距上游 45.78m	120	155	29
	13-T3	距下游 15.95m	130	140	7

坝　段		位　　置	实测值/mm	计算值/mm	相对误差/%
17#	17-T1+1	距上游 15.55m	680	200	
	17-T1	距上游 17.05m	190	210	10
	17-T2	距下游 33.22m	10	230	
19#	19-T1	距上游 15.33m	210	150	28
	19-T2	距上游 33.40m	320	170	46
	19-T3	距下游 18.30m	120	160	33

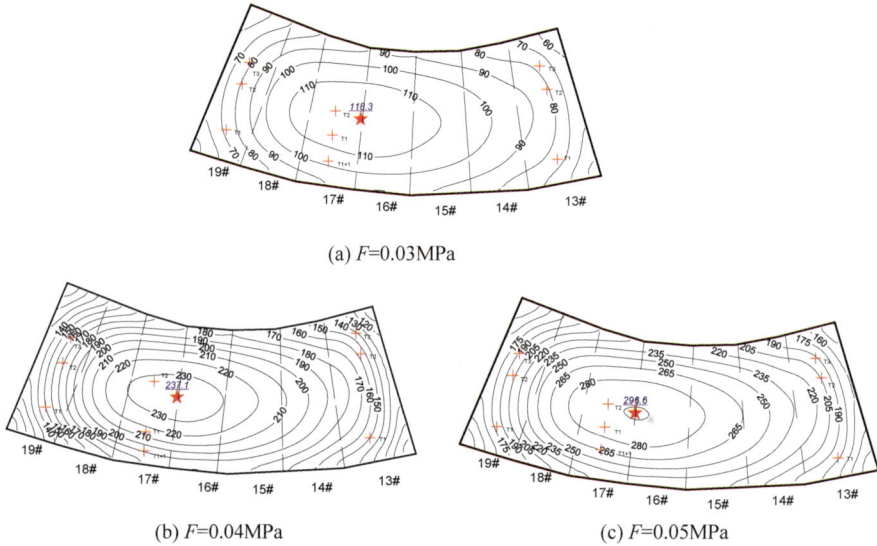

(a) F=0.03MPa

(b) F=0.04MPa

(c) F=0.05MPa

图 5-16　19# 坝段在不同等效灌浆压力下的位移抬动等值线图

2. 反分析确定贴角区等效灌浆压力取值

因大坝贴角区灌浆孔的布置,与 13# ～19# 河床坝段的灌浆布置情况相似,两者的灌浆模型是可以通用的。即通过已有坝段的位移抬动资料,反演分析确定河床坝段的灌浆模型,即等效灌浆压力与实际灌浆压力的关系,从而利用该模型确定贴角区灌浆压力的安全取值。

施工规范规定,灌浆过程中位移抬动的上限是 100mm,因此灌浆压力安全值的确定应保证灌浆过程位移的抬动不超过上限。试算得到,当等效灌浆压力 F=0.06MPa 时,工况 1(不利工况,浇筑至 2010 年 8 月底)和工况 7(至 2011 年 8 月底)分别对应的贴角区位移抬动值等值线图如图 5-17 所示。

结果表明,等效灌浆压力 F=0.06MPa 时,灌浆最不利工况 1 对应贴角区仅有小部分区域抬动位移大于 100mm,约占贴角总面积的 5%,其余区域抬动位移小于 100mm,基本满足灌浆要求;灌浆有利工况 7 对应贴角区抬动最大位移为 90mm＜100mm,满足灌浆要求,适合灌浆。

3. 贴角区实际灌浆压力安全取值确定

贴角区实际灌浆压力安全取值确定,可以根据式(5-25)得到:

$$KP_1 n_1 s_1 = FS \tag{5-25}$$

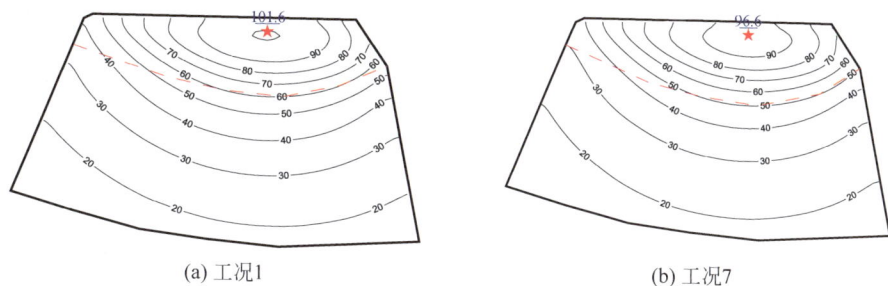

(a) 工况1   (b) 工况7

图 5-17　工况 1 和工况 7 对应等效灌浆压力 $F=0.06\text{MPa}$ 的位移抬动等值线图

对于 $13^{\#}\sim19^{\#}$ 河床坝段灌浆：

$$K'P_1'n_1's_1' = F'S' \tag{5-26}$$

对于贴角区灌浆：

$$K''P_1''n_1''s_1'' = F''S'' \tag{5-27}$$

根据施工资料，溪洛渡贴角区的灌浆孔大小和布置情况与河床坝段近似，所以

$$K'' = K' \tag{5-28}$$

$$\frac{n_1's_1'}{S'} = \frac{n_1''s_1''}{S''} \tag{5-29}$$

由此可以得到：

$$P_1'/P_1'' = F_1'/F_1'' \tag{5-30}$$

已知，河床坝段 I 序孔灌浆压力 $P_1'=0.8\text{MPa}$ 等效灌浆压力 F_1' 为 0.04MPa，贴角区等效灌浆压力 F_1'' 的安全取值为 0.06MPa，通过式 $P_1'/P_1''=F_1'/F_1''$ 求得贴角区 I 序孔灌浆压力 P_1'' 的安全取值为 1.2MPa。同时，考虑贴角区地质情况与 $13^{\#}\sim19^{\#}$ 河床坝段地质情况相似，且河床坝段固结灌浆效果较好，可认为两者的三序孔的灌浆压力对应成比例。因此得到 II 序孔压力 $P_2=1.5\text{MPa}$，III 序孔压力 $P_3=2.25\text{MPa}$。

5.4　高拱坝施工期动态、个性化温控标准与控制技术

5.4.1　干热河谷高温季节温控和防裂措施分析

以往的工程经验表明，高温季节浇筑混凝土时，表层混凝土最高温度不易控制，控制不当时会有超标现象出现，遇到恶劣天气时有可能出现气温骤降、内外温差过大导致早龄期开裂。因此，如何在高温季节采用合理有效的措施控制好最高温度和内外温差，将大坝混凝土的安全裕度尽可能控制在设计允许安全范围之内，是特高拱坝高温季节施工期急需解决的一大难题。结合溪洛渡干热河谷高温季节大坝现场浇筑时所面临的温控防裂难题，采用精细模拟与现场反演仿真手段，系统分析了表面流水养护、保温、仓面喷雾、水管冷却等不同温控措施的温控效果，并结合溪洛渡现场实际温控措施条件，对高温季节遭遇大雨时仓面气温出现骤降时的温度应力状态及开裂风险进行研究，提出针对性的温控防裂措施，为干热河谷筑坝混凝土温控防裂关键技术难题的解决提供了科技支撑。

溪洛渡高温季节综合温控防裂措施分析表明，高温季节对最高温度影响最大的因素是

浇筑温度,平均每降低1℃浇筑温度,最高温度可降低0.5～0.7℃(图5-18);降低1℃冷却通水水温,可降低最高温度0.2℃(图5-19);而一期控温通水流量达到1.5m³/h(90L/h)以后,对控制最高温度影响有限。从控制最高温度的角度出发,建议高温季节宜按照低值控制,且要尽可能做好仓面保温、喷雾、表面养护等辅助温控措施。采用15℃和20℃水温养护,表层0.8m混凝土温差可达2.0℃,重要程度依次为仓面喷雾、流水养护和顶面保温。此外,也要尽可能减小混凝土低温入仓冷击带来的不利影响,合理地选择开仓时机,避开白天高温时段(11:00～16:00),尽可能在低温时段开仓浇筑。

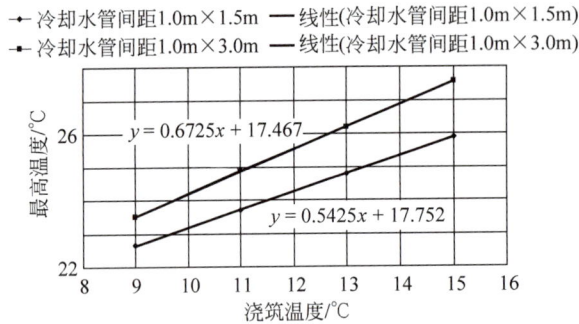

图 5-18　浇筑温度和最高温度的对应关系

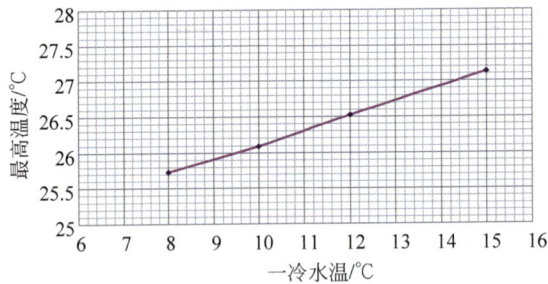

图 5-19　一冷水温和最高温度的对应关系

在溪洛渡温控体系条件下(全坝全约束、全年生产冷混凝土、高内含氧化镁水泥、严格最高温度、严控温度变幅、严格表面保温养护、严格预报预警),若没有温度骤降等恶劣天气的影响,高温季节浇筑的混凝土,一冷期间其顺河向、坝轴向均是以压应力或者较低水平的拉应力为主,开裂风险较小(图5-20、图5-21);虽应力值水平并不高但因水管壁周围冷却水温较低,早龄期极易出现水平向拉应力,若某环节控制不当时(如降温速率过大),在不利因素诱导下有可能导致水平开裂。

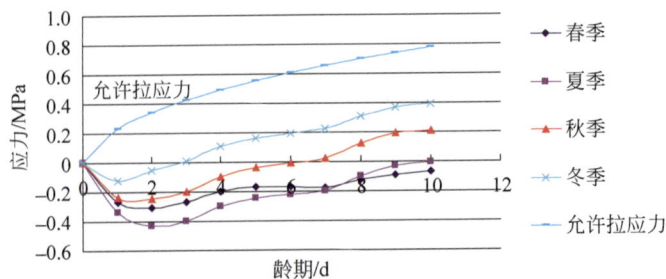

图 5-20　不同季节长间歇仓面长周期应力

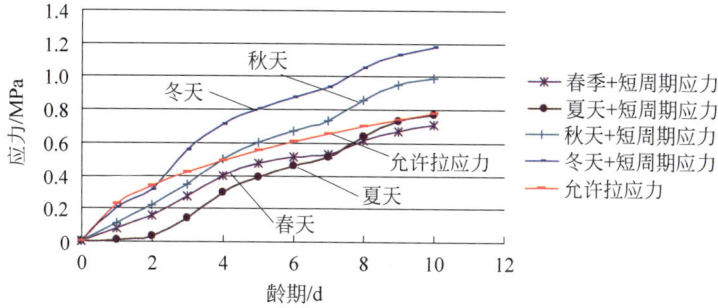

图 5-21　不同季节浇筑长间歇＋短周期应力（昼夜温差 10℃）仓面长周期应力

高温季节遭遇短时阵雨温度骤降时温度应力敏感性分析表明，其温度和应力影响主要表现在表层较浅范围（0.3m 以内），且开裂风险较大，对内部的应力影响较小，对仓面以下的 1.1m 深处水管所在高程区域的影响更小。同时，混凝土龄期越短，抗裂能力相对越低，遇到 20℃的短期温降时（图 5-22(a)），表层应力超标问题更为突出，开裂风险更大；龄期越长，表层应力开裂风险越小。若出现短期温度骤降，最好提前做好表面养护工作（如流水养护、喷雾），将仓面温度控制在 30℃以下（图 5-22(b)），那么仓面应力得到明显改善，开裂风险也明显降低，即使如此，开裂风险依然存在。

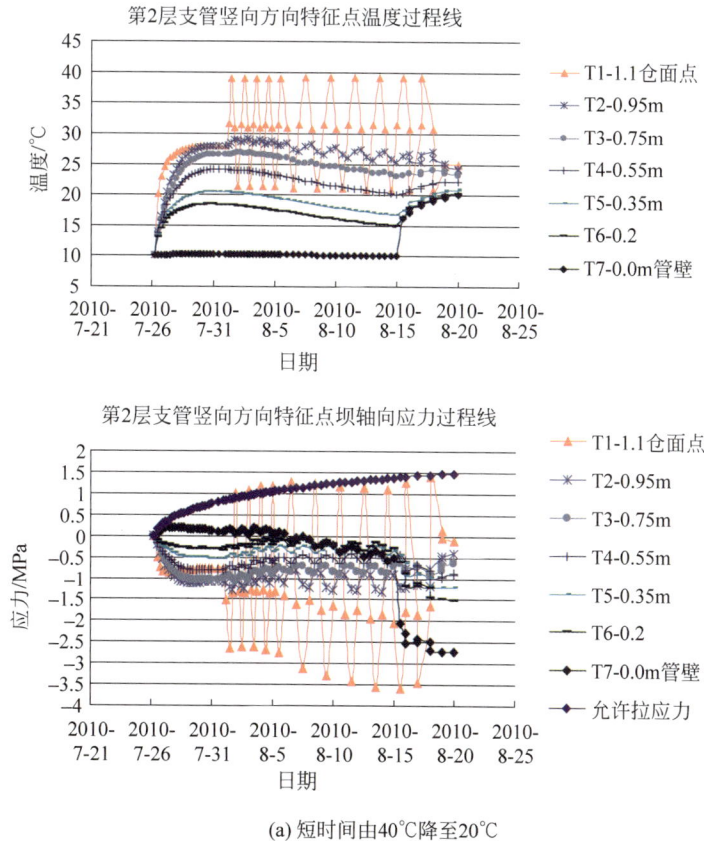

(a) 短时间由40℃降至20℃

图 5-22　高温季节遭遇下雨短时间内温度出现骤降时的温度应力敏感性分析

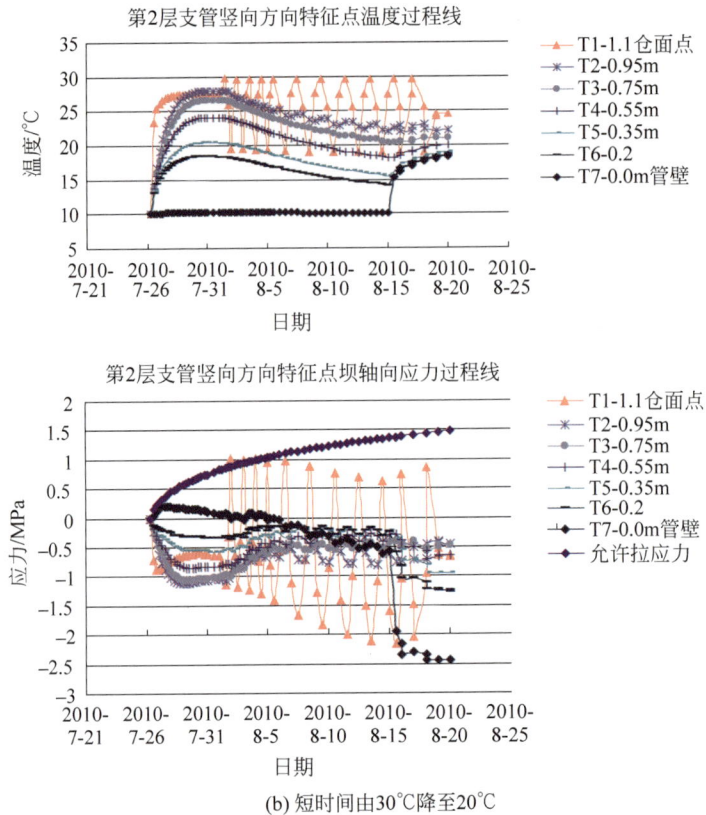

第2层支管竖向方向特征点温度过程线

图例：
T1-1.1仓面点
T2-0.95m
T3-0.75m
T4-0.55m
T5-0.35m
T6-0.2
T7-0.0m管壁

第2层支管竖向方向特征点坝轴向应力过程线

图例：
T1-1.1仓面点
T2-0.95m
T3-0.75m
T4-0.55m
T5-0.35m
T6-0.2
T7-0.0m管壁
允许拉应力

(b) 短时间由30℃降至20℃

图 5-22（续）

综上所述,高温季节气温骤降和早龄期混凝土温控防裂是高温季节温控工作的重点。高温季节仓面应落实表面流水养护、仓面喷雾等措施,将开裂风险降至最低;同时,也要注意早龄期管壁应力可能带来的开裂风险,合理控制冷却水温、降温速率,避免冷却水管管壁应力与短周期温度骤降应力叠加导致的开裂风险。

5.4.2 高温季节预冷混凝土入仓冷击技术研究

全年浇筑预冷混凝土时,低温入仓的混凝土温度一般远低于已硬化的混凝土温度,入仓过程对下部混凝土而言是一个冷击过程。老混凝土表面的温度会在短时间内降至新老混凝土的平均值,从而在下部已硬化的混凝土表面引起拉应力,如两者之间温差过大,则会使拉应力超标而引起裂缝,这就是"低温入仓致裂"问题。同时,上部混凝土入仓后,下部混凝土受上部预冷混凝土入仓影响温度下降,上部混凝土受水化作用温度会上升,下部混凝土温降会引起拉应力,上部混凝土温升也会在下部混凝土引起拉应力,这样产生的温度应力会有相当一部分残留在混凝土内部。当后期温降引起整体拉应力时,与残留拉应力叠加则可能引起裂缝或使已有的小裂缝扩展从而形成危害性裂缝。因此,在设计和施工阶段,应确定已浇混凝土与新入仓混凝土之间的允许温差,避免出现"低温入仓致裂"现象。

5.4.2.1 低温混凝土入仓后新老混凝土温差分析

在入仓温度人为控制的条件下,新老混凝土温差的大小取决于新混凝土入仓时老混凝土表面的温度,而老混凝土表面温度一般受以下几个因素的影响:①新浇混凝土浇筑季节及时段;②老混凝土龄期,即降温速率和仓面间歇时间;③冷却水管埋设位置。因 3m 浇筑层厚的第二层冷却水管一般位于第四坯层,故仓面表层温度在浇筑早期受水管影响较小。

溪洛渡工程地处干热河谷,高温季节仓面气温远高于当地气象站的平均气温,高温季节仓面实测气温达 40℃以上,而月平均气温仅有 27～28℃。如果仓面受太阳直射,高温时段的混凝土表面温度比仓面气温还要高,此时浇筑低温混凝土,新老混凝土温差可达 30℃以上,若进一步降低入仓温度,温差可达 35℃。浇筑瞬间老混凝土表面将出现 15～17.5℃温降。因该温度骤降发生在老混凝土表面很小的范围内,温度梯度大,足以引起温度裂缝。

图 5-23 为上部混凝土覆盖前及覆盖后不同时间温度自老混凝土表面向下不同深度的

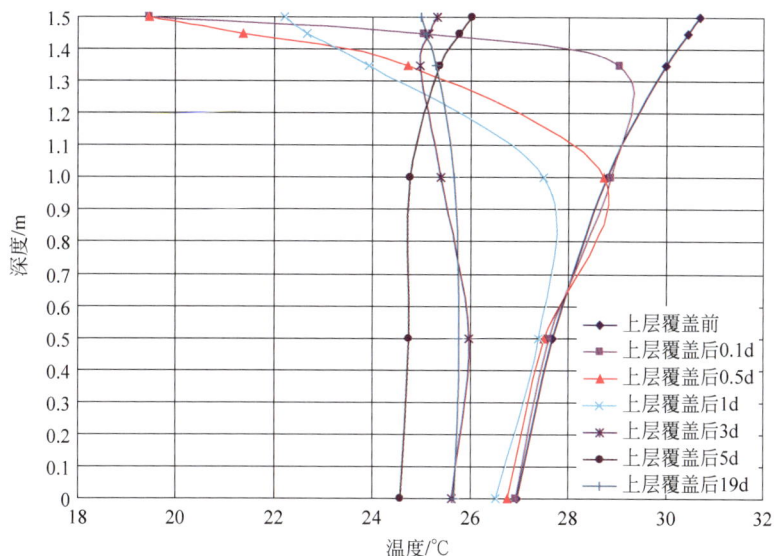

(a) 不同时刻老混凝土温度分布图

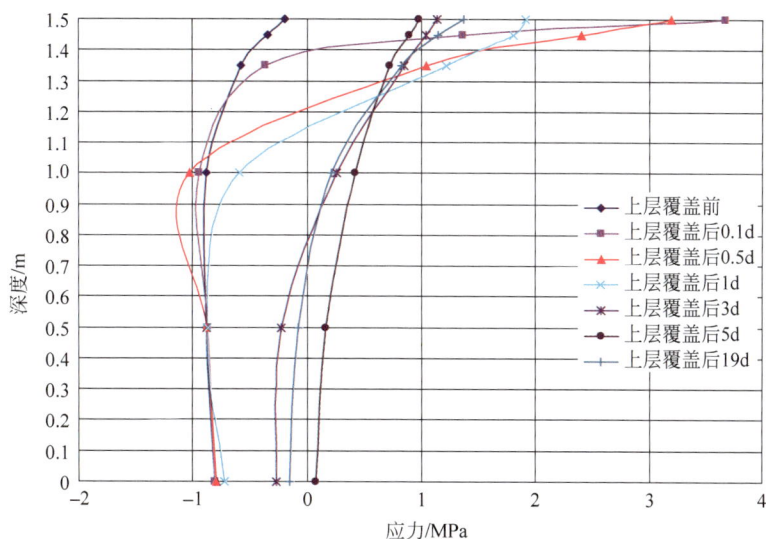

(b) 不同时刻应力分布图

图 5-23　高温季节上层混凝土覆盖前后不同时刻老混凝土温度和应力分布图

分布以及不同时刻应力分布图。由图中可以看出,低温入仓导致的老混凝土表面的瞬时降温幅度可达 12℃,且该温度降幅在 10～15cm 的厚度范围内将形成巨大的温度梯度而产生较大的拉应力(图 5-23(b))。上部混凝土浇筑前,受仓面高温影响表面温度达 30.6℃,上层混凝土入仓后老混凝土表面温度瞬时降低到新混凝土入仓温度与表面混凝土温度的平均值 19.5℃,在混凝土表面附近呈现大的温度梯度;随新浇混凝土浇筑后时间的延长,老混凝土表面温度逐步升高,内部温度受水管及向上传热作用逐步降低,表面附近的温度梯度逐步变小。

5.4.2.2　预冷混凝土入仓冷击温度应力

假定层厚 1.5m 的浇筑仓在龄期 14d 时浇筑上层混凝土,由混凝土入仓覆盖前及其后不同时刻下部混凝土的应力分布图 5-23(b)可知,覆盖前已浇混凝土内部处于受压状态,中下部压应力为 0.8～0.9MPa,表面附近压应力为 0.1～0.15MPa;上层覆盖混凝土的瞬间老混凝土表面的温度骤降,在表面引起较大的温降拉应力;覆盖 2h 后老混凝土表面最大应力可达 3.7MPa,受拉深度为 0.1m;覆盖 1d 后老混凝土表面最大应力降到 1.95MPa,拉应力超过 1.0MPa 的深度约 0.2m。因此,预冷混凝土入仓致裂,裂缝深度至少为 0.2m。

图 5-24 为不同龄期下浇筑上部混凝土,预冷混凝土入仓引起的老混凝土表面之下 5cm 处的应力变化过程线。在上层混凝土覆盖前老混凝土基本处于受压状态或存在较小的拉应力(龄期 28d 时拉应力为 0.39MPa),在上层混凝土覆盖的瞬间,应力骤增,下部老混凝土覆盖时龄期越长,最大拉应力也越来越大(28d 时最大拉应力达 3.2MPa),故长间歇老混凝土表面容易因冷击作用产生裂缝。

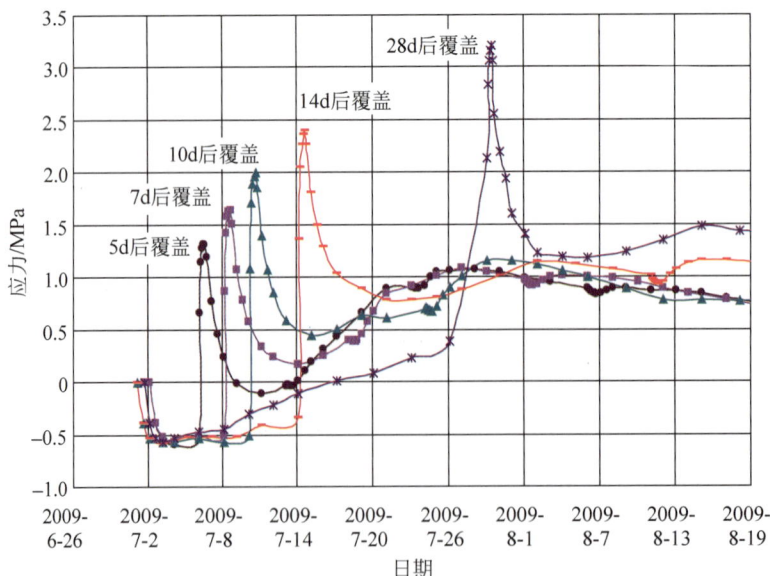

图 5-24　不同龄期浇筑上部混凝土时老混凝土表面应力过程线

5.4.2.3　预冷混凝土入仓对后期应力影响

由图 5-23(b)可以看出,上层混凝土覆盖后 19d 老混凝土表面拉应力为 1.4MPa,拉应力区深度为 0.8m,为浇筑层厚的一半。此时,上下层混凝土均进入控温阶段,沿高程方向温度基本相等,拉应力为低温入仓引起的残余应力。二冷时如果产生新的应力增量,该残余应力将与二冷应力叠加。

不同间歇期工况下浇筑预冷混凝土的残余应力分布见图 5-25。从图中可以看出,残余应力的大小与间歇时间关系密切,随间歇时间的缩短残余拉应力快速减小。间歇期 28d 时老混凝土最大残余应力为 1.85MPa,拉力区深度可达 1.25m;当间歇期 7d 以下时,残余拉应力小于 0.8 MPa,拉应力区深度小于 0.75m。

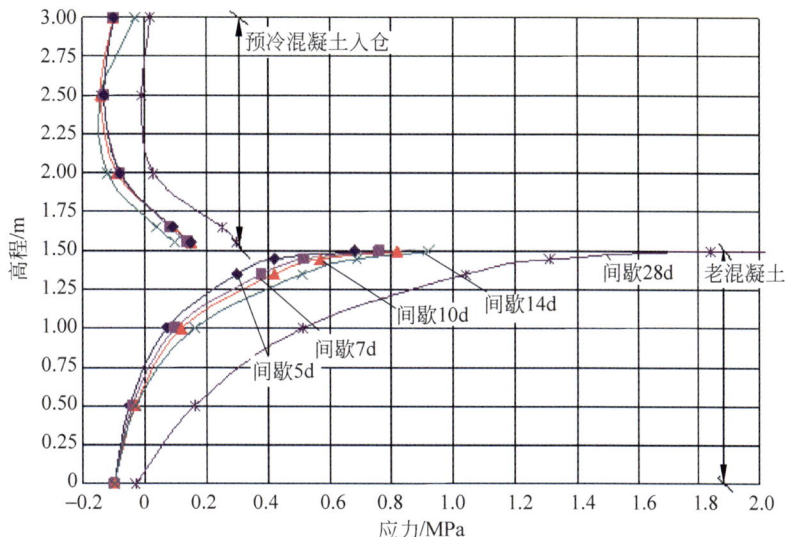

图 5-25　不同间歇期工况下浇筑预冷混凝土的残余应力分布图

常规设计条件下,不考虑入仓冷击时的应力变化,一冷末应力出现一个峰值,其后在控温阶段应力缓慢下降;二冷时应力出现第二个峰值,最大应力为 1.4MPa,仅考虑该应力则抗裂安全系数 2.5 以上,可以避免裂缝出现,但是如果叠加预冷混凝土入仓引起的 1.8～2.0MPa 冷击残余应力,则最大拉应力可达 3.2～3.4MPa,超出了容许拉应力,二冷时出现裂缝的可能性大大增加。

5.4.2.4　预冷混凝土入仓冷击致裂应对措施

预冷混凝土入仓应力和冷击致裂有如下规律:①拉应力与新老混凝土的温差成正比,即入仓温度越低或新混凝土入仓时老混凝土温度越高,拉应力越大;②拉应力及开裂风险随下部混凝土的间歇时间延长而增大,间歇时间越长拉应力越大,开裂风险越大;③低温入仓导致的裂缝深度较小,在 5～20cm,但是该裂缝可能会在后期温降时扩展;④低温入仓应力会有一部分残余应力,残余应力同样与低温入仓时的新老混凝土温差及间歇龄期有关,温差越大残余应力越大,间歇时间越长残余应力越大,该残余应力在混凝土的后期温降(尤其是二冷)时与降温应力叠加,从而加大了开裂的可能性。

避免"低温入仓致裂"和减小低温入仓残余应力的措施可从如下方面考虑:①选择合适的入仓温度,不宜追求过低的入仓温度;②在浇筑混凝土前采取措施降低老混凝土表面温度(如洒水、遮阳、仓面喷雾等);③避开高温时段浇筑混凝土;④层面避免长间歇。

溪洛渡利用分布式光纤对老混凝土受新浇混凝土的冷击过程进行监测并开展反馈分析

（图 5-26、图 5-27），结果表明，高温季节新浇预冷混凝土对下层老混凝土冷击效应显著，将使下层老混凝土表面温度降温幅度达到 10℃ 以上，由此引起的拉应力也将达到 1.0MPa 以上。由此，根据天气情况对混凝土开仓时间进行控制，防止混凝土开仓浇筑跨高温时段；提前 2h 对即将开浇的仓面进行洒水及喷雾降温，降低仓面和环境温度。

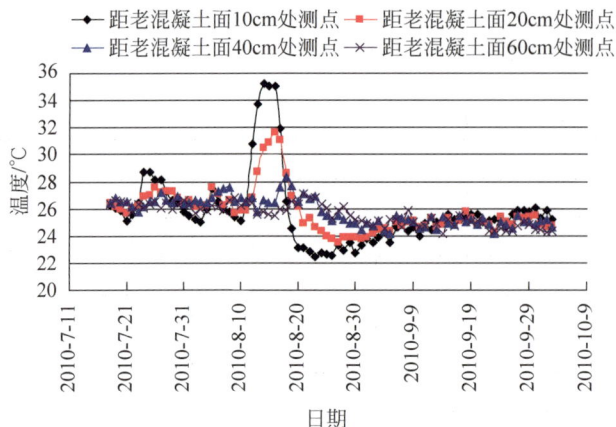

图 5-26 光纤监测的老混凝土温度过程

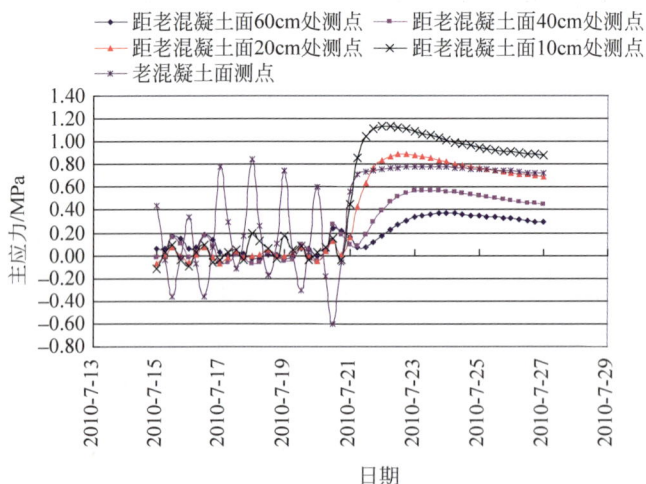

图 5-27 新浇混凝土对下层混凝土冷击应力

5.4.3 高拱坝个性化温控标准与同冷区分区控制技术

5.4.3.1 个性化温控标准与同冷区分区控制分析方法

特高拱坝最高温度按统一标准控制，在实际操作中存在较多的不利因素。如冬季低温季节浇筑时，由于气温较低，最高温度一般过低，温降幅度过小，易导致轴向应力较小，横缝不张开，影响后期的可灌性；而夏季气温较高，最高温度控制难度较大，尤其距收仓面较近的区域最高温度更是不易控制，最高温度又易超标。实际施工中，最高温度控制以及相应的温降过程控制往往成为大坝施工安全及横缝是否具有可灌性的关键因素。另外,特高拱坝全坝采用 2 个同冷区进行温度梯度的控制,理论上最大悬臂高度将达 75m(1 个拟灌区 9m、2 个同冷区 18m、一个过渡区 9m、一个盖重区 9m,30m 全坝最大高差),再考虑不同坝段冷却进度不一致等因素,最大悬臂高度可达 81m,如此高的悬臂高度无疑对施工期悬臂应力控制较为不利。若采用 1 个同冷区,不仅可有效降低悬臂过高带来的不利开裂风险,也有利于大坝施工进度、接缝灌浆进度和水管冷却进度的协调控制。

因此,特高拱坝的温控防裂与工作性态分析应根据大坝的整体浇筑进程和实际施工需要,采用全程跟踪仿真与精细仿真相结合的方法,进行动态控制和管理。在传统温控防裂设计方法的基础上,全过程跟踪大坝的实际施工过程,及时反馈分析各种关键计算参数,对大坝的真实工作性态进行仿真分析。根据仿真计算的结果,动态调整不同时段、不同区域的温控标准和温控措施,并对大坝整体的温度和应力制定相应的动态安全预警评判标准与机制,以满足大坝施工阶段工程整体安全控制需要。

采用上述方法,分不同工况对特高拱坝温控标准与同冷区高度进行敏感性分析,分析认为特高拱坝底宽较厚的基础约束作用强,最高温度应从严控制,但同等条件下非约束区最高温度可比约束区放宽 $3\sim4℃$,无须全坝统一按约束区的标准进行温度控制。同时,在合理控制上、下层温度梯度的前提下,基础约束区第一批次接缝灌浆同冷层冷却高度最好仍按 $0.4L$ 控制,即 2 个同冷区(L 为底宽),非约束区冷却高度则可按不小于 $0.2L$ 进行控制(1 个同冷区)。只要从时间域和空间域两方面,对大坝的温度梯度进行立体设计,大坝风险将得到有效控制。这主要是因为灌浆封拱形成整体后,对上部混凝土的约束作用主要体现在轴向约束,非约束区同冷层高度达到 $0.2L$ 后对上部混凝土的约束作用已较为有限。

5.4.3.2 个性化温控标准与同冷区对坝体应力影响分析

1. 基础约束区最高允许温度及应力对比分析

基于相同的热、力学参数条件,考虑不同坝底宽、不同允许最高温度、封拱温度 13℃、第一批次接缝灌浆同冷层高度为 $0.4L$ 工况下,对基础约束区进行应力敏感性分析。表 5-10、图 5-28、图 5-29 给出了不同边界下二冷末应力敏感性分析成果。从表中和图中可以明显看出,随着底宽的增加,抗裂安全系数逐渐减小。按照传统的冷却方式,当第一批次冷却高度为 $0.4L$、底宽 25m 时,最高温度提升至 29℃甚至是 35℃都可满足抗裂要求;随着底宽增加,约束区应力逐渐增大,最高温度 29℃、底宽 60m 时,温度应力刚好满足设计要求;底宽 80m 时,最高温度须小于 29℃方能满足设计抗裂要求。因此,对于底宽较长的高坝基础约束区,降低最高温度、减小基础温差是有必要的,具体应根据其材料特性,并根据仿真计算综合研究确定。

表 5-10 基础约束区不同工况下二冷末应力

底宽/m	同冷区高度	不同最高温度下的二冷末应力/MPa				允许应力/MPa
		27℃	29℃	31℃	35℃	
25		1.35	1.53	1.74	1.96	2.1
40		1.57	1.74	2.09	2.34	2.1
60	$0.4L$	1.72	1.95	2.26	2.53	2.1
80		1.85	2.12	2.33	2.66	2.1

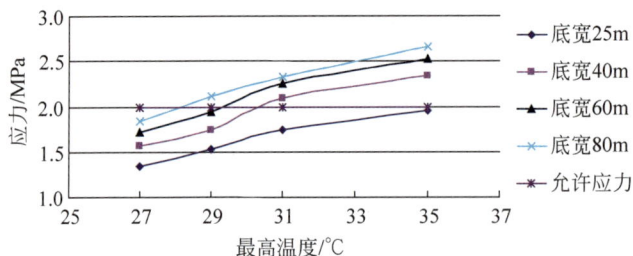

图 5-28 约束区应力对比

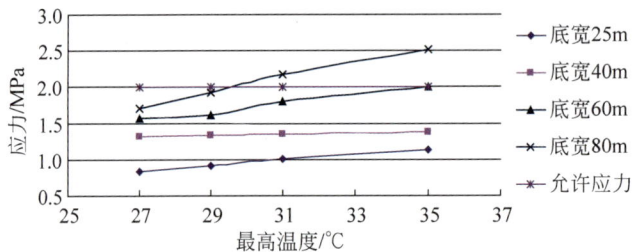

图 5-29 非约束区应力对比

2. 非基础约束区（0.4L 以上）最高允许温度和应力对比分析

基于相同边界条件，对非约束区开展温度和应力敏感性分析。表 5-11 给出了不同边界条件下二冷末应力敏感性分析成果（同冷区高度为 0.2L、通水冷却只有一冷和二冷）。从应力分析结果来看，非约束区同冷区高度达到 0.2L，对于底宽为 60m 的坝体，最高温度控制在 35℃ 以下，应力也可控制在允许范围之内；当底宽达 80m 时，最高温度至少应控制在 31℃ 以下。

表 5-11 非约束区不同工况下二冷末应力

底宽/m	同冷区高度	不同最高温度对应的二冷末最大应力/MPa				允许应力/MPa
		27℃	29℃	31℃	35℃	
25		0.73～0.84	0.74～0.92	0.75～1.01	0.76～1.13	2.1
40	0.2L	1.24～1.33	1.26～1.34	1.28～1.36	1.35～1.39	2.1
60		1.48～1.57	1.43～1.62	1.58～1.80	1.8～2.01	2.1
80		1.49～1.71	1.8～1.93	1.82～2.18	2.04～2.52	2.1

由以上分析可以判断，脱离约束区后大坝内部应力受最高温度、坝底宽度、冷却进程、冷却高度等多种因素综合影响。对于底宽在 60m 以下的坝段，只设置两期冷却的前提下，脱离约束区后的最高允许温度可比约束区高 3～4℃，如进一步增加同冷区，非约束区混凝土最高允许温度还有进一步放宽的余地。

3. 同冷区高度对温度与应力影响分析

取拱坝底宽为 60m，通水冷却包括一期和二期，最高温度按 29℃ 进行控制，进行约束区和非约束区同冷区高度敏感性分析。图 5-30 给出了约束区同冷区高度与顺河向应力变化相对关系。从图中可以看出，对于基础约束区，相同的温降幅度和温降速率，同冷区高

度在 $0.1L\sim0.4L$ 变化时,冷却区高度越大,应力越小。当同冷区达到 $0.4L$ 以上,冷区高度对最大应力影响趋于稳定。

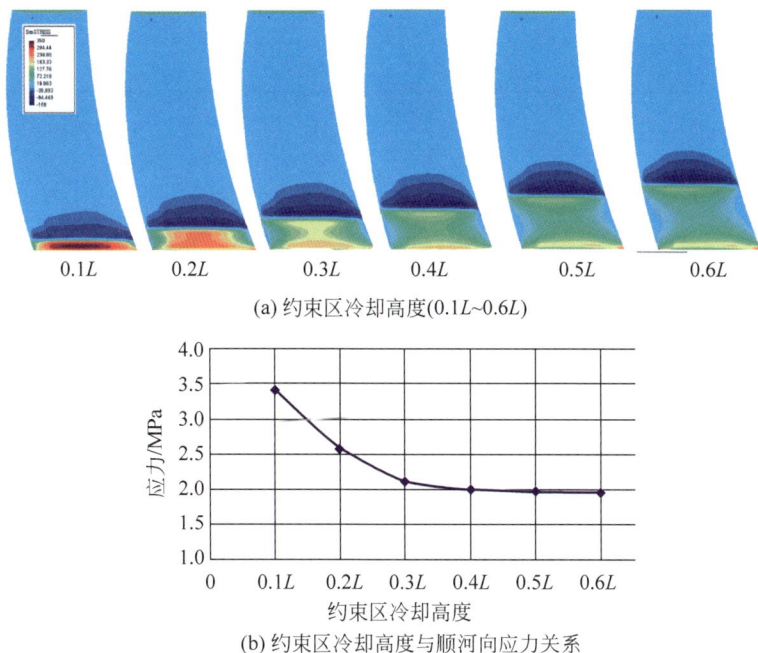

(a) 约束区冷却高度($0.1L\sim0.6L$)

(b) 约束区冷却高度与顺河向应力关系

图 5-30　约束区冷区高度与应力变化关系图

图 5-31 给出了非约束区不同冷却高度与顺河向应力关系图。从图中可以看出,非约束区同冷区高度由 $0.1L\sim0.3L$ 变化时,最大应力由 3.2MPa 降至 1.85MPa;高度取 $0.3L\sim0.4L$ 时最大应力降至 1.75MPa,冷却区高度对应力的影响非常大,但随着高度的减小影响程度逐渐减小。当同冷区的高宽比达到 $0.4L$ 以上时,同冷区高度的影响基本趋于稳定。

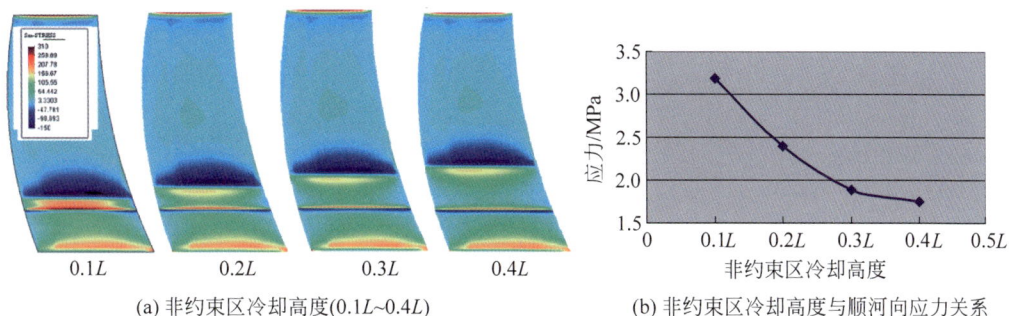

(a) 非约束区冷却高度($0.1L\sim0.4L$)

(b) 非约束区冷却高度与顺河向应力关系

图 5-31　非约束区冷却高度与顺河向应力关系图

假定同冷区底部距封拱灌浆高程的距离分别为 0m、9m(1 个同冷区)和 18m(2 个同冷区),对比分析不同同冷区高度对施工期温度应力的影响。表 5-12、图 5-32 分别列出了三种工况下,二冷末坝轴向及顺河向应力以及内部典型温度、应力过程线。由表 5-12 和图 5-32 可知,同冷区高度对坝轴向应力影响较大,无同冷区坝轴向拉应力为 1.0MPa,设置 9m 同冷区后应力降为 0.70MPa,同冷区增大至 18m,拉应力有所减小,但仅减小 0.06MPa,减幅有限。

表 5-12 不同同冷区高度对大坝应力的影响对比表 MPa

同冷区高度 0m		同冷区高度 9m		同冷区高度 18m	
顺河向应力	坝轴向应力	顺河向应力	坝轴向应力	顺河向应力	坝轴向应力
1.35	1.0	1.34	0.7	1.33	0.69

(a) 顺河向应力

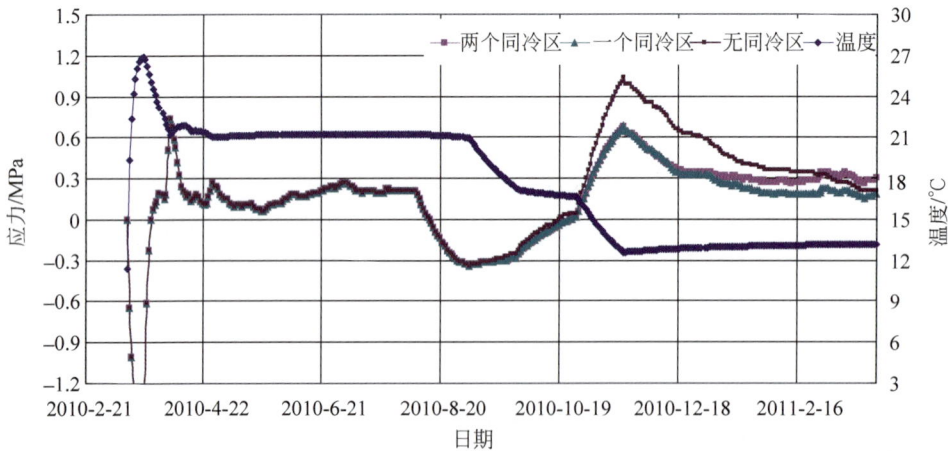

(b) 坝轴向应力

图 5-32 不同同冷区高度时内部温度、应力对比

对比二冷末坝轴向及顺河向应力,同冷区高度对顺河向应力也有影响,但比坝轴向影响小,同冷区从 0~9m 顺河向拉应力仅减小 0.1MPa,从 9~18m 顺河向应力基本无变化。可见,下部封拱成为整体会加大对上部的约束,但这种加大约束的影响主要体现在坝轴向,对顺河向约束区的影响有限。因此,在整坝上、下层温度梯度得到较好控制的前提下,两个同冷区对大坝施工期最大应力的改善较为有限,非约束区采用一个同冷区就可以满足温控防裂需要。

5.4.3.3　溪洛渡个性化温控标准与同冷区分区控制

本节根据溪洛渡大坝实际温控成果,对比了不同温控标准条件下大坝内部温度、应力变化规律,分析了不同温控标准和不同温降过程对应力和横缝开度的有利和不利影响,以及对大坝整体工作性态和安全状态的影响,提出脱离基础约束区($0.4L$)以后可适当放宽最高温度的控制。出于偏安全考虑,4—10月份的混凝土最高温度可放宽至29℃,1—3月份仍按不高于27℃控制,$0.4L$以下的基础约束区则仍应按照不高于27℃进行从严控制。同时,研究分析了接缝灌浆全坝采用一个同冷区和两个同冷区时的差异,论证了在溪洛渡当前的温控体系下,脱离基础约束区后1个同冷区和2个同冷区对大坝二冷末的应力及其分布规律影响较小,确定接缝灌浆采用"两层灌区同冷,根据封拱高程,实时动态调整"的控制方法,对于$0.4L$以上的区域,只要合理控制好上、下层温差,采用一个同冷区并保证"拟灌区＋同冷区＋过渡区"大于$0.4L$,温度应力可控制在设计允许范围之内,满足混凝土设计抗裂要求。

1. 脱离约束区后温控标准分析

采用全坝全过程进度分析模型,真实反映溪洛渡整个坝段的实际跳仓浇筑进度,已浇筑混凝土按实际进行模拟,未浇筑的按最近提供的进度计划模拟,模拟横缝的实际灌浆进程,横缝强度采用反演值1.0MPa。表5-13给出了全坝最高温度按照27℃(温控Ⅱ版)和约束区按27℃、非约束区按31℃控制最高温度(温控Ⅰ版)的温度和应力对比表,主要结论如下:

(1)基础约束区最高温度均按27℃控制,应力相同;脱离基础约束区($0.4L$以上),施工期顺河向应力基本上可控制在0.8~1.3MPa,轴向应力在0.8MPa以下。应力分析表明,放宽最高温度控制,高程362m左右二冷末有约1.5MPa的顺河向拉应力,高程370m以上施工期最大应力值基本上在1.0MPa左右,略大于最高温度按27℃控制,但应力增幅并不大,平均增幅0.1~0.2MPa。

(2)对于孔口周围区域,放宽最高温度控制(>27℃),孔臂顶板表面出现1.2MPa左右的拉应力,比温控Ⅱ版大0.4MPa。考虑到这仅是长周期应力,若考虑短周期温度应力的叠加,开裂风险将大于Ⅱ版温控方案。因此,孔口周围混凝土,尤其是秋、冬季节浇筑的混凝土,最高温度不宜放宽,且应做好表面保温。

(3)施工期脱离基础约束区后的温度应力主要由于上、下层温差和内外温差所致,上、下层温差决定大坝内部的温度应力,而内外温差决定表面应力。温控Ⅱ和Ⅰ版两种方案一期冷却末温降幅度在4~6℃,上、下层温差基本上在3~4℃,因此施工期顺河向应力相差不大,且都控制在较为安全的范围之内。

表5-13　温控Ⅱ版和Ⅰ版温控方案温度和应力对比表

高程/m	Ⅱ版(全坝27℃控制)		Ⅰ版(约束区27℃,非约束区31℃控制)	
	温度/℃	应力/MPa	温度/℃	应力/MPa
324.5~350(基础区)	24.1~28.3	1.5~2.1	24~28.3	1.5~2.1
350~370	23~27.0	0.8~1.35	25.1~30.2	0.85~1.51
370~400	23.2~26.5	0.45~0.85	25.8~29.6	0.5~0.9
400~430(底孔区)	23.4~26.1	0.5~0.8	25.6~28.6	0.6~1.2

由以上分析可知，在有效控制上下层温差、内外温差的前提下，Ⅰ版和Ⅱ版温控方案均可将温度应力控制在安全范围之内。因此，溪洛渡大坝脱离基础约束区(0.4L)后可适当放宽最高温度的控制，出于偏安全考虑，4—10月份混凝土最高温度可放宽至29℃，11—3月份按不高于27℃控制，0.4L以下的基础约束区和孔口等部位最高温度应按不高于27℃控制；同时，放宽最高温度时，相应各个阶段的目标温度也应进行相应调整，应合理控制温降幅度和温降速率，充分发挥混凝土徐变作用。当温度峰值为29℃时，一冷末目标温度可为22~24℃，随后慢慢冷至20℃左右，温度峰值为27℃以下时，目标温度20~22℃，对于中期目标温度和后期降温，可按设计要求进行。

2. 同冷区高度设置与优化分析

综合对比分析，全坝最高温度按27℃，1个同冷区和2个同冷区控制下的冷却过程和温度应力差异计算结果见表5-14，结论为：在溪洛渡拱坝目前的温控体系下，由于上、下层温差控制较好，底部封拱形成整体后对上部处于二冷的冷区产生影响时，该冷区仅有3~4℃的温度降幅，因此无论是1个同冷区还是2个同冷区，封拱后整体成拱作用对施工期温度应力的影响较小，而且由于封拱后对大坝的约束作用只是体现在轴向约束，上、下游方向的约束增加很小。因此，即使有影响，也仅仅是体现在轴向应力(0.1~0.2MPa)。

表5-14　1个同冷区和2个同冷区温控方案温度和应力对比

高程/m	温度/℃	2个同冷区方案(全坝27℃控制)		1个同冷区方案(全坝27℃控制)	
		轴向应力/MPa	顺河向应力/MPa	轴向应力/MPa	顺河向应力/MPa
324.5~350 (基础区)	24.1~28.3	1.0~1.5	1.5~2.2	1.0~1.5	1.5~2.2
350~370	23~27.1	0.52~1.21	0.8~1.35	0.67~1.24	0.8~1.39
370~400	23.2~26.5	0.31~0.84	0.45~0.85	0.43~0.90	0.45~0.88
400~430 (底孔区)	23.4~26.1	0.35~0.71	0.5~0.8	0.47~0.74	0.5~0.85

考虑到1个或2个同冷区的措施整体应力水平均处于较低的水平(1.0MPa以下)，故只要严格按照设计提出的温控通水冷却模式进行冷却和控温，严格控制上、下层垂直方向的温度梯度，脱离约束区后可考虑采用1个同冷区方案。

假定最高温度按3—10月不高于31℃，11—次年2月按不高于29℃进行控制，对比分析2个同冷区和1个同冷区对应力的影响。计算结果表明，与全坝最高温度控制为27℃时结果类似，最高温度提高至31℃后，2个同冷区与1个同冷区对应力影响均较为有限，见图5-33，顺河向影响在0.1MPa以内，坝轴向为0.1~0.2MPa。

5.4.4　高拱坝中冷和二冷时间动态控制技术

5.4.4.1　通水冷却动态控制分析方法

高拱坝施工过程中，坝体上升、接缝灌浆、通水冷却方式及悬臂高度控制等多种因素会

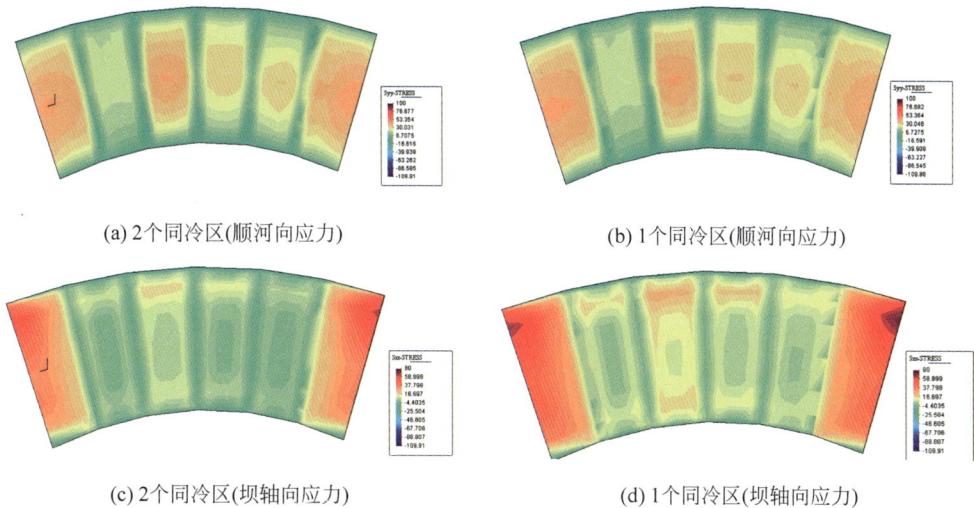

(a) 2个同冷区(顺河向应力)   (b) 1个同冷区(顺河向应力)

(c) 2个同冷区(坝轴向应力)   (d) 1个同冷区(坝轴向应力)

图 5-33 第 4 批次二期冷却末时典型高程 369m 应力对比图(单位：0.01MPa)

出现相互制约情况。溪洛渡拱坝在其设计温控技术要求体系框架内,因水管冷却方式、接缝灌浆进度与悬臂高度控制之间的矛盾,多坝段悬臂高度基本上突破了 80m,这会增大大坝施工期悬臂应力带来的开裂风险。因此,有必要优化水管冷却时间的控制来达到加快接缝灌浆、减小悬臂高度的问题,既保证大坝施工期温控防裂安全,又能兼顾悬臂高度控制安全这一目的。

在设计水管冷却温控方案的基础上,基于大坝接缝灌浆进度要求,模拟每仓混凝土浇筑过程中的温度应力荷载、自重荷载、自生体积变形荷载和徐变荷载等的逐步叠加作用,采用全坝全过程真实工作性态仿真模型,分析整坝中期冷却和二期冷却分别提前 n 天、中期冷却提前 n 天和二期冷却 m 天以及一冷过后全程缓慢冷却至封拱温度的温度场和应力场,并将其与应力控制标准值对比,即可得到不同坝段、不同高程情况下的通水冷却过程个性化控制方案。

5.4.4.2 溪洛渡拱坝适当提前中冷和二冷优化分析

基于设计温控技术要求,溪洛渡比较分析了大坝中期冷却和二期冷却分别提前 15 天、中期冷却提前 15 天和二期冷却 30 天以及大坝一冷过后全程缓慢冷却至封拱温度的全坝工作性态。结果表明,溪洛渡拱坝基础约束区混凝土温度应力已接近临界值,安全系数富裕度不大。若中期冷却时间提前 15 天,二期冷却时间也提前 15 天或 30 天,基础附近安全系数进一步降低,开裂风险增大;若采用缓慢连续冷却的方式,其应力也将明显超标,开裂风险较大。脱离基础约束区后,其安全度有一定富裕度,无论是采用设计冷却方案,还是中冷提前 15 天、二冷提前 15 天或 30 天,或者采用全坝缓慢连续冷却方案,温度应力均可控制在允许应力范围之内。综合考虑,溪洛渡基础约束区仍采用设计方案,而脱离基础约束区的混凝土,在下部无长间歇的部位,选择中冷、二冷适当提前的方案,并采用缓慢连续冷却方案,并控制混凝土龄期在 90 天以上,使冷却至封拱温度时的时间不宜过早。

1. 岸坡坝段冷却过程优化分析

对比分析了四种工况,工况 1 为按设计温控要求进行冷却,具体为混凝土下料浇筑即开始一冷,冷却总时间约 21 天,混凝土龄期大于 45 天启动中冷,混凝土龄期大于 90 天启动二冷;工况 2 为中冷最小龄期 45 天提前 15 天,相应的二冷龄期 90 天也提前 15 天;工况 3 为中冷最小龄期提前 15 天,二冷龄期提前 30 天;工况 4 为一期冷却时间 25 天,一期冷却结束后缓慢连续冷却至封拱温度,混凝土龄期在 85~90 天达到封拱温度。4 种工况均考虑表面保温,未考虑表面流水养护,将其作为安全储备。

计算结果表明(图 5-34、图 5-35),随着冷却时间前移,抗裂安全系数呈逐渐下降趋势。对于强约束区,提前冷却,前 3 层灌区同步中冷和二冷,中冷末和二冷末应力均仍可满足设计要求;若冷却时间前移,但中冷和二冷不同步,至中冷目标温度,第一层灌区应力就会超标,二冷末最终应力也超标,这主要是基础温差与上下层温差叠加所致。

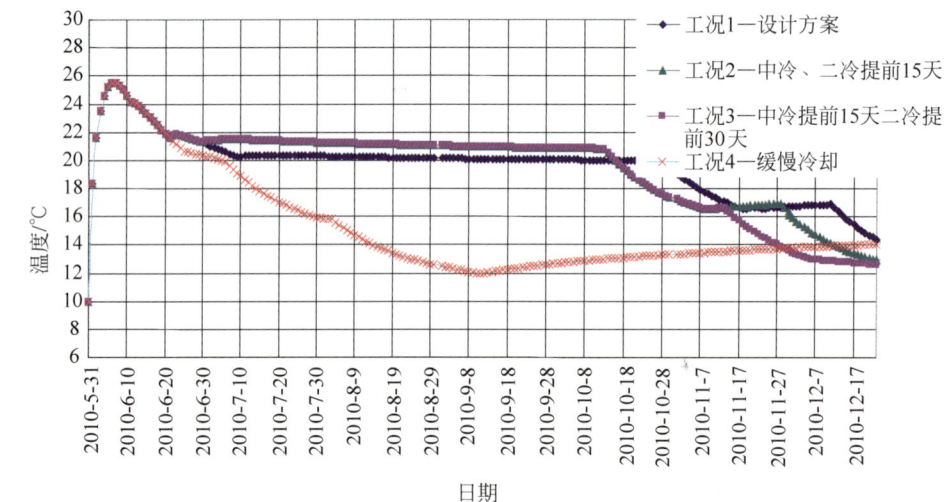

(a) 不同工况下第 1 层灌区温度过程线

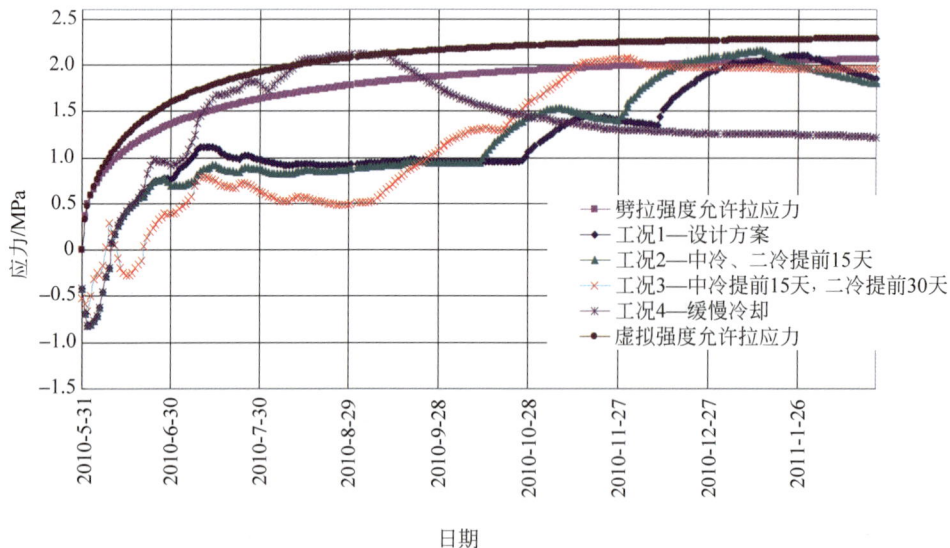

(b) 不同工况下第 1 层灌区应力过程线

图 5-34　不同工况下第 1 层灌区中心典型点温度和应力过程线对比曲线

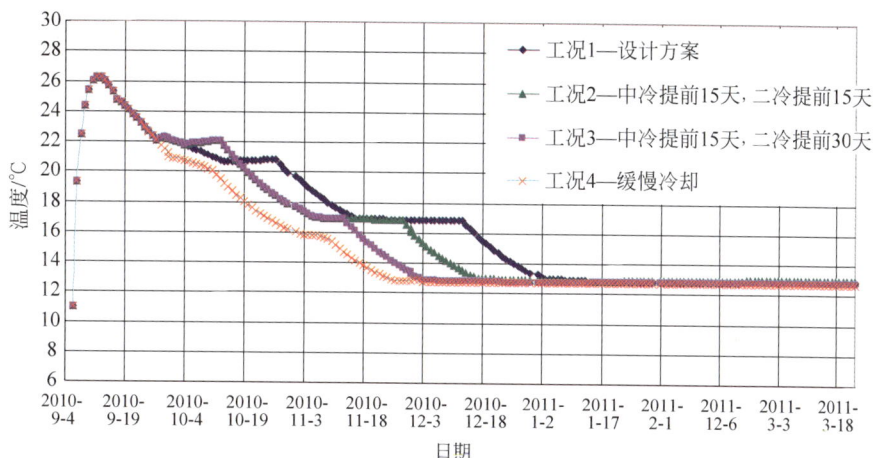

(a) 不同工况下第 3 层灌区温度过程线

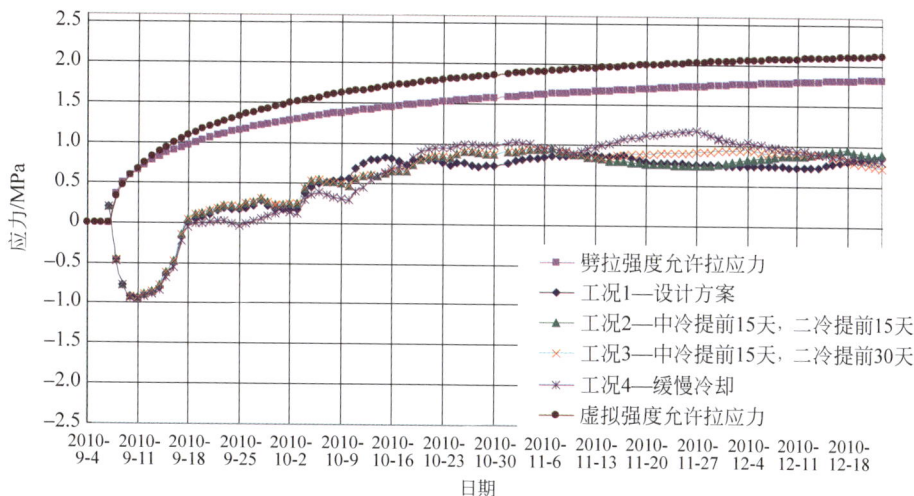

(b) 不同工况下第 3 层灌区应力过程线

图 5-35　不同工况下第 3 层灌区中心典型点温度和应力过程线对比曲线

2. 河床坝段冷却过程优化分析

河床坝段冷却过程优化分析工况与陡坡坝段一致,图 5-36 及图 5-37 为不同工况下 15#坝段第 1、6 层灌区中心典型点的温度和应力过程线对比曲线。通过曲线可以看出,冷却时间前移,安全系数呈逐渐下降趋势。对于强约束区,适当提前中冷,二冷末应力仍可控制在允许范围之内,但如果提前冷却时间过长,那么二冷末应力将出现超标现象。采用缓慢冷却方案,至中期冷却目标温度时,第一灌区应力就会出现超标现象,至二冷末最终应力也超标,这主要是基础温差与上下层温差叠加作用所致。脱离约束区后,由于设计方案有较大的富余,即使采用提前冷却方案,安全系数也均可控制在安全范围以内,满足设计抗裂要求。

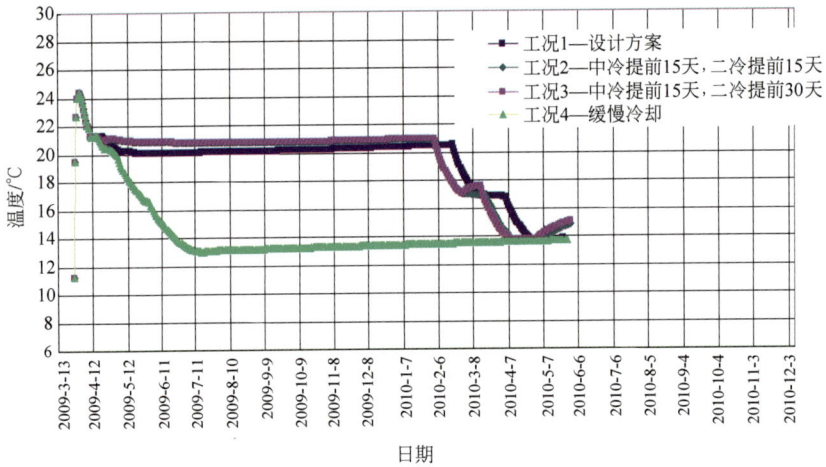

(a) 不同工况下第 1 层灌区温度过程线

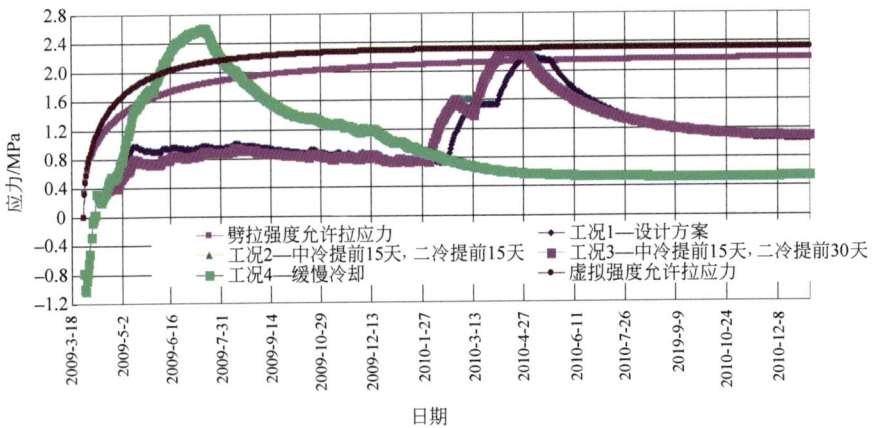

(b) 不同工况下第 1 层灌区应力过程线

图 5-36 不同工况下 15# 坝段第 1 层灌区中心典型点温度和应力过程线对比

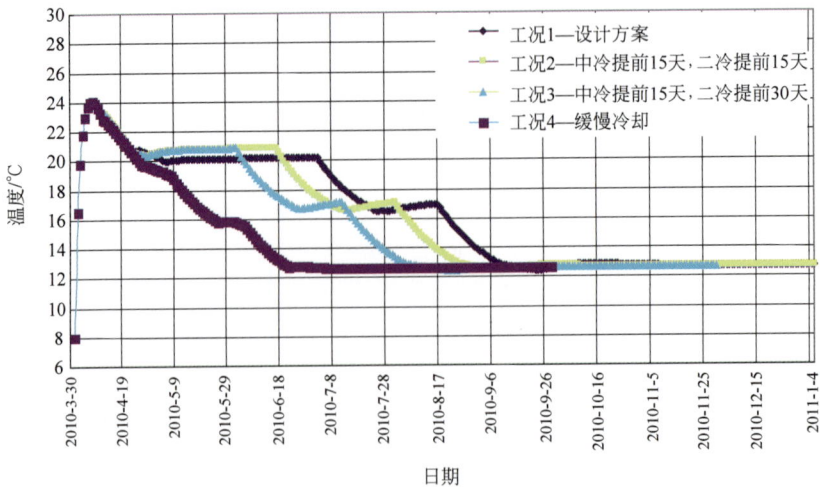

(a) 不同工况下第 6 层灌区温度过程线

图 5-37 不同工况下中 15# 坝段第 6 层灌区中心典型点温度和应力过程线对比

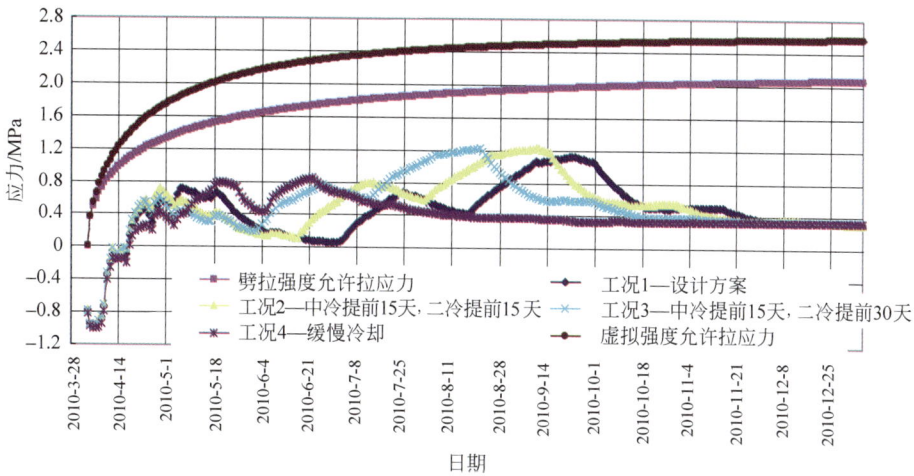

(b) 不同工况下第 6 层灌区应力过程线

图 5-37（续）

5.4.5 高拱坝孔口区域温控标准和冷却过程个性化控制技术

5.4.5.1 孔口区域小级配混凝土温控标准和冷却方式个性化控制分析方法

已有研究成果表明，拱坝内开设的小孔口对坝的整体工作性态及应力状况影响不大，但在孔口附近会产生明显的应力集中，孔周局部部位会出现较大拉应力，从而导致混凝土局部裂缝的产生。从孔口结构的设计，到孔口材料的设计，再到混凝土施工过程中的浇筑、温控、养护，以及后期的蓄水方案，都有可能对孔口混凝土的开裂产生重要影响。

孔口周边混凝土材料分区复杂，孔深区域、孔口下游牛腿区采用二级配甚至自密实等高强、高发热混凝土浇筑，最高温度不易控制；加上混凝土浇筑季节主要在高温季节或秋天次低温季节，也不利于防裂。因此，相比较之下，拱坝孔口的温控、养护措施相对坝体其他部位复杂一些，除了常规的温控措施外，还需要对孔口进行封闭，防止洞室穿堂风对混凝土表面造成低温冲击，也需要对混凝土表面进行流水养护等。如果温控、养护措施不到位，则很容易导致孔口部位的混凝土开裂。

综合考虑之下，孔口区域的温控防裂应有别于其他区域，首先根据孔口区域采用低级配混凝土的实际情况，采用精细仿真与反馈分析相结合的方法，深入分析了按照大坝常规混凝土温控措施进行施工时可能存在的开裂风险和安全隐患；同时，开展多种温控方案的敏感性分析，系统分析不同温控措施的温控及防裂效果，提出满足工程防裂安全需要的温控标准和通水冷却动态控制技术；最后根据实际温控成果，开展温度场和应力场反演分析，优化调整中期和二期通水冷却过程，为孔口坝段低温季节安全施工和防裂提供依据。

5.4.5.2 溪洛渡高位底孔温控标准与冷却过程分析

溪洛渡拱坝在 11#、20# 坝段分别设置了两个底孔,因高位底孔是"一坝两孔",侧墙较薄,考虑到材料分区和浇筑的复杂性,为便于施工,墩墙以及孔壁周围 0.6m 区域均采用 $C_{90}42$ 二级配混凝土,绝热温升高、温控难度较大,再加上断面尺寸较小,结构变化复杂,结构应力控制须特别谨慎。

1. 施工期开裂风险与部位预测

溪洛渡高位底孔区域采用低级配混凝土,绝热温升高,且在 4—6 月份的高温季节浇筑。综合各工况仿真计算,从开裂风险出现的部位来看,风险最大区域主要在底孔周边,尤其是上、下游顶板及侧墙混凝土;开裂风险较大时段主要有两个:

第一时段是一冷降温阶段,见图 5-38。因低级配混凝土绝热温升高,相对应的最高温度也高,一冷降温幅度较大、降温速率过快是导致这一阶段应力偏高、开裂风险较大的一个原因;另一个因素是自重作用,由孔洞结构,底孔顶板在自重作用下,随着上部混凝土的浇筑,会在底孔顶、底板上产生 0.3~1.0MPa 拉应力,该应力与上部混凝土高度相关,浇筑厚度越高,应力越大,且与温度应力形成叠加效应。有效控制这一风险的最好办法是合理控制降温速率和水管冷却通水方式,并合理控制孔口坝段的悬臂高度。

第二时段是入冬后环境温度达到最低时的 1 月。开裂风险较大,主要是此时底孔顶板应力是二冷末的残余温度应力、表面温降应力以及自重应力叠加,开裂风险主要位于表层混凝土。至次年 1 月时,底孔区域才完成二冷,自重荷载导致的孔顶结构应力无法避免。控制这一开裂风险的最好办法是加强表面保温(图 5-39、图 5-40),即尽可能降低冬季温度下降带来的温度荷载。

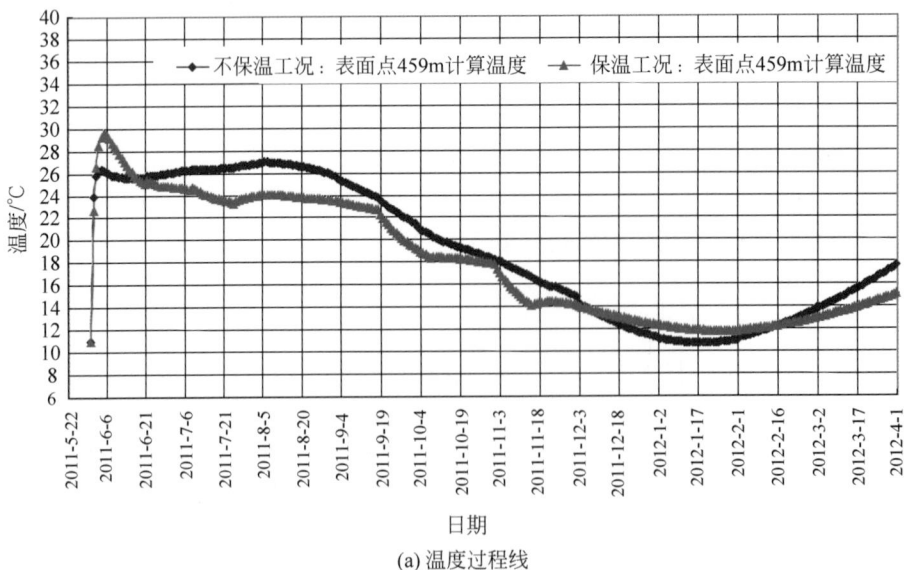

(a) 温度过程线

图 5-38 保温和不保温工况下孔壁顶板混凝土表面温度过程线

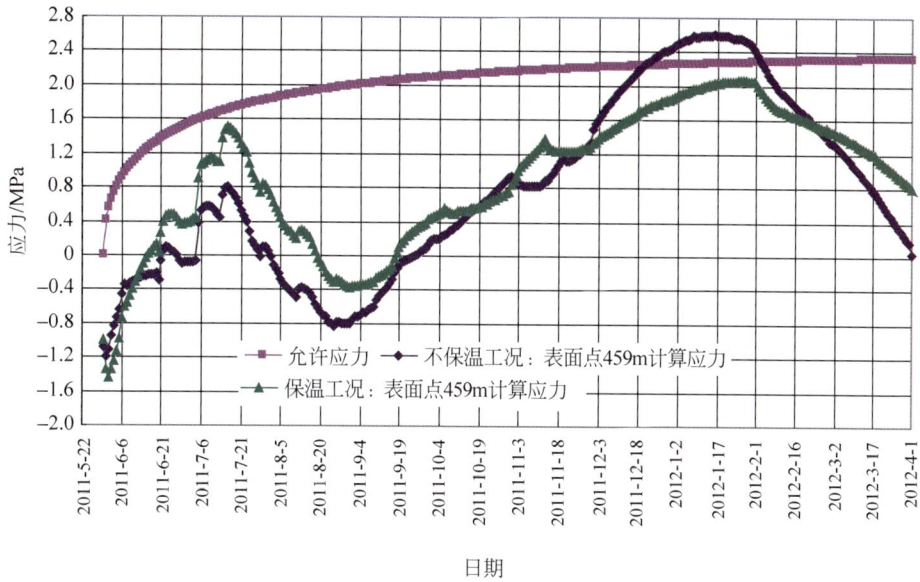

(b) 应力过程线

图 5-38（续）

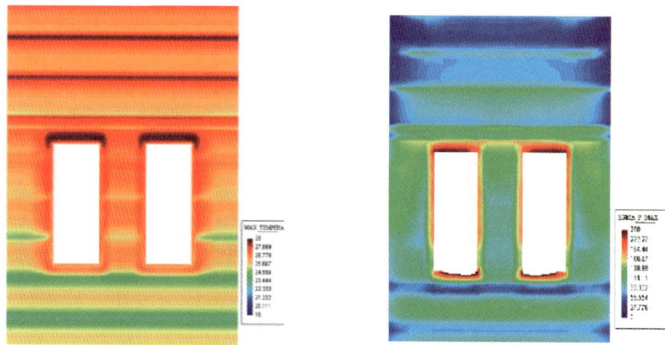

图 5-39 不保温工况横河向剖面温度、应力包络图

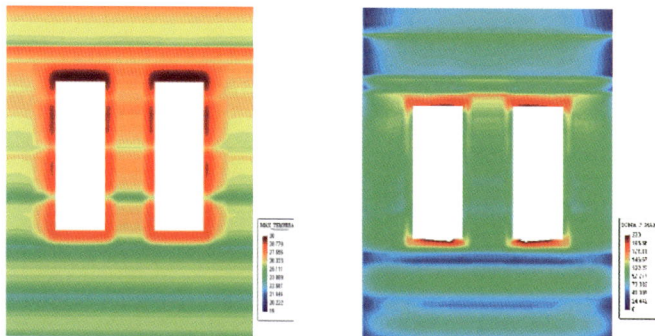

图 5-40 保温工况横河向剖面温度、应力包络图

2. 精细化温控防裂措施研究

图 5-41 给出了按既定施工计划冷却和封拱且表面严格落实保温措施(工况 2)和在工况 2 基础上对工况 2 加密冷却水管(由间距 1.5m×1.5m 调整为 1.5m×1.0m)工况下,孔壁顶板混凝土表面和内部温度应力过程线。由过程线可以看出,水管加密对混凝土应力的影响主要体现在早期,早期表面应力值要小于不加密水管方案,因后期温降过程基本相同,对后期最大应力影响不大。

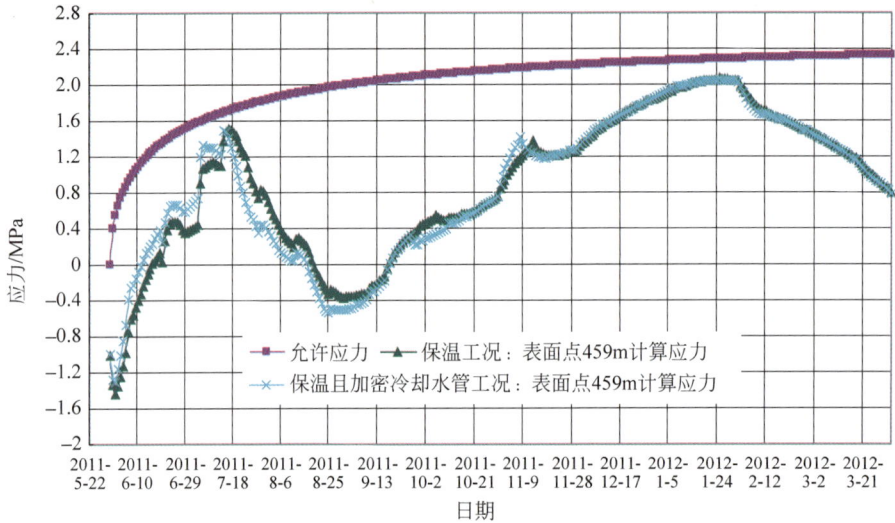

(a) 表面温度应力

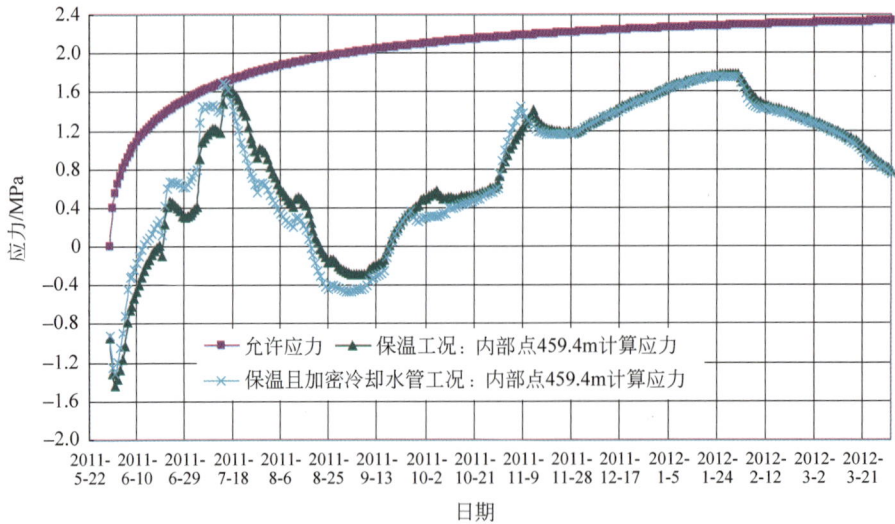

(b) 内部温度应力

图 5-41 保温工况和保温且加密冷却水管工况下孔壁顶板混凝土表面和内部温度应力过程线

图 5-42 给出了工况 2 和在此基础上采取两区同冷孔壁顶板混凝土表面、内部温度应力过程线。由过程线可以看出:孔口区冷却高度为两个灌区时,中冷和二冷期间的应力都有所降低,表明加大冷却高度对温控有利。由于孔口区的特殊性,墙体较薄,孔口区表面和内

部最大应力均出现在低温季节,应力主要与内外温差有关,两区同冷时,二冷时间推后,导致低温季节时的表面应力反而有所增加。但从应力来看,均能够满足设计抗裂要求。

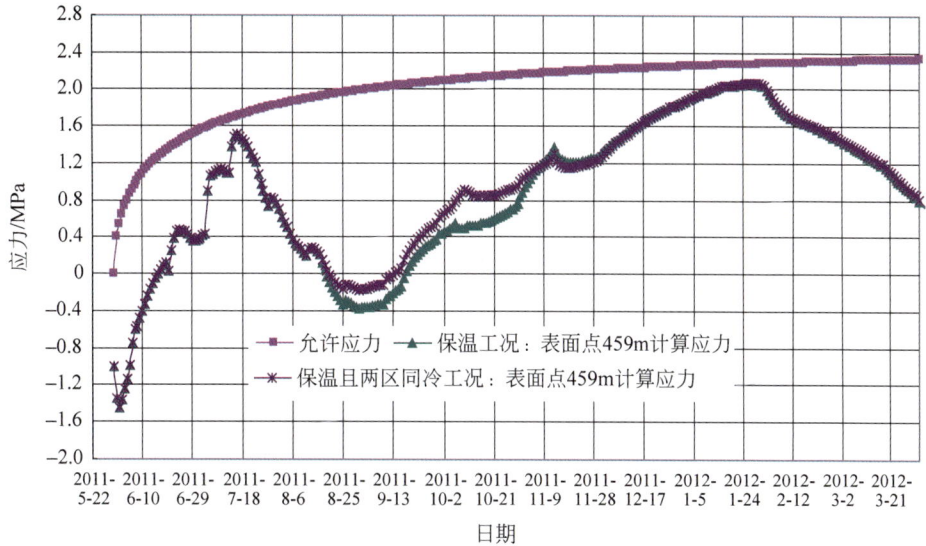

(a) 表面温度应力

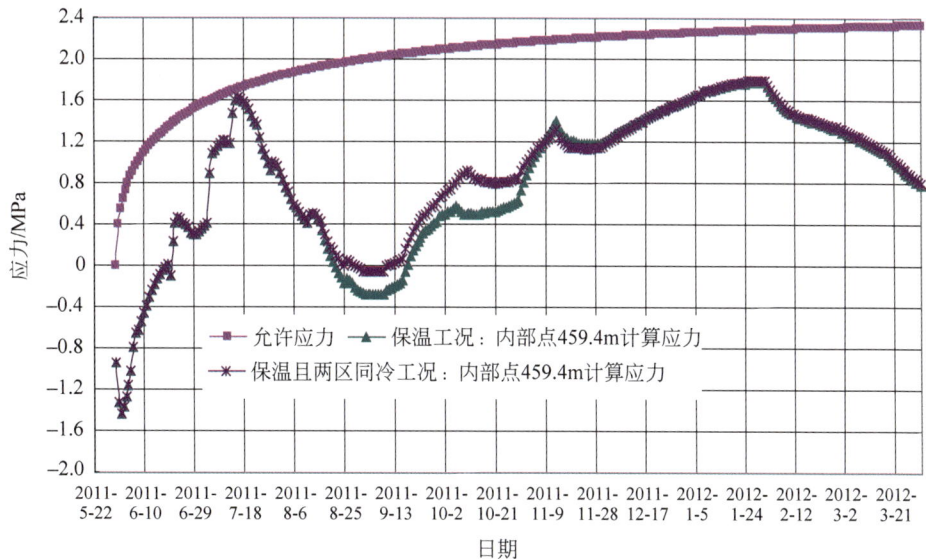

(b) 内部温度应力

图 5-42 保温工况和保温且两区同冷工况孔壁顶板混凝土表面、内部温度应力过程线

图 5-43~图 5-45 为两个灌区按设计要求同步冷却(工况 4)和两个灌区同冷且中期冷却最小开始龄期 30d、相应的二冷开始龄期 75 天(工况 5)孔壁顶板混凝土表面、内部以及孔壁边墙表面温度和应力过程线。计算结果显示,中冷和二冷时间提前,对最高温度没有影响;8 月正好是气温最高的时期,此时的孔口周围混凝土温度也相对较高,把中冷提前到这个时期,虽然可以使得早期应力略有增加,但是到冬季时期,温降幅度有所减小。最大应力后者要好于前者,安全系数都在 2.0 以上。

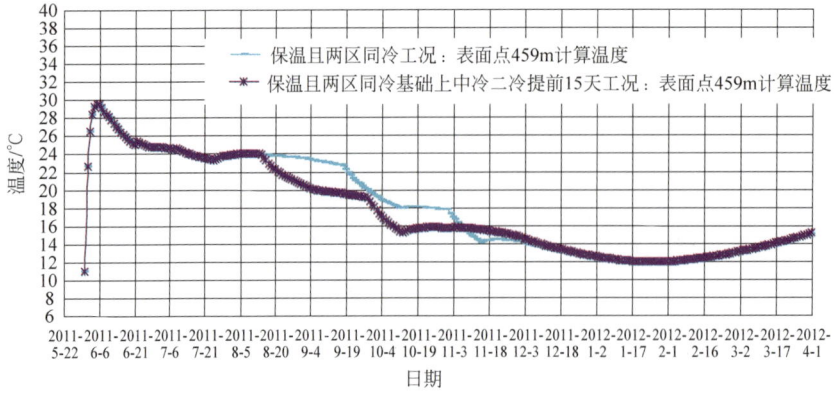

(a) 温度过程线

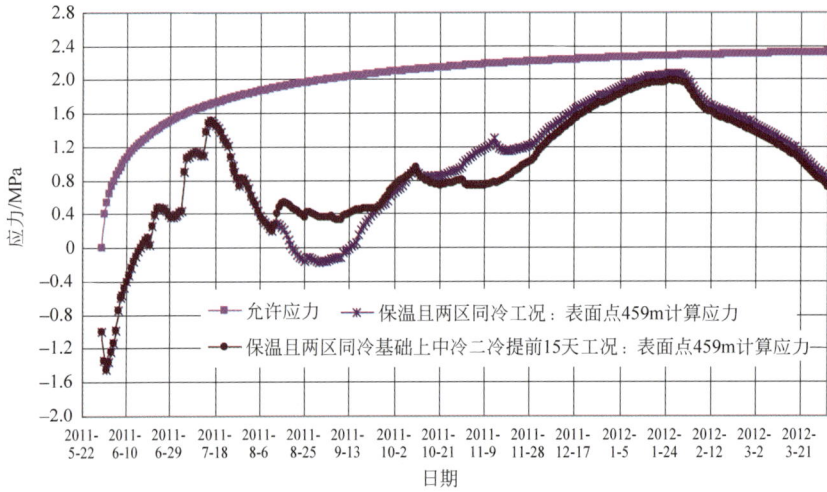

(b) 应力过程线

图 5-43 保温且两区同冷工况和保温且两区同冷基础上中冷二冷提前 15 天工况孔壁顶板混凝土表面温度和应力过程线

(a) 温度过程线

图 5-44 保温且两区同冷工况和保温且两区同冷基础上中冷二冷提前 15 天工况孔壁顶板混凝土内部温度和应力过程线

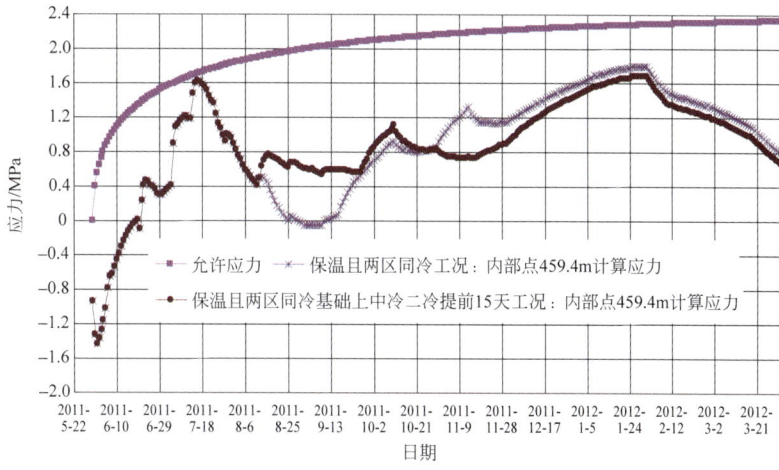

(b) 应力过程线

图 5-44（续）

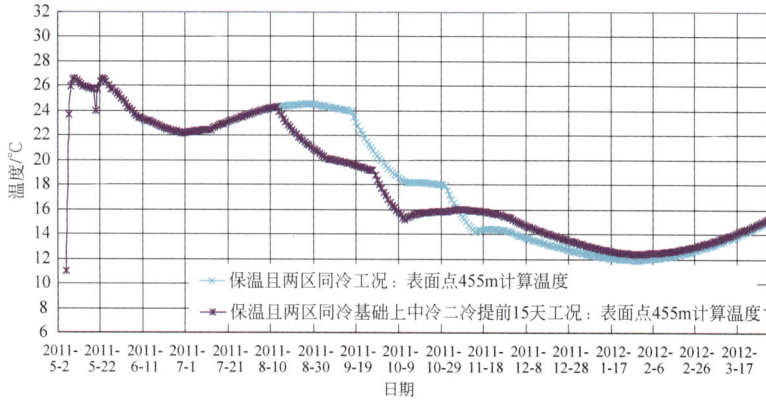

(a) 温度过程线

(b) 应力过程线

图 5-45 保温且两区同冷工况和保温且两区同冷基础上中冷二冷提前 15 天工况孔壁边
墙混凝土表面温度和应力过程线

图 5-46 给出了工况 5、调整一冷期间温降过程为连续降温(工况 5-1)和一期控温最高温度 25~26℃且一期降温降至 20~22℃(工况 5-2)的不同冷却过程的温度和应力对比曲线。由过程线可以看出,控制一期冷却目标温度,可有效控制一冷末应力。目标温度越高,应力越小,早期防裂安全系数越大;目标温度越低,早期开裂越大。但一冷目标温度越高,后期应力会越大。因此,需要综合考虑一冷目标温度的控制。

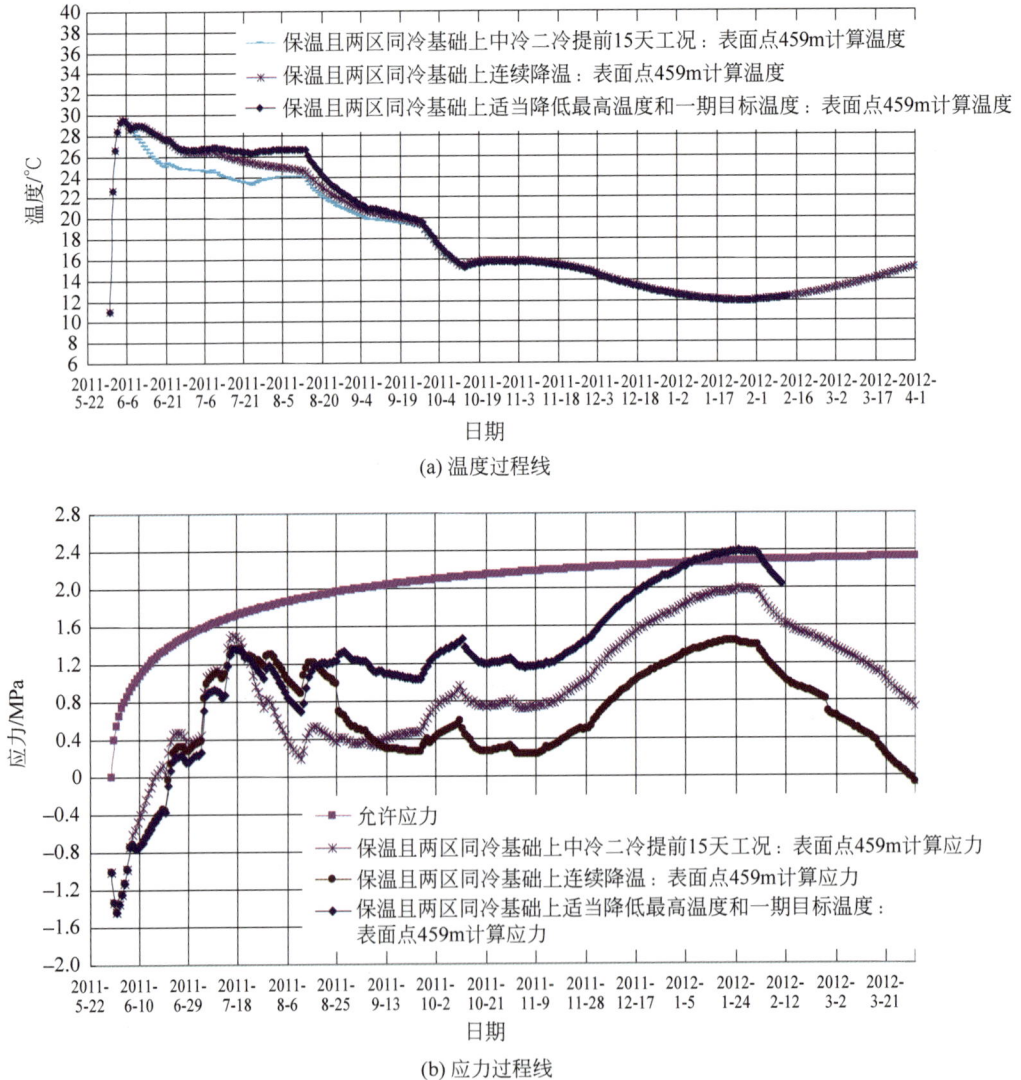

(a) 温度过程线

(b) 应力过程线

图 5-46 不同冷却过程的温度对比曲线

3. 综合温控防裂措施建议

综合上述分析,由于底孔坝段采用小级配混凝土,最高温度较高,一期冷却连续温降幅度不宜过大,需合理控制;冷却速率也不宜过快,应采用分段冷却方案,综合多种工况的仿真和对比结果,冷却方式如下:

（1）目标温度控制

孔洞周围最高温度为 29～31℃时，一期降温第一阶段目标温度为 25～26℃，达到目标温度即进行控温；最高温度为 26～28℃的区域，目标温度控 23～24℃控制，达到目标温度即进行控温。

（2）冷却时间和冷却速率控制

高程 464～467m 仓混凝土（第 17 灌区最上面一仓混凝土）温度峰值过后一期降温达到 24～25℃时，与高程 449～464m 混凝土同时冷却至 20～22℃。当高程 464～467m 混凝土达到 30 天龄期后，开始孔口两个灌区同时中期冷却，达到 75 天龄期后开始同时二期冷却。整个冷却过程中温降速率不得快于设计要求的各阶段冷却温降速率，一冷降温全程冷却速率不得高于 0.3℃/d。

（3）保温措施

考虑到高位底孔至低温季节后表面综合应力仍较高，全程保温会增加早期应力，建议在底孔灌区完成二冷后（大约 10 月中旬、入冬前）加大表面保温力度，具体实施方案可增加一层保温板，同时封闭孔口上、下游出入口。

4. 温度场反馈分析和冷却过程优化

溪洛渡高位底孔现场的温度监测值与早期预测相差较大。监测温度曲线显示：20#-43 仓、20#-44-1 仓、20#-44-2 仓的最高温度分别为 38.47℃、38.87℃及 34.56℃。基于这种情况，开展现场实测温度参数反馈分析，对后期可能出现的开裂风险进行仿真预报，并研究这种温度控制条件下后期水管冷却的优化控制方式。

图 5-47 给出了施工期孔口区域典型仓反馈计算温度和监测温度对比曲线。分析表明，因底孔周边采用 $C_{180}40$ 高强混凝土且发热量较高，最高温度超过 30℃，加上高位底孔结构的特殊性，孔壁混凝土相对较薄，还有限裂钢筋，施工难度大，高温季节浇筑时，很难确保浇筑温度满足设计要求，且有气温倒灌的现象。

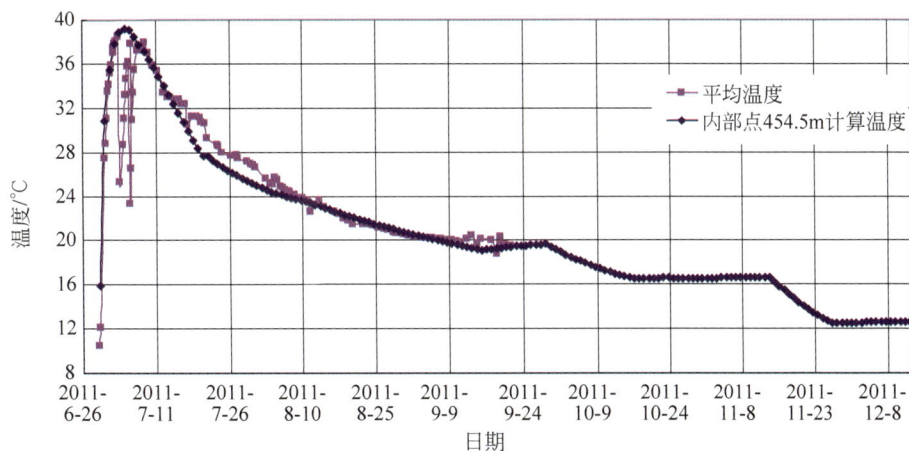

(a) 20#-43仓温度过程线

图 5-47　高位底孔典型仓反馈计算温度和监测温度对比曲线

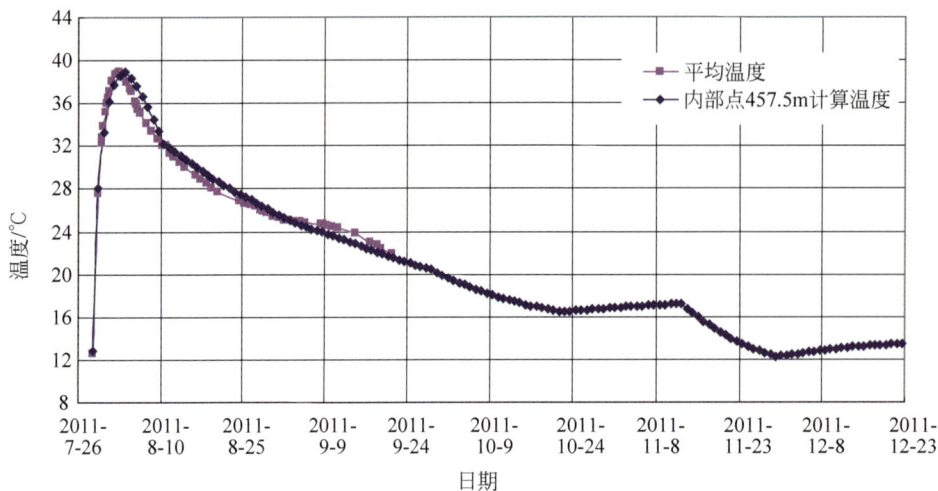

(b) 20#-44仓温度过程线

图 5-47 （续）

由实测和反馈仿真分析结果可知,高位底孔局部仓混凝土最高温度较高,达 35℃ 以上, 如果不采用有效温控措施,二冷末应力将出现超标现象。以 20#-43 仓为例(图 5-48(a)),该仓 6 月底浇筑,最高温度出现后开始一冷降温,至 8 月初内部温度降至 20℃ 左右,此时温度应力为 1.74MPa,安全系数 2.09,已接近允许应力。同时,以 20#-44 仓为例(图 5-48(b)), 根据监测和反演温度过程线,分析仓面温度应力,最大值为 2.81MPa,安全系数仅为 1.69。 因此,控制早期降温幅度、降温时间是减小早期应力水平的有效措施。

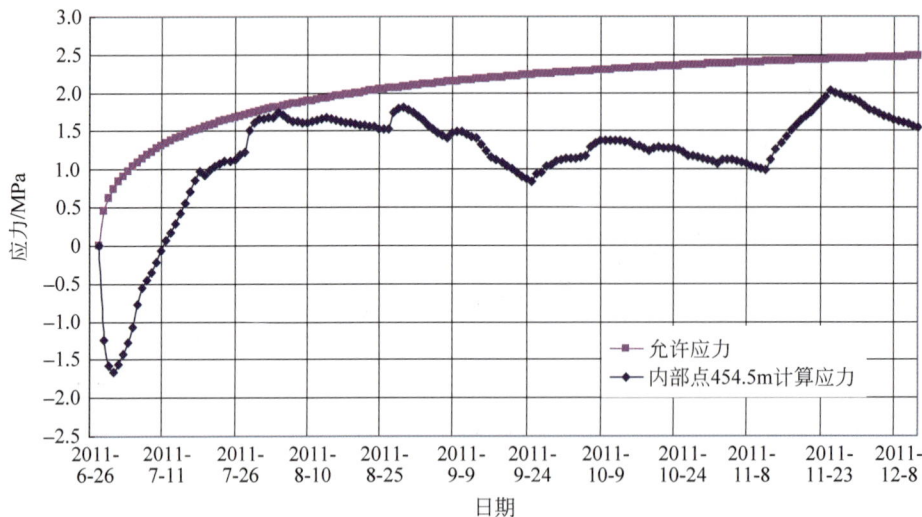

(a) 20#-43仓应力过程线

图 5-48 孔口区典型仓应力过程线

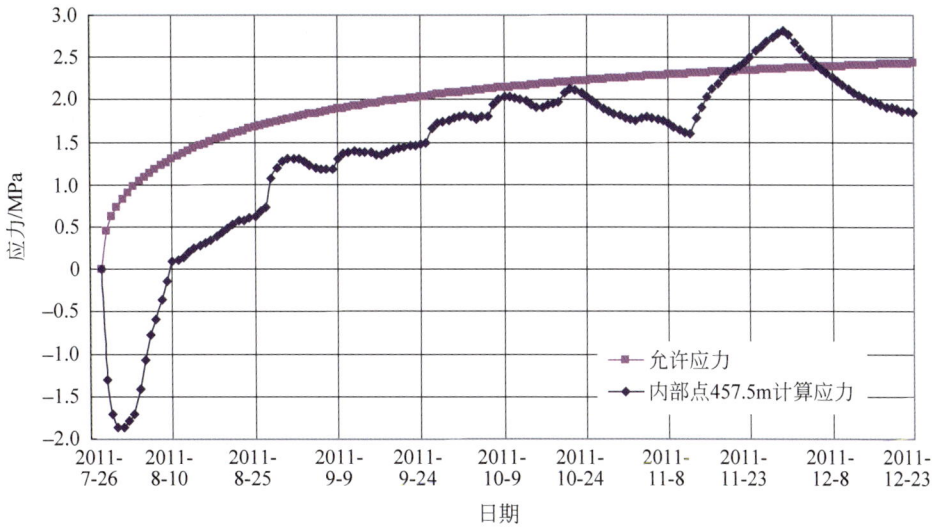

(b) 20#-44仓应力过程线

图 5-48(续)

综合考虑，虽然底孔在高温浇筑混凝土最高温度偏高，但因浇筑后，入冬前已冷至封拱温度，内外温差相对较小，孔口上游面在低温季节的应力水平不大；但考虑底孔周围的最高温度偏高，一定要在控温阶段防止混凝土温度回升，同时要控制中冷和二冷的降温梯度。因此，在条件允许的情况下，应适当推迟冷却时间、增大同时冷却高度，减小中冷和二冷末的温度应力水平。因此，采取两个同冷区缓慢冷却，避免温度过高时的二冷末应力超标现象，见图 5-49。

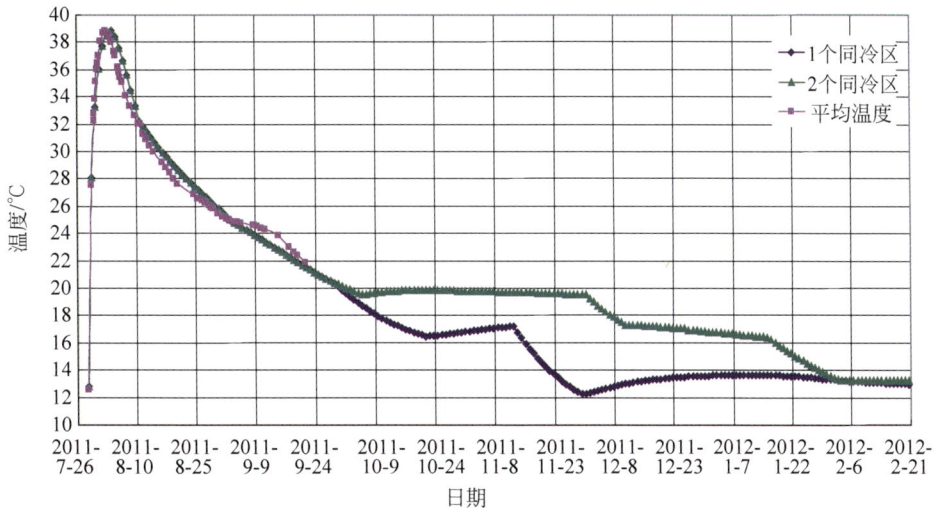

(a) 温度过程线

图 5-49 20#-44 仓不同工况特征点温度及顺河向应力过程线比较图(工况 2 两区同冷)

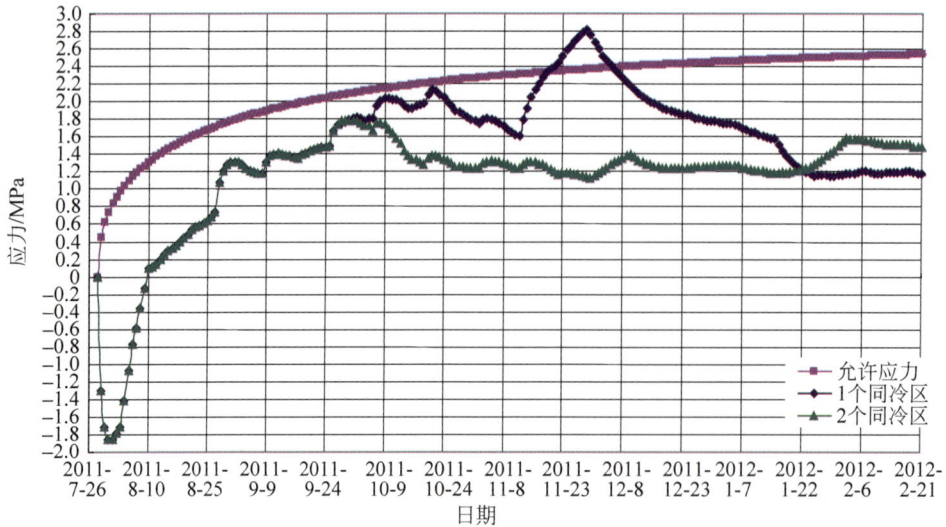

(b) 应力过程线

图 5-49(续)

5.4.5.3　溪洛渡深孔自密实混凝土温控标准与冷却方式

溪洛渡拱坝深孔周边材料分区复杂,深孔底板采用泵送自密实混凝土,下游牛腿采用二级配等高强、高发热混凝土,最高温度不易控制,图 5-50 为深孔钢衬部位混凝土强度等级、材料分区示意图;再加上混凝土浇筑季节主要在低温季节,气候条件也不利于防裂。因此,深孔部位的温控措施应有别于其他区域,如何在如此不利的条件下做好温控工作,保证大坝深孔安全顺利过冬是非常关键的环节。

根据孔口区域小级配混凝土温控标准和通水冷却动态控制分析思路,系统比较了不同水管布置方式及冷却方式的温控防裂效果。分析表明,深孔低温季节温控重点是预防自密实泵送混凝土和下游牛腿部位二级配混凝土开裂风险,可考虑适当加密水管,并加强深孔表面保温;同时,采用两区同冷、缓慢冷却的方式进行一冷、中冷和二冷降温控制,降低开裂风险。为此,溪洛渡深孔浇筑期间,深孔钢衬吊装采取“岸边分节组拼、双节集中抬吊、各工序平行施工”,单孔安装工期缩短 5~17 天,冬季间歇期控制在 26~33 天;并采取严格的综合温控措施,加密冷却水管,间距由 1.5m×1.5m 调整为 1m×1m;采取最严格的仓面保温养护措施,仓面及钢筋密集区均采用 4cm 内含保温材料的军绿色保温被或 5cm 聚乙烯保温卷材保温,流道进出口挂帘保温防止“穿堂风”,底板仓浇筑后蓄水养护,以及通仓浇筑掺 PVA 的混凝土,提高混凝土抗裂性能;同时,根据浇筑完成后实际温度监测情况进行反馈分析,动态调整冷却水管分区控温方式,采用两区同冷、缓慢冷却精细降温方式。

1. 施工期深孔区域开裂风险分析预测

针对深孔区域的不同关注问题,共设置 4 种工况进行计算分析:泵送混凝土最终绝热温升 47℃且深孔上部仅考虑一个灌区 9m 同时中冷和二冷(工况 1),泵送低热水泥混凝土最终绝热温升 42℃且深孔上部仅考虑一个灌区 9m 同时中冷和二冷(工况 2),在工况 1 基础上深孔上部考虑两个灌区同时中冷和二冷(工况 3)及在工况 3 基础上加密冷却水管至 1.0m×0.75m(工况 4)。

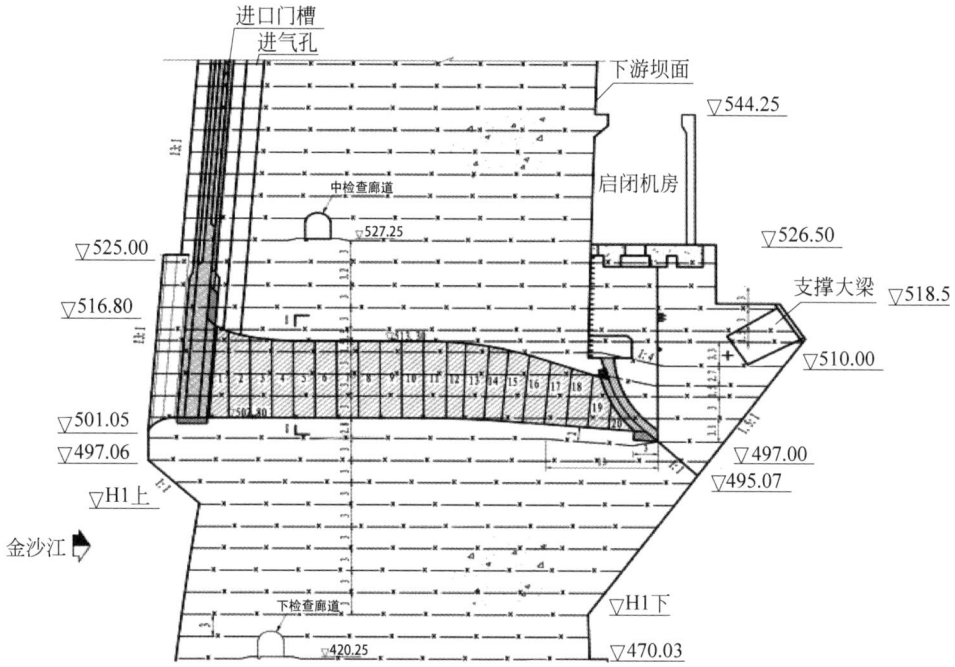

(a) 深孔典型坝段布置图

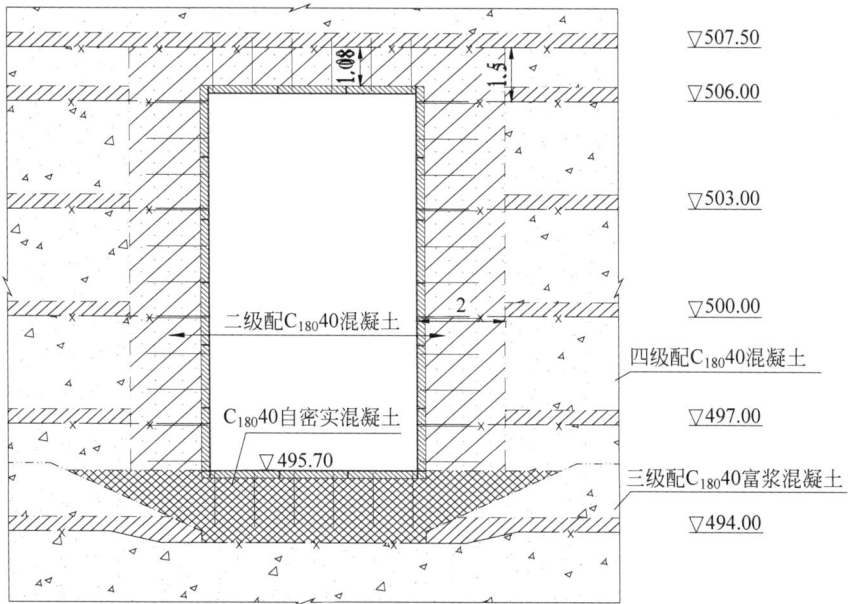

(b) 剖面图

图 5-50 深孔钢衬部位混凝土强度等级、材料分区图

各种工况仿真计算结果表明,深孔底板在设计温控体系下,最高温度可达 36℃ 左右(图 5-51),下游侧牛腿最高温度可控制在 32℃ 左右。从应力来看(图 5-52),主要开裂风险在两个区域和时段:其一是底板,最大应力出现在气温达到最低时,主要是表层混凝土温降收缩受内部混凝土约束所致;其二是下游牛腿内部,最大应力出现在二冷末,主要是受到上、下温差的相互约束作用。

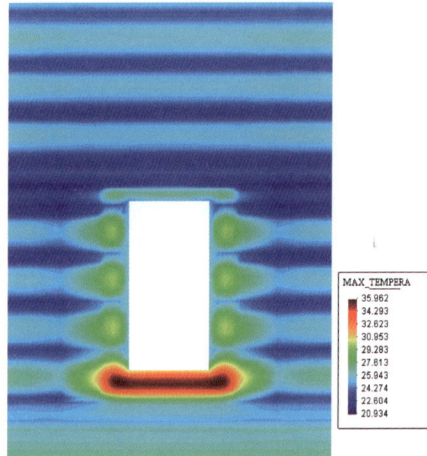

(a) 温度包络图

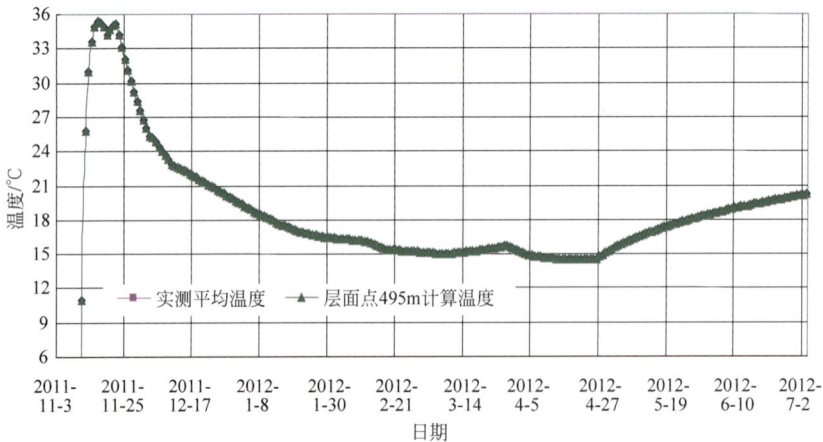

(b) 表面点温度过程线

图 5-51　深孔典型剖面温度包络图及表面点温度过程线

2. 精细化温控防裂措施研究

深孔在冬季浇筑,若混凝土内部的温度过高,将与外界产生较大的温度差,易产生浅层裂缝,再加上保温效果不佳,突遇寒潮甚至会导致深层裂缝。因低热水泥绝热温升比中热水泥要低 4～5℃,对比分析低热水泥混凝土对深孔温度应力与防裂安全的影响,计算结果见图 5-53。低热水泥 4℃ 绝热温升,使得混凝土内部最高温度相差 2.6℃,长周期最大应力减小 0.33MPa,安全系数由 1.64 提高到 1.81,但采用低热水泥后混凝土极限拉伸值要比采用中热水泥小 10% 左右。总体而言,从防裂的角度看,两者的防裂效果相差不大。

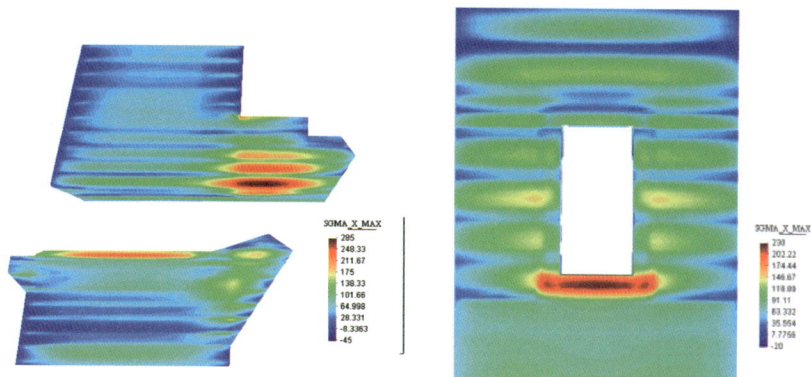

(a) 应力包络图

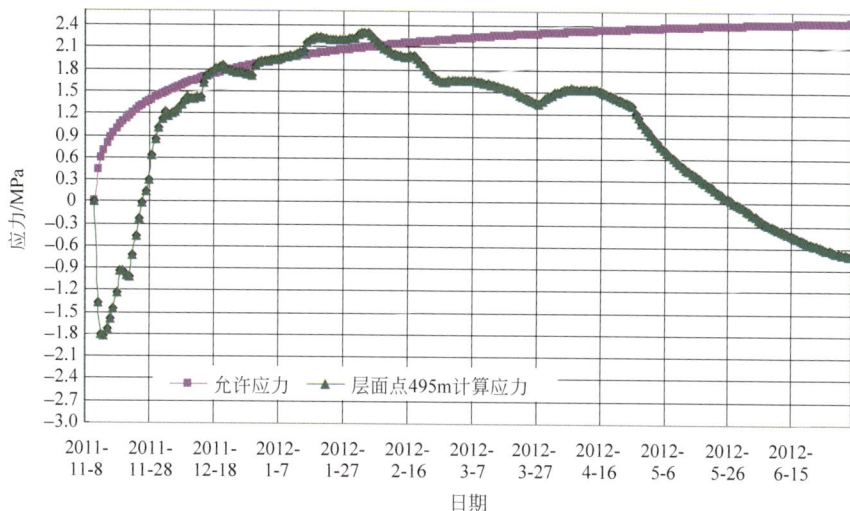

(b) 表面点应力过程线

图 5-52 深孔典型剖面应力包络图、应力过程线

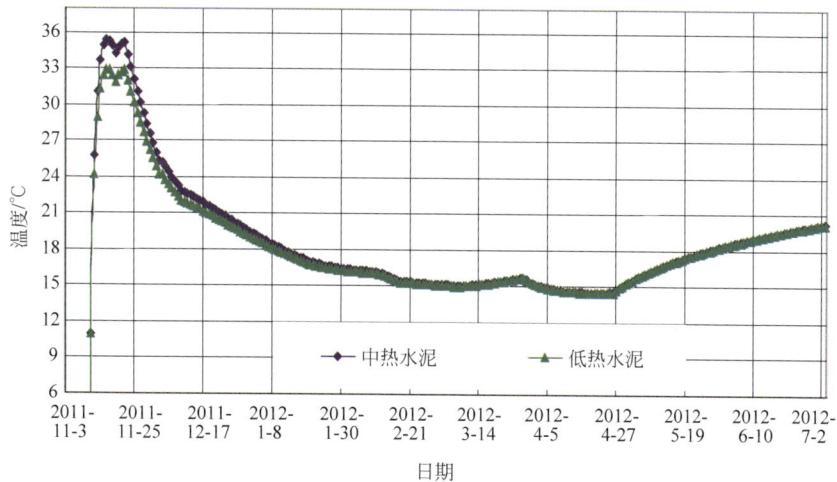

(a) 温度对比图

图 5-53 中热和低热过程温度与应力对比图

中热与低热应力对比曲线

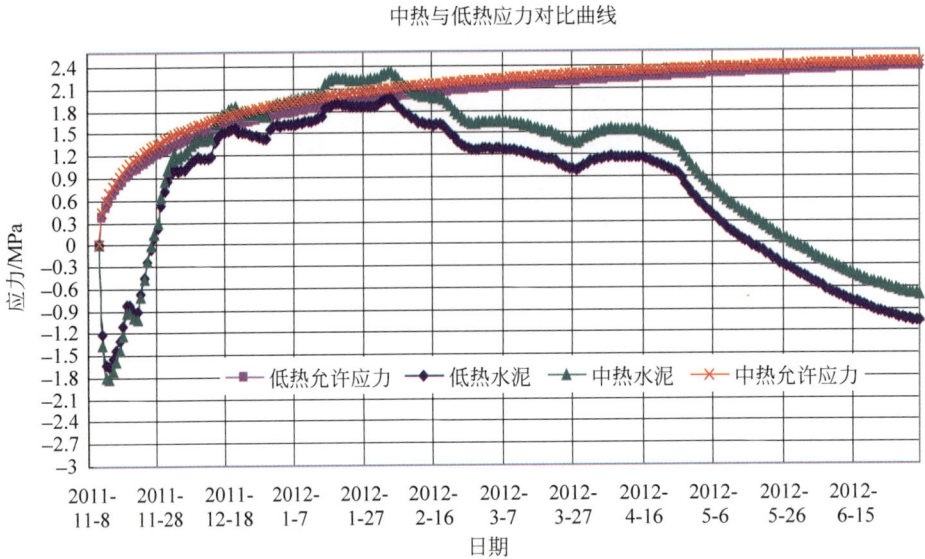

(b) 应力对比图

图 5-53(续)

　　图 5-54、图 5-55 为深孔 2 个同冷层温度与应力对比过程线和应力包络图。由温度应力包络图可以看出,深孔闸墩下游牛腿区域为开裂风险较大区域。采用两区同冷后,下游牛腿部位的应力值可降至允许应力以下,满足设计抗裂要求。

　　图 5-56 给出了加强保温与加密水管温控效果对比曲线。由图可以看出,冷却水管由 1.0m×1.0m 加密至 0.8m×0.8m,并适当的加强表面保温力度,最大应力可降低至混凝土抗裂安全允许范围之内,但影响力度不是很大。

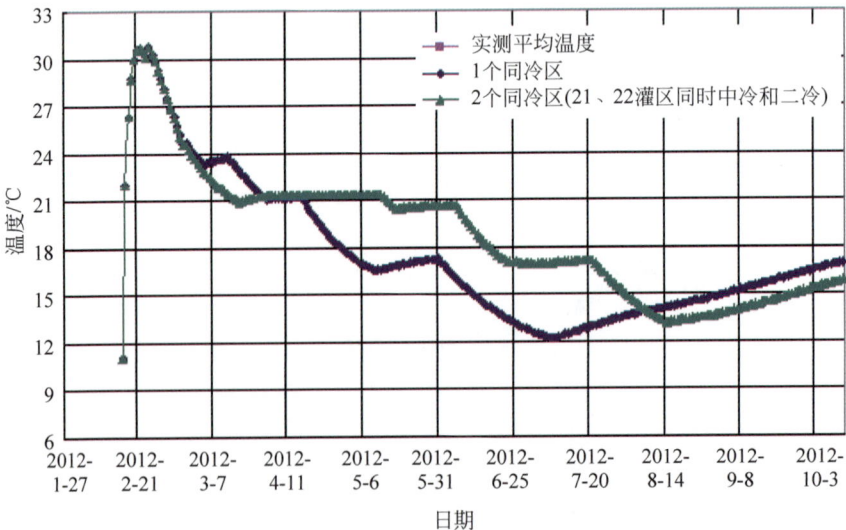

(a) 牛腿高程510.5m内部点温度过程线

图 5-54 两区同冷温度与应力对比过程线

图例：
- 允许应力
- 1个同冷区
- 2个同冷区(21、22灌区同时中冷和二冷)

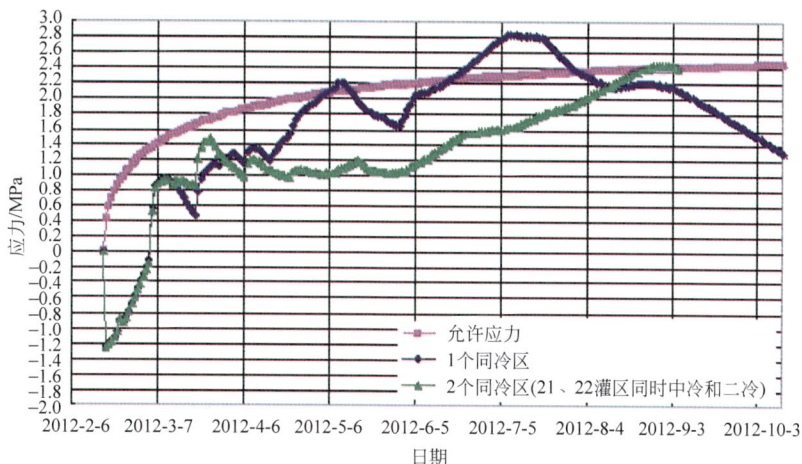

(b) 牛腿高程510.5m内部点应力过程线

图 5-54（续）

(a) 1个同冷层

(b) 2个同冷层

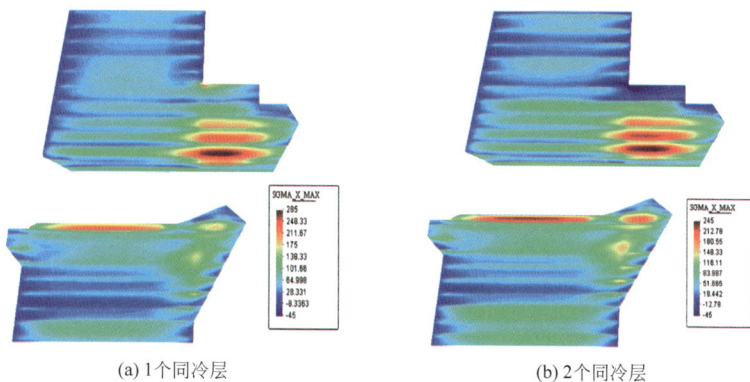

图 5-55 同冷应力包络图对比（冷却高度为 1 个灌区，两区同冷）

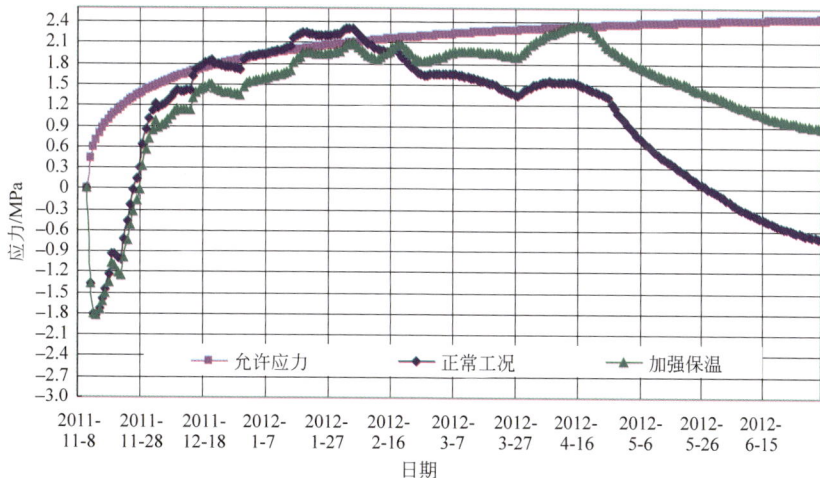

图例：
- 允许应力
- 正常工况
- 加强保温

(a) 加强保温

图 5-56 加强保温与加密水管温控效果对比

(b) 加密冷却水管

图 5-56(续)

深孔浇筑季节为低温季节,因此混凝土施工过程中,间歇期的延长使得混凝土受气温影响较大。由图 5-57 的三个坝段深孔孔口局部温度云图、图 5-58 16#坝段内部温度曲线图可以看出:经历了气温突降的混凝土表面温度明显小于未经历气温突降的混凝土表面温度,但混凝土内部温度与外界环境的关系不大(图 5-58),基本上不受间歇期的延长以及气温突变的影响。

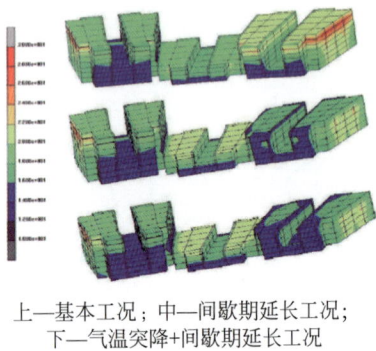

上—基本工况;中—间歇期延长工况;
下—气温突降+间歇期延长工况

图 5-57　三个坝段孔口局部温度云图

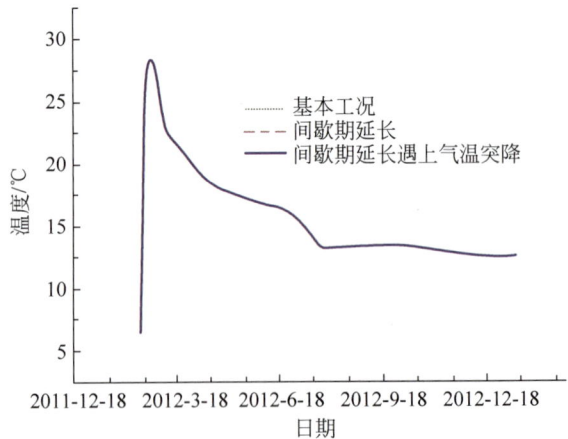

图 5-58　16#-65 仓混凝土内部温度变化曲线

由图 5-57 三种工况应力云图可知,三种工况的温度应力状态差别不大。图 5-60 为不同工况下表面点应力变化状况趋势图。由图可以看出,间歇期延长与基本工况是差不多的,内部点应力受间歇期延长及气温突变影响非常小。但气温突变,拉应力有增大的变化,开裂风险增大。

3. 温控标准与冷却方式建议

深孔低温季节施工重点是预防致密实泵送混凝土和下游牛腿部位二级配混凝土开裂风

险,泵送混凝土适当加密水管,并加强深孔表面保温有利于降低开裂风险,采用 2 个同冷区冷却、缓慢冷却的方式进行一冷、中冷和二冷。

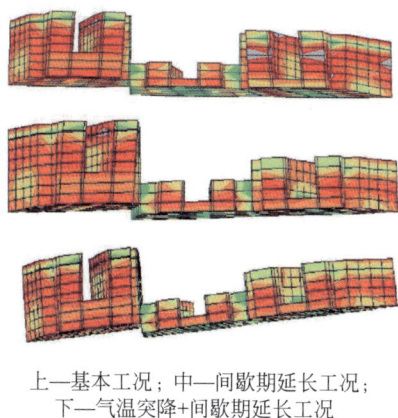

上—基本工况;中—间歇期延长工况;
下—气温突降+间歇期延长工况

图 5-59 三个坝段孔口局部应力云图
(2012-12-30)

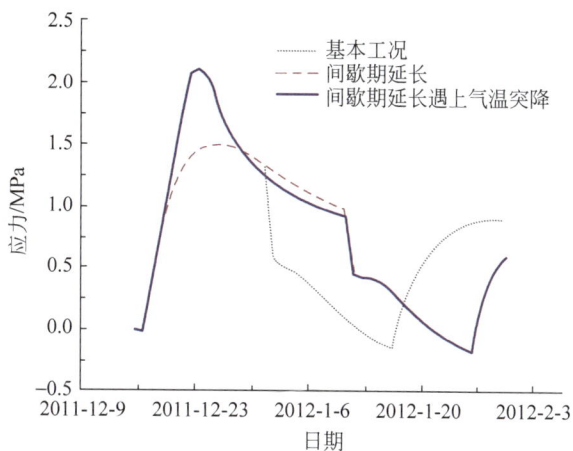

图 5-60 16#-60 仓表面面应力变化曲线

5.4.6 高陡边坡坝段温控防裂动态控制技术

5.4.6.1 陡坡坝段个性化温控标准与防裂措施分析思路

溪洛渡拱坝陡坡坝段坡度在 70℃ 以上,受基础开挖影响,基础部位结构复杂,长宽比大,基础约束面积大,自身温控难度较大。在实际施工过程中,要求全坝同拱圈同冷,且陡坡第一批次冷却必须是 3 个灌区同时冷却、二期冷却开始时间混凝土龄期不小于 90 天以上,三种条件的相互限制使得陡坡坝段最大悬臂高度达到 72m,超过设计控制标准。考虑到陡坡温控防裂的重要性,在确保陡坡坝段混凝土施工防裂安全的范围内,如何通过优化现有的水管冷却方案和温控措施,使得陡坡的悬臂高度、基础温度应力都控制在允许范围之内是陡坡坝段温控防裂的关键问题。

基于上述目的,分低线、中线和高线三种施工组织方案,重点研究陡坡坝段对大坝整体悬臂高度和温度应力的影响;同时进一步研究陡坡坝段,采用同拱圈不同步冷却、降低同冷区高度、加强最高温度控制等措施,对施工期陡坡坝段温度、应力和变形的影响,最后得到优化的陡坡坝段温控标准与有效防裂措施。

5.4.6.2 溪洛渡高陡边坡坝段温控标准与防裂措施优化

基于 2010 年 12 月底大坝实际浇筑面貌,对大坝后续浇筑进行预测性仿真,并采用全坝全过程仿真计算手段,考虑 3 种典型跳仓浇筑和接缝灌浆方案(低线、中线和高线),分析大坝内部应力随着自重荷载和温度荷载的变化而不断变化的过程,分析可能存在的悬臂开裂风险和侧向稳定风险。低线方案为年度保底方案,具体为设计要求间歇期和通水冷却方式,深孔钢衬安装按 36~40 天控制;中线方案是优化深孔施工时段的缆机调度,提高缆机利用效率;高线方案考虑各种优化措施(如加强施工管理,压缩深孔牛腿部位间歇期至 10 天)、不同的浇筑形态控制参数(如高程 449m 以上采用 6m 灌区)和调整中期冷却控制时间(由 45 天调整至 30 天),满足初期蓄水和防洪度汛要求。表 5-15 给出了高线方案的灌浆进度控制表。

表 5-15 高线方案灌浆进度控制表

灌区号	灌区高程	灌浆时间	最小龄期/天				悬臂高度/m	
			灌浆区	同冷区	同冷区 2	过渡区	一般坝段	孔洞坝段
1	332	2010-8-30	381	226	165	122	68	82
2	341	2010-9-10	238	177	134	103	63	78
3	350	2010-10-6	202	130	80	55	75	75
4	359	2010-12-27	212	162	126	92	87	84
5	368	2011-1-18	184	148	114	74	81	81
6	377	2011-2-27	188	154	114	84	78	84
7	386	2011-3-28	183	143	113	89	78	81
8	395	2011-4-22	168	138	114	68	75	75
9	404	2011-6-10	187	163	117	68	75	78
10	413	2011-7-25	208	162	113	86	72	72
11	422	2011-8-21	190	141	114	89	69	69
12	431	2011-9-15	166	139	114	96	66	63
13	440	2011-10-3	157	132	114	92	60	57
14	449	2011-10-25	153	135	113	88	54	51
15	455	2011-11-19	160	138	113	87	51	48
16	461	2011-12-15	164	139	113	83	51	46
17	467	2012-1-14	169	143	113	81	51	42
18	473	2012-2-15	175	145	113	87	54	42
19	479	2012-4-19	209	177	151	68	66	48
20	485	2012-6-4	223	196	113	85	72	48
21	491	2012-7-5	227	144	116	68	72	51
22	497	2012-8-19	189	161	113	88	72	57
23	503	2012-9-13	186	139	113	90	72	57
24	509	2012-9-14	140	114	114	90	66	51
25	515	2012-10-7	137	113	113	90	66	51
26	521	2012-10-30	136	113	113	90	69	48
27	527	2012-11-23	137	113	113	90	72	48
28	533	2012-12-15	136	113	113	91	72	48
29	539	2013-1-7	135	114	114	91	72	48
30	545	2013-1-29	136	113	113	91	69	48
31	551	2013-2-20	135	113	113	90	65	45
32	557	2013-3-15	137	113	113	87	59	42
33	563	2013-4-10	140	113	113	89	53	45
34	569	2013-5-4	137	113	113	86	47	45
35	575	2013-5-31	140	113	113	93	41	41
36	581	2013-6-21	133	114	114	87	35	35
37	587	2013-7-30	153	113	113	95	29	29

续表

灌区号	灌区高程	灌浆时间	最小龄期/d				悬臂高度/m	
			灌浆区	同温区	同温区2	过渡区	一般坝段	孔洞坝段
38	593	2013-8-27	141	113	113	104	23	23
39	599	2013-9-15	132	114	114	113	17	17
40	605	2013-9-24	123	113	113	113	11	11
41	610	2013-10-1	120	120	120	120	5	5

1. 陡坡坝段施工期悬臂应力影响分析

图 5-61 给出了仅考虑自重荷载的大坝浇筑至封顶后，陡坡坝段建基面第一主应力对比图。由图可以看出，无论是低线、中线还是高线方案，自重荷载作用导致的竖向应力增幅均较为有限，大部分区域以压应力为主，拉应力较小，顺河向和横河向应力可控制在 0.5MPa 以内。因此三种施工方案均是可行的。然而，值得注意的是，三种方案均会在陡坡建基面附近出现 0.6～1.0MPa 的第一主应力，主应力方向与斜坡面斜交成一定角度，近似平行于建基面方向。从坝段变形来看，三种方案浇筑至某些高程后，陡坡坝段均有向中间倾斜的趋势，可能会产生压缝效果，不利于横缝张开。

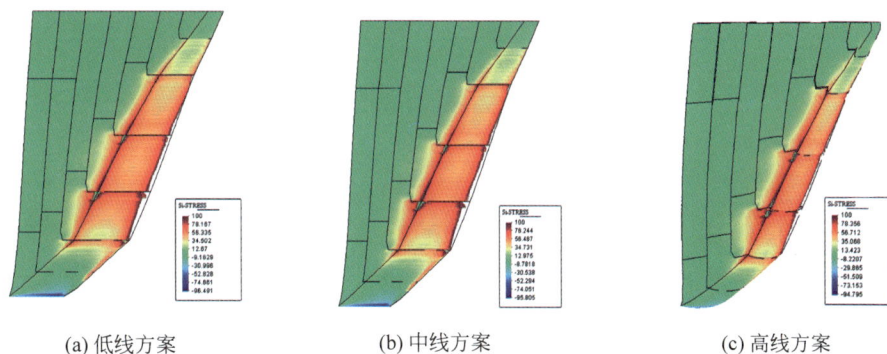

(a) 低线方案　　　　　　(b) 中线方案　　　　　　(c) 高线方案

图 5-61　仅考虑自重荷载下大坝浇筑至封顶后陡坡坝段建基面第一主应力对比图（单位：0.01MPa）

与中线、低线方案相比，高线方案的浇筑进度和灌浆进度均相对较快，至封顶时由于弹模变化差异，使得位移和变形稍有差异，但总体而言自重荷载导致的影响差异并不大；同时，高线方案相比于低线方案，更有利于局部区域应力的改善。

图 5-62 给出了低线、中线、高线三种方案陡坡坝段温度应力叠加自重荷载典型剖面应力包络图。由图可以看出，考虑温度荷载后，高线方案所示的基础约束区典型剖面的应力与低线、中线相差不大，各个坝段中心剖面除底部尖角区域外，大部分区域的应力均可控制 2.0MPa 左右，上、下游表面竖向应力大都可控制在 0.7MPa 以下。然而，低线方案和中线方案靠近基础约束区且是高温季节浇筑的混凝土下游表面有 2.0MPa 左右的主拉应力，开裂风险较大。高线方案改善幅度较大的是高温季节浇筑的混凝土的上、下游侧面靠近基础部位的第一主拉应力，应力值普通减小 0.3～0.4MPa（图 5-62(a)）。其原因主要是大坝的中期冷却时间和二期冷却时间相比于前两种方案有所提前，内部温度在入冬前就降至封拱温度，内外温差较小，使得冬季表面整体应力得到较大改善。

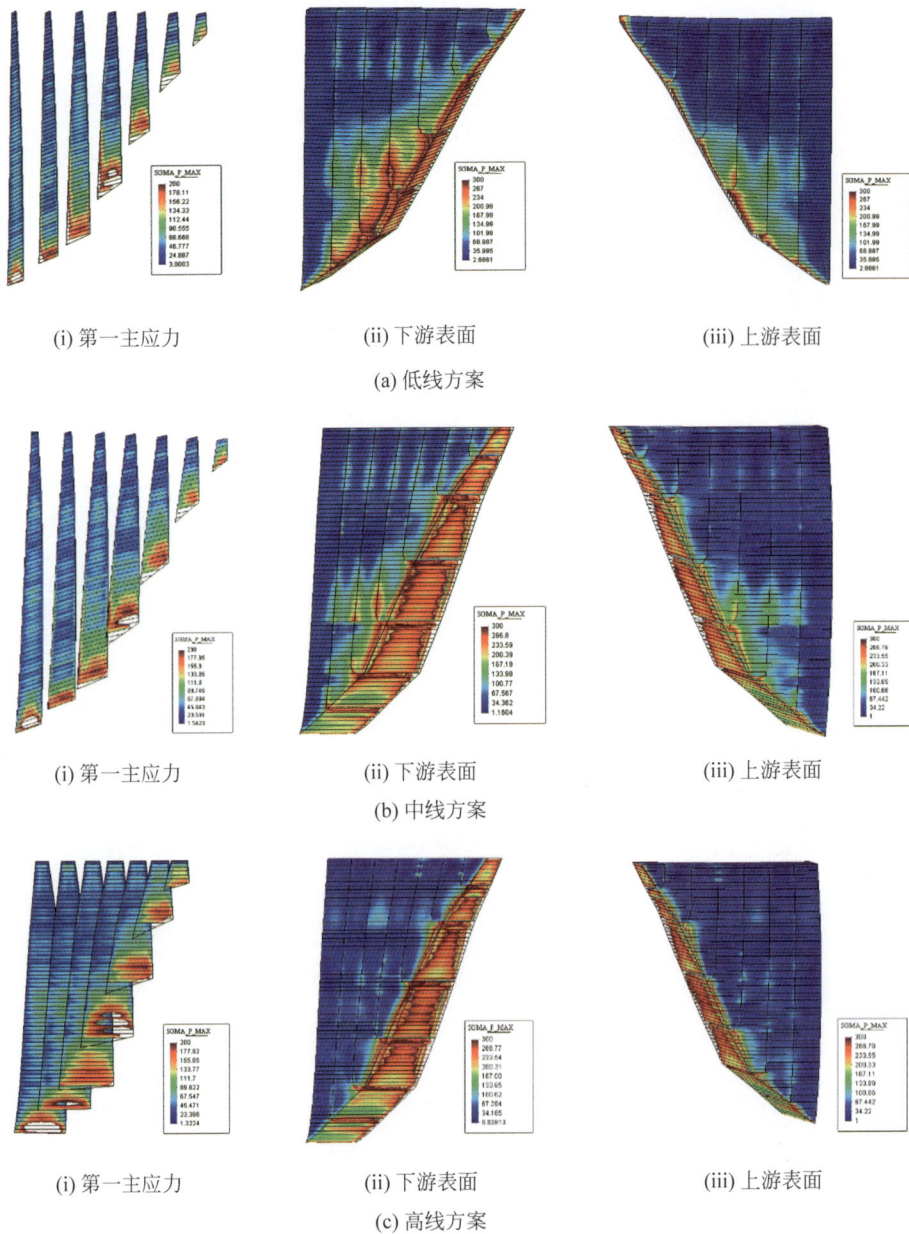

(i) 第一主应力　　　　　(ii) 下游表面　　　　　(iii) 上游表面

(a) 低线方案

(i) 第一主应力　　　　　(ii) 下游表面　　　　　(iii) 上游表面

(b) 中线方案

(i) 第一主应力　　　　　(ii) 下游表面　　　　　(iii) 上游表面

(c) 高线方案

图 5-62　低线、中线、高线三种方案陡坡坝段温度应力叠加自重荷载应力包络图

　　综上分析,陡坡坝段采用高线方案相对更优,尤其是夏季高温季节浇筑的陡坡坝段混凝土,其应力的改善程度更为显著。但在自重、温度应力、自生体积变形和徐变等多种综合荷载的作用下,陡坡坝段靠近建基面附近开裂风险较大,仍需合理规划好水管冷却进度和冷却分区厚度,通过综合优化各种措施来尽可能降低风险较大区域的综合开裂风险。

2. 不同步冷却对陡坡坝段应力和横缝开度影响

　　图 5-63 给出了基于高线方案(陡坡坝段按同拱圈同冷,第一批次冷区高度只有一个灌

区 9m,横缝不考虑初始粘结强度)典型坝段典型高程的应力过程线,从过程线可以看出,基础约束区部分区域最大拉应力可达 2.4MPa 以上,开裂风险极大。图 5-64 给出了基于高线方案最高温度降低 2℃ 的典型坝段典型高程应力过程线,由图可知,基础约束区二冷末应力可降低 0.2～0.3MPa,开裂风险有较明显的降低。

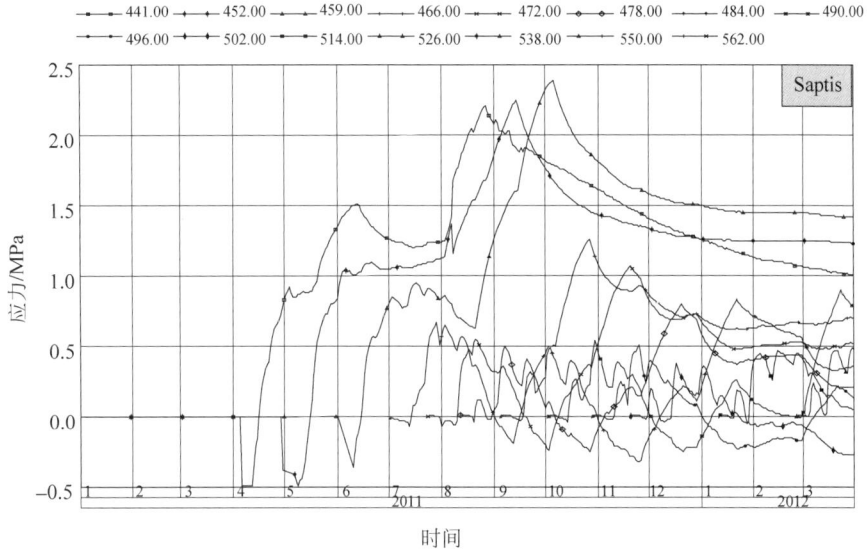

图 5-63　高线方案同拱圈同冷典型高程应力过程线

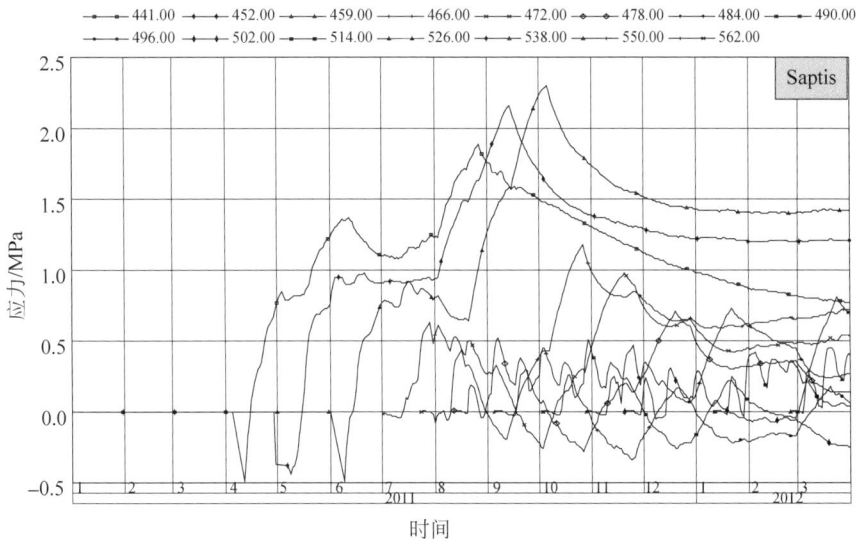

图 5-64　高线方案最高温度降低 2℃ 应力过程线

在高线方案基础上,假定大坝不进行同拱圈同冷,陡坡坝段基础约束区第一批次中期、二期冷却高度 18m,达到设计龄期后即各自开始中期和二期冷却,横缝不考虑粘结强度情况下,横缝开度将比同拱圈同冷方案减小 0.2～0.4mm,平均开度在 0.8mm 以上,可满足接缝灌浆横缝对开度的要求;从应力来看,由于第一批次冷区高度增加,应力反而有所减小,最大应力可控制在 2.2MPa(图 5-65)。

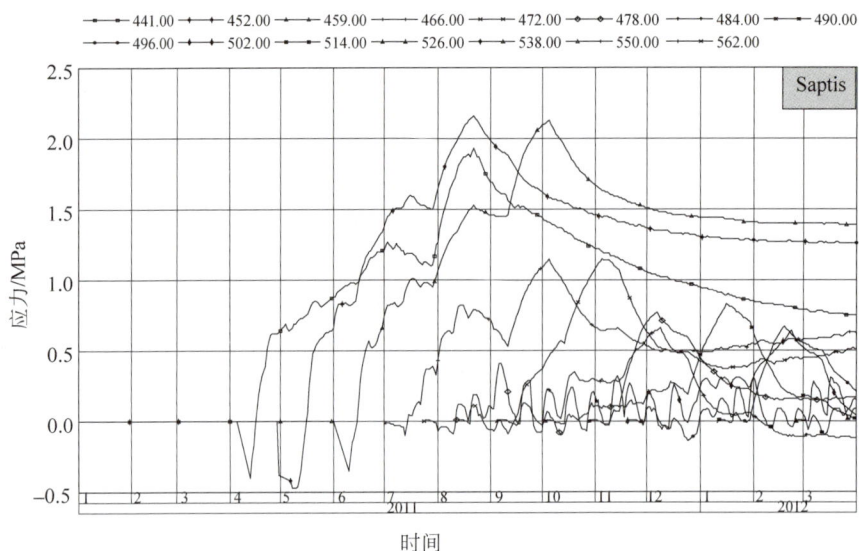

图 5-65 陡坡坝段与河床坝段冷却不同步典型高程应力过程线(不考虑横缝粘结强度)

若横缝粘结强度为 0.5MPa 时,二冷末应力稍有增大,增幅约为 0.1MPa,最大应力为 2.3MPa(图 5-66),接近混凝土允许拉应力,横缝仍会顺利张开,对横缝开度影响仅 0.1mm;假定横缝粘结强度较大,施工期横缝始终不张开,施工期二冷末应力可达 2.5MPa 以上,开裂风险极大(图 5-67)。在以上基础上,同时考虑将最高温度降低 2℃,最大应力可控制在 2.1MPa 左右(图 5-68),满足设计温控抗裂要求,横缝开度降低 0.2~0.3mm,平均横缝开度仍在 0.5mm 以上。

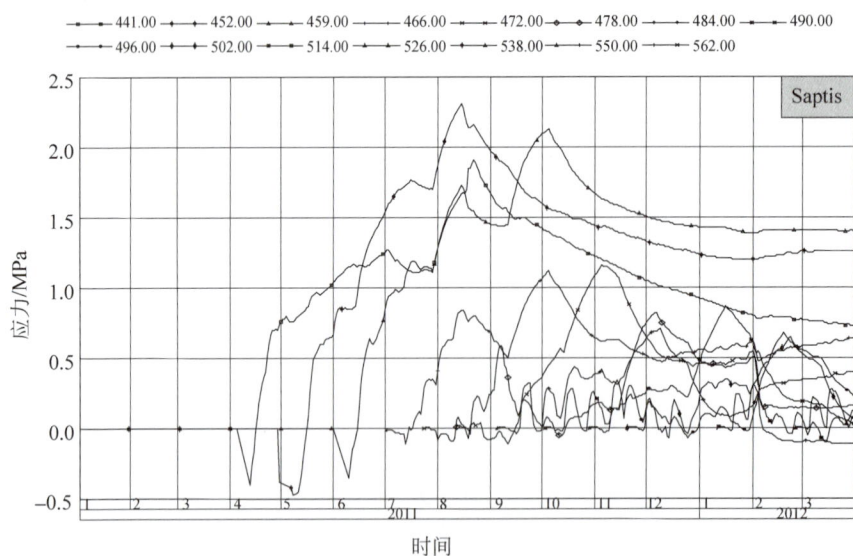

图 5-66 陡坡坝段与河床坝段冷却不同步典型高程应力过程线(横缝粘结强度 0.5MPa)

综上所述,陡坡坝段第一批次冷却高度至少应有 2 个同冷区高度(18m 以上),同时要适当降低基础约束区最高温度,按不高于 25℃进行控制,以更好地控制施工期的开裂风险。另外,

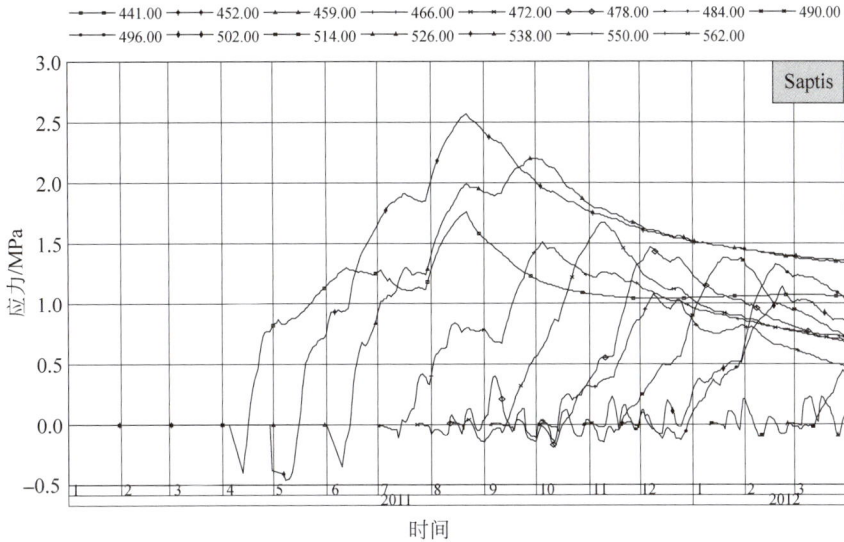

图 5-67　陡坡坝段与河床坝段冷却不同步典型高程应力过程线（横缝不张开）

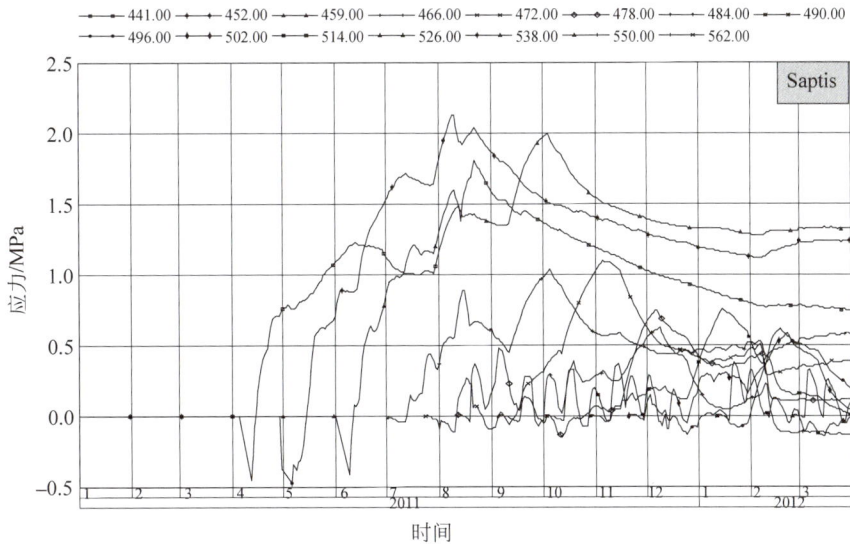

图 5-68　陡坡坝段与河床坝段冷却不同步典型高程应力过程线
（横缝粘结强度 0.5MPa、最高温度降低 2℃）

陡坡坝段单独冷却时，应注意改善冲毛工艺，避免横缝粘结强度过大，影响横缝的顺利张开。

3. 陡坡坝段温控标准和防裂措施

综合陡坡坝段应力计算来看，除了孔洞和下游贴角区外，单纯的自重应力悬臂作用导致的上、下游竖向应力大都以压应力为主，对上下游表面的不利影响较为有限，但悬臂高度过高也可能带来侧向压缝等问题，条件允许时还是要合理控制悬臂高度，尤其是孔洞坝段；对于陡坡坝段，由于裂缝的出现往往都是自重、通水冷却温度应力这些因素综合作用的结果，防裂的重点也应从优化各种施工措施及温控措施入手，悬臂高度控制，通水冷却方式、接缝灌浆方式都必须综合考虑,如此方能有效避免裂缝的出现,确保大坝施工安全。

最终,出于兼顾陡坡防裂与悬臂高度控制两者的思路,溪洛渡陡坡坝段采用高线方案,对最高温度的控制统一按不高于 25℃控制,冷却高度按不少于 2 个同冷区高度(18m 以上)控制,各期温降速率和温降幅度要满足设计温控技术要求;同时,陡坡坝段单独冷却时,改善冲毛工艺,按净去乳皮,泛露粗砂控制,避免横缝粘结强度过大,影响横缝的顺利张开。

参考文献

[1] 胡昱,左正,李庆斌,等.高拱坝施工期横缝增开现象及其相关成因研究 [J].水力发电学报,2013, 32(5):218-225.

[2] 孙林松,王德信,谢能刚.横缝间隙对拱坝应力状态的影响分析 [J].河海大学学报(自然科学版), 2005,33(001):76-80.

[3] 李建新,王光纶.横缝结合质量对拱坝结构受力的影响 [J].水力发电,2001(10):45-48.

[4] 盛志刚,张楚汉,王光纶,等.横缝引起的非整体性对小湾拱坝温度应力的影响研究 [J].水力发电学报 2003,22(4):23-30.

[5] 任灏,贺向丽,李同春.考虑横缝作用的高拱坝相邻浇筑块施工高度控制研究 [C]//第 17 届全国结构工程学术会议论文集(第Ⅱ册).北京,2008:505-511.

[6] 樊启祥,张国新,刘有志,等.特高拱坝横缝开度问题研究 [J].水力发电学报 2012,31(6):179-185.

[7] 宋玉普,魏春明.混凝土施工缝接缝面劈拉强度试验研究 [J].混凝土,2006(6):22-25.

[8] ESPECHE A D,LEON J. Estimation of bond strength envelopes for old-to-new concrete interfaces based on a cylinder splitting test [J]. Construction and Building Materials,2011,25 (3):1222-1235.

[9] 周伟,常晓林,解凌飞,等.模拟高拱坝施工期横缝工作性态的接触——接缝复合单元 [J].岩石力学与工程学报,2006,25(2):3809-3815.

[10] 朱伯芳.有限厚度带键槽接缝单元及接缝对混凝土坝应力的影响 [J].水利学报,2001,2(2):1-7.

[11] LI S Y,DING L J,ZHAO L J,et al. Optimization design of arch dam shape with modified complex method[J]. Advances in Engineering Software,2009,40(9):804-808.

[12] ZHANG X F,LI S Y,CHEN Y L. Optimization of geometric shape of Xiamen arch dam[J]. Advances in Engineering Software,2009,40(2):105-109.

[13] AHMADI M T,IZADINIA M,BACHMANNN H. A discrete crack joint model for nonlinear dynamic analysis of concrete arch dam[J]. Computers and Structures,2001,79(4):403-420.

[14] 周伟,常晓林.溪洛渡高拱坝渐进破坏过程仿真分析和稳定安全度研究[J].四川大学学报,2002, 34(4):46-50.

[15] 张国新,刘有志,刘毅,等.特高拱坝施工期裂缝成因分析与温控防裂措施讨论[J].水力发电学报, 2010,29(5):45-51.

[16] JIN F,HU W,PAN J W,et al. Comparative study procedure for the safety evaluation of high arch dams[J]. Computers and Geotechnics,2011,38(3):306-317.

[17] 中华人民共和国发展和改革委员会.混凝土拱坝设计规范:DL/T 5346—2006[S].北京:中国电力出版社,2007.

[18] 中华人民共和国水利部.混凝土拱坝设计规范:SL 282—2003[S].北京:中国水利水电出版社, 2003.

[19] 王仁坤.金沙江溪洛渡水电站大坝施工技术要求(Ⅱ版)[R].成都:中国水电顾问集团成都勘测设计研究院,2009.

[20] 张景秀.坝基防渗与灌浆技术[M].北京:中国水利水电出版社,2002.

[21] LIPPOLD F. Pressure grouting with packers[J]. Proc. ASCE Jour. SMFE,1958,84(SM-1):1549:

402-408.

[22]　GRUNDY C F. The treatment by grouting of permeable foundations of dams [J]. France. Int. Comm. Large Dams,1955：647-674.

[23]　马国彦,林秀山.水利水电工程灌浆与地下水排水 [M].北京：中国水利水电出版社,2001.

[24]　邹金峰,徐望国,罗强,等.饱和土中劈裂灌浆压力研究 [J].岩土力学,2008,29(7)：1802-1806.

[25]　蒋明镜,沈珠江.考虑材料应变软化的柱形孔扩张问题 [J].岩土工程学报,1995,17(4)：10-19.

[26]　张忠苗,包风,陈云敏.考虑材料应变软化的球（柱）孔扩张理论在桩底注浆中的研究 [J].岩土工程学报,2000,22(2)：243-246.

[27]　罗平平.裂隙岩体可灌性及灌浆数值模拟研究 [D].南京：河海大学,2006.

溪洛渡双曲大坝雄姿（摄影者王连生，2012 年 11 月 15 日）

溪洛渡深孔施工之夜（摄影者王连生，2012 年 7 月 24 日）

溪洛渡水电站夜景（摄影者王连生，2013年3月20日）

溪洛渡大坝表孔施工（摄影者王连生，2013年3月21日）

溪洛渡水电站工程下闸蓄水（摄影者陈涛，2013年5月4日）

溪洛渡工程上游面水位上涨（摄影者王连生，2013年5月18日）

第 **6** 章

高拱坝施工进度仿真与实时控制技术

高拱坝施工进度仿真与实时控制技术,包括基于物联网的高拱坝施工进度仿真模型与效率智能分析方法、缆机全工况调度仿真模型和缆机故障"运-检"决策优化方法、复杂孔口多专业施工进度微观仿真模型的精细仿真与优化方法、耦合温控及结构应力仿真的高拱坝浇筑形态个性化控制理论与方法,为高拱坝科学、优质、高效建设提供了技术支撑。其中,缆机故障"运-检"决策优化,为缆机故障处理方案的决策优化提供科学依据;复杂孔口微观仿真模型的精细仿真与优化方法,可直观分析钢衬、门槽、闸墩脱开区施工与大坝主体混凝土施工的空间干扰,为孔口部位的施工方案优化、进度协调提供了有力的支撑;高拱坝施工进度仿真模型与效率智能分析优化,采用物联网技术对高拱坝施工全过程的混凝土生产、运输、卸料、平仓、振捣、通水控温等各环节进行在线实时监测,获取真实施工过程数据,对这些真实数据进行相关性分析,获取各环节之间、环节内部各影响因素之间的关联关系,再结合现有仿真模型中经过实践验证的仿真理论,所形成的施工仿真模型可以更准确地预测施工进度;耦合温控及应力仿真的高拱坝浇筑形态个性化控制,将各坝段实际悬臂高度、最大相邻高差、最大全坝高差、当前间歇期与控制指标的差异程度作为浇筑优先级的权重因子,每个浇筑仓面可采取不同的高差控制指标作为仿真参数,分析个性化控制方案对进度的敏感性程度,同时基于施工仿真得到的高可靠度浇筑顺序和明细数据,来分析不同浇筑顺序和面貌情况下的大坝应力分布状况,根据施工时段坝体不同部位的结构特点、应力分布状态提出个性化高差控制指标,并反馈给进度仿真进一步分析,以此实现温控及应力仿真、施工进度仿真的紧密结合,优化大坝浇筑形态的控制指标。

6.1　高拱坝施工期施工过程特性分析

6.1.1　高拱坝施工进度影响要素分析

高混凝土拱坝施工是一个复杂的系统工程,其施工过程受到系统内、外环境诸多要素的影响和制约,因此,在施工过程中,应当科学地处理好各种要素之间的影响,否则施工中任何一个环节出现问题,将会给工程施工带来损失,影响正常的施工进度[1-4]。

1. 外因

外部因素主要包括地质、地形、水文和气象资料。地质条件是影响坝体上升的重要因素,地质条件的好坏直接影响边坡的开挖、支护和基础处理的速度,进而影响坝体混凝土的开浇时间及后期坝体的上升速度,对于不对称的坝肩地质条件还会影响坝体的整体均衡上升问题。地形条件影响着浇筑机械、供料线路以及拌合系统的位置,这些不仅主要影响混凝土的供料能力、坝体的浇筑质量、工程成本和浇筑速度,而且影响到坝体的均衡上升问题。水文条件对高拱坝施工的影响主要体现在洪水期,与工程导流规划、度汛安排及蓄水节点密切相关。气象的影响则表现在降雨、降雪或大雾、高温等对坝体施工效率的影响,以及冬季、夏季气温过低或过高对混凝土生产、运输、浇筑、振捣、养护等带来的诸多不利因素。

2. 内因

内部因素表现在浇筑机械的合理配置、施工组织的作业效率、工程分期过流和安全度汛要求及坝体自身的结构特点。施工机械的实际运行效率是影响坝体浇筑速度和坝体上升的关键因素。施工机械的实际运行效率与其额定性能、施工组织与管理水平、施工布置干扰等因素密切相关,同时与混凝土施工各环节之间的衔接紧密程度有关。因此,加强浇筑机械的合理配置、科学管理和有效运行是非常重要的工作。

坝体结构的复杂程度和规模也是影响施工进度的关键因素之一,包括坝体自身的形体结构、上升规则和控制要求(悬臂高度、相邻坝段高差、全坝段高差)、施工工艺、孔洞廊道数量和位置、固结灌浆及接缝灌浆的要求等,这些因素将共同影响和制约坝体的浇筑和上升速度。由于这些影响因素的存在,使得坝体浇筑速度和强度安排变得相当困难,并且导致进度经常出现偏差,难以控制。

6.1.2　高拱坝施工进度分析与控制特点

高拱坝施工进度的控制贯穿工程设计与施工阶段,不同阶段进度分析和控制的内容和特点不尽相同[5-7]。设计阶段,侧重于从宏观角度分析坝体施工进度,注重场地与交通布置、浇筑机械型号与数量选择、浇筑机械布置位置与方式、混凝土拌合系统布置及选型、供料方式和供料平台布置等,以及大坝总体工期、高峰强度、度汛及蓄水面貌、上升速度等宏观、重要指标的合理性评价。施工阶段,侧重于对施工过程持续、动态跟踪,以及对施工现场各种工况的快速及时准确的响应与反馈,其进度分析与控制要具有以下特点。

(1) 反映灵活多变的施工边界条件

施工过程中的诸多不确定因素,导致施工期边界条件差异性和变化显著。如水文气象条件,设计阶段往往采用多年平均数据作为分析依据,而施工阶段,须经历多个丰水年和枯水年,混凝土浇筑受降水影响的时间,在不同年份、不同月份都不尽相同;再比如缆机运行效率,不同施工阶段同一台缆机的运行效率差异性较大,设计阶段可用类似工程经验,而施工阶段则需要考虑不同时段的缆机效率变化。

(2) 模拟个性化、精细化的施工技术要求

随着工程管理水平的提高和筑坝技术的发展,高拱坝结构安全对施工技术要求越来越个性化。针对坝体的不同浇筑高程、不同坝段、不同结构和不同施工时段,有不同的施工技术要求,从而导致施工效率和进度差异显著。如悬臂高度,设计阶段一般采用统一控制指标,或按孔口坝段与一般坝段分为两类;而施工阶段,因悬臂高度控制指标对进度影响较

大,在一些高拱坝工程中,往往采取个性化的控制指标,综合考虑应力分布和进度影响,在不同部位采取不同的最大悬臂高度控制指标。

(3)面向具体对象,要求分析成果动态、快速、定量、微观

施工阶段面临众多随机性、不确定性的因素,需要紧密跟踪进度的偏差和边界条件的动态变化,随时调整进度计划以适应现场变化,快速做出分析和并提出应对措施。但以往根据施工经验类比方法得到的分析结果往往是定性的,决策时风险较大,而面对施工现场具体问题的决策往往需要定量分析结果支撑。此外,施工期进度控制,应不局限于总进度目标,而应当以每个仓面、每台浇筑机械甚至每罐混凝土为研究对象,对影响各部位施工进度的具体问题进行分析,以便对现场做出具体的指导。

6.2 高拱坝施工期进度仿真模型与方法

6.2.1 高拱坝施工进度仿真方法及特点

高拱坝施工进度智能分析基于实时采集的大坝实际施工过程数据,分析现场施工效率和施工组织水平、特点、规律,通过高可靠度的进度仿真分析模型,预测未来施工进度和施工方案的影响,有针对性地优化施工方案和施工组织,从而达到指导现场施工、控制施工进度的目标。图 6-1 为高拱坝施工全过程进度仿真优化方法流程图,其方法和特点具体如下。

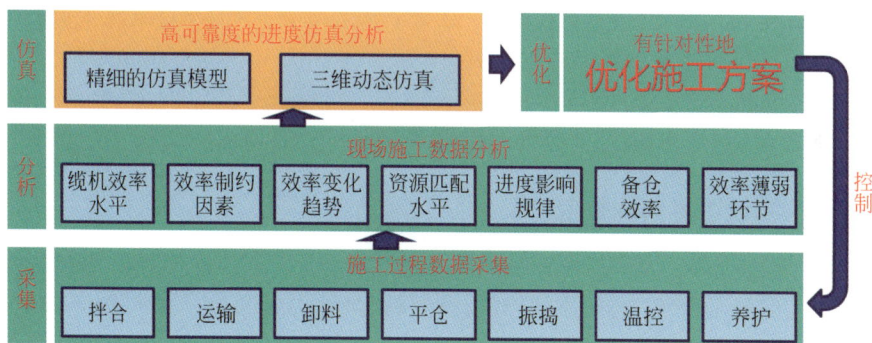

图 6-1 高拱坝施工全过程进度仿真优化方法

(1)基于互联网的工程数据实时采集

高拱坝施工进度智能仿真优化方法基于互联移动技术,对高拱坝施工全过程进行监控,获取混凝土拌合、运输、卸料、平仓振捣以及温控等施工数据,利用大坝全景信息模型 DIM 的规范性和即时性,快速为仿真分析提供全面的进度分析基础数据。

(2)施工现场数据价值挖掘分析

基于现场采集的施工过程数据,对缆机效率水平、施工效率制约因素、效率变化趋势、资源匹配水平、施工进度影响规律、备仓效率及效率薄弱环节等与进度相关的规律进行分析,获取符合工程特点的施工规律,用于建立施工过程精细化仿真模型并获取仿真参数。

(3)基于大数据与专家智能的仿真建模

以工程设计和施工仿真领域搜集的工程数据以及实时采集的工程数据为基础,运用大数据技术,验证仿真模型的可靠性,并确定仿真参数的有效取值范围。

以二滩、三峡、小湾等大型高坝工程的施工实践经验为基础,将高坝施工领域的专家知识引入仿真模型,建立符合施工专家决策原则的仿真模型,并以行业常用的工程决策思路引导建模过程,使得仿真系统符合工程技术人员的思维习惯。

(4) 三维环境下动态、精细仿真

建立数据驱动的三维动态仿真环境,与仿真计算过程同步表现混凝土仓面的施工动态过程;同时将其与高拱坝三维设计技术相结合,建立参数化的坝体结构的精细模型和施工仓面模型,为仿真分析模块提供精确的施工仓面空间属性数据;此外,采取轻量化、渲染效率高、人工交互性好的仿真可视化平台,支持工程属性的查询和标注。

(5) 面向现场决策的仿真预测和优化

在面向设计阶段的仿真基础上,开发符合施工现场决策需求的建模和分析功能,如基于已有施工面貌的精细仿真、针对局部施工过程的微观仿真、仿真参数与施工边界条件的快速调整、自动智能跳仓和人工跳仓的结合、施工边界条件的快速调整功能等。通过这些功能研究不同施工方案对进度的影响敏感性,预测不同施工方案下的大坝施工进度,提出施工方案优化建议。

(6) 基于仿真的施工进度实时控制

根据仿真分析结论和推荐优化措施,将仿真结果反馈至施工现场,并利用仿真系统分析得到的高峰强度、计划工期、月上升速度等关键指标,以及大坝混凝土浇筑强度、施工历时、仓面间歇时间、上升速度、施工面貌、机械设备使用情况、接缝灌浆进度,以数据报表、分析图表、三维模型信息、二维模型信息、剖视图信息等成果表现方式,为项目管理人员提供可全方位分析和比较的工具,指导现场的进度控制。

6.2.2 高拱坝施工进度仿真模型

6.2.2.1 进度仿真目标模型

面向施工过程的高拱坝进度仿真是一个动态优化的过程,是根据各阶段控制目标开展年度、季度和月度施工面貌、施工强度分析,进而确定最优方案的活动;同时,对比分析工程的实际进展与计划进度的偏差,动态优化下一阶段实施活动的方案,为进行高效的进度控制、高效均衡的施工决策提供最优的决策支撑服务。因此,高拱坝施工进度仿真是以阶段控制目标与优化方案为目标,达到整体最优的动态决策过程[8-20]。

基于高拱坝施工仿真特征分析,可以建立综合考虑结构型式、工艺要求、温度控制、应力控制、防洪度汛和浇筑能力等复杂约束条件的高拱坝施工全过程实时控制数学模型。

目标函数为

$$\text{Opt}(S_l(X_{l-1}), \quad X_l(P_1, P_2, \cdots, P_n)), \quad \text{阶段 } l \in [1, 2, \cdots, L] \quad (6\text{-}1)$$

其中,$S_l(X_{l-1})$ 为当前状态;$X_l(P_1, P_2, \cdots, P_n)$ 为当前阶段的可选方案;X_{l-1} 为上个阶段的实施方案;P_n 为各施工方案对于各评价指标属性值。

仿真初始条件为

$$\begin{cases} H(i,0) = H_r(i) \\ G(i,0) = G_r(i) \end{cases} \quad (6\text{-}2)$$

其中,$H(i,0)$ 为第 i 坝段在 0 时刻的浇筑高程;$H_r(i)$ 为第 i 坝段实时浇筑高程;$G(i,0)$ 为

第 i 坝段在 0 时刻的接缝灌浆高程；$G_r(i)$ 为第 i 坝段实时接缝灌浆高程。

状态转移方程为

$$H(i,t) = H(i,t-1) + \Delta H(i,t), \quad t = 1,2,\cdots,T \tag{6-3}$$

式中，$H(i,t)$ 为第 i 坝段在 t 时刻浇筑高程；$\Delta H(i,t)$ 为 $t-1$ 时刻与 t 时刻之间的浇筑高程差。其中：

$$
\begin{cases}
H(i,t) \leqslant H_{\max} \\
H(i,t) = f\left[D(i,j),\Gamma(i),V(i)\right] \\
D(i,j) = \sum_{k=1}^{m} q(k) \\
\Gamma(i) = g_1(\tau) \\
V(i) = g_2(\gamma) \\
q(k) = \int p_k(\Phi)\mathrm{d}\Phi \\
p_k(\Phi) = g_4(R(i,0))
\end{cases}
\tag{6-4}
$$

其中，$H_{\max}$ 为拱坝坝顶高程；j 为施工机械编号，$j = 1,2,\cdots,M$；$D(i,j)$ 为坝块浇筑历时；$q(k)$ 为考虑随机性情况下，第 k 工序的历时；m 为施工工序总数；$\Gamma(i)$ 为第 i 坝段温度场；τ 为混凝土龄期；$V(i)$ 为第 i 坝段施工导流形象面貌要求；γ 为施工导流、防洪度汛标准；$p_k(\Phi)$ 为概率密度函数；$R(i,0)$ 为实时施工情况。

约束条件为

$$
\begin{cases}
S(i,j,t) = 0 \\
G(l,t) = 0
\end{cases}
\tag{6-5}
$$

其中，$S(i,j,t)$ 为坝块浇筑约束条件矩阵，主要包括坝块之间高差约束、时间约束、施工机械工作范围约束以及天气因素等；$G(l,t)$ 为接缝灌浆约束矩阵，主要包括混凝土温度、龄期及盖重要求。

6.2.2.2 进度仿真数学逻辑模型

从实时控制的数学模型来看，高拱坝进度仿真计算数学模型，是以状态变量、决策变量和约束条件间的数学逻辑关系来定量描述。模拟程序通过状态变量和决策变量的不断改变，按照既定的浇筑规律和约束条件对拱坝混凝土的施工过程进行模拟。

其中，状态变量是能反映拱坝混凝土施工状态的变量，包括各坝段混凝土块浇筑高程、方量和时间，浇筑机械的浇筑坝段、运行或闲置状态等；决策变量是根据混凝土浇筑的既定规律要求，随时判断将要进行浇筑的混凝土块号和浇筑机械机号；约束条件指在拱坝混凝土施工中应遵守的一般规律和制约混凝土施工的各种因素等，如坝体层间间歇时间、混凝土初凝终凝时间、相邻坝块高差、立模拆模要求、基础处理、仓面清理、拱坝上升速度等要求。

1. 施工一般规律及优先原则

理想的拱坝施工过程，是一个不断由低到高的均衡生产、均衡施工和均衡上升的过程。为达到上述目的，在混凝土模拟施工中一般应遵守以下原则：

(1) 浇筑设备时钟最小优先原则：在选择施工浇筑设备时，一般优先选用工作状态时间最小的设备，为准备进行混凝土浇筑的设备；

(2) 坝块浇筑高程最低优先原则：除特殊原因外，总是优先选择浇筑高程较低的坝块，以使坝体全线整体均匀上升，避免高差过大；

(3) 坝块间歇时间最长优先原则，避免长间歇老混凝土的发生。

2. 决策变量的确定

(1) 浇筑块号

在确定浇筑坝段 i 浇筑块号 IA 时，应满足浇筑块在浇筑设备 M 工作范围内、浇筑时间约束、相邻坝块间的高差限制、浇筑设备同时浇筑时相互干扰的限制、均匀升高的要求、均衡浇筑的要求、坝块优先的要求、考虑拌合楼供料强度等约束条件。为此，在模拟运算过程需要的中间数据，如坝块位置、坝块体积、设备生产率等，由建立坝块与设备之间的坐标系统及坝体型体设计曲线方程求解取得。选择坝块的数学逻辑模型如下：

① 按照低块优先原则，由低到高的排序

$$e(i) = \min[H_e(i), H_e(i+1), \cdots, H_e(n_d)] \tag{6-6}$$

式中，i 为浇筑坝块；$H_e(i)$ 为第 i 浇筑坝段高程；n_d 为坝块总数。

若有特殊要求也可按某特定范围内坝段优先，然后按由低到高的顺序选择。

② 按照间歇时间最长优先原则，由长到短的排序

$$H_{ej}(i) = \min[H_{ej}(i), H_{ej}(i+1), \cdots, H_{ej}(n_d)] \tag{6-7}$$

若有特殊要求也可按某特定范围内坝段优先，然后按由长到短的顺序选择。

③ 坝块应在设备的控制范围内

$$y_{\min} \geqslant y_u(i_b); \qquad y_{\max} \leqslant y_d(i_b) \tag{6-8}$$

式中，$y_{\min}$ 为坝块上游面坐标值；$y_{\max}$ 为下游坐标值，$y_u(i_b)$ 为设备上游控制范围，$y_d(i_b)$ 为下游控制范围。

④ 坝块应满足层间间歇时间的要求

$$T_z \geqslant T(i_b) - T_c(i) \geqslant T_w \tag{6-9}$$

式中，$T(i_b)$ 为当前时钟时间；$T_c(i)$ 为已浇坝块浇筑完成时间；T_w 为最小间歇时间；T_z 为合理层间间歇时间。有特殊要求的，某坝段某高程段内的层间间歇时间可作特殊规定。

⑤ 坝体面貌

坝体在浇筑过程中，坝段上升高低相间，对坝体的均匀上升及坝段的立模是有利的。为满足施工面貌的要求，应满足：

$$\begin{cases} H_e(i,j) < H_e(i-1,j) \\ H_e(i,j) < H_e(i+1,j) \\ H_e(i,j+1) < H_e(i,j) \end{cases} \tag{6-10}$$

⑥ 相邻坝段的高差要求

$$\begin{cases} H_e(i,j) - H_e(i-1,j) \leqslant a_{nh}, & H_e(i,j) > H_e(i-1,j) \\ H_e(i,j) - H_e(i+1,j) \leqslant a_{nh}, & H_e(i,j) > H_e(i+1,j) \\ H_e(i,j) - H_e(i,j+1) \leqslant a_{nh}, & H_e(i,j) > H_e(i,j+1) \end{cases} \tag{6-11}$$

式中，a_{nh} 为相邻坝段的允许高差；$H_e(i-1,j)$、$H_e(i+1,j)$ 为相邻坝段高程；$H_e(i,j+1)$ 为

相邻柱块高程。

⑦ 使用悬臂模板对相邻柱块高差的要求

由于悬臂模板需要至少一个浇筑层作为模板悬臂的支撑点,所以低块柱块浇筑时应满足如下要求:

$$\begin{cases} H_e(i-1,j) - H_e(i,j) > a_l H, & H_e(i,j) < H_e(i-1,j) \\ H_e(i+1,j) - H_e(i,j) > a_l H, & H_e(i,j) < H_e(i+1,j) \\ H_e(i,j+1) - H_e(i,j) \geqslant a_l H, & H_e(i,j) < H_e(i,j+1) \end{cases} \tag{6-12}$$

式中,a_l 为满足悬臂支撑需要的筑块层数;H 为筑块高程。

⑧ 坝块仓面准备时间的要求

坝块能否浇筑应视坝块的仓面准备情况而定,仓面准备应有足够时间:

$$T_b(i) - T_c(i) > T_{zz} \tag{6-13}$$

式中,T_{zz} 为仓面准备所需的时间。

⑨ 设备安全距离的要求

在同时浇筑两个坝块时,应当满足设备工作的时间安全距离要求:

$$H_S \geqslant S_L \tag{6-14}$$

式中,H_S 为两台浇筑设备的实际距离;S_L 为浇筑设备允许安全距离。

⑩ 基础处理的限制

坝块浇筑应在基础处理完成后进行:

$$T_{im} - T_c(i,j) \geqslant \mathrm{TWCL}(i,j) \tag{6-15}$$

式中,$\mathrm{TWCL}(i,j)$ 为坝段基础处理完成需要的时间;T_{im} 为时钟。

⑪ 最大高程限制:

所有坝段都不能大于的预定高程:

$$H_e(i) < H_t(i) \tag{6-16}$$

式中,$H_t(i)$ 为各个坝块预定高程。

⑫ 坝体上升速度过程应满足施工期温控、应力要求。

⑬ 满足设计浇筑强度和拌合楼供料强度的要求。

(2) 浇筑设备号

在多台设备满足要求的情况下,按时钟值最小原则选择:

$$T(m) = \min\{T(I), I = 1,2,\cdots,M_G\} \tag{6-17}$$

式中,M_G 为配置的浇筑设备台数;I 为浇筑设备台数。

3. 状态变量改变

一旦确定在当前时间、用浇筑设备 m、浇筑 $H_e(i,k)$ 块号混凝土后,描述拱坝施工状态的变量也相应发生变化,即实现了浇筑模拟的一个循环。

(1) 浇筑块高程、浇筑时间和浇筑量

已知某坝块在 $H_{et}(i,k)$ 时,已浇筑到 $H_e(i,j,k)$ 高程,拱坝累计浇筑量为 V。当确定由浇筑设备 m 浇筑该块混凝土后,则该块混凝土浇筑时间、高程及拱坝混凝土累计方量分别变化为

$$H_{et}(i,k+1) = H_{et}(i,k) + T_{BIA} \tag{6-18}$$

$$H_e(i,k) = H_e(i,k) + H \tag{6-19}$$

$$V = V + C_W \tag{6-20}$$

式中，H 为浇筑层厚（m）；C_W 为浇筑块方量（m³）；T_{BIA} 为浇筑时间（h）。

拱坝浇筑高程应受下列约束：

$$H_f(I,k) \leqslant H_e(i,k) \leqslant H_t(i,k), \tag{6-21}$$

式中，H_f 和 H_t 分别为坝段的基础高程和顶部高程。

（2）浇筑设备的时钟值

假定拱坝浇筑到某一阶段，此时浇筑设备 m 的时钟值为 $T(m)$，并选为混凝土块 $H_e(i,k)$ 的浇筑设备。在浇筑工作完成后，则该浇筑设备时钟值变为

$$T(m) = T(m) + T_{BIA}; \tag{6-22}$$

如果因坝面作业的限制，浇筑设备不能浇筑，则浇筑设备被迫等待一段时间 T_d，此时浇筑设备的时钟值变为

$$T(m) = T(m) + T_d \tag{6-23}$$

4. 浇筑设备的浇筑时间

浇筑一个浇筑块的时间可由下式计算：

$$T_{BIA} = (C_W/W_S) \times T \tag{6-24}$$

式中，C_W 为浇筑块 I_A 的方量；W_S 为混凝土吊罐容量；T 为浇筑设备循环时间。

5. 混凝土浇筑模拟动态流程模型

（1）按照浇筑块高程或间歇时间，根据各种决策约束条件确定浇筑块号 i_a。

（2）确定拟浇的设备号 m。根据设备的类型、控制范围、时钟时间及生产强度，判断其能否满足要求；若按浇筑设备 m 时间状态 $T(m)$，在台班内未能找到可浇筑的浇筑块，则浇筑设备 m 应间歇时间 T_d，其时钟值变为 $T(m) = T(m) + T_d$，然后转至（1）。

（3）如果按设备 m 时间状态 $T(m)$ 找到可浇筑块 $IA(i,k)$，依浇筑方法计算浇筑方量 C_W 和浇筑时间 T_{BIA}；并将上述浇筑方量、时间和浇筑块高度分别加到四个状态变量中，成为新的状态：

$$V = V + C_W \tag{6-25}$$

$$H_e(i,k+1) = H_e(i,k) + H \tag{6-26}$$

$$H_{et}(i,k+1) = H_{et}(i,k) + T_{BIA} \tag{6-27}$$

$$T(m) = T(m) + T_{BIA} \tag{6-28}$$

（4）判断浇筑设备 m 是否检修，若修则停歇时间 T_{QQ}，再进行下一步。

（5）检查所有坝块的浇筑 $H_e(i)$ 是否达到了完建高程 $H_t(i)$，若达到则仿真结束；否则将转至下一轮的模拟循环。

6.2.2.3　进度实时仿真模型和流程

随着工程的进展，很多参数需要根据实际情况进行调整，如对于施工机械而言，其效率与操作者的熟练程度有密切关系。以现场实际浇筑情况为基础，制定下 N 个月的施工计划，实时仿真流程简述如下，其仿真计算处理流程见图 6-2。

（1）找到每一个坝块和浇筑设备的最后的实际状态；

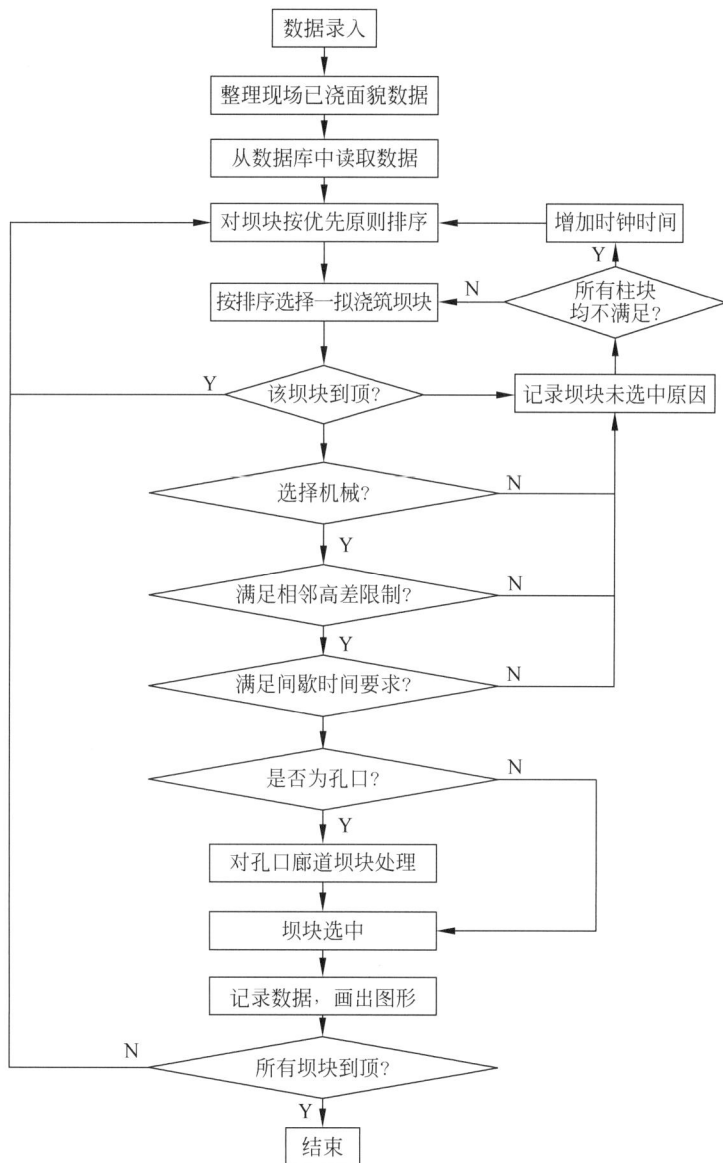

图 6-2 仿真系统流程控制图

（2）按浇筑块高程或间歇时间，及各种决策约束条件，确定浇筑块 i_a；

（3）选择并确认拟进行浇筑的设备 m；

（4）若浇筑设备 m 时间状态 $T(m)$ 未能找到可浇筑的浇筑块，则浇筑设备 m 停歇时间 T_d，时钟值变为 $T(m)=T(m)+T_d$，然后转至（2）；

（5）若浇筑设备 m 时间状态 $T(m)$ 找到了可浇筑块 $IA(i,j,k)$，则计算该块方量 C_W 和浇筑时间 T_{BIA}，显示当前块的浇筑状态；

（6）将上述浇筑方量、时间和浇筑块高度分别改变三个状态变量，形成新的状态：

$$V = V + C_W \tag{6-29}$$

$$H_e(i,k+1) = H_e(i,k) + H \tag{6-30}$$

$$T(m) = T(m) + T_{BIA} \qquad (6\text{-}31)$$

（7）判断浇筑设备 m 是否需要检修，如需检修则停歇时间 T_{QQ}；

（8）检查模拟是否满足预定时间的要求，如满足则模拟结束。

6.2.3 高拱坝施工进度仿真系统

6.2.3.1 系统结构

系统结构设计总体遵循通用性、模块化、可视化原则，采用 Visual Basic 编程语言开发，基于三维设计平台 CATIA 及 Composer 平台构建三维动态可视化，充分利用三维设计平台的高效协同建模、精确建模、工程分析和高效渲染功能[21-29]，主要功能包括数据库管理、数据处理、仿真计算、图形输出、报表输出、查询等，见图 6-3。

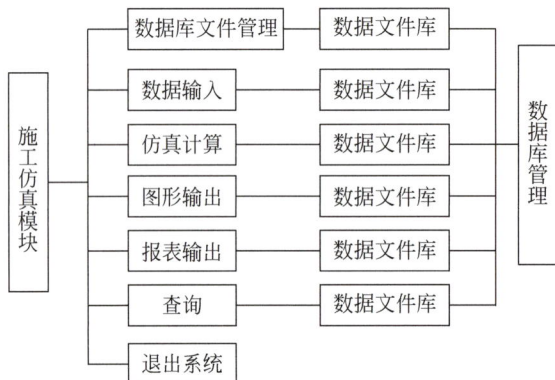

图 6-3 系统结构设计及仿真模块

（1）通用性

应适应同一坝型不同工程的拱坝体型、施工条件、机械布置等的变化，而不用频繁修改源程序。对于同一工程，边界条件的变化可以通过软件界面来修改和调整，以满足快速反馈的要求。

（2）模块化

按照不同功能进行模块划分，模块之间通过预留的接口进行信息交换，这样有利于开发工作的并行开展，也提高了系统各模块的可重用性，加快软件开发的速度和效率。

（3）可视化

采用 CATIA 建模技术，按照设计体型对拱坝进行精确建模，并按照浇筑块的划分动态剖分拱坝模型，用户能方便、直观地查询拱坝的现实面貌、浇筑过程、关键节点面貌等。

6.2.3.2 系统主要功能

1. 仓面工程量精确分析

坝体仓面工程量和尺寸是进度分析的基础。系统利用三维建模技术和仿真计算技术，根据结构设计图纸、施工分层分块方案，建立三维结构模型和三维仓面施工模型（图 6-4），实现复杂结构的精确建模以及施工分仓模型的快速动态切分。通过模型，可以准确计算分仓的工程量，也可提供各仓面的长度、宽度、周长、面积等参数，并且有汇总、统计、查询等功能,实现任意浇筑仓工程量和尺寸数据以及任意坝段、任意高程和任意时段内的混凝土工程量查询。

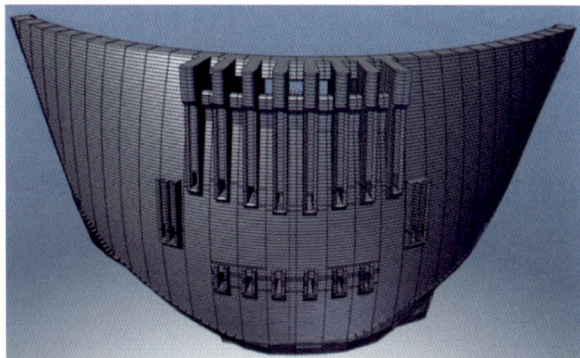

图 6-4　三维施工模型

2. 边界条件精确模拟

系统可精确模拟复杂多变的边界条件,包括拱坝轮廓参数、各种机械的技术参数和投产时间、施工技术和施工规范要求,以及已浇筑完成的一些参数(如各块混凝土浇筑部位、时间、使用的机械、生产强度、间歇时间等),并可以通过边界条件数据输入功能实现参数的输入和修改,见图 6-5。

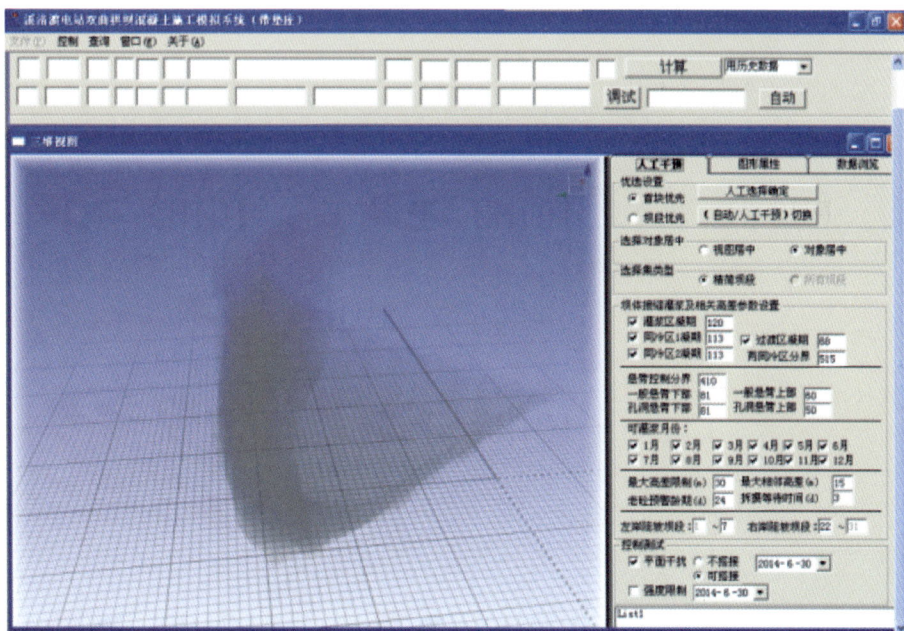

图 6-5　施工决策参数输入界面

3. 进度计划快速分析与制定

计划分析与制定是系统最核心的功能。基于施工面貌、历史数据,可实现对所有未浇筑(或假设未浇)混凝土仓进行施工模拟,除编制长期进度计划、混凝土总施工进度计划外,还可根据需要,从任意时间点的施工面貌对未浇筑的混凝土施工计划进行预测,为周计划、月计划和季度计划或者任意时间段内的进度计划提供依据。

4. 多方案敏感性分析

敏感分析实质上是仿真计算(计划功能)、数据输入以及多方案比较等功能的一种深层次应用。系统通过仿真参数组合,对关键参数进行敏感分析,不仅能给出定量的结果,还能将多种因素的计算结果进行自动比较,分析各因素对施工进度的定量影响程度,从而分清各种因素对进度控制的影响程度及规律,为关键节点控制和施工决策提供依据。

5. 二维、三维图形交互分析(图6-6～图6-9)

二维和三维可视化技术,可动态显示当前施工面貌、浇筑计划的对比及动态施工浇筑过程,还可在三维图中标明坝段、高程等参数,便于直观分析。

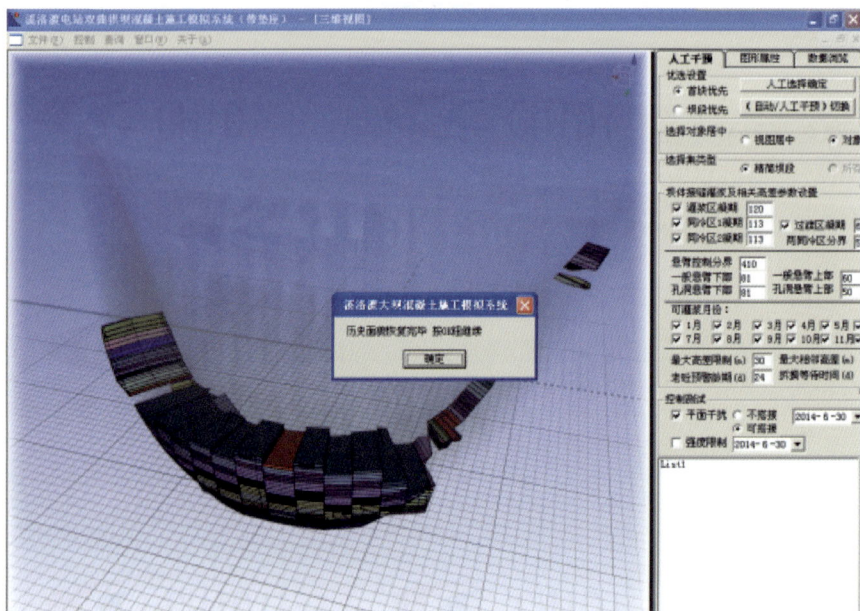

图6-6 仿真过程三维视图

当前月份浇筑面貌模块,可显示截至某日期的现场实际浇筑面貌,方便直接观察、查询当前时刻各坝段、各柱体的浇筑高程、浇筑状态;三维施工模块,可选择一个或多个坝段及整体进行三维图形查询,同时也可对查询的图形进行放大处理;二维立视模块,可查询各坝段的施工面貌、浇筑时间、浇筑强度等信息,显示各坝段的剖面图,包括分层情况、浇筑时间、设备、间歇时间等,显示浇筑过程缆机平面布置等(图6-9)。

6. 施工信息动态反馈功能

系统可将工程实际施工中的各种信息(包含混凝土浇筑量、浇筑强度、设备利用率等各种与混凝土施工相关的参数)处理后,传递给各级部门,还可将这些信息反馈给系统本身,修正相关参数,从而使模拟成果更准确、更符合工程实际。

仿真应用中,信息反馈主要有短期(周和月)信息反馈和长期(季度、半年、年度和总进度)信息反馈两种。前者是对工程短期的信息反馈进行整理和分析,及时发现问题,以便管理人员及时作出管理决策和制订近期进度计划。后者主要对工程长期运行的一些数据和参

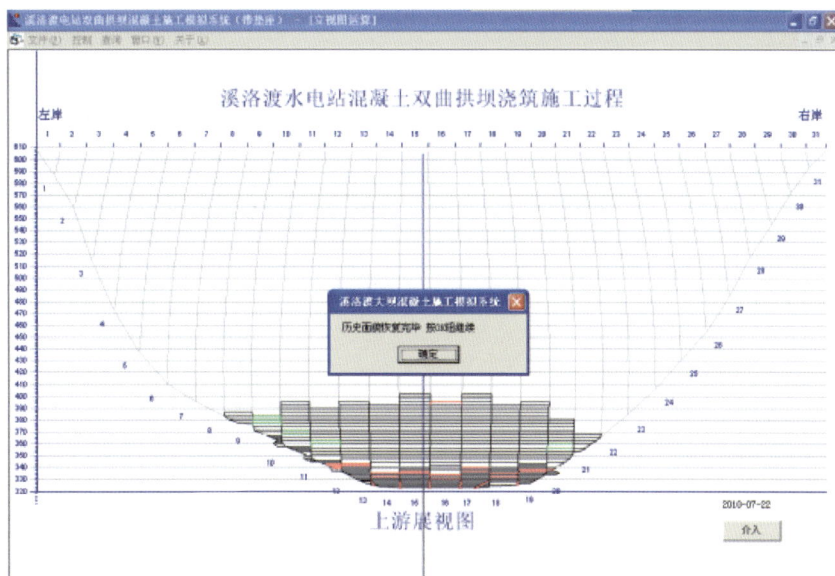

图 6-7 恢复历史面貌，专家干预模式

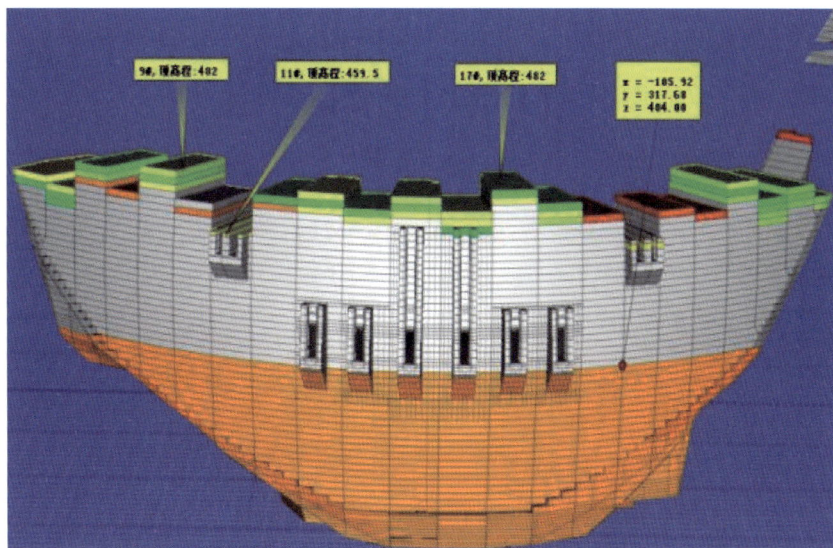

图 6-8 三维展示现场实际浇筑面貌

数进行分析和整理，从而为工程长远的、重大的措施做出决策分析。

通过仿真系统的动态反馈分析，将实际施工的一些参数反映到仿真系统中进行定量定性分析，不仅可使近期施工进度计划的制订更符合施工实际，更好地指导工程施工，同时也可对工程长期进度进行预测，判断目前的施工状况能否满足工期要求，以及需要采用何种措施才能满足要求等分析工作。

7. 强大的适应能力及特殊问题处理能力

（1）自动调整层高及倒缝。相邻块错层及倒缝，对立模及工程进度、质量均会造成不利影响。在系统中，对其进行了详细设置，可在最合适的条件下自动进行调整，以使混凝土施

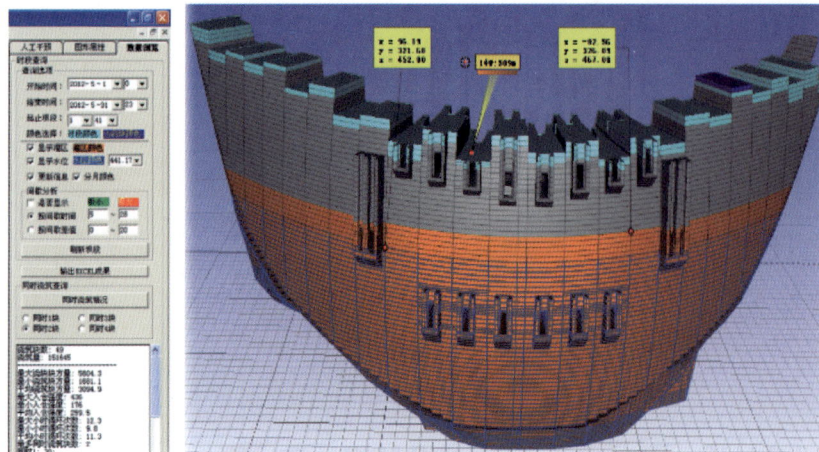

图 6-9　自定义查询参数

工受到的约束条件最小、状态最优。

（2）异常情况处理。在施工过程中，往往会由于各种异常情况影响工程施工，如混凝土质量事故、临时施工设备占压等原因导致一段时间内这些坝段混凝土无法施工。如果程序不能对这些因素处理，仿真计算的结果必然会不准确。

（3）层厚调整。在需要的时候，可在任意高程、任意时间段内改变浇筑层厚度，以满足工程进度需要。

8．图表与报表输出

图形查询功能，可将施工过程或模拟预测的施工过程重现，并与浇筑计划对比，分析当前浇筑进度滞后还是提前于计划，并直观显示任意时刻、任意坝块的浇筑面貌、浇筑时间、浇筑状态等（图 6-10，图 6-11）。其主要内容包括各月浇筑强度柱状图、混凝土浇筑明细表、混凝土浇筑高程进度表、混凝土浇筑方量表、混凝土浇筑层数进展表、混凝土浇筑机械月报表、不同部位浇筑强度报表；还可根据时间段或部位，分别查询各部位或时间段的混凝土方量。

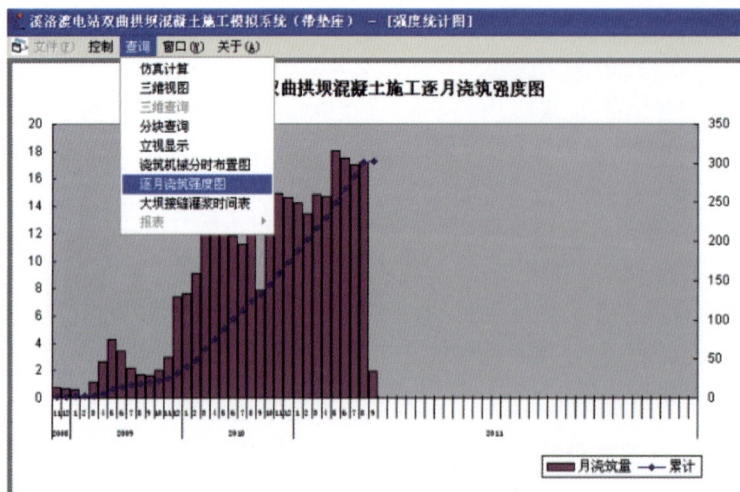

图 6-10　逐月施工强度柱状图

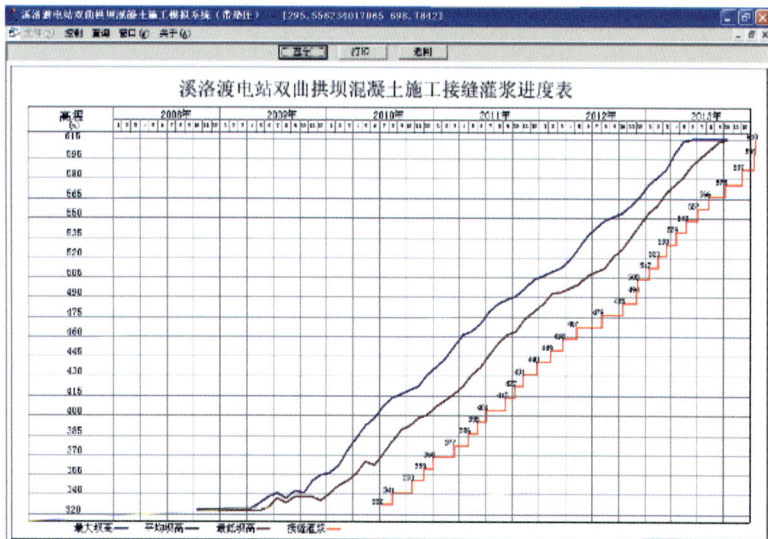

图 6-11 接缝灌浆进度表

6.3 高拱坝施工进度分析与实时控制技术

6.3.1 基于互联网的高可靠度工效分析

6.3.1.1 缆机运行效率参数

基于互联网的缆机循环数据监控和采集技术,以秒为间隔记录缆机的实时运行数据,采集缆机运行中各个环节的状态和位置、时间,可真实还原吊罐起吊、重罐提升、重罐水平运动、重罐复合运动、重罐下降、仓面对位、仓面卸料、空罐提升、空罐复合运动、空罐下降、供料平台对位、等待装料及装料的全过程(图 6-12,图 6-13)。以溪洛渡工程为例,约 700 万 m^3 坝体混凝土浇筑,需缆机运行约 70 万次循环,记录运行数据达 4 亿条。利用这些数据,可进行以下分析。

(1)各环节效率参数分析

以往一般采用小时入仓强度、日浇筑强度、月浇筑强度、年浇筑量等宏观强度指标,侧面反映缆机的运行效率;而通过实时监控数据,可分析各环节的平均耗时,并通过与缆机额定运行效率对比,可发现当前工程实际运行效率的水平。

(2)制约效率的因素分析

通过分析各环节实际耗时与额定耗时、先进水平的耗时参数进行对比(图 6-14),可发现有改进潜力的环节,有针对性地采取措施,改善具体某环节的效率。

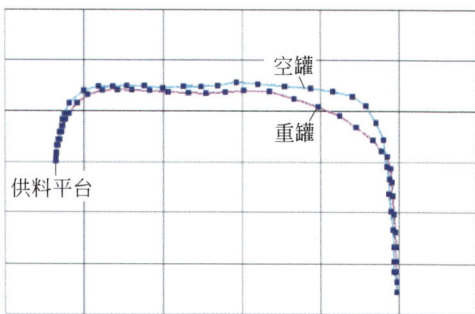

图 6-12 缆机单次循环运行轨迹记录

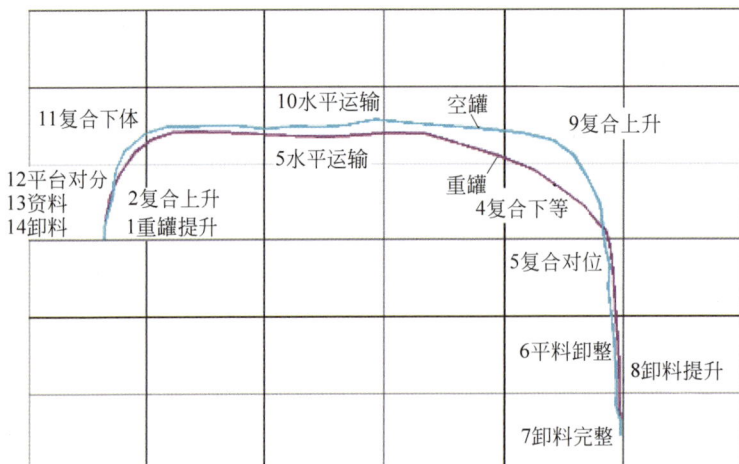

图 6-13　缆机各环节平均耗时

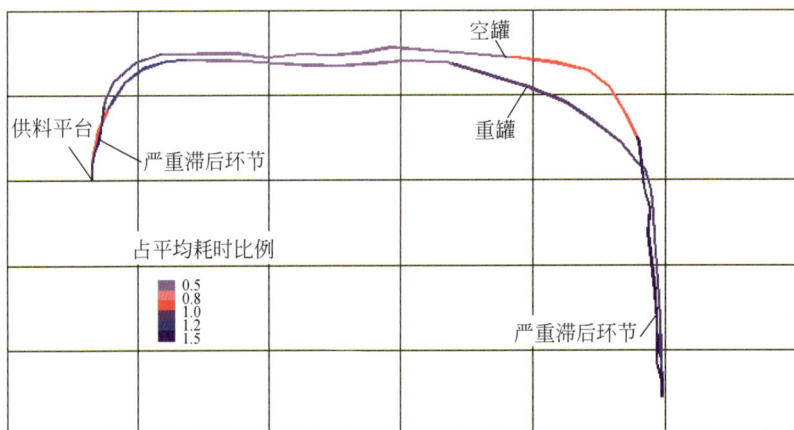

图 6-14　效率滞后环节分析示例

（3）缆机运行效率变化趋势分析

根据历史施工效率参数,分析各环节耗时的变化趋势,分析其与设备磨合、施工时段、施工部位的关系,可预测后续施工中的运行效率,为后续施工进度制定提供准确参数。

6.3.1.2　运输各环节衔接时间参数

通过物联设备记录每罐混凝土从拌合楼、侧卸车、缆机、仓面平仓、振捣各环节的运输和施工时间、位置信息,通过数据挖掘技术,一方面可以分析获取各环节之间的衔接时间,如缆机料罐与侧卸车衔接的卸料等待时间、缆机吊罐在仓面等待卸料的时间参数等,为进度仿真提供精确参数;另一方面,可以发现全过程运输调度的等待环节出现在哪个环节,如"车等料"或"料等车",还是"车等罐"或"罐等车",并分析各环节衔接中存在的问题和出现概率,发现制约的关键环节,以此为基础采取针对性措施。如对比分析每辆水平运输车进入拌合楼、装料完成、离开拌合楼各状态的时间,若在拌合楼停留时间高于平均水平或经验水平,说明存在"车等料"的现象;若某个时段"车等料"现象出现频率过高,说明可能存在拌合楼系统的生产能力不足、水平运输车配置过多的可能,再对照实际配置情况,即可采取相应的措施。

再如,对比系统记录的缆机吊罐在供料平台定位的时间、水平运输车进入吊罐附近、卸料时间、吊罐开始起升等各状态的时间,从中可以发现存在"车等罐"还是"罐等车"的现象,并通过一段时间内"车等罐"或"罐等车"现象出现的概率,说明可能存在水平运输车配置不足、运输路线设置不合理等情况,再结合定性分析找出具体原因。

6.3.1.3 不同类型仓面的备仓时间参数

备仓时间控制是混凝土浇筑进度控制的重要内容,也是施工仿真计算的重要参数。实践中,备仓计划时间与实际备仓耗时差别较大。这是由于传统方法中,备仓时间数据样本缺乏,靠经验参数往往难以准确反映备仓时间的影响因素和变化规律。为准确计划备仓时间,有必要研究备仓时间与仓面复杂程度的相关性规律。研究实际备仓时间与代表仓面复杂程度的钢筋、金属结构、模板等工程量数据之间的关联规律,通过仓面工程量数据及其与备仓时间的关联关系,即可准确预测各仓面备仓时间。

基于高拱坝施工设计与全过程智能化监测,采集积累的实际施工数据,通过企业知识库系统存储和管理、分析(图 6-15),可以得到不同备仓工程量时的备仓时间范围,得到备仓时间-仓面复杂程度的关联关系,并获取钢筋制安、金属结构安装、模板拆装等效率参数。

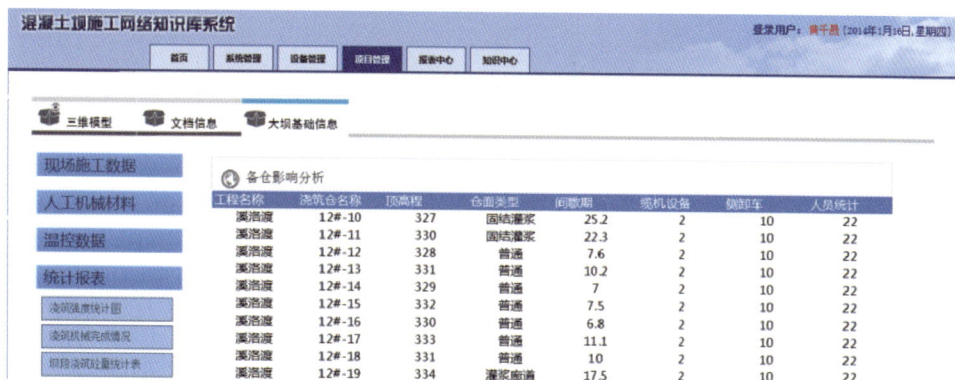

工程名称	浇筑仓名称	顶高程	仓面类型	间歇期	缆机设备	供卸车	人员统计
溪洛渡	12#-10	327	固结灌浆	25.2	2	10	22
溪洛渡	12#-11	330	固结灌浆	22.3	2	10	22
溪洛渡	12#-12	328	普通	7.6	2	10	22
溪洛渡	12#-13	331	普通	10.2	2	10	22
溪洛渡	12#-14	329	普通	7	2	10	22
溪洛渡	12#-15	332	普通	7.5	2	10	22
溪洛渡	12#-16	330	普通	6.8	2	10	22
溪洛渡	12#-17	333	普通	11.1	2	10	22
溪洛渡	12#-18	331	普通		2	10	22
溪洛渡	12#-19	334	灌浆廊道	17.5	2	10	22

图 6-15 高拱坝知识库系统界面

6.3.1.4 仓面作业资源配置优化

通过振捣机实际振捣效率与该仓面对应的缆机吊运效率对比,对运输、平仓与坯层覆盖时间和小时实际浇筑强度、振捣的各自资源匹配合理性进行综合分析,判断各资源配置是否合理、工序之间协调是否有序,实时对各施工环节资源配置合理性予以评价,作为施工方案优化的依据和基础;通过振捣机设计工作时间(振捣方量/振捣效率)与实际工作时间的对比、振捣机闲置时间和频率、振捣机有效利用率,分析平仓机、缆机与振捣机的匹配关系。

以溪洛渡大坝 12# 坝段高程 593~596m 仓为例,单台缆机理论小时运行次数 11 次,单台缆机理论供料能力 99m³/h;该仓所用 8 棒振捣机理论振捣效率 80m³/h。根据缆机和振捣机的理论效率分析,每台缆机应配置一套平仓机、振捣机,仓面被中部钢筋网分为两块施工区域,单块面积约 200m²,共应配置两套设备;仓面实际配置 2 台缆机,2 套平仓、振捣设备,配置合理。从实际监控数据来看,剔除振捣机闲置数据后,第一坯层振捣机实际平均单点振捣耗时 23s,平均单次振捣周期 75s(含振捣、移动和短暂干扰时间),平均振捣效率

84m³/h；缆机运行数据表明，单台缆机高峰期实际循环 8 次/h，单台缆机实际供料能力 72m³/h，略低于振捣机实测平均效率，说明资源匹配较合理，但各环节仍需加强协调。

图 6-16 给出了溪洛渡 12# 坝段高程 593~596m 第 1 坯层振捣间隔时间分析示意。从分布图可知，监测振捣 84 点次，间隔小于 1min 共 75 次（约 89.5%），表明振捣机在时间上连续工作；振捣间隔大于 3min 的共出现 9 次，主要由于振捣机在仓面内的移动或避让其他施工等原因短暂停止振捣；大于 10min 的出现 2 次，最大间隔 25.3min，说明振捣过程中振捣机偶尔出现较长时间临时闲置，综合现场录像分析，主要是由于局部存在等待卸料或平仓等现象。此外，振捣机占用时间共 105.6min，其中振捣工作时间 66.6min，非振捣或闲置时间 39.0min，振捣机有效利用率 62.4%，缆机、平仓机、振捣机配置较合理，其中闲置时间主要由于该仓面狭小、难以流水作业所致。

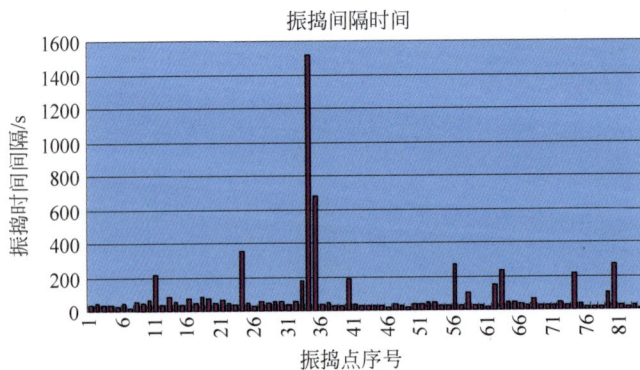

图 6-16 振捣间隔时间分析示意

6.3.2 高拱坝施工进度仿真和实时控制技术

6.3.2.1 基础处理进度仿真方案优化与敏感性分析

基础处理对高拱坝工程进度影响显著。在二滩、三峡、小湾、深溪沟、溪洛渡等大型水利水电工程中，均不同程度出现因地质条件导致大坝基础处理方案变化和混凝土工程开工时间滞后的现象。基础处理进度影响分析的关键步骤如下：

（1）充分考虑影响基础处理进度的主要因素，如基础开挖工程量、固结灌浆方式（无盖重固结灌浆或引管有盖重灌浆或有盖重灌浆）、固结灌浆参数（灌浆孔布置间距；孔深；灌浆工序）、灌浆部位。

（2）拟定可能基础处理方案，确定仿真参数，仿真参数包括灌浆方式、灌浆工艺参数等。

（3）基础处理方案敏感性分析。分析不同灌浆方案和工艺参数对混凝土后续施工进度的影响，获得基础处理期间的混凝土施工强度、年度工程量、总工期等。

（4）方案优化分析及快速施工措施。将现有基础处理方案下的浇筑计划与总进度计划进行对比。若当前进度滞后于目标，在步骤（3）分析的基础上，拟定优化措施并分析其对进度的影响。

（5）综合分析结论。为决策者提供基础处理参数的敏感性、加快施工可采取的基础处理方案，供决策参考。

6.3.2.2 耦合温控与应力的浇筑形态控制

1. 大坝浇筑形态控制分析

大坝浇筑形态控制指相邻坝段高差、全坝最大高差和最大悬臂高度等反映大坝浇筑面貌均衡性的高差参数控制。坝块浇筑进度及相邻坝段高差影响相邻坝段的温控状态和应力差异,全坝最大高差参数主要反映了大坝整体浇筑形态的均衡性,最大悬臂高度参数影响了施工过程中未灌浆坝段的悬臂根部应力和安全状态。

大坝浇筑形态控制问题是既影响大坝施工质量和安全,又关系到大坝连续均匀上升的关键问题,二者互相制约而又互相联系,如何在保证大坝施工质量和安全的前提下,促进大坝的均匀连续上升,是一项复杂的系统工程。随着筑坝技术的发展,在浇筑形态控制方面,高拱坝越来越多地采用个性化控制参数,即对坝体的不同部位、不同施工时段分别采取个性化的控制参数。

一般而言,宽松的高差控制参数有利于大坝的均匀连续上升,但不同的边界条件下,高差控制参数对浇筑进度的影响规律不尽相同,不同部位和时段对温控、应力的影响规律也不同。浇筑面貌和浇筑顺序是温控应力研究的边界条件,而温控应力研究高差控制参数限值为施工仿真分析中高差控制参数的取值提供参考取值范围,二者的紧密结合才能实现对高差控制参数的优选。各影响因素随时间动态变化,不同时段影响因素不同、影响规律也不同。因此,施工进度仿真与温控应力仿真均需要随施工进展动态研究。

2. 高拱坝施工进度耦合温控、应力实时控制流程

高拱坝施工进度与温控、应力耦合分析实时控制,由计划、执行、检查、比较和调整多个环节组成,是不断进行的动态控制,也是根据工程实际进展情况不断调整的循环运行过程。进度计划、温度及应力控制标准、控制措施的制定和实施是一个动态过程,它贯穿整个工程建设的始末,计划能否实现的关键在于实施过程的控制。为了确保工程总体目标的实现,尽可能减少实际执行情况与计划情况的偏差,需要事先建立控制系统并确立控制措施与方法,控制工作越早越频繁,目标实现的保证率越高。因此,高拱坝施工进度与温控、应力耦合分析实时控制,依据动态控制、分级控制、反馈控制、弹性控制、循环控制等基本控制论原理。

高拱坝施工进度与温控、应力耦合分析的实时控制过程中,要牢牢把握施工进度与拱坝工作性态的协调关系,在制定调整措施时要考虑进度与结构安全综合目标的协调。一方面,通过分析当前时刻形象进度与计划形象的偏差,以及当前施工参数条件下将来的形象进度与计划形象进度的偏差,判断是否有进度滞后的现象,是否需要采取工程措施加快进度,并要根据新的进度计划判断初始温控、应力控制计划是否满足要求,提出并执行与新的计划进度相对应的温控、应力控制标准及措施;另一方面,基于进度计划的跳仓计划,利用全坝全过程仿真分析大坝施工过程的温度场、应力场,获得关键节点、关键部位的点安全系数场,并与其控制指标进行对比分析,发现超标现象及时优化调整拱坝结构性态控制参数,主要为悬臂高度、相邻高差,也可为间歇期、温控措施,甚至可能需要制定新的个性化的控制参数,并分析新的浇筑形态控制参数对大坝浇筑计划的影响。这样不断循环,从而保证高拱坝快速上升并全坝温控、应力安全可控。面向施工过程的高拱坝施工过程的进度与温控、应力实时控制关系如图 6-17 所示。

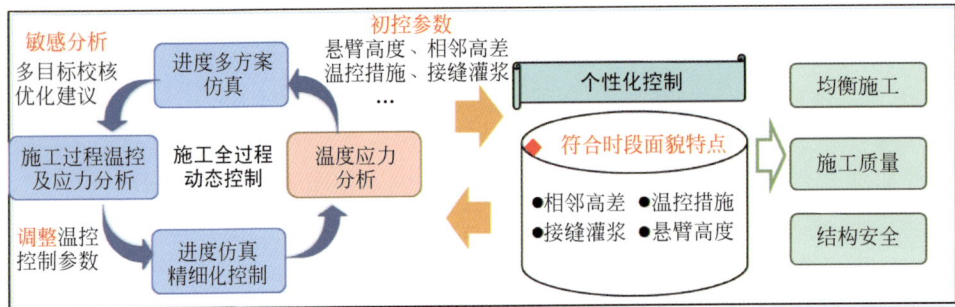

图 6-17　面向施工过程高拱坝进度与温控、应力实时控制关系

6.3.2.3　孔洞门槽等复杂结构方案论证与进度分析

高拱坝坝身布置的孔洞众多,进度仿真需要充分考虑各工序自身的施工规律,以及相互之间在施工资源共享、施工空间冲突、工序逻辑关系等因素。在施工仿真中对这些复杂结构简化处理,如门槽、启闭机大梁、锚墩的施工等,通过增加备仓时间来体现其影响;对金属结构安装的影响分析,往往也是考虑相应仓面备仓时间的延长,有时会考虑吊装占用的缆机时长,但占用缆机的时间分布、吊装时对混凝土浇筑仓面的占用分布情况不清。

面向施工过程的高拱坝施工进度实时控制技术,可实现孔口施工的微观模拟。以泄洪深孔钢衬安装仿真为例,考虑钢衬吊装对缆机占用的仿真算法见图 6-18,具体步骤如下。

(1)扫描工程中所有缆机的空闲状态,记录空闲缆机数量与编号;若无缆机空闲,仿真时钟推进单位步长,直至找到空闲缆机。

(2)扫描所有仓面状态,记录满足最小间歇期要求的仓面,并按照仓面部位(是否处于关键路径)、高差限制情况、间歇时间等进行优先级排序,对进入钢衬安装高程的仓面进行标记(通常孔洞坝段处于大坝施工关键路线,而钢衬吊装进度将制约孔洞坝段的上升速度,因此钢衬安装施工一般为较高优先级,处于"钢衬安装"状态的仓面设置为最高优先级)。

(3)若选中的仓面为钢衬安装仓面且满足以下条件,则开始钢衬安装仓面的钢衬吊装:①若采用两台缆机联合抬吊,则空闲缆机数量大于两台且在空间上可以联合作业;若单台缆机起重能力满足单节钢衬吊装,则要求至少有一台缆机空闲;②钢衬安装仓面优先级最高;③该仓面处于空闲缆机覆盖范围内;④正在施工(浇筑、吊物、备仓等)的缆机运行范围与该仓面范围满足安全距离要求。

(4)将缆机工作状态标记为"钢衬吊装施工",仓面状态标记为"钢衬安装",转入步骤(5)。若为已处于"钢衬安装"状态的仓面,直接进入步骤(6)。

(5)若选中的仓面为非钢衬安装仓面,满足下列条件后可以进入混凝土浇筑施工:①根据仓面面积、部位及初凝时间控制要求,选择浇筑缆机,缆机组合浇筑能力应满足入仓能力;②仓面间歇期满足拆立模、埋件安装、冷却水管铺设等备仓工作以及基础处理、固结灌浆等施工时间的要求;③满足最大悬臂高度、最大全坝高差、最大相邻高差、相邻坝段最小高差等高差约束条件;④与正在工作的缆机之间满足安全距离要求。

(6)若与正在进行钢衬吊装施工的缆机不满足安全距离要求,则形成缆机机位干扰,统计干扰时间。

(7)根据浇筑仓的方量和使用的缆机数量、生产率,计算浇筑历时并记录浇筑起止时

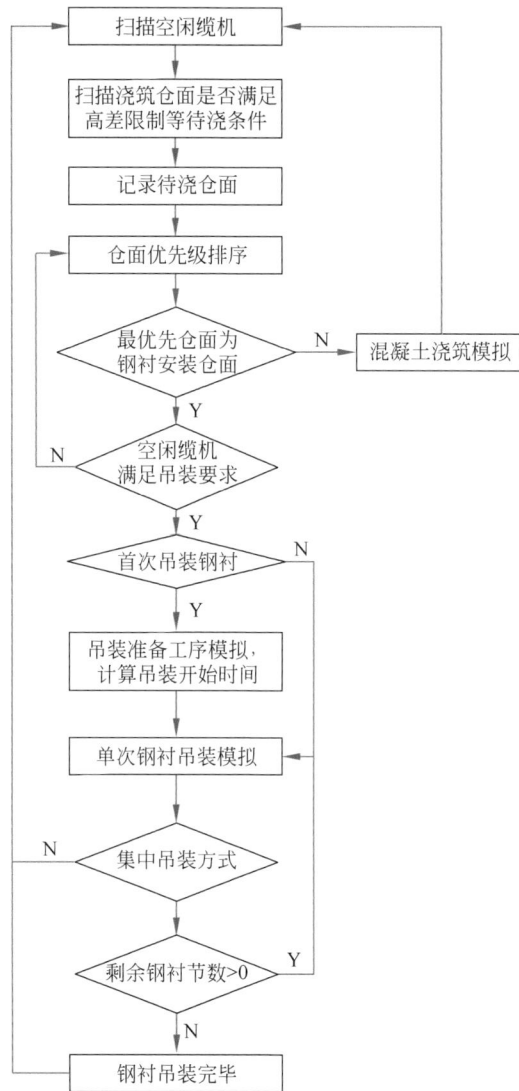

图 6-18 仿真算法流程图

间、缆机编号、小时强度等浇筑信息,转入步骤(1),进行下一次循环。

(8)若钢衬安装仓面开始吊装,根据底板仓面的拆模、立模、预埋件安装等准备工作量,计算准备工作历时,记录准备工作完成及吊装施工开始时间。

(9)以单次抬吊缆机机时为时间步长,推进缆机工作子时钟,并将仓面待安装钢衬数量减1。若当前仓面待安装钢衬数量为0,将当前仓面标记为"钢衬安装完成"。

(10)若当前钢衬安装仓面间歇期大于仓面最小间歇期,且仓面状态为"钢衬安装完成",则转入第(1)步,进入下一次循环;否则若缆机机时等于吊装间隔(即单孔钢衬集中吊装),则转入步骤(6),继续钢衬吊装模拟直至该孔钢衬吊装完毕。

6.3.2.4 缆机"运-检"决策分析

缆机的工况可分为正常运行工况、常规检修工况、减载运行工况、停驶检修工况。对于大型工程和采用利旧缆机的工程,由于缆机的长时间高强度工作,在工程中后期往往可能出现主索断丝等缆机故障。考虑到缆机运行安全,可采取减载运行的方式,比如额定载重 9m³ 的缆机限制载重 6m³ 吊罐;也可以采取缆机停驶一段时间,拆除原主索,更换新主索。因其出现的时间往往是工程中后期、正处于度汛或蓄水发电前的关键时刻,采用减载或检修方案对浇筑进度有何影响,是决策者面临的关键问题。

缆机"运-检"决策分析考虑了故障缆机占压坝段、换索时长、运行范围限制、非相邻缆机的单仓配合策略等约束条件,研究了缆机正常运行、常规检修、减载运行、故障检修等多工况下同一平台缆机群的调度决策规律,主要考虑的因素如下:

(1) 缆机仿真对象的属性抽象

为考虑缆机的全工况,需要对缆机的属性进行通用化抽象,应包括缆机吊重、运行范围、运行效率参数、缆机间距、可配合施工的缆机等。

(2) 缆机运行范围的限制

缆机停驶检修,其上下游的缆机均不能全平台移动。模型中应考虑每台缆机的运行范围限制。

(3) 停驶缆机占压坝段

缆机主索更换需要 1—2 个月(与主索备件与采购周期、更换主索方案等有关),停驶期间其主索下方占压坝段的浇筑施工将停止或受影响。

(4) 相邻缆机的配合机制

正常情况下,相邻的多台缆机可配合浇筑单个浇筑仓面或抬吊金属结构,其配合机制与缆机之间的间距、仓面的大小等有关。中间缆机故障停驶后,故障缆机与相邻缆机将不能配合施工,故障缆机上下游缆机之间也难以配合,因此缆机故障情况下不能简单等同于减少一台缆机。

6.3.2.5 接缝灌浆与导流度汛面貌分析

接缝灌浆进度的分析和控制是一个系统工程和复杂问题,需要综合考虑温控技术要求、接缝灌浆技术要求、大坝浇筑进度、悬臂高度控制等因素。随着高拱坝筑坝技术和温控应力研究的进展,接缝灌浆温控技术要求趋于个性化和精细化,因而施工进度仿真技术应适应温控技术的发展要求。针对个性化的接缝灌浆要求,接缝灌浆进度仿真分析步骤简述如下:

(1) 明确仿真目的

包括分析接缝灌浆进度、优化接缝灌浆技术要求、悬臂高度预测。

(2) 接缝灌浆进度分析

仿真模型需要考虑的因素包括:灌区自身、同冷区、过渡区等各区内每一坝块的龄期要求、灌浆施工持续时间。对每一坝块,应赋予接缝灌浆龄期控制参数和实际龄期属性。

(3) 与进度目标的差异对比

进度目标包括关键节点的接缝灌浆面貌要求(如汛前计划达到的面貌、蓄水前接缝灌浆面貌要求)、最大悬臂高度等。若仿真分析的进度与目标存在差异,再考虑是否需要采取优化措施。

(4) 措施效果分析及建议

可行的措施包括接缝灌浆技术要求优化(如缩短中冷、二冷控温时间)、浇筑顺序优化(保持浇筑的均衡性,优先浇筑较低坝块)。通过更改仿真参数,分析各种可能措施对进度的影响,提出对进度影响显著的措施,结合温控方案,专题研究该优化措施的技术经济合理性。

6.3.3 进度延误预警与动态纠偏

在面向施工阶段的进度仿真分析中,分析实际进度的偏差、针对进度偏差制定纠偏措施,是进度仿真的重要内容,应贯穿工程整个施工期。进度动态控制的全过程包括计划、实施、检查、措施、调整计划。面向施工过程的施工仿真技术纠偏分析工作包括进度偏差程度分析、进度偏差原因分析、进度偏差影响分析、纠偏措施分析和进度计划调整[30-38]。控制流程图见图 6-19。

(1) 进度偏差程度分析

首先根据进度控制目标,如总体开发战略目标、施工承包人上报计划、内部控制计划等,选择进度控制基准;其次对比实际施工进度与基准进度,分析施工进度的偏差情况。一般情况下,可将浇筑仓面作为进度比较的基本单元。

(2) 进度偏差原因分析

通过对实际施工数据的跟踪,将施工过程中的实际施工条件和边界参数与施工仿真拟定的参数进行对比,两者之间的差异性可能是造成实际进度偏差的原因。假设将仿真参数修改为与工程实际采用的参数一致,重新仿真,若仿真结果与实际进度控制相吻合,则出现差异的施工控制参数即有可能是造成进度偏差的原因之一;再结合其他工程条件,就可综合确定导致进度偏差的根本原因。

图 6-19 进度动态控制流程

(3) 进度偏差影响分析

进度偏差对后续施工进度的影响大小,与产生偏差的施工部位是否处于工程关键路径有关。对于高拱坝工程,关键路径是动态多变的,采用传统分析方法(关键路线法 CPM、计划评审技术 PERT、图示评审技术 GERT 和风险评审技术 VERT),对关键路径的分析以及进度偏差的影响分析,其工作量巨大、因素往往难以考虑全面。利用施工仿真方法,以实际施工面貌为基础,将实际施工边界条件输入仿真系统,系统可自动分析混凝土浇筑的关键路径,定量分析当前进度偏差对后续施工进度的影响程度。

(4) 纠偏措施分析

纠偏措施的拟定,可以从以下方面着手:①通过仿真分析,发现制约后续施工进度的关键因素。首先根据工程经验和定性分析,对可能影响进度的主要因素进行参数微调,设计不同的仿真方案组,通过敏感性分析确定对后续进度影响显著的关键因素。从关键因素出发,研究改善关键因素制约程度的方法。②通过偏差原因分析,找出造成进度偏差的主要原因。根据偏差原因分析环节的成果,找出制约历史浇筑进度的主要原因,并对照后续施工中是否存在相同因素,提前采取措施。③通过对边界条件的分析,研究边界条件优化的可行性。

(5) 进度计划调整

通过施工仿真技术,分析采取相应措施后,后续进度是否能满足基准进度的控制要求。

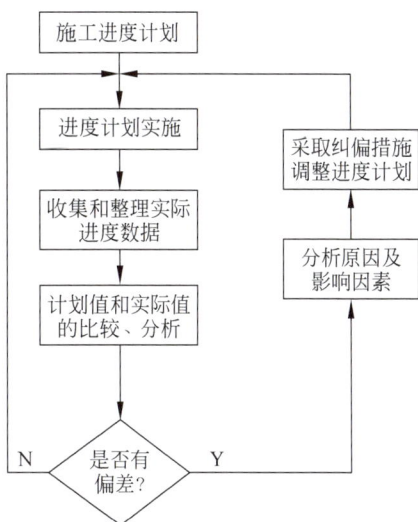

当进度偏差过大或施工边界条件优化的裕度较小,可以采取的措施代价较大,后续进度难以达到原有的进度控制目标时,需要根据现场实际条件,结合可以采用的纠偏措施,对后续施工进度计划进行调整,作为后续施工的控制基准。

6.4   溪洛渡拱坝进度实时控制典型案例[39,40]

6.4.1   总进度分析与资源配置论证

6.4.1.1   边界条件变化

2009 年底,受地质条件差、地基处理工期延长的影响,溪洛渡大坝浇筑工期滞后约 11.5 个月。与招标阶段比较,边界条件有如下变化:①大坝建基面高程降低 7.5m。②两岸坝基体型发生变化,新增总开挖量约 22.19 万 m^3,相应新增混凝土工程量约 16.5 万 m^3。③固结灌浆工程量增加,为招标工程量的 2.4 倍,且钻机由 CM351 高风压钻机调整为地质钻机。④接缝灌浆混凝土分区从"1+1+1+1"(1 个接缝区+1 同冷区+1 个过渡区+1 个盖重区)为"1+2+1+1",同冷区由 1 个调整为 2 个。④置换混凝土应在相应部位坝体混凝土覆盖之前冷却到 21℃,且龄期至少 2 个月。

6.4.1.2   原有浇筑手段仿真预测

在现场施工条件和原有浇筑手段的基础上,开展了总进度仿真分析研究。表 6-1 给出了基于原有资源配置的分年度度汛工程形象分析表。仿真分析结果表明,在大坝基础处理等前期进度滞后的情况下,采用原有浇筑手段和资源配置难以满足 2011 年、2013 年度汛面貌要求,且难以实现 2013 年汛前蓄水发电的工程建设总体目标。因此,需要进一步研究采取增加浇筑手段、优化资源配置和技术要求等措施。

表 6-1   各年度汛工程形象分析表

控制节点	项　　目	工程形象				工程进度		
		合同形象/m	预测形象/m	汛期水位/m	形象比较	合同控制工期	调整后工期	工期比较/d
2011 年大坝度汛	坝体最低高程	470.5	425		低 45.5m	2011-5-31	2012-1-17	−231
	接缝灌浆高程	443	395	440.93	低 6 个灌区	2011-5-31	2012-2-4	−249
2012 年大坝度汛	坝体最低高程	513	500		低 13m	2012-5-31	2012-9-24	−116
	接缝灌浆高程	497	467	452.91	低 4 个灌区	2012-5-31	2012-12-14	−197
2013 年水库蓄水	坝体最低高程	601	569		低 32m	2013-5-31	2013-10-25	−147
	接缝灌浆高程	587	539		低 5 个灌区	2013-5-31	2013-12-25	−208

注:负数表示相应工期延后。

6.4.1.3   纠偏措施敏感性分析

根据初步分析,为加快大坝浇筑进度、实现安全度汛和蓄水发电目标,充分考虑了当时现场的实际边界条件和设计技术要求,特别是在混凝土浇筑强度、坝体悬臂高度、固结灌浆、混凝土通水冷却降温、接缝灌浆、同浇块仓面搭配等方面的要求和控制目标,按照满足 2013

年 5 月下闸蓄水目标和尽力保证合同控制性工期要求,采用进度仿真软件,结合跳仓跳块程序,进行坝体混凝土跳仓、跳块多方案比较分析,拟定较优的基本方案,并逐步验证和完善调整施工进度计划方案。

通过多方案分析、比较,对各种边界条件影响进行了初步敏感性分析,结合考虑可能增加辅助入仓手段和增设混凝土拌合系统等提高混凝土浇筑强度等措施,拟定三种方案进行分析和研究:①限制混凝土高峰期月浇筑强度不超过 17 万 m³,多仓同浇时,仓面沿水流方向搭接,接缝灌浆开始时间以过渡区最小龄期达到 68d 进行控制;②限制混凝土高峰期月浇筑强度不超过 20 万 m³,多仓同浇时,仓面沿水流方向搭接,接缝灌浆开始时间以同冷区最小龄期达到 113d 进行控制;③限制混凝土高峰期月浇筑强度不超过 20 万 m³,多仓同浇时,仓面沿水流方向不搭接,接缝灌浆开始时间以同冷区最小龄期达到 113d 进行控制。

经对各方案分析比较及仿真模拟研究,比选成果表明:方案一与方案三都存在大坝浇筑工期相对较长、大部分控制节点无法达到设计要求等问题,无法满足 2013 年 5 月下闸蓄水计划要求;方案二的大坝上升关键节点控制,除 2011 年和 2012 年汛前接缝灌浆高程难以达到要求,需调整相关导流程序和采取必要的措施来满足度汛和设计要求外,总体施工进度基本能满足度汛、发电要求(表 6-2)。从浇筑强度、相对高差控制等各方面进行综合分析,方案二各项数据也较为适中,不均衡系数相对较小,故推荐采用方案二作为总进度计划调整的依据。表 6-2 给出了方案二各年度度汛节点目标对比情况表。

表 6-2　方案二各年度度汛节点目标对比情况表

项目	工程形象			工程进度		
	合同形象	计划形象	比较	合同工期	进度计划	工期比较
2011 年度汛	坝体最低浇筑高程 470.5m	坝体最低浇筑高程 440m	低 30.5m	2011-05-31	2011-10-09	−131d
	坝体接缝灌浆高程 443m	坝体接缝灌浆高程 359m	差 5 个灌区	2011-05-31	2012-01-10	−224d
2012 年度汛	坝体最低浇筑高程 513m	坝体最低浇筑高程 527m	满足节点工期要求	2012-05-31	2012-04-20	41d
	坝体接缝灌浆高程 497m	坝体接缝灌浆高程 485m	差 2 个灌区	2012-05-31	2012-08-09	−70d
2013 年蓄水	坝体最低浇筑高程 601m	坝体最低浇筑高程 610m	满足节点工期要求	2013-05-31	2013-04-07	54d
	坝体接缝灌浆高程 587m	坝体接缝灌浆高程 575m	差 1 个灌区	2013-05-31	2013-07-23	−53d
	浇筑至坝顶高程 610m	浇筑至坝顶高程 610m	满足节点工期要求	2013-08-31	2013-05-22	101d

6.4.1.4　总进度计划调整

通过对施工总进度计划的仔细编排和反复优化比较,调整计划与合同的对比见表 6-3。调整后,大坝混凝土施工最高月强度为 195450m³,发生在 2012 年 3 月,此时坝体平均浇筑高程为 521m;最大月浇筑仓数为 73 仓,发生在 2012 年 11 月份,此时坝体平均浇筑高程为581m;大坝混凝土施工年最高强度为 2130408m³,发生在 2012 年。

表 6-3　控制性节点工期与调整进度计划方案相应完工工期对比表

项目	工 程 形 象			工 程 进 度		
	合同形象	计划形象	比较	合同工期	进度计划	工期比较
2011年大坝度汛	坝体最低浇筑高程 470.5m	坝体最低浇筑高程 440m	低 30.5m	2011-05-31	2011-10-09	-131d
	坝体接缝灌浆高程 443m	坝体接缝灌浆高程 395m	差 6 个灌区	2011-05-31	2012-01-10	-224d
	1#、2#、5#、6#导流底孔进口封堵闸门及启闭机安装	1#、2#、5#、6#导流底孔进口封堵闸门及启闭机安装部分完成	不满足	2011-05-31	2011-06-17	-17d
	3#、4#导流底孔出口工作闸门和启闭机安装	3#、4#导流底孔出口工作闸门和启闭机安装完成	满足节点工期要求	2011-05-31	2011-04-03	57d
	3#、4#导流底孔进口封堵闸门及启闭机安装	3#、4#导流底孔进口封堵闸门及启闭机安装部分完成	不满足	2011-12-31	2012-01-10	-10d
2012年大坝度汛	坝体最低浇筑高程 513m	坝体最低浇筑高程 527m	满足节点工期	2012-05-31	2012-04-20	41d
	坝体接缝灌浆高程 497m	坝体接缝灌浆高程 485m	差 2 个灌区	2012-05-31	2012-08-09	-70d
	7#～10#导流底孔出口工作闸门及启闭机安装	7#～10#导流底孔出口工作闸门及启闭机安装部分完成	满足节点工期	2012-02-28	2012-02-22	6d
	坝体泄洪深孔工作闸门、启闭机安装	坝体泄洪深孔工作闸门、启闭机安装完成	满足节点工期	2012-11-30	2012-11-11	19d
2013年水库蓄水	坝体最低浇筑高程 601m	坝体最低浇筑高程 610m	满足节点工期	2013-05-31	2013-04-07	54d
	坝体接缝灌浆高程 587m	坝体接缝灌浆高程 575m	差 1 个灌区	2013-05-31	2013-07-23	-53d
	浇筑至坝顶高程 610m	浇筑至高程 610m	满足节点工期	2013-08-31	2013-05-22	101d
	坝体接缝灌浆全部完成	坝体接缝灌浆高程 575m	满足节点工期要求	2013-11-30	2013-10-15	46d
	7#～10#导流底孔进口封堵闸门及启闭机安装	7#～10#导流底孔进口封堵闸门及启闭机安装完成	满足节点工期	2013-06-30	2013-06-07	23d
2014年大坝工程竣工	坝体泄洪深孔事故闸门、启闭机安装	坝体泄洪深孔事故闸门、启闭机安装完成	满足节点工期	2014-04-30	2013-09-18	138d
	坝体泄洪表孔工作闸门、启闭机安装	坝体泄洪表孔工作闸门、启闭机安装完成	满足节点工期	2014-04-30	2013-12-30	110d
	工程竣工	工程竣工	满足节点工期	2014-06-30	2014-06-30	如期完工

6.4.1.5　仿真决策和应用成效

根据仿真分析成果和结论,结合施工单位人工分析的结果,提出了增加一台缆机和一台拌合楼的调整方案,在现有缆机平台上增加一台 30t 平移式缆机、在右岸增设 1 座

$4×4.5m^3$混凝土拌合楼及其配套设施。2010 年 8 月底,新增的第 5 台缆机正式投入使用,新增的混凝土拌合楼也已投产。从实际应用情况来看,溪洛渡大坝施工创造了混凝土月强度接近 22 万 m^3、单台缆机最高月强度超过 5 万 m^3 的浇筑记录,混凝土高峰月强度超过了仿真预计的 20 万 m^3(图 6-20)。在前期进度滞后的情况下,在 2013 年 5 月底大坝顺利下闸蓄水,实现了原定的初期蓄水发电节点目标,新增设备为拱坝的连续高强度施工和按期发电奠定了坚实的基础。

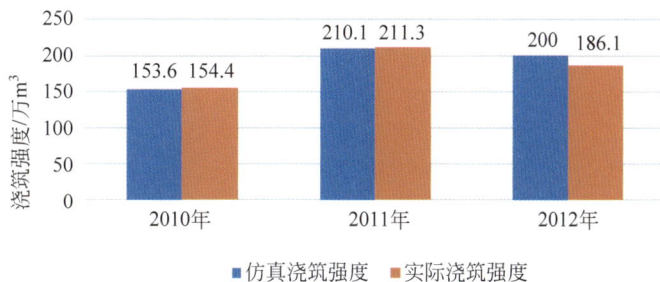

图 6-20　仿真年浇筑强度与实际年浇筑强度对比柱状图

6.4.2　耦合温控与应力的浇筑形态控制

溪洛渡拱坝针对大坝浇筑形态控制的研究贯穿大坝浇筑全过程。各期月报均不同深度涉及对高差控制参数的敏感性分析,以及对高差控制参数与其他边界条件的组合分析。本节以 2011 年 9 月份坝体浇筑面貌为例进行分析,坝体接缝灌浆至 422.0m 高程,最大相邻高差为 15.0m,全坝最大高差 29.0m,孔洞坝段最大悬臂高度 69.0m(13#坝段),一般坝段最大悬臂高度 72.0m(9#坝段),11#、20# 坝段为制约全坝浇筑速度关键线路,后续河床坝段将进行深孔、闸门槽、牛腿、表孔等复杂仓面施工。

6.4.2.1　仿真方案设置

基于现场实际浇筑状况,设置四种方案进行进度仿真分析,具体边界条件如下:

方案一(基本方案):采用设计控制参数,孔洞坝段悬臂高度不高于 50m,一般坝段不超过 60m;相邻高差不大于 15m,最大高差不大于 30m。

方案二(放宽相邻高差):按 18m 相邻高差进行模拟,分析仅放宽相邻高差对工期及施工强度分布的影响。

方案三(放宽相邻高差与悬臂高度):相邻高差 18m,孔口悬臂高度放宽到 66m,非孔口坝段悬臂高度放宽到 75m。

方案四(放宽相邻高差、悬臂高差及最大高差):一般悬臂和孔口悬臂高度均为 81m,最大高差 33m,相邻高差 18m。

6.4.2.2　不同控制参数进度敏感性分析

1. 相邻高差对浇筑进度的影响分析

从图 6-21 的浇筑强度来看,放宽相邻高差在近期对浇筑强度影响不明显,对后期稍有

影响。这主要是进入深孔坝段钢衬安装及孔洞施工,上升速度趋缓,而处于坝体较低高程
11#、20# 及其相邻坝段为常规非结构仓施工,上升速度较快,与深孔坝段的高差将逐步缩
小,并随着浇筑的进展,河床坝段与两岸坝段高差逐渐增大,成为全坝最低。从总工期来看,
放宽相邻高差对孔洞坝段及总工期总体有利但影响较小。方案二比方案一总工期提前 5d,
接缝灌浆至高程 587.0m 时间提前 4d。这主要是放宽相邻高差,有利于解除相邻高差对较
高块的制约,而河床坝段因孔口施工持续处于关键线路。

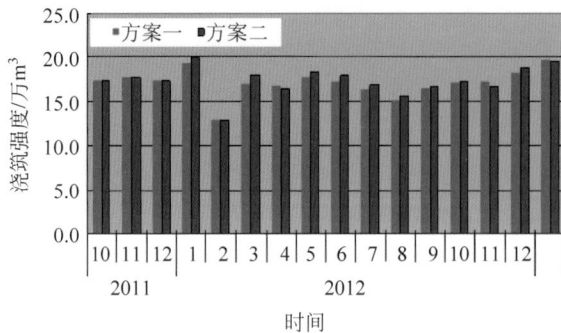

图 6-21 2011 年 10 月—2012 年 12 月浇筑强度柱状图

2. 放宽悬臂高度对浇筑进度的影响

从图 6-22 的浇筑强度分布来看,悬臂高度限制放宽后,对月浇筑强度分布稍有影响。
主要原因是方案三缓解了悬臂高度对两岸制约,浇筑强度略有提高。从总工期来看,方案三
和方案二相差 4d,接缝灌浆至高程 587m 的时间相差 5d,说明放宽悬臂高度对总工期影响
不明显,这是由于总工期主要取决于关键路径(即孔洞坝段)的浇筑进度,放宽悬臂高度后对
孔洞坝段浇筑进度影响较小。

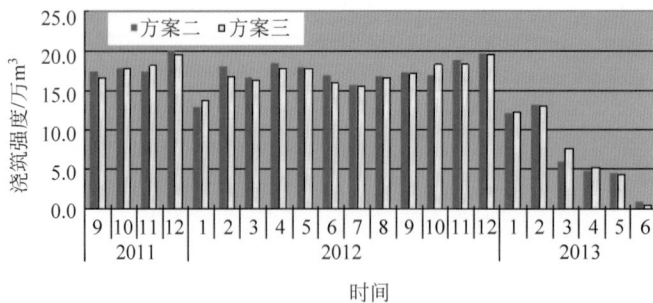

图 6-22 方案二和方案三月浇筑强度对比柱状图

3. 同时放宽相邻高差与悬臂高度对浇筑进度的影响分析

从总工期来看,方案三比方案一提前 9d,接缝灌浆至高程 587.0m 的时间提前 9d,说明
同时放宽悬臂高度和相邻高差对总工期略微有利。这主要是由于放宽悬臂高度之后,方案
三中受悬臂高度限制的仓面可以顺利上升,两岸坝段不受悬臂高度制约,上升速度比方案
一、方案二快。但由于深孔以上各灌区的接缝灌浆进度主要由孔洞坝段的浇筑进度决定,方
案三与方案一、方案二孔洞坝段的浇筑进度相差不大,因此方案三仍将受悬臂高度限制。受
悬臂高度限制方案四、方案一的对比情况与方案三、方案一类似。

6.4.2.3 温控及应力分析与进度仿真耦合

大坝施工面貌、条件及浇筑顺序、进度计划是温控及应力分析的基础。基于2011年9月施工仿真提供的跳仓计划,开展了全坝全过程温控及应力分析,对悬臂高度、相邻高差控制进行敏感性分析,评价施工期拱坝整体应力是否仍在允许范围之内,控制指标是否有进一步优化的余地。主要结论与建议如下:

(1) 除了上下游贴角、孔洞区域及斜坡面上,其他区域悬臂作用带来的不利应力较为有限,悬臂高度不超过81m,自重悬臂荷载带来的最大应力可控制在0.5MPa以下。

(2) 相邻高差控制越小,对防裂安全越为有利。若相邻高差由12m增加至24m,从横缝开度来看,横缝开度普遍要小0.2~0.3mm。从横缝面剪应力来看,相邻高差为24m时,横缝面上的剪应力可达0.5~1.2MPa。从侧面暴露时间长短导致开裂风险来看,时间越长,相同温降条件下龄期越大,拉应力越大。

(3) 不同坝段之间受相邻高差影响,横缝开度受到的影响较为明显,但从各层灌区二冷末开度的最终值来看,都在0.8~2.5mm,可灌性较好。放宽相邻高差控制不会影响横缝的可灌性。

(4) 从大坝变形来看,两岸坝段要比中间河床坝段高,并未出现明显的往中间倾斜的趋势,说明相邻高差控制和全坝高差控制仍在可控的范围之内。

由以上分析可知,从应力控制的角度来看,在正常情况下,相邻高差(15m)、悬臂高度(75m)和最大高差(33m)施工计划组织方案能够满足混凝土抗裂设计要求。

6.4.3 深孔钢衬部位快速高效施工仿真

6.4.3.1 仿真边界条件分析

1. 实际浇筑面貌分析

2011年8月,溪洛渡坝体浇筑面貌见图6-23。由图可以看出,受高位导流底孔施工影响,大坝浇筑面貌呈现M形,高位导流底孔所处11#、20#坝段处于全坝最低高程,直接限制相邻10#、12#、19#、21#坝段上升,从而又间接限制了9#、8#、22#、23#坝段混凝土浇筑。显然,浇筑面貌的不均衡已成了坝体浇筑的"死锁"。

下一阶段,河床坝段即将开始泄洪深孔钢衬安装,安装工程量约2000t,金属结构的吊装、定位等环节需占用缆机较长时间,将会对处于被占用缆机影响范围内的仓面施工造成直接干扰。因此,如何分析钢衬安装等金属结构施工对混凝土浇筑施工进度的影响、优化钢衬和混凝土施工方案,是坝体施工进度控制的关键之一。

2. 深孔钢衬施工方案简介

泄洪深孔位于12#~19#坝段,孔内钢衬分别由进口段、孔身段、出口段组成,其中孔身段分为20~22节分别吊装,单节最大重量26.9t,可由单台缆机吊装到位。1#、2#、7#、8#孔可一次性安装完成;3#、4#、5#、6#孔下游上挑段钢衬,因其最大上挑高度达9m,分两次对其进行安装,其水平段在第一层混凝土浇筑间隙期内安装完成,其上挑段待混凝土浇筑一层(或二层)后开始安装,不占用第一层混凝土浇筑的间歇期。

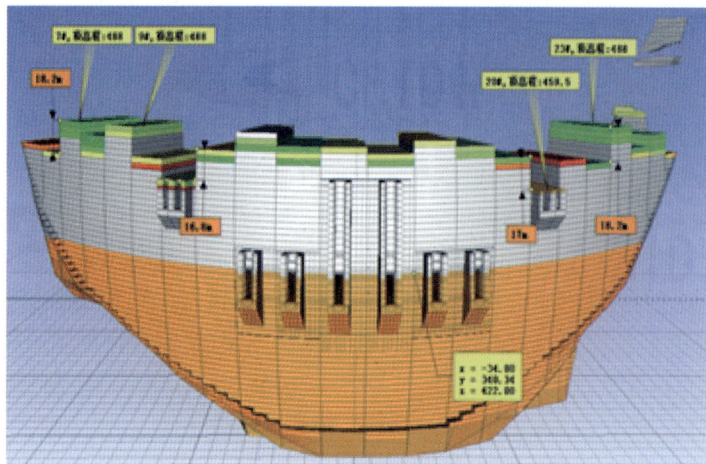

图 6-23　深孔钢衬安装前 2011 年 8 月 22 日坝体实际浇筑面貌

各工序施工时间：①测量放样 1d，占用直线工期 1d。②支承钢架安装 6d，占用直线工期 2d。③钢衬拼缝、固定时间 21d，占用直线工期 4d。始装节就位时间较长，约 3d，其余节拼缝、固定每节计划 1d。开始 2 节拼装完毕后即可进行环缝焊接工作，约需 4d，后续拼接不占用直线工期时间。④每条环缝焊接按 1d 施工时间计算，单节吊装共计 21 条环缝，焊接时间 21d，占用直线工期 21d。无损检测探伤占用直线工期 2d。⑤单节钢衬锚筋焊接时间 2d，首节占用直线工期 2d。⑥验收、消缺时间 3d，占用直线工期 3d。因此，单节吊装方案钢衬安装时间为 35d，环缝焊接占直线工期。为加快安装，采用双节抬吊方案，即在左岸 610m 缆机卸料平台搭设临时钢衬组拼平台，预先在平台上焊接环缝(减少 5 条环缝焊接时间)，再用两台缆机抬吊到孔口就位，各工序平行施工，可缩短单孔钢衬的安装工期 5d。在钢衬安装过程中，钢衬吊装、支撑架、工具房等均需使用缆机，其占用的缆机机时见表 6-4。

表 6-4　单孔钢衬缆机使用频次表

序　号	吊装部件名称	吊　数	备　注
1	钢衬支撑等附件	15	估计 1 小时一吊
2	工具房、电焊机等	8	估计 1 小时一吊
3	孔身段钢衬抬吊	11	估计 3 小时一吊，2 台抬吊
4	进出口钢衬吊装	7	估计 3 小时一吊
合计		41	共计占用缆机 110 台时

6.4.3.2　钢衬安装对混凝土浇筑影响分析

钢衬安装对混凝土浇筑的影响主要分为三类：一是深孔钢衬安装工期长(间歇期长达 30d)，整个孔口区域上升速度较慢，易形成高差而影响其他坝段施工；二是钢衬施工直接占用缆机，影响其他坝段混凝土开仓；三是钢衬吊装在平面上对其他坝段形成干扰。

缆机吊装钢衬可采用"集中吊装"和"间隔吊装"两种方式。前者在支撑架安装完成后，依次将各单元吊装到位，集中占用缆机，但占时较长，会影响其他仓开仓；后者根据环缝焊接周期(1~1.5d)，按每天 1~2 节的速度、利用缆机浇筑混凝土的间隙吊装钢衬，但对浇筑仓混凝土施工将产生干扰,协调难度大。此外,两台缆机抬吊,对缆机的指挥与调度要求较高,且辅助材料吊装也将占用缆机。图 6-24 为钢衬吊装对混凝土施工影响区域。由图可以看出,钢衬吊装对 9#、10#、21#、22# 坝段混凝土浇筑有局部干扰,但可通过仓面合理调配避免;对 11#、20# 坝段影响较大,应尽量利用这两坝段间歇期进行钢衬及辅助材料调运。

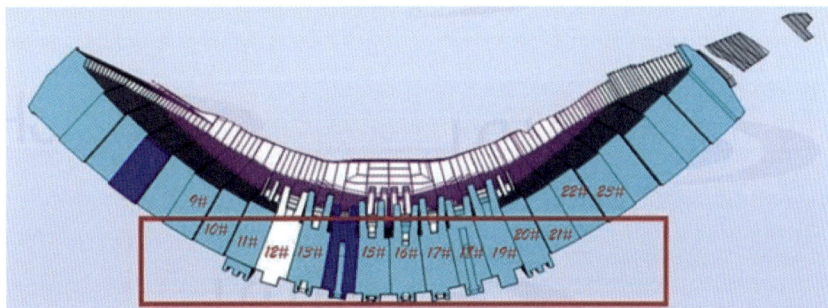

图 6-24　钢衬吊装影响区域示意图(红色方框)

6.4.3.3　吊运频率和单机机时参数敏感性分析

安装间隔参数:单节钢衬吊装时间按 3h 计,考虑准备、调整等时间,两节钢衬吊装的时间间隔最小不低于 5h/节;环缝焊接耗时 24h,为不占用直线工期,吊装时间间隔不宜大于 24h,故采用 5h、6h、8h、10h、12h、18h 进行计算。单次吊运机时参数:将辅助材料吊运量、两台缆机抬吊的时间折算为缆机吊数,单次调运机时分别采用 3h、5h、7h、9h 进行敏感性分析,即占用缆机的总机时分别为 66h、110h、154h、198h(按 22 吊计)。仿真结果见表 6-5、图 6-25 及图 6-26 所示。

表 6-5　不同安装间隔参数时的各月浇筑强度表　　　　　　　　　　m³

安装间隔/h		5	6	8	10	12	18
2011	9	173333.10	172900.00	169898.60	169898.60	169210.60	173333.10
	10	166289.30	169811.50	165116.10	161986.50	162150.70	162046.50
	11	178846.50	182525.00	185777.70	176268.20	178859.90	171637.50
	12	199629.80	195947.70	198551.60	207214.40	207617.00	211252.30
年度小计		2094504.30	2097589.80	2095749.60	2091773.30	2094243.80	2094675.00
2012	1	149980.60	142901.50	148029.30	156322.50	151475.60	155821.90
	2	183641.10	181484.30	173013.30	170004.50	163631.50	171636.60
	3	160665.40	170213.10	174353.90	176512.20	166308.60	165958.00
	4	186688.00	189827.00	195755.20	202952.00	190366.10	200654.80
	5	194840.80	189235.90	187334.50	186709.10	187410.50	189269.60
	6	164999.00	166721.90	165666.50	162244.40	171964.60	166277.90
	7	158269.00	156883.30	160018.70	149317.60	152957.20	152865.50
	8	163810.00	168124.00	156225.80	159054.00	173662.00	164620.60
	9	151100.30	154013.00	158683.80	152597.00	156479.20	155903.40
	10	170975.10	180299.20	171726.60	180112.40	166010.40	181886.20
	11	151207.40	153195.50	149709.60	140817.20	158184.00	147775.60
	12	201932.90	194822.70	202401.50	201824.70	199161.10	200017.40
年度小计		2038110.20	2047722.00	2042918.70	2038468.20	2037610.90	2052687.50

续表

安装间隔/h		5	6	8	10	12	18
2013	1	123375.10	127099.10	125384.30	126114.70	121465.50	117296.40
	2	131964.90	127930.90	129003.40	135081.90	137887.10	127858.80
	3	74489.90	67781.77	73209.80	66439.38	74567.27	72074.51
	4	53471.43	45468.24	49649.86	51181.74	45584.18	49090.30
	5	43893.62	46217.43	43893.62	48335.82	48450.51	46126.70
	6	10747.07	10747.07	10747.07	13161.12	10747.07	10747.07
年度小计		437942.02	425244.51	431888.05	440314.66	438701.63	423193.78
完工时间		2013/6/22	2013/6/21	2013/6/23	2013/6/23	2013/6/28	2013/6/22

注：单节机时为 5h/节，含支撑架等吊装机时。

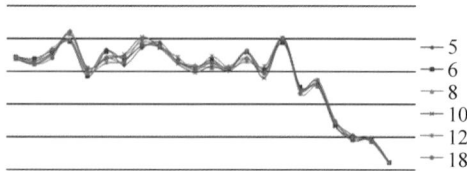

图 6-25　钢衬安装间隔敏感性分析

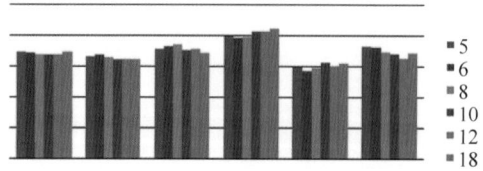

图 6-26　不同安装间隔参数时的月浇筑强度柱状图

安装间隔参数反映了单孔钢衬吊装的集中程度，从仿真结果来看，采用不同的安装间隔参数，对各月浇筑强度的影响略有不同，对深孔钢衬施工的进度以及大坝的总工期影响不明显。这是由于安装间隔参数仅影响占用缆机的时间分布，对占用缆机的总机时影响较小。当安装间隔较小时，单孔钢衬安装占用缆机的时间比较集中，可能因集中吊运占用大量机时，导致该孔施工所在月份的浇筑强度较低，而其他月份不受该孔钢衬施工的影响或者影响较小，强度较高；当安装间隔较大时，单孔钢衬安装可能连续影响两个月的混凝土浇筑，但对每个月的影响程度小于集中安装方案。

6.4.3.4　集中调运钢衬敏感性分析

当采用长间隔吊装时，对混凝土浇筑影响的频次增加，虽可利用混凝土浇筑的间歇吊装钢衬，但因混凝土与钢衬安装之间的相互干扰增加协调难度。改进方案是采用集中调运钢衬及辅助材料提前就位，安装间隔取 5h/节，缆机耗时按 3h、5h、7h、9h 考虑。计算结果见表 6-6，图 6-27 及图 6-28。

表 6-6　不同单机机时参数的各月浇筑强度表　　　　　　　　　　　　m³

缆机耗时/h		3	5	7	9	备　注
2011	9	175641.70	173333.10	170325.50	166440.30	包括 2011 已完成工程量
	10	170666.00	166289.30	148181.20	144401.20	
	11	186152.00	178846.50	175416.10	168948.30	
	12	208568.80	199629.80	203440.40	193833.60	
年强度小计		2117434.10	2094504.30	2073768.80	2050029.00	

续表

缆机耗时/h		3	5	7	9	备 注
2012	1	150361.70	149980.60	144891.30	148583.00	
	2	172625.40	183641.10	174886.40	182398.80	
	3	170637.00	160665.40	157226.30	175955.70	
	4	189590.90	1866880.00	192832.40	189221.00	
	5	182763.60	194840.80	189644.20	191677.50	
	6	166660.20	164999.00	163247.40	156802.90	
	7	157076.40	158269.00	154367.10	149174.70	
	8	162443.10	163810.60	165965.00	164708.00	
	9	148131.00	151100.30	168886.00	171985.30	
	10	188782.20	170975.10	159989.20	140895.50	
	11	152904.00	151207.40	144928.60	139559.00	
	12	188311.30	201932.90	209315.50	211058.90	
年强度小计		2030286.80	2038110.20	2026179.40	2022020.30	
2013	1	120047.10	123375.10	124218.80	118520.90	
	2	130209.10	131964.90	138026.30	151059.60	
	3	74645.53	74489.90	88921.63	97908.19	
	4	45626.79	53471.43	48368.85	51997.65	
	5	41559.79	43893.62	49565.76	52076.64	
	6	10747.07	10747.07	19967.29	25404.49	
年强度小计		422835.38	437942.02	469068.63	498506.47	
完工时间		2013/6/15	2013/6/20	2013/6/28	2013/7/4	

注：安装间隔采用 5h/节。

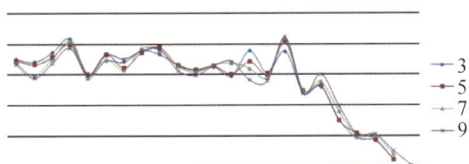

图 6-27 单节机时对浇筑进度的敏感性分析

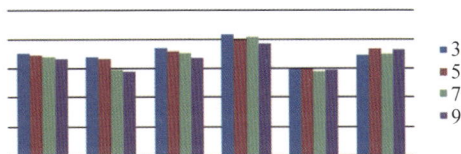

图 6-28 不同单节机时的月浇筑强度

从仿真成果来看，单节钢衬占用的缆机机时对浇筑强度影响明显。从钢衬安装施工比较集中的 2011 年 10—12 月的各方案强度柱状图来看，增加单节机时，浇筑强度降低，如 10 月份浇筑强度，单节机时按 3h 计，浇筑强度为 17.07 万 m³，当单节机时为 9h，浇筑强度为 14.44 万 m³。从图 6-28 可以看出，钢衬施工时段随钢衬吊运机时的增加，月浇筑强度受影响程度越大。因此，在钢衬安装中，应加强指挥和协调，尽量减少吊装钢衬占用的机时，避免对混凝土浇筑产生较大的干扰。

6.4.3.5　基于进度仿真的深孔钢衬快速施工决策

（1）安装前准备

依照钢衬安装计划，依序落实钢衬供货、加工情况，并提前做好应对关键路径项目施工准备，避免出现供货、加工延迟影响安装的状况；同时，为了尽量降低金结施工与土建施工之间的干扰，须提前1～2d做好钢衬安装期间所需的材料详细吊运计划。

（2）钢衬吊装优化措施

一是钢衬预拼装。在吊装入仓前，提前在其他工作面按顺水流方向摆放整齐并进行预拼装，以缩短入仓后的调整拼接时间。二是钢衬两两焊接抬吊。钢衬制作时就进行了分节，在预拼装时提前两两分节进行焊接施工，并利用缆机进行抬吊入仓，大大降低了在仓面上的钢衬焊接工程量及钢衬环缝焊接所占直线工期，并将钢衬吊装次数降低到原来的一半。三是钢衬在坝段上的安装，首先吊装坝段中部两节进行定位，然后从中部向上、下游两个方向进行安装，上下游钢衬焊缝可同时施工，缩短钢衬环缝焊接所占直线工期；同时钢衬、钢筋及埋件等工序与焊缝焊接并行作业。

（3）仓层施工优化工序

仓层上下游模板施工与钢衬安装施工同步进行，模板施工不占直线工期。模板施工完成后，相继进行上下游坝面及闸墩钢筋安装施工，亦不占直线工期。钢衬从中部向上下游进行安装施工，钢筋安装施工从已完成钢衬安装段同步向上下游进行施工，大大缩短了钢筋施工所占直线工期，缩短了仓面间歇期。

（4）缆机调度

坝体混凝土浇筑期间，宜充分利用后期钢衬吊运不占用钢衬施工直线工期的特点，在满足钢衬焊接进度的钢衬需求量前提下（钢衬安装对位工作面应备有2～3天焊接工作备用钢衬量），尽量安排在混凝土间歇时间缆机空闲时吊运钢衬及必需的辅助材料，尽量减少与坝面浇筑之间的平面干扰。另外，需做好辅助材料需求计划，尽量采用集中打包吊运方式，缩短缆机吊运辅助材料的次数，从而减少占用缆机机时。

（5）经验总结

加强钢衬施工现场管理与钢衬施工各环节经验总结，建立样板，缩短钢衬施工所占用直线工期，对加快深孔区域施工进度、加快接缝灌浆进度、减小坝体施工悬臂、缩短总工期都有积极作用。

6.4.4　孔口门槽复杂结构微观仿真分析

6.4.4.1　仿真边界条件分析

根据下闸和蓄水规划，溪洛渡原计划于2012年11月、12月相继完成导流洞、导流底孔下闸，2013年4月完成封堵体施工，6月24日蓄水至水位540.00m，6月30日至水位560.00m高程。根据上述规划，要求2013年6月底完成深孔进口事故闸门门槽安装，2013年4月完成深孔工作闸门门叶的安装，6月底之前完成工作闸门启闭机的安装与调试。基于大坝实际施工面貌和施工条件及后续施工计划，结合现场情况，拟定两个方案进行进度仿真：

方案一（基本方案）：一般坝段最大悬臂高度75m，孔口悬臂60m，最大全坝高差36m、最大相邻高差15m,仓面间歇期参考技术设计要求,深孔工作门金结安装采用优化方案。

方案二(高线方案):对照年底最高浇筑至高程605m、最低高程至575m的计划,在方案一的基础上,对4个方面进行优化:①深孔坝段530m高程以下最小间歇期9d,高程530~557m闸门槽段按7d;②增加高温、雨季(6—9月份)有效工作时间至25d;③采用宽松的高差限制条件,一般悬臂和孔口悬臂分别为81m和66m,最大全坝高差39m,最大相邻高差15m;④压缩深孔脱开区备仓占用缆机的机时,由平均每仓20h压缩为每仓8h。

6.4.4.2　深孔事故门门槽施工进度分析

基于对大坝混凝土浇筑进度的分析,结合施工单位金结安装方案和进度计划,对深孔事故门槽安装施工完工时间进行了分析,各方案的事故门槽安装完成时间见表6-7。从表中可以看出,在2013年6月30日之前,各方案均可以完成深孔进口事故闸门门槽高程560m以下安装施工,满足施工进度节点目标要求。

表 6-7　事故门槽安装进度分析

方　案	深　孔	深孔坝段高程566.0m 混凝土浇筑完成	事故门槽高程560.0m 以下安装完成时间
方案一	1#	2012-12-9	2013-1-9
	2#	2012-10-29	2012-11-29
	3#	2012-11-30	2012-12-31
	4#	2012-11-11	2012-12-12
	5#	2012-11-26	2012-12-27
	6#	2012-10-25	2012-11-25
	7#	2012-12-19	2013-1-19
	8#	2012-12-4	2013-1-4
方案二	1#	2012-12-9	2013-1-9
	2#	2012-10-29	2012-11-29
	3#	2012-11-30	2012-12-31
	4#	2012-11-11	2012-12-12
	5#	2012-11-26	2012-12-27
	6#	2012-10-25	2012-11-25
	7#	2012-12-19	2013-1-19
	8#	2012-12-4	2013-1-4

6.4.4.3　深孔工作门施工进度分析

深孔区域采取坝体与闸墩脱开浇筑方案。从2012年8月坝体及脱开浇筑部分进展来看,脱开区实际进度已滞后计划50~70d。在实际进度和浇筑进度仿真成果基础上,工作门金属结构安装按"先支铰座安装后U锚张拉"方案优化,分析工作门安装进度。表6-8给出了两种方案深孔出口工作门安装进度分析,图6-29给出了两种方案19#坝段(8#深孔)金结安装完工时间。

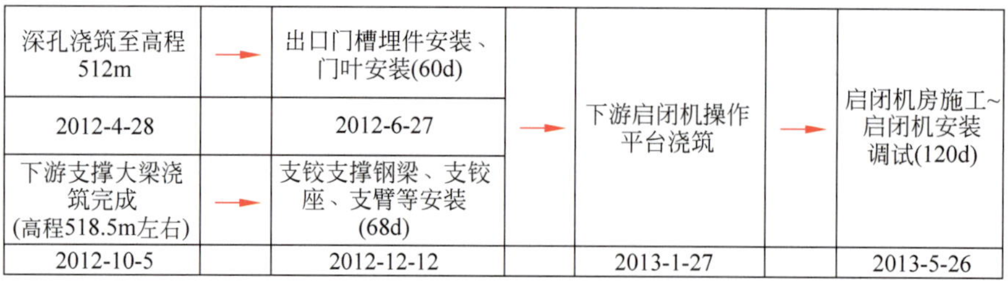

(a) 方案一

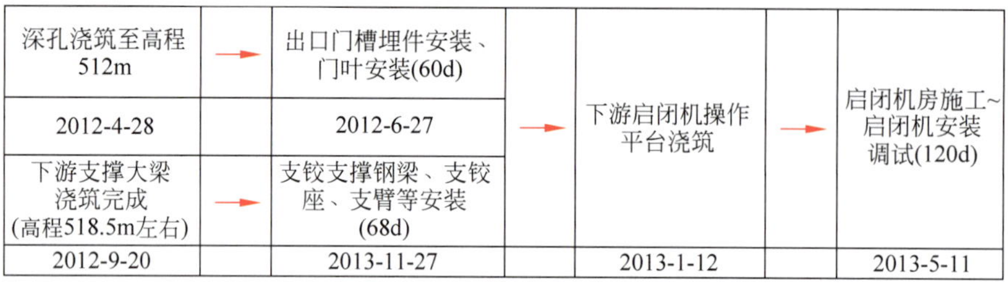

(b) 方案二

图 6-29　19# 坝段(8# 深孔)金结安装完工时间分析

表 6-8　深孔出口工作门安装进度分析

方　　案	坝　　段	深　　孔	启闭机操作平台浇筑完成	安装调试完成
方案一	12#	1#	2013-1-3	2013-5-3
	13#	2#	2012-11-26	2013-3-26
	14#	3#	2012-12-28	2013-4-27
	15#	4#	2013-1-12	2013-5-12
	16#	5#	2013-1-11	2013-5-2
	17#	6#	2012-12-17	2013-4-16
	18#	7#	2012-12-22	2013-4-21
	19#	8#	2013-1-27	2013-5-26
方案二	12#	1#	2012-12-23	2013-4-22
	13#	2#	2012-11-26	2013-3-26
	14#	3#	2012-12-13	2013-4-12
	15#	4#	2013-1-10	2013-5-1
	16#	5#	2013-1-11	2013-5-2
	17#	6#	2012-12-18	2013-4-17
	18#	7#	2012-12-11	2013-4-10
	19#	8#	2013-1-12	2013-5-11

6.4.4.4　仿真结果分析与决策

由以上分析可知,方案一中预计 2013 年 5 月底完成深孔出口工作门安装调试,与"汛前安装完成"的目标相比,脱开区施工工期比较紧张;方案二中脱开区最小间歇期按施工计划进行,且同等条件下脱开区优先浇筑,深孔工作门最晚于 2013 年 5 月 12 日安装调试完成。同时,各方案启闭机油缸吊装时,表孔牛腿对吊装施工均存在干扰,若脱开区进度进一步滞后、孔口坝段(坝身部分)上升速度加快的情况下,脱开区与坝身部分高差过大、干扰更加明显。

实际施工中,2013年8月深孔闸墩脱开区浇筑仓数量较上月有所增加,但进度仍滞后于计划。基于以上分析,参建各方根据坝体、深孔门槽安装、深孔闸墩脱开区、深孔出口工作门等实际施工进度,将表孔闸墩脱开区作为关键线路,采取设置节点奖激励,缆机调配优先保证脱开部位提模和材料入仓,调控坝面仓开浇时间,实行三班制,严格按照进度计划落实脱开区仓面间歇时间等措施,保证脱开区浇筑进度和工作门的安装工期。

6.4.5 缆机换索影响分析

溪洛渡共布置5台30t/708m平移式缆索起重机,5台缆机共轨布置,主车布置在右岸高程720m平台,副车布置在左岸高程700m平台,轨道长250m,缆机基本覆盖整个大坝区域。经多年连续高强度运行,至2013年多台缆机相继出现主索断丝的现象,此时拱坝正处于大坝蓄水前的关键时段,需要研究换索和减载运行方案对大坝混凝土浇筑的影响程度,以利快速决策,保证如期蓄水发电目标。

6.4.5.1 缆机换索影响分析

2012年6月底,3号缆机主索爆丝,现场决定3号缆机暂停使用、换索。此时,大坝总体呈现深孔坝段低、两岸坝段高的浇筑面貌,见图6-30。全坝最高高程560.0m,最低高程524.0m,接缝灌浆高程485.0m。最大全坝高差36m,浇筑过程中最大悬臂高度78.0m,相邻高差局部达15m。深孔坝段正在进行深孔闸墩启闭机脱开区混凝土浇筑、进口和出口闸门槽施工,短期内深孔坝段上升速度仍然将比较慢,深孔坝段与两岸坝段的高差将有继续加大的趋势,受高差限制的影响,两岸坝段浇筑速度将放缓,影响后续时段的浇筑强度。

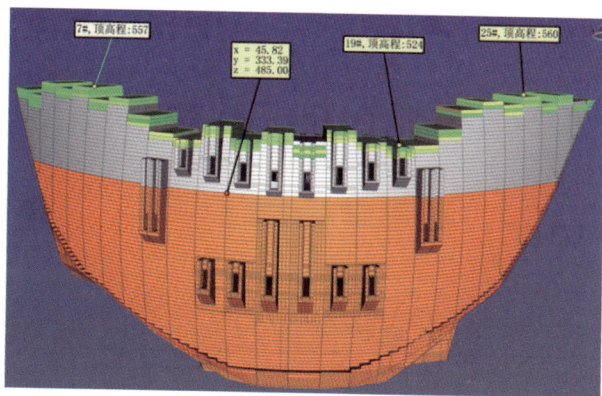

图6-30 3#缆机换索前全坝浇筑面貌

基于大坝浇筑现状,设置多个仿真方案,研究3#缆机换索时主副塔的停驶位置、缆机换索工期及方案对大坝浇筑的影响。图6-31~图6-33给出了最大悬臂高度78m、孔口悬臂60m、最大全坝高差36m、最大相邻高差15m、3#缆机7月份停止使用,接缝灌浆灌区高度9m工况下的仿真成果。

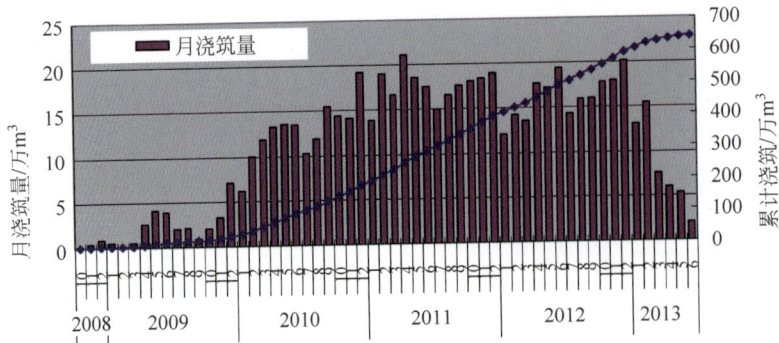

图 6-31 施工强度柱状图

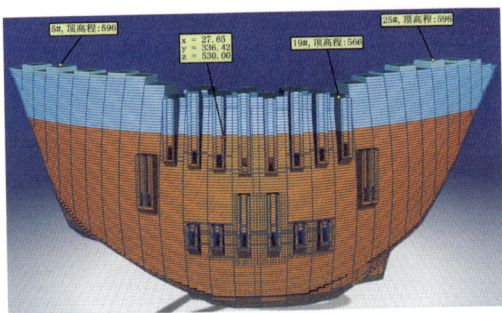

图 6-32 2012 年 12 月 31 日浇筑面貌

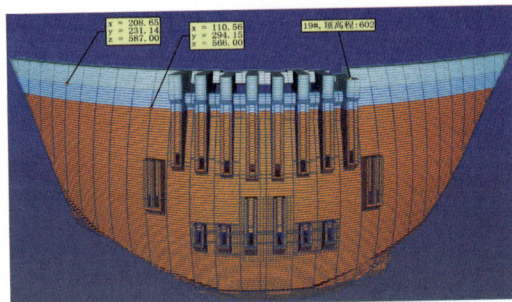

图 6-33 2013 年汛前面貌

经仿真分析,确定缆机换索时停驶位置为大坝 0+048 处,见图 6-34。从换索缆机占压的坝段、其他缆机的运行范围等角度来看:①3#缆机换索位置,占压 7#、24#、25#坝段,处于河床坝段牛腿空间边缘,未影响河床坝段牛腿施工空间。②从形象面貌上看,被占压坝段浇筑高程高于其他坝段;与计划进度相比而言,均超过计划进度。3#缆机的维修对大坝浇筑的不利影响可降至最低。③从缆机覆盖范围来看,1#、2#缆机可覆盖 8#~23#共 16 个坝段,可重点负责 11#~20#坝段 10 个坝段和下游脱开区;4#、5#缆机可覆盖剩余坝段。若 3#缆机上移,则会对上游缆机形成一定干扰,影响脱开区浇筑和备仓;下移,则下游缆机运力富余。

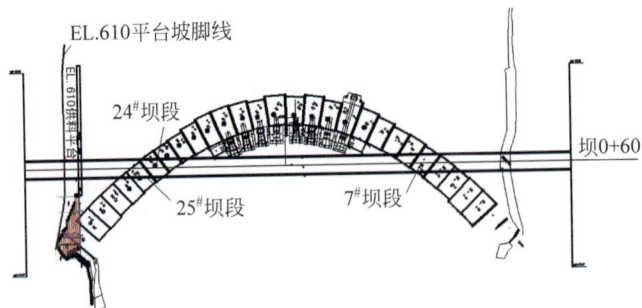

图 6-34 换索位置示意图

仿真分析预计,缆机正常运行,2012 年 7 月浇筑强度为 5.85 万~17.13 万 m³(高差限制、备仓速度条件不同,浇筑强度不同);3#缆机换索,7 月份浇筑强度 13.7 万~15.1 万 m³。

据统计,7月份实际浇筑大坝混凝土 13.7 万 m³,与仿真分析强度基本吻合。

6.4.5.2 缆机故障影响分析

1. 边界条件

2013 年 1 月,2#、4# 缆机因主索断丝限载运行(吊混凝土 4.5m³),3# 缆机因主索爆丝停止使用。当时全坝最高高程 608.0m,最低高程 575m,接缝灌浆高程 548.0m。最大全坝高差 33.0m,最大相邻高差 15m,浇筑过程中出现的最大悬臂高度 60m(图 6-35),正处于混凝土浇筑和门槽等金结施工的关键时期。

图 6-36 给出了 3# 缆机检修位置覆盖范围以及影响区域示意图。由图可以看出,故障缆机覆盖范围,主要为底孔/深孔门槽、河床坝段、深孔脱开区,这些都是大坝工程的关键部位。3# 缆机处于 5 台缆机中部,若停车检修,一是占压缆机下方坝段、影响施工,二是限制了其他缆机的运行范围,三是检修时间较长(预计 2 个月),对加快蓄水和汛前面貌作用有限。若不检修,2#、4# 缆机累计工作量较大,故障风险较大。

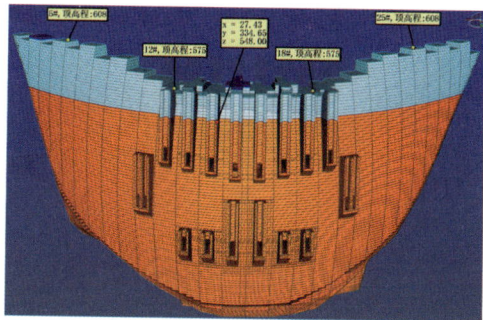

图 6-35 3# 缆机检修或换索期间浇筑面貌

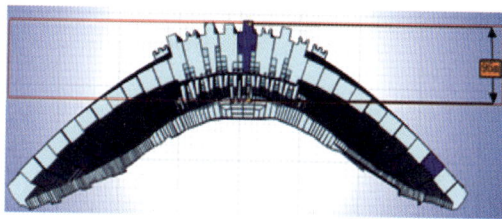

图 6-36 缆机检修位置影响区域示意图

2. 仿真分析成果

设置 4 种工况研究 3# 缆机检修方案对进度的影响。方案一:缆机换索+正常情况(停车换索,4 月底使用;其他缆机保持现状)。方案二:缆机不换索+正常情况(主索不更换,移动大车,其他缆机保持现状)。方案三:不换索+最不利情况(主索不更换,2# 缆机出故障)。方案四:方案二+缆机集中到河床坝段,将 5 台缆机集中用于河床坝段(如图 6-36 红色方框所示,河床坝段顺水流方向约 95m,具备集中布置 5 台缆机),压缩河床坝段间歇期,最小间歇期控制在 13 天左右;岸坡坝段放缓浇筑进度,间歇期控制在 22～26 天,尽量减少缆机的占用。表 6-9 给出了各方案分析结果对比表。

从蓄水节点目标可以看出,前三种方案蓄水前最低浇筑高程分别为 581m、584m、581m,接缝灌浆至高程 557m,均低于目标要求(2013 年 4 月大坝最低应浇筑至高程 596m,接缝灌浆施工至高程 566m)。其中,方案二(3 号缆机不换索、其他缆机维持现状)从进度上略优于其他方案。从汛前节点目标可以看出,方案一、方案二、方案三的汛前接缝灌浆高程至 557m,均低于目标要求;汛前最低浇筑高程分别为 587m、590m、584m,均低于度汛节点要求(2013 年汛期水位为高程 587.9m,接缝灌浆不低于高程 575m)。在 3# 不换索、2# 缆机发生故障的情况下,三种方案存在较大的度汛风险。方案四,蓄水前最低浇筑高程 587.0m,

表 6-9　各方案分析结果对比表

项　目	方 案 一	方 案 二	方 案 三	方 案 四
缆机	4 台 (3# 缆机换索)	4 台 (3# 缆机不换索,其他缆机维持现状)	3 台 (3# 缆机不换索,2# 缆机故障)	4 台 (3# 缆机不换索,其他缆机维持现状,集中布置河床坝段)
2011 年浇筑强度/万 m³	211.3	211.3	211.3	211.3
2012 年浇筑强度/万 m³	186.06	186.06	186.06	186.06
2013 年浇筑强度/万 m³	40.15	40.15	40.15	40.15
2011 年汛前接缝灌浆高程/m	404(2011-5-25)	404 (2011-5-25)	404 (2011-5-25)	404 (2011-5-25)
2012 年汛前接缝灌浆高程/m	476 (2012-5-5)	476 (2012-5-5)	476 (2012-5-5)	476 (2012-5-5)
2013 年汛前接缝灌浆高程/m	557 (2013-4-8)	557 (2013-4-8)	557 (2013-4-8)	557 (2013-4-8)
2013 年 4 月 30 日最低坝段/m	581	584	581	587
2013 年 4 月 30 日接缝灌浆高程/m	557 (2013-4-8)	557 (2013-4-8)	557 (2013-4-8)	557 (2013-4-8)
2013 年 5 月底最低坝段/m	587	590	584	593
2013 年 6 月底接缝灌浆高程/m	557 (2013.4.8)	566 (2013.6.30)	557 (2013.4.8)	557 (2013.4.8)
接缝灌浆至 587m 时间	2013-11-4	2013-10-19	2013-11-16	2013-10-7
浇筑开始时间	2008-10-18	2008-10-18	2008-10-18	2008-10-18
浇筑结束时间	2013-9-4	2013-8-26	2013-9-18	2013-7-25
坝体浇筑工期/月	58.9	58.6	59	57

汛前最低浇筑高程 593.0m,汛初最低浇筑至高程 596.0m(6 月 13 日);蓄水前接缝灌浆完成至高程 557.0m,6 月 22 日接缝灌浆至高程 566.0m。与方案一至方案三相比,各节点施工形象均有大幅提高,有利于蓄水目标的实现、降低度汛风险。

由以上分析可知,若 3# 缆机 4 月底完成换索,换索期间(3—4 月)由于占压坝块、限制缆机运行范围,施工进度比不换索方案滞后,蓄水前最低浇筑高程 581m,比不换索方案低3m;虽然换索后可抢回部分工期,但总工期仍比不换索方案滞后 8 天。

3. 仿真决策与效果

由仿真成果可知,从优到劣依次为不换索方案、换索方案和不换索+2# 缆机故障。现场最终采用了减载运行方案,未对故障缆机换索,这与仿真分析结论一致。溪洛渡工程按期蓄水发电,也验证了当时不换索方案的合理性,通过减载运行和合理调度,在保证了进度目标的情况下,还节省了工程投资。但考虑不换主索风险极大,现场采取强制保养缆机维护安排时间对$1^{\#}$～$5^{\#}$缆机的主索、牵引索、承马、吊钩、电气设备及其他长时间、高负荷运行、故障概率较大的部件进行检测和维护,保障缆机的正常运行;对于面积较大的部分仓面,优化仓面设计、有序调度缆机、控制覆盖时间,避免因浇筑能力不足、覆盖不及时影响浇筑质量,规避质量风险。

6.4.6 基础处理方案优化及敏感性分析

6.4.6.1 基础处理对坝体进度影响分析

溪洛渡拱坝河床坝段由于开挖揭露的地质条件差,对原有设计建基面进行了调整,建基面高程降低7.5m,坝基开挖工程量、基础置换混凝土工程量、基础固结灌浆的设计方案和要求都相应进行了调整。调整后的设计方案对大坝浇筑工期造成显著影响,致使大坝总体施工进度滞后约11.5个月。

陡坡坝段、河床坝段、缓坡坝段等不同部位采用有盖重灌浆及无盖重灌浆,有盖重灌浆采用的盖重厚度、各坝段基础约束区的浇筑厚度等参数对大坝浇筑的进度有何影响,如何优化固结灌浆方案才能加快大坝施工,保证大坝质量是该时段内大坝施工的关键问题,也是施工仿真重点分析的焦点之一。

6.4.6.2 固结灌浆方案优化及敏感性分析

陡坡坝段固结灌浆采用无盖重固结灌浆加引管有盖重固结灌浆,不占用混凝土施工直线工期;河床坝段采用有盖重固结灌浆;缓坡坝段部分采用5m以下无盖重固结灌浆,不占用混凝土施工直线工期,剩余采用有盖重固结灌浆。基于2010年3月现场实际浇筑面貌,拟定三个仿真方案,对固结灌浆作业面浇筑层厚、浇筑间歇期等参数进行了敏感性分析。其中,方案二采用现场实际混凝土分层和固灌参数。图6-37给出了三个仿真方案的混凝土强度曲线对比图,图6-38给出了大坝浇筑月强度柱状图及累计浇筑曲线。

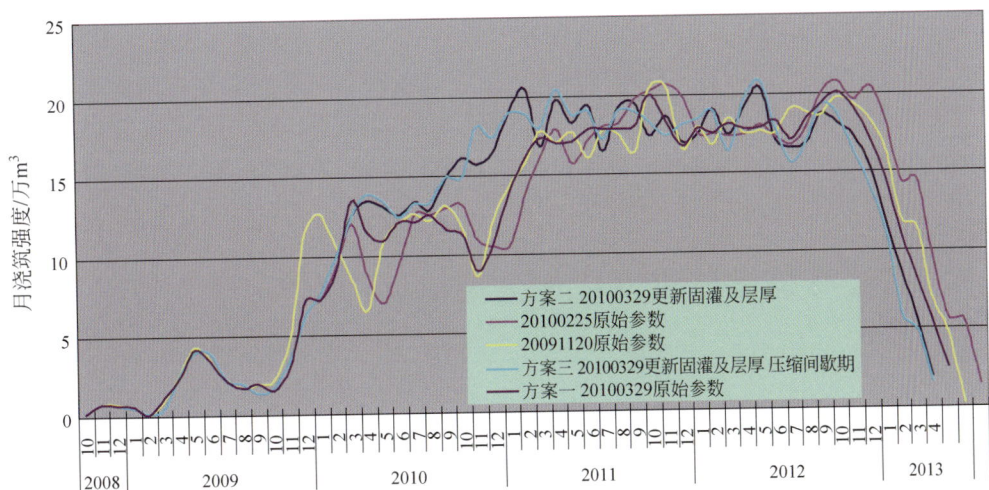

图 6-37 三个仿真方案的强度曲线对比图

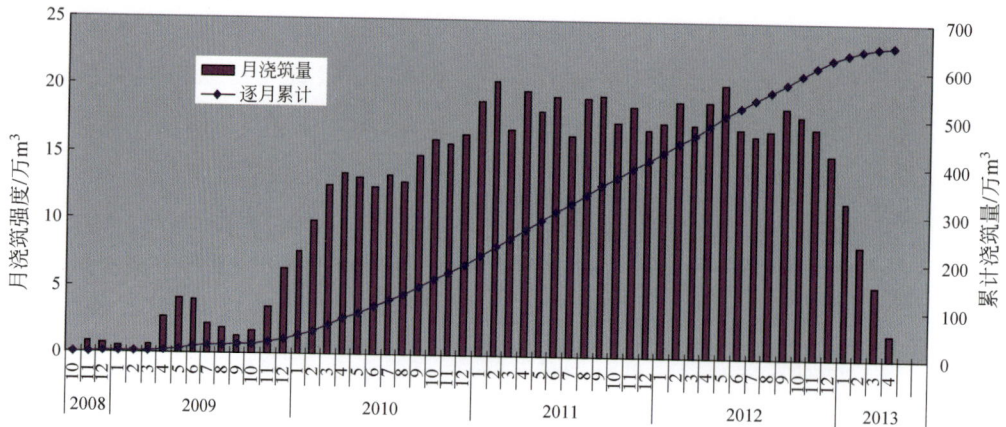

图6-38 大坝浇筑月强度柱状图及累计浇筑曲线

从方案一强度曲线上来看,2010年4—5月期间,坝体混凝土浇筑仍受到河床固结灌浆及薄层浇筑影响,浇筑强度较低;从方案二强度曲线来看,更新固结灌浆计划,将坝体分层高度改为3m浇筑,坝体浇筑受相邻高差限制的局面得到明显改进,月浇筑强度得到显著提升,坝体浇筑均衡性更高,最大悬臂高差由75m降至69m,接缝灌浆进度也有所提前;在方案二的基础上,方案三将坝体层间间歇期由8d压缩到5d,2010年年浇筑强度由方案二的158.79万m³提升到164.63万m³,2011—2013年无明显变化,总工期无本质区别。2013年6月初可接缝灌浆至高程587m,较方案二略有提前。一般而言,坝体浇筑施工的关键路径为孔洞、门槽坝段,压缩正常浇筑层的间歇期对整个坝体浇筑进度的影响不是特别明显,反言之,加强孔洞、门槽等异型结构坝块的备仓管理,缩短备仓时间,对加快坝体浇筑施工进度更为有效。

6.4.6.3 仿真决策与效果

基于以上分析,在当时施工条件和技术要求下,2010年浇筑达到158万m³是可行的,并针对当时施工状况,要求施工单位加强固结灌浆施工管理,减少仓面固灌作业对坝体浇筑的影响,合理组织资源、充分利用坝块间歇时间进行固结灌浆及检查作业,保证施工质量,避免补灌产生新的工期延误;调整混凝土分层高度至3m,同时做好冷却水管定位,提高钻孔精度,保证冷却水管完好,避免打断冷却水管对坝体温控带来的不利影响。采取以上措施后,2010年度大坝混凝土实际浇筑154.37万m³,与仿真预计158万m³相比仅差2.5%,其中固结灌浆敏感性分析、加强固结灌浆管理、减少薄层浇筑、采用3m层等措施,对加快固结灌浆和大坝浇筑进度起到了较好的作用。

6.4.7 接缝灌浆进度优化决策

6.4.7.1 接缝灌浆进度分析

接缝灌浆进度分析包括接缝灌浆面貌预测、制约因素分析、度汛面貌分析等。以2012年12月为例:基于2012年11月浇筑面貌,按照设计要求对后续施工进度情况进行仿真分析,则汛前浇筑高程、接缝灌浆高程、汛期最高水位等信息见图6-39～图6-42,各灌区的接缝灌浆时间、灌浆时同冷区和过渡区内浇筑块的最小龄期、灌浆前最大悬臂高度等见表6-10。

从表中可知,2013 年汛前可接缝灌浆至高程 566m,2013 年 9 月可接缝灌浆至高程 587m,不能满足 2013 年度汛面貌要求(汛前接缝至灌浆高程 587m),需要进一步研究加快接缝灌浆进度的措施。

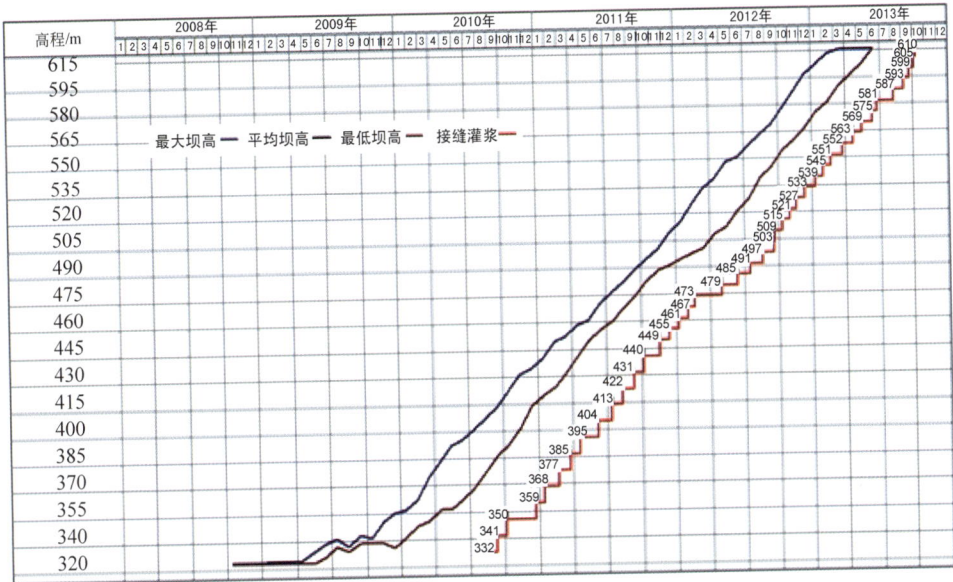

图 6-39　接缝灌浆进度表

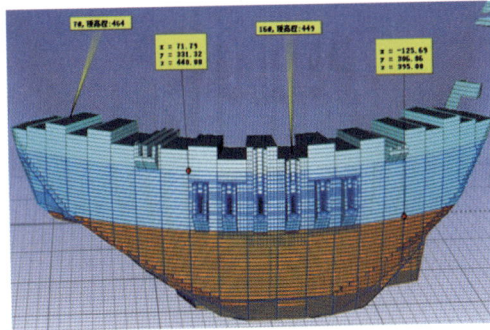

图 6-40　2011 年汛前面貌

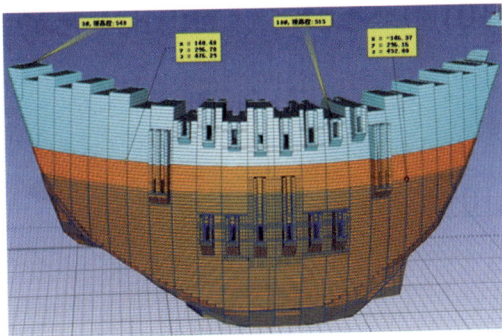

图 6-41　2012 年汛前面貌

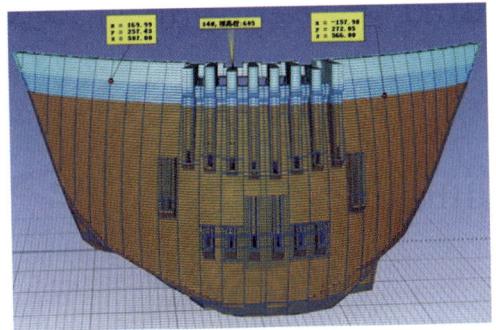

图 6-42　2013 年汛前面貌

表 6-10 接缝灌浆进度表

灌区号	高程	灌浆时间	灌浆区	最小龄期/d			悬臂高度/m	
				同冷区	同冷区 2	过渡区	一般坝段	孔洞坝段
1	332	2010-8-30	381	226	165	122	68	82
2	341	2010-9-10	238	177	134	103	63	78
3	350	2010-10-6	202	130	80	55	75	75
4	359	2010-12-27	213	162	127	93	84	84
5	368	2011-1-17	183	147	113	73	78	78
6	377	2011-2-26	187	153	113	84	75	75
7	386	2011-3-28	183	143	114	93	75	69
8	395	2011-4-21	167	138	118	68	69	66
9	404	2011-6-5	183	162	113	72	69	66
10	413	2011-7-16	204	154	113	86	72	66
11	422	2011-8-13	182	141	114	81	69	60
12	431	2011-9-15	174	147	114	79	66	60
13	440	2011-10-30	192	159	124	69	66	60
14	449	2011-12-13	203	169	113	77	69	57
15	458	2012-1-18	205	149	113	76	66	54
16	467	2012-3-21	212	176	138	68	72	54
17	476	2012-5-26	242	204	134	68	75	57
18	485	2012-7-20	259	189	123	68	75	60
19	494	2012-9-3	234	168	113	77	75	63
20	503	2012-9-3	169	113	113	77	66	54
21	512	2012-10-9	150	113	113	75	66	54
22	521	2012-11-17	152	113	113	81	72	54
23	530	2012-12-19	145	113	113	79	72	54
24	539	2013-1-22	147	113	113	75	72	51
25	548	2013-3-2	152	113	113	72	69	51
26	557	2013-4-12	155	113	113	75	62	51
27	566	2013-5-24	155	117	117	68	53	53
28	575	2013-7-17	171	123	123	68	44	44
29	587	2013-9-10	178	114	114	94	35	35
30	599	2013-10-8	142	113	113	113	23	23
31	610	2013-10-15	120	120	120	120	11	11

6.4.7.2 接缝灌浆条件敏感性分析

对比分析了 1 个同冷区与 2 个同冷区、6m 灌区高度与 9m 灌区高度、中冷提前 15 天等措施对大坝施工进度的影响。基于 2012 年 12 月浇筑面貌,将灌区高度改为 6m,其他条件不变,计算结果见图 6-43。

由图 6-43 可以看出,灌区高度减小,接缝灌浆频率增加,但接缝灌浆进度受到浇筑进度及面貌的制约,距离 2013 年度汛目标仍有一定差距。从各方案悬臂高度的对比来看,由于接缝灌浆以小步长、高频率的方式进行,使得接缝灌浆形象紧跟坝体浇筑形象,可尽量降低

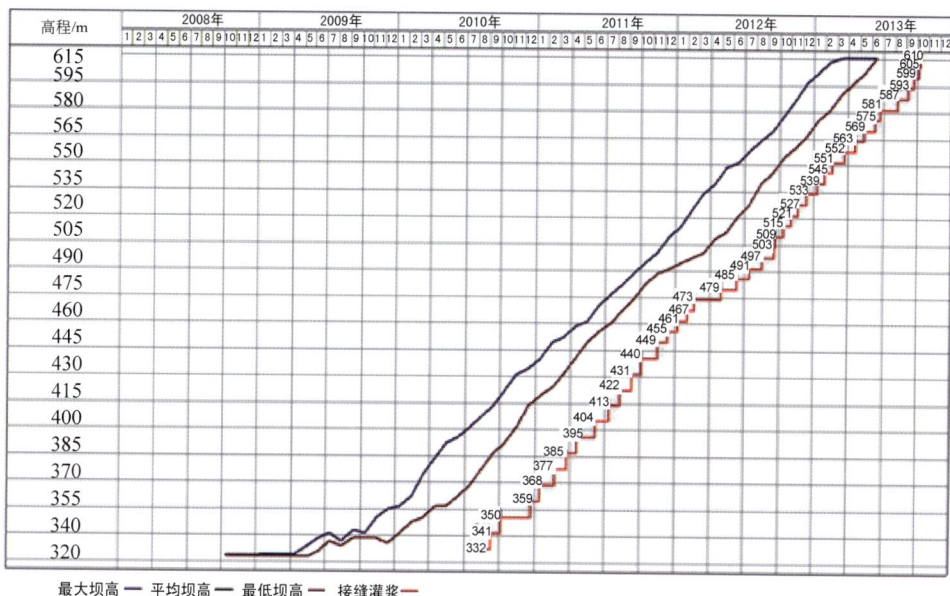

图 6-43 接缝灌浆进度表

悬臂高度,这对于坝体施工期应力安全有利。

与基本方案对比,在坝体混凝土浇筑进度相似的情况下,调整高程 449m 以上灌区高度对 2013 年接缝灌浆至高程 587m 的时间相应提前了近 1 个月,调整灌区高度对接缝灌浆进度有促进但作用有限,考虑到增加了灌浆频次、接缝灌浆管路的投入和施工管理的难度,未采用 6m 灌区。

6.4.8　仿真分析准确性评价

仿真成果只有能准确预测未来的施工状况,才能有效地指导施工决策。仿真的准确性取决于仿真数据模型、仿真系统和仿真参数。为验证仿真分析的准确性,表 6-11 给出了溪洛渡拱坝典型节点、各年度混凝土、关键月份仿真结果与实际数据对比表。

长期进度分析,主要是指工程的完工时间、发电工期、各年度汛面貌等指标的分析,为工程的远期目标和计划制定提供依据。以发电工期为例,仿真预测 2013 年 5 月底具备蓄水发电条件,工程首台机组发电时间为 2013 年 6 月初,仿真与实际吻合。再如,各年度汛面貌分析,仿真预测 2011 年、2012 年、2013 年的汛前(5 月 31 日前)接缝灌浆面貌分别为高程 395m、高程 485m、高程 575m,实际各年汛前的接缝灌浆面貌分别为高程 395m(2011 年 4 月 21 日)、高程 485m(2012 年 6 月 15 日)、575m(2013 年 5 月 31 日),与实际吻合。

中长期进度分析,主要是指年度施工计划、季度施工计划等,为工程年度计划、投资年度预算和物资采购等提供指导。溪洛渡中长期进度分析结果与实际对比如下:2010 年:总进度调整分析预计 2010 年年度浇筑工程量为 153.60 万 m^3,实际 2010 年度大坝混凝土浇筑量为 154.37 万 m^3,相差仅 0.77 万 m^3。2011 年:2010 年 12 月份仿真,共分析了 6 个方案情况下 2011 年浇筑强度,各方案分别为 203.19 万 m^3、209.72 万 m^3、210.34 万 m^3、209.72 万 m^3、211.32 万 m^3、216.13 万 m^3,平均 210.07 万 m^3。2011 年实际年浇筑量为 211.3 万 m^3,

相差仅 1.23 万 m³。2012 年：仿真预计 2012 年混凝土强度应达到 200 万 m³，实际由于 2#、3# 缆机相继发生故障等不可预料的原因，2012 年实际浇筑强度 186.07 万 m³。

短期进度分析，主要是指月度进度、周进度等。以 2012 年 6 月为例，当月 3# 缆机故障，预计采用停驶换索措施，3# 缆机停驶约 1 个月。仿真分析预计 7 月份浇筑强度为 13.7 万～14.3 万 m³，实际 7 月份浇筑 13.7 万 m³，仿真与实际基本吻合。

表 6-11　进度分析准确性对比分析表

分析项目		分析时间	仿　真	实　际	备　注
总进度	发电工期	2009.12	2013.5	2013.6.4	
	2011 年汛前接缝灌浆	2009.12	395m	395m(2011.4.2)	
	2012 年汛前接缝灌浆	2009.12	485m	485m(2012.6.15)	
	2013 年汛前接缝灌浆	2009.12	575m	575m(2013.5.31)	
年进度	2010 年强度	2009.12	153.6 万 m³	154.4 万 m³	
	2011 年强度	2010.12	210.1 万 m³	211.3 万 m³	
	2012 年强度	2011.10	200.0 万 m³	186.1 万 m³	
月进度	2012 年 6 月份强度	2012.5	13.7 万 m³	13.7 万 m³	

6.5　高拱坝施工进度实时控制管理模式

面向现场的施工进度实时控制技术，主要体现在仿真分析成果对施工现场的指导作用。溪洛渡工程从设计阶段开始，就利用施工仿真技术论证大坝工程施工规划设计方案。在大坝混凝土开始浇筑之前，就开展进度仿真分析和研究，共提供常规月报 50 余份，开展高差控制参数、温控技术要求论证等专题十余期。每个季度召开的仿真例会，由工程参建四方(业主、监理、设计、施工)以及国内擅长温控研究、应力分析、智能控制、工程管理软件平台开发等领域的科研院所共同参与，针对现场的热点和关键决策问题开展综合讨论，系统全面地为工程决策提供不同视角的分析成果。溪洛渡"**逐月跟踪现场变化、季度仿真分析例会、重大问题专题研究、多方参与联合分析**"可以作为高拱坝施工期进度控制的管理模式。

(1) 逐月跟踪现场变化

以往施工仿真技术主要应用于设计阶段，其分析结论仅反映设计条件下的施工状况，往往与实际施工情况差别较大，难以有效指导施工。因现场施工条件变化频繁，分析周期太长难以反映施工条件的变化，分析周期过短则增加分析工作量且不具有指导意义。以月为周期跟踪现场变化，基于当月施工面貌、资源投入、技术要求、决策目标等现场变化条件，预警当月进度偏差、分析后续进度、指出关键路径、提出纠偏建议，以施工仿真分析月报的形式利于快速决策和现场快速施工。

(2) 季度仿真分析例会

进度分析边界条件涉及结构设计、质量控制、安全管理等，以往将进度仿真分析和其他研究相对独立，不足以有效地为施工方案优化提供指导。智能化建设综合业务协同工作平台，涵盖大坝温控和应力仿真、施工进度仿真等多个子系统，子系统之间构成一个有机整体，在业主的组织下，实行按季度召开仿真例会制度，实现子系统之间的数据共享和耦合分析，对近期关注重要问题进行质量和进度的综合研究。

（3）重大问题专题研究

除每月月报中对施工进度的偏差分析、工期预测、纠偏措施等常规分析以外，针对不同时期制约施工进度的重要施工参数和施工条件变化，开展参数敏感性分析和施工条件变化的专题研究，以便于优化施工参数、采取施工措施等决策。例如，浇筑形态优化专题、深孔钢衬安装专题等。

（4）多方联合参与模式

进度分析是一项边界条件复杂、影响因素复杂的工作，虽然参建各方的建设目标总体一致，但在不同角度对施工进度管理的思路、原则和目标略有不同。为充分反映参建各方的意图、掌握准确的进度分析边界条件，仿真分析应用中采取业主、监理、设计、施工、科研等多方联合参与模式。同时，根据仿真分析提供的优化建议和措施，在业主和监理的组织下，施工单位结合自身情况在实际施工中落实，并将施工中发现的可能制约进度的因素反馈至仿真分析项目组，进行专题分析。

参考文献

[1] 袁光裕,等.水利工程施工[M].北京:中国水利水电出版社,2005.

[2] 张超然,等.水利水电工程施工手册:混凝土工程[M].北京:中国电力出版社,2002.

[3] 翁永红,等.混凝土坝施工实时动态仿真[M].北京:中国电力出版社,2003.

[4] 俞宏昌,等.混凝土浇筑系统的仿真模型[J].西北水力发电,2002,18(2):4-7.

[5] 朱光熙,等.缆机浇筑混凝土坝的计算机模拟技术研究[J].水力学报,1985(9):62-71.

[6] 李勇刚,等.混凝土坝拱坝浇筑仿真的可视化技术研究[J].武汉水利电力大学学报,2000,33(1):33-36.

[7] 钟登华,等.复杂工程系统可视化仿真建模理论与应用[J].系统仿真学报,2002,14(4):839-843.

[8] 熊光楞,等.连续系统仿真与离散事件系统仿真[M].北京:清华大学出版社,1991.

[9] 李云峰.现代计算机技术的研究与发展[J].计算技术与自动化,2002,21(4):75-78.

[10] 王维平.科离散事件系统建模与仿真[M].北京:清华大学出版社,2006.

[11] 李陶深,等.面向对象的程序设计与方法[M].武汉:武汉理工大学出版社,2003.

[12] 钟登华,等.可视化仿真技术及其应用[M].北京:中国水利水电出版社,2002.

[13] 申明亮,等.基于OpenGL的混凝土坝施工三维动态图形仿真[J].中国农村水利水电,2005,(5):85-86.

[14] 练继亮,等.混凝土坝施工系统仿真理论方法与应用[D].天津:天津大学,2003.

[15] 杨雪红,等.大坝混凝土施工过程赋时Petri网络模拟方法[J].系统仿真学报,2005,17(10):2512-2516.

[16] 尹习双.基于虚拟现实的水利水电工程动态仿真可视化研究[D].武汉:武汉大学,2004.

[17] 陈磊.面向对象的实时三维视景仿真可视化实现[J].计算机工程与应用,2000,20(9):40-42.

[18] 丁世来,等.大坝混凝土浇筑块排序方法的评估研究[J].红水河,2004,23(2):97-100.

[19] 孙锡衡,等.水利水电工程施工计算机模拟和程序设计[M].北京:中国水利电力出版社,1997.

[20] 吴康新.金安桥碾压混凝土坝施工动态仿真与优化研究[D].天津:天津大学,2005.

[21] 李兴华.JAVA开发实战经典[M].北京:清华大学出版社,2007.

[22] 刘韬.Visual Basic数据库项目案例导航[M].北京:清华大学出版社,2002.

[23] 林锐.软件用户界面设计指南[M].北京:电子工业出版社,2000.

[24] 长江三峡二期工程大坝混凝土浇筑模拟分析系统研制报告[R].中水顾问集团成都勘测设计研究院,1999.

[25] 吴浩,陶婧,林丹,等.支持大型水电站缆机吊装施工的安全监控平台研究[J].武汉理工大学学报,2012,34(10):127-131.

[26] 李雪锋,许义群,高春辉,等.龙开口水电站防碰撞系统的设计、开发与应用[J].水力发电,2013,39(2):57-60.

[27] 刘东海,崔广涛,彭文怀.虚拟高坝泄洪挑流运动的建模与实现[J].系统仿真学报,2007,19(9):1996-1999.

[28] 吴家铸,党岗,刘华峰,等.视景仿真技术及应用[M].西安:西安电子科技大学出版社,2001.

[29] 徐利明,姜昱明.可漫游的虚拟场景建模与实现[J].系统仿真学报,2006,18(1):120-124.

[30] 邓亚平.基于网络计划技术的项目进度风险预警研究[D].武汉:武汉理工大学,2007.

[31] 王静.建筑工程项目管理的成本、进度和质量监控案例分析[D].北京:北京对外经济贸易大学,2003.

[32] 侯永刚.项目管理的控制和优化阳[D].杭州:浙江大学,2002.

[33] 王清波.项目管理中的有效控制问题研究[D].南京:河海大学,2004.

[34] 钟登华,练继亮,吴康新,等.高混凝土坝施工仿真与实时控制[M].北京:中国水利水电出版社,2008.

[35] 马洪琪,钟登华,张宗亮等.重大水利水电工程施工实时控制关键技术及其工程应用[J].中国工程科学,2011,13(12):20-27.

[36] 卓甫,李红仙等.水利水施工进度问题研究综述[J].水利水电科技进展,2001,21(3):14-18.

[37] 丁世来,胡志根,等.大坝混凝土浇筑块排序方法的评价研究[J].红水河,2004,23(2):97-100.

[38] ZHONG D H,REN B Y,WU K X. Construction simulation and real-time control for high arch dam [J]. Transactions of Tianjin University,2008,14(4):248-253.

[39] 溪洛渡水电站拱坝混凝施工仿真及进度分析监控系统合同书.成都:中水顾问集团成都勘测设计研究院,2008.

[40] 溪洛渡水电站拱坝混凝土施工进度仿真月报[R].成都:中水顾问集团成都勘测设计研究院,2009-2013.

溪洛渡大坝上游水位按计划逐步上涨（摄影者王连生，2013年5月20日）

溪洛渡大坝导流底孔泄洪（摄影者王连生，2013年5月21日）

溪洛渡水电站上游水位达到高程 540m（摄影者王连生，2013 年 6 月 23 日）

溪洛渡大坝泄洪深孔全部开启泄洪（摄影者王连生，2013 年 7 月 15 日）

第 **7** 章

坝体-基础施工过程智能控制关键技术

坝体-基础施工过程智能控制关键技术,主要包括大体积混凝土通水冷却智能控制、混凝土智能振捣控制、基础处理数字灌浆控制和精细爆破技术。智能温控,就是采用无线水工数字温度计和光纤,进行全坝、逐仓温度感知并实时传输,通过一体流温控制装置的实时管理,实现"最高温度、降温速率、异常温度"的预报、预警与智能控制,确保气温骤降、季节变化、特殊部位等温度过程和温度应力的全程可控,并以此实现"早冷却、慢冷却、小温差"实时、在线、个性化温控,确保了混凝土浇筑"三期九段"温控过程和拱坝接缝灌浆"五区"温度梯度控制的连续、平稳、精确。智能振捣就是运用物联网等技术,实现混凝土拌合、运输、平仓、振捣的全程实时、在线监控,有效避免了漏振、过振、欠振等问题。数字灌浆,就是通过数字抬动仪与无线数字灌浆自动记录仪的协同,实现了抬动、压力、流量、密度的现地和远程实时监测与控制,确保了灌浆质量。精细爆破,就是通过定量、个性、动态的钻爆设计,以及"三定""三证""三校"的管理与定量评价体系,达到"爆破就是雕刻"的效果。基于实时定位系统的智能安全管理,以人员定位和调度指挥为基本切入点,通过现代化的通信和定位技术,在电子地图平台的支持下,为用户提供位置服务,实现身份识别、全员控制,监测监控、保障安全,预警预报、风险控制。

7.1 大体积混凝土通水冷却智能温控技术

7.1.1 智能温控控制方法与原理

7.1.1.1 基于流量控制的方法和理论[1-6]

对于常物性的三维有内热源导热问题,根据傅里叶定律,可以得到基本的热传导方程:

$$\frac{\partial T}{\partial \tau} = a\left(\frac{\partial^2 T}{\partial x^2} + \frac{\partial^2 T}{\partial y^2} + \frac{\partial^2 T}{\partial z^2}\right) + \frac{\dot{Q}}{\rho c} \tag{7-1}$$

其中,$\dot{Q}$ 代表微元体单位体积的内部热源发热功率,$\mathrm{W/m^3}$。不考虑水管降温的空间作用,将水管看成内部热源,从平均意义上考虑混凝土的热传导问题,则针对混凝土整体而言,考虑能量守恒关系,可以将内部热源分成两部分 $\dot{Q} = \dot{Q}^+ + \dot{Q}^-$,实际上 $\dot{Q}$ 应是一个负值。

其中,$Q^{\&+}$代表混凝土水化热温升产生的内热源,$Q^{\&-}$代表水管吸热产生的内热源,两者表达形式:

$$Q^{\&+} = \rho_c c_c \frac{\partial \theta(\tau)}{\partial \tau} \tag{7-2}$$

$$Q^{\&-} = \frac{q_w \rho_w c_w \Delta T(\tau)}{V_c} = \frac{q_w \rho_w c_w [T_{w-\text{in}}(\tau) - T_{w-\text{out}}(\tau)]}{V_c} \tag{7-3}$$

其中,下标"c"代表混凝土;下标"w"代表水管,$T_{w-\text{in}}$、$T_{w-\text{out}}$代表水管的进口、出口温度;V_c代表混凝土体积。因此,在已知通水冷却的出水温度下,考虑平均意义上的混凝土等效热传导方程将得到简化:

$$\frac{\partial T}{\partial \tau} = a\left(\frac{\partial^2 T}{\partial x^2} + \frac{\partial^2 T}{\partial y^2} + \frac{\partial^2 T}{\partial z^2}\right) + \frac{\partial \theta(\tau)}{\partial \tau} + \frac{q_w \rho_w}{\rho_c c_c} \frac{c_w [T_{w-\text{in}}(\tau) - T_{w-\text{out}}(\tau)]}{V_c} \tag{7-4}$$

不考虑非稳定温度场在混凝土块体内的时间-空间热传导问题,按照稳定温度场进行求解,可以得到

$$\frac{\partial T}{\partial \tau} = \frac{\partial \theta(\tau)}{\partial \tau} + \frac{q_w \rho_w}{\rho_c c_c} \frac{c_w [T_{w-\text{in}}(\tau) - T_{w-\text{out}}(\tau)]}{V_c} \tag{7-5}$$

将(5)式写成更适于程序编制的差分形式:

$$T(\tau + \nabla \tau) = T(\tau) + \Delta \tau \left\{ \theta'(\tau) + \frac{\rho_w(\tau) c_w(\tau)}{\rho_c c_c v_c} q_w(\tau) [T_{w-\text{in}}(\tau) - T_{w-\text{out}}(\tau)] \right\} \tag{7-6}$$

其中,水化热的导数 θ' 依据所采用水利工程中应用较多的指数水化热函数形式,即

$$\theta(\tau) = \theta_0 (1 - e^{-m\tau}) \tag{7-7}$$

式中,θ_0 代表混凝土的绝热温升值;m 代表水化热放热系数。

一般来说,在不考虑仓面散热、仓四周散热、混凝土的不均匀温度场条件下,式(6)基本可以对混凝土平均温度场的发展趋势进行较准确的模拟。在对温度预测的基础上,可以反向计算得到达到目标温度所需的理论流量:

$$q_w(\tau) = \frac{[T(\tau + \nabla \tau) - T(\tau)]/\Delta \tau - \theta'(\tau)}{\rho_w(\tau) c_w(\tau) [T_{w-\text{in}}(\tau) - T_{w-\text{out}}(\tau)] / \rho_c c_c v_c} \tag{7-8}$$

代入水化热函数表达式,得

$$q_w(\tau) = \frac{[T(\tau + \nabla \tau) - T(\tau)]/\Delta \tau - \theta_0 (1 - e^{-m\tau})}{\rho_w(\tau) c_w(\tau) [T_{w-\text{in}}(\tau) - T_{w-\text{out}}(\tau)] / \rho_c c_c v_c} \tag{7-9}$$

上述公式中的符号说明见表 7-1。

表 7-1 公式符号说明   ℃

符号	说　明	单位	符号	说　明	单位
τ	当前时间	d	$\Delta \tau$	步长时间	d
T	温度值	℃	θ'	水化热的导数	—
ρ_w	水的容重	N/m³	C_w	水的比热容	kJ/(kg·℃)
q_w	通水流量	L/min	$T_{w-\text{in}}$	入口温度	℃
$T_{w-\text{out}}$	出口温度	℃	ρ_c	混凝土密度	kg/m³
C_c	混凝土比热容	kJ/(kg·℃)	V_c	混凝土块体积	m³
α	混凝土导温系数	kJ/m·h·℃	θ_0	混凝土绝热温升	℃
m	水化热放热系数	d⁻¹	Q	内部热源发热功率	W/m³

根据以上理论分析编制相应的计算分析软件,流量预测和温度预测计算流程图如图 7-1 所示。实际控制中结合 PID 控制算法进行计算、分析和控制。

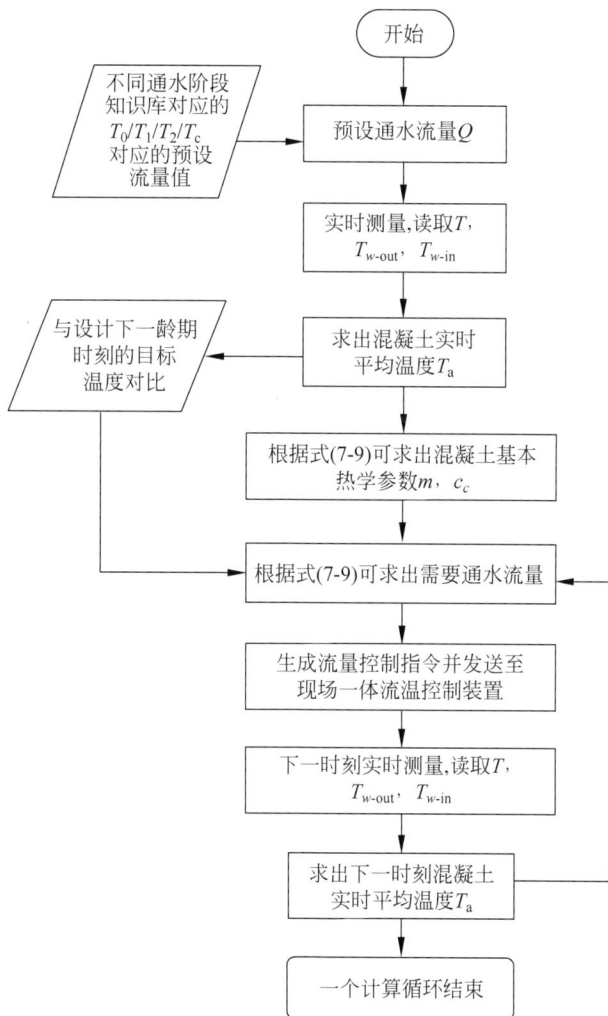

```
                        ┌─────────┐
                        │  开始   │
                        └────┬────┘
                             │
┌──────────────┐        ┌─────────────┐
│ 不同通水阶段  │       │预设通水流量 Q │
│ 知识库对应的  │──────▶│             │
│ T₀/T₁/T₂/Tc  │        └──────┬──────┘
│ 对应的预设    │              │
│ 流量值       │        ┌─────────────┐
└──────────────┘        │实时测量,读取T, │
                        │Tw-out, Tw-in │
                        └──────┬──────┘
                               │
┌──────────────┐        ┌─────────────┐
│ 与设计下一龄期 │       │求出混凝土实时  │
│ 时刻的目标    │◀──────│平均温度 Ta   │
│ 温度对比     │        └──────┬──────┘
└──────┬───────┘              │
       │                ┌─────────────┐
       │                │根据式(7-9)可求 │
       │                │出混凝土基本   │
       │                │热学参数 m,cc │
       │                └──────┬──────┘
       │        ┌─────────────┐
       └───────▶│根据式(7-9)可求 │◀────┐
                │出需要通水流量  │      │
                └──────┬──────┘      │
                       │             │
                ┌─────────────┐      │
                │生成流量控制指令│      │
                │并发送至现场一体│      │
                │流温控制装置   │      │
                └──────┬──────┘      │
                       │             │
                ┌─────────────┐      │
                │下一时刻实时测量,│     │
                │读取T,Tw-out, │      │
                │Tw-in        │       │
                └──────┬──────┘      │
                       │             │
                ┌─────────────┐      │
                │求出下一时刻混凝│──────┘
                │土实时平均温度Ta│
                └──────┬──────┘
                       │
                ┌─────────────┐
                │一个计算循环结束│
                └─────────────┘
```

图 7-1 大体积混凝土流量预测和温度预测计算流程图

7.1.1.2 智能温控系统控制原理

1. 系统控制原理

鉴于通水冷却影响浇筑仓温度变化的因素众多,非常复杂,故将现代控制思想与经典控制原理相结合,设计出具有模糊特性的 PID 控制系统,其控制流程如图 7-2 所示。根据通水边界、温度和温度偏差、温度变化率等,计算出应通水流量后,把应通水流量传送给控制箱中的控制器,控制器采用 PID 调节器对调节阀进行控制,稳定控制流量,进而控制混凝土温度;同时,基于实时、自动的检测大坝混凝土的温度,按图 7-1 所示流程为不同浇筑仓提供个性化的温度控制策略,根据现场的实际情况智能学习,为每个浇筑仓自行选择最准确的符合实际的混凝土热学参数,进而可以实现通水量和/或温度的精确控制。

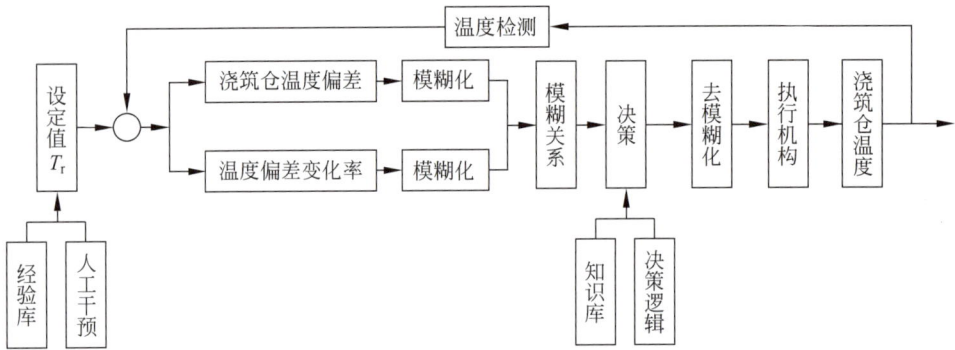

图 7-2 智能温控控制流程图

温度和流量采用模拟 PID 控制算法,模拟 PID 控制系统组成见图 7-3。PID 调节器是一种线性调节器,系统中调节的是流量,它将给定值 $r(t)$ 与实际输出值 $c(t)$ 的偏差的比例(P),即流量差;实际积分(I)、微分(D)通过线性组合构成控制量,对混凝土温度进行控制。该调节器具有实时性好、控制精度高、鲁棒性强、数据可靠等特点,各校正环节功能如下。

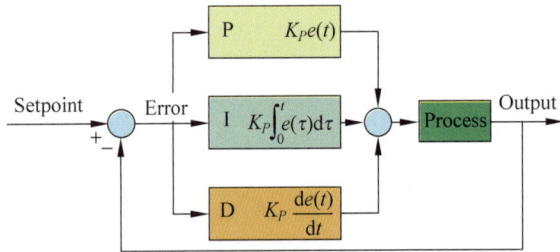

图 7-3 模拟 PID 控制系统原理框图

（1）比例环节

比例环节即时成比例地反映控制系统的流量偏差信号的数学表示是

$$K_P e(t) \tag{7-10}$$

作用是对偏差瞬间做出反应。比例系数 K_P 选择必须恰当,才能达到过渡时间少、静差小而又稳定的效果,在实际流量控制中此比例可根据一期冷却经验自动学习。

（2）积分环节

积分环节主要用于消除静态误差,提高系统的无差度。积分作用的强弱取决于积分时间常数 T_I。T_I 越大,也就是调整流量的时间间隔越大,积分作用越弱;反之积分作用越强。积分环节的数学式表示是

$$K_P / T_I \int_0^t e(\tau) \mathrm{d}\tau \tag{7-11}$$

从上式可知,只要存在偏差,它的控制作用就不断增加,特别是控制的参数增加到一定量后,系统循环响应的量会导致系统运行负荷增加,必须根据不同冷却控制阶段的具体要求来确定积分常数 T_I。

（3）微分环节

微分环节数学式表示为

$$K_P \mathrm{d}e(t)/\mathrm{d}t \tag{7-12}$$

偏差变化越快,微分控制器的输出就越大,并能在偏差值变大之前进行修正。微分作用的引入有助于减小超调量,克服振荡,间接使温度控制系统趋于稳定。微分环节的作用由微分时间常数 T_D 决定。T_D 越大时,抑制偏差变化的作用越强;T_D 越小,抑制偏差变化的作用越弱。

2. PID 控制器参数整定

PID 控制器的参数整定是控制系统设计的核心内容。它是根据被控过程的特性,确定 PID 控制器的比例系数、积分时间和微分时间的大小。PID 控制器参数的工程整定方法主要有临界比例法、反应曲线法和衰减法。三种方法各有其特点,其共同点都是通过试验,按照工程经验公式对控制器参数进行整定。但无论采用哪种方法所得到的控制器参数,都需要在实际运行中进行最后的调整与完善。现在一般采用的是临界比例法和经验法。临界比例法 PID 控制器参数确定的具体步骤如下:

（1）首先预选择一个足够短的采样周期让系统工作。

（2）仅加入比例控制环节,直到系统对输入的阶跃响应出现临界振荡,记下这时的比例放大系数和临界振荡周期。

（3）在一定的控制度下通过公式计算得到 PID 控制器的参数。智能温控系统中 PID 调节器中 PID 控制器参数的工程整定,可参照以下参数经验数据:温度 $P=20\%\sim60\%$,$I=180\sim600\mathrm{s}$,$D=3\sim180\mathrm{s}$;压力:$P=30\%\sim70\%$,$I=24\sim180\mathrm{s}$;液位:$P=20\%\sim80\%$,$I=60\sim300\mathrm{s}$;流量:$P=40\%\sim100\%$,$I=6\sim60\mathrm{s}$。

基于经验法的控制参数整定基本程序是先根据现场实际通水冷却的控制经验,确定一组调节器参数,并将系统投入闭环运行,然后人为地改变调节器的给定值,观察被调量或调节器输出的响应曲线。若对控制质量不满意,则根据各整定参数对控制过程的影响改变调节器参数。这样反复试验,直到满意为止。具体整定步骤如下:

（1）让调节器参数积分系数 $I=0$,实际微分系数 $D=0$,控制系统投入闭环运行,由小到大改变比例系数 P,让扰动信号作阶跃变化,观察控制过程,直到获得满意的控制过程为止。

（2）取比例系数 P 为当前的值乘以 0.83,由小到大增加积分系数 I,同样让扰动信号作阶跃变化,直至求得满意的控制过程。

（3）积分系数 I 保持不变,改变比例系数 P,观察控制过程有无改善,如有改善则继续调整,直到满意为止。否则,将原比例系数 P 增大一些,再调整积分系数 I,力求改善控制过程。如此反复试凑,直到找到满意的比例系数 P 和积分系数 I 为止。

（4）引入适当的实际微分系数 D 和实际微分时间 T_D,此时可适当增大比例系数 P 和积分系数 I。和前述步骤相同,微分时间的整定也需反复调整,直到控制过程满意为止。

7.1.1.3　智能温控的基本原则

1. 智能温控的基本控制原则

为了达到温控防裂的目的,在整个通水冷却智能温度控制中,以实时在线的大坝混凝土温度变化为控制核心,改变以往以流量为定量输入的控制模式,遵循 3 个目标温度控制原则:①混凝土在冷却过程中最高温度控制,即第一期冷却过程混凝土浇筑后 3～7 天内最高温度的控制;②混凝土冷却全过程温度变化率的协调控制;③混凝土冷却过程中异常温度的控制,即温度骤降或骤升的特殊工况预警、预报。

（1）最高温度控制

最高温度控制主要考虑以下几个因素:①为控制基础温差应力,最高温度应不超过封拱温度和容许温差之和;②为控制内外温差应力,最高温度应不超过由内外温差确定的最高温度;③根据约束区和非约束区混凝土所受约束强弱不同加以区别,分区(分河床、岸坡以及孔口)控制;④根据混凝土浇筑季节加以区别。由以上原则确定的特高拱坝最高温度限制通常为约束区 27℃,非约束区 31～33℃。但对于大型工程,如溪洛渡、锦屏,最高温度控制指标应综合考虑混凝土分区、施工环境条件以及规范制定。

（2）温度变化协调率控制

一是在不同控温期温度变化斜率的控制,二是时间和空间上温度变化协调控制,三是基础和内外温差变化协调控制。实际上,拱坝温度控制只有既控制了时间(龄期)又控制了空间上垂直温度梯度才能实现真正的个性化协调控制,即通过分期冷却及控温时间协调实现温度梯度控制,使各灌区温度、温降幅度形成合适的梯度,尽可能减小混凝土温度应力。

① 不同控温期温度变化斜率协调的控制。通常是指达到最高温度前一期温控容许温度变化率(升温速率),以及中期或者二期冷却容许降温变化率。基于温度变化协调控制的原则,对各个阶段的降温速率进行控制,如溪洛渡要求各阶段降温速率不应大于 0.2～0.5℃/d。中期冷却,持续、缓慢降温是削减温度应力的重要手段,故其降温速率控制在 0.2℃/d 以内。当然,实际的智能控制还要依据混凝土的温度控制实时调整温度变化速率。

② 时间和空间的温度变化协调控制。"三期九段"直线台阶控制模式,见图 7-4(a)中红线,主要针对单一仓,为时间-温度(龄期)控制曲线;台阶控温模式,旨在空间上控制盖重区、过渡区、同冷区、灌浆区上下层温差(见图 7-4(b)),主要针对同一坝段(可以称之为空间)协调控制大坝的灌浆龄期,从而控制拱坝接缝灌浆时机。

③ 基础和内外温差变化协调控制。对于拱坝而言,下部混凝土接缝灌浆后约束作用较强,是需要控制上下层温差的重点部位。如溪洛渡,上下层温差确定为在老混凝土(龄期超过 28 天)上下各 $L/4$(L 为坝体厚度)范围内,上下层温差控制为 15～18℃。其中老混凝土位于约束区或下部混凝土已进行封拱灌浆时,取下限值;老混凝土位于非约束区时,可取上限值。

（3）异常温度控制

现场大坝的温度变化除受浇筑入仓温度变化控制外,一个很重要的影响因素是环境。如在夏季遇到高温、冷击及冬季寒潮都会导致大坝混凝土温度出现异常。对这些异常出现的温度,一般控制系统要及时与天气预报系统对接,及时发出预警、预报,调整控温策略;同时要考虑到冷击、早龄期混凝土开裂等问题。

2. 基于温度双控模型的智能温控曲线设计

温度监控指标是混凝土大坝温控防裂的重要指标。为了达到温控防裂的目的,需要控制浇筑仓最高温度、日降温速率等。新浇筑混凝土因水泥水化热温度逐渐升高,经过若干天后达到最高温度,然后逐渐降温。对温度过程曲线进行分析可知,如果浇筑仓混凝土最高温

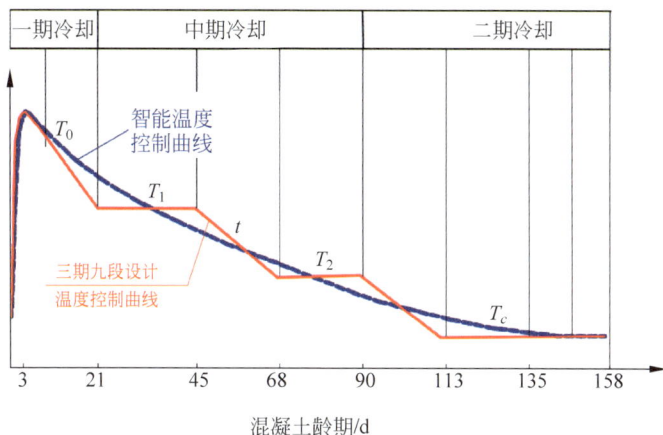

(a) 典型仓"三期九段"温控设计曲线

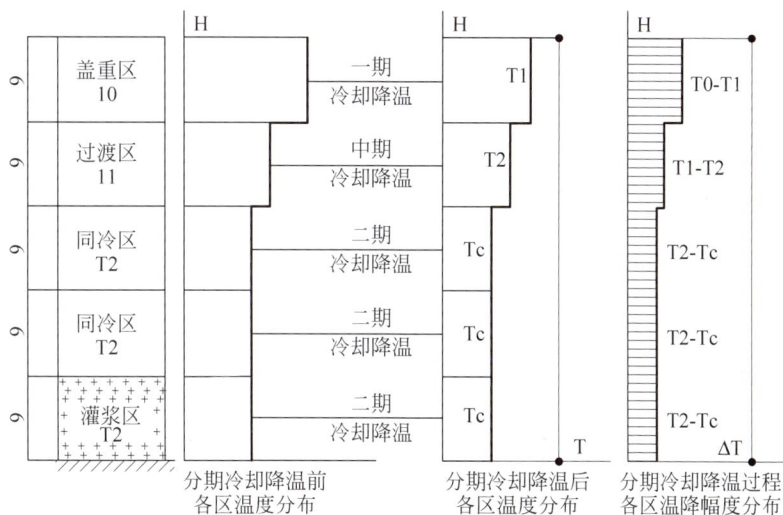

(b) 大坝同一坝段"五区"温度梯度控制

图 7-4 智能温控目标

度超过容许最高温度,那么在混凝土龄期为第 n 天时(例如 $n=2.5$ 天或 $n=3$ 天),混凝土的温度和温度变化率一般应超过某个容许值。如果在混凝土龄期为第 n 天时,拟定该龄期对应的容许温度 $[T_n]$ 和容许温度变化率 $[(\partial T/\partial t)_n]$,那么该龄期下的混凝土温度和温度变化率超过容许温度 $[T_n]$ 和容许温度变化率 $[(\partial T/\partial t)_n]$ 时,预示着在当前温控措施下,浇筑仓混凝土温度极可能超过容许最高温度 $[T_{max}]$,必须采取更为有效的温控措施才能避免浇筑仓混凝土温度超过容许最高温度。如图 7-5、图 7-6 所示,实时动态拟定混凝土龄期为第 n 天时的温度控制双重指标——容许温度 $[T_n]$ 和容许温度变化率 $[(\partial T/\partial t)_n]$,可动态反馈及预警浇筑仓最高温度[7-9]。

基于温度双控指标原理,浇筑仓混凝土最高温度 T_{max} 超过(或低于)容许最高温度 $[T_{max}]$,那么在混凝土龄期为第 n 天时,混凝土的温度 T_n 和温度变化率 $[(\partial T/\partial t)_n]$ 一般应超过(或低于)某个容许值。同理,假设一期控温中,可根据最高温度调整容许温度变化率

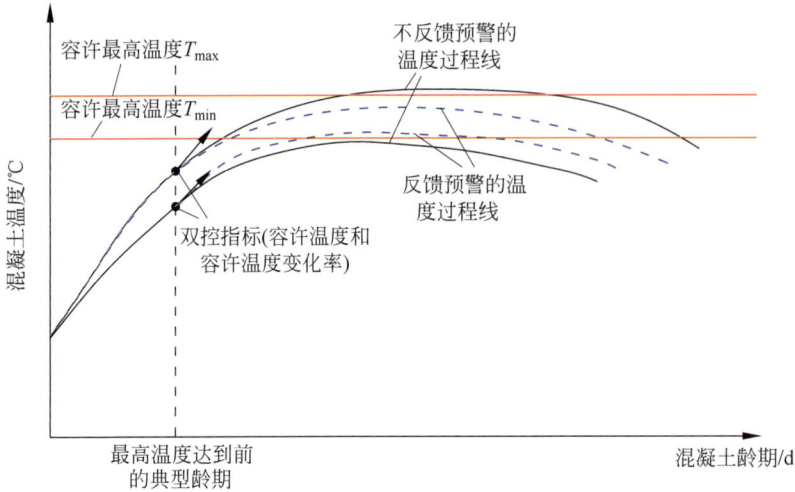

图 7-5　最高温度双控指标预警示意图

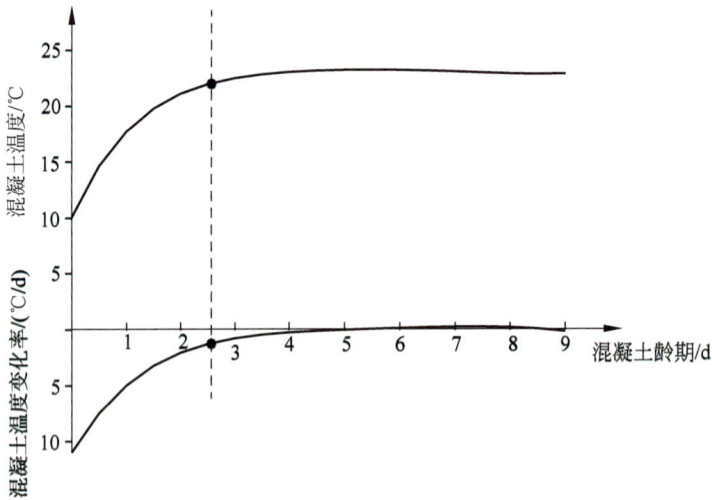

图 7-6　早期温度变化与温度变化率关系图

$[(\partial T/\partial t)_n]$ 控制最高温度,一期降温、中期或者二期冷却也同样制定控温斜率 $[(\partial T/\partial t)_n]$,即容许温度变化率 $[(\partial T/\partial t)_n]$,设计出平滑的智能控制曲线,而不是同设计温控曲线那样形成台阶直线。根据温度双控监控指标拟定的智能温控曲线见图 7-4(a)中红线。

温度双控指标的拟定,应选取混凝土浇筑仓达到最高温度前的典型龄期,拟定该龄期下容许温度和容许温度变化率。当采用概率法选择低温季节浇筑的混凝土浇筑仓最高温度、典型龄期下的温度和温度变化率作为样本时,与高温季节拟定典型龄期下的温度双控指标相反,假设典型龄期的温度和温度变化率小于典型龄期的容许温度和容许温度变化率的概率与浇筑仓最高温度低于合适最高温度的概率相同,采用概率法拟定混凝土浇筑仓温度双控指标[10]。

7.1.1.4 基于混凝土实时应力的预警机制

冷却通水智能控制系统基本特征为监测数据仿真分析一体化、通水冷却过程智能控制,旨在减少人为干预。通过一体化监测、分析、控制、预警系统,集中冷却水管进出口水温、混凝土温度、通水流量等通水数据的多元化融合分析,根据大坝混凝土内部实时监测的温度数据,实时计算混凝土温度场,进而实时计算温度应力,并最终按照基于混凝土应力的指标评价标准和预警机制进行冷却通水智能控制[11]。

智能控制预警的依据,是混凝土的实时应力水平。预警设置黄色预警和红色预警两个级别,分别对应不同的应力水平。黄色预警,对应应力安全度为 $N_黄$;红色预警对应应力安全度为 $N_红$:

$$\sigma_黄 = \frac{[\sigma]}{N_黄}, \quad \sigma_红 = \frac{[\sigma]}{N_红} \tag{7-13}$$

7.1.2 通水冷却智能温控技术

7.1.2.1 智能温控系统组成

图 7-7 为通水冷却智能温控系统结构示意图,系统包括热交换装置、热交换辅助装置、控制装置和大坝数据采集装置[12-15]。具体控制流程为:通过大坝温度数据采集装置,将浇筑仓温度实时数据传送给控制装置;控制装置根据预先输入或设定的控温策略,计算出每个浇筑仓供给热交换媒介的流量值和/或温度值,并生成相应的流量控制参数,发给对应的分立管道回路上的热交换辅助装置(一体流温控制装置、交换媒介存储装置);由其实现对输入热交换流量的控制和温度控制参数的存储,通过对热交换装置中交换媒介的实时调整

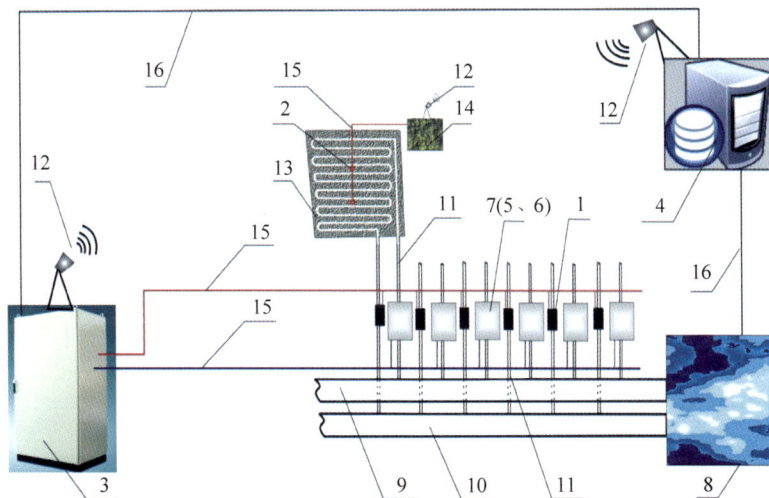

图 7-7 智能通水冷却系统

1—内插数字测温装置;2—浇筑时预埋入混凝土块中的数字温度传感器;3—智能控制箱;4—控制服务器;5—双向智能控制阀;6—双向涡轮流量计;7—一体流温控制装置(5、6集成在7内);8—供水站;9—进水主管;10—回水主管;11—进水回水支管;12—无线发射网桥;13—混凝土浇筑仓;14—移动式多点温度采集装置;15—温度流量采集连接电缆;16—光纤连接线

达到对浇筑仓的温度控制；此外,热交换辅助装置还将每组分立管道回路的流量、入口温度、出口温度信息反馈至控制装置,控制装置再次根据预先输入或设定的控温策略,计算热交换媒介的流量值,对其进行微调,以此实现对不同浇筑仓个性化的温度控制。

（1）热交换装置（进水管、出水管）

热交换装置安装于混凝土大坝表面或内部,用于与混凝土大坝交换热量,将热量从大体积混凝土导出或导入,实现对大坝混凝土的温度控制,包括降温冷却或加热保温。热交换装置至少包括两个主管道(9,10),一个用于热交换媒介的输入,另一个用于热交换后媒介的输出。安装时,每个浇筑仓均需设立独立的热交换装置,以便实现个性化的温度控制。

（2）热交换辅助装置（一体流温控制装置）

热交换辅助装置与热交换装置连接,用于为热交换装置输入热交换媒介,同时将热交换后的媒介从热交换装置中输出,包括可控的智能阀门和热交换媒介存储装置和处理装置。前者主要用于控制热交换媒介的输入流量和开度,根据现场实时感知参数或来自控制装置的控制参数（热交换媒介的输入流量、流速、阀门的开启度）,控制阀门的开启和关闭；后者主要用于存储热交换媒介,处理从热交换装置输出的经过热交换后的热交换媒介,使之符合热交换需要。例如,当需调整热交换媒介的温度或输入流量实现降温或升温时,可采用定期双向轮换输入热交换媒介,控制降温速率,达到降温均匀,并降低温度梯度。

该装置和热交换辅助装置配对时,至少包括两个端口,一个端口用于输入热交换媒介,另一个端口用于输出热交换媒介,且每个端口必须设置一个一体流温控制装置(7)。一体流温控制装置是PID调节控制的具体执行器,包含流量计、调节阀、温度计,用于对回路实时流量、温度进行采集,并将采集数据上传；同时,根据服务器控制指令对流量实现大小和换向控制。不同的浇筑仓（不同区域、不同季节）需要根据实际情况制定不同的温度控制策略,故在主管道9、10上分别设立多组分立的管道回路11,每一组分立的管道回路对应一个浇筑仓,用于对不同的浇筑仓提供热交换媒介。

（3）控制装置（智能控制柜）

控制装置3用于实现对热交换装置和热交换辅助装置的控制,可用于收集热交换辅助装置的参数数据,如热交换媒介的流量、流速,热交换装置输入热交换媒介的温度、热交换装置热交换后输出的热交换媒介温度,还用于收集大坝数据采集装置所采集的大坝数据,如探测点温度值等。控制装置与热交换装置和/或热交换辅助装置的连接采用工业通用无线或有线连接方式。

该装置包括一个数据处理装置、一个显示装置和输入装置。数据处理装置,用于将收集到的热交换参数装置参数数据与大坝数据进行处理；显示装置用于对装置处理的数据以图表形式进行显示；输入装置用于输入混凝土大坝的温度控制策略,按照设定温度控制策略控制大坝混凝土通水冷却降温过程。

（4）大坝数据采集装置

该装置为分布式无线温度传感器网络,其中一个传感器网络节点将所有传感器的数据以无线的方式发送到所述控制装置。所使用的传感器为数字温度传感器,包括埋设于混凝土大坝内的温度传感器以及进出口水温传感器(14)。该装置将探测到的温度数据传输给控制装置。为方便安装,通常将数据采集装置与热交换装置集成。

此外,为了实现远程监控,系统还可设置远端控制装置。远端控制装置将温度控制策略发送给现场控制装置,通过现场控制装置控制热交换辅助装置,实现对混凝土大坝的温度控制。

7.1.2.2　温度采集与处理

大坝实时多点温度采集装置见图 7-8,为移动式实时多点温度采集装置[14]。该装置包括混凝土内部数字温度计、换热管内插式数字测温装置和温度采集仪,混凝土内部数字温度计和换热管内插式数字测温装置分别与温度采集仪电连接。其中,所述温度采集仪包括数据采集线、采集控制模块、电源、缓存模块、无线/有线通信模块和防水防潮外盒,其中采集控制模块、电源、缓存模块和无线/有线通信模块在防水防潮外盒内。

该装置通过无线/有线通信模块实现无线和/或有线通信,基于柔性网络控制(图 7-9),既能自动采集换热管的温度,实现对混凝土换热介质温度进行自动测量和数据传输,又能随着施工进度方便移动或者固定装置,节省连接线和人力;且通过在混凝土内部预埋的温度计,通水管道内插温度测量装置实现对混凝土内部温度、通水进出口水温的实时测量,解决了人工测量记录和控制需要耗费大量人工、信息反馈慢且精度不高的缺点,省时省力,测量精度高且反馈迅速。

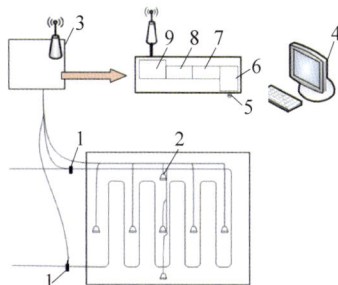

图 7-8　大坝移动式实时多点温度采集装置[14]

1—水管内插式数字测温装置;2—混凝土内部数字温度计;3—温度采集仪;4—服务器;5—数据采集线;6—采集控制模块;7—电源;8—缓存模块;9—无线通信模块

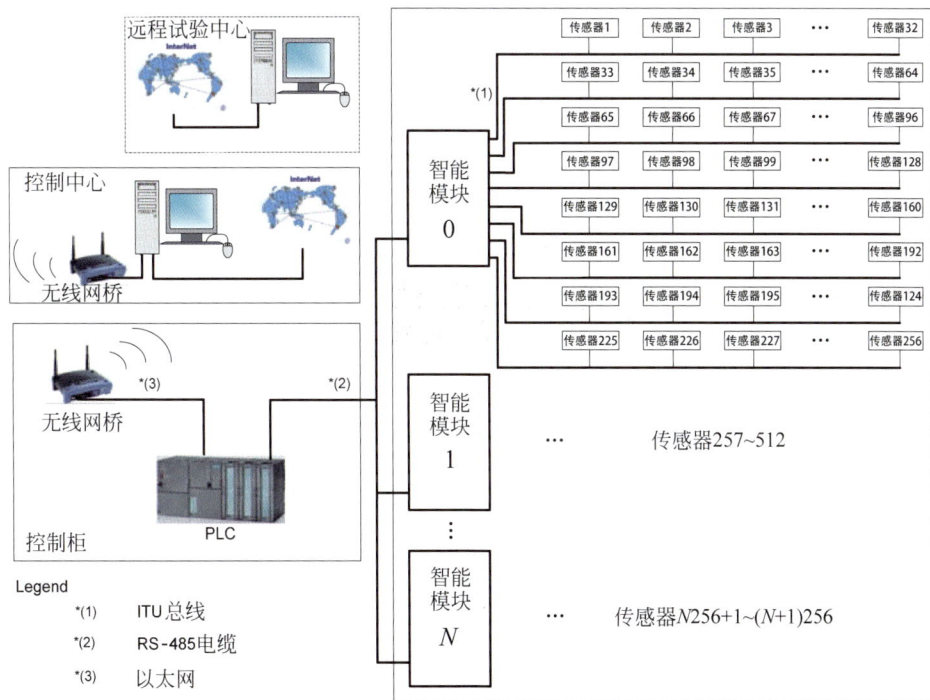

图 7-9　基于网络结构的温度控制系统

7.1.2.3　温控数据传输技术

现场网络通信主要依靠区域无线网络,混凝土温度信息处理通过 PLC 系统,内部温度数据传递采用模拟和数字信号互相转换传递,分块控制原理见图 7-10。

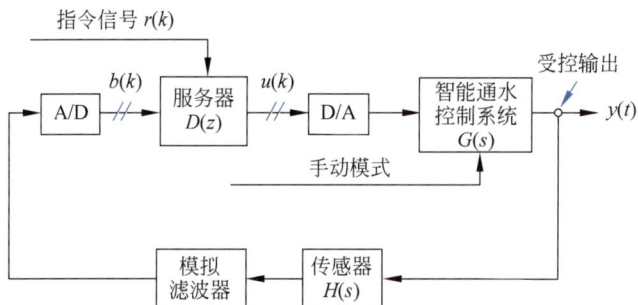

图 7-10 温度数据传递分块控制示意图

7.1.2.4 智能温控管理平台

智能温控管理平台基于现代 UI 设计,Metro 风格,图 7-11 为软件界面图。该平台采用三层架构,将整个业务应用划分为表示层、业务逻辑层、数据访问层,见图 7-12,体现了"高内聚,低耦合"的思想。

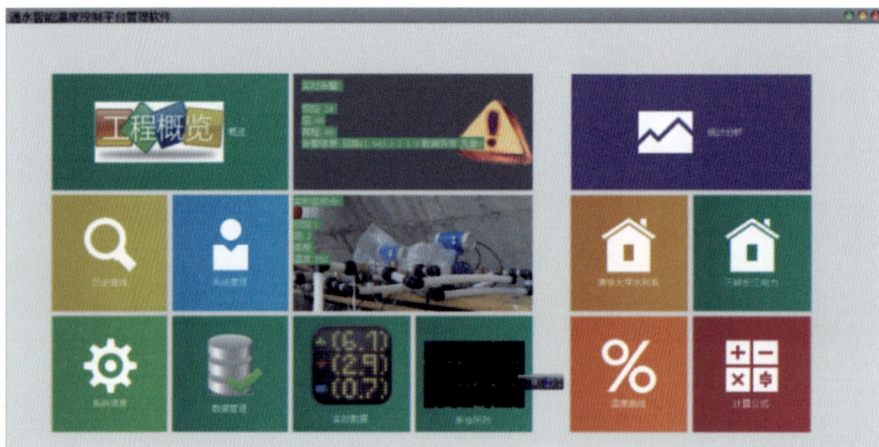

图 7-11 平台主要功能界面图

平台为监测分析一体化的基础平台,主要用于大体积混凝土施工期通水冷却管理和控制。通过该平台可实时、自动地检测大坝混凝土的温度,通水进口和出口水温、流量等信息,对其进行整理、分析,实现通水量和/或温度的精确控制,并可根据现场的实际情况学习,为每个浇筑仓自行选择最准确的符合实际的混凝土热学参数,为不同浇筑仓提供个性化的温度控制策略。图 7-13 给出了平台部分功能展示界面。平台主要功能如下:

(1) 实时监控,显示在通水冷却的各仓信息,如温度曲线、流量曲线,查看选定回路的运行状态,并可以设置开始时

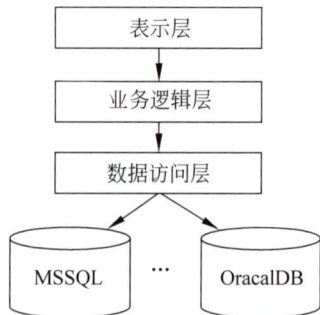

图 7-12 平台构架图

间；兼有告警功能，将问题仓重点显示；

（2）统计分析，能够根据输入条件做出各种统计分析的图形和报表，支持数据下载分析；

（3）历史曲线，查看历史数据信息；

（4）参数计算，设置计算模型和输入数据，系统自动输出控制参数，并记录到知识库；

（5）告警信息发布，通水冷却运行和系统平台预警信息。

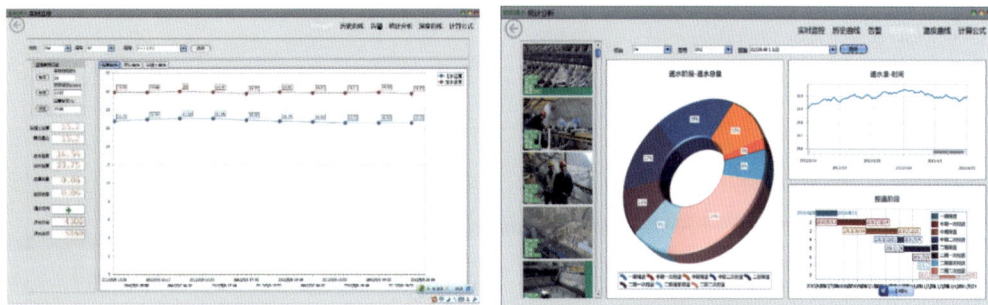

(a) 实时监控界面   (b) 统计分析界面

图 7-13　系统功能模块展示图

7.1.3　溪洛渡拱坝通水冷却智能温控实践

7.1.3.1　溪洛渡拱坝温控设计要求[16]

1. 温差控制标准

坝体混凝土分约束区和非约束区，地基以上 $0\sim0.4L$（L 为坝段顺河宽度）高度范围、孔口周围 15m 范围内的混凝土统称为约束区，其余为非约束区。约束区容许基础温差为 14℃。上下层温差确定为在老混凝土（超过 28d 龄期）上下各 $L/4$ 范围内，允许温差按 $15\sim18$℃控制（约束区或下部混凝土已封拱灌浆，取下限值；非约束区可取上限值）；内外温差按小于 16℃控制。

2. 温度控制过程

为了充分利用混凝土强度、徐变发展规律，遵循"早冷却，慢冷却，小温差"控温原则，最高温度 T_0，约束区按 27℃、非约束区按 $31\sim33$℃控制。冷却过程分为一期冷却、中期冷却、二期冷却等三期九段，并要求在中期冷却期间，先期控制温度平稳，再进行一定幅度的降温，以减少二期冷却降温幅度。一期冷却分为控温和降温两个阶段，控温阶段要求将最高温度控制在 27℃以内；降温阶段要求将混凝土温度降低至一冷目标温度（约束区 20℃，非约束区 $20\sim22$℃）。中期冷却分为一次控温、中期冷却降温和二次控温三个阶段，表 7-2 为中冷目标温度控制值。二期冷却分为二期冷却降温、一次控温、封拱灌浆控温和二次控温四个阶段，二冷降温阶段要求将混凝土温度降低至设计封拱温度。

表 7-2　溪洛渡大坝混凝土中期冷却目标温度控制表　　　　　　　　　　℃

部　　位	月　　份	封 拱 温 度	坝　　段	
			坝段：7～22	坝段：1～6、23～31
约束区	1～12 月	12、13	16	16
		14、16		18
非约束区	1～3 月、11～12 月	12、13	16	
		14、16	18	
	4～10 月	12、13	16	
		14、16	18	

考虑到冷击、早龄期混凝土开裂等问题,一期降温速率不大于 0.5℃/d;对中期冷却降温而言,持续缓慢降温是削减温度应力的重要手段,其降温速率宜在 0.2℃/d 以内。

3. 温度梯度

全坝按 9m 高度作为一个灌浆封拱区,各浇筑坝段在高度上分为五区实现温度梯度控制,自下而上分别为已灌区、灌浆区、同冷区、过渡区、盖重区;各区高度除同冷区外,均等同于一个灌浆封拱区高度;同冷区高度按不小于 0.2L 控制,即坝体中下部高程的同冷区为 2 个灌浆区高度(18m)。

7.1.3.2　智能温控控制流程和专家知识库

1. 智能通水温度控制流程

(1) 根据高温和低温季节混凝土温控设计目标温度,分区制定混凝土各期冷却目标温度控制表,同一分区控制参数相同;以此拟定混凝土温度曲线的温度上限曲线和智能控制曲线。图 7-14 给出了溪洛渡智能温控一期控温曲线,上限曲线为高温季节设计温控曲线,智能控制曲线低于温度上限曲线。

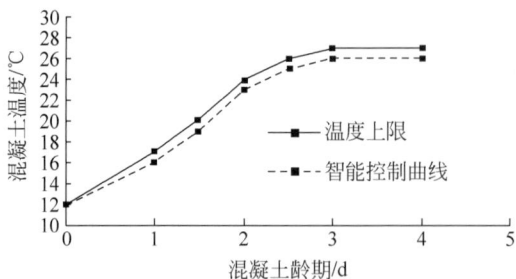

图 7-14　溪洛渡单仓混凝土一期控温智能控制曲线

(2) 基于个性化温控需求,对不同区域、不同季节的浇筑仓实行不同的温控策略,并将冬季和夏季、约束区和非约束区控温曲线预存在智能温控平台内。图 7-15 为溪洛渡单仓混凝土全过程温度自动控制的设计曲线。

(3) 根据浇筑仓典型时刻目标温度及当前实测混凝土温度进行流量预测,采用模拟 PID 控制系统智能控制通水流量。

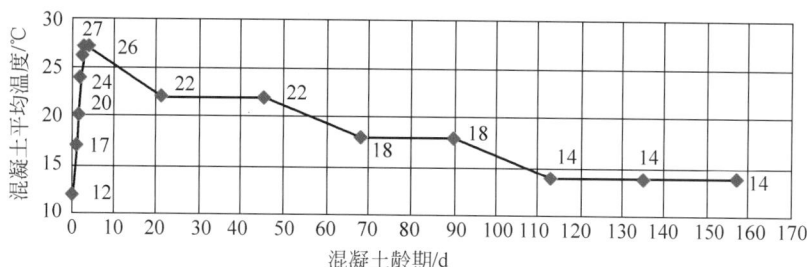

图 7-15 溪洛渡单仓混凝土全过程温度控制曲线

（4）基于精细化控制理念，为更好地实现单仓混凝土的全过程控制，对降温变化率实行全过程控制，拟每 2 小时将实测温度与根据智能控制曲线计算出的设计温度对比，做出相应的流量调整。采用经验流量调整公式：

$$\Delta Q = 25(T_R - T_D) \tag{7-14}$$

其中，ΔQ 为流量增加量；T_R 为实测温度；T_D 为设计温度。调整过程见图 7-16。

2. 基于人工通水冷却的智能温控知识库

不同气温和控温阶段对通水流量要求不一样，选取不同典型仓内通水数据进行对比分析，考察通水冷却阶段时长变异性和典型仓通水过程；选择不利温控组合情况下的监测特征量，如高温季节浇筑的混凝土浇筑仓最高温度、典型龄期下的温度和温度变化率等，设定不同阶段、不同约束、不同季节的进出水温度和流量的预警预报值，建立基于人工通水数据分析的智能温控知识库。在全过程温控中，最为重要的是对一期控温和一期降温过程的控制。下面以一期控温为例，具体阐述。

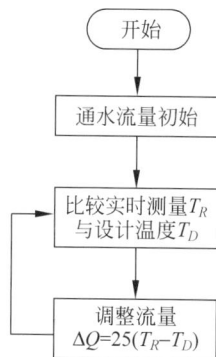

图 7-16 冷却通水实时智能控制流程图

（1）考察位于 $11^\#\sim 12^\#$ 坝段 $14^\#\sim 15^\#$ 层灌区、浇筑时间集中在 2011 年 3—4 月、处于相同约束区及相同气温区间内的浇筑仓，统计平均流量与达到混凝土最高温度的时长统计关系，即平均流量与一期控温时长统计关系。

由图 7-17 可知，随着平均通水流量的升高，从 66.67～91.67L/min 范围内，一期控温期间的混凝土达到最高温度所用时长无明显变化，平均时长为 132h，且一期控温总时长无明显变化趋势，总平均历时约 200h；不同分区（自由区、岸坡基础约束区、河床基础约束区、孔口约束区）平均通水进出水温差基本在 1.0～4.0℃；针对不同分区，通水流量差异性较大，孔口约束区最大平均值达到 108.67L/min，自由区最小为 54.0L/min。图 7-18 为河床基础约束区通水冷却统计数据。

（2）对比分析 2h、4h、6h、12h 和 24h 内混凝土温度变化规律，可以得出人工控温中混凝土温度变化规律。从图 7-19 可以看出，混凝土浇筑完成 2d 内，温度变化率呈明显的驼峰状，2d 最大变幅 5～7℃而后趋于平缓，并在第 5～6d 转入降温阶段；控温期间 2h 内温度变化率多在 0.2℃以上，因此温度预控周期不宜小于 2h；一期降温期间 24h 内温降为 0.3～0.5℃，6h 内的温降为 0.05～0.5℃，2h 内的温降为 0～0.2℃，故一期降温阶段温控预控周期不宜小于 4h。

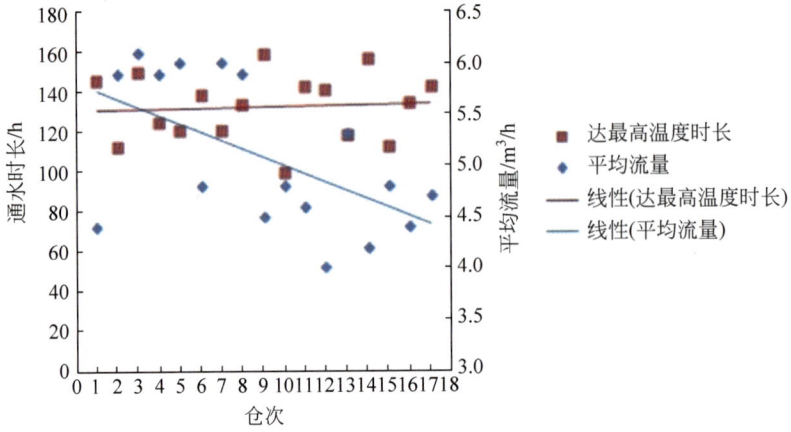

图 7-17 平均流量与混凝土最高温度时长关系

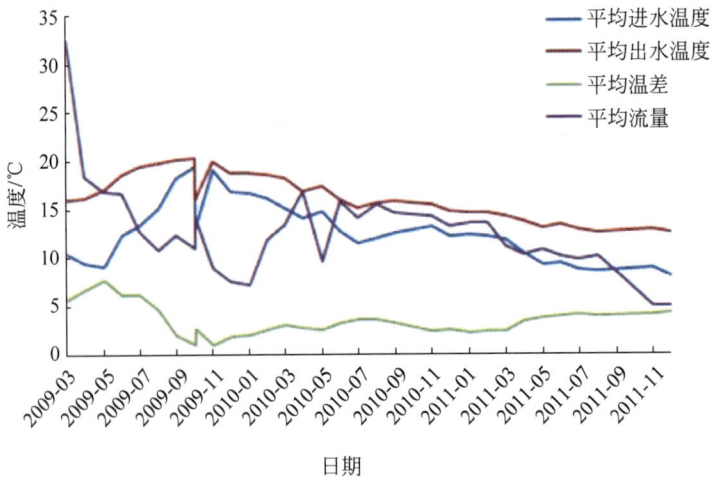

图 7-18 河床基础约束区通水冷却统计数据

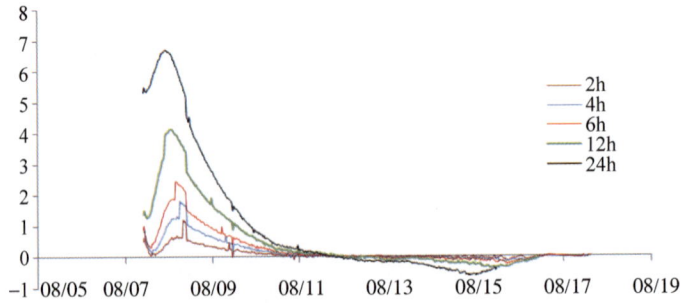

图 7-19 一期控温阶段混凝土温度变化率曲线

(3) 选择典型仓研究进出口水温差与通水流量的关系。图 7-20 结果表明：进出口温差控制在 1.5～3℃时，通水流量是合适的；流量与温差具有反相关，流量越大，温差越小，当通水流量为 20L/min 时，冷却水进出口温差为 2～5℃；当通水流量为 70～90L/min 时，冷却水进出口温差为 1～4℃。

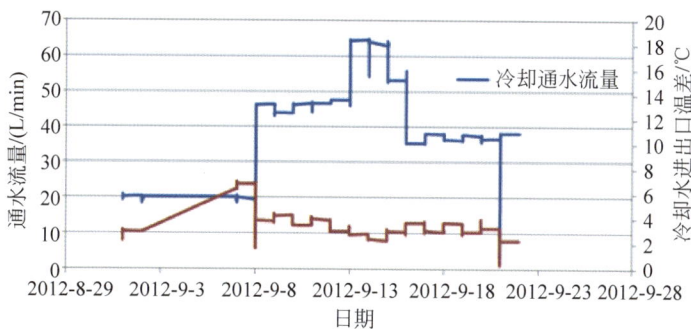

图 7-20 典型试验仓通水冷却流量与冷却水进出口温差关系图

基于以上规律分析，为更好地进行一期冷却的控制，对一期控温阶段的曲线进行细化，制定智能温控一期控温控制曲线节点图，设定浇筑完成第 1 天，混凝土温升温度不超过 5℃；浇筑完成第 1.5 天，混凝土温升温度不超过 8℃；浇筑完成第 2 天，混凝土温升温度不超过 12℃；浇筑完成第 2.5 天，混凝土温升温度不超过 14℃；浇筑完成第 3 天，混凝土温升温度不超过 15℃；整体趋势由缓变陡再变缓，符合混凝土温度变化率的规律。一期控温温度预控周期在 2h 以内，升幅变化率在 0.2℃/h 以内；一期降温期间温控预控周期在 4h 以内，4h 内变幅控制在 0.05～0.3℃，初始流量为 70～90L/min。

7.1.3.3 智能温控应用与实践

1. 控制系统构建方案

智能温控系统由智能控制箱、一体流温控制装置、无线测温设备、服务器和远程无线网络系统组成。其中，每套进水或回水支管配置 1 套一体流温控制装置；无线测温设备（执行机构）每仓配置 1 套；智能控制箱每 20～50 仓配置 1 个，并通过远程无线网络系统控制；服务器包括数据库服务器 1 台、应用服务器 1 台，见图 7-21。

系统布置在左右岸不同高程，智能控制柜分别控制 50～100 个一体流温装置。以安装在高程 527m 永久坝后桥的控制柜以及相应一体流温控制装置为例说明，供水站在高程 559m 高程，控制 21#～29# 坝段，控制高程 510～563m。

现场所有控制数据传输通过无线网桥传送至右岸 610m 平台，然后通过光纤与后方三坪营地的控制服务器平台连接控制。无线网桥加光纤将控制箱和无线测温设备与后方服务器的连接，使数据通信更加可靠。

一体化流温控制装置包括电动球阀、内插式数字测温装置、流量测量装置和一体控制电路板，固定集成封装在外壳中。装置自身可完成温度采集、流量 PID 调节等功能，只需要主控制器给出给定流量，装置就能自动完成流量调节，并具有优良的控制稳定性（浮点控制/比例控制）。

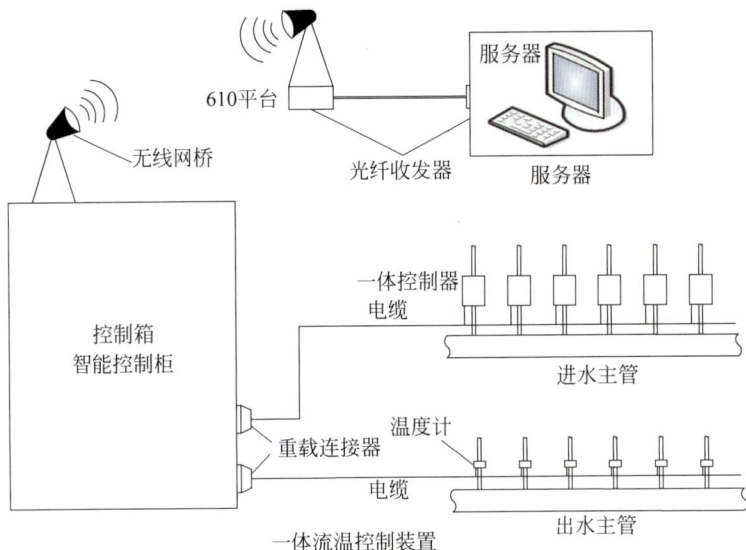

图 7-21　现场系统整体连接示意图

2. 控制系统现场组织应用

（1）一体流温控制装置

各浇筑仓根据冷却水管回路数量配置无线测温装置及执行机构，每个回路配置一个一体流温控制装置和一个温度计。一体流温控制装置现场安装见图7-22，结构图见7-23。

图 7-22　一体流温控制装置现场安装示意图

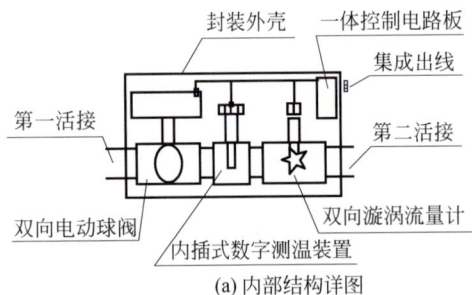

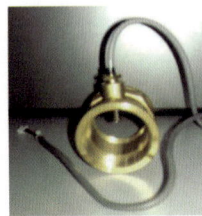

图 7-23　一体化流温控制装置

（2）浇筑仓温度采集

温度计信号回传通过 3 芯×1mm 屏蔽电缆总线连接，进入附近的执行机构或智能控制箱（最大数量不得超过 60 路，实际每仓只需要 2 支温度计），并配合提供温度计地址，对应的仓号（或安装位置）。

（3）无线测温设备（无线温度采集仪）

每个无线数字测温设备内部装有一个温度数据记录仪（图 7-24），用来读取和存储温度数据，设备可控制 8 个温度计的读数。读数由设备的无线网络传送至服务器连接的中心端接收，从而并入通水冷却智能温度控制系统，具体见 3.3.3 节。

图 7-24　无线测温设备现场布置图

（4）智能控制箱

将大型控制箱单独工作分解为小型控制箱级联工作，每个控制箱可控制 20～50 仓，横向覆盖范围为 4～5 个坝段。同一坝后桥层设置一个主柜，各仓集中在一起控制。图 7-25 为控制箱内部模块分布，图 7-26 为溪洛渡右岸现场智能控制箱分布图。

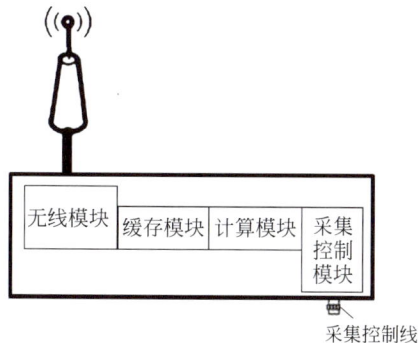

图 7-25　控制箱内部模块分布示意图

图 7-26　现场智能温控控制箱分布示意图

（5）数据传输组织

通过无线＋光纤方式实现网络互联。采用无线通信设备实时监控前方通水数据；通过无线网桥将控制箱与高程 610m 平台数据服务器对接；高程 610m 平台到后方三坪营地机房则通过光纤传输连接，从而实现后方直接控制现场的通信问题。

（6）监控服务平台组织

数据库服务器采集现场通水各项参数；应用服务器进行计算、分析、报表呈现；监控服务器根据用户名和密码登录系统进行权限范围内的操作，提供相应信息。通过采用权限管理，代理服务器等模式保障信息数据通畅和数据安全。

7.1.3.4 应用成效

溪洛渡通水冷却智能温控系统共实现对 150 余仓通水冷却进行智能控制,主要集中在右岸 $21^\#$ ～ $30^\#$ 坝段以及左岸,最高温度、降温速率控制符合率分别高达 90.12% 和 96.12%,实现了"早冷却、慢冷却、小温差"的实时、在线、个性化温控,实现了混凝土浇筑"三期九段"温控过程和拱坝接缝灌浆"五区"温度梯度控制的连续、平稳、精确,确保气温骤降、季节变化、特殊部位等温度过程和温度应力的全程可控。

1. 智能温控平台稳定性分析

(1)命令传输与执行端稳定性

以典型仓 $23^\#$-60 仓为例,最高温度均限制在设计温度 27℃以内(图 7-27),控温效果良好。

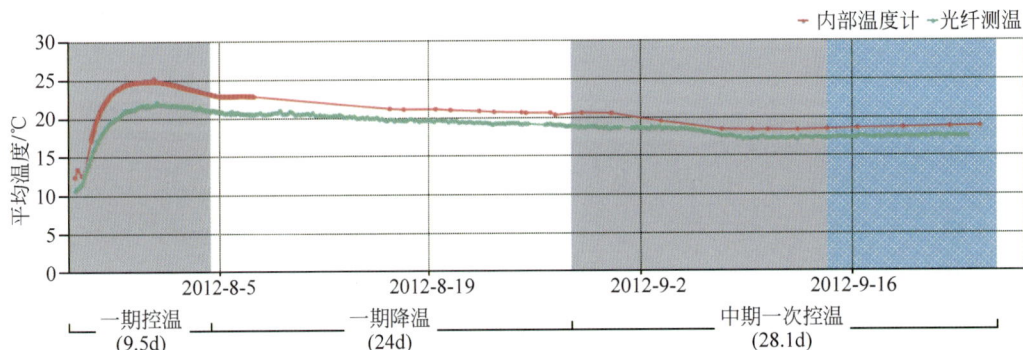

图 7-27　智能温控仓 $23^\#$-60 混凝土温度曲线

(2)数据稳定性与数据有效性分析

以 $21^\#$-63 仓为例,系统能稳定实时地获取真实流量数据,同时根据温度变化实时调整流量,确保通水冷却的正常个性化进行。图 7-28 中的通水流量波动规律性强,在停水期间最为明显,受昼夜温差外界气温影响较大,说明温控数据的有效性、客观性和可信度良好。

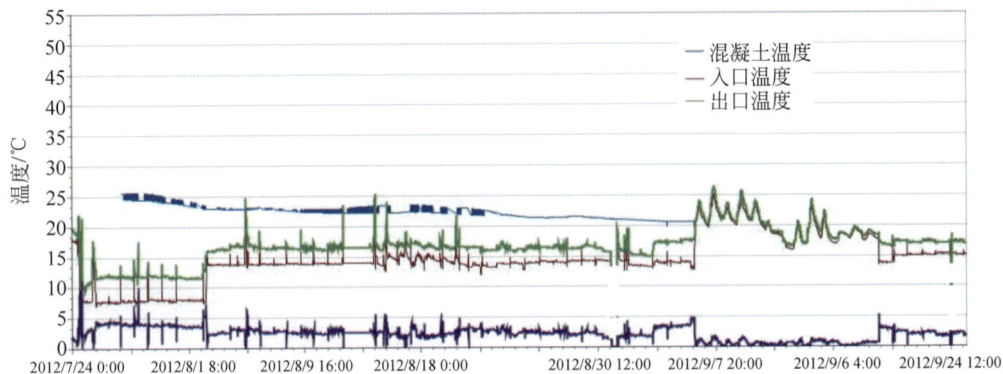

图 7-28　智能温控仓 $21^\#$-63 温控数据曲线

2. 智能通水温控效果分析

图 7-29 给出了 23#-67 单仓混凝土全过程温度流量自动控制曲线,控温曲线基本在设计温控曲线以内,从图 7-29(b)显示了内部数字温度计与光纤测温曲线控制非常精细,并且流量是随温度同步实时变化的。

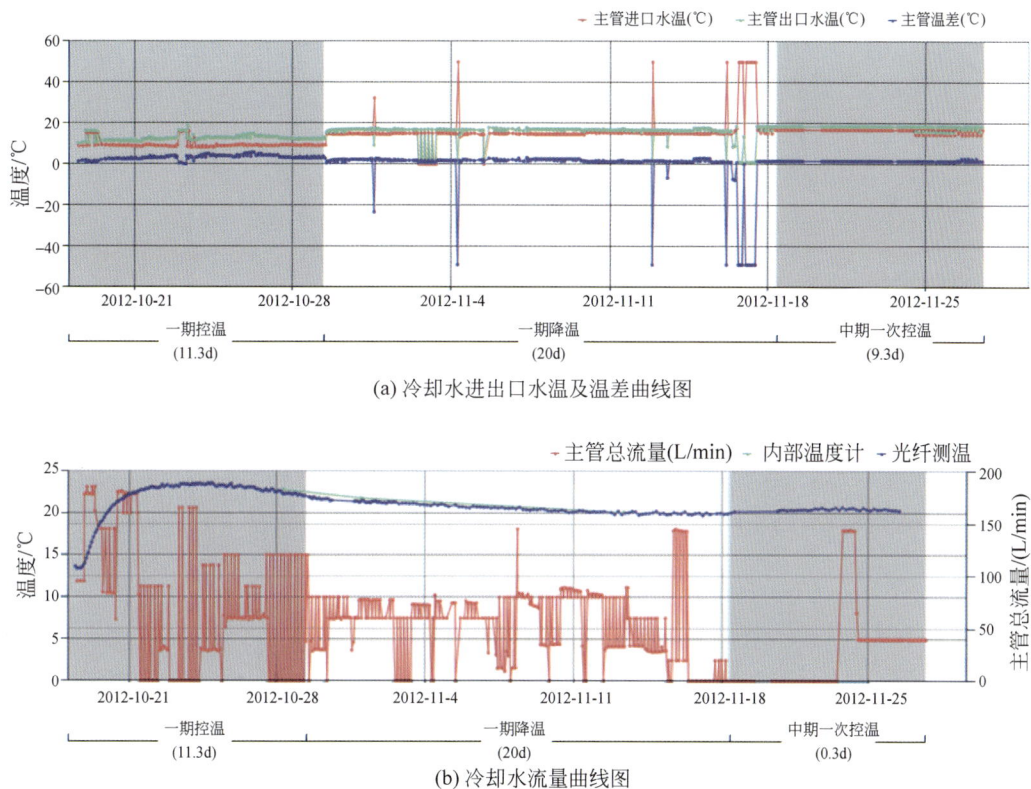

(a) 冷却水进出口水温及温差曲线图

(b) 冷却水流量曲线图

图 7-29 23#-67 通水冷却智能温控曲线图

逐仓分析溪洛渡智能通水仓的混凝土内部温度曲线和冷却通水数据图,现场智能温控有以下特征:

(1) 一期控温期间,最高温度普遍在 22~25℃之间,相对偏低 2~3℃,可更加有效降低温控压力;出现时间节点,除少数仓龄期为 9~10d,普遍在 3~6d。

(2) 较人工通水仓体现出更明显的实时性,温度曲线平滑连续性好,能有效控制温度的协调变化,振幅在误差控制的 0~1℃之内。

(3) 相比人工通水流量控制曲线,智能通水流量波动较大,主要因为智能通水控制平台是根据混凝土温度变化情况实时调节流量,流量变化幅度大。

3. 通水流量分析对比

对溪洛渡智能温控典型仓的流量效益进行定量化分析,选取了相同气候相同龄期下对称坝段(共 17 对)进行对比分析(图 7-30),以及同一坝段对比分析,并选取开仓日期为同一天的人工控制仓与智能通水仓进行对比。从图可知:相比人工通水冷却控制,智能温控通水可节约用水量 48.25~77.3m³/(d·仓),节水 30.8%~48.0%;当龄期小于 21d 时,相比冷却通水人工控制,智能控制可节约用水量 $90.5\mathrm{m}^3/(\mathrm{d \cdot 仓})$,节水约 50%。

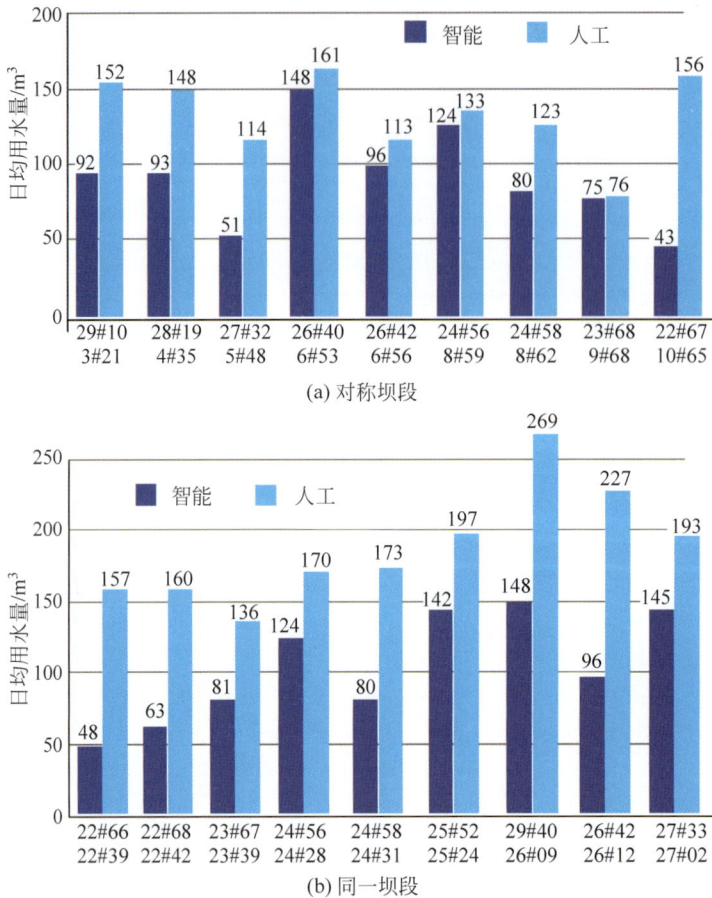

(a) 对称坝段

(b) 同一坝段

图 7-30　相同气候相同龄期下对称坝段、同一坝段用水量对比

7.2　高拱坝混凝土施工"一条龙"数字监控技术

7.2.1　混凝土运输全过程数字监控技术

7.2.1.1　混凝土运输全过程质量控制要素

在混凝土生产运输流程中,拌合楼按照调度指令生产指定标号和级配的混凝土;侧卸车按照调度指令到指定的拌合楼出机口装运指定标号和级配混凝土,运输至卸料平台后按照调度指令卸载到指定缆机料罐;缆机按照调度指令运输至指定浇筑仓面的指定位置,后卸料最终将指定标号和级配的混凝土运输至正确的浇筑部位。其全过程质量控制要素包含:

(1) 侧卸车自出机口装载混凝土环节控制,确保侧卸车按照调度指令从规划的拌合楼出机口装载混凝土,避免侧卸车走错拌合楼或停错出机口。

（2）侧卸车将混凝土卸载给缆机料罐环节控制，确保侧卸车按照调度指令卸载混凝土至规划的缆机料罐，避免侧卸车将混凝土卸错缆机料罐。

（3）缆机料罐卸料至仓面环节控制，确保缆机按照调度指令卸载混凝土至规划的浇筑仓面上指定的位置，避免浇筑仓面上不同部位混凝土使用错误。

（4）运输混凝土属性控制，综合上述环节，跟踪拌合楼生产的混凝土标号、级配及最终去向，避免不合格混凝土或不匹配混凝土在浇筑仓面使用。

（5）混凝土运输效率控制，分析运输各环节数据，找到影响混凝土运输效率的薄弱点，优化资源配置以提高运输效率和施工强度，避免温升超限、坯层初凝等质量问题。

7.2.1.2 混凝土运输全过程数字监控方案

混凝土运输全过程数字监控采用北斗卫星定位技术、无线射频识别（radio frequency identification，RFID）技术、射频通信技术、超声波测距技术等物联网技术实施监控，包括服务端、客户端、缆机与侧卸车集成物联监控设备等几个主要部分。监控方案架构设计如图 7-31 所示[17-23]。

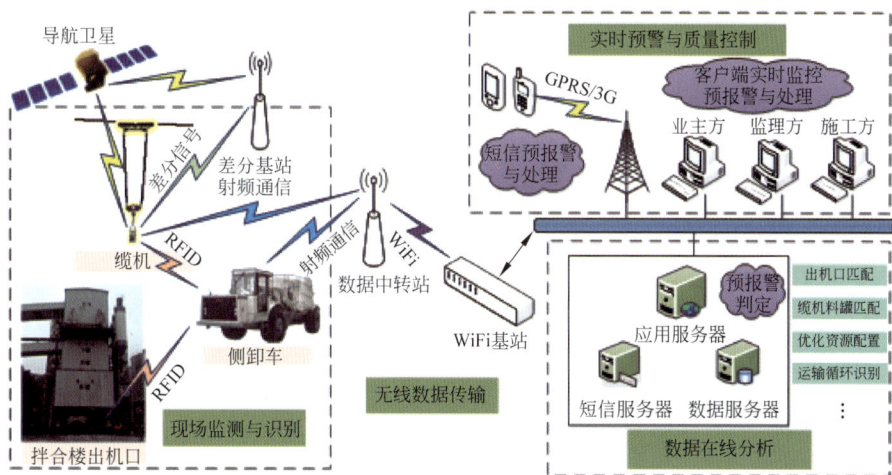

图 7-31 高拱坝混凝土运输全过程数字监控方案架构图

1. 调度信息配置

混凝土浇筑前，调度人员或施工管理人员通过电脑客户端、移动客户端配置调度信息，包括浇筑仓面设计信息、运输用缆机与侧卸车、缆机负责仓面范围、侧卸车规划运输计划等信息；在浇筑过程中，调度信息发生变动时，相关人员及时进行更新。

2. 数据实时采集与显示

（1）数据采集

在缆机吊钩上安装集成物联监控终端，实时监测缆机状态，包括监测缆机吊钩的三维坐标及运动速度、监测缆机料罐的卸料动作、监测监控设备与服务器的通信状态等；在侧卸车上安装集成物联监控终端，实时监测侧卸车状态，包括监测侧卸车的卸料动作、监测监控设备的工作状态、监测监控设备与服务器的通信状态等；在每个拌合楼出机口处、每个缆机料罐(或缆机吊钩)及水平运输路线中关注的位置安装无源标签,设置侧卸车上终端无线射频识别 RFID 模块识别范围,使之能方便地在装料或卸料时识别到对应出机口或缆机料罐(或缆机吊钩)的标签信息。

(2) 状态监控

缆机监控终端监测缆机状态,侧卸车监控终端监测侧卸车卸料动作、识别标签信息,各自将监测数据通过无线通信经中转站发送给服务器后,由监控客户端软件实时显示。显示内容包括缆机运行轨迹、侧卸车当前位置、缆机瞬时行进速度、缆机瞬时高程、侧卸车运输状态(空满载、运输混凝土的标号级配)、侧卸车调度信息(规划装料拌合楼出机口和卸料缆机),并突出显示与调度不符的预警状态。

3. 混凝土运输过程匹配分析

(1) 装料过程匹配分析

侧卸车到达或离开拌合楼出机口时,侧卸车监控终端扫描接收到出机口处设置的标签数据,将标签编号信息、收到标签数据时间发送给服务器。服务器接收到信息后,将标签编号信息与数据库中各关注点设置标签的信息进行比对,得到该台侧卸车装料的出机口信息、到达出机口时间、离开出机口时间、装料时长等。

(2) 转运过程匹配分析

侧卸车到达卸料平台缆机料罐处后,终端监测到侧卸车卸料动作时,开始扫描标签信号;接收到标签信号后,将标签编号信息、卸料开始时间、持续接收标签数据的时长一起发送给服务器。服务器接收到信息后,将标签编号信息与数据库中各关注点设置标签的信息进行比对,得到该台侧卸车卸料缆机信息、卸料开始时间、离开缆机时间、卸料时长等。

(3) 卸料过程匹配分析

卸料过程匹配分析主要指缆机下料点识别,缆机到达浇筑仓面后,监控终端监测到缆机料罐卸料动作时,获取缆机当前位置、下料时间,将缆机下料点信息经中转站发送给服务器。

4. 装料、转运、卸料反馈控制

(1) 装料过程反馈控制

在完成装料过程匹配分析后,服务器搜索数据库中该台侧卸车的调度信息得到当前时段侧卸车规划装料的出机口信息,与其实际装料的出机口信息进行比对,若不匹配,则发出侧卸车装料错误报警,并结合拌合楼生产混凝土标号与级配、缆机规划运输的混凝土标号与级配智能规划侧卸车临时卸料缆机,实时告知侧卸车驾驶员、现场管理人员和调度人员报警信息和建议。

(2) 转运过程反馈控制

在完成转运过程匹配分析后,服务器搜索数据库中该台侧卸车的调度信息(数据由调度人员或管理人员及时录入),得到当前时段侧卸车规划卸料的缆机信息,与其实际卸料的缆机信息进行比对,若不匹配,则发出侧卸车卸料错误报警,并可结合拌合楼生产混凝土标号与级配、仓面使用的混凝土标号与级配区域智能规划缆机临时卸料部位,实时告知侧卸车驾驶员、现场管理人员和调度人员报警信息和建议。

(3) 卸料过程反馈控制

在完成卸料过程匹配分析后,服务器搜索数据库中该缆机运输混凝土计划使用区域,与其实际卸料的位置进行比对,若不匹配,则发出缆机卸料错误报警,实时告知现场管理人员和调度人员报警信息和相关建议。

7.2.1.3 混凝土运输全过程监控参数分析方法

1. 缆机吊钩运行速度分析

(1) 缆机吊钩运行速度分析

缆机吊钩运行速度计算,将缆机监控终端实时获取的精确定位数据进行处理,得到三维坐标数据及其时间信息,据此可求出缆机吊钩某时刻的运行速度。设某缆机 C 相邻时刻 t_1 与 t_2 三维坐标分别为 $P_1(x_1, y_1, z_1)$ 和 $P_2(x_2, y_2, z_2)$,则两点间的距离为

$$P_1 P_1 = \sqrt{(x_1 - x_2)^2 + (y_1 - y_2)^2 + (z_1 - z_2)^2} \tag{7-15}$$

数据采集间隔为 $\Delta t = t_2 - t_1$,实际应用中 Δt 取 1s。

缆机吊钩运行速度 v 为

$$v = P_1 P_1 / \Delta t = \sqrt{(x_1 - x_2)^2 + (y_1 - y_2)^2 + (z_1 - z_2)^2} / (t_2 - t_1) \tag{7-16}$$

由于卫星定位存在误差,这种方式计算的速度在实际应用中可能会有较大突变而产生偏差,故对速度进行平滑处理,取前若干秒(比如 3s)的平均速度作为其即时速度。

(2) 防碰撞预警分析

建立缆机施工范围内的山体、建筑物和机械设备等的数字化模型,根据需要动态设定不同等级的预警区域,如卸料平台外扩 20m 区域缆机预警速度为 3m/s、外扩 10m 区域缆机预警速度为 2m/s。

结合缆机监测实时位置,通过计算机图形算法判定缆机吊钩是否在预警区域。若在预警区域,则将缆机吊钩运行速度和设定的预警速度进行比较,超出设定预警速度时发出预警。缆机监控终端监测料罐与周围物体的距离,在缆机料罐接近卸料平台、建筑物、施工机械或施工人员过程中,距离由大变小,当达到设定的预警距离时发出报警。

2. 运输状态显示

混凝土运输全过程智能监控的实时性,要求在显示过程中动态绘制缆机运行轨迹、侧卸车当前位置的同时,显示缆机/侧卸车编号、缆机瞬时行进速度、缆机瞬时高程、侧卸车运输状态(空满载、运输混凝土的标号级配)、侧卸车调度信息(规划装料拌合楼出机口和卸料缆机),并突出显示与调度不符的预警状态。

缆机运行轨迹是在二维平面上将缆机吊钩轨迹点按照时间顺序连接而成,而把多维轨迹点投影至二维显示平面是实现缆机运行轨迹显示的关键。对于缆机运行轨迹的显示,俯视图可直接将多维缆机吊钩轨迹点的平面二维坐标对应于显示平面的横纵坐标值上,立视图则将缆机吊钩轨迹点的平面二维坐标投影至立视平面在水平面投影线作为横坐标值、轨迹点的高程坐标作为纵坐标值。最后通过计算机图形算法转换至屏幕坐标显示出来。

其他状态信息的显示原理一致,将实时接收到的缆机瞬时行进速度、缆机瞬时高程、侧卸车运输状态、侧卸车调度信息、预警状态等采用字符绘制技术,在缆机运行轨迹前端或侧卸车位置点旁侧进行显示。

7.2.2 仓面平仓振捣作业质量数字监控技术

7.2.2.1 混凝土仓面作业质量控制要素

大体积混凝土仓面作业是指混凝土经运输过程下料至浇筑仓面后,经平仓机摊铺平仓,再经过振捣机或手持式振捣器振捣至密实的过程。质量控制是通过对平仓过程和振捣过程进行控制实现的,故控制要素包含:

（1）平仓机摊铺质量控制,确保平仓摊铺到位,摊铺后施工面基本平整,避免出现以振代平、摊铺厚度超标等现象发生。

（2）振捣机和手持式振捣器振捣质量控制,确保振捣时长、插入角度、插入深度、拔插速度等满足要求,避免欠振或过振而出现振捣不密实或骨料分离、出现蜂窝麻面等现象发生。

（3）仓面作业的总体控制,确保混凝土覆盖时间满足要求、层间结合质量良好、外观质量优良,避免出现漏振、初凝、冷缝等现象发生。

7.2.2.2 平仓振捣质量实时数字监控方案

高拱坝仓面平仓振捣作业质量实时数字监控,采用北斗卫星定位技术、无线通信载波技术(ultra wide band,UWB)定位技术、超声波测距技术等物联网技术实施监控,包括服务端、客户端、集成物联监控设备(针对平仓机、振捣机和手持式振捣器各自配备)等主要部分。监控方案架构设计如图 7-32 所示[17-23]。

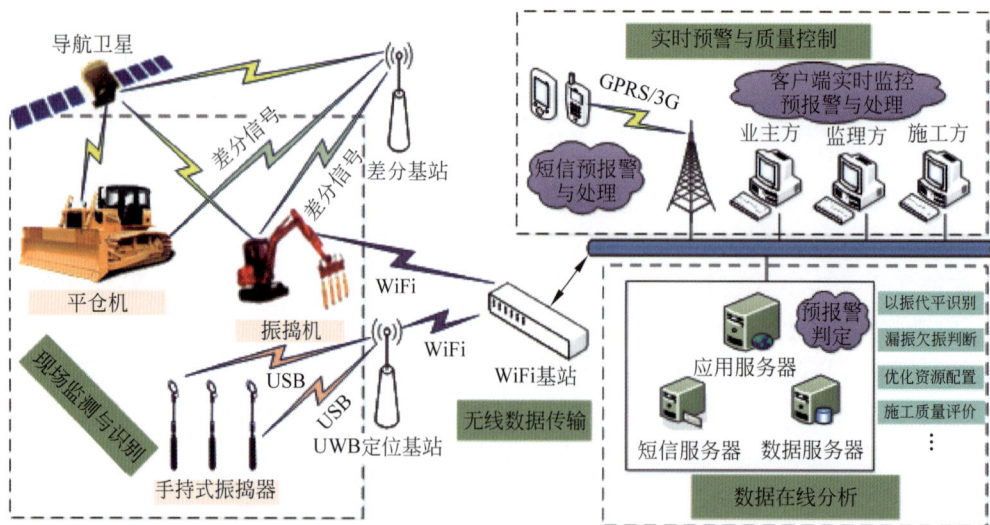

图 7-32　高拱坝混凝土仓面作业质量实时智能监控方案架构图

1. 基础信息配置

混凝土浇筑前,施工管理人员通过电脑客户端配置混凝土浇筑基础信息,包括浇筑仓面设计信息、平仓机、振捣机、手持式振捣器、振捣工作范围等信息;在浇筑过程中,机械设备发生变动时,相关人员及时进行更新。

2. 仓面振捣数据采集与显示

(1)数据采集

在平仓机上安装集成监控设备(设备集成卫星监控主机、卫星接收天线、罗盘方位传感器、数据缓存、WiFi无线通信模块),卫星天线和罗盘方位传感器安装在驾驶室顶,实时监测平仓机的工作位置、平仓轨迹、平仓高程等平仓施工关键参数;在振捣机上安装集成物联设备(设备包含采用北斗定位技术、超声测距技术、空间角度测量技术、无线传输技术的相关传感器),实时监测振捣机的振捣位置、振捣时长、插入角度、插入深度、拔插速度等振捣施工关键参数;人工振捣通过在振捣棒上安装定位标签,在浇筑单元(仓面)四周布设使用无线通信载波技术(ultrawideband,UWB)无线定位技术的基站接收定位标签信号进而定位振捣棒,与各基站相连的终端设备(UWB定位基站、数据中转站以及安装在人工振捣棒上的UWB定位标签)通过无线网络将振捣棒的振捣位置发送给服务器。

(2)状态监控

平仓机监控终端(卫星定位模块)将平仓机的三维坐标位置和速度、罗盘方位传感器获取的平仓机方位,振捣车监控终端通过北斗/GPS双星RTK实时定位技术获取的振捣台车振捣头的精确位置(水平精度≤10cm,垂直精度≤20cm)、超声波定位技术获取的振捣头的有效插入深度、振捣时长,集成处理后通过WiFi模块发送给服务端,服务端接收数据后存储至数据库,由客户端实时显示平仓机、振捣车位置和工作状态并进行综合展示和分析,显示内容包括平仓机运行轨迹、振捣车振捣轨迹等。

3. 平仓振捣规范性分析

服务器将解析出的监测数据进行处理,分析得到平仓机、振捣机和手持式振捣器平仓范围、坯层厚度、振捣范围、有效振捣深度、有效振捣时长、插入角度等平仓振捣过程的实时关键参数,将监测与分析结果存储并分发给监控客户端,通过客户端的实时图形化显示、历史数据查询、报表输出等方式完成仓面作业质量的实时智能监测。

4. 平仓振捣预警与反馈控制

服务器结合仓面作业过程关键参数的控制指标(坯层厚度、插入深度、插入角度、振捣时长),对监测数据进行智能分析和判断,判断其是否达标,发现超出控制指标时通过监控客户端、短信、监控终端等向施工管理人员、现场操作人员发送报警和建议措施,并记录处理结果,实现智能反馈控制与预警。控制过程的预警内容包括振捣深度不达标、振捣时长不达标、振捣插入角度不达标等。

7.2.2.3 平仓振捣数字监控参数分析方法

高拱坝仓面作业质量实时数字监控中,对于平仓机轨迹、振捣机振捣范围、振捣机有效振捣深度、振捣机有效振捣时长、手持式振捣器振捣状态分析、浇筑漏振识别分析、振捣有效覆盖时间、监控成果查询输出等功能的实现,是通过对监控终端监测的原始数据经计算得到的。

1. 平仓轨迹显示

平仓轨迹是指平仓机械在仓面内平仓施工时推铲经过的区域。平仓轨迹的显示有两种方式,一种是平仓轨迹线,另一种是平仓轨迹条带。

平仓轨迹线是在二维平面上将平仓机轨迹点按时间顺序连接而成。平仓轨迹线显示,是直接将三维平仓机轨迹点的平面二维坐标通过屏幕坐标转换,对应于显示平面横纵坐标值上。实际平仓轨迹线组成单元是定位数据获取时间间隔内的轨迹线段,即二维投影后平仓机轨迹点相邻位置间的线段,应用线段生成技术算法实现。

平仓轨迹条带是以平仓轨迹线为轴线,以半个推铲宽度向两边垂直扩展形成,显示时将其视为线宽等于推铲宽度的线段,可应用移动画笔法绘制。采用方形画笔,设置画笔宽度为代表推铲宽度的数值,画笔中心沿平仓轨迹线移动即可产生相应的平仓轨迹条带。

2. 振捣机振捣范围分析

(1) 振捣棒组中心位置确定

如图 7-33 所示,根据水平夹角、定位天线坐标、小臂与竖直方向的夹角、定位天线顶端至大臂与小臂的连接关节旋转中心的距离、定位天线底端至振捣机的振捣棒组中心关节的距离,计算出振捣棒组中心位置坐标。

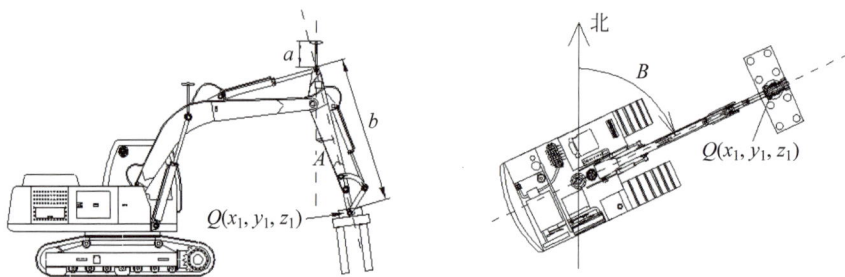

图 7-33 振捣机振捣范围分析示意图

(2) 实时振捣范围确定

结合振捣棒组中心位置坐标、振捣棒组安装方式、单根振捣棒有效工作半径、通过安装在振捣棒组台架上的旋转角度传感器实时获得振捣棒组水平旋转角度,计算得到振捣棒组实时工作的有效区域,即振捣机实时振捣范围。

3. 振捣机有效振捣深度分析

(1) 有效振捣深度计算

振捣机监控终端包含在振捣棒组上安装的超声波测距传感器,通过该传感器实时获得振捣棒安装端距离混凝土表面的距离,结合振捣棒长度计算得到振捣棒实时插入深度。

(2) 振捣深度预警分析

服务器对有效振捣深度与标准振捣深度进行比较,当有效振捣深度小于要求的振捣深度时,判定为振捣深度不达标,服务器发出振捣深度不达标报警,通过监控终端、客户端、短信等方式实时告知振捣机驾驶员、现场管理人员报警信息和相关建议。

4. 振捣机有效振捣时长分析

(1) 有效振捣时长计算

当振捣机的振捣棒组插入混凝土后,监控终端开始计时,并每隔一定时间监测一组深度数据发送给服务器,直至此次振捣结束、振捣棒完全拔出混凝土,监控终端停止计时、向服务器发送振捣完成指令。

(2)振捣时长预警分析

服务器对有效振捣时长与振捣时长标准(一个振捣区间)进行比较。当振捣时长在振捣时长标准区间内时,判定振捣时长达标;否则判定为振捣时长不达标,服务器发出振捣时长不达标报警,通过监控终端、客户端、短信等方式实时告知振捣机驾驶员、现场管理人员报警信息和相关建议。

5. 手持式振捣器振捣状态分析

(1)振捣器位置确定

通过在手持式振捣器上安装 UWB 标签、在浇筑仓面四周安装至少 3 个 UWB 定位基站,定位基站连接至监控终端,监控终端通过分析各定位基站接收同一标签信号的时间值计算得到该标签相对定位基站的位置,从而实现标签的实时精确定位,得到振捣器的实时位置。手持式振捣器位置确定如图 7-34 所示。

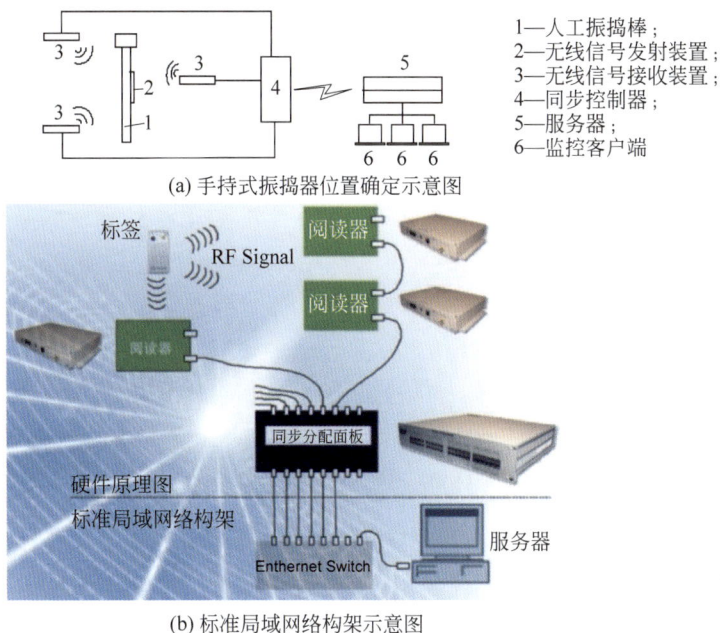

1—人工振捣棒;
2—无线信号发射装置;
3—无线信号接收装置;
4—同步控制器;
5—服务器;
6—监控客户端

(a) 手持式振捣器位置确定示意图

(b) 标准局域网络构架示意图

图 7-34 手持式振捣器位置确定和标准局域网络构架示意图

(2)实时振捣范围确定

结合手持式振捣器位置坐标、单台振捣器有效工作半径,计算得到手持式振捣器实时工作的有效区域,即手持式振捣器实时振捣范围。

(3)施工状态判定

服务器通过分析手持式振捣器的实时坐标信息随时间的变化,判断手持式振捣器的施工状态,识别出单次振捣的振捣位置、振捣时长,进而判断振捣时长是否达标。当判定为振捣时长不达标时,服务器发出振捣时长不达标报警,通过监控终端、客户端、短信等方式实时告知振捣机驾驶员、现场管理人员报警信息和相关建议。

6. 浇筑漏振识别分析

结合监测与分析获得的实时振捣区域,将振捣作业区按照等间隔的距离划分成虚拟格网并与已振捣区域叠加,可快速获得振捣覆盖情况,判断是否漏振,实现浇筑漏振识别分析。浇筑振捣覆盖如图 7-35 所示。

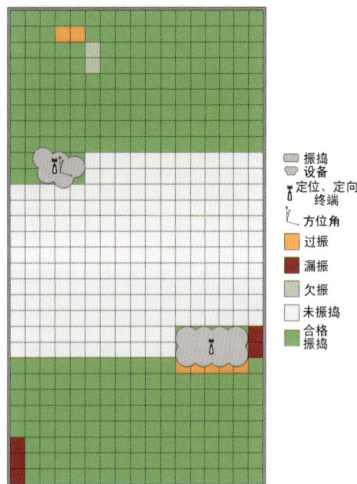

图 7-35 浇筑振捣覆盖示意图

7. 监控成果查询与输出

仓面作业质量实时智能监控要求能实时监控仓面作业施工参数,同时还要求能实时以图形报表等方式查询、输出实时监控的成果。查询输出监控成果的方法主要包括:平仓覆盖统计方法、振捣覆盖统计方法和图形报告绘制方法。其中振捣覆盖统计方法已在浇筑漏振识别分析中叙述。

(1)平仓覆盖统计方法

平仓覆盖的查询与输出是以像素为单位进行的,按照时间顺序绘制平仓轨迹条带,并设置像素的颜色属性,平仓施工过的区域颜色单独表现。在绘制平仓轨迹条带前须将监控单元内像素(该像素会根据缩放比率的改变同步改变)填充为未平仓施工所对应的颜色,即填充监控单元多边形。在输出平仓覆盖图形报告时,直接采用各个像素点的颜色进行绘图,同时统计不同颜色像素点的百分比,经过换算得到以平仓施工区域所占比率,以图例和文字方式绘制在图形的下方。

(2)监控成果图形报告绘制方法

通过平仓轨迹条带绘制、振捣覆盖范围绘制,进一步按照相同原理得到振捣时间、振捣深度计算绘制的图形,并可统计出不同统计区间振捣施工区域所占比率,在此基础上添加坐标系、监控单元信息、施工时间信息等即可输出上述监控成果的静态图形报告。

7.2.3 溪洛渡拱坝振捣质量数字监控实践

针对大体积混凝土施工过程质量控制特点,经广泛调研、细致研究、精心准备,2013 年1—6 月启动混凝土振捣数字监控技术,策划数字监控实施方案;2013 年 7—8 月研发振捣智能控制系统硬件设备与开发配套软件,完成软硬件联调;2013 年 8 月—2014 年 4 月开展混凝土振捣数字监控系统推广,完成系统设备安装调试及优化,并监测与控制混凝土浇筑过程。

7.2.3.1 硬件部署

仓面作业施工质量智能监控的硬件主要包括北斗/GPS 差分基准站、平仓机监控终端、振捣机监控终端、手持式振捣器监控定位基站及标签几大主要部分。主要硬件设备见表 7-3 和图 7-36,现场安装实施照片见图 7-37。

表 7-3 系统主要硬件设备

序　号	名　称	规　格	数　量	单　位	备　注
1	主机及显示屏	CX-HLT02	1	台	
2	固定基站及天线	Vnet8	1	套	
3	移动基站	Vnet9	1	套	
4	移动天线	iRTK-700	1	套	
5	辅助差分电台	CX-HY-GRB04	1	套	
6	振捣监控传感器	HT-BEF1501	1	套	
8	通信模块	CX-TLG10	1	套	

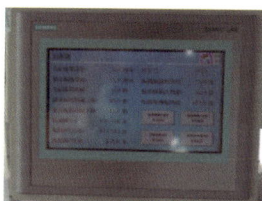

(a) 数据中转站设备　　(b) 振捣机监控终端显示屏　　(c) 振捣机监控终端设备

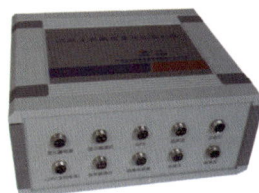

图 7-36 硬件设备

(a) 差分基准站和数据中转站　　(b) 平仓机监控终端

(c) 振捣机驾驶室内监控显示终端　　(d) 振捣机上监控终端

(e) 人工振捣智能控制装置　　(f) 人工振捣智能监控基站

图 7-37 振捣数字监控终端安装

7.2.3.2 系统精度测试

智能控制终端设备定位精度是系统成败的关键,设计的智能控制精度要求如下:①振捣位置综合精度,误差一般≤10cm,在信号稳定情况下≤5cm;②振捣插入深度精度,检测距离为0~100cm,监控精度为1cm;③振捣时间精度,与有效振捣的定义有关,其精度1~2s;④振捣臂旋转角度精度,检测范围为0~360°,监控精度为1°。

北斗/GPS双星四频差分定位设备,理想状态下标称精度为平面1~2cm、高程2~4cm,定位精度满足系统要求。同时,为确保其稳定收星能力、抗干扰遮挡能力、现场定位精度,在成都进行了精度试验以模拟各种条件下的定位,并在溪洛渡现场右岸610m平台和部分有代表性的仓面多次校核。精度测试成果见表7-4。

表7-4　智能控制终端设备定位精度测试成果

测试时间	测试地点	收星情况	定位精度	评价及备注
2013-08-11	成都	北斗良好 GPS良好	水平2cm	两侧建筑物(间隔10m,高度>20m)、距墙面3m处可精确定位,树下、车棚下可精确定位,精度及稳定性良好
2013-08-20	10#坝段 高程608~610m		水平2cm	经综合换算后,振捣机振捣棒组中心处精度为6cm(含角度与方向误差),定位精度稳定可靠
2013-08-26	右岸 高程610m平台		水平3cm	经综合换算后,振捣机振捣棒组中心处精度为5cm(含角度与方向误差),定位精度稳定可靠
2013-09-07	12#坝段 高程593~596m		水平3cm	经综合换算后,振捣机振捣棒组中心处精度为6cm(含角度与方向误差),定位精度稳定可靠,方向角精度为1°
2013-11-10	左右岸 高程610m平台		水平1~3cm 竖直3~8cm	经综合换算后,振捣机振捣棒组中心处精度水平为5cm(含角度与方向误差),竖直为4~8cm,定位精度稳定可靠,方向角精度为0.8°

7.2.3.3 系统软件和功能

大坝混凝土振捣智能控制系统软件是智能振捣的实时管理平台,采用C/S架构,主要包括服务端和客户端。服务端完成与监控设备通信、与客户端通信、数据分析处理与存储、系统后台管理等功能,客户端完成仓面规划录入、振捣台车调度、技术要求管理、振捣质量实时监控、监控结果查询与输出等功能。

系统软件主要功能包括:硬件数据通信管理,数据接收、存储、发送,数据分析处理与预警,权限管理,仓面信息配置,数据查询与展示等。

(1)振捣作业关键控制指标的实时采集与传输

以WiFi通信方式实现数据实时双向传输,保证数据交互的实时性。插入点振捣范围、插入深度、有效振捣时间、振捣机械设备型号等现场信息能发送至服务器,并进行存储、分析、统计、显示;同时系统预警与控制信息通过网络即时反馈至监控终端。

（2）振捣工艺管理

通过振捣监控客户端，远程进行仓面设计信息、仓面振捣资源的配置、振捣技术指标设置等，以适应不同部位、不同级配混凝土的振捣技术要求。

（3）数据分析处理与预警

服务器根据监控终端，获取的施工参数，实时分析是否满足技术要求，包括插入深度判定与预警、振捣位置判定与漏振预警、振捣时间判定与预警等，不满足要求时，通过客户端和监控终端进行预警，以便作业人员及时进行修正（图 7-38）。

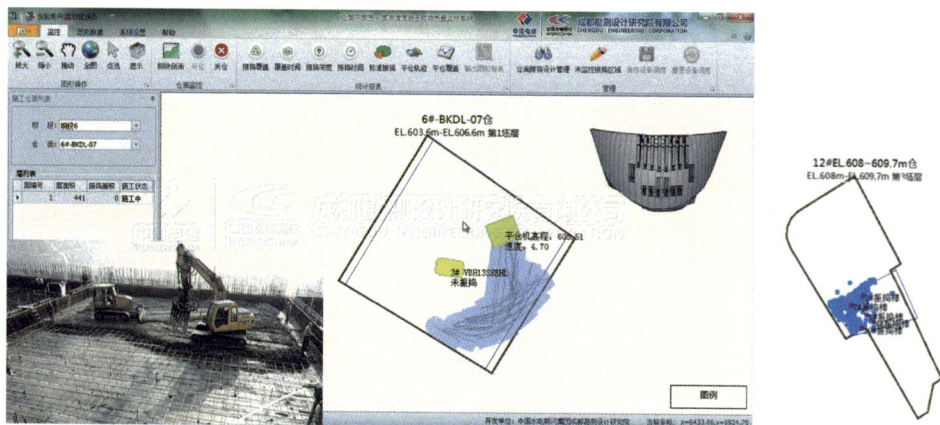

(a) 系统平仓、振捣监控数据分析

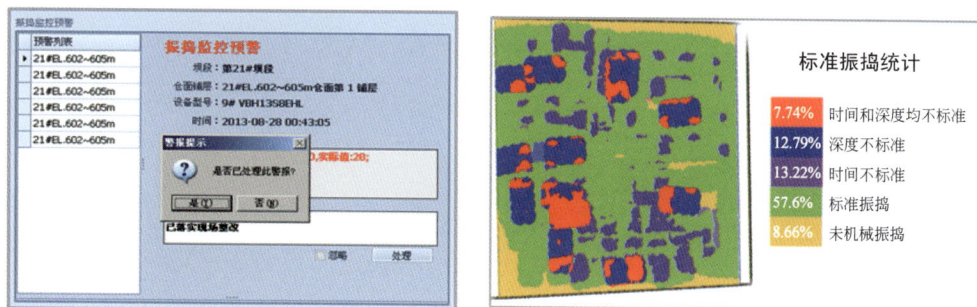

(b) 系统预警预报与反馈控制

(c) 图形报告界面(标准振捣图形)

图 7-38　数字振捣数据分析处理与预警

（4）数据查询与展示

实现实时监控界面展示（振捣实时情况、报警的实时提示与查询）、历史数据的查询、统计数据及图表的输出等功能。

（5）功能权限管理

实现针对不同用户设定权限，主要管理是否有仓面振捣设计管理权限、查询权限等。

7.2.3.4　系统应用成果

经过室内调试、现场安装、软件开发、现场调试、推广应用等过程，2013 年 8 月—2014 年 3 月，溪洛渡工程实现对 38 个浇筑仓平仓、振捣的实时监控、预警及智能控制，有效避免漏振、过振及欠振等不规范施工行为的发生。以 12$^{\#}$ 坝段高程 596～599m 仓为例,智能振捣全程对 6 个浇筑坯层进行智能控制,振捣时长集中分布在 16～35s,振捣插入深度集中分布在 40～50cm、50～60cm 及 66～80cm。其中,第 6 坯层理论坯层厚度 50～55cm,设计插入深度 60～65cm,实际第 6 坯层振捣深度大于 65cm 的振捣点超过一半;同时,振捣深度较大区域其振捣时间也明显偏长。经综合分析属于以振代平。图 7-39 给出了典型仓代表性坯层控制成果图形报告。

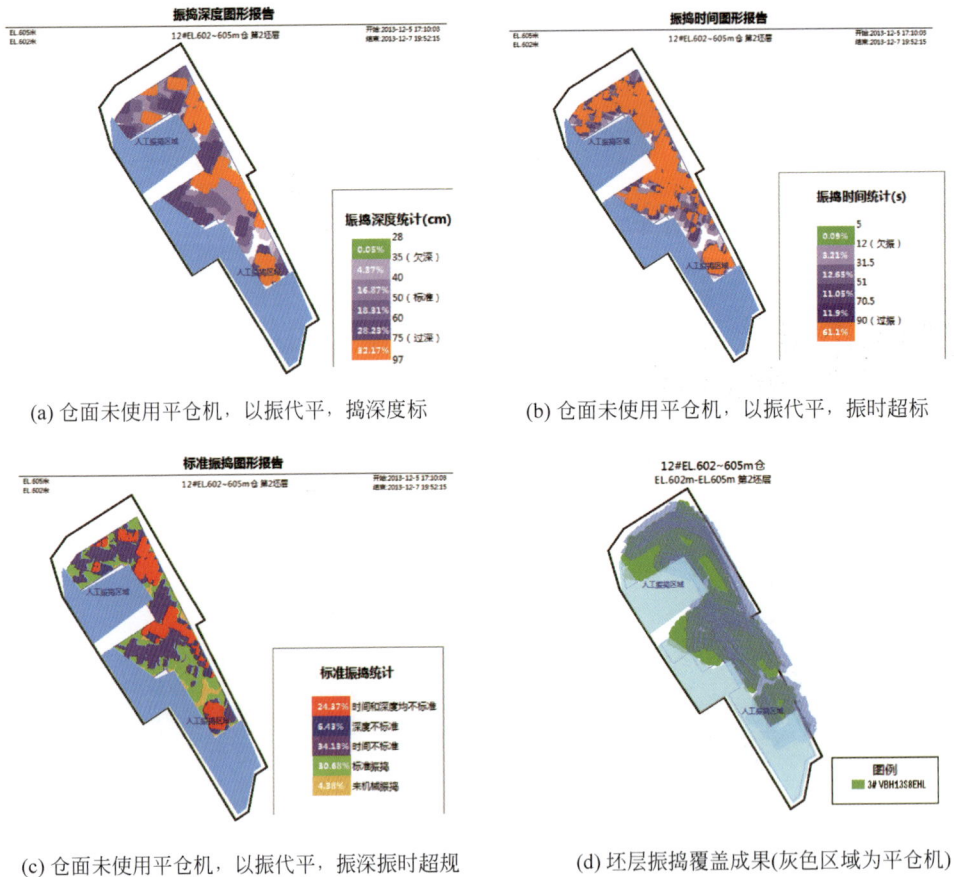

(a) 仓面未使用平仓机,以振代平,捣深度标

(b) 仓面未使用平仓机,以振代平,振时超标

(c) 仓面未使用平仓机,以振代平,振深振时超规

(d) 坯层振捣覆盖成果(灰色区域为平仓机)

图 7-39 数字振捣典型代表仓坯层图形报告

7.2.4 溪洛渡拱坝混凝土运输全过程数字监控

7.2.4.1 硬件部署

混凝土运输全过程监控相关硬件,包括侧卸车监测设备、缆机监控设备与配套设备。在侧卸车上安装集成物联监控终端,并在拌合楼出机口处、缆机料罐(或缆机吊钩)及水平运输路线中关注的位置安装无源标签。在缆机吊钩上安装集成物联监控终端,并在右岸高程 610m 平台缆机操作室设置北斗/GPS 差分基准站和数据中转站。图 7-40 给出了侧卸车集成物联监控终端及无源标签、缆机集成物联监控终端,其他硬件还有北斗/GPS 差分基站、中转站等设备,与智能振捣共用。

(a) 侧卸车监控终端　　(b) 拌合楼出机口标签安装　　(c) 缆机、侧卸车监控终端设备

图 7-40　混凝土运输全过程智能监控终端

7.2.4.2　系统软件及功能

混凝土运输全过程质量智能监控软件采用 C/S 架构,由服务端和客户端组成。服务端的功能主要包括监测数据的接收、数据存储、数据智能分析与预警(含出机口识别与匹配、缆机识别与匹配、运输循环识别)、运输过程资源匹配与效率优化分析、反馈控制信息的发送等。同时,服务端在智能识别出信息匹配、出现预警等反馈信息时,将相关信息立即发送给侧卸车物联监控终端和缆机操作室监控终端,通过声、光、图像等多种方式,提示操作人员进行反馈控制。客户端的功能主要包括运输过程监控数据图形化实时展示、预报警信息的提示等(图 7-41)。

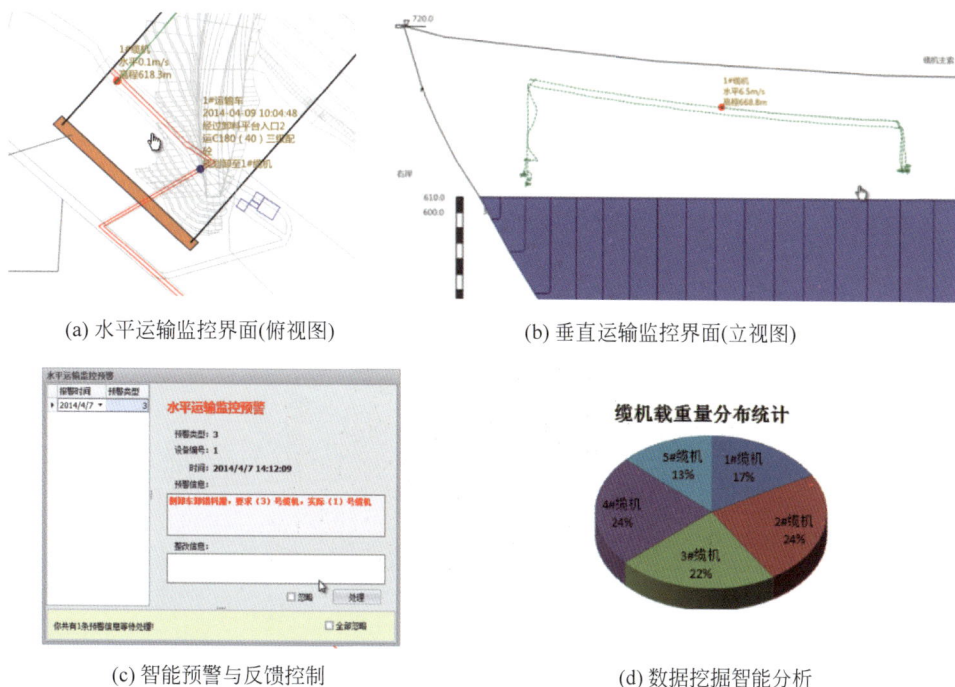

(a) 水平运输监控界面(俯视图)　　　　(b) 垂直运输监控界面(立视图)

(c) 智能预警与反馈控制　　　　(d) 数据挖掘智能分析

图 7-41　混凝土运输全过程数字监控配套控制软件及分析评判

7.2.4.3 应用成果

（1）累计运行时间和累计载重量-故障概率

图 7-42 给出了缆机运行时间饼图与缆机累计载重饼图。从图中可以看出，2#、3#、4# 缆机出力最多，运行时间最长，缆机发生故障的概率高于 1# 和 5#。可用于预计缆机发生故障的时机，便于提前做好缆机备件和检修准备。

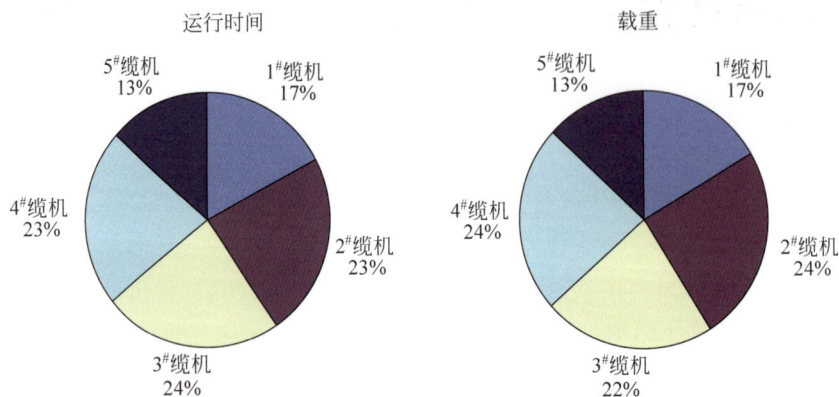

图 7-42　缆机运行时间饼图与缆机累计载重饼图

（2）缆机运行时间-混凝土浇筑强度的相关性

图 7-43、图 7-44 给出了缆机运行时间和混凝土浇筑强度的相关性分析。从图中来看，二者基本呈正相关性，单位混凝土的缆机运行时间（缆机运行时间/混凝土浇筑量）基本保持稳定趋势。但深孔钢衬和复杂仓面较多的月份，如 2012 年 1—2 月（深孔钢衬安装期间），2012 年 6—9 月（缆机故障减载运行期间），单位混凝土的缆机运行时间明显高于其他时段。根据单位混凝土的缆机运行时间，可用于预测后续施工中的缆机运行台时、估算运行费用；还可以估算单位金属结构吊装的缆机耗时，预估金属结构安装期间混凝土浇筑量。

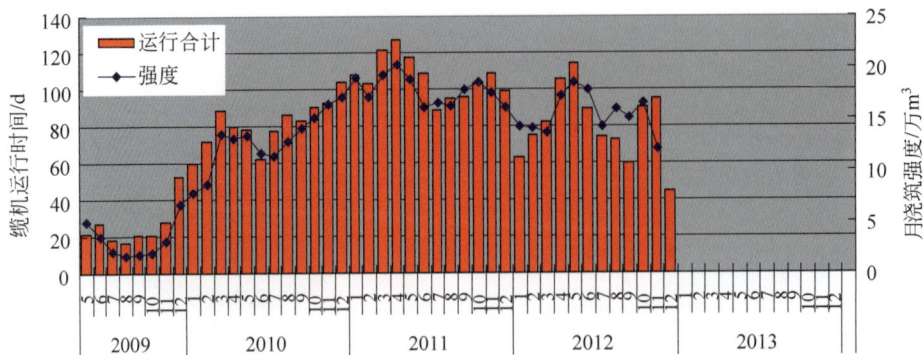

图 7-43　运行时间和混凝土浇筑强度的相关性分析

（3）高峰月缆机工作天数

图 7-45 给出了典型月份缆机工作时间饼状图（高峰强度月）。由饼状图可知，高峰月各

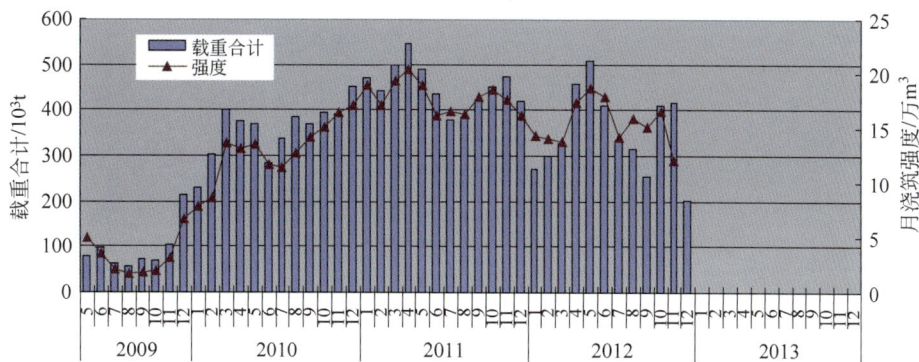

图 7-44 月载重总数与月强度的相关性(基本成正比)

台缆机工作时间一般超过 25 天。说明考虑到缆机的日常检修、仓面衔接、交接班等影响,缆机每月可正常工作的总时间一般均小于日历天数。该参数可作为施工计划的参考,也可作为缆机运行效率评价的参考。

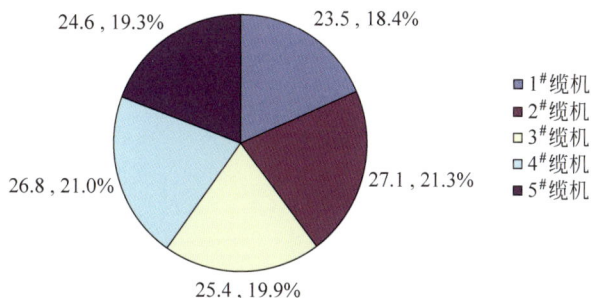

图 7-45 高峰月缆机工作时间饼状图(高峰强度月)

(4)缆机各环节效率分析

缆机运行去程和返程时间与路程相关,与装料和卸料,与吊零还是浇筑混凝土有关,需要找出其相关性。图 7-46 给出了缆机装料时间分布曲线图,去程调运时间、卸料时间、回程时间分布曲线。由曲线可以看出,装料时间主要集中于 2～4min,卸料时间很短,小于 2min,回程时间集中在 1～2min。这些参数可作为缆机运行效率参考,并作为预警阈值。

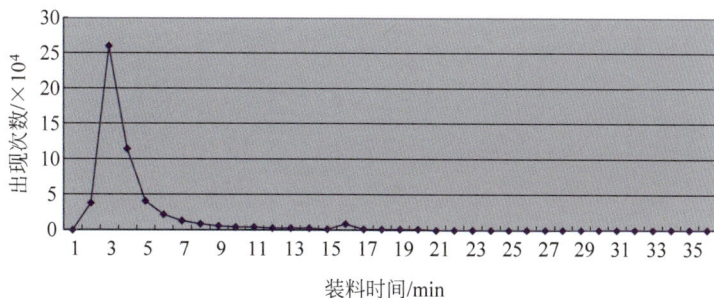

(a)装料时间分布曲线图,集中在2～4min

图 7-46 缆机各环节效率分析

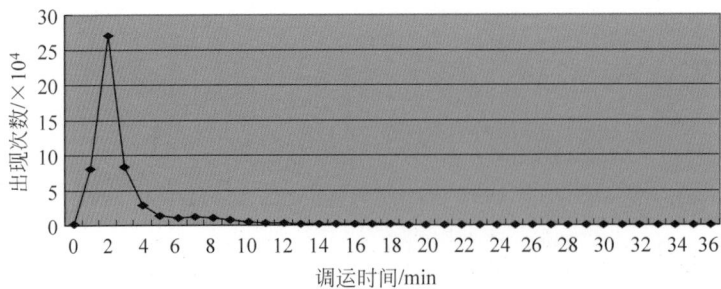

(b) 去程调运时间分布曲线，集中在1～3min

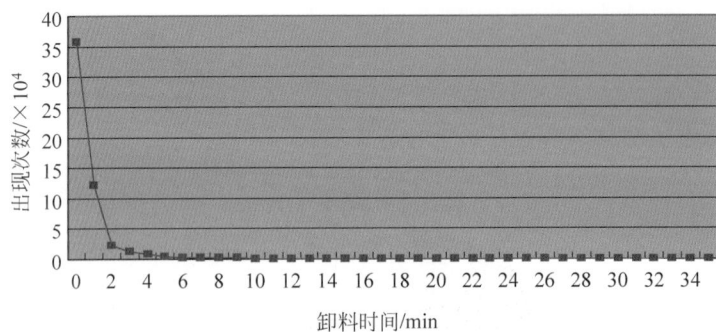

(c) 卸料时间分布曲线，卸料时间很短，小于2min

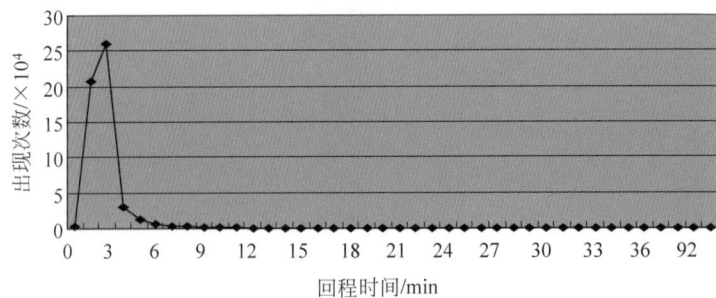

(d) 回程时间分布曲线，集中在1～2min

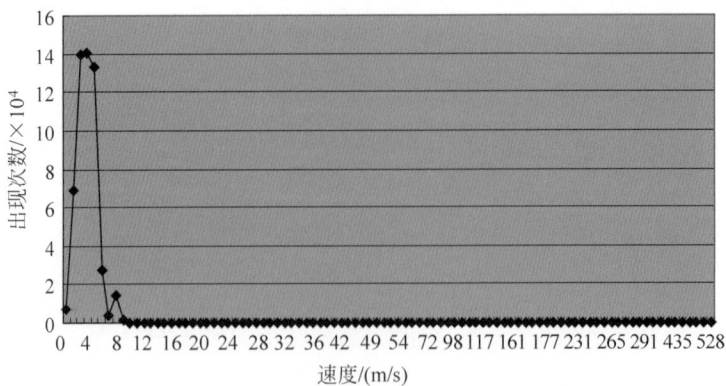

(e) 调运距离-去程速度分布曲线，主要为2～4m/s

图 7-46（续）

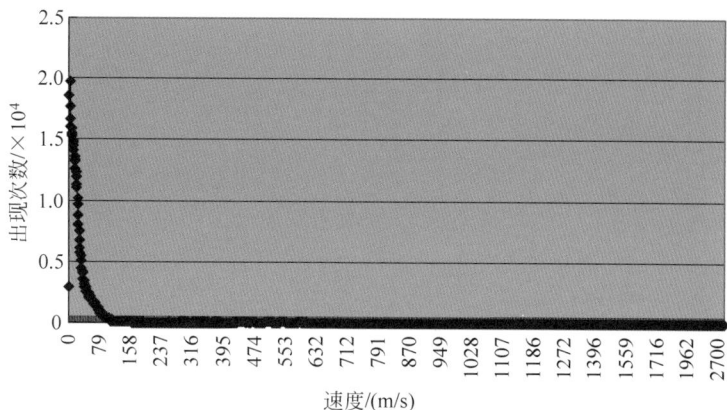

(f) 调运距离-回程速度分布曲线，集中于1～2m/s

图 7-46(续)

7.3 基础处理数字灌浆技术

7.3.1 灌浆现场数据监控系统

7.3.1.1 监控系统结构

灌浆现场数据监控系统就是每个灌浆记录仪都具有唯一的识别码，多台灌浆记录仪通过无线技术连接起来，并能够将各台灌浆记录仪的实时数据融合到一起的系统。通过该系统，管理人员能够读取每台灌浆记录仪的数据信息，了解到灌浆过程数据，并且能够对数据进行统计分析，帮助管理人员进行决策。系统主要架构如图 7-47 所示[24,25]。

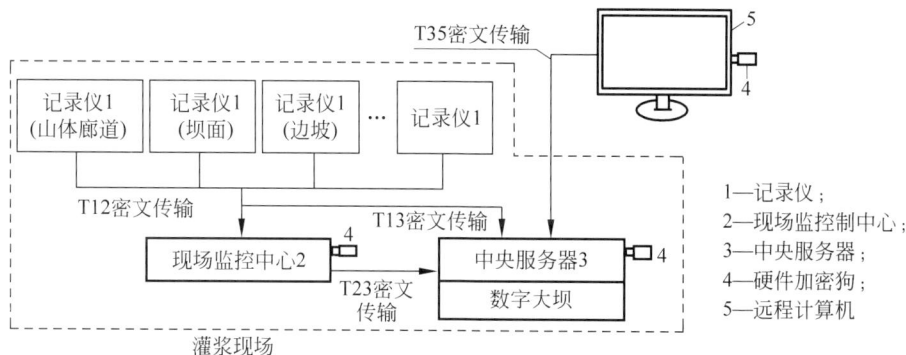

图 7-47 灌浆自动记录仪及数据实时监控系统框架图

（1）具有无线传输功能的灌浆自动记录仪[26-28]

压力、流量、密度、抬动四参数灌浆自动记录仪进行灌浆过程压力、流量、密度、抬动数据的采集和传输，内含无线数据收发器和加密模块，将加密灌浆数据实时传输出去。具有连接方便、自动组网、冗余纠错等功能，可保证数据传输的可靠和安全。

（2）现场监控中心

设在灌浆工程现场施工面集中处,接收各施工面的灌浆数据,实时监控灌浆现场;自动检测记录仪是否处在在线状态下;能预先设定灌浆参数报警值,一旦参数超过设定值或出现异常数据,可远程遥控记录仪停止工作。

（3）中央服务器

设在后方业主监管中心,接收所有的灌浆数据,进行灌浆过程远程监控;进行数据汇总、存储、处理及生成工程报表和曲线;对灌浆质量进行整体把控。

（4）数据实时传输网络

在灌浆现场特别是施工廊道内架设无线传输网络,记录仪在无线网络内可自由移动,记录仪通过无线网络的传输数据给现场监控中心,可采用无线局域网 WiFi、手机 GPRS 信号、3G 信号等技术;现场监控中心和中央服务器之间通过光纤、网线、3G 信号等技术相连。

（5）硬件加密狗

类似银行的 U 盾,进行用户管理,可以满足安全和管理的需要。若插上具有相应权限的加密狗,便能在现场监控中心进行实时数据监控、施工记录表预览、报表打印。

7.3.1.2　系统结构分析

系统是按照对象的分散的分层分布式监控系统进行设计[29],是一种集散控制系统（DCS）,可以分为现场控制级、过程管理级和经营管理级（图 7-48）。

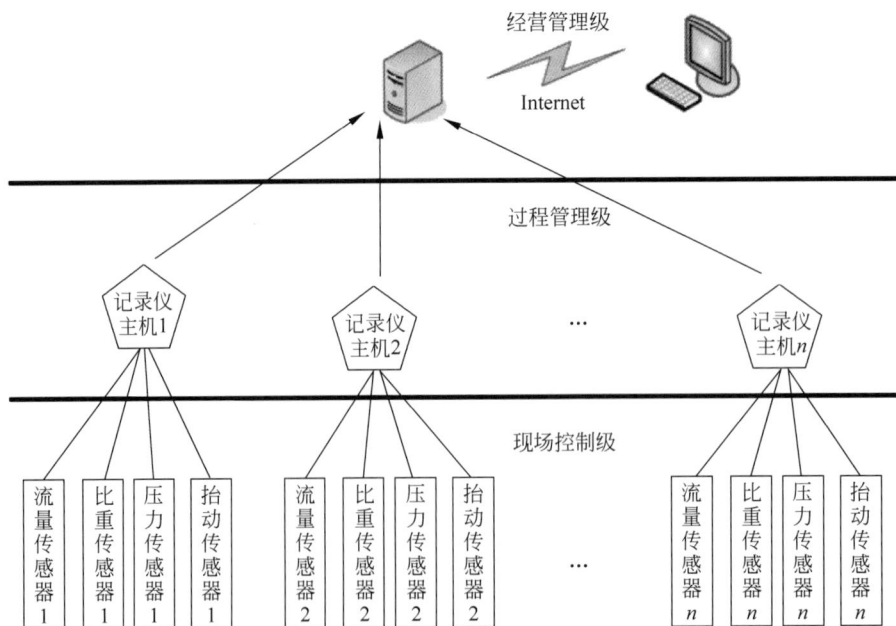

图 7-48　灌浆监测系统的整体结构

灌浆记录仪的各种传感器作为现场控制级,该级别直接面对灌浆现场,是所有数据信息的基础。该级别的各种传感器形成一个无线传感器网络,通过各自传感器采集到的信号无线传输到记录仪主机中,将过程中灌浆记录进行数据采集和预处理,并将采集到的数据无线传输到灌浆记录仪主机。

灌浆记录仪主机作为过程管理级,该级别通过接收现场控制级传来的信号,按照工艺要求进行控制规律运算,然后将结果作为控制信号发给现场控制级的设备,是集散控制系统的核心单元。灌浆过程的各种工艺都需要它来设置、记录和调节,比如灌浆参数的设置、数据的记录和高压阀的开合度调节等。

灌浆数据处理服务器作为经营管理级,作为集散控制系统的最高一层,可以监视灌浆监测系统中的所有数据,并且对数据进行统计分析和处理,从全局出发,帮助管理人员进行灌浆过程的监测和管理。

7.3.1.3 数字灌浆专家系统

数字灌浆专家系统(图 7-49)是灌浆现场数据监控系统的核心,设在后方监管中心的中央服务器主要有数据处理和灌浆工艺控制两大功能。数据处理功能负责报表处理、实时数据处理、网络及手机端数据管理、用户数据管理;灌浆工艺控制负责决策和工艺控制,分析灌浆资料和实时数据,并根据分析的结果设定灌浆参数、进行灌浆控制。中央服务器灌浆专家系统根据设定好的参数(如抬动),替代人工操作,自动控制整个灌浆过程的实施。业主、监理等施工管理者可通过计算机联网中央服务器,远程监控各灌浆作业面。数字灌浆专家系统主要控制功能如下:

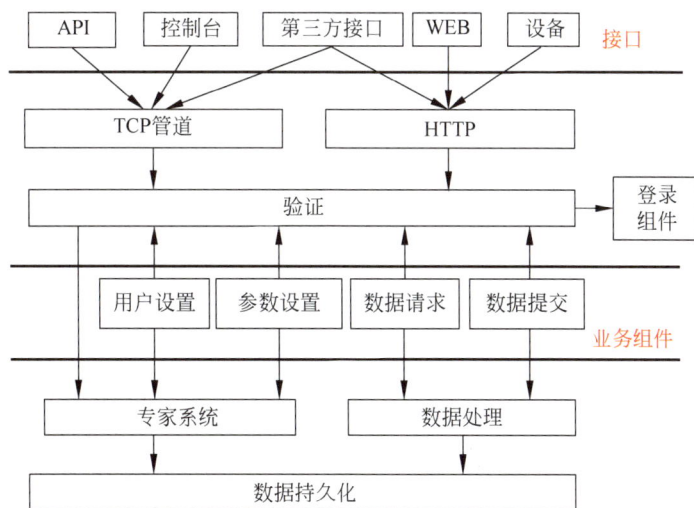

图 7-49　数字灌浆专家系统

(1)在线监控现场灌浆作业

能实时监控现场所有灌浆孔的灌浆情况,参建方可以远程实时查看到每个灌浆作业的流量、压力、密度、抬动值,完全再现旁站监控的情形。

(2)灌浆数据实时汇总分析

灌浆数据在中央服务器及时汇总,可以进行灌浆资料整理,生成各种报表,进行分时间段、分施工单位、分工程部位的查询,使各方能及时分析和掌握灌浆完成情况。

(3)灌浆工艺设定

根据具体工程要求,设定灌浆工艺,包括起始浆液浓度、最大注浆压力、变浆条件、灌浆结束条件等。

（4）抬动监测预警

发生抬动时，能够自动进行降压处理，并能在发生劈裂时进行声音或文字报警。

7.3.2　溪洛渡拱坝基础处理数字灌浆实践

溪洛渡大坝基础处理数字灌浆系统，自 2010 年 10 月开始在左右岸高程 347m 和高程 395m 灌浆廊道 AGL2 前期试验，先后经过多次系统升级及现场方案调整，在现场安全、稳定可靠的运行并实验取得良好效果；后期全面在大坝右岸、左岸高程 470m、高程 527m、高程 563m 和高程 610m 灌浆廊道及斜坡廊道应用。通过系统实时采集、传输原始灌浆数据，如抬动、压力、密度和流量等，掌握灌浆现场记录仪的使用状况，把握了现场设备状态；并利用灌浆平台集成大坝灌浆项目施工区域内的所有灌浆数据，实时浏览、查询、关注、跟踪工程部位、灌浆孔号、段号和时间段的灌浆施工状况，对灌浆工程灌浆数据的过程控制起到重要作用。

7.3.2.1　数字灌浆系统架构

系统网络架构见图 7-50，以记录仪内嵌的无线发射器和无线网络中继器为核心，将工地现场所有的记录仪连入无线局域网中，将记录仪采集的实时数据传输到监控中心，接入拱坝智能化建设业务协同工作平台 iDam 或网络化灌浆信息管理系统。

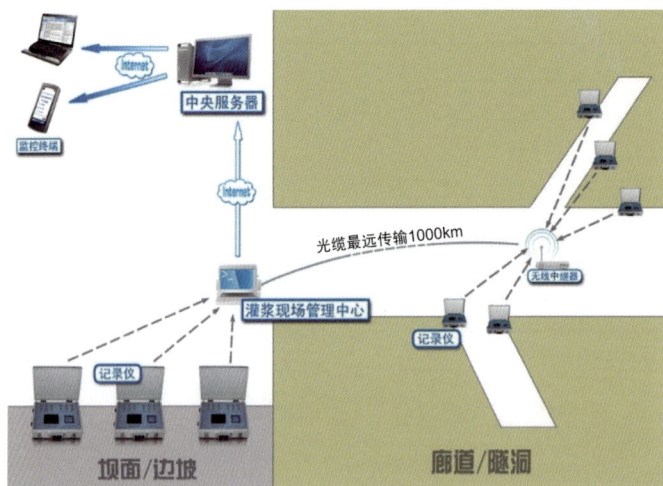

图 7-50　溪洛渡基础处理数字灌浆网络系统示意图

7.3.2.2　无线局域网络构建

无线局域网络是运用网络、信息、无线传输技术将各施工点记录仪的数据无线实时上传到中央服务器，进行数据汇总、信息管理。廊道内通过使用无线信号中继器，将廊道内所有施工点无盲点的覆盖，从而将整个廊道构建成一个整体的无线局域网；同时，将廊道内的所有记录仪通过无线连接方式接入到局域网中，在局域网内记录仪每隔 5s 上传一个加密的实时数据到网络中。网络中的数据通过廊道口的信号发射器将数据直接发送到服务器进行数据处理。

考虑施工工作面距廊道口较远，通过较长的交通洞才到达施工面，利用光纤传输的方式从廊道口铺设光纤到施工面，这样施工面的无线信号更稳定、信号强度更大，避免了在交通洞布设无线中继器。廊道组网示意图如图 7-51 所示。

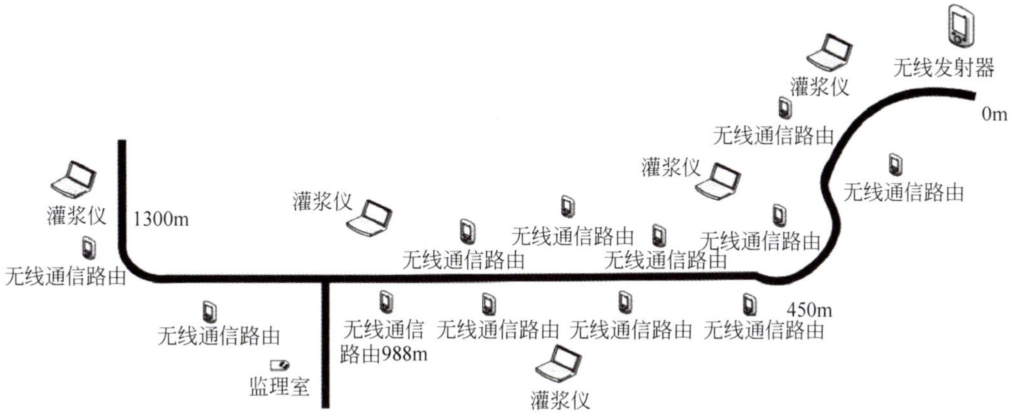

图 7-51 右岸高程 527m 灌浆廊道组图示意图

7.3.2.3 灌浆信息管理平台

网络化灌浆信息管理平台将处理后的各个施工点的信息综合处理后,分门别类地进行保存,以方便后期查询、数据导出、打印等。通过网络化灌浆信息管理平台,参建各方可通过任何一台联网的计算机,实现对灌浆工程的远程监控、远程管理、数据查询、资料整理等,并实时查看各种数据和报表。

基于管理平台的"实时数据监控",可动态显示现场正在施工的灌浆孔的流量、压力、密度和抬动等参数,并可动态关联至各参数的对应历时曲线。图 7-52 给出了溪洛渡 2 号仪器(803 机组)第 1 通道抬动历史曲线图。

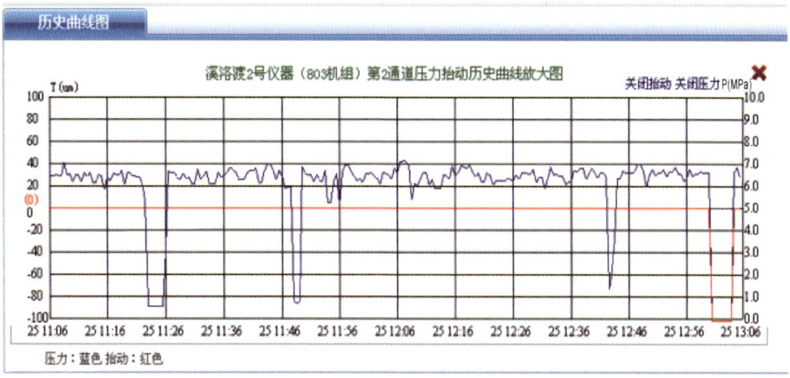

图 7-52 记录仪抬动 48 小时历史曲线图

基于管理平台的"灌浆成果分析",可动态显示各施工部位的灌浆成果表,通过该表可关联至其对应的成果图和成果表。其中,成果图包括"单位注灰量频率曲线图""透水率频率曲线图""注灰量与透水率关系散点图""灌浆综合剖面图""灌浆进度图""灌浆成果分析图"以及"灌浆平面图";成果表包括"灌浆工程施工进度表""灌浆工程量表""灌浆周计划查看",可关联至该施工部位的灌浆分序统计表和单孔灌浆成果。图 7-53 给出了基于平台的灌浆成果一览报表。

图 7-53 灌浆成果一览表

基于管理平台的"灌浆统一模型分析",可实现灌浆孔、检查孔的三维交互式分析,其中灌浆孔模型可与灌浆参数进行动态关联,并可实现灌浆成果图表的连接;检查孔模型可与检查参数动态关联,并可实现声波图片、岩芯图片和钻孔录像的连接。

7.3.2.4 数字灌浆系统特点

(1)组网先进,传输速率高

采用 3G 网络技术和 WiFi 技术作为灌浆工程网络化建设的组网方案,传输速率是现有各种无线技术中最高的,远高于电力线载波等传输方式,足够满足现场 100 台记录仪同时工作需求,且安全、可靠和稳定;同时组网方便,不须借助专业设备,使用笔记本电脑就可以进行调试维护。

(2)防伪性能好,防干扰能力强,不丢失无误码

数据在传输过程被截获的可能性极低,即使被截获,但数据已被加密,也不可能被破解,杜绝了记录数据在传输过程中被恶意篡改的可能,保证了数据的安全性;数据抗干扰能力,数据传输稳定准确,数据包丢失率为零,误码率也为零。

(3)功能强大,符合灌浆施工管理需求

除了实时查看流量、压力、密度、抬动数据等基本功能外,还可以在灌浆过程中随时上传原始报表,灌浆结束后记录仪也会自动将灌浆施工报表上传到监控计算机;可以查看过去 48 小时内的灌浆信息;数据上传到中央服务器后,还可进行资料整理、远程查看、打印等操作。

7.3.3 数字灌浆管理模式

由于灌浆记录仪并非所有的业主参与到购买、使用和管理的各个环节中,仪器厂家对其进行设计和改进的技术要求主要是由使用方提出,这种管理上的缺失为工程质量监管留下了隐患。此外,在利益的驱动下,某些灌浆记录仪使用人对仪器的要求由性能质量稳定变成能灵活操作,甚至弄虚作假。基于数字灌浆系统,构建的以"业主统一规划、部署、管理为核心,参建各方联合参与"的灌浆管理模式,达到对灌浆记录仪主动控制,确保了灌浆施工中灌浆记录仪数据记录的真实,真正做到灌浆工程施工过程可控、成果数据可信、质量结果可靠,

有效保证水泥灌浆施工质量。

(1)业主定制、统一采购

业主和系统设备厂家直接开展技术合作,设备厂家根据业主的需求,开发和定制灌浆工艺控制系统、自动调压系统、灌浆自动记录仪等相关设备,确保管理模式得以实现。

(2)业主指导、监理组织和系统厂商协助现场管理

由业主、监理、系统厂家成立项目小组,厂家技术人员做专职的控制系统监督员,人员编入业主工程部,配合业主、监理参与灌浆工程质量管理,负责现场各自动设备的检修、维护,协助业主进行定期率定和现场检查,可有力保障数字灌浆控制系统的实施。

(3)统一进行专业的系统维护管理

在灌浆自动控制系统的使用过程中,由系统厂家统一进行专业的维修维护服务,避免施工单位自行维修或更换设备,确保设备处于正常、有效的工作状态。

7.4 拱肩槽边坡开挖爆破高精控制技术

7.4.1 精细爆破概念

精细爆破,通过定量化的爆破设计和精心的爆破施工,进行炸药爆炸能量释放与介质破碎、抛掷等过程的控制,既达到预定的爆破效果,又实现爆破有害效应的有效控制,是安全可靠、绿色环保及经济合理的爆破作业。它秉承了传统控制爆破的理念,既要达到预期的破碎、压实、疏松和切割等爆破效果,又要将爆破破坏范围、建构筑物的倒塌方向、破碎块体的抛掷距离与堆积范围以及爆破地震波、空气冲击波、噪声和破碎物飞散等危害控制在规定的限度之内,实现爆破效果和爆破危害的控制。与传统控制爆破相比,精细爆破在定量化的爆破设计、炸药爆炸能量释放和介质破碎过程控制、爆破效果及负面效应的可预见性等方面要求更高[30]。

7.4.2 精细爆破理论基础和技术条件

精细爆破的核心是定量化和精细化,主要包括以下内容:精确数值化的爆破技术、定量化的工程爆破设计、高精高质爆破器材选型、精细化的爆破施工技术、精细化的施工管理方法、爆破效果的定量评价等内容[31-33]。

(1)精确数值化的爆破技术

借助计算机技术、爆破试验和测量技术,开展定量化的爆破技术研究,结合爆破全过程的数值化监测,可以定量化分析每一个破碎块体的运动过程和运动规律,精确模拟爆破作用过程中裂纹的产生和发展,预测爆破块度的组成和爆堆形态,开展爆破效果的定量评价和参数的动态优化调整,以及爆破模拟和爆破过程再现。

(2)定量化的工程爆破设计

定量化的爆破研究和分析为定量化的爆破设计奠定基础。一个完整的工程爆破设计,包含爆破方案比较和选择、爆破参数确定、炮孔布置形式以及起爆网络的设计。定量化的爆破方案包含开挖方式、开挖分区、开挖台阶高度、起爆方式、爆破规模等,通过数值优化分析,以定量化的方式给出;定量化的爆破参数选择主爆破孔爆破参数,包括炸药单耗、炮孔间排

距、密集系数、炮孔孔径、炸药药径、炮孔堵塞长度；预裂孔爆破参数主要包括线装药密度、炮孔间距、堵塞长度等,此外还包括施工预裂参数。借助数值分析和试验手段,精确定量爆破参数已成为现实。传统的起爆系统在设计方法上已实现定量化,但由于起爆器材的误差,无论是电起爆还是非电起爆,在实践中都很难满足精细化要求。近年来,高精度非电起爆系统和数码雷管起爆系统均可以达到毫秒级的起爆精度,使精确化起爆网络设计成为可能。

（3）高精高质爆破器材选型

高精度非电雷管和数码雷管,在控制结构倒塌过程、改善岩石破碎效果、实现抛掷堆积控制以及降低爆破振动效应等方面发挥了显著作用,基本实现了对爆破过程的精确控制。此外,适应不同岩性和爆破条件的高性能、性能可调控炸药及不同爆速导爆索,使得对炸药爆炸能量的释放、使用及转化过程的控制成为可能。性能可调控炸药为实现炸药与岩石阻抗相匹配创造了条件,极大地提高了炸药能量的利用率；低爆速导爆索可大幅度降低大理石等石材开采中的爆破损伤,有效提高石材的开采率和利用率,节约资源。

（4）精细化的爆破施工技术

满足精细爆破要求的施工机械和施工技术,从施工层面为精细爆破提供技术保障。随着施工机械化和自动化水平的不断提高,为精细爆破施工提供了技术支持,尤其是以 3S 技术（遥感技术 RS、地理信息系统 GIS、全球定位系统 GPS）为代表的信息技术在爆破工程中的应用,使得爆破工程测量放线、钻孔精度、装药堵塞等各项工序的精细程度大幅提高。国外大型矿山采用的潜孔钻机或牙轮钻孔设备,携带 GPS 系统,已实现钻孔的自动定位；依靠钻机上装备的测量及控制系统,可实现钻孔过程孔向及倾角的自动调整及控制。

（5）精细化的施工管理方法

要实现对爆破过程的精确控制,离不开精细化的施工管理方法。施工管理方法包括建立规章制度和制定质量控制标准。质量控制标准包括爆破振动控制标准、声波波速衰减率标准、超欠挖、平整度和残孔率要求等。

实施前准备包括从组织、技术、资源、进度、环保等管理环节的统筹安排。成立相应组织机构,对各自的职责进行明确分工,编制满足精细爆破要求的管理办法；施工过程控制严格按照设计施工,设置专职的工程爆破监理监督质量管理体系,检查现场施工质量控制程序、环节、质量控制方法等是否到位,分析施工质量控制方面存在的问题,并在组织管理、技术工艺改进等方面提出具体措施和质量控制要求。

（6）定量化爆破效果评价

爆破效果评价包括爆破振动的数值化监测、岩体爆破松弛深度的数值化测试、平整度和超欠挖检测、钻孔电视检测等数值化检测手段。加拿大 MiniMate Plus 的测振系统以及国内的 EXP 3850 爆破振动测试系统都可以对爆破振动进行及时有效的数值分析；武汉岩海的 RS—ST01C 一体化数字超声仪实现了爆破前后保留岩体松弛层深度的及时检测。武汉岩海公司生产的 RS—DTV 数字彩色钻孔电视摄像系统可以对保留岩体的内部质量进行数值化分析。另外,残孔率、平整度和超欠挖检测也为爆破效果评估提供了定量化指标。

7.4.3　溪洛渡拱肩槽精细爆破技术

7.4.3.1　溪洛渡拱肩槽精细爆破技术体系

溪洛渡拱肩槽建基面顶部高程 610m,底部高程 400m,高差达 210m,顶宽 18.3m,底度

68.6m,自上而下发散呈扇形;坡面形状十分不规则,既是一个斜坡面,又是一个扭面,呈缓-陡-缓地形;预裂孔既不在同一平面内,又不互相平行,预裂成型难度大,且两岸的地质条件复杂,受结构面切割、风化卸荷的影响,边坡岩体质量并不是很理想,爆破后极易在保留岩体中产生隐裂隙,钻孔时要穿过层间层内错动带、挤压带及地勘洞。

在如此复杂的地质条件下,如何确保造孔精度,克服成孔困难(如卡钻、断钻头)及"飘钻"等现象,保证预裂面质量是施工的最大难题;如何降低爆破对建基面的影响深度、减小爆破振动对边坡的影响,满足质点振动速度和岩石松弛深度要求,保证开挖边坡稳定和安全是施工的另一个难题。

基于精细爆破理念,溪洛渡拱肩槽爆破试验及开挖初步创立了"数值爆破技术、定量爆破设计、高精可靠爆材、精细施工技术、精细施工管理、定量爆破评价"的精细爆破技术体系,解决了拱肩槽爆破开挖过程中预裂面质量保证问题。其中,最优的爆破开挖方案、定量化爆破参数选择、精确化的起爆网路、高精可靠的爆破器材,实现了炸药能量有效利用,达到了岩石破碎及爆破效果的有效控制;对钻机和样架进行改造、增加限位板、加装扶正器、加粗钻杆直径、改进施工量角器精度等措施,形成了拱肩槽精细爆破施工的专项设备,实现了精确单孔定位、控制钻进速度、多次校钻的个性化爆破装药设计,形成了精细爆破施工工艺;"三定"(定人、定机、定位)、"三证"(准钻证、准装药证、准爆证)以及"三次校钻"等精细施工管理制度为基础的精细爆破管理体系,高质量完成坝肩开挖;爆破器材定量化试验和检测、爆破振动数值化监测、岩体松弛深度声波测试、钻孔电视和平整度及超欠挖等定量检测和评价体系,达到对爆破效果的定量评估。[34,35]

7.4.3.2 定量化爆破方案和爆破参数

1. 定量化的爆破方案

基于高程 600m 以上爆破参数和爆破方案试验,为了降低爆破振动,需要控制爆破规模,确定拱肩槽高程 610~400m 边坡开挖采用自上而下分台阶开挖,台阶高度 10m,前后分区爆破,从外沿至建基面一般控制在 10.0~13.5m,采用深孔台阶加预裂爆破的组合爆破方法,起爆网路采用普通塑料导爆管非电毫秒接力式起爆网路。主爆破孔采用 351 钻造孔,预裂孔采用 YQ100B 潜孔钻造孔。拱肩槽开挖分层分块如图 7-54 所示。

(1)爆破规模控制

高程 600m 以上边坡爆破开挖试验中,当爆破宽度≥50m、长度≥50m、台阶高度为 10~15m,爆破方量超过 2 万 m³、装药量超过 10t、爆破排数超过 10 排时,边坡质点振动速度将大于 40cm/s,对边坡岩体松弛层深度幅度明显增加。经分析,这与爆破排数增加、后排夹制作用增大及岩体松动作用减弱有关。因此,高程 610m 以下开挖一次爆破规模不超过 2 万 m³,单次爆破装药量不超 10t,同时跟踪监测,适当时规模还应进一步减小。在实际拱肩槽开挖爆破中,靠预裂面最后一区爆破,爆破规模都小于 8t。

(2)爆区纵向长度

边坡开挖类似一种剥皮爆破,大多数情况下厚度都小于 30m,但沿河道轴线却长达 400m。考虑到某些台阶的开挖需要将设备放置在工作面上,当一次爆破开挖长度过长而厚度较小时,爆区被整体推下容易导致道路中断。经综合试验对比选,拱肩槽开挖实际纵向长度按 50~75m 控制。

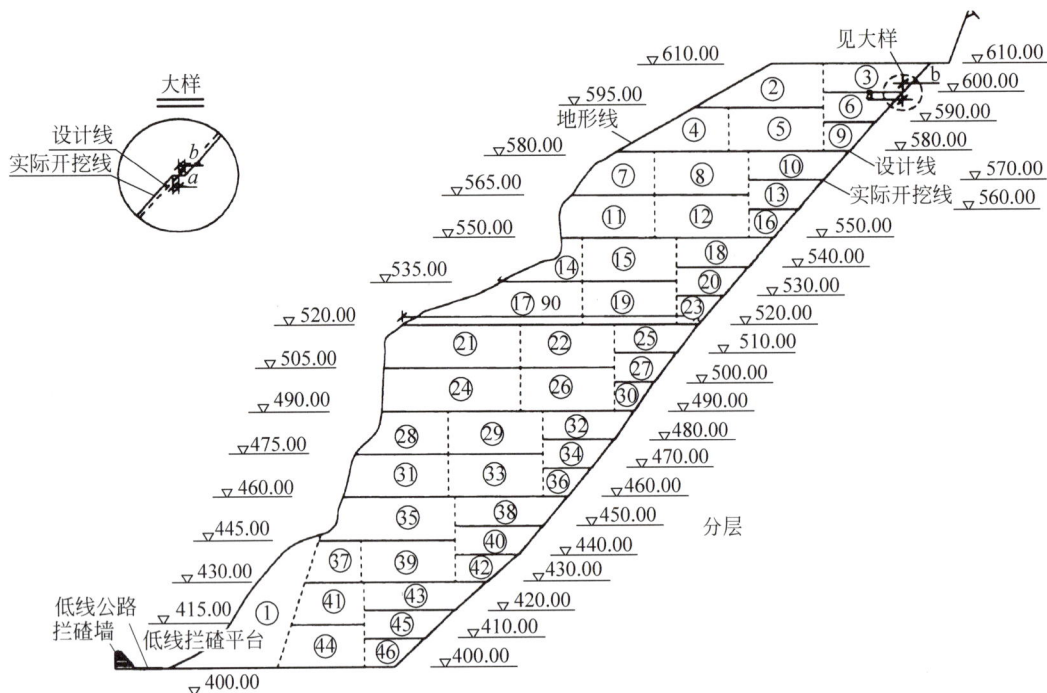

图 7-54　拱肩槽开挖分层分块图

（3）前后分区时爆区宽度

为限制未经预裂隔振的主爆破孔爆破振动对边坡产生破坏，预裂爆破保留岩体最小厚度应按大于预裂孔深 1.5 倍控制。根据这一预裂减振要求，当预裂孔深 10m 时，若最大振动速度≤10cm/s，爆破宽度不宜小于 16m。

当预裂爆破前爆区长度及宽度较大时，对预裂以及后排的爆破夹制约束作用较大，一次爆破振动相应加大，振动时间较长，爆破松动效果减弱，对边坡壁面破坏增加，故爆破宽度不宜超过 8 排。此外，大规模爆破需设置临时出渣道路，炮孔间排距适当加大，爆破宽度可适当放宽，降低炸药单耗，降低开挖成本。经综合考虑，预裂面最后一次爆破以 4～6 排主爆破孔为宜，超过或过小均不妥，爆破宽度按 16m 控制。

（4）周边处理

前排炮孔加密，尽量做到底盘抵抗线均匀。若左右与相邻爆区相连接，则采取加密孔光面爆破，也可采用"施工预裂"。后排则强调预裂爆破钻孔精度控制，可考虑缓冲孔爆破、分区爆破的后边界光面或预裂爆破，并合理选择线装药密度，适时调整缓冲孔到预裂孔的距离和起爆时间。

2. 定量化爆破设计参数

在高程 610m 以上坝肩边坡开挖爆破试验、爆破振动监测及局部声波测试基础上，结合岩体特性，初步确定高程 610m 以下拱肩槽爆破开挖参数，并在开挖中根据岩体实际特性不断优化调整。

（1）主爆破孔爆破参数

① 炸药单耗分析。高程 610m 以上主要为Ⅳ类和Ⅲ$_2$类岩体，仅局部存在少量的Ⅲ$_1$类

岩体,岩体破碎,风化严重。Ⅳ类岩体单耗 $0.35\sim0.40\text{kg/m}^3$,破碎块度基本控制在 0.8m 以内,大块率在 5% 以内;Ⅲ$_2$类岩体单耗 $0.40\sim0.43\text{kg/m}^3$ 时,破碎块度可控制在 1.0m 以内,大块率不超过 5%;个别部位Ⅲ$_1$类岩体炸药单耗 $0.43\sim0.45\text{kg/m}^3$,爆破块度和大块率均满足最佳装运要求。根据这种趋势预测炸药单耗,高程610m以下拱肩槽Ⅲ$_1$类和Ⅱ岩石开挖,炸药单耗应大于 0.43 kg/m^3。推荐的炸药单耗见表7-5。

表 7-5　拱肩槽开挖推荐炸药单耗

部　位	岩体类别	推荐炸药单耗/(kg/m³)	取值原则
左岸	Ⅲ$_2$	0.38~0.43	节理裂隙发育则取小值,节理裂隙不发育则取大值。临空面条件较好可以取小值,临空面条件较差取大值
	Ⅲ$_1$	0.40~0.46	
	Ⅱ	0.43~0.50	
右岸	Ⅲ$_2$	0.40~0.45	
	Ⅲ$_1$	0.44~0.48	
	Ⅱ	0.46~0.52	

注：此处论述的块度和大块率系宏观调查所得,未经筛分统计。在个别爆破中,前沿爆破孔由于底盘抵抗线较大,或者有孤石出现导致有超径大块,此类大块乃地形和地质条件所致,非爆破参数的原因。在此均以理想抵抗线考虑。

　　② 炮孔间排距。炮孔间排距实质是单个炮孔的控制面积和炮孔密集系数 m 问题,其中密集系数 m 为间距和排距之比。从实际试验情况来看,因未做细致的筛分,不能判断密集系数的变化对爆破块度和级配的影响程度。根据经验,深孔台阶开挖爆破的密集系数一般控制在 $0.8\sim1.2$,溪洛渡水电站拱肩槽边坡岩体比较破碎,故 m 值偏大。从爆堆分析来看,高程610m以上边坡岩体密集系数为1.33和1.50,爆破块度和爆堆形状较佳;进入拱肩槽后,岩体质量变好,推荐的炮孔密集系数为 $1.0\sim1.4$。

　　单个炮孔的控制面积和炸药单耗、岩石质量、岩体结构有关。Ⅳ类岩体单个炮孔的控制面积控制在 $13\sim15\text{m}^2$,取得了不错的爆破效果;但单个炮孔控制面积过大时,遇到岩体结构较差的部位,一旦缺孔,整个爆破效果就会受到很大的影响。Ⅲ$_2$类岩体单孔控制面积在 $10\sim13\text{m}^2$ 时效果较佳。据此,拱肩槽推荐的单个炮孔的控制面积和炮孔密集系数见表7-6。

表 7-6　拱肩槽推荐的单个炮孔的控制面积和炮孔密集系数

部　位	岩体类别	单个炮孔的控制面积/m²	炮孔密集系数	取值原则
左岸	Ⅲ$_2$	11.0~14.0	1.3~1.8	此处不给出具体的间排距,但根据控制面积和密集系数计算出的间排距必须符合炸药单耗和炮孔直径的要求。
	Ⅲ$_1$	9.0~12.0	1.2~1.6	
	Ⅱ	8.0~10.0	1.0~1.4	
右岸	Ⅲ$_2$	11.0~13.0	1.3~1.8	
	Ⅲ$_1$	8.0~11.0	1.2~1.6	
	Ⅱ	7.5~10.0	1.0~1.4	

　　③ 炮孔孔径分析。CM351钻机的最佳钻孔直径为 $\phi110\text{mm}$ 和 $\phi105\text{mm}$,YQ100B潜孔钻的最佳钻孔直径为 $\phi90\text{mm}$。采用 $\phi110\text{mm}$ 钻孔直径时,多次出现炸药下坠到炮孔底部,造成台阶底部单耗过高、上部单耗过低的现象。若全孔均质装药,则又会出现单孔药量偏大的情况,对控制爆破振动不利。在满足炸药单耗、炮孔密集系数和间排距的情况下,要控制

爆破振动,尽可能选择较小的钻孔直径。为此,推荐钻孔直径 $\phi105mm$ 和 $\phi90mm$。

④ 炸药药径分析。系统比较散装炸药、$\phi80mm$ 炸药、$70mm$ 炸药。因散装炸药一般装在孔底,延米装药量比较高,单孔药量比较大,易引起质点振动速度超标;另外考虑药径和孔径之间还有一个最佳匹配的问题(如 $\phi110mm$ 孔径最佳匹配药径为 $\phi90mm$;$\phi105mm$ 孔径最佳匹配药径为 $\phi80mm$;$\phi90mm$ 孔径最佳匹配药径为 $\phi70mm$)。为此,精细爆破设计推荐采用主爆破孔炸药直径 $\phi70mm$ 和 $\phi80mm$,相对应的炮孔直径分别 $\phi90mm$ 和 $\phi105mm$,并严禁在拱肩槽开挖中采用散装炸药。

⑤ 炮孔孔口堵塞长度分析。左岸的堵塞长度普遍控制在 $2.8\sim3.4m$,右岸的堵塞长度普遍控制在 $2.0\sim3.0m$,基本符合经验($(0.7\sim1.0)W_1$)要求。当堵塞长度过小时,如小于 $1.0m$,炸药能量提前冲出,爆破效果不佳,大药量产生的能量没有用于破坏岩石,且易产生飞石。因此,堵塞长度不能过小,推荐堵塞长度 $2.0\sim3.0m$,具体见表 7-7。

表 7-7　主爆破孔推荐爆破参数

部位	岩体	炸药单耗 /(kg/m³)	单炮孔控制面积/m³	炮孔密集系数	炮孔孔径/mm	炸药直径/mm	堵塞长度/mm	推荐间排距($a\times b$)
左岸	III₂	$0.38\sim0.43$	$11.0\sim14.0$	$1.3\sim1.8$	105	80	3.0	3m×4m
	III₁	$0.40\sim0.46$	$9.0\sim12.0$	$1.2\sim1.6$	90	70	2.5	2.5m×4m
	II	$0.43\sim0.50$	$8.0\sim10.0$	$1.0\sim1.4$	90	70	2.0	2.5m×3.5m 3.0m×3.0m
右岸	III₂	$0.40\sim0.45$	$11.0\sim13.0$	$1.3\sim1.8$	105	80	3.0	3m×4m
	III₁	$0.44\sim0.48$	$8.0\sim11.0$	$1.2\sim1.6$	90	70	2.5	2.5m×4m
	II	$0.46\sim0.52$	$7.5\sim10.0$	$1.0\sim1.4$	90	70	2.0	2.5m×3.5m 3.0m×3.0m

注:在 II 类岩体中,如果节理裂隙极端不发育,且靠近永久保留壁面的部位,间排距还要进一步减小,推荐 2.5m×3.0m。

(2) 预裂孔爆破参数

经系统分析比较(表 7-8),高程 610m 以下拱肩槽 II 类岩体线装药密度控制在 $330\sim380g/m$,炮孔间距控制在 $0.7\sim0.8m$,风化严重的部位取小值;堵塞长度 $1.5\sim2.5m$,并根据岩体结构质量适当调整;当宽度超过 30m 时,宜采用分区开挖,一方面减震,另一方面保证预裂效果;造孔钻机采用 YQ100B。

表 7-8　拱肩槽(高程 610m 以下)预裂孔直径和间距

部　位	岩体类别	高程/m	钻　机	孔径/mm	间距/m
左岸	IV	EL. 610m 以上	CM351	110	$1.0\sim1.1$
	III₂	EL. 610m 以上	CM351	105	$0.9\sim1.05$
	III₁	EL. 610m 以下	YQ100B	90	$0.8\sim0.9$
	II	EL. 610m 以下	YQ100B	90	$0.7\sim0.9$
右岸	IV	EL. 610m 以上	CM351	110	$1.0\sim1.1$
	III₂	EL. 610m 以上	CM351	105	$0.9\sim1.05$
	III₁	EL. 610m 以下	YQ100B	90	$0.8\sim0.9$
	II	EL. 610m 以下	YQ100B	90	$0.7\sim0.9$

（3）施工预裂参数

经系统比选，施工预裂参数为：孔距1.5～2.0m；线装药密度0.5～1.0kg/m；装药结构按400～500g/m计算总装药量，ϕ50或ϕ60药卷孔底连续装药，中上部间隔装药，堵长1.5m；或单节ϕ25或ϕ32药卷间隔装药，底部2m内加强为双节ϕ32连续装药，控制线装药密度400～500g/m；导爆索起爆，堵长1.5m。

3. 定量化起爆网路设计

（1）起爆系统选择

溪洛渡拱肩槽边坡开挖属于深孔大区域规模爆破，起爆网路应具有多分段，单段药量易控制，且安全可靠、便于操作、成本低廉、经济效益好。为此，起爆系统选择在目前深孔大区爆破中比较流行的塑料导爆管毫秒起爆系统，实现孔间排间毫秒顺序爆破。采用这种起爆方式，每个炮孔都可以从更多的自由面反射压缩波，各炮孔可以为后继的炮孔起爆提供新的自由面，而且爆堆较为集中。在抛散时，不仅有前后排岩块碰撞，而且还有两侧边岩块的碰撞，即存在三次破碎的特点。

（2）起爆网路设计

塑料导爆管毫秒起爆系统主要由两部分组成，即孔内起爆雷管和孔外延时雷管。在设计起爆系统的时候，要综合考虑三个方面：一是单段药量满足振动安全要求；二是同一排相邻段、前后排的相邻孔不出现重段或串段现象；三是整个网路传爆雷管全部传爆或仅留少数排的接力雷管未爆的情况下，第一响炮孔才能起爆。

① 孔间传爆雷管。排间雷管采用MS5，孔间采用MS3（50ms）、MS2（25ms）低段雷管接力，传爆主轴线两侧用MS3或MS2间隔。这种最传统、典型的非电起爆网路用法，在雷管延时精度和延时段别没有大改进的情况下，可以使起飞爆渣存在三次破碎。拱肩槽精细爆破开挖中继续坚持采用此类段别的雷管。

② 排间传爆雷管。在考虑起爆雷管延时误差情况下，必须保证前后排相邻孔不能出现重段或串段现象，并杜绝前排孔滞后或同时于后排相邻孔起爆。因此，排间雷管的延时误差应小于孔间雷管的延时。经综合比较选择5段（110ms）做排间传爆雷管。

③ 孔内起爆雷管。为防止先爆孔产生的爆破飞石破坏起爆网路，孔内雷管延时必须保证待爆的接力起爆雷管距离首爆孔起爆时有相对安全距离。这就要求起爆雷管的延时可能长些，但延时长的高段别雷管其延时误差也大，又必须确保延时误差不超过排间接力传爆雷管的延时值。因此，孔内起爆雷管选择的原则是在保证起爆网路安全的情况下，尽可能选择段位低的雷管，对雷管段位Ms量要做测试。对比分析比较孔内起爆雷管MS9～MS15振动质点，当单孔内雷管段别增高时，振动叠加情况增多；且孔内装MS15段（880ms）以上雷管时，爆破录像资料分析表明多次发生后排孔先爆。因此，在合理控制爆破规模情况下，内起爆雷管的段位不宜超过15段（880ms），爆破孔内雷管采用MS10、MS11、MS12（380～550ms）为宜。

此外，当单段药量大于100kg时，多次出现质点振动速度超标。从控制质点振动速度出发，单段药量控制在70kg以内，一孔一响；一次爆破规模分析表明，单次爆破规模达10t炸药以上，屡次出现质点振动速度超标，将其调整到10t以下，质点振动速度有所降低，5t以下时，质点振动速度降低幅度有所下降，故单次爆破规模宜控制在8t以内；预裂孔单段爆破孔数与预裂面的成逢质量成正比,然而孔数增多,预裂单段药量越大,质点振动速度也越大,对边坡安全不利,因此预裂孔一次爆破孔数大于 4 孔。

图 7-55 给出了高程 600m 以下拱肩槽开挖典型起爆网路图,表 7-9 给出了溪洛渡部分典型起爆网路参数。从图中和表中可以看出,溪洛渡拱肩槽爆破开挖采用孔内延时、孔外分段的非电毫秒顺序起爆网路,孔内雷管段位选择 MS10、MS11、MS12,排间雷管采用 MS5,孔间雷管采用 MS3、MS2,传爆主轴线两侧用 MS3 或 MS2 间隔,单段药量控制在 50~70kg 以内,一次爆破规模宜控制在 8t 以内,预裂孔一次爆破孔数控制在 4 孔以上。

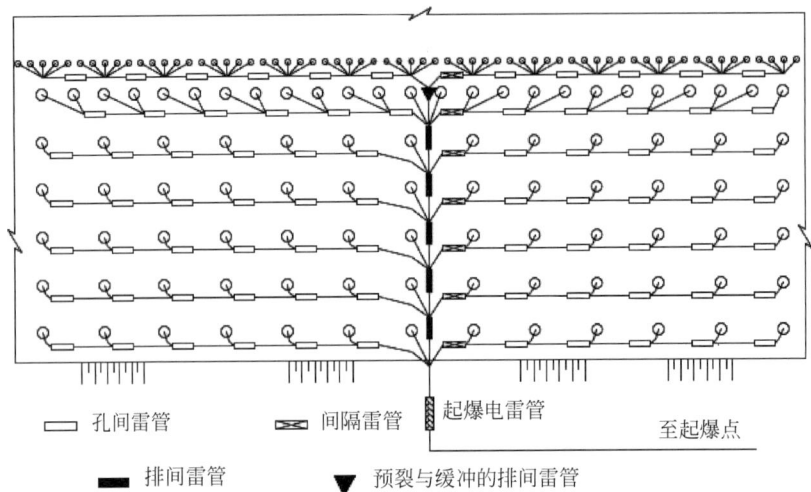

注:1. 孔内雷管的段位宜选择MS10、MS11、MS12,不宜偏高;
　　2. 排间雷管采用MS5;
　　3. 孔间雷管采用MS3或MS2段;
　　4. 传爆主轴线两侧用MS3或MS2间隔;
　　5. 预裂与缓冲孔间的排间雷管MS6~MS9,应根据整体爆区规模选择;
　　6. 单响药量控制在50~70kg以内,一次爆破规模宜控制在8t以内;
　　7. 拱肩槽开挖主爆破孔应按单孔单响控制,在距离永久预裂面30m以外的爆破远区可以2孔一响预裂孔一次爆破孔数宜控制在4孔以上;缓冲孔在满足单响药量要求的情况下,可以2孔一响;
　　8. 在一般情况下,推荐采用电雷管起爆整体网络,但雷雨季节,建议采用火雷管起爆。

图 7-55　典型的起爆网路图

表 7-9　左岸、右岸坝肩起爆网路参数

部　　位	左岸坝肩					右岸坝肩			
时间	2005.11.28	2006.3.8	2006.4.17	2006.4.26	2006.4.29	2005.11.17	2006.2.6	2006.3.18	2006.4.2
高程	EL.650~640m	EL.640~625m	EL.625~610m	EL.625~610m	EL.625~610m	EL.670~655m	EL.655~640m	EL.640~625m	EL.625~610m
孔内雷管	MS15	MS13	MS15	MS15	MS15	MS9	MS10	MS10	MS10、12
孔间雷管	MS3	MS3	MS3	MS3	MS3	MS3	MS3	MS3	MS3
排间雷管	MS5	MS5	MS5	MS5	MS5	MS5	MS5	MS5	MS5
预裂孔间隔雷管	MS2	MS3	MS3	MS3	MS3	MS2	MS2	MS2	MS3
预裂与缓冲间雷管	MS6	MS9	MS10	MS9	MS10	MS6	MS4/MS5	MS5	MS5/MS8

续表

部　位	左　岸　坝　肩					右　岸　坝　肩			
主爆孔单段孔数	4	1	1	1	1	1	1	1	1
预裂孔单段孔数	9	5	5	5	5	4	5	5	5
单段药量(kg)	200	82	77	65	55	69	72	72	70

7.4.3.3　精细爆破钻孔设备选型和改造

当前爆破设备大多数达不到现代信息技术的要求,高拱坝拱肩槽对爆破质量要求又很高,在这种情况下,对传统设备进行改造,使之接近或达到精细爆破的要求。考虑溪洛渡边坡开挖坡度较陡,大型钻机无法就钻,而 YQ100B 钻机只需较小钻孔平台即可满足要求,且钻孔精度高、易控制,所以溪洛渡在拱肩槽建基面开挖中采用 YQ100B 钻机钻预裂孔。缓冲孔及爆破孔因钻孔精度要求相对较低,采用 CM351 液压钻钻孔。即使这样,距离精细爆破的要求还有一定的距离,因此在施工中,因地制宜进行了设备的改造。

(1)钻杆直径改造

常规 YQ100B 潜孔钻机钻杆直径为 45mm,考虑拱肩槽开挖坡度缓,小直径钻杆在钻孔过程中易出现挠性变形造成漂钻,导致孔底超挖,影响超挖和平整度指标。因此对钻杆进行了改造,直径从 45mm 调整为 60mm,刚度加强,避免钻杆在钻进过程中发生挠性变形。

(2)扶正器使用和改造

虽然预裂孔钻杆直径从 45mm 调整为 60mm,但小钻杆与大孔径之间存在的间隙以及钻杆本身自重造成的下沉,导致无法保证钻杆在钻孔中心线位置工作。解决这个问题的途径是在钻杆上每隔 2～3m 位置加装一个确保钻杆在孔内居中的装置——扶正器(图 7-56)。该装置外径与钻头直径相同,结构形式与钻杆类似,内部中空可送风,外部有槽道可返渣,能确保钻机正常工作,还能使钻杆始终居中。

图 7-56　精细爆破钻孔扶正器

(3)钻机改造

YQ100B 钻机自带的限位器距离孔位点在 1.0m 以上,钻机开孔时冲击器易偏离孔位点,因此在钻机两侧加焊 48mm 钢管,使其与样架连接,并在钻机底部加焊限位板。在开孔时,限位板可固定冲击器前后方向,避免在开孔钻进时发生向前滑移,造成开孔孔位偏差。

图 7-57 精细爆破钻机改造加焊限位板示意图

（4）钻机样架

小型的液压钻和潜孔钻相对较轻,钻进过程中方向控制难度很大,一般都需要搭设钻机样架。结合溪洛渡拱肩槽开挖特点（扭面、未设马道）,钻机样架采用整体样架和分体样架相结合的搭设方式。采用手风钻钻设四根插筋孔（必要时可增设插筋）,用 ϕ48 钢管作插筋,入岩 0.8m,外露 0.5m（可根据实际地形调整外露长度）。钻机底部和顶部各一根横杆,插筋与横杆用扣件连接,必要时再在钻机底部增加一根辅助横杆,横杆与立杆用扣件连接,立杆与100B 钻机两侧加焊的两根钢管扣件连接。横杆、立杆均采用 ϕ48 钢管。此外,为了减少系统误差,还采用单机单架。

（5）检测仪器改进

尽管已对普通的传统钻机 YQ100B 进行了改造,并为之设计了相应的样架搭设方式,但对钻进过程的控制,尤其是当钻孔较深时仍尤为重要。解决这个问题是通过钻进过程中的多次校钻来实现,校钻一般采用量角器。为了提高校孔精度,专门制作了 100B 钻机专用的加厚小量角器,量角器精度由 0.2°提高到 0.1°。

7.4.3.4 精细施工管理体系

溪洛渡水电站拱肩槽开挖执行如下的作业流程:爆破设计及审批→开挖区域大面找平→清面→测量放线→布孔→技术交底→打设插筋、100B 钻机加固、就位→钻孔→清孔→钻孔质量检查→钻孔保护→装药→网路连接→网路检查→起爆→出渣→坡面清理→开挖边坡测量检测→爆破效果分析→下一循环。其中,预裂孔钻孔流程如图 7-58 所示。流程控制中有如下要点:

（1）一炮一设计

爆破作业严格执行"一炮一设计",爆破设计包括预裂孔、缓冲孔、主爆孔布孔方位、孔网间距、装药结构以及爆破网路连接等相关技术参数。相关参数均结合地质情况进行确定。

（2）逐孔放样校核

预裂孔、缓冲孔孔位和方向点采取测量逐孔放样,放样后还必须进行严格的复核。

（3）开钻许可制度

100B 钻机实行严格的验收制度,钻机定位、样架和钻机固定牢靠后进行检查,确认方向、角度正确,钻机样架牢固,上、下游轮廓线上预裂孔（关键孔位）准备充分后才可以开钻。

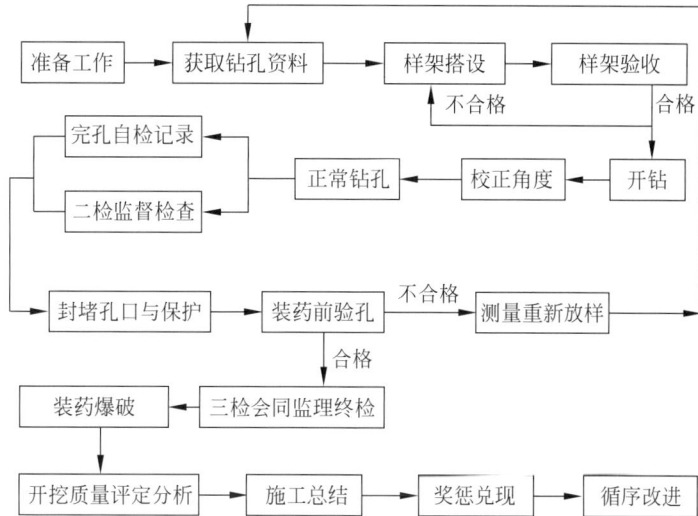

图 7-58　精细预裂孔钻孔作业流程图

（4）"三定、三证、三次校钻"制度

在钻孔爆破控制方面，严格执行开挖爆破施工准钻孔证、准装药证、准爆证"三证"管理和定人、定机、定孔作业"三定"制度，并严格执行前三根钻杆的 0.2m、1.0m、2.0m"三次校钻"制度。

（5）全程严格执行三检制

在钻孔过程中，对预裂孔、缓冲孔钻孔的方位角、倾角的质量控制，严格实行"三级质检"制，质检人员在整个钻孔过程进行全过程跟踪控制；每个预裂孔均有完整的钻孔记录，若有岩灰异常、卡钻、掉钻等情况，记录均如实反映，同时施工人员还应及时向当班质检反映，最终由技术工程师确定处理措施；预裂孔钻孔记录也是作为预裂孔线药量调整的基础依据。

（6）严控钻进速度

根据前期试验经验，钻进速度对预裂孔成孔质量影响较大，因此对钻进速度制定了严格标准和控制办法。前 3 根钻杆钻进速度控制在 40min/m，后续钻杆钻进速度为 20min/m，平均每台钻机一个班（12h）只需完成 1 个预裂孔（单个预裂孔孔深平均在 13m 左右），遇到地质条件复杂，速度还应放慢。

（7）严控装药、连网工艺

由专职技术人员装药、连网，之前现场进行技术交底；装药连网过程中，预裂孔装药结构（线装药密度、底部加强药量）在依据爆破设计基础上，结合钻孔过程中岩灰反映的岩石状况进行调整；装药连网过程中质检、技术人员实行旁站监督，确保网路连接按爆破设计执行，网路连接完成后由专门技术人员对其进行检查。

（8）火工材料"三同一"

在施工过程中，对每批进场的炸药均进行入库检测。现场火工材料使用做到"三同一"，雷管同一厂家，炸药同一厂家，导爆索同一厂家。炸药入孔前，炮工采用手捏、目测、检验出厂合格证等手段进行检查。

（9）每孔全程监测、持续优化

每次爆破均进行爆破安全振动监测，在爆破前后均进行声波对比测试，每个梯段开挖完成后，测量、质检人员现场对超欠挖、平整度、半孔率、爆破裂隙等情况进行检测、统计，并将其作为下一梯段爆破设计优化依据。

（10）执行一炮一总结

在每一次爆破完成后，都及时召开开挖质量总结会，通过对预裂面半孔率、平整度、超欠挖等质量指标以及爆破振动安全监测数据、声波衰减值来分析现场钻孔质量控制、爆破设计钻爆参数等方面存在的问题，并制定相应的改进措施。

7.4.3.5　定量化质量评价体系

从精细爆破的理念可以看出，要实现精细爆破，必须要实现对爆破效果的定量评价。溪洛渡拱肩槽精细爆破技术，以质点振动速度、岩石声波、钻孔电视、平整度和超欠挖检测等为主的分区、分段、分层、分级对标的岩体质量定量评估体系，为大坝基础精确仿真提供了重要的基础数据。

1. 爆破器材定量化试验和检测

爆破器材质量定量化试验和定量化检测内容包括：雷管延时精度检测，导爆索的传爆时间、传爆可靠度和起爆能力检测，炸药性能指标测试。雷管的技术控制指标，准爆率100%，延时精度必须达到国家规范的标准；同时，应对各个批次的雷管误差趋势有准确的了解，以利在爆破设计时参考。导爆索的技术控制指标，速度在 6500m/s 以上，传爆可靠度和对塑料导爆管雷管的起爆能力均可满足要求；炸药基本控制指标：密度大于 $1100kg/m^3$，爆速在 4500m/s 以上，作功能力大于 320mL，猛度大于 16mm，殉爆距离大于 2 倍的药径，有抗水性、抗压($3kg/cm^2$)性能，起爆(8 号雷管感度)、传爆(连续传爆 25m)性能好。图 7-59 给出了炸药殉爆距离测试原理示意图。

图 7-59　炸药殉爆距离测试原理示意图

2. 爆破振动数值化监测

选用两类测试系统(图 7-60)：一类是加拿大 MiniMate Plus 测振系统，系统内置数码芯片自动对测试过程进行控制，可灵活方便设置测试参数，包括测试量程、采样频率、信号触发方式及电平大小，记录时间及次数等；第二类是 EXP3850 爆破振动测试系统，用于对振动波进行记录、数据分析、结果输出、显示打印、数据存储等。

现场爆破试验主要包括地表质点和内部测点振动速度测试，测点布置如图 7-61 所示。前者的爆破安全控制标准测点，布置在爆区正后冲方向，从上一马道开始自下而上布置，所有测点均布置在马道坡脚位置。爆破开挖时，测点布置在上部台阶内侧坡面，沿大坝轴线自下而上布置。后者爆破安全控制标准测点，预埋入距坡面水平距离 12～20m 深的岩体中，做到与静态观测点一致，以便动静态观测成果的对比分析。

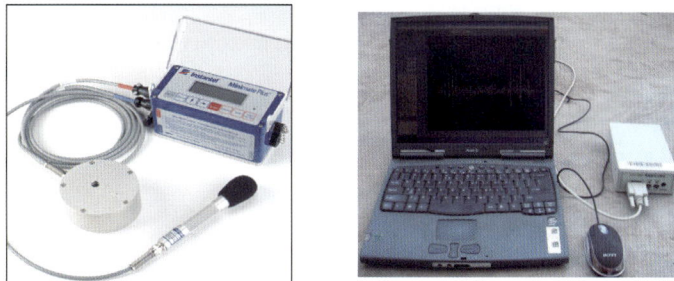

图 7-60 MiniMate Plus 和 EXP 3850 爆破振动分析系统

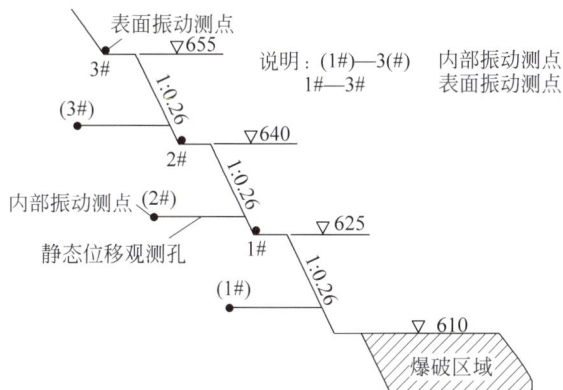

图 7-61 爆破试验观测内容示意图

3. 岩体松弛深度声波测试

测试系统主机采用 RS-ST01C 一体化数字超声仪(图 7-62)。根据不同测试内容和穿透距离,换能器采用单孔、双孔、平面、大功率发射和带前置放大等换能器,主要包括爆破对上一台阶边坡岩体影响测试、爆破对边坡保留壁面影响测试和爆破对马道影响测试。

爆破对上一台阶边坡岩体影响测试,声波孔布置在距主爆区最近处的上部边坡坡面上,距坡脚 0.5～3.0m 高程范围内,布置图见 7-63。采用爆破前后多次对比测试,主要测试下部台阶爆破对上部已成型边坡的影响。

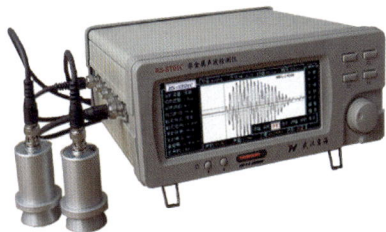

图 7-62 RS-ST01 声波仪实物图

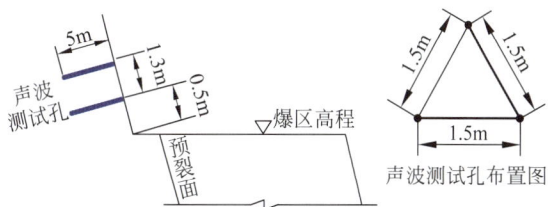

图 7-63 上一台阶边坡岩体声波测试孔布置示意图

爆破对边坡保留壁面的影响测试,声波造孔示意图见图 7-64。从爆区表面钻斜向的声波孔,穿过爆区到达保留预裂面,穿过预裂面 8.0m,以底部 8.0m 为测试重点,爆破前进行声波测试,测试完后将孔内灌满沙子,护住炮孔。爆破后等爆渣清理结束后,将炮孔吹出来,进行爆后声波测试,对比爆破前后波速,判断当次爆破对边坡保留壁面的影响。

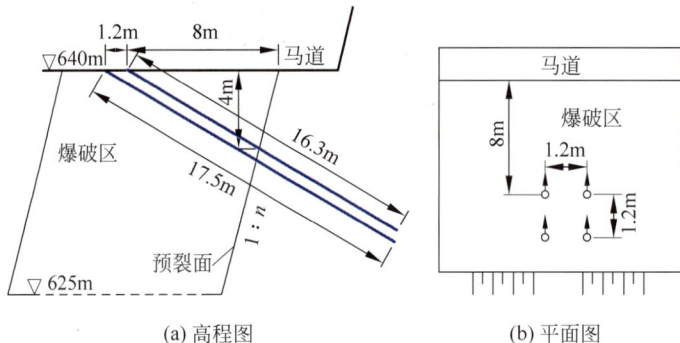

(a) 高程图   (b) 平面图

图 7-64 当次爆破对边坡保留壁面的影响示意图

爆破对马道影响声波测试,布孔如图 7-65 所示,从保留马道钻平行于预裂面的声波测试孔一般布置 3 组,第一组两排,第二组和第三组各 1 排,做相互之间的双孔对穿试验。该布孔方式既可以做孔间的双孔对穿声波测试,也可以做排间的双孔对穿试验。通过爆破前后的测试对比,可以完整评价当次爆破对边坡的影响深度。

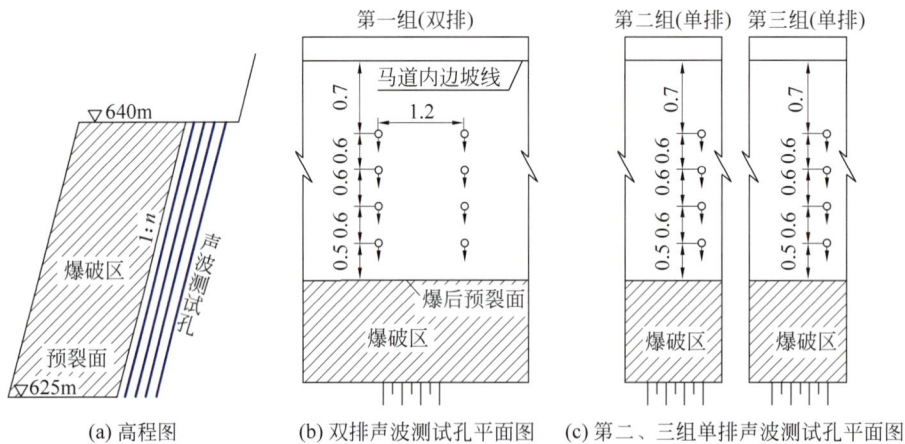

(a) 高程图   (b) 双排声波测试孔平面图   (c) 第二、三组单排声波测试孔平面图

图 7-65 马道声波测试孔布置示意图

4. 钻孔电视

钻孔摄像采用武汉岩海公司生产的 RS—DTV 数字彩色钻孔电视摄像系统。探头(摄像头)WATEC 彩色低照度摄像头,450lines,水平分辨率,795pixels,垂直分辨率,0.1mm。将含锥面反光镜的探头放入钻孔内进行拍摄,将孔壁全景图像进行数字处理,然后将数字信号传送到微机实行全景图像变换处理,刻录 DVD 可视图像加以保存。同时,随着探头在孔内的推进,带动孔口滑轮的转动,采用光电脉冲记录的深度信号也同步传输给微机进行记录。应用钻孔电视分析软件,可以将孔内壁全景柱状图像进行平面展开,以孔深推进 2cm 保存一幅孔壁展开图片。

5. 平整度和超欠挖检测

建基面超、欠挖检测采用断面测量检测,按高程布设测量断面,高程间距2.0m(即2m高差一条平切断面);断面上测点间距50～100cm,遇地形变化处加密测点;按1∶200比例尺绘制测量断面图(A3纸图幅);根据断面测点的测量资料,统计、计算建基面的超、欠挖成果。建基面平整度检测,采用2.0m直尺检测。开挖梯段高度上布设三条水平检测断面,断面位于:距开口线、坡脚1.0m处和开挖梯段中部;沿检测断面采用2.0m直尺连续检测;直尺紧靠开挖面,量取直尺与相邻炮孔间岩面(开挖面)之间的最大间隙,即为开挖面不平整度读数;统计、计算开挖面的不平整度成果。

7.4.4 溪洛渡拱肩槽精细爆破效果综述

溪洛渡水电站左右岸高程610～400m拱肩槽开挖,共计21个开挖梯段。由现场爆破施工情况来看,分块爆破较为合理,爆破效果及边坡开挖质量均达到了预期效果。外观质量优良,前沿抛掷作用明显,预裂成缝效果较好,爆破块度适中,建基面大面平整,预裂孔孔向平行、分布均匀,无明显爆破裂隙,开挖质量始终保持优秀水平。

(1)爆破振动监测

根据现场试验爆破振动测试、爆破声波测试、注水试验、宏观调查和巡视检查结果,溪洛渡拱肩槽边坡开挖的爆破振动安全允许标准见表7-10。左、右岸拱肩槽以爆区上一梯段边坡坡脚作为控制位置,由低到高分梯段布置监测点,共进行48次爆破安全监测(左岸26次,右岸22次),仅4次爆破振动速度超过安全控制标准(10cm/s)。在同等爆破参数和边界条件下,边坡开挖坡度较缓时爆破振动变化幅度较小,较陡时变化幅度较大,表明开挖坡度与爆破振动速度关系密切,缓边坡抗震能力强于陡边坡。

表 7-10　溪洛渡高边坡开挖爆破振动安全允许标准

岩 体 类 别	允许振速/(cm/s)	备 注
II	10～15	控制点在上一马道坡脚,地质缺陷部位一般应进行临时支护后再进行爆破
III	7.5～10	
IV	5～7.5	

注:以爆破区上一台阶坡脚处为振动安全控制点。

(2)声波测试

溪洛渡拱肩槽左岸结构面以III类、II类岩体为主,爆后声波速度普遍在3000～6000m/s(III类在3000～5000m/s、II类则为3500～5500m/s),边坡的松弛深度一般为0.2～0.8m;右岸结构面以III类岩体为主,爆后声波速度普遍为3500～6000m/s,以4000～5500m/s居多,爆前边坡松弛深度一般为0.2～1.0m。左右岸爆破后岩体的松弛深度绝大部分测区内没有加深,仅极少部分测区内加深0.25m,爆破主要对已经松弛的浅部岩体影响明显,超过松弛范围(1.0m)的岩体影响不明显,波速变化在正常波动范围。整个爆破声波测试表明,拱肩槽开挖爆破对边坡岩体造成的松弛深度普遍在0.8m以下,下一台阶岩体的爆破开挖对已开挖成形的边坡岩体影响不大;岩体节理裂隙和爆破对波速下降率均有影响,结构面是主因,爆破是次因。

（3）超欠挖、平整度检测

拱肩槽高程 610～400m 梯段超欠挖共检测 126 条断面，测点 7346 个，其中合格点 7004 个，合格率为 95.35%，最大超挖值 38.0cm，平均超挖值 8.82cm；最大欠挖值 17cm，平均欠挖值 3.71cm，开挖体型满足设计要求；平整度共检测 63 条断面，测点 1618 个，其中合格点 1586 个；半孔率检测共计 21 个开挖梯段，预裂孔钻孔 1421 个，半孔共统计 1421 条。半孔率相关数据见表 7-11。

表 7-11 拱肩槽高程 610～400m 各梯段半孔率统计

高程/m	半孔率/%	高程/m	半孔率/%
610～600	94.29	500～490	99.30
600～590	93.20	490～480	97.18
590～580	96.20	480～470	98.71
580～570	95.30	470～460	98.71
570～560	96.40	460～450	98.20
560～550	95.70	450～440	97.70
550～540	97.00	440～430	96.10
540～530	97.50	430～420	95.10
530～520	95.90	420～410	98.60
520～510	98.90	410～400	96.90
510～500	98.00		

（4）钻孔电视

左岸钻孔全景成像测试 5 个钻孔，右岸 2 个。从钻孔全景图像（图 7-66）可以看出大部分岩体较为完整，仅个别孔在孔深 0～0.3m 段岩体受表层开挖松弛等影响，明显表现为破碎，其余仅在岩层分界面局部段存在以裂隙发育及层间层内错动带影响的破碎岩体。钻孔电视的探测结果表明，爆破没有对深层岩土质量产生影响，边坡岩体是安全的。

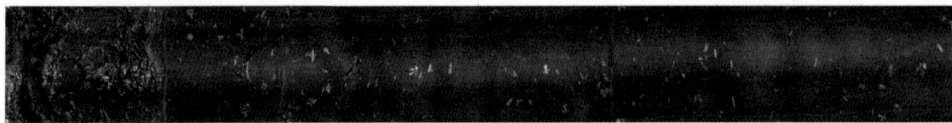

图 7-66 溪洛渡水电站大坝建基面钻孔全景图像（左岸 SZ430）

7.5 基于实时定位系统的智能安全管理

7.5.1 基于 3G 和 WiFi 无线技术的安全管理和调度系统

基于 3G 和 WiFi 无线技术的安全管理和调度系统，是以人员定位和调度指挥为基本切入点，通过现代化的通信和定位技术，通过复杂的数学模型，对移动通信网络数据进行精密计算，得出移动用户的经纬度坐标，在电子地图平台的支持下，为用户提供相应位置服务，为大型工程项目的施工和日常管理提供精细化管理和安全保障功能，从而有效提高管理水平、降低施工和管理中发生的意外和边际费用。具体讲，就是从人员定位、指挥调度、无线通信、视频监控为切入点,促进水利水电工程施工区安全管理工作。

人员定位指利用可视化图形显示施工过程中仓面、廊道内的人员所在的实时位置,还能记录和显示人员移动轨迹,从而对施工安全管理起到科学取证、合理调配资源的作用,有效防止意外伤害、怠工、虚报工程量等事件。

指挥调度通过专业的指挥调度平台和丰富的功能(单呼、组呼、电话会议等)实现高效的管理,并结合人员定位子系统,实时提醒施工人员注意安全、处置突发事件。如仓面施工时噪声很大,管理人员对讲机和手机可能会漏接漏听,可使用组呼,同时通知工段上的所有施工工人离开出现危险的施工地段;又如通过人员定位子系统发现某施工人员在非工作区域,可通过调度系统通知该工人和直接主管,并开启调度录音功能,保留相关证据。

无线通信包括局内呼叫(内网呼叫,即内网覆盖区域内 3G 手机之间通话)和局间呼叫(内网手机和运营商网络手机之间的呼叫),具体业务包括语音呼叫、视频呼叫和数据通信。

视频监控,一是通过 3G 终端(手机或笔记本电脑)将突发状况及时传递给管理者,优点是只要有网络覆盖的区域即可进行监控,缺点是图像清晰度不高;二是通过高清 IP 摄像头,以 SC(光纤+卫星)超级基站的 WiFi 无线网络接入监控中心,以获得高质量的视频监控效果,并且能够将其自动存档、按需回放。

7.5.2　安全管理和调度系统架构

7.5.2.1　硬件结构

系统硬件结构分成 3 个层次:数据采集层、数据分析层和显示应用层(图 7-67)[36-53]。三层硬件结构通过无线网络和有线网络进行通信,实现各自的功能。数据采集层由包含 GPS 模块并安装了数据上传应用的智能手机构成,其功能是接收卫星数据,计算出用户当前的位置,通过数据上传应用将用户位置信息上传到服务器中。数据分析层由数据服务器组成,包括综合网络服务器、定位服务平台服务器、定位应用服务器等。综合网络服务器的功能是接收并存储数据采集层上传的海量数据,为其他服务器提供数据支持;定位服务平台服务器的功能是匹配位置数据同现场实景地图,构成显示应用层可视化的基础;定位应

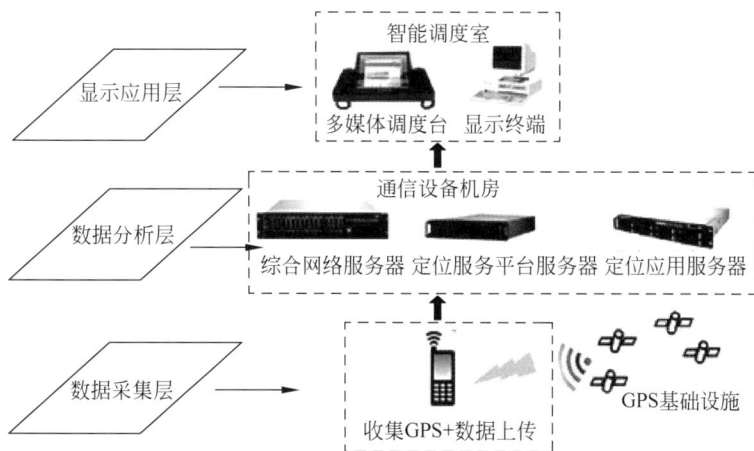

图 7-67　实时安全定位系统结构示意图

用服务器的功能是通过位置信息的数据挖掘,识别工作情境、测量工作量、预警危险等。显示应用层由各种显示终端组成,包括多媒体调度台、普通 PC 机等,其主要功能是为管理者和决策者提供现场监理人员实时监控以及通过数据挖掘获得的关于工作情境识别、工作量测量信息的可视化显示。

7.5.2.2　软件架构

软件系统的用户分为两类,一类为现场管理人员,另一类为管理决策人员。针对两类用户开发了不同的应用软件。其中,现场管理人员手机端应用软件:主要用于控制手机中的GPS 模块和网络模块,根据用户定制实现采集并上传位置信息的功能;管理决策人员 Web查询软件,主要用于显示现场管理人员或施工人员在施工场地上的实时位置信息和行动轨迹。可以实现人员管理(添加和删除)、人员定位以及历史轨迹查询和回放等功能,如图 7-68所示。

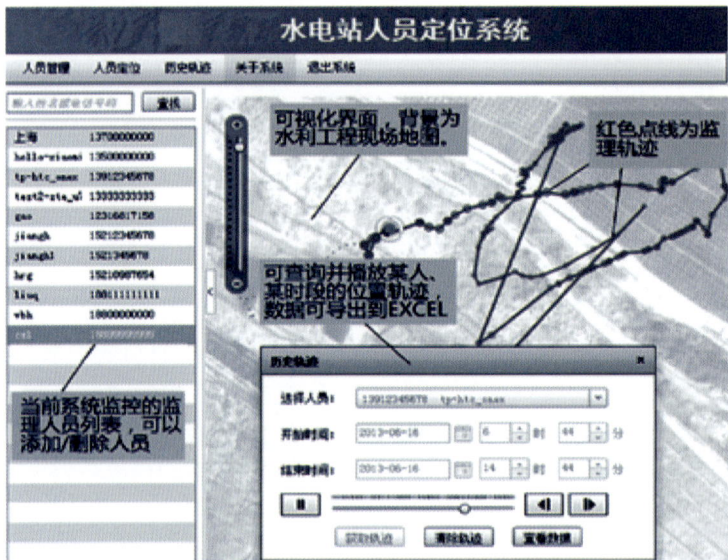

图 7-68　管理系统显示界面

通过三层硬件结构和两端的软件架构实现了现场管理和施工作业人员位置数据的采集、上传、实时监控的可视化显示以及历史轨迹的回放等功能,这些功能可以在宏观层面为管理决策者提供一定帮助。但当数据量较大时,运用合适的工作效率分析方法,从海量数据中挖掘更多有价值的评价信息,对加强施工管理、提高工作效率、明确个人责任、保证工程进度和质量的具有重要意义。

7.5.3　工作效率分析方法——以监理人员为例

7.5.3.1　监理人员工作情境分析

对于大型水利水电工程而言,现场监理人员日常的工作情境是较为固定的。图 7-69 为一个上白班的混凝土仓面旁站监理员一天的工作情境。图中带箭头的线代表其行为轨迹。

该监理员早上从宿舍出发,步行到办公楼旁等待去施工现场的班车;坐上班车到达施工现场;之后到达监理单位在施工现场的办公室,同昨天夜班的同事进行交接;交接完成后步行至其负责监理的混凝土仓面进行旁站监理(这中间可能会回到现场办公室吃饭和休息);到快下班的时间,从仓面回到现场办公室整理记录今天工作资料,同夜班同事进行工作交接;之后乘坐班车离开施工现场,并步行回宿舍(离开施工现场至宿舍未在图 7-69 中表示)。对于这种典型的工作情境,提出现场工作时间、有效工作时间、有效工作范围共 3 个指标用以考核现场监理员的工作绩效。

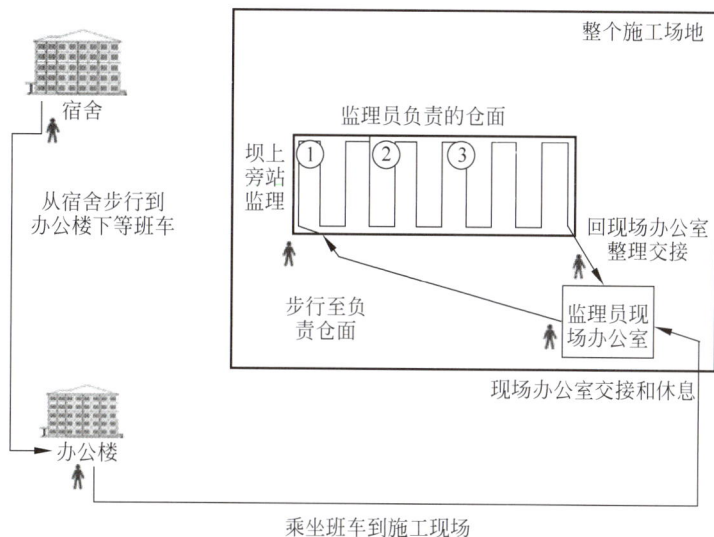

图 7-69 旁站监理典型工作情境

(1) 现场工作时间(field work time,FWT)即监理员在施工现场停留的时间,反映了监理员基本的工作情况,如是否存在迟到、早退等,是衡量监理员工作量的基本指标。

(2) 有效工作时间(effective work time,EWT)即监理员在其负责的施工区域内停留的时间。目前监理员最主要的工作是旁站监理,假设监理员本人位于其所负责的施工区域内即在进行旁站监理工作,将监理员在其负责的施工区域停留的时间称为有效工作时间。在同一考察时段内,有效工作时间一定小于现场工作时间,但其更能反映监理员实际的有效工作量以及工程质量受控的时间单元。

(3) 有效工作范围(effective work range,EWR)即监理员在其负责的施工区域内的活动范围,在其行为轨迹中,用位置坐标跨越的范围表示。旁站监理工作需要在所负责的施工区域内移动,监督指导各处工人工作,并检查各个位置的施工质量,故有效工作范围从空间维度反映了监理员对工程质量的贡献量。

上述 3 项指标从时间和空间这两个维度反映了监理人员的实际工作量,区分了"在施工现场"和"有效工作"这两种不同的工作情境,并分别进行测量,从而为监理员的工作绩效评价提供参考。

7.5.3.2 预先制定情境的数据挖掘方法

对于水利水电工程而言,整个工程现场的范围是预先确定好的,并且也几乎不随时间改

变。根据现场工作时间 FWT 的定义,用预先制定情境的数据挖掘方法获取该指标,算法
如下。

针对一个特定的考察对象 Obj,提取某个考察时段内,系统中储存的其包含时间戳的位
置序列 Location=$\{L_1,L_2,\cdots,L_n\}$,序列中的每一个元素 $L_i(i=1,2,\cdots,n)$ 都是一个三维向
量,即

$$L_i = (x_i,y_i,z_i) \tag{7-17}$$

其中,t_i 表示采集到该数据的时刻;x_i 表示 t_i 时刻待考察对象所处的经度;y_i 表示 t_i 时刻待
考察对象所处的纬度。

构造一个同施工现场总体范围大致相同的多边形 S,S 的顶点分别为 $s_1,s_2,\cdots,s_t$。利用
GPS 设备在确定的多边形的顶点处测量其经度和纬度,得到一个位置序列 $\{s_1,s_2,\cdots,s_t\}$,序
列中的每一个元素 $s_i(i=1,2,\cdots,t)$ 表示 S 的顶点位置的二维向量,即

$$s_i = (a_i,b_i) \tag{7-18}$$

其中,a_i 表示 s_i 点的经度;b_i 表示 s_i 点的纬度。采用一种面积判断法依次考察 Location 序列
的每一个元素 L_i 代表的平面点是否在 S 的范围内。用面积判断法筛选序列 Location 中平
面坐标在 S 内的点,形成一个新数据集合,记为 Field=$\{F_1,F_2,\cdots,F_m\}(m<n)$,在已知数
据采集间隔 interval 的情况下,考察对象 Obj 在考察时段内的现场工作时间

$$\text{FWT} = m \cdot \text{interval} \tag{7-19}$$

其中:m 表示在施工现场内采集的点的个数;interval 表示数据采集的间隔。

7.5.3.3 无预先制定情境的数据挖掘方法

进入工程现场后,不同的监理人员所负责的施工区域不同,并且负责的施工区域还会随
时间和现场情况动态变化,因此,进入现场后评价指标的挖掘为无预先制定情境的数据挖
掘。需要挖掘的两项指标分别为有效工作时间 EWT 和有效工作范围 EWR,这两项指标都
只同施工现场的数据有关,考察的数据集为 7.5.3.2 中的 Field 序列。

使用聚类算法对 Field 序列中的数据进行聚类。由于待聚类的数据集是一个存在噪声
的数据集,因此采用一种基于密度的聚类算法(density-based spatial clustering of
applications with noise,DBSCAN),该算法可以在含噪声的空间数据中发现任意形状的聚
类。算法步骤如下:

Step1:给定监理现场位置数据集 Field,扫描半径 eps,最小包含点数 minPts。

Step2:检查 Field 中任意一个尚未检查过的对象 p。如果 p 未被标记为噪声或归类为
某个簇,则检查 p 的半径为 eps 的邻域。若其中包含的对象数不小于 minPts,则建立新簇
C,将 p 的邻域中所有点加入 C;如果对象数小于 minPts,则将 p 标记为噪声。

Step3:检查 C 中任意一个未被处理的对象 q。若 q 的半径为 eps 的邻域至少包含
minPts 个对象,则将未归类为任何一个簇的对象加入 C。

Step4:重复 Step3,继续检查 C 中未被处理的对象,直到没有新的对象加入 C。

Step5:重复 Step2～Step4,直到所有对象都被归类为某个簇或标记为噪声。

用上述算法对数据集 Field 进行处理,Field 被划分成若干簇和若干噪声点,记作:Field=
$\{C_1,C_2,\cdots,n_1,n_2,\cdots\}$,其中 $C_i(i=1,2,\cdots)$ 代表簇,$n_i(i=1,2,\cdots)$ 代表噪声点。

图 7-70 是对某一组位置数据采用 DBSCAN 算法聚类后的结果,圆形和三角形点代表

两个簇,菱形点代表噪点。

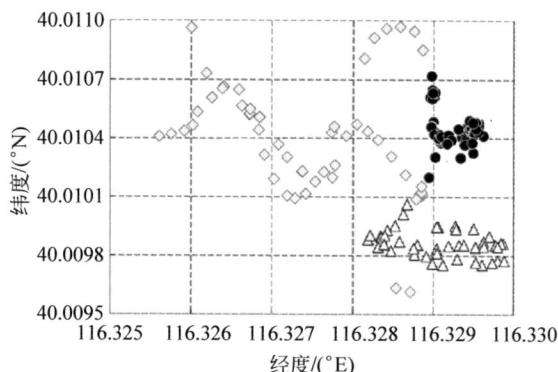

图 7-70 DBSCAN 算法聚类结果示意

根据之前的假设,聚集得到的数据簇表示监理员某一种工作情境。显然,现场办公室内工作情境的数据簇范围将远小于现场旁站工作情境的数据簇范围,因此可以通过计算数据簇各自的覆盖范围,判断具体的工作情境,从而提取下述指标。

(1) 有效工作时间 EWT 的提取

考察已经识别出的代表现场旁站工作的数据簇 $C_{effective}$,读取其中元素的个数,记为 m_e,数据采集间隔为 interval,则有效工作时间 EWT 可以表示为

$$EWT = m_e \cdot interval \tag{7-20}$$

(2) 有效工作范围 EWR 的提取

遍历 $C_{effective}$ 中各个点,找出经度 x_i 中的最大值和最小值,记为 x_{max} 和 x_{min};找出纬度 y_i 中的最大值和最小值,记为 y_{max} 和 y_{min};则有效工作工作范围 EWR 可表示为

$$EWR_x = x_{max} - x_{min} \tag{7-21}$$

$$EWR_y = y_{max} - y_{min} \tag{7-22}$$

图 7-71 为利用算法生成的监理人员工作情况报表模板,其中有效工作范围用面积表示。

图 7-71 监理工作情况日报表

7.5.4 溪洛渡拱坝施工现场人员智能安全管理

7.5.4.1 总体建设内容

（1）身份识别、全员控制

部署识别定位基站，人员佩戴定位功能的手机，初步建立信息库，对人员时间、空间信息进行采集管理。采集内容主要包括人员归属信息/身份识别（是否属重点监控对象等）、工区（部门）信息、人员施工档案、出勤率信息采集、人员工作时间采集、禁入区域人员采集、现场人员串区工作信息采集等。

（2）监测监控、保障安全

对采集信息进行管理分析与危险控制，对人员实时活动行为轨迹、规律分析（包括实时描述当前运动轨迹和历史轨迹回放分析等），对现场人员分层（管理层、操作层）、分级（危险级别）、分类（工种）管理，对现场危险源与人员活动规律进行相关性分析。

（3）预警预报、风险控制

建立分层、分级、分类全员智能安全管理评价体系（模型，危险因素），建立现场人员智能管理的预警预报和及时危险管控，并与其他系统信息共享，实现联动、及时预警。

7.5.4.2 系统组网模块及功能

图 7-72 为人员定位及综合通信网络系统建设网络结构拓扑图。整个系统构建比较灵活，可根据自身需要，灵活部署全线路录音服务器、彩信服务器、加速引擎服务器等硬件设施，并根据需要定制符合自身要求的工作管理客户端软件，如定位功能就能细化到坝区施工

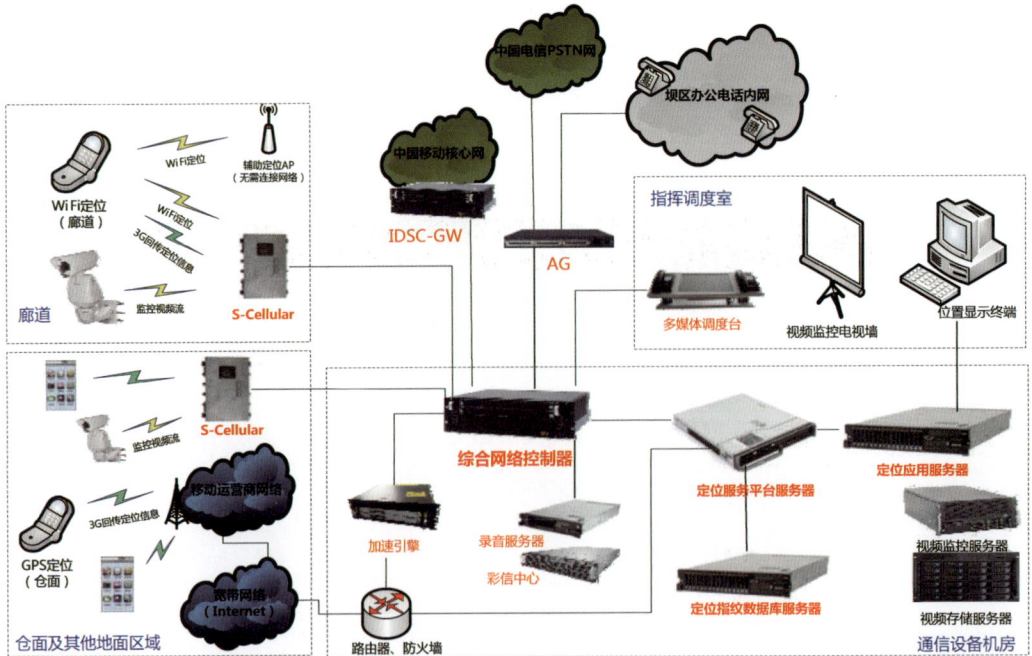

图 7-72　人员定位及综合通信网络系统建设网络结构拓扑图

人员定位、办公区人员定位、施工车辆定位。其中,在通信设备机房,部署综合网络控制器、定位服务平台服务器、定位指纹数据库服务器、定位应用服务器、无线网络控制器(radio network controller,RNC)、彩信中心服务器、全线路录音服务器和网管终端;在廊道、仓面部署超级基站 S-Cellular、辅助定位无线访问接入点(wireless access point,AP)和网管终端;指挥调度室,则部署多媒体触摸屏调度台和位置显示终端;运营商机房,部署综合调度交换中心-网点(integrated dispatch switch center-gateway,IDSC-GW)。

其中,综合网络控制器是集终端接入(包括移动终端、固定终端、IP 终端)、交换控制、媒体处理、调度管理为一体的全业务交换系统,能够实现 3G 移动业务、传统语音业务、网络电话(voice over Internet Protocol,VoIP)业务、多媒体业务等接入与交换,并实现对上述终端及业务的综合指挥和调度。综合网络控制器是整个网络的中枢交换设备;定位服务平台服务器、定位指纹数据库服务器、定位应用服务器,共同完成定位数据接收、运算、指纹比对、图形化位置呈现、关联应用等功能;RNC 3G 通信网络接入网设备,用于连接宏基站,能够提供比较大的用户接入容量和数据吞吐量,可以提供与移动运营商网络完全相同的用户体验;彩信中心服务器为可选设备,可提供彩信服务,便于远程故障诊断(手机拍照、文字描述)、远程指挥;全线路录音服务器为可选设备,可录制所有的指挥调度通信、3G 语音通信、电话会议/调度会议,以便回溯管理,提升工程管理水平;网管终端统一管控网络中的各类网元。

超级基站 S-Cellular 既提供 3G 语音通信、数据通信接入,也同时提供 WiFi 宽带接入。此外还作为 3G 定位、WiFi 定位的定位标杆和信息回传接入点;辅助定位 AP 仅作为 WiFi 定位标杆,不需要连接网线;宏基站,作为大容量、远距离 3G 语音通信、数据通信接入点。

多媒体触摸屏调度台提供专业的调度功能,比如调度会议、群呼、组呼、强插、强拆、调度录音等,此外还提供短信调度、彩信调度(需配合彩信中心服务器)功能;位置显示终端和人员定位显示终端一般配置较大显示器的 PC。

IDSC-GW 是综合网络控制器与运营商核心网对接的网关设备。该设备通过标准 Iu 接口与运营商核心网对接。从运营商角度看来,IDSC-GW 就像是一台 RNC 设备,将大坝上综合网络控制器的所有用户都接入到运营商网络。

7.5.4.3 系统硬件功能和部署

由图 7-72 可知,系统硬件环境主要包含(包括机房设备)综合网络控制器、多媒体调度台、定位引擎服务器、定位指纹点数据库服务器、实时定位应用服务器、超级基站、全线路录音服务器、彩信中心服务器等。

① 综合网络控制器(图 7-73)采用 2 槽位标准先进的电信计算平台(advanced telecom computing architecture,ATCA)机框和单板,支持大容量扩展,支持多种标准接口类型,满足不同的组网需求。综合网络控制器包括 3G 核心网模块、RNC 模块、小区应用网关(Cell-AG)模块、调度模块以及软交换(SoftSwitch,SS)模块,功能高度集成。满足用户对语音、数据、视频、流媒体等多种媒体应用的需求。

② 多媒体调度台(图 7-74)是一种工业级触摸屏调度机,内置 Intel 架构高性能、低功耗

工业级平板电脑。广泛应用于煤矿电力、冶金、化工、石油、煤炭、矿山、交通、公安呼叫行业和系统。

图 7-73 综合网络控制器

图 7-74 多媒体调度台

③ 定位引擎服务器(图 7-75)是基于 WiFi、3G、GPS 定位服务的平台产品,能够实现室内手持终端的实时精确定位,满足行业用户对人员调度、货物监控可视化的需求。产品功能:接收终端上传的定位信息、通过高精度算法计算终端位置、响应终端的位置查询请求、室内室外定位无缝切换、多区域(楼层)定位切换。

④ 定位指纹点数据库服务器和实时定位应用服务器(图 7-76)是定位应用服务器的功能,可基于位置进行消息推送、区域监控报警,进行人员调度和协作;定位指纹数据库服务器是定位指纹点数据库、GPS 坐标数据库,集成室内室外地图数据和区域切换参照信息数据。

图 7-75 定位引擎服务器

图 7-76 无线指纹服务器和定位应用服务器

⑤ 超级基站 S-Cellular(图 7-77)是一种小型、低功耗无线蜂窝技术设备,通过固网宽带接入到移动核心网,为用户提供包括时分同步码分多址(time division-synchronous code division multiple access,TD-SCDMA)业务和 WiFi 宽带业务在内的固定移动融合业务。S-Cellular 基站产品接口支持 TD-SCDMA 语音、视频,支持 TD-SCDMA 数据业务,支持 IEEE802.11b/g/n 的 WiFi 宽带无线接入功能,支持以太网接口和光纤接口,支持级联组网,支持统一网管。

⑥ 全线路录音服务器(图 7-78)采用通用服务器硬件架构和 Windows Server 操作系统,与综合网络控制器和多媒体调度台配合使用,实现调度录音、调度会议录音、固话通信录音、移动通信录音、VoIP 通信录音、混合终端通信录音、电话会议录音。

图 7-77 超级基站 S-Cellular

⑦ 彩信中心服务器(图 7-79)采用通用服务器硬件架构和服务器版 Linux 操作系统,内置成熟商用彩信软件包,以此保证系统的稳定和性能的可持续升级,不仅可与综合网络控制器完美对接,还可与多媒体调度台配合使用,实现多媒体彩信调度功能。

图 7-78　全线路录音服务器

图 7-79　彩信中心服务器

⑧ 应急无线围栏设备是采用软件无线电技术的技术设备,对于周围手机无线信号进行捕捉和记录。用于特殊场合,特别方便在应急、防盗、救险等情况下使用。

考虑仓面环境比较复杂、用户数量比较多、现场设备容易损坏和遗失,采用无线网络基站控制器(RNC)＋宏基站方式进行覆盖,由宏基站回传手机终端上报的 GPS 定位信息。具体设备部署方式为:通信机房部署无线网络基站控制器(RNC)一台,大坝两侧岸上部署宏基站共 2 台(两岸各部署 1 台)。仓面亦可使用运营商网络进行覆盖,GPS 定位信息穿过运营商接入网、核心网,最终通过宽带连接到大坝通信机房中的定位服务平台服务器。对于廊道,则考虑采用 WiFi 和 3G 双重定位,以达到 3G 信号全覆盖和高精度定位的双重功能,并且在此组网的基础上适当考虑未来监控系统的升级预规划。根据廊道实际平面图,在上检查廊道、中检查廊道、下检查廊道、基础廊道这四条较长的的廊道部署 5 个超级基站(S-Cellular),交通廊道部署 4 个超级基站(S-Cellular),至坝体排水泵房廊道部署 2 个超级基站(S-Cellular),此外为了避免通信死角,预留 6 个超级基站(S-Cellular)作为冗余。另外,为了提高定位精度,还根据具体地形差别,每隔 20～40m 安装一个辅助定位无线访问接入点(AP)。廊道内设备安装示意图如图 7-80 所示。

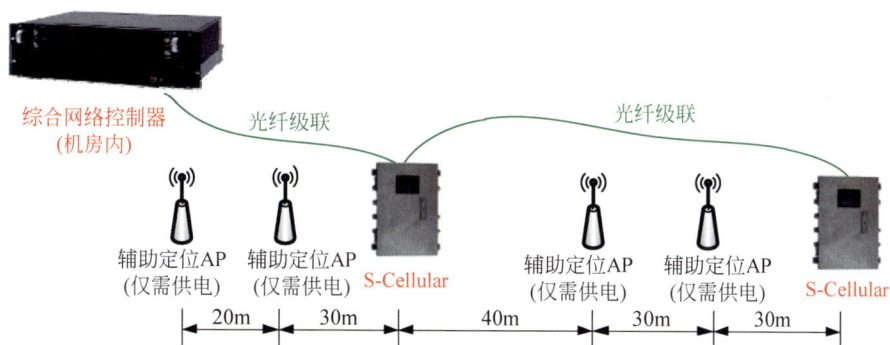

图 7-80　廊道内设备安装示意图

廊道机柜统一布置在大坝中心线附近,在廊道中所有不间断电源(uninterruptible power system,UPS)、交换机等设备全部安装在机柜中。机房设备设置独立机柜陈列,便于连线和维护。机房设备不再单独部署 UPS,由机房保证供电稳定。指挥调度室可以部署在工程后方指挥部办公楼,部署多媒体触摸屏调度台和大屏幕人员定位显示终端,实现可视化调度(图 7-81)。

指挥调度室设备　　　　廊道设备机柜　　　　机房设备机柜

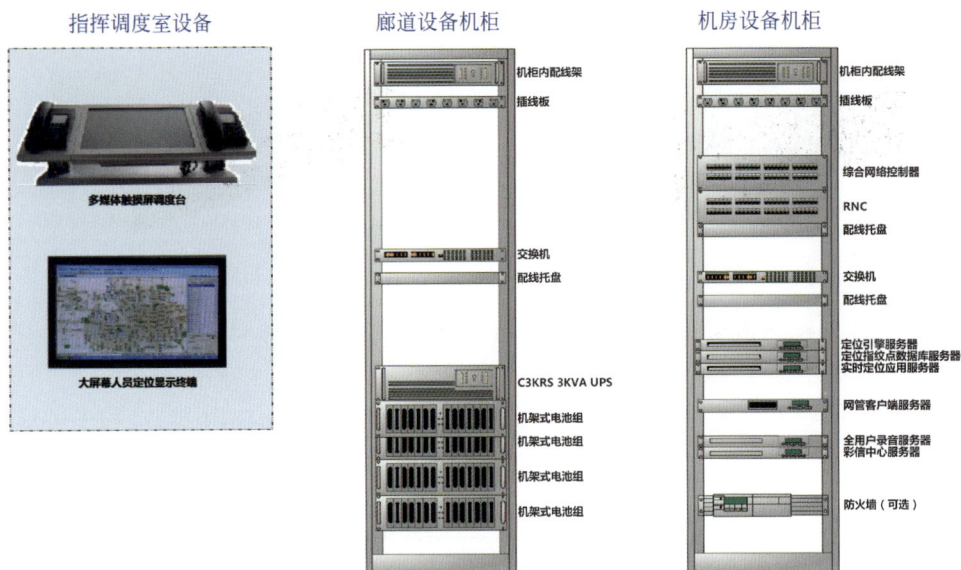

图 7-81　机架图

7.5.4.4　溪洛渡施工现场人员基于定位系统的安全管理

通过上述软硬件设施帮助,溪洛渡大坝施工区实现了人员精准定位、工程调度、语音视频监控等,将整个坝区引入到精细化管理、自动化管理、高效管理的轨道上来。通过 3G 和 WiFi 无线技术的实时位置定位系统,实现了人员定位,可视化图形显示施工过程中仓面、廊道内的人员所在的位置,记录和显示人员移动轨迹以及行动轨迹的评价,达到评价现场施工人员和监理单位个人行为与组群行为;通过系统报警求助模块,人员可以主动发起报警求助,以利快速响应及快速救助;通过专业的指挥调度平台和丰富的功能(单呼、组呼、电话会议、强插、强拆、监听、录音等),实现高效的管理。此外,调度系统还结合人员定位子系统,实时提醒施工人员注意安全、处置突发事件。表 7-12 列出了溪洛渡基于实时定位系统的智能安全管理功能。

表 7-12　溪洛渡基于实时定位系统的智能安全管理功能描述表

功能分类	功能描述
基本功能	通过 GSM/3G 网络、专网 3G 回传人员定位数据,自动切换 GPS 定位/WiFi 定位,显示定位状态和数据回传状态,自动开启定位和关闭定位,在离开覆盖区之后就停止定位
	接收系统发出的预警短信,并根据需要发出振动;方便地向系统一键发出求助信息
	手机终端在多个使用者之间流转时,可识别和区分多个使用者的数据
人员定位查询显示	仓面人员、廊道人员位置信息自动上报和动态显示在地图上
	指定某人某时间段,查询显示其轨迹(事故回溯)
	点击或者圈定某块区域,可显示该区域内所有人的概要信息;地图上点选某个人,显示这个人的信息,显示轨迹、显示详细信息、发送短信

续表

功能分类	功能描述
电子围栏	自动监控非法进入者和离开者,系统生成告警,告警指示对象可由管理员指定
	可同时设置多个电子围栏,每个都独立设置时间、自动监控对象、监控人员进入/离开行为
	查询和显示过期电子围栏,以便事故回溯查询
	电子围栏设置责任人,系统发现安全隐患时,自动通过短信和震动通知责任人
	可以设置不同告警等级的电子围栏,用不同的颜色显示在界面上
	针对每个人施工区域,以每天最早和最晚在施工区域出现的时间作为考勤记录参考,实时(每隔半个小时刷新)显示所有人员的考勤情况
	可以准实时(每隔半个小时刷新)显示和按工号、工种、职位查询考勤情况
	可以显示考勤日报、考勤月报、记录休假、离职记录
预警预报	信息传递,自动连接短信网关,自动生成和发送短信,发送预警短信给指定人员
	所有告警事件单独在告警界面中显示
	告警触发图标闪烁和警告音,提醒系统管理员尽快处理
	告警可处理,处理后归入历史告警;历史告警可以查询
	预警不能无限制发送,每次触发最多发送 3 条
	预警同时,需要使手机终端震动,以便提醒喧闹工地上的用户
	在告警窗口中可通过按钮跳转到告警发出人员所在地图显示
人员管理	支持按组织结构分级显示,且组织结构和人员信息均可编辑
	记录人员姓名、培训记录、身份证、手机号等大量关键字段
	对单位、部门、工种、职位进行归一化管理,不允许随意填写
	支持数据库查询指令,以便导入和导出人员管理数据
3G 通信	3G 专网音频通话、3G 专网视频通话、群呼(类似于对讲机)、组呼、单呼等
专业指挥调度	强插、强拆高优先级指挥
	电话会议,支持多组电话会议并发、录音、监听
	图形化调度界面
安全管理	安全培训管理、环境安全隐患管理、设备安全隐患管理、违规作业管理、安全隐患类型和内容归一化

（1）分角色分析单人行为轨迹,评价岗位职责履行情况

简单的浇筑仓作业包含了许多工程角色,他们各自发挥自己的工作特长,共同保证工程质量、施工安全、工程进度,分角色分析他们的行为轨迹,并据此判定他们是否在良好地履行自己的岗位职责。以某监理为例,图 7-82 给出了其运行轨迹。从图中可以看出,该监理8:30 到达大坝混凝土浇筑仓仓面,先在重点坝段四周巡视,然后在整个仓面走一圈；19#坝段是浇筑仓工作区域,监理的轨迹相当密集；11:00 仓面浇筑告一段落,开始其他巡视工作。由上述轨迹分析可知,该监理员已按要求履行自己的监理职责。

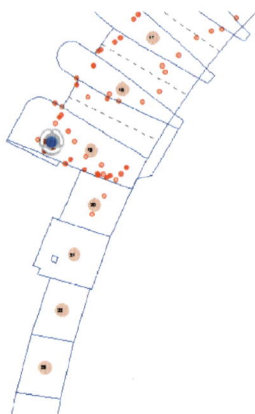

(a) 轨迹1

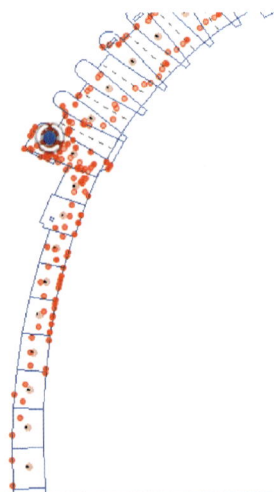

(b) 轨迹2

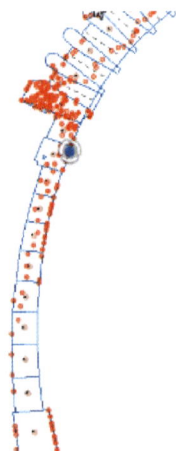
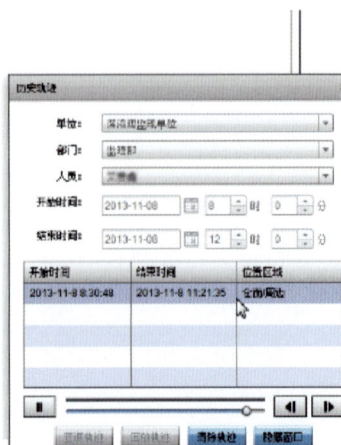

(c) 轨迹3

图 7-82 溪洛渡大坝某监理行为轨迹分析

(d) 轨迹4

图 7-82（续）

（2）基于电子围栏功能，实现"越界"预警

通过电子围栏，设定人员工作范围或者设定人员的禁止进入范围。人员若超过该范围，随身配备的终端向系统上报"越界"警情。也可指定人员禁入范围，一旦人员进入该范围，该人员随身配备的终端便向系统上报"越界"警情；还可以设置交叉作业区域，当有人员进入时会收到安全短信提醒。所有电子围栏信息以图形方式显示在仓面和廊道地图上（图 7-83）。

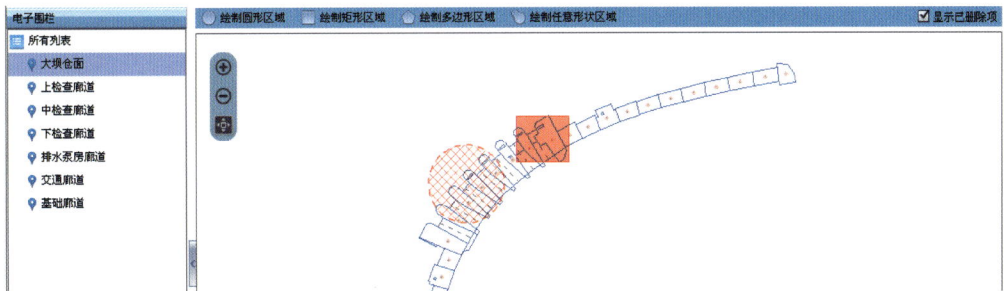

图 7-83 溪洛渡大坝浇筑仓电子围栏设置

告警信息，包含发起人、告警类型、告警位置以及处理操作等（图 7-84）。当接收到一条告警信息时，通过定位系统可转到地图页面，为处理事件提供便利。处理完告警事件后，可将该条告警标记为历史告警，以便统计分析。

（3）基于位置定位，实现出工时长考勤数据

可以选择统计的时间段，自动统计各单位的出工总时长，得到每日出工时长、每周出工时长、每月出工时长等各类统计报表，每日出工人次、每周出工人次、每月出工人次等各类统计报表，实现对现场作业人员和管理人员工作内容与进度的管理（图 7-85）。

（4）统计分析安全隐患、培训、隐患，以利留存备查

可以选择统计的时间段，分单位、分区域、分类别统计施工区环境隐患、设备隐患、安全培训、违规作业，用来备案存档等。环境隐患用来记录存在的环境隐患，并指派通知相关人

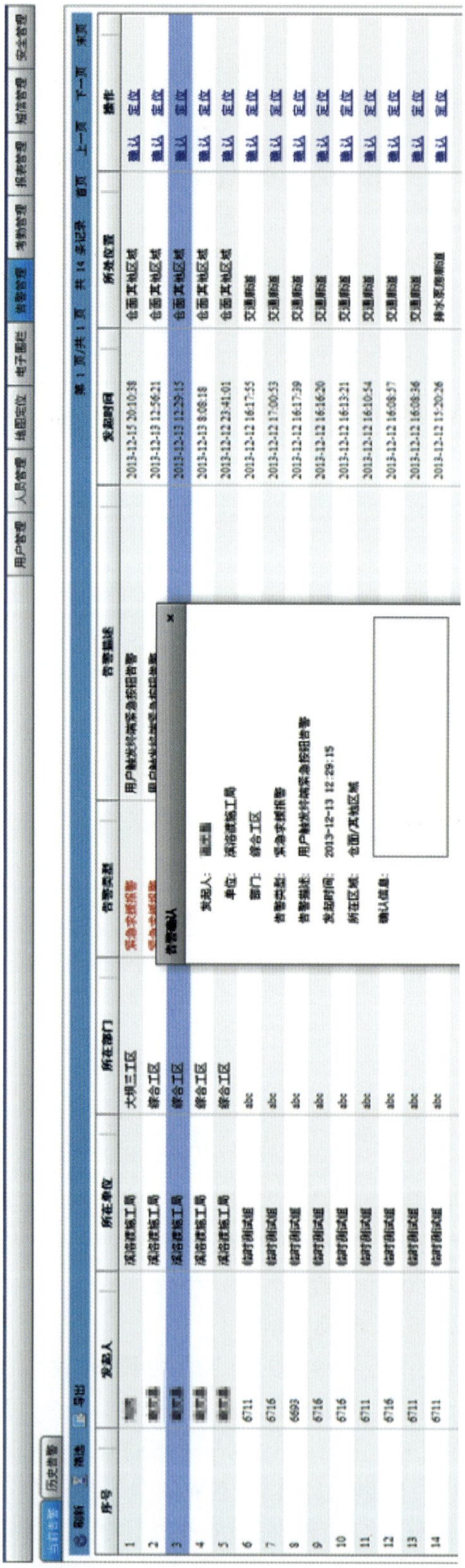

图 7-84 某前告警界面

溪洛渡大坝施工区人员安全跟踪信息总管理系统

用户管理 人员管理 地图定位 电子围栏 告警管理 考勤管理 报表管理 招信管理 安全管理

总考勤月报 职位考勤日报 职位考勤月报 工种考勤日报 工种考勤月报 工号考勤日报 工号考勤月报

总考勤日报

日期：2013-12-19

人员选择 查询 导出

离休休假记录

编号	单位	部门	姓名	职位	工种	工号	起始时间	结束时间	工作时长 仓面	隧道	其他	合计	考勤明细
1	施工单位人员	安全、质量、环境		安全员	专职安全员	105582	08:37	14:38	5小时51分钟	0分钟	24分钟	6小时15分钟	明细
2	施工单位人员	安全、质量、环境		安全员	专职安全员		08:55	10:13	1小时18分钟	0分钟	0分钟	1小时18分钟	明细
3	施工单位人员	安全、质量、环境		安全员	专职安全员	103669	08:30	10:52	0分钟	8分钟	0分钟	8分钟	明细
4	施工单位人员	机电工区		班长			00:00	08:52	4分钟	0分钟	8小时46分钟	8小时50分钟	明细
5	溪洛渡监理单位	监理部		副总监	职工		09:17	09:39	22分钟	0分钟	0分钟	22分钟	明细
6	溪洛渡监理单位	监理部			职工		09:55	11:02	27分钟	0分钟	8分钟	35分钟	明细
7	溪洛渡监理单位	监理部		渗流区长	职工		08:14	10:26	55分钟	0分钟	43分钟	1小时38分钟	明细
8	溪洛渡监理单位	监理部		金结区监理	职工		08:51	09:04	11分钟	0分钟	2分钟	13分钟	明细
9	溪洛渡施工局	大坝一工区		班组长			07:51	09:21	1小时8分钟	0分钟	17分钟	1小时25分钟	明细
10	溪洛渡施工局	大坝二工区		质检员			07:21	16:24	2小时57分钟	18分钟	4小时42分钟	7小时57分钟	明细
11	溪洛渡施工局	综合工区		质检员			08:26	08:46	0分钟	20分钟	0分钟	20分钟	明细
12	溪洛渡施工局	综合工区	王刚	班组长			07:22	12:35	0分钟	1小时17分钟	0分钟	1小时17分钟	明细
13	溪洛渡施工局	综合工区		安全副主任			08:25	16:27	1小时34分钟	0分钟	6小时51分钟	8小时25分钟	明细
14	临时测试组	abc	6719				15:31	16:59	0分钟	27分钟	0分钟	27分钟	明细
15	临时测试组	abc	6713				10:55	11:08	13分钟	0分钟	0分钟	13分钟	明细
16	临时测试组	abc	6716				11:11	16:00	1分钟	36分钟	1小时22分钟	1小时59分钟	明细

图 7-85 出工时长考勤数据

员同时跟踪问题的进展程度,包括隐患区域、描述、级别、状态、发现人、创建日期、解决者、采取措施及解决日期等;设备隐患用来记录发现的设备相关隐患,并指派和通知相关负责人员同时跟踪问题的进展程度,包括隐患设备编号、设备类型、设备位置、问题描述、发现时间、指派时间,解决时间、解决方案、状态等;安全培训用来记录已进行的培训和接受培训的人员等,为后续查询提供方便;违规作业用来记录作业的违规行为,并指派通知相关人员同时跟踪问题的进展程度。

参考文献

[1] 朱伯芳.大体积混凝土温度应力与温度控制[M].北京:中国水利水电出版社,2012.

[2] 张国新,杨波,张景华.RCC拱坝的封拱温度与温度荷载研究[J].水利学报,2011,42(7):812-818.

[3] 刘晓青,李同春,韩勃.模拟混凝土水管冷却效应的直接算法[J].水利学报,2009,40(7):892-896.

[4] 朱伯芳.混凝土坝的数字监控[J].水利水电技术,2008,39(2):15-18.

[5] GOPAL M. Digital Control and State Variable Methods:Conventional and Intelligent Control Systems[M]. 4th ed. New Delphi:Tata Mc Graw Hill Education Private Limited,2012.

[6] LIN P,LI Q B,HU H. Aflexible network structure for temperature monitoring of a super high arch dam[J]. International Journal of Distributed Sensor Networks,2012,doi:10.1155/2012/917849.

[7] 黄耀英,瞿立新,周宜红,等.基于小概率法的混凝土浇筑仓温度双控指标拟定及预警研究[J].水利水电技术,2013,44(11):49-52.

[8] 周宜红,黄耀英,瞿立新,等.低温季节混凝土浇筑仓温度双控指标拟定及预警研究[J].水力发电,2012,38(8):48-50.

[9] 周绍武,周宜红,黄耀英,等.混凝土浇筑仓温度双控指标拟定及预警研究[C]//中国大坝协会学术年会.成都,2012.

[10] 黄耀英,瞿立新,周宜红,等.混凝土浇筑仓温度双控指标拟定的最大熵法[J].长江科学院院报,2012,29(11):104-107.

[11] 郑东.大体积混凝土实时温度应力控制研究[D].北京:清华大学,2015.

[12] 李庆斌,林鹏,周绍武,等.大体积混凝土实时在线个性化换热智能温度控制系统:2012204165226[P].2012-12-05.

[13] 林鹏,李庆斌,胡昱,等.一体流温控制装置:201220417714.9[P].2013-02-06.

[14] 周绍武,林鹏,李庆斌,等.大坝移动式实时多点温度采集装置:201220417503.5[P].2013-02-01.

[15] 林鹏,李庆斌,胡昱,等.管道内部温度测量装置:201220417734.6[P].2013-02-13.

[16] 中国水电顾问集团成都勘测设计研究院.溪洛渡水电站拱坝混凝土温度控制施工技术要求(A版)[M].成都,2009.

[17] 黄河,曾鹏,王信,等.煤矿井下电机车运输监控技术的应用与发展[J].机械工程师,2013,45(1):30-32.

[18] 崔少飞,朱建勇,董伟,等.基于 GPS/GPRS/GIS 的菌毒种运输监控系统[J].物联网技术,2012,2(1):47-50.

[19] 赵锐,朱祖礼,钟榜,等.基于北斗二号和 GPRS 的物资运输监控系统[J].电子科技,2013,27(2):68-70,73.

[20] 马洪琪,钟登华,张宗亮,等.重大水利水电工程施工实时控制关键技术及其工程应用[J].中国工程科学,2011,13(12):20-27.

[21] 崔博,胡连兴,刘东海.高心墙堆石坝填筑施工过程实时监控系统研发与应用[J].中国工程科学,2011,13(12):91-96.

[22] 黄宗营,唐先奇,张耀威,等.糯扎渡水电站超高心墙堆石坝关键施工技术[J].水力发电,2012,38(9):55-58.

[23] 卢吉,崔博,吴斌平,等.龙开口大坝浇筑碾压施工质量实时监控系统设计与应用究[J].水力发电,2013,39(2):53-56.

[24] 樊启祥,周绍武,蒋小春,洪文浩,等.灌浆现场过程监控方法及系统:102393711[P].2013-03-13.

[25] 樊启祥,周绍武,蒋小春,等.灌浆现场过程监控系统:202443299[P].2012-09-19.

[26] 洪文浩,李果,汪志林,周绍武等.能接入数字大坝的化学灌浆自动记录仪:202433023[P].2012-09-12.

[27] 汪志林,周绍武,蒋小春,李果,等.能接入数字大坝的四参数灌浆记录仪:202433024.[P].2012-09-12.

[28] 周绍武,蒋小春,洪文浩,等.能接入数字大坝的抬动观测记录仪:202430751[P].2012-09-12.

[29] 柏龙君,周绍武.基于物联网的灌浆监测系统的应用研究[J].水利水电技术,2013,44(4):14-16.

[30] 谢先启,卢文波.精细爆破[J].工程爆破,2008,14(3):1-7.

[31] 张正宇,卢文波,刘美山,等.水利水电工程精细爆破概论[M].北京:中国水利水电出版社,2009.

[32] 张正宇,张文煊,吴新霞,等.现代水利水电工程爆破[M].北京:中国水利水电出版社,2003.

[33] 刘殿中.工程爆破实用手册[M].北京:冶金工业出版社,1999.

[34] 赵林,陶明,吴刚.金沙江溪洛渡水电站左岸拱肩槽开挖施工技术[M]//中国爆破新技术.北京:冶金工业出版社,2008.

[35] 刘美山,周绍武,张正宇,等.溪洛渡水电站右岸拱肩槽建基面开挖精细爆破施工[J].工程爆破,2009,15(4):24-28.

[36] 邵长安,李贺,关欣.煤矿安全预警系统的构建研究[J].煤炭技术,2007,26(5):63-65.

[37] 孟凡荣,赵芳.煤矿安全预警系统体系构建[J].微计算机信息,2008,24(30):60-61.

[38] 牛强,周勇,王志晓,等.基于自组织神经网络的煤矿安全预警系统[J].计算机工程与设计,2006,27(10):1752-1753.

[39] XIE L,HE N,WANG S. Step-by-step adaptive MPCA applied to an industrial batch process[J]. Journal of Chemical Engineering of Chinese Universities,2004,18:643-647

[40] TU Y J,ZHOU W,PIRAMUTHU S. Identifying RFID-embedded objects in pervasive healthcare applications [J]. Decision Support Systems,2009,46(2):586-593.

[41] GILMAN M B. The use of heart rate to monitor the intensity of endurance training[J]. Sports Medicine,1996,21(2):73-79

[42] 陈典全.LBS中基于轨迹的用户行为特征分析[J].全球定位系统,2011,36(6):58-61.

[43] SCHILIT B,ADAMS N,WANT R. Context-aware computing applications [C]// Proceeding of the Workshop on Mobile Computing Systems and Applications. Santa Cruz,USA:IEEE,1994:85-90.

[44] ABOWD G D,ATKESON C G,HONG J,et al. Cyberguide:a mobile context-aware tour guide [J]. Wireless networks,1997,3(5):421-433

[45] LIAO L,PATTERSON D J,FOX D,et al. Building personal maps from GPS data [J]. Annals of the New York Academy of Sciences,2006,1093(1):249-265.

[46] ZHENG Y,LIU L,WANG L,et al. Learning transportation mode from raw GPS data for geographic applications on the web[C]//Proceeding of the 17th International Conference on World Wide Web. Beijing:Association for Computing Machinery,2008:247-256.

[47] IBRAHIM A,IBRAHIM D. Real-time GPS based outdoor WiFi localization system with map display [J]. Advances in Engineering Software,2010,41(9):1080-1086

[48] RAZAVI S N,MOSELHI O. GPS—less indoor construction location sensing[J]. Automation in Construction,2012,28:128-136.

[49] 张文峰.移动考勤系统在天翼3G智能手机上的应用[J].消费电子,2012(08X):56.

［50］ 刘贵文,邓飞.建设工程监理行业的现存问题,矛盾与发展探讨——基于建设工程监理制度分析的视角［J］.建筑经济,2009,(9)：8-12.

［51］ 刘梁.点、多边形拓扑关系与多边形顺、逆判断优化算法［J］.测绘与空间地理信息,2007,30(1)：84-86.

［52］ 荣秋生,颜君彪,郭国强.基于 DBSCAN 聚类算法的研究与实现［J］.计算机应用,2004,24(4)：45-46.

［53］ JIANG H C,LIN P,QIANG M S,et al. A labor consumption measurement system based on real-time tracking technology for dam construction site ［J］. Automation in Construction,2015,52：1-15.

溪洛渡大坝泄洪深孔全部开启泄洪（摄影者王连生，2013年7月24日）

溪洛渡大坝泄洪深孔全部开启泄洪（摄影者杨宁，2013年9月15日）

溪洛渡双曲拱坝（摄影者王连生，2014 年 5 月 8 日）

俯瞰溪洛渡大坝（摄影者王连生，2014 年 5 月 17 日）

第 **8** 章

高拱坝智能化建设
协同工作平台构建和开发

大坝全景信息模型 DIM 和拱坝智能化建设信息化平台 iDam，解决了复杂环境条件下的数据采集问题、多方参与条件下的数据共享问题、大量数据条件下的数据挖掘问题、全面质量管理下的数据应用问题，为拱坝智能化建设提供了先进的软件环境，使全面感知、真实分析、实时控制的智能化筑坝技术有效运转。高拱坝智能化建设协同平台利用先进的计算机与网络技术，颠覆了传统的工程施工过程管理模式，借助信息化手段，实现有效的过程监控与分析，优化施工管理模式，是传统的工程项目管理系统向施工生产一线的重要延伸，基于统一的数据接口、查询分析与预报警，实现工程地质、施工过程、安全监测、科研分析数据的全面管理，集成施工监测、仿真分析、预报警信息发布和决策支持等模块，为提高工程的质量、安全与进度管理提供了有效的手段，促进了施工精细化管理水平，为高拱坝施工提供优质、安全、高效的服务。

8.1 协同平台需求分析

8.1.1 变革管理模式实现现代管理需求

当今世界范围内基建工程的特点就是数字化、网络化、智能化。以三峡工程管理信息系统(TGPMS)为代表的信息系统在特大型基础设施建设过程中发挥着重要的作用，并不断在其他工程中推广应用[1-6]。然而，面向施工生产一线的过程管理仍停留在传统的模式，缺乏一种全面、综合的现代管理手段。特高拱坝施工技术难度大、作业多、工序之间干涉大、工期紧张、管理难度大。要管理一个如此复杂的工程，迫切需要一个先进的信息管理平台，来满足科学生产、优化工艺流程的要求[7-17]。

8.1.2 解决高拱坝施工过程难点的必要手段

（1）实现精细化温控防裂的有效手段

通水冷却是高拱坝温控防裂的关键。传统的混凝土通水冷却模式，采用人工对温控数据进行统计分析，反馈速度慢、数据误差率高、应对措施不及时，无法满足个性化、精细化温控防裂需求[18-28]。统一的业务协同工作平台可及时、准确、快速对温控数据(如混凝土入仓温度、通水流量、冷却水温度等信息)进行智能采集,实时计算、汇总、分析、展示、共享,达到快速查询、反馈和决策,实现早冷却、缓慢冷却、小温差的精细化温控防裂理念。

(2) 提高全过程施工质量控制的有效途径

传统施工过程工艺质量控制一直处于人工管理、分散记录、月度汇总的状况,施工过程记录难以保持完整性、准确性、实时性和一致性,无法回溯和有效分析施工过程数据,既无法有效控制和管理施工过程,也不能形成有效的知识积累,支持工艺流程的持续改进[29-37]。统一的业务协同工作平台,通过对施工全过程工艺数据的实时采集,借助数据挖掘等技术,从不同的角度对其进行综合分析,发现制约因素,提出改进措施,优化施工过程,从而达到对施工过程的精细化管理。

(3) 保证全过程结构性态安全的有效途径

300m 级拱坝为世界之最,施工复杂且坝基工程地质条件复杂,坝体混凝土开裂风险极大。从拱坝建设理论和实践的结合来看,须实时掌握拱坝施工与运行性态及变化趋势。统一的业务协同工作平台,可促使工程数据在项目各方间有效交流,紧密结合施工进度等开展真实数据驱动的仿真分析和安全评价,对拱坝施工和运行期的温度、应力、变形、地基渗流等情况进行全过程监测与反馈分析,制定各类技术标准与阈值进行预测、预报和预警,达到拱坝真实工作性态的可知可控,保证拱坝施工期和运行期全过程结构安全。

(4) 解决各专业间协调与配合的有效手段

高拱坝施工工期一般比较紧张,单一的节点控制或局部分析无法从全局角度对工程进度与质量进行控制,存在管理漏洞与真空地带。如何有效协调不同专业和项目之间的资源,实现优化组合,是保证工程质量与进度的关键[38]。统一的协同工作平台从全局的角度出发,针对特定的专业特点,基于移动通信技术、数据筛选分析技术、高精度定位技术,对关键资源与施工作业面进行监控、实时分析、评价并预测,在有效提高过程管理精细化水平的同时,可有效地实现施工工序之间的协调配合,从而保证工程进度、提升工程质量。

8.1.3 实现设计、科研与生产紧密结合与一体化

高拱坝因其结构的复杂性,往往需要开展诸多专题研究。传统方式资料收集难度很大,缺乏系统归纳与整理,常因资料不完善致使科研工作难以第一时间开展,科研成果常因时间滞后性等原因,失去即时指导意义。统一的业务协同工作平台,集成硬件、软件技术为一体,改变传统分散管理模式,形成设计、科研、生产等紧密结合的综合管理模式,将建筑物设计信息、安全监测工作中的数据采集、分析、数字仿真计算、预警等环节集成起来,科研单位可随时随地调用查阅工程资料,及时展开跟踪反演分析,对各种可能的开裂风险进行预测,形成安全指标控制标准、实测成果、分析预测、安全预警的一体化结构安全评价与管理体系,及时指导现场施工,有效地保证管理的科学性与工序之间的匹配、协调性与可追溯性。

8.1.4 高拱坝全生命期运营安全需求

"档案是人类活动的记录,是人们认识和把握客观规律的重要依据。借助档案,能够更好地了解过去,把握现在,预见未来"[39-41]。统一的协同业务平台,以大坝全景信息模型为核心,全面集成施工期各个专业的工程数据,包含温控、混凝土施工、基础处理等,可以形成一套比较完整的工程数据档案,为工程竣工验收、质量追溯与运营维护提供重要的支撑;同时,

施工期、运营期运用这些工程数据,开展真实数据驱动的全坝全过程真实工作性态分析,可对工程建设、投产管理、维护等起决策支撑作用,并为工程的移交及全生命期运营安全提供保障。

8.2　平台体系结构设计

8.2.1　平台设计原则

为实现系统的整体功能和建设目标,充分利用现代计算机软件的成熟技术,结合未来的发展趋势,平台体系结构在设计与建设过程遵循如下原则:

(1)实用性

符合工程建设规范,具备完成工程建设所要求功能的能力和水准,操作简易,界面友好,运行稳定。对于手持式数据终端操作界面,要求选用灵活易用的产品,能够支持手指输入、快捷键定义等功能;对于三维展示与查询,要求信息展示直观、关联性高、查询方便、可读性好。

(2)开放性

具备良好的灵活性、兼容性、扩展性和可移植性。若多个系统正在运行,可在基础数据共享、用户权限管理等方面进行复用,实现新系统和遗留系统之间的应用集成;同时,在与工业控制、质量检测系统对接方面,基于统一的接口标准,实现与不同厂家、不同规格的设备数据交换功能。

(3)安全性

采取多层保密和防范措施,能够防止局域网外非法用户的侵入,实现局域网内工作人员的权限分析、操作授权和安全审计。通过密码认证、用户授权、硬件绑定、安全接入等控制手段,保证系统安全。

(4)可扩展性

预留可扩展的开放式接口,形成可扩展性的基础框架,便于后期的二次扩展开发。

8.2.2　平台整体方案

平台整体结构如图 8-1 所示,可归纳总结为四个层次:业务处理与数据采集层、数据查询与单据输出层、综合查询与分析对比层、关键指标评价与预报警层。其中,前两层属于操作执行层,可通过制定标准的规范与方法,采用固定的流程组织业务工作,采集相关数据;后两个层次为管理决策层,通过对现场采集的各类数据汇总、归类,实现查询分析、综合关键指标评价与预报警,进而实现对操作执行层的综合反馈、实施控制与工作指导。

业务处理与数据采集层主要应用浇筑计划、手持式数据采集、生产数据自动采集、业务工作流等关键的技术手段(第 3 章),实现操作层的日常业务功能,包括:大坝浇筑仿真计算与浇筑计划编制;仓面浇筑施工组织设计;混凝土原材料信息(包括粗骨料、细骨料、胶凝材料、水、外加剂等)与混凝土试验数据采集;包括仓号、高程、混凝土工程量、浇筑时段等施工信息,钢筋、模板、预埋件、混凝土等检测与评定信息在内的仓面施工信息采集;拌合楼、缆机的运行数据采集;坝肩抗力体固结灌浆、坝基固结与帷幕灌浆、坝体接缝灌浆等信息的综合采集;大坝金属结构制造与安装过程管理等。

数据查询与单据输出层主要应用自定义单据组件、动态报表组件、二维图表及数据输入输出接口技术,实现对现场采集的各类原始数据进行快速、直观展示与查询;提供大

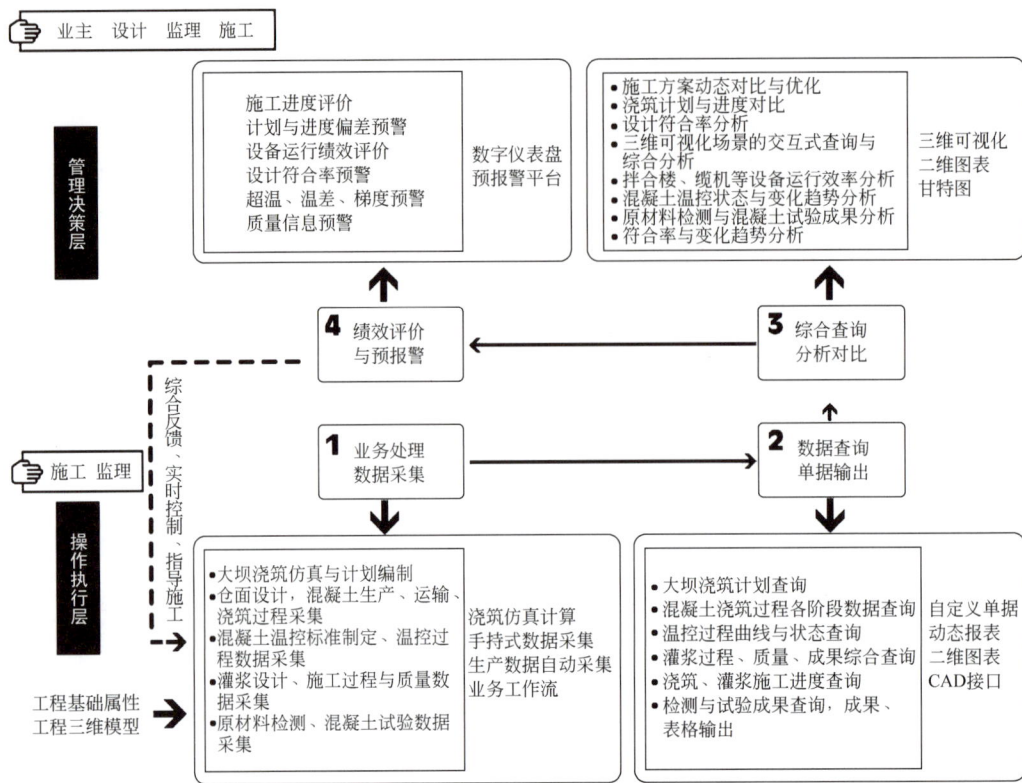

图 8-1 智能化建设业务协同工作平台 iDam 整体结构图

量符合工程建设与相关规范样式与内容的单据表格,如施工配料单、混凝土浇筑申请单、工序验收表格、混凝土质量评定表格等;工程进度的查询,进度计划、进度控制图表的打印输出等。

　　综合查询与分析对比层应用三维可视化技术、二维图形等技术,实现三维视景交互漫游,动态搜索与查询各部位的相关计划、进度、设计施工、温度、质量等信息;实现对各类数据的汇总、综合,形成各类成果报表,实现施工方案对比与施工时序优化、计划与进度对比与进度变化趋势预测、设备运行效率、原材料检测与试验的符合率与变化趋势分析。

　　关键指标评价与预报警层服务于工程综合管理与决策,该层应用数字仪表盘、预报警平台等技术手段,实现对工程的关键绩效指标的综合评价与动态展现,实现对工程进度、施工、质量、温控、应力等关键技术指标的综合评价与预报警,异常的状况能及时通过在线消息、手机短信的方式通知相关人员,以实现对工程施工的快速反馈、实时控制与问题纠正。

8.2.3　平台体系结构

　　根据平台的总体设计思想和原则,结合分布式应用及数据库技术,采用三层 C/S 架构,整体划分为 3 个部分,即服务器端平台、桌面客户端平台、手持终端平台。需要特别指出的是,服务器端平台采用面向服务的体系结构(service-oriented architecture,SOA)构建,层次结构如图 8-2 所示。这种体系结构使服务从更高抽象层次向上定义,直接与业务相对应,具有明确的接口,可采取面向过程、面向消息、面向数据库和面向对象等不同开发方法。在使用中只需按其接口要求进行访问,屏蔽服务实现细节,且服务实现的修改不会影响到服务访问方的逻辑,提高了业务流程的适应性。另外,一旦业务流程变更,也仅需对服务进行重新编排,不需要修改服务本身,提高了业务流程实现的灵活性。

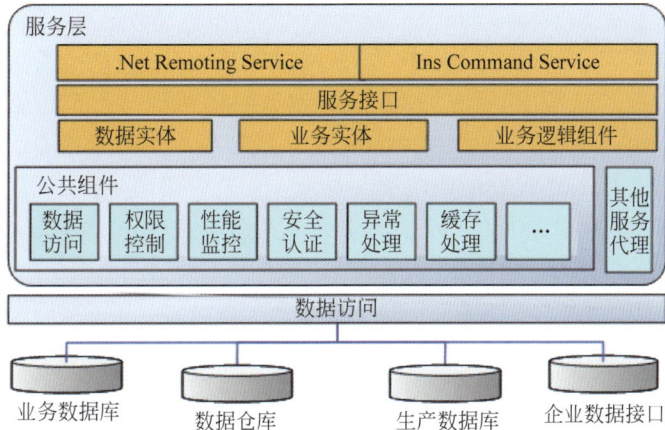

图 8-2 服务端平台系统结构图

服务器端平台是整个综合业务协同工作平台的核心部分。首先,所有重要业务逻辑控制均在服务器端平台上完成;其次,业务数据存储、访问及其他平台的数据、操作、授权等业务服务也由服务器端平台提供。

桌面客户端平台是与用户交互的主体。一方面负责组织机构管理、用户管理、授权管理、系统配置等基础功能的操作和维护;另一方面提供基础信息的管理(如坝段管理、坝块管理、仓管理、温控标准管理、施工资源管理等),施工数据的管理(如施工组织设计管理、原材料检测管理、质量检测管理等),报表分析和综合查询的管理等业务功能。

数据采集平台是为了实现现场数据的即时录入,利用控制终端(工业级智能手持式数据录入终端 PDA 或仓面数据采集系统、混凝土温度监测系统),通过现场人员或自动传感器,将现场的真实记录数据经无线网络直接存储到系统平台,替代手工纸张记录过程,实现施工现场生产数据实时采集和展现,全面提升管理效率。

8.2.4 平台主要技术

软件平台采用企业级分布式应用架构,基于 MS. Net2.0 平台开发,开发工具为 Visual Studio 2008,后台数据库采用 Oracle 10g;可视化平台采用 VTK 平台,用于三维计算机图形学、图像处理和可视化的专业三维组件,具有强大的三维图形功能,集成大量高效模型处理与专业化分析算法,支持交互式、参数化模型处理与动态可视化展现;服务器硬件采用 x86 架构服务器集群,支持 20TB 容量的高速 SAN 存储,支持双机热备与应用负载均衡,操作系统为 Windows Server 2008;现场网络采用光纤传输+WiFi 无线覆盖模式,通过建立 MESH 基站,支持现场无缝网络覆盖,智能控制设备采用 ZigBee 低功耗工业传输技术;数据采集支持工业控制系统接口、智能终端采集、数字传感等多种模式;DIM 采用 Catia 作为三维设计平台,采用 GoCAD 作为地质建模组件,支持信息的集成,支持 DXF/STL 格式输出；专业分析软件包括 Gid/Tecplot/Ansys 等，用于组织温度、应力、渗流等仿真分析计算，基于标准的数据格式（TICI），支持上述几种网格模型与仿真成果信息的识别与转换。

8.3　平台模块与功能

平台采用统一架构、个性化建设的模式，从高拱坝施工环节入手，实现面对设计要求及其施工工艺流程的综合管理，利用底层 PCS 系统的接口，实现与生产控制系统的通信与自动数据采集；同时，支持科研专项设计成果的集成管理与可视化分析查询。图 8-3 为高拱坝智能化建设协同工作平台业务覆盖范围。从图 8-3 可以看出，它不只是实现某个环节或某个施工专业的管理，而是要将工程建设的主要施工过程进行综合、集成、流程化管理，来满

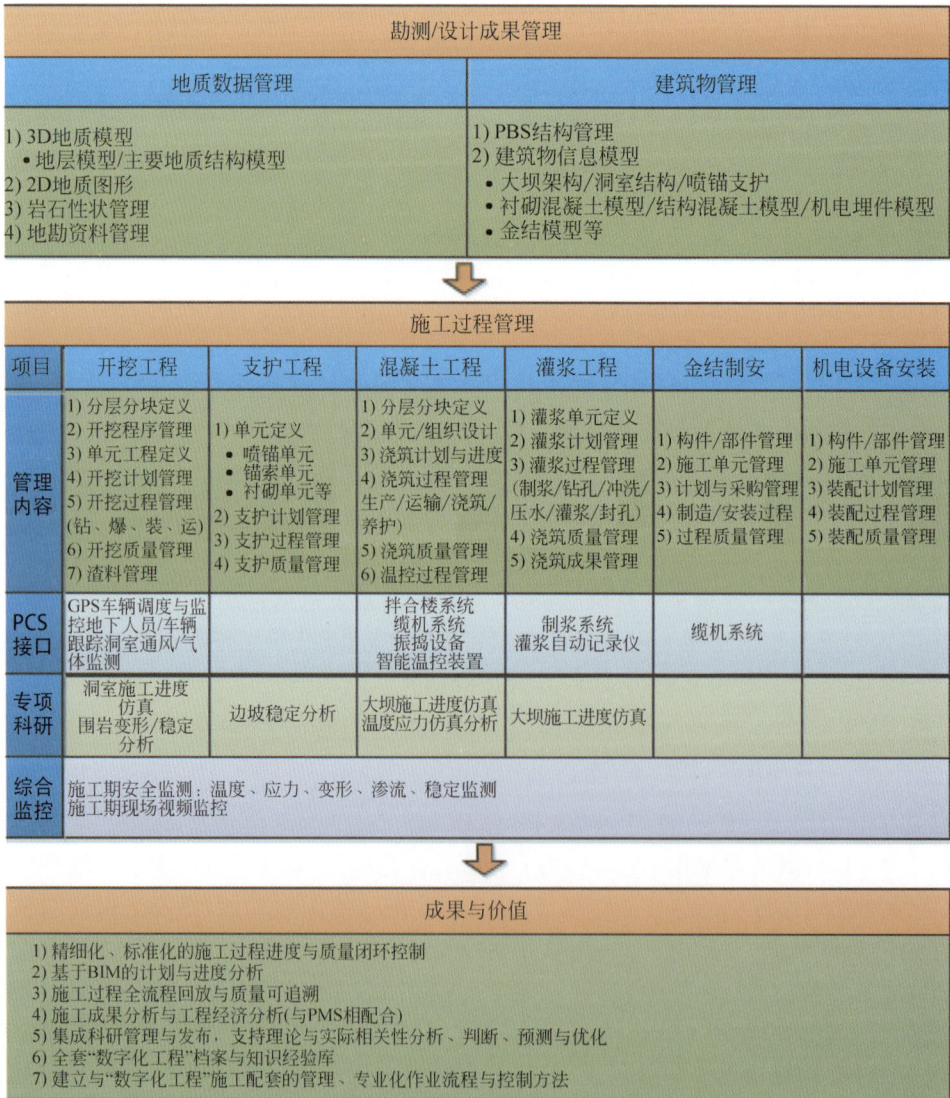

勘测/设计成果管理	
地质数据管理	建筑物管理
1) 3D地质模型 • 地层模型/主要地质结构模型 2) 2D地质图形 3) 岩石性状管理 4) 地勘资料管理	1) PBS结构管理 2) 建筑物信息模型 • 大坝架构/洞室结构/喷锚支护 • 衬砌混凝土模型/结构混凝土模型/机电埋件模型 • 金结模型等

施工过程管理						
项目	开挖工程	支护工程	混凝土工程	灌浆工程	金结制安	机电设备安装
管理内容	1) 分层分块定义 2) 开挖程序管理 3) 单元工程定义 4) 开挖计划管理 5) 开挖过程管理（钻、爆、装、运） 6) 开挖质量管理 7) 渣料管理	1) 单元定义 • 喷锚单元 • 锚索单元等 2) 支护计划管理 3) 支护过程管理 4) 支护质量管理	1) 分层分块定义 2) 单元/组织设计 3) 浇筑计划与进度 4) 浇筑过程管理 生产/运输/浇筑/养护 5) 浇筑质量管理 6) 温控过程管理	1) 灌浆单元定义 2) 灌浆计划管理 3) 灌浆过程管理（制浆/钻孔/冲洗/压水/灌浆/封孔） 4) 浇筑质量管理 5) 浇筑成果管理	1) 构件/部件管理 2) 施工单元管理 3) 计划与采购管理 4) 制造/安装过程 5) 过程质量管理	1) 构件/部件管理 2) 施工单元管理 3) 装配计划管理 4) 装配过程管理 5) 装配质量管理
PCS接口	GPS车辆调度与监控地下人员/车辆跟踪洞室通风/气体监测		拌合楼系统 缆机系统 振捣设备 智能温控装置	制浆系统 灌浆自动记录仪	缆机系统	
专项科研	洞室施工进度仿真 围岩变形/稳定分析	边坡稳定分析	大坝施工进度仿真 温度应力仿真分析	大坝施工进度仿真		
综合监控	施工期安全监测：温度、应力、变形、渗流、稳定监测 施工期现场视频监控					

成果与价值
1) 精细化、标准化的施工过程进度与质量闭环控制 2) 基于BIM的计划与进度分析 3) 施工过程全流程回放与质量可追溯 4) 施工成果分析与工程经济分析(与PMS相配合) 5) 集成科研管理与发布，支持理论与实际相关性分析、判断、预测与优化 6) 全套"数字化工程"档案与知识经验库 7) 建立与"数字化工程"施工配套的管理、专业化作业流程与控制方法

图 8-3　平台业务覆盖范围及其成果示意图

足各个层次的综合管控需求,其涵盖的业务范围包括混凝土浇筑计划、混凝土浇筑过程、混凝土温控、质量管理、固结灌浆、帷幕灌浆、接缝灌浆、金结制安管理等拱坝施工的主要建设内容,以及仿真分析、渗流变形分析、工程联机分析、预报警管理、工程数字档案、综合查询等管理过程。

8.3.1 设计成果集成

设计成果集成旨在应用建筑物信息模型(BIM)技术构建适应于水电工程的建筑物和地质三维模型,建立三维工程数据库,管理建筑物、构筑物的设计信息,实现水电站结构和结构物设计、施工过程属性的管理。大坝全景信息模型(DIM),是面向大坝工程全生命期的建筑物信息模型,在全面继承大坝设计信息的基础上,重点实现面向大坝建造过程及工程全生命期的建筑物综合信息管理,并在工程建造过程中动态集成施工过程信息、监测信息,实现工程全生命期的信息管理。

图 8-4 给出了基于 DIM 模型的设计信息和科研成果集成。大坝全景信息模型分为地质地层模型和大坝模型,通过对模型进行分层、分类,并对其几何信息、空间信息以及其他附属信息进行维护,实现对模型的统一管理;同时基于统一标准的数据源格式与转换规则,实现专业化设计成果、专业化分析成果、施工过程及成果的集成管理,对大坝结构、地质信息实现集成管理与发布,实现单一真实数据源,支持基于现场监测数据的动态参数化切割、参数化构建,支持工程量统计分析、4D 进度模拟及科研仿真成果后处理分析、统一场景下理论与实测成果的对比分析。

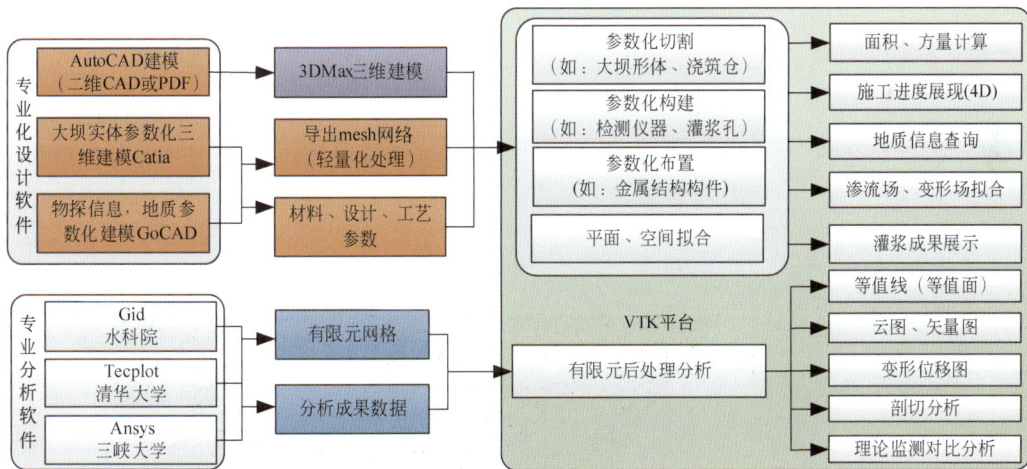

图 8-4 基于 DIM 的设计信息和科研成果集成

8.3.2 混凝土施工管理

仓面施工过程业务流程(图 8-5)反映了仓面施工过程及其业务数据的逻辑关系。由图 8-5 可以看出,高拱坝混凝土浇筑过程以坝块为柱体、以浇筑仓为单元循环、连续地上升,每个坝块的每一仓浇筑都要经过仓面设计、备仓、浇筑、养护、质检与缺陷处理等作业流程。其中,混凝土原材料质量控制,混凝土施工计划与进度控制、混凝土生产质量控制、混凝土运输效率、仓面的施工过程监控是几个关键环节。模块拟从大坝浇筑计划、仓号准备、仓号浇筑、质检与缺陷处理、分析报表等方面对高拱坝混凝土施工数据进行集中采集、汇总与分析。

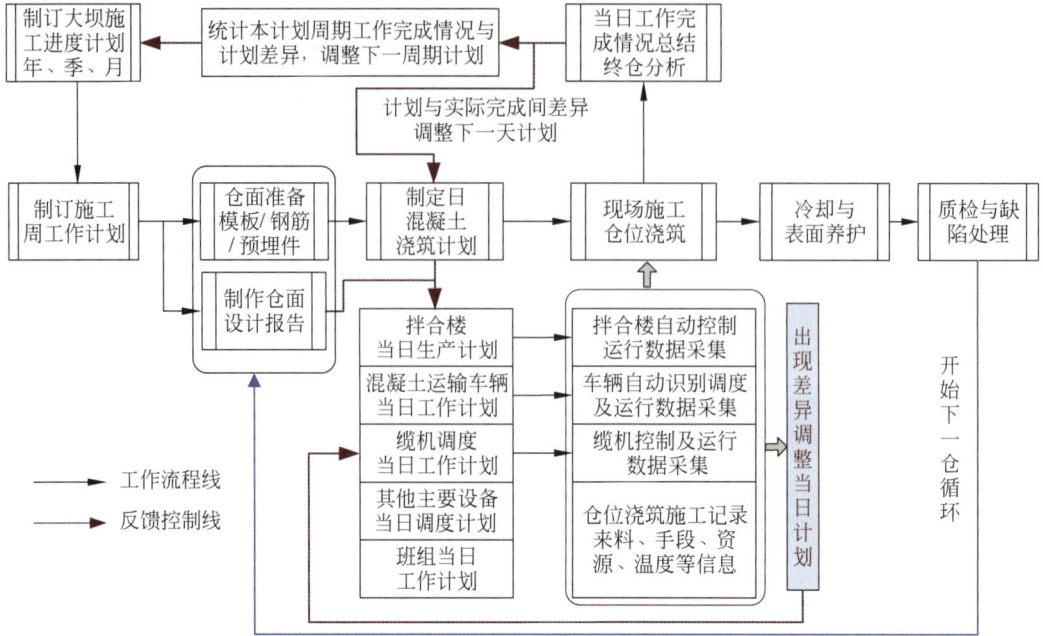

图 8-5　高拱坝混凝土施工作业流程图

（1）施工计划

施工计划主要内容包括跳仓跳块计划、资源计划以及使用其他进度仿真软件制作的进度计划等，以此实现对进度计划内容与状态的管理。其中跳仓跳块计划包括长中短期计划，计划制定时间，开始时间、结束时间、某一个时间节点、某个坝段混凝土浇筑要达到的高程（仓位），计划的审核信息，计划申报、审核、确认的历史状态，主要通过大坝仿真系统的导入接口实现。图 8-6 为混凝土施工浇筑计划展示图。

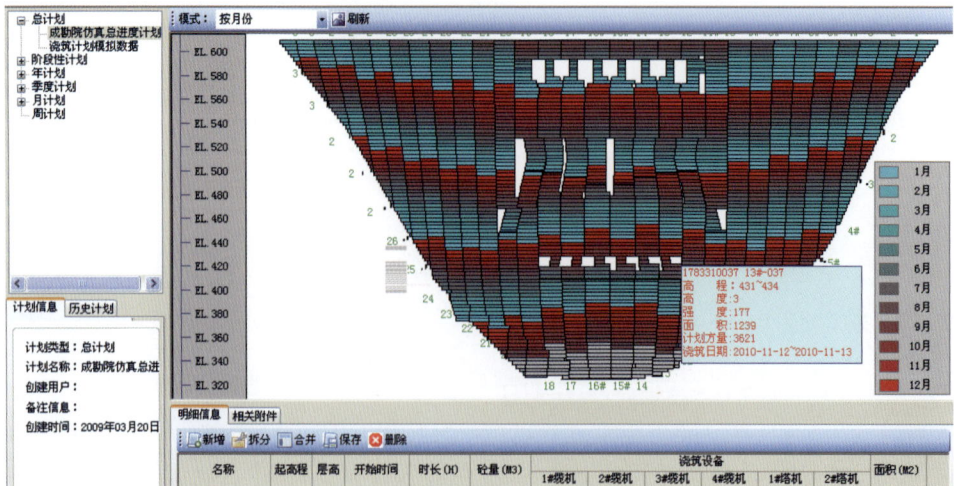

图 8-6　混凝土施工计划（长期计划）

（2）仓面设计

仓面施工组织设计是对具体浇筑部位整个浇筑过程进行详细规划，是确保混凝土浇筑各工序正常、有序、保质实施的重要实施环节。混凝土仓面设计，通过对混凝土浇筑单元的划分（定义）及基本特性（名称、位置、方量等）的采集，运用应用工作流（图 8-7），实现施工方法、资源投入、施工布置图纸等为核心的混凝土浇筑准备工作的对比分析与管理，以及混凝土内部埋设仪器（包括冷却水管、临时温度计及其他相关埋件）的综合查询。

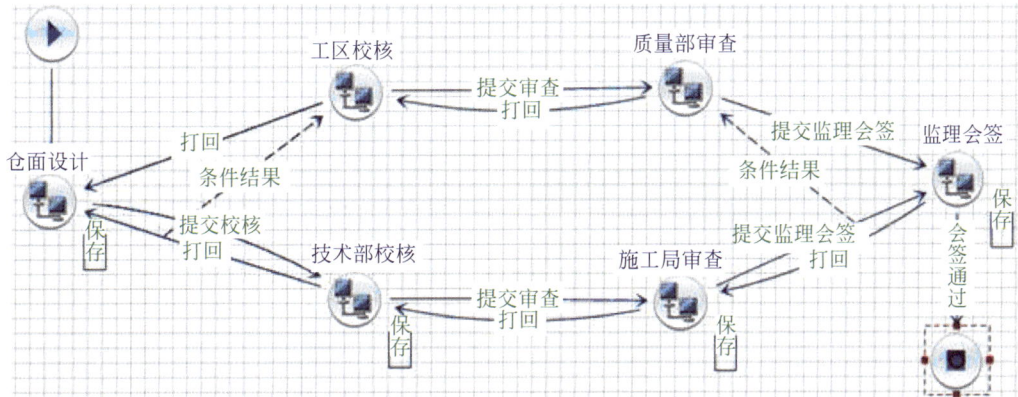

图 8-7　仓面设计审核控制流程

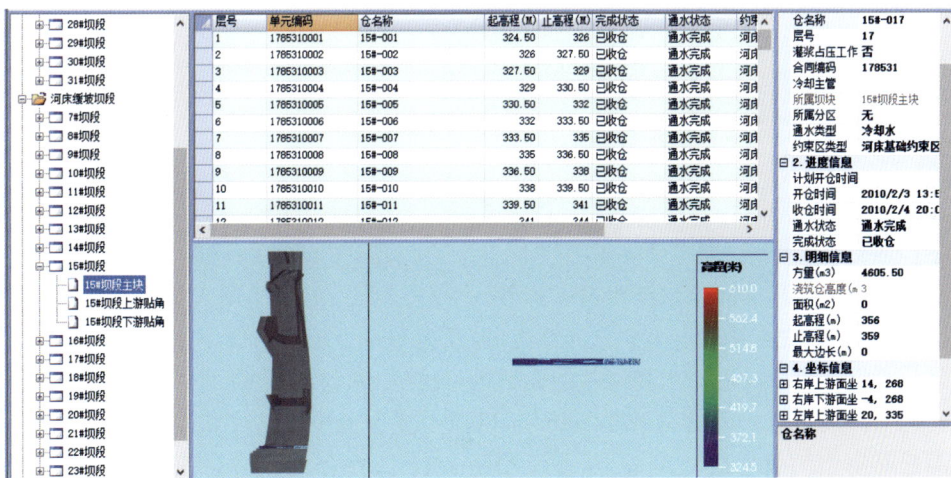

图 8-8　仓面定义功能页面

仓面定义是对每一仓的基本信息、进度信息、明细信息、坐标信息、备注信息等进行定义。如进度信息（开仓时间、收仓时间、完成状态、温控状态等），通过 PDA 手持终端设备现场采集和数据审核后，直接将数据赋值到仓面定义进度信息中（图 8-8）；明细信息主要是对仓的信息进行量化，包括仓的起止高程、浇筑方量、面积、浇筑仓高度等；坐标信息主要是反应仓的物理位置，及每一仓底部四个点的坐标。

仓面设计是将浇筑仓的浇筑设备、仓面设施与人员、浇筑方法等集中显示（图 8-9），通过与现场实际情况对比，从而了解施工现场中资源配置、设施、人员安排等是否符合仓面设计要求,主要包括仓面基本信息和仓面资源信息。基本信息取自仓面定义,仓面资源信息包含工艺说明、混凝土特性、仓面设计图、浇筑设备、仓面设施与人员、浇筑方法等内容。

图 8-9　仓面设计(仓面设施与人员)

仓面埋仪管理主要是对冷却水管、临时温度计、永久温度计、无应力计、光纤测温、测缝计等进行管理和数据采集。通过参数设置,完成条形编码打印输出,数据采集时只需运用 PDA 手持终端扫描条码即实现温度等数据采集(图 8-10)。

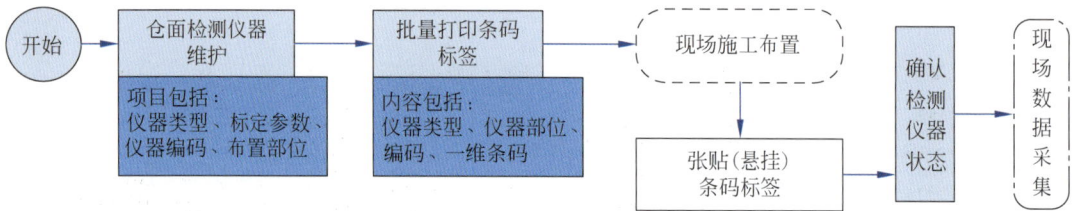

图 8-10　仓面埋仪管理

(3)混凝土生产

混凝土生产包括混凝土检测数据(坍落度、含气量等)、混凝土施工配料单、拌合楼生产数据导入,生产部位与系统定义部位的对应,以及废弃料处理等内容。原材料检测是在拌合楼检测的出机口温度及混凝土其他性能数据进行检测,如加冰量、拌合楼坍落度、含气量、特大石比例、大石比例、中石比例和小石比例,以便生成混凝土坍落度检测结果统计表;混凝土施工配料单实时录入配料单编号,选择配合比编号、拌合楼,录入混凝土温度、减水剂浓度、引气剂浓度、含水率情况、逊径等;混凝土废错料处理,是针对混凝土生产过程中,由于设备故障、匹配错误、温度异常等原因发生错废料的情况,通过原因分析、处理措施、错废料处理结果、掺量调整(废弃、继续使用)等信息管理,实现承包商申报、监理审核、业主审批的功能。

(4)混凝土盯仓数据

浇筑过程仓面数据是浇筑环节中最重要的原始施工记录,数据包括来料、异常(初凝、超温、坍落度值、泌水、外来水、骨料集中、模板走样、预埋件、废错料处理)、手段(水平运输、垂直运输)、资源(机具、工具、人员)、停料描述、温度(入仓温度、仓面气温、浇筑温度)、异常信息等。上述数据主要通过 PDA 和智能盯仓系统予以采集存储,再通过平台实现数据审核分析和展现(图 8-11)。

图 8-11　混凝土盯仓数据管理

8.3.3　混凝土质量管理

　　混凝土质量形成过程(图 8-12)主要分为原材料的选定、配合比设计、拌合及运输、浇筑四个阶段。其中,原材料的选定和混凝土配合比设计是混凝土本身质量形成的重要阶段,确定混凝土的本身质量;拌合运输及浇筑阶段影响混凝土质量的因素较多。混凝土质量管理主要用于保证与实施施工质量过程管理,主要涉及以下几方面内容:原材料及混凝土的试验检测、施工质量的试验检测、施工准备中的质量控制与管理、施工过程中的质量控制与管理、施工质量检查签证与工程验收、工程质量事故(缺陷)管理。

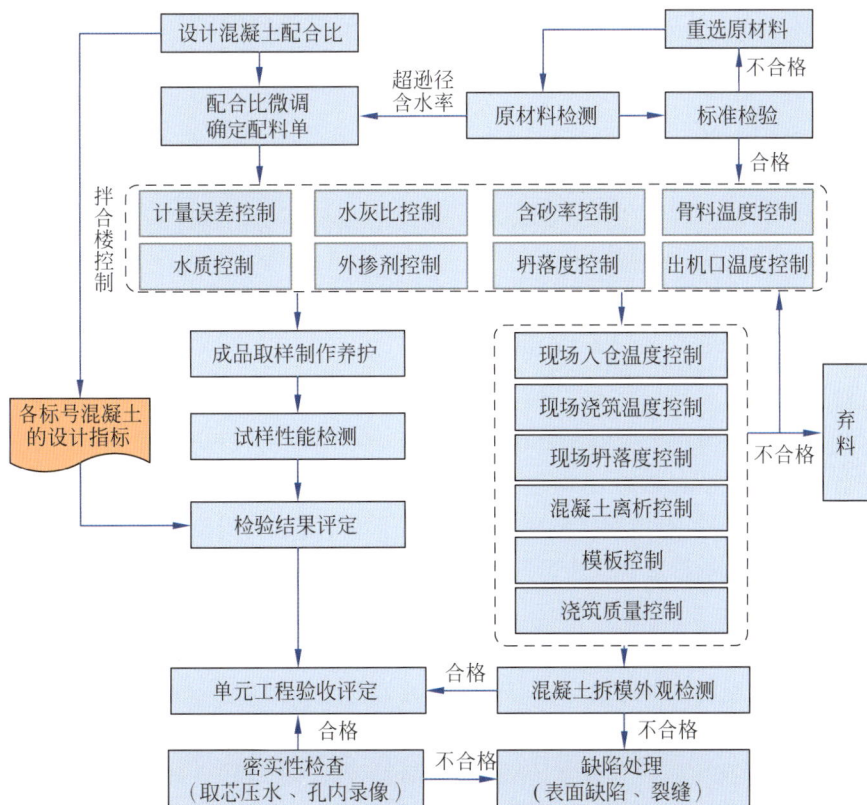

图 8-12　高拱坝混凝土生产与质量控制图

（1）混凝土性能检测

混凝土性能检测内容共有以下八项：水泥性能检测、混凝土强度检测、混凝土拉伸试验检测、混凝土弹性模量检测、混凝土抗冻试验检测、混凝土抗渗试验检测、混凝土自身体积变形、掺外加剂试验检测。通过对这些试验检测的数据进行收集汇总，并加以计算分析，从而方便快捷地让用户了解混凝土的质量情况，防止不合格混凝土的继续生产和使用。

（2）原材料性能检测

原材料性能检测主要包括如下几项内容：粉煤灰品质检测、外加剂均匀性检测、外加剂溶液质量检测、砂品质检测、粗骨料品质检测。检测的作用是对取样的样品进行统一管理，通过样品的检测项目和样品检测的周期将取样管理和试验检测进行关联，从而更加方便快捷地进行样品检测结果的统计分析。

（3）质量检测和评定

由若干检测指标构成，这些检测指标按工序编号进行分组；质量检测信息包括各个工作单元按照标准检测指标所完成的检测资料、检测状态、处理类型以及施工类别，用以对质量检测进行编码。每个质量检测均与责任部门、责任人、检查阶段相联系。质量检测和评定主要包括混凝土质量验收和备仓工序评定两项内容。

混凝土质量验收主要包括混凝土单元工程质量评定、混凝土浇筑工序质量评定、混凝土外观质量评定、施工期观测仪器安装质量评定。备仓工序评定通过手动输入施工工序质量检测的有关资料，实现对基础面或混凝土施工缝处理工序质量评定、钢筋安装工序质量评定、混凝土模板安装工序质量评定、止水安装质量评定、伸缩缝材料安装质量评定、排水设施安装质量评定、冷却及接缝灌浆管路安装质量评定、内部观测仪器安装质量评定与预埋件工序质量评定。

（4）缺陷处理管理

缺陷处理管理主要是用来对工程质量事故、事故初步处理措施的审查以及工程质量事故的处理等整个过程进行跟踪。缺陷处理包括三方面的内容：混凝土表面缺陷处理、混凝土内部缺陷处理、混凝土裂缝处理。

8.3.4 混凝土温度控制

大体积混凝土温度控制是指大体积混凝土浇筑时，需要采取措施解决混凝土硬化过程中水泥水化热在块体内产生的温度变化而带来的应变与应力，尽可能避免或减少裂缝。温度控制业务流程总图 8-13 反映了温度控制过程及业务数据的逻辑关系。混凝土温度控制模块拟从温控标准管理、温控措施管理、现场数据采集、温控分析报表等四个方面对整个大坝施工期的温控原始数据进行集中的采集、汇总与分析，以加强整个混凝土施工过程中的温控管理，发现、掌握、分析大坝混凝土的温度状态，调整、改进温控措施。

（1）原材料温控

该模块记录砸后骨料的温度、检测频率，并根据统计的检测结果对照检测控制标准判断其是否符合检测标准，是否满足工程需要。一冷、二冷骨料砸石温度检测，记录砸检一冷和二冷后的特大石、大石、中石温度，小石测表面温度，一冷取样一般在一冷仓出口上料皮带，二冷取样一般在拌合楼衡量层（图 8-14）。

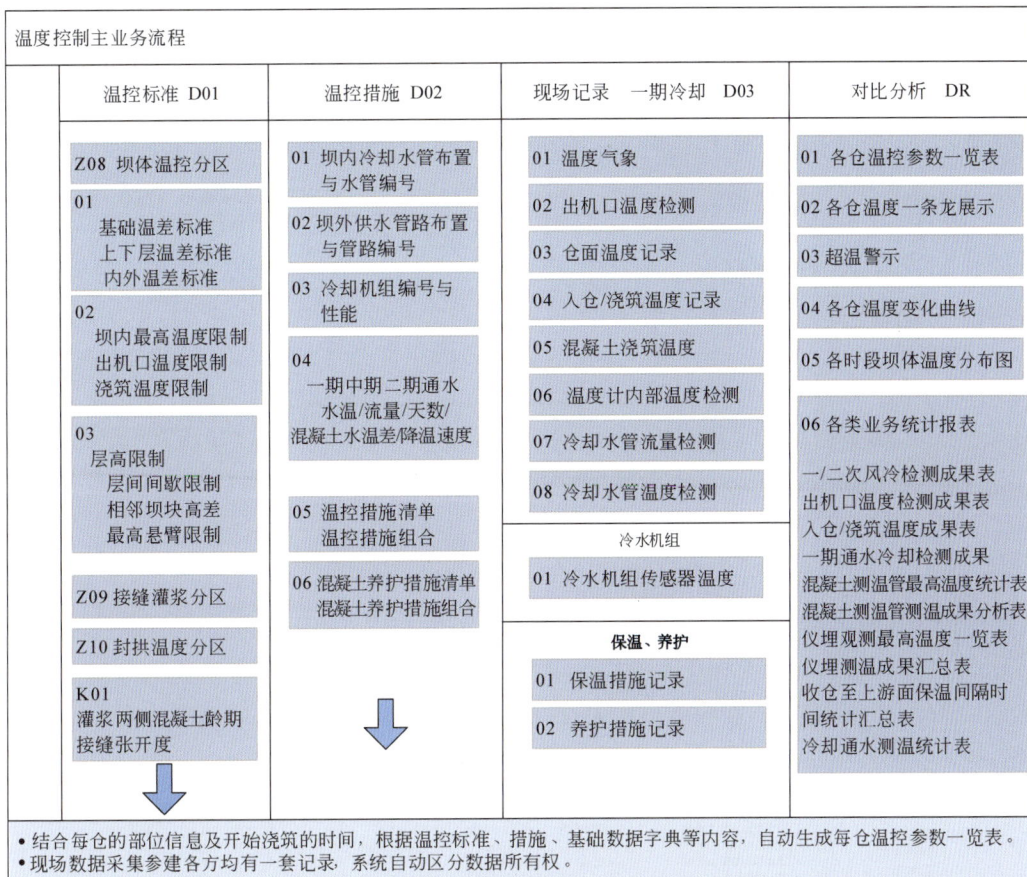

图 8-13 混凝土温度控制流程图

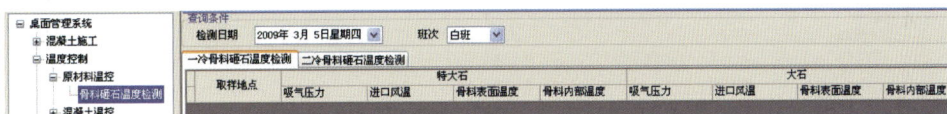

图 8-14 一冷骨料砸石温度检测模块界面

（2）混凝土温控数据管理

该模块主要是对现场提交的混凝土温控数据进行信息化管理（图 8-15），审核现场数据的正确性，便于随时了解温度变化过程，包括气象信息、混凝土内部温度（施工期临时埋设温度计、测温管等）、混凝土表面温度、基岩温度、特殊位置温度、冷却通水流量、进出口水温、通水换向记录、停水闷温记录、闷温检测结果、通水异常信息（水管打断、温度计损毁等）及工地小环境气温。

图 8-15 混凝土温控数据

（3）温控标准管理

温控标准管理主要是制定温控每一阶段的温控标准，并将其作为温控曲线控制依据（图 8-16）。当现场温控数据不满足温控标准时，就会对不满足标准数据进行红色标示，提供预警。

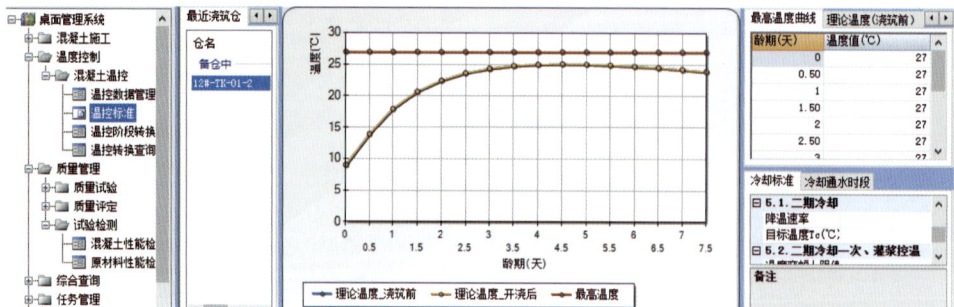

图 8-16　混凝土温控标准

（4）温控阶段审批

温控阶段审批模块设置混凝土温控阶段转换的流程审批机制（图 8-17），施工单位通过系统申报温控阶段转换，监理可在系统中审核施工单位的申请，并确定转换后的温控措施；同时，还可根据温度数据、混凝土龄期等，提供温控阶段转换的提示提醒功能。温控与通水状态转换分为通水阶段转换、通水形式转换、暂停通水、闷温四种模式。

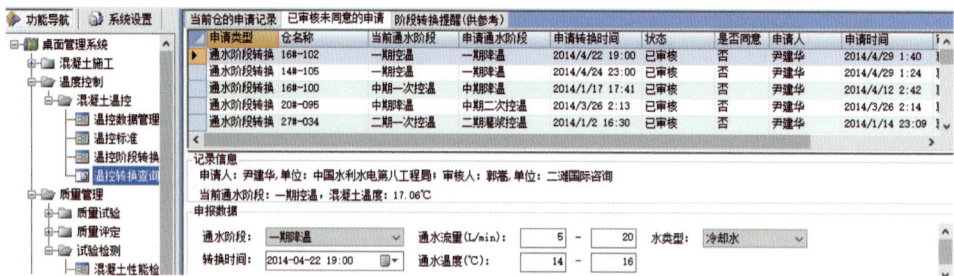

图 8-17　混凝土温控阶段审核

8.3.5　固结（帷幕）灌浆

大坝施工灌浆过程业务流程总图（图 8-18）反映了灌浆过程及其中业务数据的逻辑关系。根据灌浆的典型施工过程，模块从灌浆计划、灌浆准备、灌浆设计、施工过程、质量管理及综合查询六个方面，对大坝施工期的灌浆施工数据进行集中的采集、汇总与分析。通过对灌前、灌后的勘察与检查成果的全面管理与成果发布，结合三维可视化技术，指导灌浆施工设计，优化施工过程，科学评价施工质量；通过利用自动灌浆记录仪等手段，对钻孔、冲洗、压水、灌浆、封孔等各个工序环节的自动化监控，实时跟踪灌浆进度，确保各个工序过程满足设计与规范要求，并准确计量，避免人工干扰；通过对施工过程的全面监控，形成一系列的过程资料与分析成果，形成数字化施工档案库，为灌浆成果整理与资料归档提供便利。

（1）灌浆计划

灌浆计划主要包括计划类型、周期以及工程量等信息。按类型可以分为中长期计划及

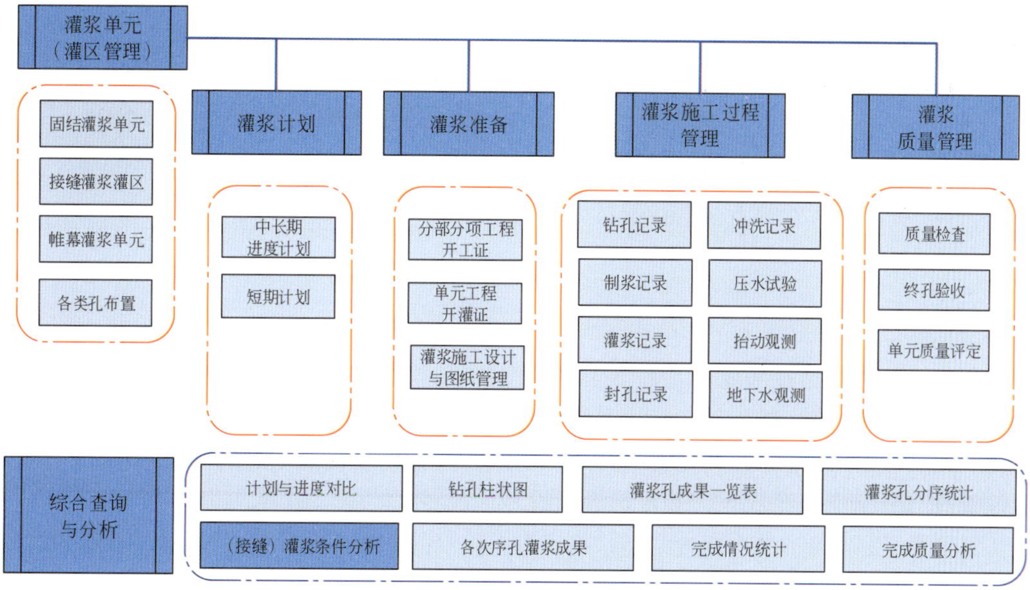

图 8-18　灌浆工程管理的内容与流程总图

短期计划。中长期计划内容与状态管理(图 8-19)主要针对总进度计划、年度计划、季度计划、月度计划、阶段性计划,包括计划开始时间、结束时间等;短期计划包括月计划、周计划、日计划和阶段性计划,主要实现灌浆计划的精细化管理,可计划到天。短期计划是在灌浆单元的基础上进行维护的,以灌浆孔信息、孔段信息以及计划钻孔工程量、计划混凝土钻孔工程量、灌浆计划采用的灌浆泵、钻机、自动记录仪等信息为主。

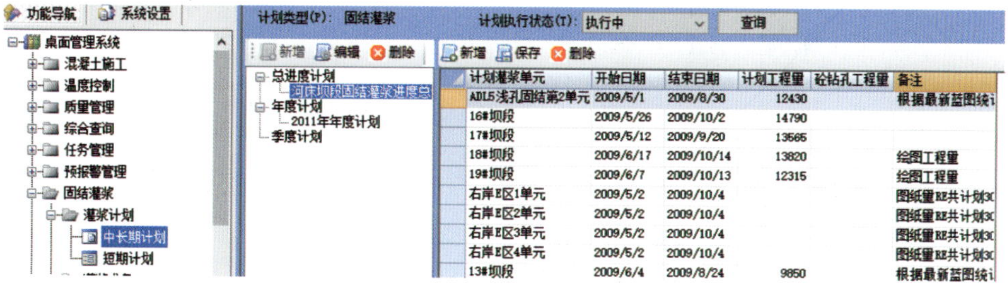

图 8-19　灌浆中长期计划(年度、季度计划)

(2)灌浆准备(灌浆申请)

灌浆准备主要是灌浆施工的前期准备,包括方案设计、设备设施资源及现场开工条件等准备工作,通过对灌浆单元工程开工证、准钻证、准灌证的分层审查实现。具体步骤为:①承包商在模块中根据需要填写开工申请;②填写完毕后,通过系统打印出灌浆单元工程开工证、灌浆工程单元准钻证、灌浆工程单元准灌证,手工签字后提交监理审核;③监理单位签字确认,并在模块中签字复核。

其中,开工证实现对灌浆方案设计、设备设施、资源准备、开工条件等准备情况进行检查,并将记录检查结果提交给监理审核;准钻证检查灌浆孔孔位是否标识清楚、灌浆设备是否完好、计量仪器是否经过校验,合格后签发准钻证,否则按检查意见进行处理;准灌证检查灌浆设备是否完好、计量仪器是否经过校验、缝的清洗等情况,合格后签发准灌证

（图 8-20）。

图 8-20 灌浆单元准钻、准灌管理

（3）灌浆设计

灌浆设计包括钻孔和灌浆工程施工平面布置图（灌浆部位、施工布置、钻孔分序等）、钻孔和灌浆材料和设备、钻孔和灌浆的程序和工艺、试验大纲、浆材适用性、浆液配比及开灌水灰比、钻孔和灌浆的施工人员配备、施工进度计划等、抬动变形观测、钻孔测斜及灌浆计量设备等管理。分为灌浆单元定义和灌区仓面设计两部分。

灌浆单元是对灌浆工程进度、质量、施工进行组织的基本单元。灌浆单元定义（图 8-21）是各灌浆单元的基础信息，此信息将被其他功能点所引用，进而对灌浆单元数据进行统计分析。与大坝混凝土不同，灌浆工程中坝段和灌浆单元间存在对应关系，单元工程以坝段而不以仓号来进行划分。灌浆设计管理（图 8-22），是根据固结灌浆施工需要，记录灌浆机组、钻孔机组、制浆机组、排架搭设机组、综合机组以及设备投入等信息。

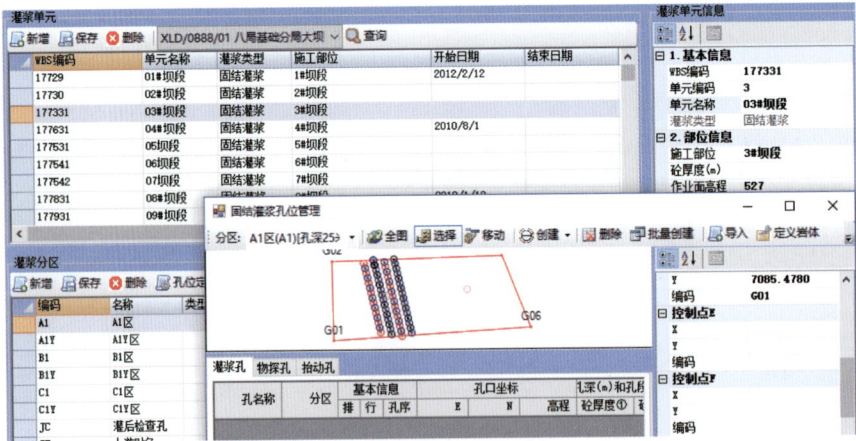

图 8-21 灌浆单元定义

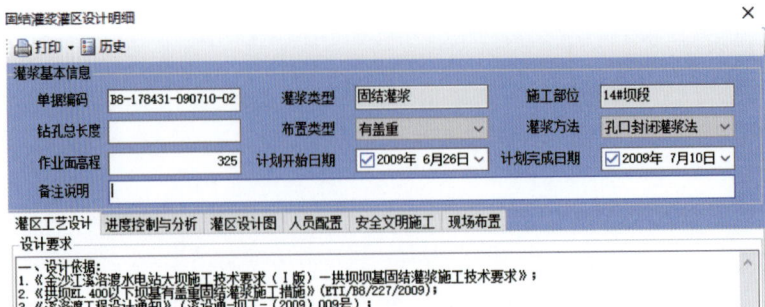

图 8-22 灌浆设计管理

（4）施工过程管理

根据灌浆工程施工过程流程（图 8-23），灌浆施工过程管理主要包括施工过程管理、灌浆记录部位转换、施工工序管理、灌浆记录孔位转换，记录管理包括钻孔与测斜记录、钻孔冲洗及裂隙冲洗记录、压水试验和记录、制浆记录、灌浆记录（人工记录的纸质文件和自动记录的电子文件）、抬动和变形观测记录、现场浆液试验记录及现场照片等信息。

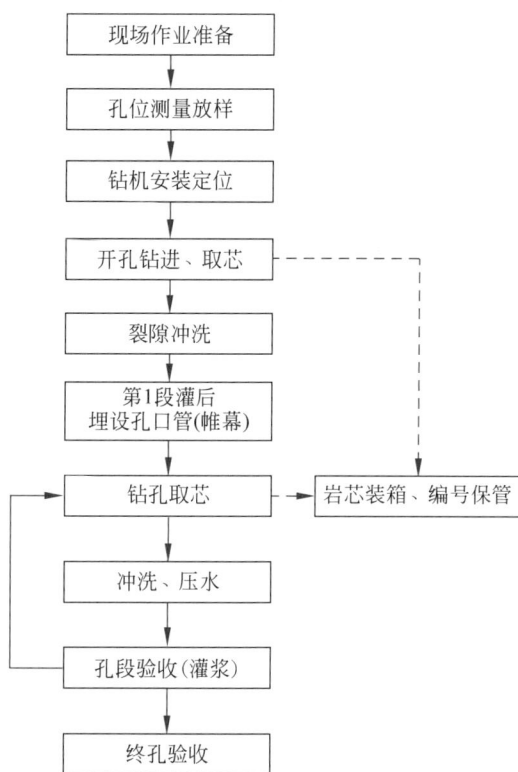

图 8-23 灌浆工程施工流程图

施工过程管理主要记录灌浆工程施工过程中的抬动情况、现场异常情况及现场资源情况（图 8-24）。抬动检测数据通过抬动自动记录仪器自动采集，设置数据接口实时获取；现场异常与特殊情况主要针对各种不确定因素或现场条件的影响、出现的异常状况或特殊情况，如卡钻、埋仪打断、抬动异常描述、冒浆、灌浆中断、回浆变浓等，对其予以描述；资源投入情况用来记录每个班次的资源投入情况，包括主要设备、人员投入、与灌浆工程相关的重要或大型的设备，如钻机与制浆设备、灌浆设备等。

灌浆单元和灌浆孔匹配主要是将数据库中存储灌浆单元数据和灌浆孔数据对应到匹配的灌浆单元孔段上。

施工工序管理主要是记录灌浆工程的各施工工序信息，包括钻孔、冲洗、压水、灌浆、封孔（图 8-25）。钻孔以孔段为单位，统计每班钻孔进尺（进度）信息，包括起止时间、工作内容、钻头情况、钻孔进尺情况；钻孔裂隙冲洗记录冲洗的时间及流量、压力、回水等信息；压水试验对单元部位、孔信息、地下水位、涌水压力、试验开始与结束时间及定期采集的压力、注入率、吕荣值、流压比等信息进行记录。

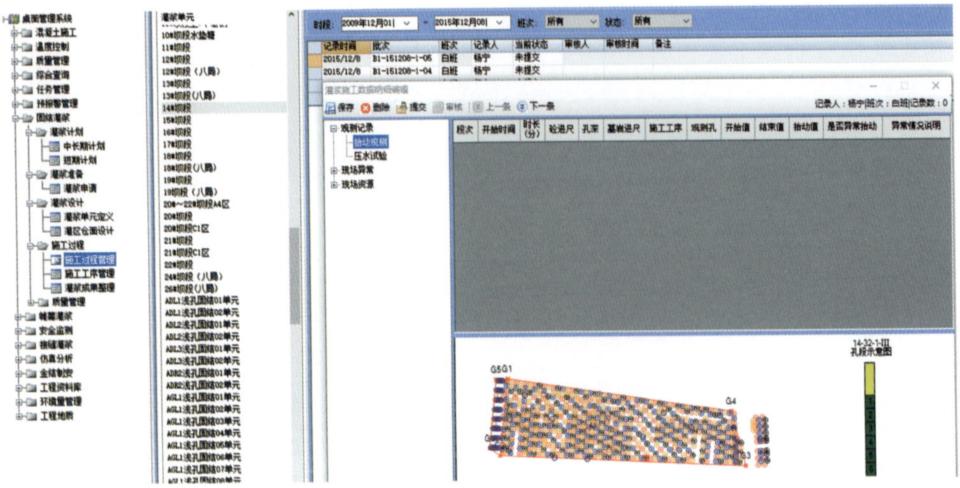

图 8-24　灌浆施工过程数据明细编辑页面（抬动录入）

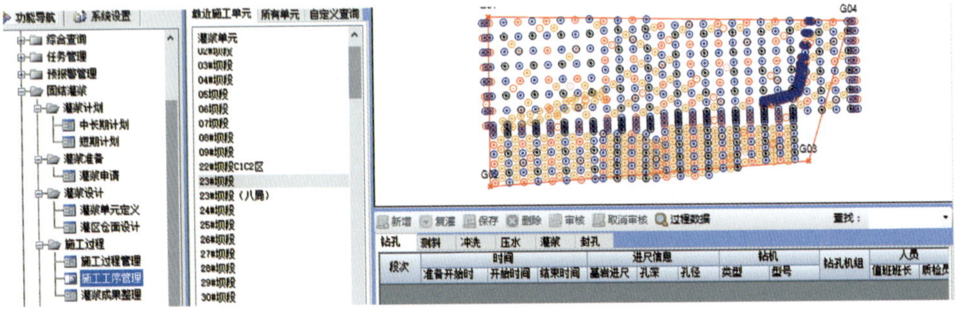

图 8-25　灌浆施工工序管理

　　灌浆成果整理主要提供灌浆施工数据的添加和修改，即灌浆成果的维护，与施工过程管理和施工工序管理所不同的是，此模块对于灌浆成果即灌浆施工数据的维护更有针对性，主要提供灌浆成果数据的查询功能，具体添加和修改灌浆施工数据须在施工过程管理和施工工序管理模块中实现（图 8-26）。

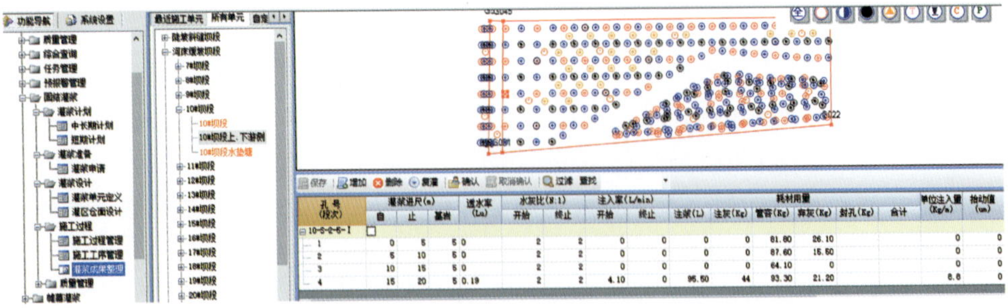

图 8-26　灌浆成果整理维护

（5）灌浆质量管理

　　灌浆质量管理主要实现灌浆质量检查成果和物探检测成果的管理。质量检查主要记录内容为终孔验收记录(图 8-27)、锚筋桩注浆记录、锚筋桩安装验收记录、钻孔测斜记录表和单元工程质量评定；物探检测主要提供物探检测数据的维护和管理，其中检测阶段包括灌前物探和灌后检测，检测类型包括岩芯取样、全孔成像、单孔声波、对穿声波、变模检测，目的是发布物探成果及综合分析结果，以便相关人员快速了解物探情况。

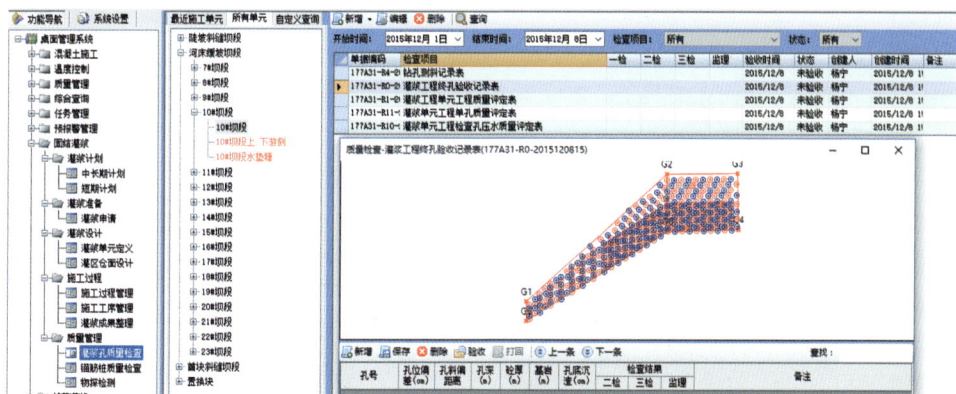

图 8-27　终孔验收

8.3.6　接缝灌浆

与固结(帷幕)灌浆类似，根据灌浆过程业务流程总图，接缝灌浆模块可划分为接缝灌浆灌区设计、接缝灌浆灌前准备、施工过程管理、质量管理四个部分。

（1）接缝灌浆灌区设计

接缝灌浆灌区设计包括灌区定义、单元定义、缝面设计、灌浆子系统管理四个方面。灌区定义，包含灌区基本信息(名称、起止高程)、灌浆信息(灌浆单元数量、灌浆状态、灌区面积)、时间信息(灌浆开始时间、灌浆结束时间、二期冷却开始时间、二期冷却结束时间)等；接缝灌浆单元定义是接缝灌浆模块的基础数据，也是实现接缝灌浆数据维护、统计、分析和展示的基础，内容包括单元基本信息(坝缝、单元编码、单元名称、当前状态、底高程、顶高程)、扩展信息(底线长度、灌区类型、灌区面积、浆槽系统、预设灌浆压力)、施工信息(施工开始、结束、验收日期)等；缝面设计(图 8-28)是根据设计文件、技术要求及施工需求制定接缝灌浆缝面设计工艺图，规划灌浆施工材料、设备和人员投入；灌浆子系统管理主要是对接缝

图 8-28　接缝灌浆灌区设计通水循环与平压页面

灌浆进浆管、回浆管、灌浆槽、排气管、排气槽等灌浆管路的管理,其内容包括管路基本信息、管路部位信息(底高程、顶高程、上下游)、管路扩展信息(布置日期、垂直距离、当前状态(正常、损坏))、系统类别信息(进浆管、灌浆槽、回浆管、排气管、排气槽)等。

(2) 接缝灌浆准备

接缝灌浆准备包括灌浆申请、通水检查、灌前特殊情况处理、灌前综合检查四个方面。灌浆申请主要实现"灌区准灌证"的管理,具体是对灌浆条件和灌前准备工作(混凝土龄期及温度梯度、通水检查、缝面张开度、灌浆材料等)进行检查;灌浆通水检查(图 8-29),是为了查明灌浆管路的通畅情况、缝面通畅情况和灌区密闭情况,包括管路检查、灌前通水循环检查;灌前特殊情况处理包括记录管路堵塞、缝面不畅、灌区串通、止浆片失效、灌区与基岩灌浆孔串浆、缝面张开度小于 0.5mm 等;灌前综合检查主要是在灌前对灌区混凝土温度、单开通水检查、封闭压水检查、缝面浸泡冲洗和预灌压水检查等工作进行评定。

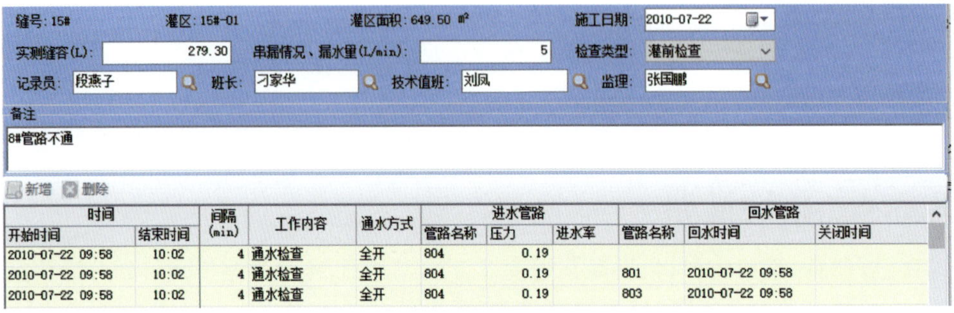

图 8-29　通水检查明细管理

(3) 施工过程管理

施工过程管理包括管口压力与放浆记录、施工管理、缝面观测、施工特殊情况处理等 4 个方面。管口压力与放浆记录用于记录灌浆过程中管口压力控制、放浆情况;施工管理主要实现接缝灌浆施工过程数据的维护,为综合查询中的数据汇总、统计、分析提供数据基础,内容包括灌浆仪器、水泥、水、弃浆、弃灰、管路耗灰、管口放浆及灌浆记录等信息(图 8-30);缝面观测主要实现接缝灌浆施工中缝面观测记录数据的管理;灌前特殊情况处理主要记录接缝灌浆施工过程中发生的浆液外漏、串浆、管路堵塞和灌浆中断等特殊情况。

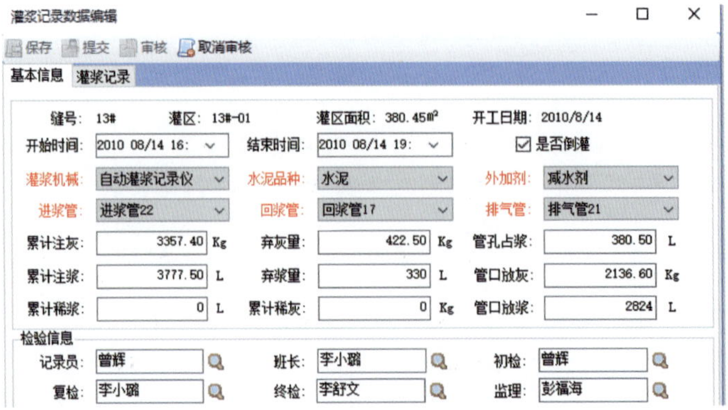

图 8-30　接缝灌浆施工过程数据管理

（4）质量管理

质量管理主要实现施工过程质量检查和灌浆效果检查质量评定，评定应以分析灌浆施工记录和成果资料为主。对灌浆施工成果资料应从两方面分析：一是开灌前灌区具备的可灌条件，主要指缝面两侧坝块的温度、龄期和压重块的厚度及温度，接缝的张开度，灌浆系统和缝面的通畅情况及灌区的密封情况，使用的灌浆材料性能等；二是灌浆施工情况，主要为灌浆结束时排气管的出浆密度和压力、缝面增开度的控制、灌浆过程中断事故的处理情况、缝面注入的水泥量等。

8.3.7 金属结构制作与安装

金属结构制作与安装管理，借鉴 BIM 技术，提升金属结构制作与安装的精细化管理能力。通过虚拟建造的三维形象化过程展示，使施工方、监理方、业主方领导都对工程项目的各种问题和情况了如指掌，并可随时随地直观、快速地知道计划是什么样的，实际进展是怎么样的。金属结构制作与安装管理以金属结构的设计、制作、到货、安装、验收为主导，其模块结构图如图 8-31 所示，主要划分为结构设计、单元定义、设备到货、施工计划、施工过程、质量评定和查询分析等 7 个模块。

（1）结构设计

结构设计实现构件数据的维护，如构件清单、构件属性、设计数据等。结构管理中的结构来源于构件库，构件划分为部件和零件，其中部件可再划分子部件，零件不得划分，零件暂不参与施工管理。结构中部件需根据施工要求完成各构件的三维建模，完成后模型在构件库中统一管理，结构则通过引用构件及三维模型，最终构建出金属结构的全部三维场景。结构、部件、零件均应详细描述其形状尺寸、设计重量、材料等设计、工艺信息。结构设计的数据逻辑见图 8-32。

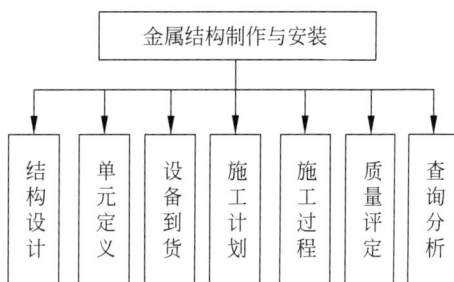

图 8-31 金属结构制作与安装管理功能框图

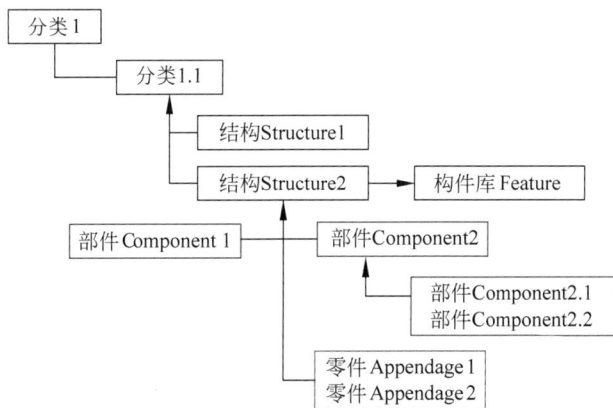

图 8-32 结构设计数据逻辑图

（2）单元定义

单元定义的数据逻辑见图 8-33。根据分部分项单元工程划分原则，金属结构安装划分以 WBS 为依据,每个单元工程与结构管理中的设备关联,单元工程下包括若干个任务项,任务项是包含一个或多个结构的施工过程,如 1# 深孔 11-12 节钢衬组拼、1# 深孔进口门槽安装。采用任务项将结构进行自由组合的方式,使系统具有较高的灵活性。

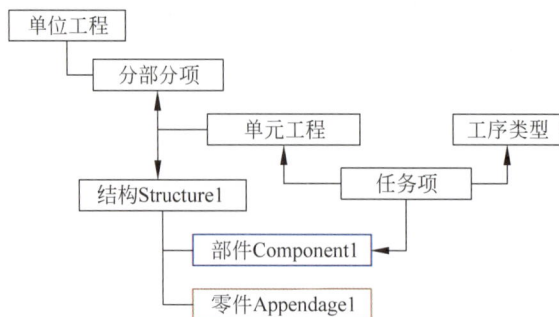

图 8-33　单元定义数据逻辑图

（3）设备到货

设备到货包括到货计划管理、到货通知管理、到货验收管理。设备到货的目标是使管理人员能够及时掌握金属结构的应到货情况是否满足安装施工计划的时间要求,以及实际到货是否存在错到货、漏到货等情况。

（4）施工计划

施工计划管理即实现金属结构制作、安装计划数据管理和维护。施工计划数据逻辑图见图 8-34,包括总计划、年计划、月计划。总计划中以金属结构施工过程的单元工程项为计划项目;年计划和月计划的计划项则进一步细化,对应的是金属结构施工过程中的任务项。

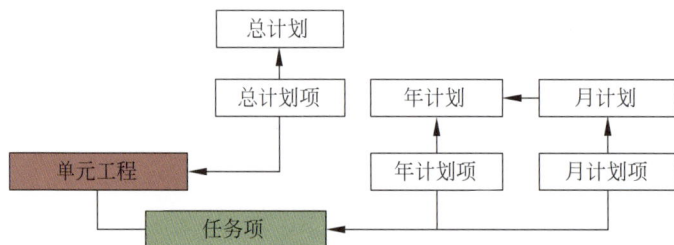

图 8-34　施工计划数据逻辑图

（5）施工过程

施工过程管理包括施工进度管理和工序记录管理。施工管理包括管理单元、任务的施工进度和工序记录,包括开始-完成状态以及相关的开始时间、完成时间等,形成完整的详细的金属结构施工记录,从而为施工过程进度查询、进度计划对比、安装三维效果展示、工程形象面貌展示等提供数据;工序记录管理详细记录金属结构各类工序施工过程,除开始、完成时间外,还包括设备、人员、材料等资源投入情况以及施工过程中发生的异常情况等。

（6）质量评定

质量评定主要实现工序检测、任务项验收和施工单元质量评定,形成金属结构制作与安装的全过程质量管理,以纸质扫描上传为附件的方式统一管理。工序检测管理为每个需要质量检测的施工工序管理其检测结果,分为施工单位检测、监理检测、业主检测,业务人员只能录入自身所属单位所对应类型的工序检测数据;任务项验收以结构化数据或分结构化管理其优良、合格情况;单元评定管理为金属结构施工单元的质量评定记录,包括对每个任务项的验收情况的记录和整体单元质量情况的优良评定。

(7) 查询分析

查询分析管理所有金属结构制作与安装的查询分析报表,包括结构三维查询、到货情况查询、计划进度对比分析、施工完成情况分析、施工进度查询、质量评定分析等。

到货情况查询对比所有到货计划和到货验收项目(图8-35),展示全部构件的是否到货状态,分析是提前到货还是延迟到货。金属结构到货汇总分析默认以月为单位筛选,可通过调整日期调整到货计划的查询时间段。

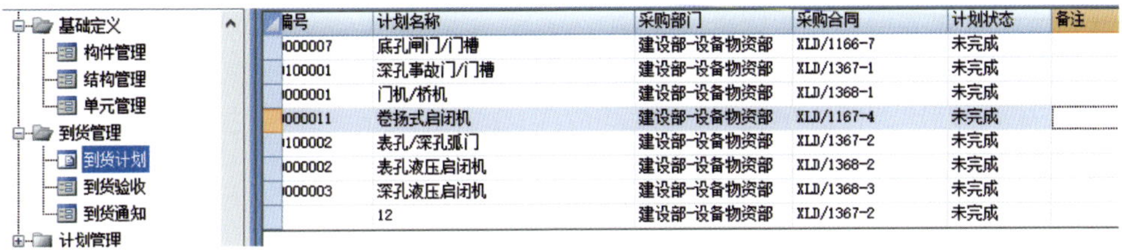

图 8-35　到货计划及验收管理

计划进度对比分析主要包括总计划、年计划(图8-36)、月计划,通过累计计划量与累计完成量的对比曲线图、数据报表和进度横道图对比图三种形式展现。

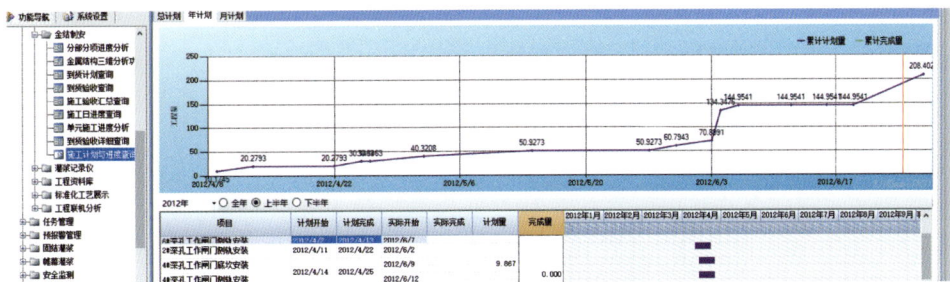

图 8-36　年度计划进度对比分析

施工完成情况分析以金属结构施工单元为分析单位,展示指定施工单元的施工任务项进度、工序进度,以及相关质量检测、质量评定情况,包括完成进度分析(图8-37)、工序过程记录、工序检测记录、质量评定情况。

进度分析与展示以三维方式展示全部结构件的制作或安装进度(图8-37),可查询任意指定时间的金属结构施工状态,并可动态模拟重现施工,实现施工过程回放。

质量评定以金属结构中的设备构件为分析单位,展示指定设备构件在指定施工工序类型上的完成进度和质量检测、评定结果、质量分布情况,质量评定采用报表分析和三维形象分析相结合的方式。

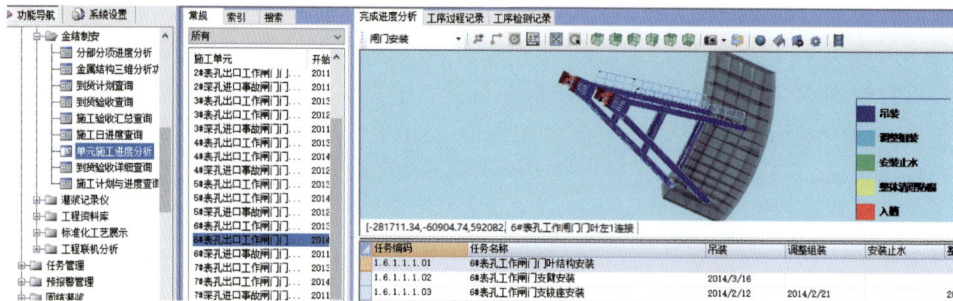

图 8-37　金属结构完成情况分析

8.3.8　安全监测

安全监测过程管理业务如图 8-38 所示。安全监测管理一般可分为安全监测数据采集与监测资料分析两个部分,涉及的安全监测仪器有差阻式温度计、振弦式钢筋计、差阻式钢筋计、振弦式测缝计、差阻式测缝计、差阻式应变计、差阻式应变计组、振弦式应变计、振弦式多点位移计和振弦式渗压管等。

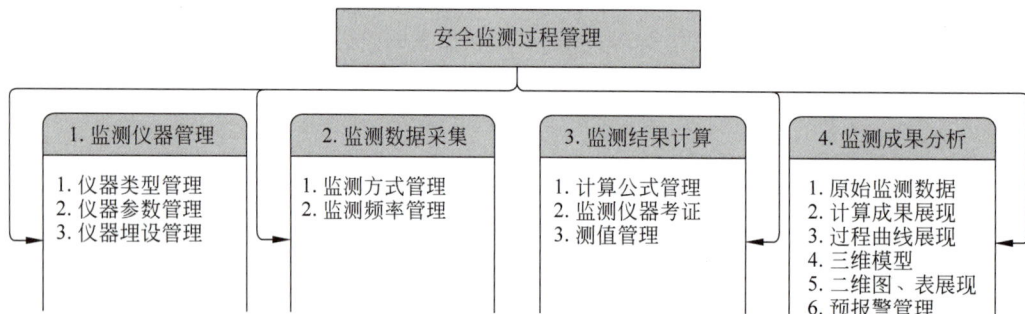

图 8-38　安全监测过程管理业务示意图

仪器定义实现安全监测中所需的各种类型仪器的信息化管理,包含仪器基础信息(名称、型号和厂家)、系数等信息;仪埋管理主要是对大坝安全监测中每支仪器的名称、条码、埋设时间、埋设部位、所在高程、仪器坐标、仪器用途和系数等信息进行详细的记录,以便用户能够对相关的数据进行查看及分析(图 8-39)。

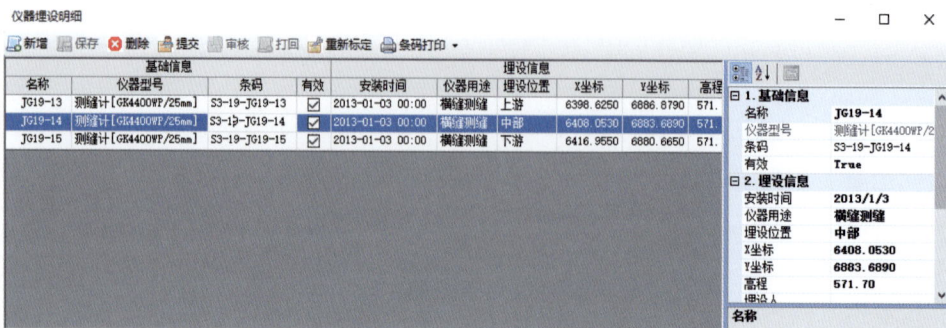

图 8-39　仪器埋设明细管理

监测记录主要有安全监测记录、仪器标定和参数推算。安全监测记录中会将每支仪器的监测数据详细记录到系统中，以便进行分析、处理，并进一步在系统中分析展示；仪器标定包含对所要标定仪器的查询功能和对相应仪器的标定功能，主要通过对安全监测数据中应力数据的整理与分析实现；参数推算中，如混凝土线膨胀系数推算主要根据实际监测结果计算膨胀系数，可根据需要酌情使用（图 8-40）。

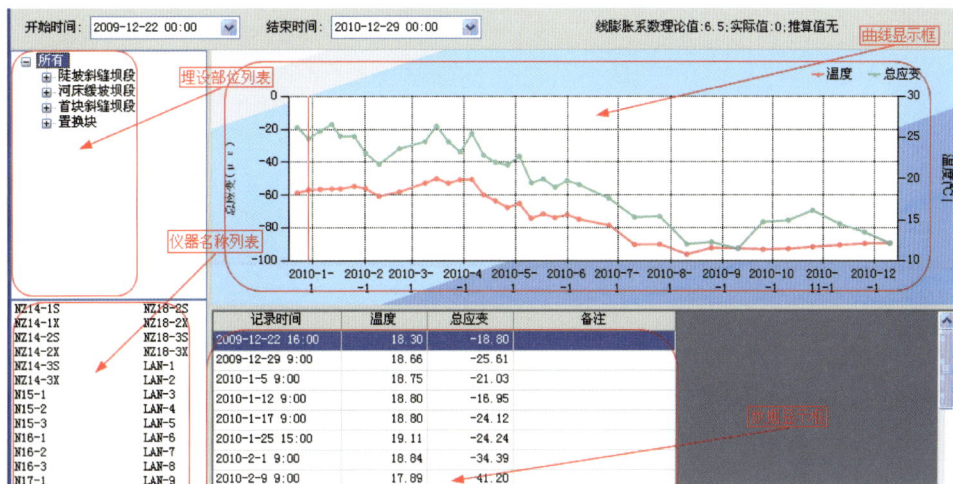

图 8-40　基于安全监测数据记录分析与展现（混凝土线膨胀系数推算）

8.3.9　综合查询与分析

综合查询与分析功能是对现场采集的各类数据进行综合分析，以便参建各方从整体角度对整个大坝混凝土施工进行全方位管控与分析。综合查询主要实现功能为首页展示、基础属性查询、仓面施工分析、混凝土生产数据分析、混凝土质量分析、温控数据分析、试验检测查询、固结灌浆综合查询、帷幕灌浆综合查询、安全监测综合查询，采用三维展现、图形报表等与表格中多种方式进行个性化数据展现与查询，支持由整体到明细的纵向趋势分析和横向对比分析等。

（1）KPI 分析与展示

KPI 分析与展示是根据项目管理特点，分析、提取现场采集的海量生产数据，形成符合关键指标考核体系，应用自定义 Portal 方式、三维可视化技术、数字仪表盘技术，实现关键指标的直观展示，综合反映项目的整体进度、质量、资源状况等关键信息，达到实时监控、辅助决策。表 8-1 给出了关键绩效指标 KPI 考察内容。

表 8-1　关键绩效指标 KPI 展现

序号	关键绩效指标考察项目	
1	拌合楼的综合生产、运行状况	综合反映拌合楼的出力情况，运行、称量系统稳定性分析，复核是否能满足高峰期的强度要求等
2	缆机的综合运行状况与运行效率	分析并找出缆机单循环时长变换趋势、效率制约瓶颈、不同缆机的效率比对

续表

序号		关键绩效指标考察项目
3	混凝土浇筑强度与浇筑进度	分析浇筑的强度及变化趋势,是否符合强度要求,如果不符合,进一步分析是哪个过程出现瓶颈
4	温控阶段、最高及当前温度总体分布	分析拱坝的整体温控状况、高温分布、当前温度分布、大温度梯度分布
5	一期控温阶段各仓的温度状况	反映当前处在一期控温阶段的内部温度水平,避免出现局部或整体超温
6	浇筑计划与进度的符合情况对比	直观反映浇筑进度是否按计划进行,偏差大小,对后继工作的影响等
7	灌浆的日(班次)施工强度与进度	综合反映每班、日的灌浆进尺进度,强度是否达到要求,是否按计划进行
8	天气水情综合状况,异常天气信息	获取水文气象信息,决定下一步的施工工作安排。如根据暴雨预报将影响下一仓的开仓时间

结合拱坝施工特点,关键绩效指标可展现大坝三维浇筑形象图、大坝浇筑综合信息、混凝土生产情况、大坝温控综合信息、预报警、水情预报与实测等指标,还支持自定义关键指标。图 8-41 给出了基于 Portal 的大坝温控综合信息和预报警展示界面。

图 8-41　KPI 分析与展示界面

(2) 混凝土浇筑信息分析

以混凝土浇筑仓为核心进行设计、计划、施工、温控过程数据的综合管理与查询,通过应用包括混凝土仓面设计流程、混凝土生产数据导入、混凝土浇筑过程、盯仓记录在内的各个业务模块,将与混凝土浇筑仓相关的各类生产过程数据进行全面采集,在此基础上,实现了全面的数据综合查询与分析功能。表 8-2 列出了混凝土综合分析查询内容。

表 8-2　单仓综合信息查询内容

序号	查询分析内容	说　明
1	仓面埋设布置	使用三维可视化及表格方式展示仓面的各类埋设仪器信息
2	仓面设计信息	混凝土浇筑施工组织设计中各类规范、施工方式与要求,CAD 图纸及附件
3	资源投入状况	反映仓面设计资源投入及实际投入情况,包括入仓设备、浇筑设备、仓面设施与人员信息,提供计划与实际对比分析功能

序号	查询分析内容	说　明
4	混凝土生产信息	反映当前仓的混凝土生产情况,包括每一盘的生产明细、每台拌合楼、不同配合比的生产强度信息及可能发生的错废料信息
5	混凝土运输信息	反映缆机垂直运输情况,查询每一次单循环的轨迹及阶段时长,对缆机的综合运行时间及效率进行评估
6	坯层覆盖情况	分析缆机下料点及混凝土坯层覆盖情况,避免浇筑过程坯层覆盖时间超标
7	盯仓记录	开收仓信息、仓面发生的异常信息等,整个浇筑过程的第一手资料
8	出机口温度	与设计值进行比较,计算符合率
9	仓面温度	历次浇筑仓面气温、入仓温度、浇筑温度,与设计值比较,计算符合率
10	质量评定	混凝土备仓与浇筑期间的综合质量评定情况与评定结果
11	拌合物检测	生产期间拌合楼性能检测结果,包括含气量、坍落度、骨料的占比等

仪器埋设查询主要内容包括冷却水管、临时埋设温度计和光纤测温点等埋件分布位置的查询功能,可按浇筑时间先后对近期浇筑仓面数据进行查询,也可按照各浇筑仓号进行查询,三维模型以高亮显示列表内已选中的温度计和光纤测温点位置(图8-42)。

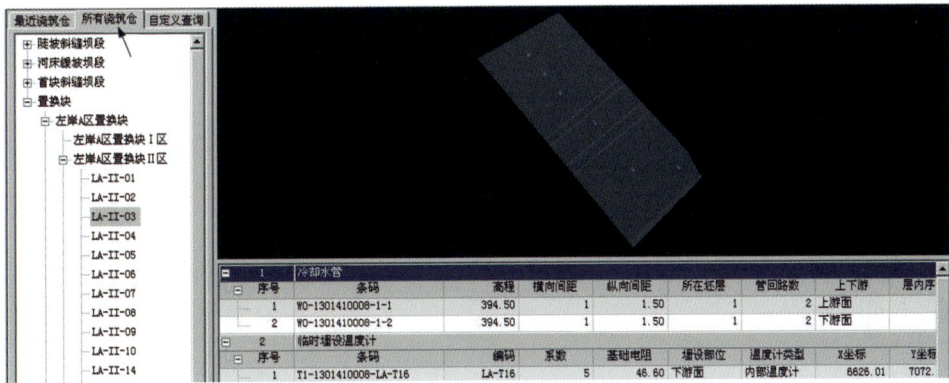

图 8-42　埋仪位置显示(临时温度计、光纤测温点)

仓面施工分析主要包括混凝土浇筑分析(图8-43(a))、混凝土浇筑情况综合分析及综合统计、混凝土浇筑强度与利用率对比分析(图8-43(b))、坯层覆盖时间统计等。通过仓面设计信息、施工资源投入情况、盯仓记录来综合分析浇筑前计划投入设备、人员、浇筑强度、浇筑量和实际浇筑过程的对比情况;通过混凝土生产情况、混凝土垂直运输、坯层覆盖等浇筑情况来综合分析拌合楼的生产强度、缆机的运行效率、混凝土坯层浇筑覆盖是否超时;通过对整个混凝土生产、浇筑全过程分析展示,为大坝浇筑过程控制提供实时、准确的基础分析数据,达到分析大坝浇筑施工进度、质量情况的目的。

混凝土生产信息分析主要提供查询拌合楼混凝土生产数据,并分析其称量误差合格率、超标占比,同时将不符合标准的混凝土数据用特殊颜色标识出来,支持显示不合格数据、调整值以及调整后的数据、废弃的数据。针对调整后的数据,进行重新统计分析其称量误差合格率、超标占比(图8-44)。同时,保留拌合楼中导入的原始数据信息备查,支持导出EXCLE表格、打印报表、全屏、块选和复制功能。

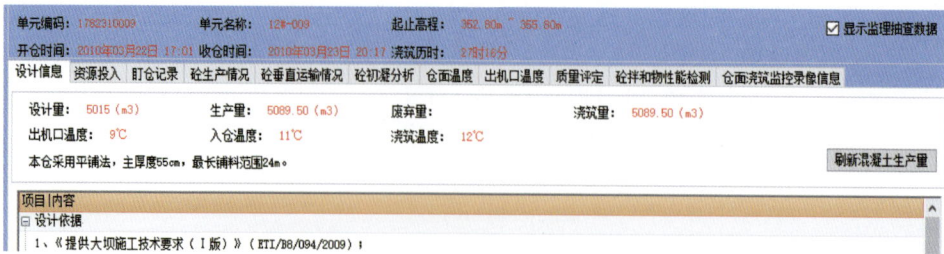

(a) 混凝土浇筑分析

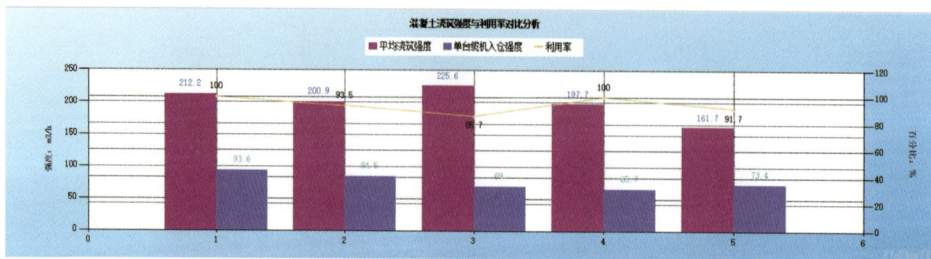

(b) 混凝土浇筑强度与利用率对比分析

图 8-43　仓面施工分析

图 8-44　混凝土生产信息查询

拌合楼生产强度分析通过自动采集接口,自动同步混凝土每一盘的生产数据,实现对单仓混凝土浇筑中的混凝土生产明细数据、各班次、各时间段、指定拌合楼或不同混凝土强度等级的生产强度进行统计分析与查询,并通过按周、月份、季度和年度等多种查询方式对拌合楼的混凝土生产强度进行实时监控和生产能力分析,为混凝土生产和大坝浇筑提供强有力的数据支持(图 8-45)。

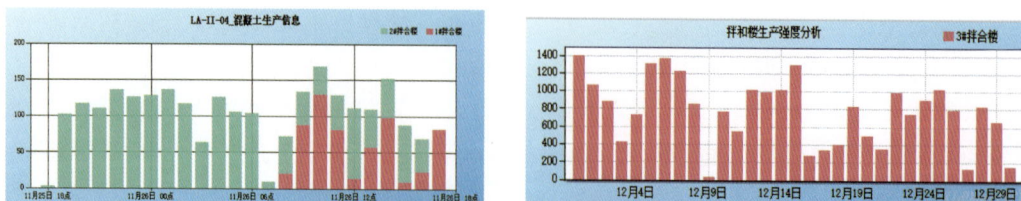

图 8-45　拌合楼生产强度分析

　　混凝土质量分析通过单元质量趋势分析表(图 8-46)、单元验收质量分布(图 8-47)和三维质量分布情况等信息,来反映大坝混凝土质量管理成果。以混凝土仓为单位分析大坝的质量验收情况,包括各工序检查项目以及单元工程质量验收的合格、优良分布情况,以及大坝混凝土质量合格率、优良率的变化趋势分析及分坝段的质量对比分析。

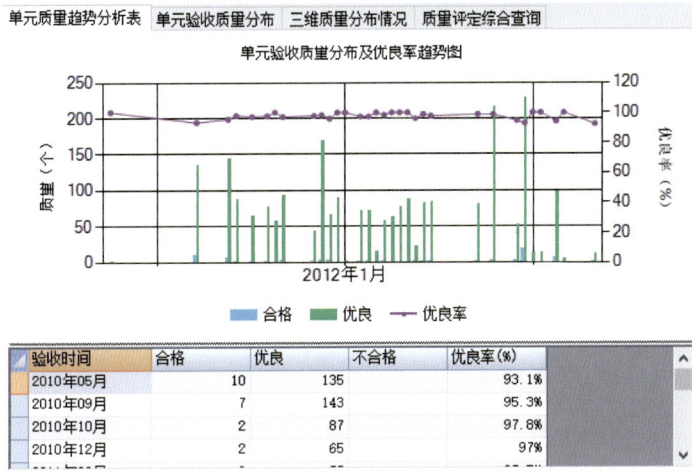

图 8-46　单元质量趋势分析图

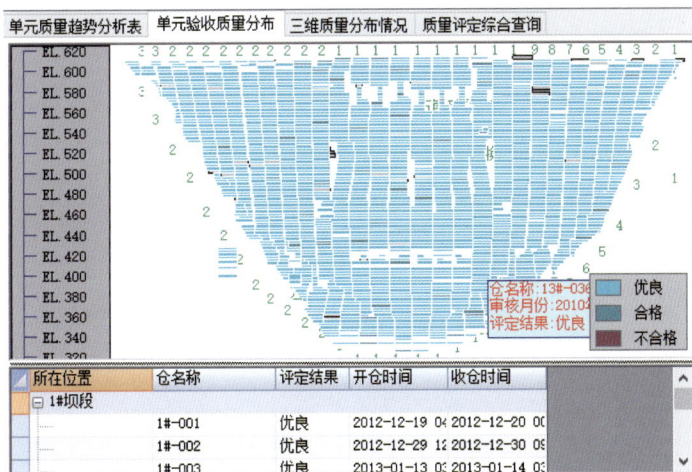

图 8-47　单元验收质量分布图

（3）温控信息分析与查询

　　混凝土温控信息分析展示是系统的核心功能之一,平台设计了多模式、多维度的数据展现与查询方案,形成了以二维图表与三维可视化相结合的温控数据查询与分析。温度信息分析与查询模块主要有三个目的:一是根据温控标准推导出每个浇筑仓所适用的控制标准;二是在坝体混凝土浇筑与通水冷却过程中,根据实测的混凝土温度与水温,及时反馈实测值与标准值之间的差异,提供预警功能,及时调整温控措施;三是自动统计、汇总、分析,形成工程管理中所需要的各种报表与图形。表 8-3 列出了混凝土温控实时分析和查询内容。

表 8-3 混凝土温控信息查询内容

项目	查询分析内容	说 明
温度过程曲线	混凝土温度控制曲线	根据温控要求制定的一期控温阶段的温度变化控制曲线,混凝土实际温度应该小于控制温度
	混凝土温度理论曲线	根据当前的各种内外部温控条件,理论分析计算出的混凝土温度变化过程曲线,帮助进行过程温度控制,并用来校核实际变化与理论计算是否相符
	单只温度计采样曲线	任意一支温度计的检测数据,反映不同位置的混凝土温度变化情况
	内部平均温度曲线	同类型温度计检测的内部温度平均值,可以分为施工期临时埋设内部温度计、测温管、光纤测温温度等曲线,并可实现相互之间的差异对比
	混凝土表面温度曲线	反映混凝土表面的温度变化情况,并可在此基础上综合分析混凝土的内外部温差情况
	冷却通水流量曲线	反映不同冷却期间的通水流量变化情况(包括单支管与平均流量)。同时可反映停水、闷温检查情况及温控异常情况
	通水进出口温度曲线	分为进口温度曲线、出口温度曲线,温差曲线,反映冷却水的进出口温度变化过程,分为单支管与平均情况
	现场环境温度曲线	反映环境气温的变化过程,分析日最高温度、最低温度、平均温度、昼夜温差及单日最高温度变幅等,进而分析环境温度对混凝土温度的影响
温度对比分析	同时间温度对比	分析相邻浇筑块的温度差异情况及上下层之间的温度影响情况
	混凝土龄期温度对比	反映不同时期、不同温控方法、不同部位与混凝土属性对混凝土温度变化过程的影响
	最高温度分布	三维可视化反映浇筑物(大坝)整体的最高温度分布情况
	当前温度分布	三维可视化反映浇筑物(大坝)当前或任意时刻温度分布情况
	温度梯度分析	反映同坝段不同高程、不同坝段之间的温度梯度情况
温控成果查询	浇筑过程温控成果	反映一段时间内的出机口、入仓、浇筑温度检测成果,符合率等
	最高温度检测成果	综合反映一段时间内的单仓最高温度发生时间、温度值等信息
	通水冷却成果	综合反映一段时间内的各个仓的冷却水管埋设、通水情况等信息
	内部埋仪分布	反映任意仓的内部埋设的各种温控检测一期的空间分布情况

混凝土温度曲线图主要包括混凝土温度、冷却通水状况、综合分析和预测温度查询,通过温度数据图表(曲线)和三维模型展示,可按浇筑时间先后对近期浇筑仓面数据进行查询,也可按照各浇筑仓号进行查询,进行自定义查询;同时,可以显示监理抽查数据。上述温度以浇筑仓为核心,以发生时间为纽带,反映温度从前到后的变化过程。对混凝土浇筑后的温升阶段,一期通水、中期通水、二期通水三期九段的内部温度变化情况(图 8-48、图 8-49)及冷却通水状况,通过曲线趋势图进行直观展示,并反映温度上升、下降过程及变化幅度。

温控成果分析主要提供各项温度测量数据的报表查询功能,如入仓与温度浇筑检测、温度日变化幅度统计、出机口温度检测、通水冷却综合记录台账、通水冷却成果统计、混凝土检测仪器测温成果统计、混凝土埋仪测温成果统计、混凝土测温管观测成果、坝段间歇期统计、冷却水管破损统计等(图 8-50)。其中,通水冷却成果按阶段汇总、通水冷却成果按水类型汇总(进口出口水温、流量、闷温)。

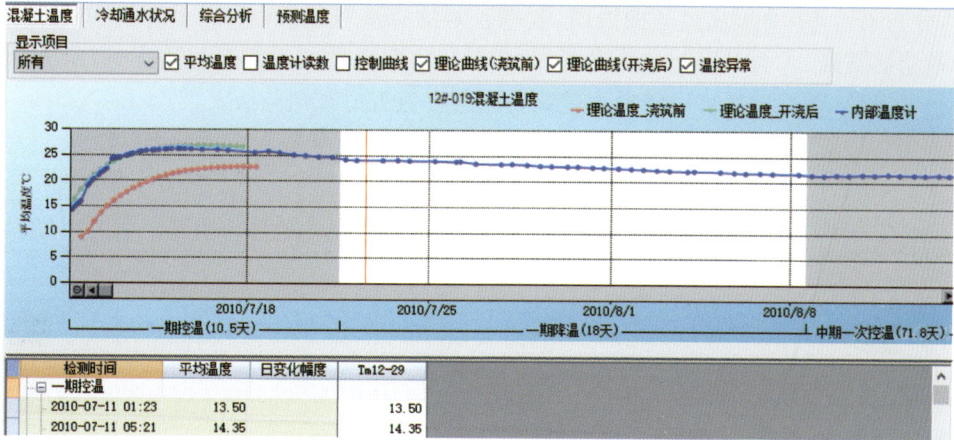

图 8-48 混凝土温度过程曲线

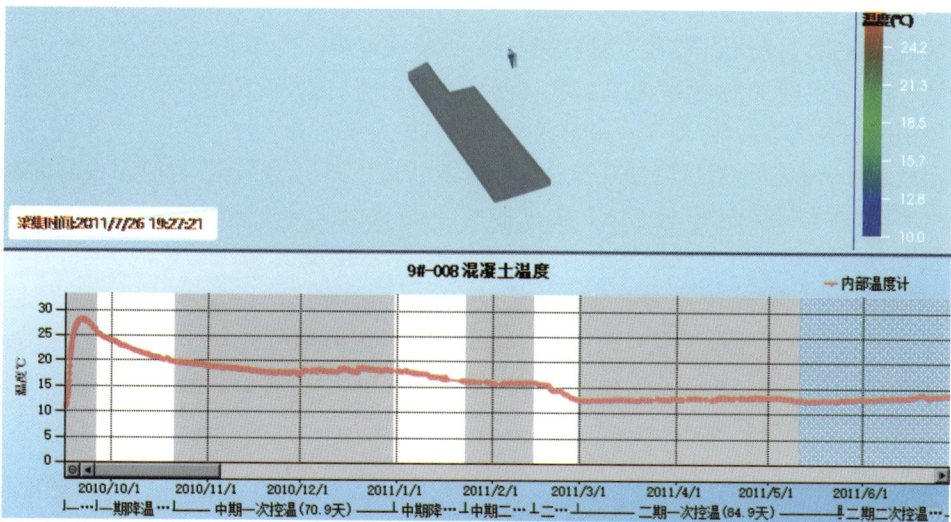

图 8-49 单仓点温控数据分析与展示

坝段	测温仓次	测量仪器（组）	最高温度（℃）	平均最高温度（℃）	允许最高温度（℃）	测点分析		仓次分析		备注
						符合率	超温(点)	符合率	超温(仓)	
12#坝段	1	1	14.1	14.1	27	100	0	100	0	
13#坝段	3	9	29.7	28.7	27	33.3	6	33.3	2	
14#坝段	2	6	27.4	26.8	27	83.3	1	50.0	1	
15#坝段	1	3	25.6	25.0	27	100	0	100	0	
16#坝段	2	6	26.8	26.4	27	100	0	100	0	

图 8-50 温控成果报表

出机口温度分析是通过对现场采集的出机口温度数据进行汇总与统计，与设计值进行比对，分析符合率，并形成过程曲线图，实现直观的查询与分析；混凝土浇筑期间检测的温度包括仓面气温、入仓温度与浇筑温度（图 8-51），也是重要的温控过程数据，盯仓人员在现场进行录入后，管理人员可以随时通过该功能进行直观地查询分析。

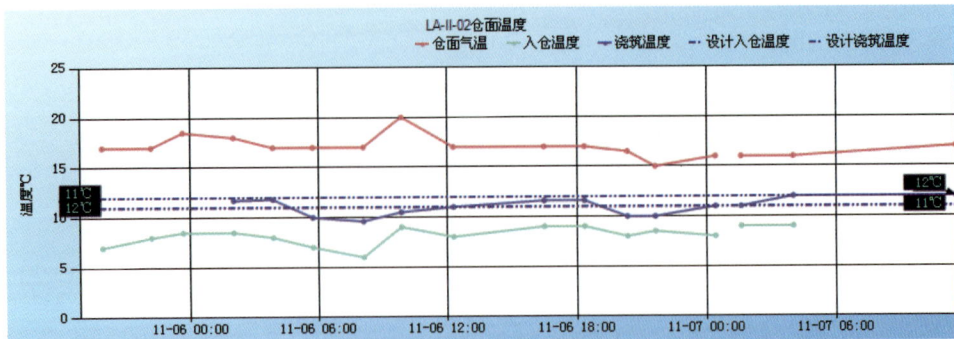

图 8-51　混凝土仓面温度曲线图

混凝土温控过程分析是通过采集包括施工期临时埋设温度计、测温管、光纤测温等多种手段的温度数据，自动形成温度变化过程曲线，以反映混凝土内部平均温度的变化过程。同时，提供各类采集模式的对比、单只温度计温度变化趋势、温控阶段查询、闷温情况查询、理论与控制曲线查询等功能，便于快速分析混凝土温控成果。

混凝土综合温控分析是通过对指定统计周期（周、月、季度或任意时间段）内的混凝土内部温度曲线、通水流量曲线、通水入口温度曲线、现场气温曲线的统计、汇总对比、分析，形成成果报表方便管理人员分析混凝土内部温度变化与气温、通水情况的影响关系，找到规律性，为后期更加科学的个性化温控管理提供经验。

混凝土温度对比分析主要提供在同时间条件或者同龄期条件下，对不同仓可通过不同测温仪器测量的混凝土温度数据按浇筑时间进行对比分析，并对浇筑仓面数据进行查询，也支持按照浇筑仓仓号查询（图 8-52）。

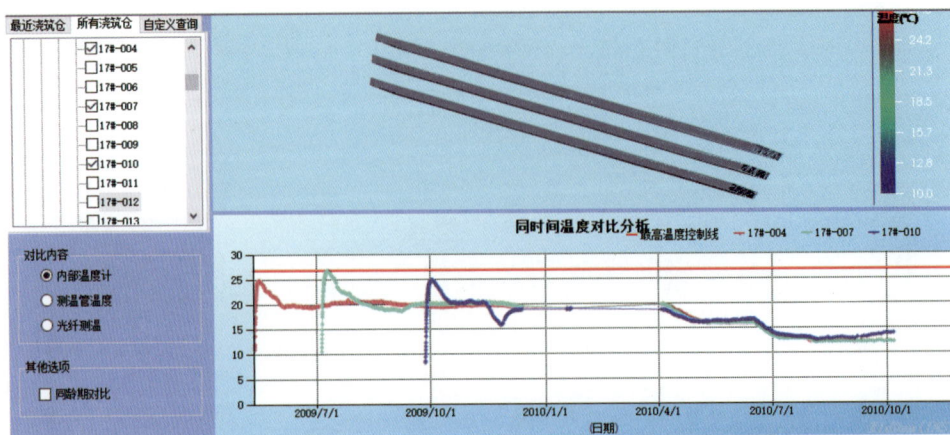

图 8-52　同时间温度对比（上 n 层浇筑升温对下一层温度影响示例）

对相似(相邻、特征类似)的仓面内部温度变化过程进行横向对比,可反映各仓的温度变化趋势;以混凝土龄期为时间点,利用温度变化曲线可对各仓在相同龄期的温度的变化趋势进行对比分析(图8-53),并结合各仓的部位、气温、冷却通水等温控措施情况,以反映温控措施其对温度控制的影响。

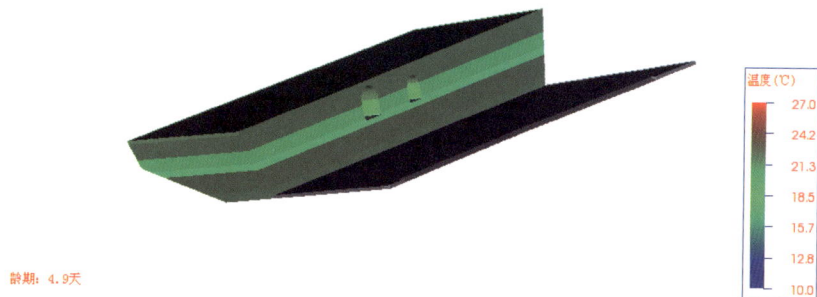

图 8-53　同龄期条件下温度对比分析

现场气温分析是通过现场设置的温度计测量现场气温,并将测量结果反馈到系统中,形成对日平均气温和月平均气温的综合分析(图8-54),为现场施工提供气温指导。

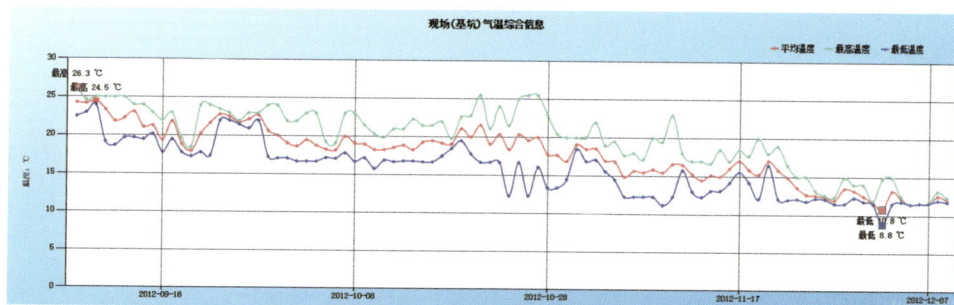

图 8-54　现场气温查询

(4)混凝土浇筑进度分析

拱坝主体工程进度控制是工程管理的核心之一。通过将大坝进度仿真规划与拱坝施工生产管理相结合,辅助以人工干预与计划调整,实现大坝施工过程的三维动态可视化仿真计算与实时控制分析,且能针对施工实际进程和资源配置情况等施工条件,实时仿真预测施工进度,为大坝施工方案的优化决策和施工进度的实时控制提供依据。

混凝土浇筑计划与进度综合分析,可实现计划信息的发布、不同计划版本的可视化查询,不同方案下的计划对比、计划与进度的动态比较,自动生成计划与进度报表,并进行输出和打印。表8-4给出了浇筑进度综合分析的主要内容,图8-55、图8-56给出了基于三维可视化技术的施工进度计划展示和混凝土浇筑月强度分析。

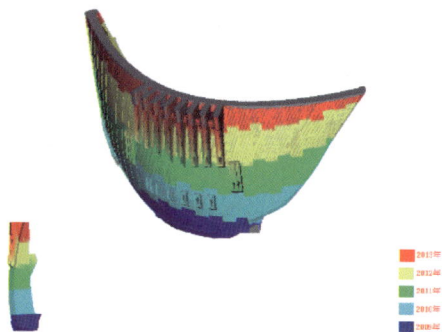

图 8-55　施工进度计划三维展示

表 8-4 浇筑计划与进度综合查询主要功能

序号		查询分析内容
1	三维可视化查询	基于拱坝的三维形象,分层、分块静态或动态展示浇筑计划,支持按周、月、年的颜色显示样式
2	浇筑强度分析	分月、季度、年查询浇筑强度信息,支持强度分布与累计查询
3	浇筑设备强度分析	单台或全部入仓设备(缆机)的工作时长与入仓强度情况
4	施工方案对比	不同措施与参数下浇筑方案中的总进度、各阶段强度、高峰期、资源投入状况、设备利用率与节点工期要求的符合度对比
5	计划与进度对比	通过三维、表格或图形的模式,综合反映计划与实际进度情况,分析其差异
6	计划综合报表	输出符合格式要求的计划报表与图形

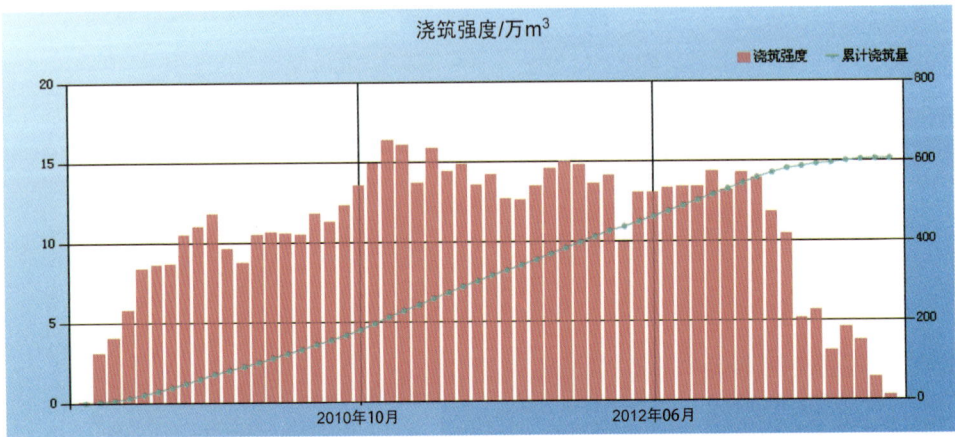

图 8-56 混凝土浇筑月强度分布图

(5)设备运行效率分析

设备运行效率分析包括三个方面:拌合楼出力及产量分析,主要分析拌合楼的平均工作时长及生产产量,并提供对比与趋势分析;缆机完好率、利用率分析,主要分析缆机的故障、检修、待令、打杂、混凝土吊运时间,计算出设备的完好率与利用率并分析变化趋势;缆机单循环运行效率分析,主要分析任意时间段内的每台缆机的混凝土垂直运输单循环运行时长、平均运行速度,装料、运输、浇筑、回程各阶段的时长与占比,各台缆机的出力占比,以及运行效率的变化趋势。图 8-57 给出了缆机单循环效率统计分析。

图 8-57 缆机单循环效率分析示意图

（6）试验检测成果分析

试验检测成果分析主要包括原材料质量检测、粗骨料检测和混凝土检测成果综合分析查询。原材料质量检测包含粉煤灰品质检测、外加剂均匀性检测、外加剂溶液质量检测、砂品质检测和粗骨料品质检测；粗骨料检测包括粗骨料超逊径变化趋势、中径筛余变化趋势（图 8-58）、粗骨料超逊径及中径筛余检测情况；混凝土质量检测包含水泥性能检测、混凝土强度检测（图 8-59）、混凝土极限拉伸值试验检测、混凝土弹性模量试验检测、混凝土抗冻试验检测、混凝土抗渗试验检测和掺外加剂混凝土检测，按标准的控制规范计算符合率及其他统计信息，并按标准的表格要求形成成果表格、分布图及过程曲线。

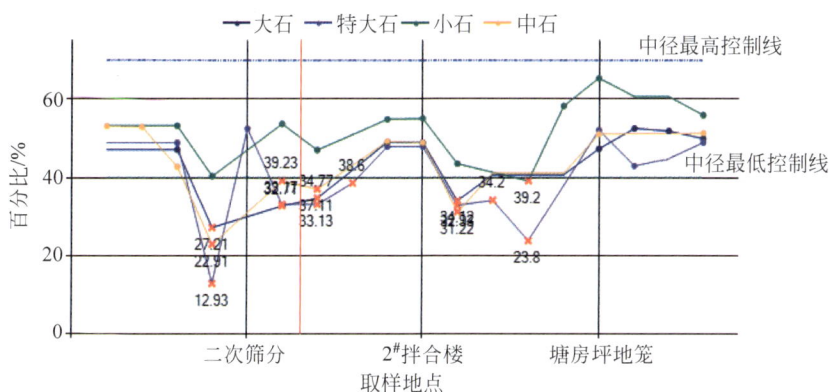

图 8-58　中径筛余变化趋势图

图 8-59　混凝土强度检测成果对比分析

（7）安全监测成果分析

安全监测成果分析对安全监测数据进行规范的综合统计、分析和展示，以便参建各方从整体的角度对大坝工程施工进度进行掌控与分析，采用表格、曲线图等多种方式对安全监测的数据进行个性化展现，主要包括安全监测的结果查询和监测结果对比。前者通过对安全监测的数据进行分析、整理后，在监测结果查询页面中以二维成果曲线图和综合统计报表的形式展现出来，从而掌握大坝施工过程中温度、开合度、应力等监测值的变化趋势；后者主要是在前者基础上进一步的统计分析，实现多个相同仪器检测结果之间的对比分析（图 8-60），使得大坝安全监测结果展示得更加形象、直观。此外，也可以分析展现渗流分析成果、单坝段/多坝段变形成果、单坝段位移水位高程对比分析、仿真预测与实际检测成果对比分析曲线和柱状图以及渗流变形等云图。

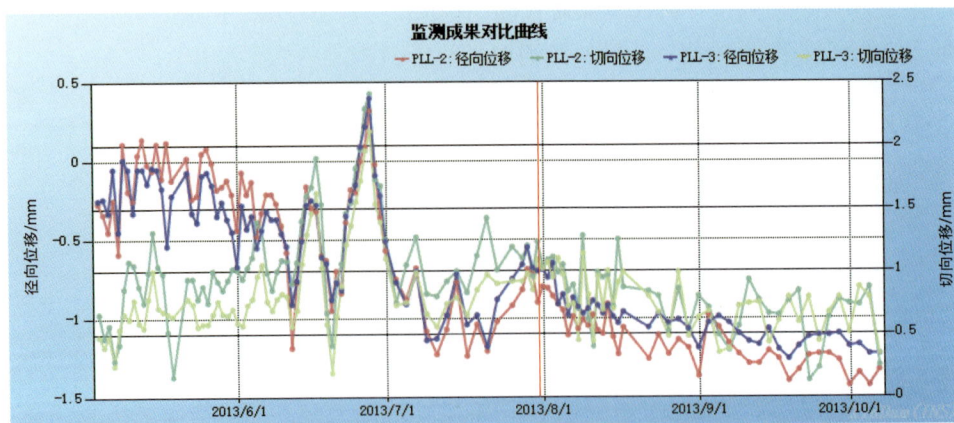

图 8-60 相同仪器检测结果之间的对比分析图

（8）基础灌浆综合成果分析

灌浆工程管理的内容多，结构复杂，实现灌浆综合查询，需要使用直观、科学的方式，将灌浆设计、施工、质量、物探等过程结果进行汇总、统计，提供符合水工建筑物水泥灌浆施工技术规范的成果，支持特定部位、区域（如地质缺陷区）、岩体类型的灌前、灌中、灌后成果的个性化对比分析。基础灌浆成果分析内容如表 8-5 所示。

表 8-5 灌浆成果查询内容

序号	项目		查询分析内容
1	灌浆成果查询	成果一览表	实现对灌浆孔、抬动孔、物探孔、检查孔的综合成果信息查询，包括每一段的钻孔、压水、灌浆成果及封孔成果
2		分序统计表 综合统计表	分区、分序统计灌浆的进尺、透水率、耗灰量、单位注灰量的分布情况
3		综合纵剖面图	结合孔位平面布置及各段长度、透水率、注入率形成纵剖面图，直观反映灌浆的成果，支持 CAD 图形的导出
4		透水率、单位注灰量分析	透水率、注入率累计分布频率曲线图，透水率与注灰率回归分析
5		物探检测成果	灌前物探、灌后检查的成果查询，包括声波检测、变模检测、岩芯取样、全孔成像成果的管理；支持各种表格与曲线图的生成与导出
6		接缝灌浆可视化查询	使用三维可视化方式，查询不同高程的接缝灌浆进度、各分区内部温度值与温度梯度、缝面开合度及灌浆成果信息
7	灌浆进度查询	单仓进度查询	分析单仓的灌注进度，支持动态查询灌浆进度与日进尺、注入量的查询分析
8		综合进度查询	分析一段时间内的灌浆工程总体进度情况，支持按日、周、月等模式统计
9		工序日志查询	查询一段时间内的施工工序日志详细信息

灌浆孔成果一览表主要用来反映指定任意灌浆单元内各孔段(普通孔、岩体孔、物探孔、抬动孔、检测孔及压水孔)灌浆过程及施工数据明细,并提供各孔段数据汇总显示,以便清晰了解各灌浆单元灌浆成果。其中,普通孔灌浆成果一览表列出了孔段灌浆进尺、透水率、水灰比、注入率、耗材用量、单位注入量、抬动值、最终灌浆压力、灌浆起止时间及纯灌时间;抬动孔灌浆成果一览表列出了各抬动孔孔口高程、孔深、孔径、内外管规格和管长、接头情况和固定用水泥用量、内外管的安装情况、安装日期。

灌浆孔分序统计是针对指定灌浆单元内各施工孔按孔序进行的分类统计及分析,从而整体了解灌浆单元分孔序的施工情况,包括灌浆单元内的施工孔数、单位注入量、单位注灰量区间分布、平均透水率、单位透水率区间分布及施工时间等(图8-61)。

普通孔	岩体孔				灌浆进尺			耗材用量					单位注入量		单位注灰量区间分布(区间段数/频率%)						
灌浆分区	孔序	完成孔数(个)	完成段数(段)	栓	孔深	基岩	注浆(L)	注灰(Kg)	管(Kg)	弃料(Kg)	封孔(Kg)	合计(Kg)	单位(Kg/m)	灌浆段数	<10	10~25	25~50	50~100	100~250	250~500	>50
A1区	I序	8	47	0.0	200.0	200.0	11,969.80	8,638.40	3,957.10	1,490.90	2,628.40	16,714.80	43.19	47	37 79.00	1 2.00	2 4.00	1 2.00	3 6.00	3 6.00	0 0.00
	II序	17	85	0.0	425.0	425.0	15,070.90	7,839.70	7,770.30	2,492.70	6,177.90	24,280.60	18.45	85	66 78.00	3 4.00	2 2.00	1 8.00	3 6.00	0 0.00	0 0.00
	III序	9	45	0.0	225.0	225.0	1,080.00	400.40	3,060.90	985.90	3,331.40	7,778.60	17.28	45	44 98.00	1 2.00	0 0.00	0 0.00	0 0.00	0 0.00	0 0.00
	小计	34	177	0.0	850.0	850.0	29,110.70	16,878.50	14,788.30	4,969.50	12,137.70	46,774.00	19.86	177	147 83.05	5 2.82	4 2.26	8 4.52	10 5.65	3 1.69	0
B1区	I序	10	48	0.0	200.0	200.0	11,880.00	8,416.80	4,471.60	1,492.20	4,014.30	18,394.90	42.08	48	34 71.00	6 12.00	0 0.00	0 0.00	0 0.00	6 12.00	1 2.00
	II序	18	72	0.0	360.0	360.0	13,452.40	7,890.20	5,718.70	2,537.10	6,365.10	22,511.10	21.92	72	55 76.00	3 4.00	0 0.00	7 10.00	7 10.00	0 0.00	0
	III序	8	32	0.0	160.0	160.0	757.90	295.10	2,242.40		3,285.50	6,541.20	1.78	32	32 100.00	0 0.00					
	小计	36	152	0.0	720.0	720.0	26,090.30	16,592.10	12,432.70	4,757.50	13,664.90	47,447.20	23.04	152	121 79.61	9 5.92	0 0.00	7 4.61	13 8.55	1 0.66	1
发数区	I序	12	72	0.0	300.0	300.0	14,565.00	10,772.30	5,834.80	2,043.20	5,401.80	24,052.10	36.91	72	57 79.00	6 8.00	0 0.00	0 0.00	5 7.00	4 6.00	0
	II序	12	60	0.0	300.0	300.0	9,287.30	5,758.50	4,767.10	2,049.70	4,216.80	16,792.10	19.20	60	49 82.00	3 5.00	1 2.00	2 3.00	5 8.00	0 0.00	0
	小计	24	132	0.0	600.0	600.0	23,852.30	16,530.80	10,601.90	4,092.90	9,618.60	40,844.20	27.55	132	106 80.30	9 6.82	1 0.76	2 1.52	10 7.58	4 3.03	0
引管区	I序	0	53	0.0	265.0	265.0	2,844.93	1,281.64	0.00		0.00	1,281.64	4.84	53	53 100.00	0 0.00					
	小计	0	53	0.0	265.0	265.0	2,844.93	1,281.64	0.00			1,281.64	4.84	53	53 100.00	0 0.00					

图8-61 灌浆孔分序统计表

透水率与注入率分析主要提供透水率与注入率的汇总和分析功能,表现为透水率频率累计分布图、注入率(kg/m)频率累计分布图、回归分析图、注灰/透水率区间分布图(图8-62)。透水率频率累计分布图由压水试验数据统计所得;注入率(kg/m)频率累计分布图为所指定灌浆单元灌浆分区的注入率分序频率累计分布图,由钻孔和灌浆数据所得;回归分析图为所指定灌浆单元灌浆分区的注入率与透水率的回归分析,反映的是注入率与透水率间的依存关系,其中截距和系数由直线回归方程计算得出;注灰/透水率区间分布图,为所指定灌浆单元灌浆分区的注灰率与透水率的分序区间频率分布柱状图。

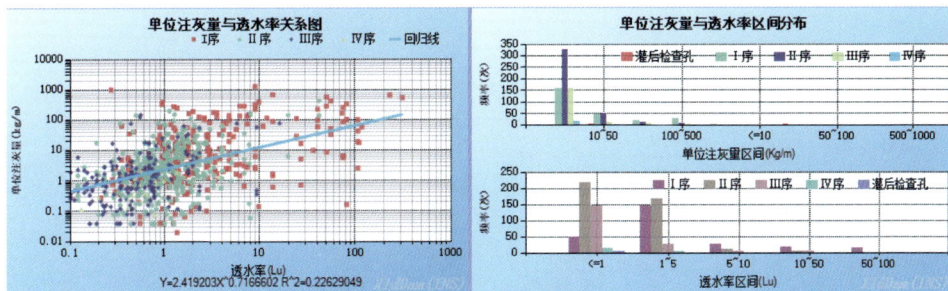

图8-62 透水率与注入率分析页面

综合纵剖面图使用直观图示的方式,来表现灌浆工程施工过程中各孔不同段次的基础信息、单位注灰量、透水率等情况;同时,对灌浆成果进行调整统计。图8-63给出了固结灌浆综合纵剖面图典型示意图。

灌浆进度分析和展示实现灌浆进度二维动态形象、三维动态形象的显示(图8-64)以及灌浆进度的日、周、月分析,通过灌浆进度图表及灌浆过程数据汇总呈现。其中,灌浆日进度

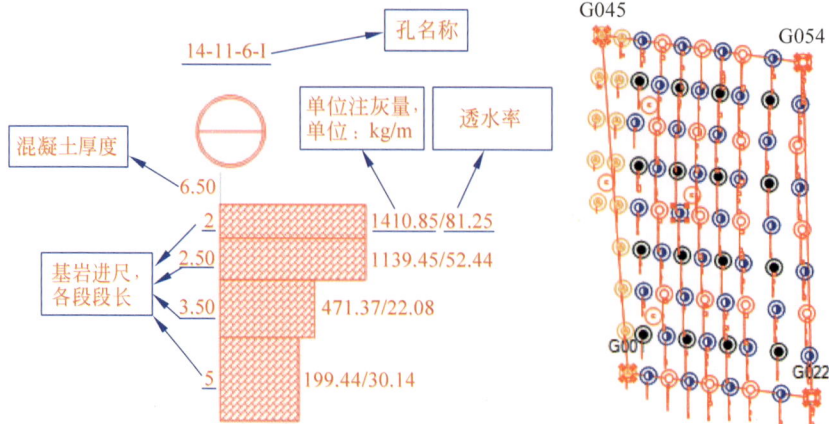

图 8-63 综合纵剖面图示例

（图 8-65）主要实现灌浆施工数据按日实时汇总分析，数据为未审核的实时数据，从而对当天或一段时间的钻孔、冲洗、压水、灌浆、封孔数据进行整体校核。

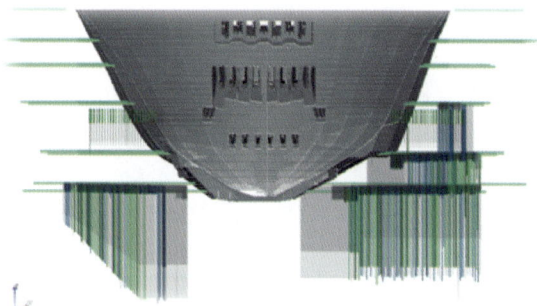

图 8-64 灌浆进度三维动态形象显示

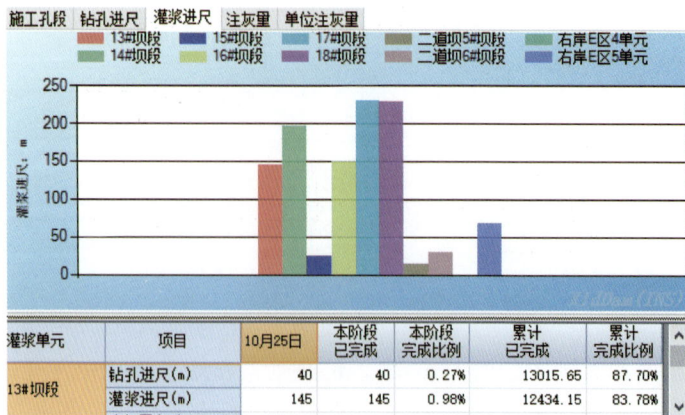

灌浆单元	项目	10月25日	本阶段已完成	本阶段完成比例	累计已完成	累计完成比例
13#坝段	钻孔进尺(m)	40	40	0.27%	13015.65	87.70%
	灌浆进尺(m)	145	145	0.98%	12434.15	83.78%

图 8-65 灌浆日进度查询

物探检测成果查询主要提供物探检测数据及图表、文件等的汇总、统计、分析和呈现，以及特定部位、区域（如地质缺陷区）、岩体类型的灌前、灌中、灌后成果的个性化对比分析

（图 8-66）。物探检测主要包括声波检测（图 8-67）、岩芯取样、全孔成像等。

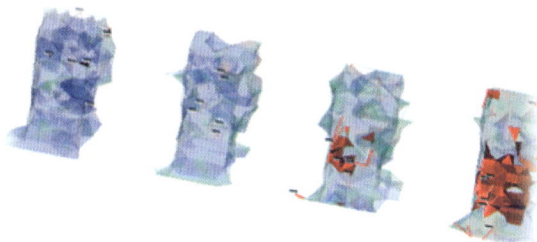

图 8-66　固结灌浆地质改善情况拟合

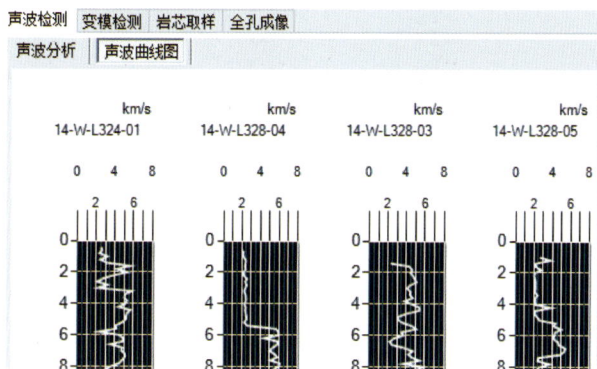

图 8-67　波速分析级曲线页面图

（9）接缝灌浆条件和成果分析

接缝灌浆条件和成果分析采用二维、三维、图形、报表等方式，对其施工过程中的各类数据进行汇总、统计、分析与展现，以便相关人员从整体的角度对大坝接缝灌浆工程进行管控。

接缝灌浆条件分析（二维）主要是已浇仓温度、龄期、间歇期、收仓时间、温控阶段、最高温度、温度降幅、悬臂高度进行集中展示、查询及输出（图 8-68），判断温控要求是否满足接缝灌浆条件。

温度（℃） 龄期（天） 间歇期（天） 收仓时间 温控阶段 历史最高温度 温度降幅 悬臂高度								
	19#	18#	17#	16#	15#	14#	13#	12#
3#灌区								
EL341							85.7(13#-010)	
2#灌区	14.8(19#-009)						41.4(13#-009)	53.0(12#-002)
	9.3(19#-008)		59.0(17#-010)				7.6(13#-008)	30.0(12#-001)
	49.4(19#-007)		18.9(17#-009)		22.4(15#-...)		28.2(13#-007)	
	45.4(19#-006)		53.3(17#-008)		68.0(15#-008)		13.7(13#-006)	
	18.6(19#-005)	110.8(18#-006)	10.3(17#-007)		55.7(15#-007)	122.4(14#-007)	5.8(13#-005)	
EL332	29.7(19#-004)	12.7(18#-005)	6.7(17#-006)	118.4(16#-006)	7.4(15#-006)	6.3(14#-006)	9.6(13#-004)	
1#灌区	11.9(19#-003)	49.9(18#-004)	28.8(17#-005)	8.9(16#-005)	28.7(15#-005)	40.4(14#-005)	14.4(13#-003)	
	8.1(19#-002)	6.0(18#-003)	17.1(17#-004)	56.1(16#-004)	8.5(15#-004)	7.4(14#-004)	5.7(13#-002)	
	6.8(19#-001)	6.7(18#-002)	15.8(17#-...)			15.8(14#-...)	8.4(13#-...)	

图 8-68　接缝灌浆条件查询（间歇期）

大坝约束分区主要实现大坝约束分区划分下的二维数据展示、查询及输出,按高程采用不同颜色区分不同的约束分区,相同约束类型区域采用同一种背景色标识。

灌浆成果表主要实现接缝灌浆成果数据、工程量、完成情况的展示、查询及输出,以满足接缝灌浆施工资料整理及进度、质量展示的要求,主要包括工程量统计表(图8-69)、灌浆成果表、成果汇总表、单区成果一览表等。统计内容包括灌浆条件、通水检查情况、灌浆施工情况、施工简要说明、浆液耗用情况。

图 8-69　工程量统计表(按灌区查询)

接缝灌浆进度、质量综合分析是从每条横缝和整个大坝来实现对单条横缝、单个单元计划、进度和质量的分类查询,从而实现总体进度和质量的展现(图8-70)。

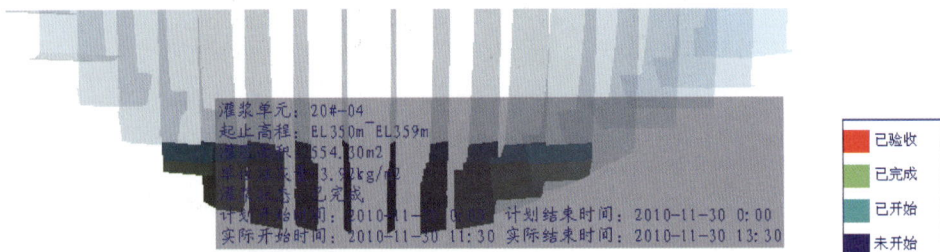

图 8-70　接缝灌浆计划、进度信息查询

(10) 三维交互分析与查询

三维交互分析与查询主要包括地质模型和坝体模型查询以及基于三维模型的工程交互式分析,实现对坝区有效范围内的地质信息进行管理,并以三维模型为平台对工程地质信息、施工信息、进度信息、质量信息进行全面的分析和展现。地质分析与查询(图8-71(a)),主要实现工程地质信息的查看,包括模型综合分析工具和地质信息查询;工程分析查询,整合其他模块结合地质和大坝三维模型,实现施工信息、进度信息、质量信息的交互分析、直观动态展现,包括物探检测成果分析、接缝灌浆条件分析、接缝灌浆进度与质量查询、固结灌浆进度与成果分析、大坝浇筑状态分析、大坝浇筑计划查询、安全监测成果查询、帷幕灌浆进度与成果分析(图8-71(b))等。

8.3.10　温度与应力仿真分析

工程建设相关单位进行数值计算时,需要引用建筑物特征参数、进度数据、动态勘测与设计数据、实际量测数据等作为数值计算的边界条件。温度与应力仿真分析作为数值计算

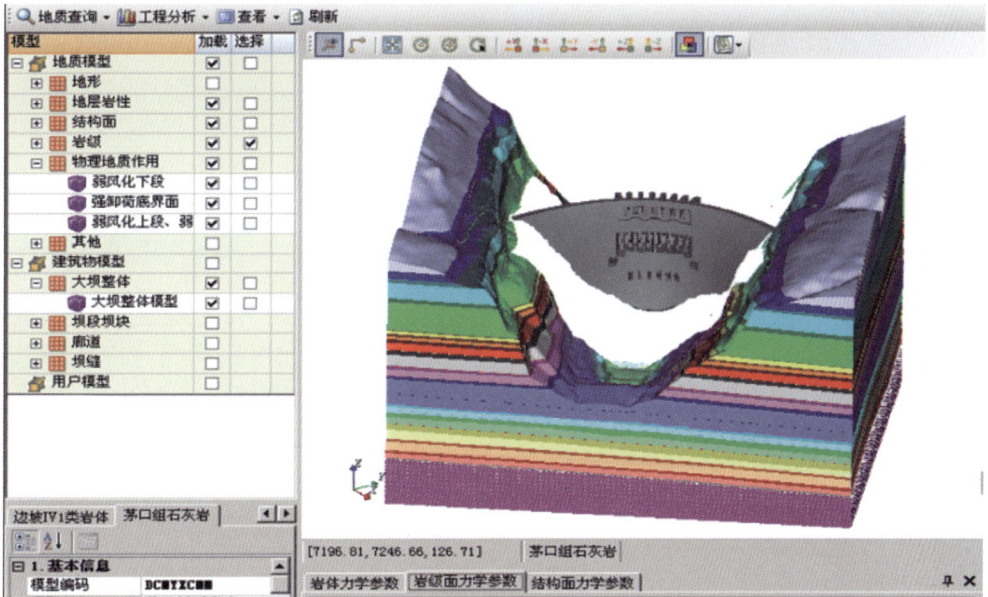
(a) 地质信息管理

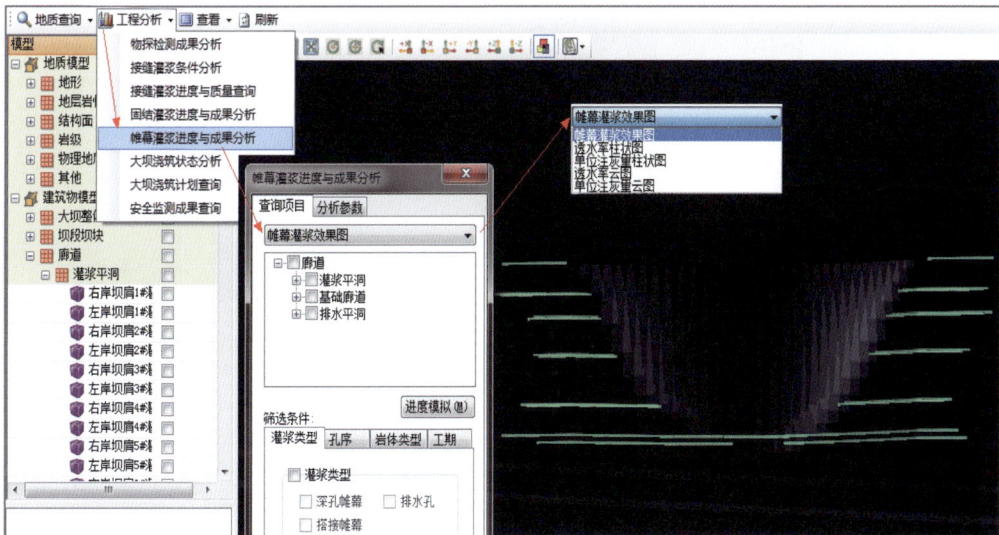
(b) 帷幕灌浆进度与成果分析

图 8-71　地质参数管理和三维交互分析与查询

的集中管理平台，一方面，与各家科研单位合作开发统一的数据接口，将数值计算过程所涉及的边界条件、参数等工况进行统一的结构化管理，为仿真计算提供参数与边界条件；另一方面，实现温度与应力仿真分析、渗流等专题分析的存储管理以及仿真成果的后处理分析，以满足温控防裂与数值分析计算成果的可视化展现需求，从而实现实时温度场和应力场分析、实时温度场和应力场预报、温度场和温度场反演计算与分析和温度控制决策支持。根据仿真分析需求，温度与应力仿真模块功能见表 8-6。

表 8-6 仿真分析模块功能

模 块	功能(点)名称	简 要 说 明
前处理	仿真边界条件查询	实现通用的仿真参数查询提取器,实现不同类型的仿真参数的动态查询与导出
	标准仿真模型管理	实现对通用仿真计算模型的综合管理
	仿真模型的格式转换	后台组件,将各种格式的模型转换为标准格式
仿真任务管理	仿真任务管理、工况管理	实现仿真任务的维护、工况信息及工况参数的管理,仿真模型及仿真计算结果、仿真结论的综合管理
仿真分析	三维仿真可视化查询	实现有限元分析成果的综合查询,实现任务的加载、模型的显示与基本控制,提供后台支持
	仿真过程动态模拟	实现有限元分析成果的动态播放,包括对过程组的支持
	模型动态剖切、剖分	实现模型的剖切(面)、剖分(体),展现内部的成果
	高级分析功能	等值线、等值面生成;梯度线提取;过程线提取等

温度与应力仿真模块具有参数管理、任务管理、综合查询三项功能。其中,参数管理实现对各层次仿真模型、仿真参数的管理;仿真任务管理实现对仿真任务的创建、仿真参数的提取及仿真结果的导入与管理功能;综合查询实现有限元分析后处理功能。

(1)仿真参数接口

各家科研单位进行进度、温度与应力等仿真计算时,需要引用系统中的工程特征参数、温控数据作为仿真计算的边界条件。仿真参数接口(图 8-72)通过定义标准接口规范,使用 XML 数据格式,在权限许可的范围内,从 DIM 模型中获取包括施工进度、质量、温度检测、原材料试验等方面的数据,提供标准化的数据服务供仿真计算使用。

编码	名称	组名称	类型名称	启用状态	备注
01	混凝土配合比信息	参数	配合比信息提取器	启用	配合比信息
02	气象中心气温数据	温度	日气温数据提取器	启用	
03	坝段入仓浇筑信息	浇筑	坝段入仓浇筑信息提取器	启用	坝段入仓浇筑信息
04	坝段冷却水管信息	温控	坝段冷却水管信息提取器	启用	坝段冷却水管信息
05	拱坝横缝计监测信息	安全监测	拱坝横缝计检测信息提取器	启用	
06	检测仪器明细参数	参数	检测仪器明细参数提取器	启用	
07	仓浇筑数据	混凝土浇筑	仓浇筑数据提取器	启用	
08	单元信息	参数	单元信息提取器	启用	单元信息
09	内部温度分布	温控	内部温度分布	启用	内部温度分布

图 8-72 仿真参数接口(即仿真前处理)页面

(2)仿真任务与结果管理

温度与应力仿真计算包括:针对单元的短期计算、针对部位的中长期计算。仿真任务与结果管理,基于标准的编码规范和数据接口,实现对各科研单位有限元仿真结果的管理与发布功能,供各层次的决策者、管理者查询分析,以实现对施工进度与质量的实时、科学监控。其中,仿真任务是将仿真前处理模型及仿真边界条件及参数进行统一收集并打包,提供下载功能;仿真结果包括有限元分析模型、有限元分析参数、有限元分析结果与仿真分析结论,是将各家科研单位将仿真计算的结果导入系统统一管理,实现计算成果的集中存储与后处理显示等应用要求。

（3）仿真分析展示

仿真分析展示是对各科研单位仿真分析任务的工作结果及结论的综合展示，同时提供多种个性化的数据（图形、列表、曲线、附件）查询、分析与输出，为分析拱坝施工过程中敏感数据（施工进度、温度场、应力、开裂风险、拱坝施工关键节点和控制阶段等）的仿真和分析提供帮助，为拱坝的建设、运行、管理服务（图 8-73）。

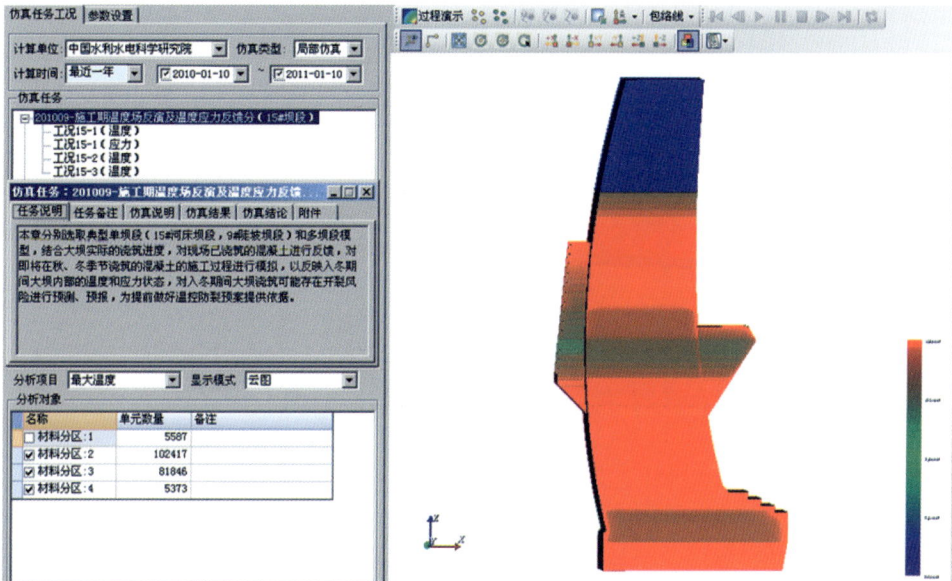

图 8-73　仿真结果查询与展示

其主要功能：①基于通用数值计算结果文件编码格式，实现有限元计算结果的读取，以及各科研单位的分析结果的处理要求；②几何体和网格显示，将读入的几何数据和拓扑数据所确定的几何外形显示出来，以确定是否与所计算的实体一致；③三维空间数据场显示，如实体彩色云图、等值面标量场等，并通过交互手段改变属性的颜色；④三维空间的切片和切片上等值线显示，交互生成三维实体任一切面的彩色剖面图和任一切面的等值线图，并以栅格的图像格式存储屏幕上所显示的图像；⑤其他非结构化的分析结果展示，如图片、文字说明或多媒体信息。

此外，还可通过定义的标准坐标系，实现理论分析结果与实测数据的对比分析（包括分布对比与过程线对比），以不断验证理论分析成果、预测变化趋势，以便根据需要调整与优化设计方案与施工措施，并将预测数据提取为安全指标，为安全预警提供基准。

8.3.11　工程联机分析

工程联机分析（on-line analytical processing，OLAP）与国家、行业、企业等规定的标准的统计分析报表业务目标不同，它基于全开放的统计分析功能，满足灵活的、立体化的、多视角的、有渗透力的数据分析和挖掘需要，根据统计需要自定义多维统计分析报表，从而为不同角色的人提供最方便实用的统计分析格式，达到快速提供工程质量、进度、成本统计分析资料的目的。OLAP 采用 Microsoft SQL Server 2008 构建框架和平台，工程联机分析结构如图 8-74 所示,分为数据采集层、数据存储层、应用逻辑层和分析展现层。图 8-75 给出了缆机运行状况联机分析。

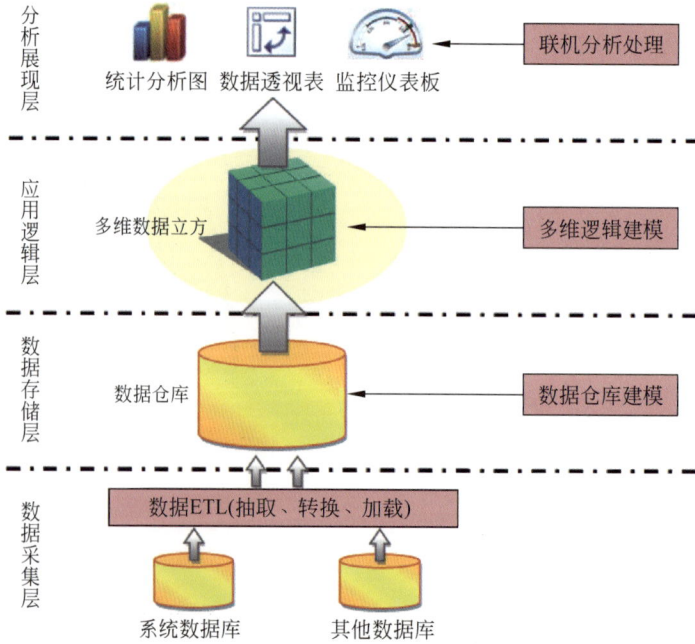

图 8-74　工程联机分析系统结构图

图 8-75　缆机运行状况联机分析

（1）数据采集层

数据采集层采用 Microsoft SQL Server 2008 Integration Services（SSIS）作为数据 ETL 平台,负责将分布的、异构数据源中的数据（如关系数据、平面数据文件等）抽取到临时中间层后进行清洗、转换、集成,最后加载到数据仓库中,成为工程联机分析的基础。

（2）数据仓库建模

数据仓库采用 Microsoft SQL Server 2008 R2 实现，数据仓库建模以数据分析为原则，存储采用 3NF 模型设计方式，保存尽可能小的业务单元（保存细节数据）进行数据的组织和存储，既能数据仓库的灵活性，适应需求的变化，又可保证最小数据冗余，避免数据的不一致。

（3）多维逻辑建模

多维逻辑建模仿照用户的多角度思考模式，预先为用户组建多维数据模型的过程。采用 Microsoft SQL Server 2008 Analysis Services（即 SSAS）为多维逻辑建模平台，SSAS 将预处理完成的数据仓库数据最终形成多维立方结构 Cube。多维立方可采用多维表达式（multi-dimensional expressions，MDX）来进行多维数据的定义和操作。多维逻辑建模，可根据浇筑、温控、灌浆、质量等每个分析主题，针对实时采集到的业务数据，专门设计分析维度，独立构建分析立方，从而使基于大量复杂数据的分析变得轻松而高效，以利于迅速做出正确判断。此外，它可用于证实人们提出的复杂假设，以图形或表格形式对信息进行总结。

（4）联机分析处理

联机分析处理目标是满足决策支持或多维环境特定的查询和报表需求，以与 SSAS 紧密集成的第三方产品 Analyzer CPM 为用户交互和分析展示平台，支持数据透视表、统计分析图、监控仪表板等功能。Analyzer CPM 支持与多个数据立方的分析和多用户授权自定义报表，同时采用类似电子表格定义方式更简单易用，具有所见所得的效果。

联机分析处理（OLAP）是商业智能的主要应用模式，支持复杂的分析操作，侧重决策支持，并且提供直观易懂的查询结果。结合拱坝工程特点，联机分析处理可结合浇筑、温控、灌浆、质量等各模块，以图形或者表格的形式实现拌合楼生产分析、拌合楼生产称量误差分析、错废料分析、缆机运行分析、缆机运输分析、浇筑温控分析、养护温控分析、通水冷却分析、温控综合分析、固结灌浆分析、帷幕灌浆分析等，使基于大量复杂数据的分析变得轻松且高效，以便于快速做出正确判断并可用于证实复杂的假设。

8.3.12 预报警

（1）预警和报警

预警是一个提前报警的过程，以目标标准点为核心，对即将出现的情况进行的一种预测，当检测值或预测的值即将达到最高极限值或规定的限制范围时，提前进行提示预警；报警是对超出标准阈值或阈值范围时，给出的事后警告过程。相对于预警而言，报警主要是对一些结果性参数与重点控制性参数的分析、判断、警告处理，过程性数据无须报警，处理相对比较简单，而处理方式与预警类似。

（2）预报警方式

根据不同的业务与报警需要，可选择一个或多个参数作为分级预警的处理机制。比如：某坝段距最长间歇期（假设 29d）差 7d 时，向承包商发黄色预警；差 5d 时，分别向监理和承包商发橙色预警；差 3d 时，向业主、承包商与监理发红色预警。表 8-7 给出了部分预警指标阈值确定方式。预报警方式主要为阈值预警和趋势分析预警两类。

表 8-7　分级预警机制阈值确定方式

阈值范围	通过定义不同的预警温度值范围来进行分级预警,以满足各方管理需要
连续测量次数	启动预警的连续测量次数(如连续 3 次超标)
累计测量次数	累计超标次数(如累计 5 次超标)
累计超标天数	累计超标达到指定天数时(如 3 天超标向监理预警,6 天向业主预警)
检测超标比例	检测的项目超标次数占总检测次数的比例(如超过 60% 的超标)
预警等级	黄色(连续超标 3 次)、橙色(连续超标 6 次)、红色(连续超标 10 次)等

阈值预警是以某个设定的预警值或值范围为基础(为了给出足够的响应处理时间,预警值一般比报警值的标准要高,且级别越低标准越高),检查实际检测的数据是否超出标准或标准范围,从而进行预警。阈值预警支持与最终目标的偏差量(或范围)预警以及绝对值预警。如比混凝土设计要求的最高内部温度低 1℃ 时预警,或温度达到 32℃ 时预警。图 8-76 为阈值预警的原理图。以混凝土内部温度为例,以设计要求的混凝土最高温度标准为核心,对即将到达的最高温度点附近的温度进行预警,超过此温度则进行报警。

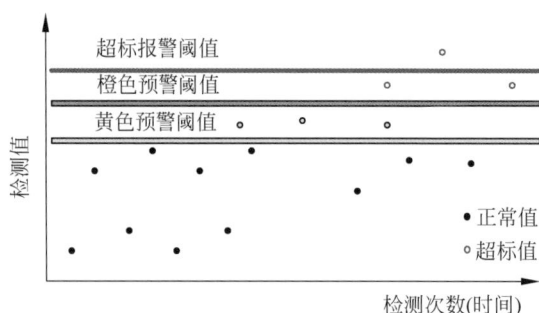

图 8-76　阈值预警原理图

趋势分析预警是根据现有的测量值、试验结果及现场实际经验,对变化趋势进行预测,在此基础上与理论变化趋势进行对比,判断是否在未来某个时刻是否超过设定的标准。趋势线预警是以多点检测数据为依据,对比标准变化曲线与实际预测的变化曲线,发现差异或未来某天可能超标时的提前预警。比如:混凝土最高温度出现在第 5d,实际工作中,可以在第 3 天根据现场的检测结果,对后期的温度进行预测,看第 5d 的值是否超过要求的最高温度,如果超出,则进行预警。进行趋势分析预测的核心要求是建立曲线拟合方程,根据计算结果及现场实际数据确定方程的拟合参数,带入前期的实际采集的数据进行拟合,形成变化趋势曲线。图 8-77 给出了最高温度变化趋势预测与预警原理,趋势分析与预警流程见图 8-78。

(3) 预警指标

图 8-79 给出了预报警指标与参数设定界面,表 8-8 给出了高拱坝施工过程关键预报警指标,主要包括出机口温度、混凝土入仓温度、混凝土内部温度、混凝土内外温差、混凝土通水冷却(冷却水水温、通水时间、坝体混凝土温度与冷却水温差、降温速率、降温幅度、分期冷却标准)、长间歇期、高差(相邻坝段高差、最大悬臂高度、全坝段高差)报警等。

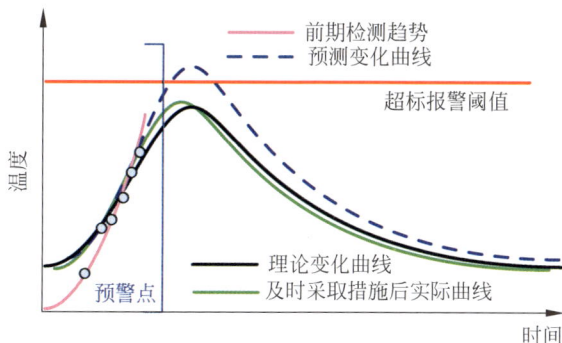

图 8-77 温度变化趋势预测与预警的原理图

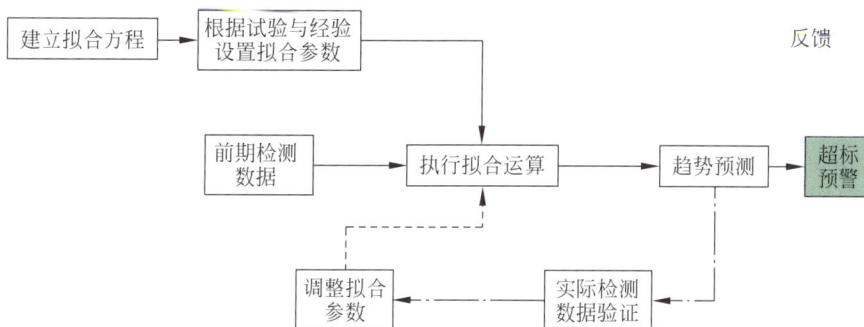

图 8-78 趋势分析与预警流程图

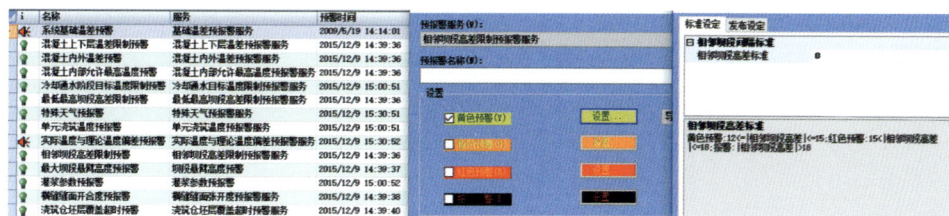

图 8-79 预报警指标与参数设定

表 8-8 高拱坝混凝土施工过程关键预报警指标

序号	预报警指标	
1	最高温度	当混凝土温度接近控制最高温度的某个偏差值时预警； 达到或超过控制最高温度时报警
2	基础温差	监控各类约束区内的混凝土温度与封拱温度的差值,当混凝土温度与封拱温度的差值接近或达到设定的温度时,进行预警或报警
3	上下层温差	监控老混凝土一定范围内,上层新浇混凝土最高平均温度与新混凝土开始浇筑时下层老混凝土实际平均温度之差,接近或达到控制值时预警或报警
4	内外温差	监控混凝土的内部温度与表面温度的差异,并与规范要求的温差最大值进行比对,接近或达到温差最大值时进行报警

续表

序号		预报警指标
5	温控符合率	出机口温度、入仓温度、浇筑温度达不到要求的符合率时进行预警
6	进度偏差	计划的阶段（月）浇筑强度与实际的浇筑强度偏差超出指定的范围
7	设计符合率	检测设计的指标与实际的投入偏差，超出范围时预警
8	长间歇期	对不同的约束区指定不同的最大间歇期标准，接近或达到该标准时预警
9	高差预警	相邻坝段高差、最大悬臂高度达到或接近设定的标准时预警
10	出机口温度	出机口最高温度接近设计允许值 2℃ 以下时预警
11	入仓温度	① 入仓温度最高温度接近设计允许值 3℃ 以下时预警； ② 入仓温度较出机口温度回升超 3～5℃ 时预警
12	浇筑温度	实际浇筑温度到达控制标准以下 2℃ 时预警
13	内部温度	混凝土内部最高温度接近设计允许值以下 3℃ 时进行预警
14	一期冷却通水	① 一期通水时间结束前 2 天进行预警； ② 混凝土内部温度与冷却水温度温差≥23℃ 时预警； ③ 一期通水冷却水温接近允许温度 1℃ 时预警
15	中期通水	① 中期冷却水水温接近允许温度 1℃ 时预警； ② 坝体混凝土温度与冷却水温差≥23℃ 时预警
16	二期通水	① 二期冷却水水温接近允许温度 1℃ 时预警； ② 坝体混凝土温度与冷却水温差≥23℃ 时预警； ③ 二期通水冷却结束时间

以混凝土出机口为例，报警以设计规定值为标准，根据实际检测月份、坝段、仓号的温度值为实测值，将标准值与实际值进行对比分析。如某仓是属于约束区段块，再以检测月份为依据，确定温度值是否超标，当检测温度≥标准温度时，以弹出式窗体、Portal、功能页面、发送短信等方式实现预报警。

（4）报警方法

报警一般采用三种方式。第一种是采用专用报警显示屏幕，将消息、预警、报警信息直接、及时进行展示；第二种是用户根据权限注册报警服务，模块自动弹出需要报警的项目，显示其超标值、标准值；第三种是采用手机短信报警。当出现有报警时，将预警信息同步发送给参建各方，快速反应及时闭合。

8.3.13　工程数字档案

传统的工程资料管理以手工为主，在信息传递、信息加工与信息使用方面存在缺陷。工程数字档案管理是以工程建设中的文字、图纸、图表、声像和其他载体的材料为基础，通过分类整理、归纳总结、建立关联后，集中管控，形成覆盖工程设计、施工技术、质量控制等方面的资料共享平台；运用这些资料可对工程建成投产后的管理、运行、维护等技术工作的决策、设计起到凭证和依据的作用；此外，对其他工程而言，也起着借鉴和参考的作用。工程资料库包含资料采集、资料存储、资料检索（系统结构见图 8-80），采用专业数据库技术和网络技术,依据工程项目管理的具体要求和规律,建立科学和规范的施工资料体系,以实现对工程建设过程大量表格、数据及图表等的信息化处理。图 8-81 给出了工程资料库整体功能。

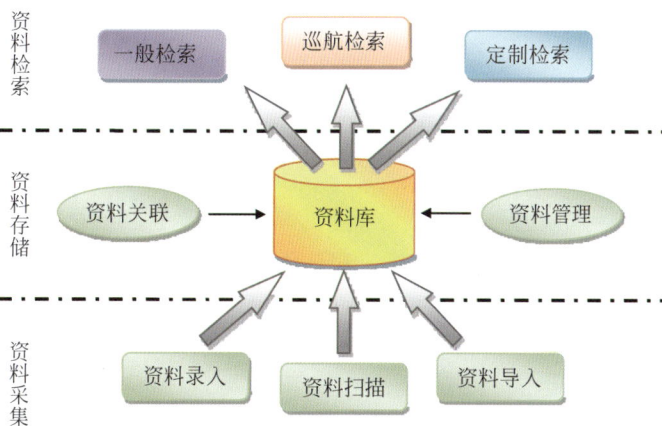

图 8-80　工程数字档案系统结构图

图 8-81　工程资料库功能结构

（1）基础设置

基础设置为工程资料库的字典管理,主要包括发文单位、文档类型、主题类型、专业类型定义和维护。

（2）资料采集

资料采集主要方式为资料录入、资料扫描和资料导入。资料录入一般用于文字性的描述资料;资料扫描用于图形图像、纸质文档的采集;资料导入则用于电子设计图纸、多媒体影像等资料的采集。资料采集通过资料登录、整理、入档的过程,将完成所有检索属性、关联应用的创建。施工、监理、业主单位独立进行资料登录和资料整理,统一提交审核,审核通过的资料则可入档。

（3）资料管理

工程资料统一采用数据库、文件系统联合存储,通过资料管理功能对资料进行修改、删除等维护操作。资料管理包括资料维护、分类整编;资料维护用于资料仓库中文档资料的内容再维护；分类整编则用于对现有分类上的文档资料进行统一迁移、合并或拆分；资料分析则是资料统计功能，方便管理人员了解资料汇总情况。工程资料库通过资料关联功能构建各项资料之间的关联，资料与外部资源、外部系统之间的关联等，从而形成资料的附属关系，便于以此为导向进行检索，如从异常情况描述到专家建议再到处理措施，可检索出一条完整的问题解决链。

（4）资料检索

资料检索是工程资料库管理最为重要的应用，资料经过各种整理和过滤，保存到资料库以后，最终目的是让所有用户能够快速获取所需的知识，并应用于工作中。工程建设中非常庞大的资料数据，随着数据的不断增长，如何更快、更准确地搜索目标资料，则变得尤为重要。以此为出发点，工程资料库系统提供层次化直观查询功能，主要包括快速检索、导航检索、组合检索、条件检索、定制检索等。

8.3.14　短信通知提醒

短信提醒是将施工过程中的混凝土生产信息、混凝土浇筑信息、混凝土温控信息、灌浆（接缝、帷幕、固结）信息、金结完成量信息以及异常信息，以短信的形式发送到相关领导及管理人员的手机上，从而实现对现场施工信息的及时掌控。实时短信提醒内容如图 8-82 所示。

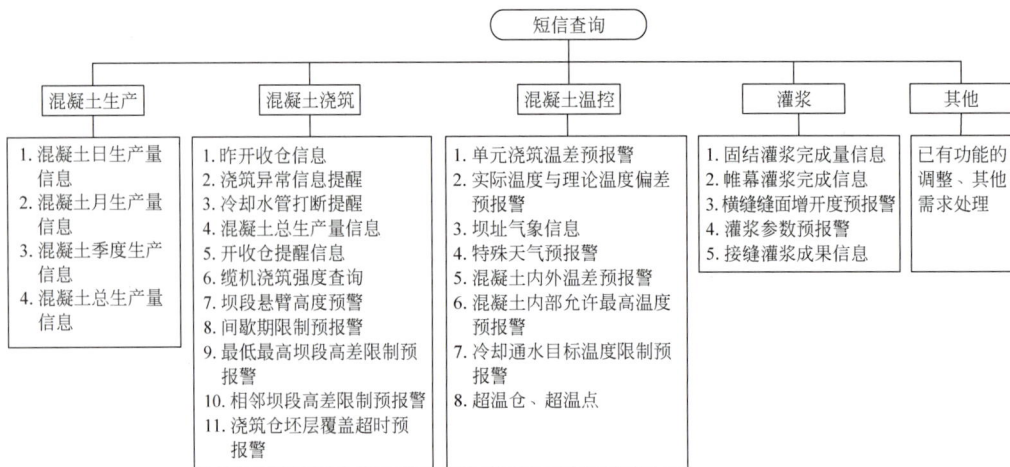

图 8-82　实时短信提醒内容

企业级短信群发功能，通过短信猫与互联网短信平台两种方案解决（图 8-83）。串口短信猫池是一款集成多路短信收发通信器（GSM MODEM）的短信猫设备，主要针对高端及短信需求量大的客户，可支持 1-8 路，主要型号是 4 口短信猫池（型号 DG-C4A）和 8 口短信猫池（型号 DG-C8A），其外观按照标准 1U 机箱设计，适合放到标准机房的机架上。同时配备多串口卡（4/8 口），内部核心完全基于 WAVECOM 原装模块，从而形成多路多倍的短信收发能力。互联网短信平台，通过服务器（电脑）软件或者程序接口来实现。

短信提醒功能保证了采集分析后的数据及时高效地传递给相关人员，也使突发事件发生时相关负责人无论是否在现场、无论是否在工作时间甚至出差在外地时也能第一时间获

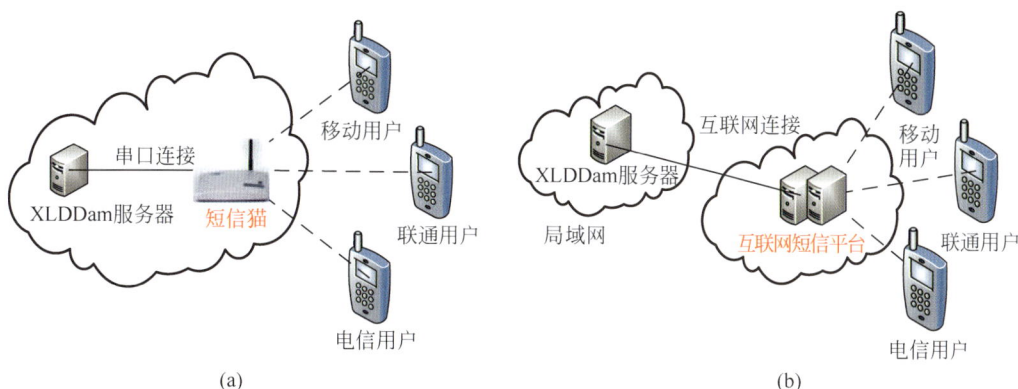

图 8-83 短信平台选型

知事件的具体情况和相关数据从而及时做出响应，就像前面的建设目标中提到的一样，真正地做到全时、全地、全面的信息发布。图 8-84 给出了坯层浇筑完成后盯仓信息和短信提醒同步界面。

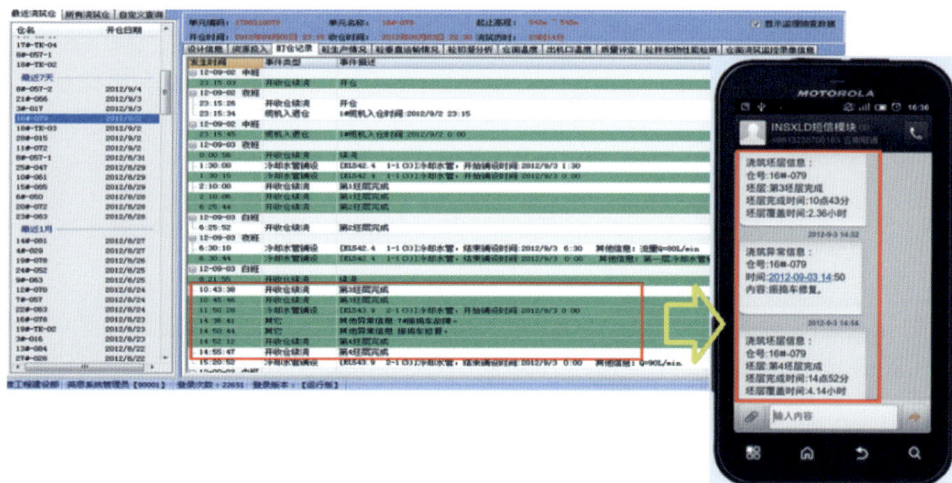

图 8-84 坯层完成信息

8.4 溪洛渡拱坝业务协同平台建设与应用

平台建设目标是继承溪洛渡大坝设计成果，管理施工过程，移交工程数字档案。具体包括：保证设计与科研成果在施工过程中被完整、高效的引用，促进施工现场的标准化、规范化、精细化管理，实现工程数据集中、及时、完整的保存与充分的共享，实现高效的数据统计分析与仿真分析，为技术决策提供量化支持。一方面，作为大坝施工过程的综合数据采集与业务处理平台，服务于工程的业主、设计单位、施工单位、监理单位的日常的业务过程与过程分析处理，使参建各方对工程项目的各种问题和情况了如指掌，随时随地都能直观、快速地知道施工工艺要求、施工计划与实际进展，及时并预先控制大坝施工中可能出现的工程问题;另一方面,作为仿真分析平台,通过对勘察设计成果、施工过程、监测成果的一体化管理,为科研单位提供分析计算依据并将科研成果发布到平台中,通过对大坝的整体安全状态、应力状态、开裂风险等的真实工作性态的分析和评价,以及对三维地质模型、计算边界条件、网格剖分、应力、应变计算结果的收集和展示,实现施工方案的优化与验证,实现对主要业务流程的智能控制。

8.4.1 数据采集和双向传输系统搭建

溪洛渡拱坝结合施工现场的自然条件与施工布置特点,将多种先进、成熟的信息采集技术集成,通过将无线传输、工控设备自动采集、现场 PDA 录入、计算机桌面录入、RFID 射频识别等数据采集手段引入大坝基础处理、混凝土施工、温度控制等数据的采集工作中。具体为:利用 GIS、GPS、ZigBee、WiFi、3G、光纤等技术,在左、右岸高程 610m 大坝下游面摄像头旁、左岸 710m 缆机平台选取了 3 个点来建立覆盖整个工地的无线网络(图 8-85),实现大坝全坝段信号全覆盖,并将施工区无线网络与办公区局域网连通,实现了前后方信息实时沟通;其中,廊道在坝体内部,因无线信号无法穿透坝体混凝土,故在廊道内部部署无线中继,将网络引入廊道内。通过开发专用的智能手机软件,利用 3G 网络或现场无线网络进行施工数据传输;通过"短信猫"向手机发布施工信息提醒;采用仓面手持式巡检采集系统和无线测温系统来实现温度数据的自动采集、实时传输。

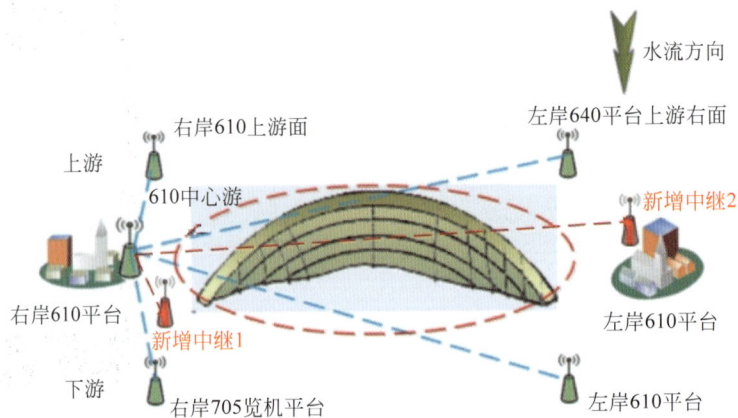

图 8-85 网络覆盖拓扑结构图

8.4.2 智能温控数字测温系统

前期,溪洛渡大坝采用条码技术对传统的模拟传感器进行编码,通过自动条码扫描识别解决传感器编码对应的问题,但这种做法并没有从根本上改变温度数据的人工采集与处理模式;随着无线传输技术、数字测温技术的不断发展成熟,采用仓面手持式巡检采集结合坝后桥无线自动采集相结合的方式来可实现温度数据的自动采集、实时传输。

手持式采集设备(图 8-86)以人工为主,在数据传输、数据的分析环节中基本实现自动化,过程中涉及的主要设备包括差阻式温度计、电阻比指示仪、PDA、无线网络设施等。当现场网络状况出现异常时,采用传统的纸张记录、录入系统的离线备用方案。

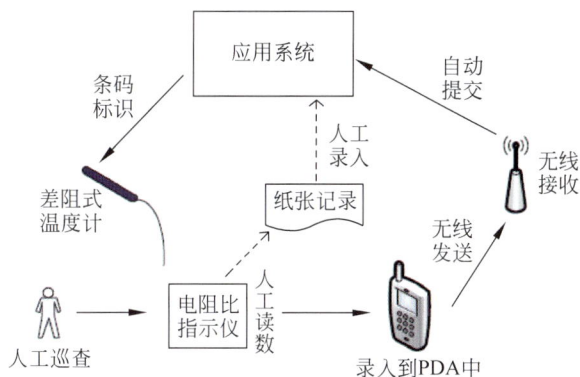

图 8-86　手持式数字测温原理图

无线测温系统由温度采集仪、中继器、数据接收器、采集工控机组成，具体连接示意图如图 8-87 所示。

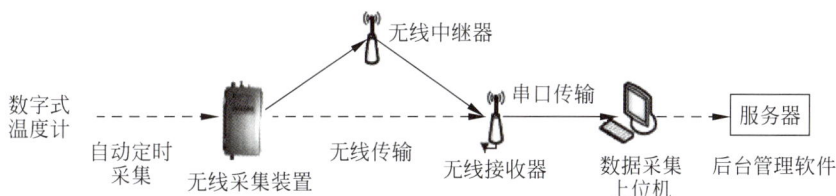

图 8-87　无线测温原理图

8.4.3　协同工作平台 iDam 应用

iDam 平台面向具体的工艺过程，涵盖拱坝建设各专业和全过程，全面覆盖施工各个环节，包括混凝土施工、接缝灌浆、固结灌浆、帷幕灌浆、金结制安、混凝土温度控制、原材料检测、安全监测等 8 个专业模块和仿真分析、设计成果库、工程联机分析、预报警管理、工程资料库、综合查询等 6 个管理模块。平台基于全面、准确、及时的信息采集，实现了复杂环境下混凝土浇筑、温控、基础处理等数字化、精细化管理、直观分析和展示；提供了全面详实的工程信息共享机制，实现了多源海量数据信息的共享、协同与有序流动，使设计、施工、监测、科研、项目管理各单位协同工作、快速反应。表 8-9 给出了基于平台模块的典型功能一览表。

表 8-9　溪洛渡拱坝协同工作平台模块功能一览表

序号	名　称	主　要　功　能
1	设计成果管理	
1.1	建筑物设计成果	主要是对大坝设计信息与相关地质勘测成果的全面继承与综合管理
1.2	地质模型与地勘数据	主要是对坝肩及基础部分工程地质成果数据进行管理
2	施工过程管理	
2.1	混凝土施工过程	主要实现对大坝混凝土施工基础信息、进度计划、原材料品质检测、混凝土配合比、砂石骨料生产、混凝土生产、运输和质量检测、仓面模板、钢筋及预埋件、混凝土浇筑及养护等过程全面管理

续表

序号	名　称	主　要　功　能
2.2	混凝土温控过程	从温控标准管理、原材料温控、混凝土浇筑温度、环境温度管理、冷却通水管理、混凝土内部温度管理、温控措施管理等方面,对整个混凝土施工期的温控原始数据进行集中管控
2.3	接缝灌浆	通过对混凝土浇筑、温控、内部仪器的监测,全面综合地获取与接缝灌浆相关的混凝土龄期、悬臂高度、缝面开合度、混凝土内部温度等数据,为灌浆施工条件判断提供综合、完整的评价依据
2.4	固结(帷幕)灌浆/帷幕灌浆	对固结(帷幕)灌浆信息进行实时动态监控,从设计、计划、施工等环节实现全面跟踪,实现基础处理工程的施工进度与质量的实施控制,灌浆成果的自动输出与可视化分析
2.5	金属结构制安	金属结构制造与安装过程数字化管理,包括埋件的管理及闸门、弧门等金属结构的施工计划、设计成果、制作过程、安装过程监控
3	现场生产控制	
3.1	智能手机盯仓	仓面监管人员通过智能手机盯仓系统,实时记录当前发生的仓面事件,包括温度、混凝土来料情况、浇筑方式、资源投入情况、设备运行情况、异常及处理情况等
3.2	数字测温	通过 ZigBee 通信协议及手持 PDA 方式,实现混凝土温控数据的无线实时传输及人工巡检采集
3.3	混凝土拌合数据采集	采用数据导入子系统实现混凝土拌合生产过程全数据监控,定时获取拌合生产数据,实现对拌合生产数据的精细化管理
3.4	缆机运输数据采集	采用自动采集接口程序从缆机工控机数据库中导入缆机实时运行数据,以实现对缆机运行情况的成果管控
4	专项技术服务	
4.1	试验检测	试验检测管理模块包含对材料、试件的质量检测指标,并建立材料、试件的管理功能,能够对材料抽检、试验室检测结果、料场及拌合楼主要半成品加工工地进行全面的质量过程管理
4.2	安全监测	对工程建设期及运行期的安全监测数据进行管理、分析,为建筑物安全评价提供依据
4.3	温度与应力仿真分析	提供统一平台及统一的数据接口,与各家科研单位合作,实现温度与应力仿真分析模块,为仿真计算提供参数与边界条件服务,实现对仿真结果的存储管理,实现仿真成果的后处理分析服务
4.4	手机短信预报警	通过实时提醒、定时提醒、日提醒、周提醒、月提醒、人工发送等方式,对施工过程中相关异常信息以短信的形式发送到相关领导及管理人员的手机上,从而实现对现场施工信息的及时掌控
5	工程联机分析	按照一定的规则和方法,将所需数据从数据库或各种数据源抽取/转换/加载(ETL)到数据仓库,并通过多维数据立方的设计,实现数据透视表、统计分析图、监控仪表板等大数据的统计分析
6	工程资料库	在工程建设过程中,形成大量的原始数据与业务文档。工程资料库不再局限于某一方面或类型的数据,而是建立工程数据中心,对来自各个环节与管理实体的与工程建设过程相关的各类勘测、设计、施工、监测、仿真数据与文档进行集成管理

与传统的单一、封闭的管理平台不同,iDam 是参建各方信息共享、协同、交互的业务工作平台,以过程管理与问题管理为导向,重点从施工环节入手,面向过程控制特定的问题与管理痛点解决现场实际问题,帮助业主、监理、施工单位加强现场施工管理、提高现场管控效率;基于现场实时采集的海量数据,采用仿真等拟合参数并预测拱坝工作性态变化趋势,制

定标准和阈值,实现分析预警、报警与综合查询,快速反应。图 8-88 为溪洛渡拱坝智能化建设与运行协同工作平台结构和总体功能图。

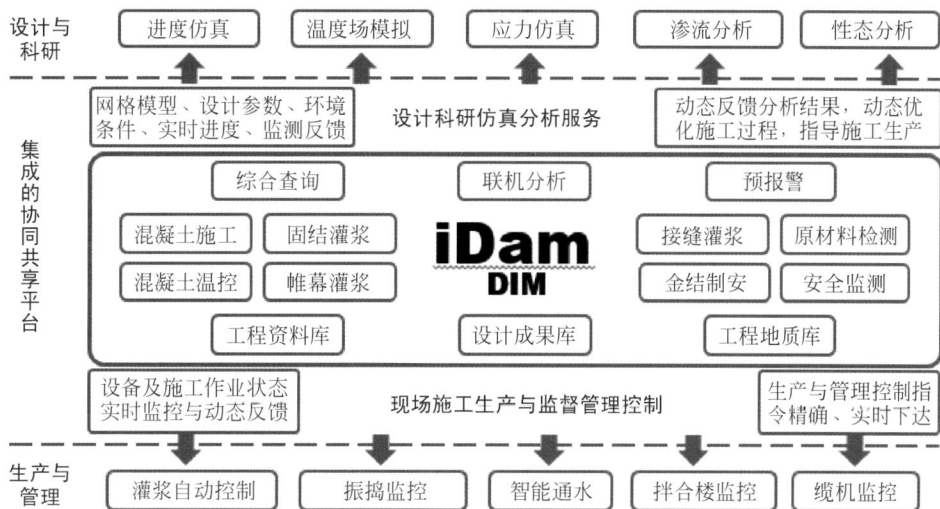

图 8-88 溪洛渡拱坝智能化建设与运行协同工作平台

在数据集成方面,溪洛渡拱坝从左岸 A 区置换块第一仓混凝土浇筑开始,将仓面定义、仓面设计、混凝土生产、缆机运输、混凝土浇筑过程盯仓记录、原材料温控、混凝土温度检测及通水情况记录和信息、试验检测数据、固结灌浆、帷幕灌浆、接缝灌浆设计和施工数据全部录入到 DIM 模型和 iDam 平台中,集成混凝土仓定义 2413 条,仓面设计表 2257 个,混凝土生产数据 1470362 条,缆机运行数据 64693785 条,混凝土温度数据 11785949 条,盯仓数据 123465 条;固结灌浆孔位定义 38453 个,固结灌浆施工记录 552301 条;帷幕灌浆孔位定义 20866 个,帷幕灌浆施工记录 610543 条;接缝灌浆单元定义 582 个,接缝灌浆施工记录 6739 条;管理安全监测仪器 1370 支、监测记录 335136 条。运用这些数据,从第一仓混凝土开始、一直到长期运行,用全坝全过程模型去预测特高拱坝工作性态,开创了拱坝智能化建设的新篇章。

在生产与管理方面,基于 iDam 平台中专业模块,溪洛渡拱坝实现了施工全过程的精细化管理。如通过混凝土生产管理模块,可查询每一盘($4.5m^3$)混凝土的实际配合比和称量误差、每一罐混凝土的运行轨迹、各运输环节所需时间、下料位置以及完整的浇筑过程盯仓信息,如开仓时间、资源投入、坯层覆盖时间、浇筑异常信息等,为质量控制和问题追溯提供了原始资料;在"接缝灌浆"模块中,将混凝土浇筑形象、龄期、温度、横缝张开度等数据集中展现,参建各方可简便、直观、准确了解各部位混凝土的浇筑状态和温控状态,把握接缝灌浆条件,避免了大量繁琐的统计工作。在混凝土温控方面,通过采集从混凝土原材料至通水冷却过程的温控数据,实时进行计算、汇总、分析,最终形成及时的温控成果,实现了快速的温控成果查询与反馈,为及时了解混凝土温控情况、实现快速决策提供了有力支持。借助于 iDam 平台中的灌浆模块,可实时查询单孔成果、分序成果、注入量与透水率关系等基础灌浆成果,以便全面掌握施工进展和质量情况,及时解决问题,保证施工质量。图 8-89 为基于 "iDam 平台"的高拱坝混凝土施工精细化管理体系。

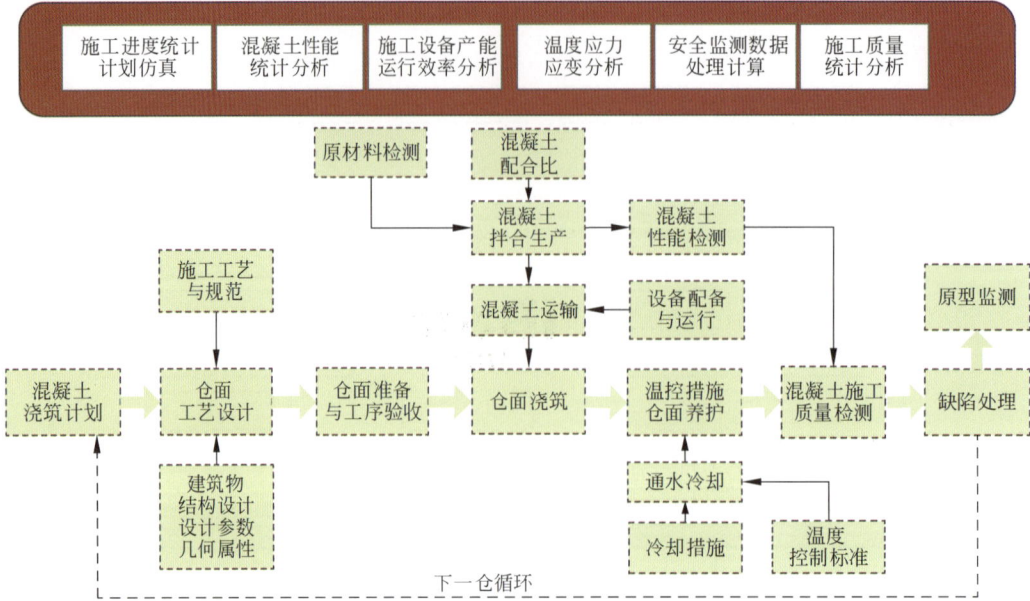

图 8-89 基于 iDam 平台的高拱坝混凝土施工精细化管理体系

在设计和科研方面,基于平台中统一的三维地质和拱坝结构模型、岩石及混凝土力学参数,以及拱坝建设全过程的施工信息、安全监测数据,通过数据在项目各方间的有效交流,紧密结合施工进度等开展真实数据驱动的全坝全过程仿真,开展温控预报、施工方案仿真分析和应力应变全过程仿真分析和安全评价,优化设计要求和施工方案,以便采取预控措施,为溪洛渡拱坝施工的顺利进行提供强有力的技术保障,制定各类技术标准与阈值进行预测、预报和预警,为拱坝在建设期和运行期各阶段安全状态的判定服务,达到拱坝真实工作性态的可知可控。图 8-90 为基于 iDam 平台构建的溪洛渡拱坝监测与仿真体系图。

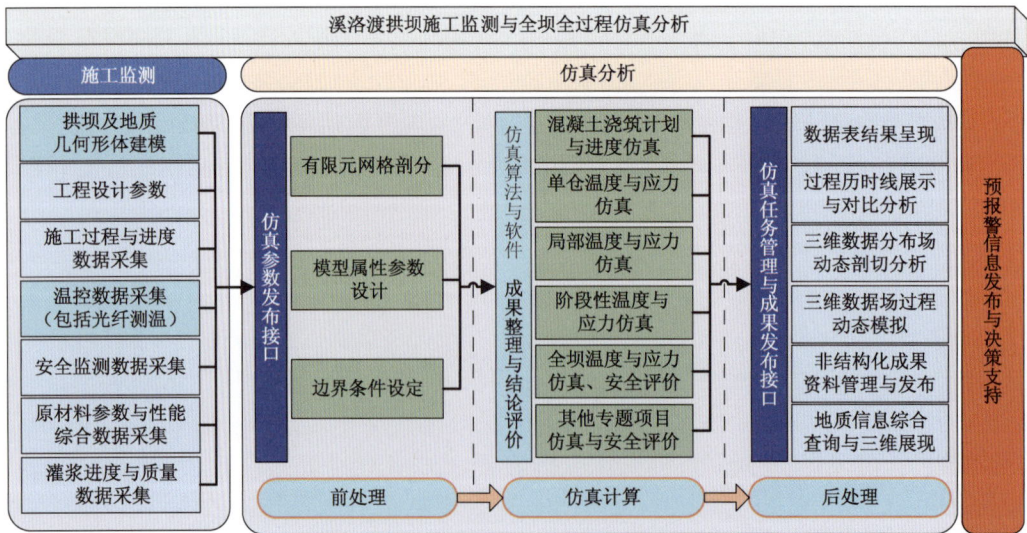

图 8-90 基于 iDam 平台构建的溪洛渡拱坝监测与仿真体系图

在拱坝长期安全运行方面,平台集成的真实、准确、全面、全过程的工程信息数据,为拱坝施工期、运行期工作性态仿真和安全评价创造了条件。施工期,实时采集的工程施工信息数据提高了施工管理水平,促进了精细化施工管理;对拱坝和基础工作性态进行的全过程、分阶段的仿真计算成果指导了现场施工,保证了拱坝施工质量和结构安全;运行期,拱坝蓄水后,拱坝变形和基础应力应变将发生变化,加上受外界环境影响,不确定因素可能影响拱坝和基础的工作性态。平台积累的拱坝建设全过程的施工信息、安全监测数据有助于开展拱坝运行期仿真分析和安全评价,保证拱坝全生命期的安全,保证拱坝长期可靠运行。

参考文献

[1] 金和平.大型集成化工程管理系统 TGPMS 设计、开发与实施[J].中国工程科学,2004 (3),80-85.

[2] 金和平.三峡工程管理系统(TGPMS)的设计、开发和实施[J].水力发电,2000(6):52-55.

[3] 金和平.三峡工程管理系统(TGPMS),计算机世界[J].2000 (21):10-11.

[4] 金和平.三峡工程管理系统中的应用系统[J].计算机世界,2000(21):12-13.

[5] JIN H P. Design, Development and Implementation of TGP Management System [J]. Engineering Sciences,2003,1.

[6] 敖麟,金和平.三峡工程管理系统的总体结构[J].中国三峡,1998 (9):22-24.

[7] 朱强,樊启祥.空间信息系统在三峡工程施工管理中的应用[J].人民长江,2011(1):90-93.

[8] 樊启祥,周绍武,洪文浩,等.溪洛渡数字大坝[C]//电力行业信息化优秀成果集,2013.

[9] 杨剑,许世森,徐越,等.水电站全生命期"数字大坝"技术研究进展[C]//中国电机工程学会年会,2012.

[10] 贾金生,杨会臣.碾压出 200 米高的数字大坝[J].科学世界,2017(6):140-141.

[11] 陈志杰.数字大坝系统在长河坝土石坝工程中的应用[J].四川水利,2016,37 (5):11-14.

[12] 冀丰伟.数字大坝系统在梨园水电站面板堆石坝施工的应用[J].云南水力发电,2013,29(6):105-108.

[13] 韩建东,张琛,肖闯.糯扎渡水电站数字大坝技术应用研究[J].西北水电,2012(2):96-100.

[14] 成卓.数字大坝施工监控系统中 PDA 数据采集系统设计与实现[D].天津:天津大学,2010.

[15] 苗延强,钱启立,韩国印.浅析梨园水电站数字大坝填筑质量监控系统的应用[J].水利水电技术,2013,41(5):34-36.

[16] 曹文波,王保占.数字大坝技术在堆石坝中的应用[J].工程技术(英文版),2016(5):115.

[17] 朱强,樊启祥.空间信息技术在水电工程全生命期中的应用综述[J].水利水电科技进展,2010(12):84-89.

[18] 朱伯芳.大体积混凝土温度应力与温度控制[M].北京:中国电力出版社,1999.

[19] 潘家铮,何璟.中国大坝 50 年[M].北京:中国水利水电出版社,2000.

[20] 张国新,刘有志,刘毅,等.特高拱坝施工期裂缝成因分析与温控防裂措施讨论[J].水力发电学报,2010,29(5):45-50.

[21] 吴中伟.补偿收缩混凝土[M].北京:中国建筑工业出版社,1979.

[22] 朱伯芳.高拱坝结构安全关键技术研究[M].北京:中国水利水电出版社,2010.

[23] 胡昱,李庆斌,周绍武,等.高拱坝工程施工期冷却问题的探讨[C]//大坝技术及长效性能国际研讨会论文集.北京:中国水利水电出版社,2011.

[24] 朱伯芳.小温差早冷却缓慢冷却是混凝土坝水管冷却的新方向[J].水利水电技术,2009,40(1):44-50.

[25] 朱伯芳,许平.混凝土高坝全过程仿真分析[J].水利水电技术,2002,33(12):11-14.

[26] 谢卫东.溪洛渡水电站大坝混凝土温度控制[J].湖南水利水电,2010(4):44-46.

[27] 孙明伦,胡泽清,李仁江.溪洛渡水电站水垫塘抗冲磨混凝土施工配合比优化[J].人民长江,2012, 43(11):111-112.

[28] 李文伟,郑丹.溪洛渡大坝混凝土特性及防裂措施[J].水利水电技术,2010,41(2):48-51.

[29] 周双超.面对溪洛渡大坝混凝土质量的挑战[J].四川水力发电,2011,30(4):139-146.

[30] 周建华.向家坝水电站泄洪消能建筑物混凝土快速优质施工技术[J].中国水运,2013,13(5): 169-170.

[31] 翁永红.向家坝水电站大坝混凝土浇筑方案研究[J].中国三峡建设,2004(5):47-50.

[32] 陆佑楣,樊启祥.金沙江下游水电梯级开发建设项目管理实践[J].人民长江,2009,40(22):1-4.

[33] 中国长江三峡集团公司.金沙江溪洛渡工程质量标准汇编(试行)[Z].宜昌:中国长江三峡集团公司,2008.

[34] 李文伟,樊启祥,李新宇,等.特高拱坝专用低热硅酸盐水泥研究与应用[J].水力发电学报,2017, 36(3):113-120.

[35] 樊启祥,李文伟,李新宇.低热硅酸盐水泥大坝混凝土施工关键技术研究[J].水力发电学报,2017, 36(4):11-17.

[36] 孙明伦.大坝改性PVA纤维混凝土的性能试验研究[J].混凝土,2012(7):124-126.

[37] 王显斌,成希弼,孙明伦,等.溪洛渡水电工程大坝用中热水泥的质量要求及生产措施[J].水泥, 2008(11):16-18.

[38] 任炳昱.高拱坝施工实时控制理论与关键技术研究[D].天津:天津大学,2010.

[39] 方立霏.档案的文化价值及其历史表现[J].北京档案,2003(3):36-38.

[40] 宋琦.做好档案工作对历史负责[J].档案,2017(8):9-9.

[41] 马丽,谢进秋.浅论档案工作的文化属性[J].黑龙江档案,2005(2):34-35.

溪洛渡双曲拱坝（摄影者王连生，2014 年 5 月 17 日）

溪洛渡大坝深孔泄洪（摄影者王连生，2014 年 8 月 20 日）

鸟瞰溪洛渡水电站工程（摄影者王连生，2014 年 8 月 20 日）

溪洛渡大坝深孔、泄洪洞同时泄洪（摄影者王连生，2014 年 8 月 20 日）

第 **9** 章

总结和展望

　　溪洛渡水电站位于四川省雷波县和云南省永善县相接壤的金沙江下游峡谷段,是一座以发电为主,兼有防洪、拦沙和改善下游航运等综合利用效益的特大型水利水电枢纽工程。电站装机容量 13860MW,其装机规模仅次于三峡工程,是我国第二大水电站、世界第三大水电站,是实施西电东送、优化我国能源布局和改善电力结构的关键电源点。电站枢纽主要建筑物由混凝土双曲拱坝、地下引水发电系统和泄洪建筑物组成。挡水建筑物为混凝土双曲拱坝,最大坝高 285.5m,属于 300m 级特高拱坝,位于长江干流上,是控制性水利水电枢纽。地震设防标准、坝身泄洪流量及泄洪功率位居世界特高拱坝之首,大坝结构复杂程度为世界拱坝之最,综合技术难度最大。与国内同类工程相比:溪洛渡大坝混凝土粗骨料利用了地下洞室玄武岩开挖料,弹模高、极限拉伸值小、徐变小、收缩变形大,综合抗裂能力较弱;坝身设计泄洪量达 32278m³/s,居世界之最,坝身孔口多,大坝结构应力复杂,施工干扰大,施工期混凝土开裂风险大;河床坝段基础水文地质条件复杂,一定深度内存在 14% 的弱卸荷下限 III₂ 级岩体,基础处理难度大。溪洛渡拱坝施工处在一个特别的阶段,有小湾工程的建设经验,面临着混凝土材料自身抗裂特性先天不足、河床水文地质条件变化形成的大坝底部结构变化、坝基弱卸荷下限 III₂ 岩体基础处理、大坝按期蓄水发电和分年建设进度控制与度汛安全的挑战。针对以上特点和难点,溪洛渡参建各方开展了 300m 级溪洛渡拱坝智能化建设关键技术的科技攻关,创建了特高拱坝智能化建设理论和体系,通过建立全面、实时的工程数据系统和协同工作平台 iDam,开展混凝土温控防裂、混凝土浇筑质量、大坝基础开挖和灌浆等数字化、智能化建设关键技术的研究与应用,研发应用相应的智能控制装置和系统,达到大坝真实工作性态的可知可控,保证溪洛渡拱坝优质、按期建成。

　　特高拱坝智能化建设,就是基于物联网、自动测控和云计算技术,实现对结构全生命期的信息实时、在线、个性化管理与分析,并对大坝性能进行控制的综合系统。它是在对传统混凝土大坝实现数字化后,采用通信与控制技术,对大坝全生命期的所有信息实现全面感知、真实分析与实时控制的大坝。具体而言,就是基于物联网全面感知、真实分析和实时控制的闭环控制特征,将筑坝技术数字化、信息化,实时感知关键控制点的工程数据,并通过业务协同一体化平台,开展基于真实数据驱动的高可靠度进度仿真和全坝全过程的温度、应力、渗流等多场耦合的坝体、坝基真实工作性态仿真,进行多方案的比选和预测分析,对技术施工、工作性态、进度质量等进行实时动态分析评价,动态优化调整控制;运用成套智能控制装备和控制系统,实现大体积混凝土施工质量的预报、预警与智能控制,解决大体积混凝土施工漏振、过振、欠振等质量控制问题,实现基础处理灌浆抬动、压力、流量、密度的现地和远程实时监测与控制,做到大坝建设过程的全程可控,从而使拱坝建设科学有序高效。基于特高拱坝智能化建设理念,结合溪洛渡工程构建的拱坝智能化建设关键技术,引领拱坝建设进入了智能化时代,是混凝土拱坝筑坝技术的重大创新。

溪洛渡拱坝是唯一一个坝体混凝土粗骨料采用地下洞室玄武岩开挖料的特高拱坝,混凝土自身综合抗裂能力较弱,温控防裂难度极大。个性化、精细化的分段缓慢通水冷却的严格控制是温控重点。为满足降温速率和温度变幅控制要求,每仓混凝土内均埋设温度计,全面监测混凝土内部温度。在光纤测温的基础上,改进和增加数字温度计,提高了温度监测的准确性和工作效率。同时,建立和实施了大坝通水冷却智能温控系统,稳定跟踪、无线采集混凝土温控数据和冷却水管通水情况,对温度异常情况进行预警、报警,通过电磁阀远程智能控制和调整通水流量,从而达到最高温度、降温速率、温度变幅不超标的温控要求。现场试验结果表明,智能通水温控过程符合实际情况,温度、流量控制精度在 2% 以内,降低了人为因素影响,提高了施工智能化、自动化水平,首次实现了"最高温度、降温速率、异常温度"的预报、预警与智能控制,确保了气温骤降、季节变化、特殊部位等温度过程和温度应力的全程可控,实现了"早冷却、慢冷却、小温差"实时、在线、个性化温控,确保了混凝土浇筑"三期九段"温控过程和拱坝接缝灌浆"五区"温度梯度控制的连续、平稳、精确。

在这个过程中,也进行了爆破开挖精细化质量控制、混凝土施工全过程的质量监测、基础处理灌浆质量的研究。在混凝土浇筑方面,运用物联网等技术,首次实现了混凝土拌合、运输、平仓、振捣的全程实时监控、反馈与预警,有效避免了漏振、过振、欠振等问题,是大坝混凝土施工质量控制的重大创新;在灌浆方面,通过数字抬动仪与四参数灌浆自动记录仪的协同,实现了抬动、压力、流量、密度的现地和远程实时监测及控制,确保了灌浆质量;在爆破开挖方面,通过定量、个性、动态的钻爆设计,以及"三定""三证""三校"的管理与定量评价体系,达到"爆破就是雕刻"。

在进度仿真和结构安全仿真分析方面,基于实时采集的施工过程数据、工效分析及施工组织特点、规律,提出了高靠度的施工进度动态耦合仿真分析优化模型,实现了混凝土温度应力控制、施工进度优化等全坝全过程高精度进度仿真与实时管控,确保了坝体施工连续均衡高效;同时,构建了特高拱坝全坝全过程真实工作性态动态仿真分析模型和方法,解决了快速建模、高速仿真、结构缝模拟、安全度实时评价等关键技术难题,达到大坝施工期温度、应力、变形、渗流全过程的多场耦合分析。通过全过程动态跟踪反馈坝体真实工作性态,将不同区域、不同龄期混凝土的应力与相对应混凝土龄期强度对比,得到各时刻安全系数场,实现对大坝整体混凝土不同区域、时段、关键节点的抗裂安全状态的分析与预报,为大坝整体安全风险控制提供决策依据;开展了复杂约束条件下,横缝辨识、悬臂控制、陡坡防裂、贴脚加固等的精细仿真,揭示了特高拱坝整体变形协调机理,提出了个性化判别标准与动态控制方法,准确把握了大坝的真实安全状态。

为了时刻掌握大坝的质量和安全状态,时刻把控大坝建设过程中的主要问题,时刻协调拱坝建设各专业、各阶段的矛盾,就必须时刻知晓大坝的身体状态,真实把握大坝建设的脉搏,各类、各方的信息要能实时共享,以第一时间为各方判断,采取措施。针对特高拱坝建设过程中边界条件多变、峡谷和建筑物的遮挡、复杂施工交叉干扰等造成信息采集与双向传输困难的难点,基于物联网、工业组态、无线传输、高精度定位技术,成功研发并大规模应用了水工数字与分布式光纤测温技术、仓面管理系统、数据实时传输系统等信息采集与感知技术,实现了拱坝各专业建设全过程的智能化监测,有效解决了各专业施工过程记录、追溯以及信息实时共享等难题。同时,按照"统一模型、平台和接口,数据准确、全面、及时、共享,直接面向生产需求,重在预测预报预警,应用操作简单直观逼真"的原则,创建了全生命期拱坝全景信息模型 DIM,并研发了智能拱坝建设与运行信息化平台 iDam。DIM 与实体大坝同步演进,构建可查询、可分析、可追溯的"数字大坝",实现大坝从设计—施工—运维全过程的信息整合与传递、数字化管理和信息追溯;以 DIM 为核心研发的拱坝智能化建设与运行信息化平台 iDam,重点是对全方位的工程信息资料进行收集和展示,达到参建各方的信息共享与协同工作,并依托平台实现数据在项目各方间的有效交流,对大坝的整体安全状态、应力状态、开裂风险、施工进度与技术难题等进行分析,使现场数据采集的及时性与仿真分析的超前性得到融合,对施工提出超前指导和预判,进而保证施工过程坝体应力状态得到有效控制,避免裂缝产生。

上述特高拱坝智能化建设的研究成果和实践并在溪洛渡工程的成功应用,支撑了溪洛渡拱坝的优质高效建设,实现浇筑混凝土 680 万 m^3 未发现温度裂缝、常态混凝土取芯长 20.59m 以及泄洪深孔大型孔口群钢衬混凝土间歇期最短 26d 均衡施工的世界纪录。2012 年大坝开始挡水,2014 年 9 月溪洛渡蓄水至正常水位 600m,3 年蓄水运行经历,大坝变形、应力、渗流渗压情况正常,各项指标均在设计允许范围内。拱冠梁径向累积位移均在设计要求范围之内,坝体变形与上游水位对应关系良好,坝体径向位移均为向下游变形,且左、右岸对称性好,变形协调;大坝堵头接缝开合和渗压力情况正常;坝基压应力、基岩接缝、横缝开合度、坝体裂缝开合度变化量较小,变化规律合理;现场巡视检查未发现异常情况。从监测数据分析和全坝仿真反馈分析来看,大坝均处于线弹性正常工作状态。

"全面感知、真实分析、实时控制"的拱坝智能化建设理念和智能控制技术,代表了特高拱坝智能化建设的发展方向,引领拱坝建设进入了智能化时代,是混凝土拱坝筑坝技术的重大创新。智能化建坝模式的探索、成套智能装备的研发和应用,实现了对传统筑坝模式的全面超越,与工业 4.0 发展智能化制造装备的大趋势和建造智能建筑的行业发展背景不谋而合,提前实现水电行业"智造升级",提升了我国水电的核心竞争力。2014 年 12 月,"智能大坝"被国家基金委和中国科学院水利学科发展战略研究报告列为未来大坝建设的发展方向。国务院三峡枢纽工程质量检查专家组陈厚群、郑守仁等专家院士调研评价,溪洛渡拱坝在数字化建设、智能化建设方面开创了我国高拱坝智能化建设的先河;潘家铮、马洪琪、张楚汉、陆佑楣等院士对拱坝智能化建设成果高度肯定;前水利部长汪恕诚同志认为这是一个技术与管理的重大创新;国际大坝委员会主席 Luis Berga 教授认为,溪洛渡拱坝智能化建设研究与应用,在大体积混凝土智能化建设领域已居世界领先地位,成功解决了"无坝不裂"的世界难题。

随着技术研究与应用工作进一步深入和行业信息化水平发展,智能化科研成果也将进一步完善:一是加强从项目决策至项目完建运行全过程的信息化和智能化管理与实施的水平,重点提高三维设计成果与智能化筑坝技术的衔接与互动;二是提升灌浆智能化水平,以目前已完成的灌浆过程数字化监控为基础,向灌浆工艺全过程智能化可控发展,实现灌浆工程施工进度与质量的实时调控;三是构建"全面感知、真实分析、实时控制"的闭环智能化管理,实现水电工程的智能建造。

溪洛渡大坝雄姿（摄影者王连生，2015 年 7 月 16 日）

鸟瞰溪洛渡双曲拱坝（摄影者王连生，2015 年 9 月 3 日）

云雾缭绕溪洛渡（摄影者王连生，2015 年 9 月 7 日）

高峡平湖溪洛渡（摄影者王连生，2016 年 5 月 16 日）

人间仙境溪洛渡（摄影者王连生，2016年8月1日）

溪洛渡上游水库（摄影者王连生，2016年11月20日）

附 录

典范工程：我们的承诺和追求

　　2013年9月在外出差的路上，接到水电八局溪洛渡大坝施工局李金宝局长的电话和短信，告知他们对溪洛渡大坝工程施工管理进行了系统总结，希望我能给《典范溪洛渡：水电八局溪洛渡大坝工程建设管理纪实》一书写序。这个任务让我十分忐忑和不安，一是从来写序的人都是大师与领导，二是自己也从没有写过序。选择我来写序的考虑可能有几点：一是希望我这个溪洛渡大坝建设全过程的见证者，谈谈自己的体会和感受；二是在溪洛渡蓄水验收的过程中，我们就请溪洛渡工程各参建单位进行溪洛渡工程总结，承担溪洛渡高拱坝施工的水电八局溪洛渡施工局率先提出了工作成果，也是一种积极的回应。从我来讲，十年来同建设者们共同工作生活在金沙江，和工程、和大家都有了感情，因而凡谈到金沙江下游水电开发，就能吸引我；谈到溪洛渡和向家坝，就能牵动我；谈到创建典范工程和精品工程，就能激励我。当回到成都，从水电八局成都办事处吴海涛同志手上看到样书，"典范溪洛渡"的主题书名就更加吸引了我。样书在手上已有多月，我认真拜读了几遍，每一次都是一次经历和洗礼，溪洛渡拱坝从设计、施工，到初期蓄水运行的历程，那历程中的人、事、景，清晰鲜明，栩栩如生，如同一部巨片一一展现在眼前。读书学习的感慨多了，序一字都未能下笔，也过了交卷的时间。在这份愧疚和拖欠中，利用周末和休假的空闲，写下这段面对溪洛渡拱坝建设主要挑战的历程与心声的文字。文字初稿送几位负责溪洛渡工程建设管理和专业技术的同志们审阅时，大家提了很好的意见，但作为序的篇幅太长、太细。水电八局在浇筑溪洛渡精品拱坝，本书的总结在讲述怎么做好，我在文字取舍中感到经历者和建设者对为什么这样做应该更加的清楚。最后提交的这份近2万的文字是在学习中的经历与感受，无论能否为作者和读者接受，但真实、真情都在其中，以为自励共勉吧。

（一）溪洛渡创建典范工程的确立

　　2003年的夏天，在中央党校中青班学习的暑假中，我随彭启友主任第一次来到了金沙江，在溪洛渡的现场考察中，重点看了大坝两岸的地形和地质，尤其是攀爬陡峻的边坡，实地查勘了右岸缆机平台的位置。在这个时段，水电八局承担的溪洛渡左岸低线公路的开工无

---

　　① 注：本文原是为《典范溪洛渡：水电八局溪洛渡大坝工程建设管理纪实》一书作序时所写，记录了面对溪洛渡拱坝建设主要挑战的历程与心声，作为本书附录供大家参考。

疑是第一声礼炮,让沉寂了千万年、期盼了半个多世纪的金沙江水电资源开发进入了实质性的建设阶段。再到溪洛渡,已是 2004 年的 2 月,随李永安总经理拜访云南、四川两省党委政府后,进到热火朝天的工地。昔日狭窄陡峻、孤石林立、人迹罕至的溪洛渡峡谷,以宽阔平坦的江边低线公路呈现出筹建工程全面展开的新貌,放羊人的悠闲、羊群逛马路的安逸以及永善县城拥挤的街道成了天堑变通途的第一批受益者。

2004 年 2 月的金沙江行程,奔波在成都、昆明、溪洛渡、向家坝,来往于金沙江、大小凉山、乌蒙山、五指山的峡谷峻岭,注定是繁忙、丰硕和开创性的。这次活动的成果奠定了溪洛渡、向家坝"科学、有序、协调、健康"建设的基础,明确指引了工程建设者和地方各级干部以及移民群众同心同德、攻坚克难、与时俱进、协同发展,确保控制性节点目标按期实现的方向和要求。从川滇两省的交流,到工地的实地考察,溪洛渡水电站作为金沙江下游水电开发第一期工程中的首个筹建项目,无不凝聚着界河两岸川滇两省市县各级党委政府和移民群众的期望,无不洋溢着水电建设大军的豪情和壮志。在三峡工程建设的基础上,如何开发好金沙江下游水电资源,怎样才能使溪洛渡工程建设成果与它自身的规模和其在国家西部水电开发的重要地位相符合,怎样才能给国家、给川滇两省、给移民群众交一份满意的答卷,是摆在三峡人面前的一道新考题。建设一个什么样的工程,这是摆在全体工程建设者面前的一个重大命题。在 2004 年 2 月与云南省委政府的座谈会上,我说是来赶考的,希望在大家的支持帮助下,完成好这份答卷。

溪洛渡工程开始建设的时期,中国经济社会的发展改革开放正转入战略机遇期与矛盾凸显期。围绕着 2020 年全面建成小康社会和建成创新型国家的目标,中央要求以科学发展观总揽改革发展的全局,提出了"科学发展,以人为本,环境友好,资源节约,和谐社会"的总体要求。

中国三峡总公司时任总经理李永安提出的"建好一座电站、带动一方经济、改善一片环境、造福一批移民"的"四个一"水电开发新理念得到了当地各级党委政府的支持和响应,川、滇两省党委政府也提出了希望把溪洛渡水电站建设成为西部水电开发项目中体现当代科学技术水平和现代管理思想的与时俱进的典范工程。奔波忙碌中的李总,一直在思考金沙江、一直在定位溪洛渡,展现了卓越领导者的深思熟虑和高屋建瓴。在溪洛渡工地,李永安总经理明确要求我们把溪洛渡水电站建设成为"四好",即"工程建设好、移民安置好、环境保护好、综合治理好"的西部典范工程。带着这样的嘱托和期盼,溪洛渡建设者不辱使命,锲而不舍,一步一个脚印,一年一份进取,迎来了 2005 年 12 月 25 日工程正式开工,实现了 2007 年 11 月 8 日大江截流的决战决胜,换来了 2013 年 5 月 4 日到 6 月 22 日 540m 工程初期蓄水目标实现的安全平稳,收获了 2013 年投产 12 台 770MW 大型水轮发电机组的喜悦和欢乐。今天的溪洛渡,峡谷千百丈、高坝大江立,银链飞流下、彩虹越天穹,地下机声欢、粤浙空气新。

溪洛渡,这个全球第三大水电站,在中国仅次于三峡工程的正式在建第二大水电站,安装 18 台单机 770MW 水轮发电机组,总装机容量达 13860MW,坝高 285.5m 的混凝土双曲拱是国内在建第三高拱坝,双曲拱坝坝身最大设计泄洪量近 $30000\text{m}^3/\text{s}$,举世无双,已然成为世界水电的新地标。谈到溪洛渡,有过大型水电工程建设经历的领导同志们,在工地视察时说,你们不经意间、无声无响地就建设好了这么大一个工程。平常话中渗透了对建设者、对地方干部与移民的重托、信任和赞叹。常言道:事非经过不知难!也有搞工程的同志说,溪洛渡太普通了,太容易了,好像没有经历多少困难,没有面对多么艰巨复杂的技术挑战,因为满世界没有听到多少关于溪洛渡的江湖传闻,倒是赞美的多。这样的话,初听觉得这人专业上真不太了解工程之规模与特性,不了解工程与人生之艰辛。但多想细想,溪洛渡建设者追求的不正是这样的境界吗!张世保同志在"我的溪洛渡十年"的小故事中回忆到三峡总公司第一任总经理陆佑楣院士为第一批进入金沙江的将士们壮行时,要大家熟悉设计、熟悉现场的一草一木,认真地认识、理解工程,要尊重、融入当地风俗,与当地人交朋友。十年磨一剑,溪洛渡有序建设的十年,我们追求的就是从一开始就把项目做好,就是把项目始终做好,就是要强化风险管理和变更管理,使工程不要有反复、不要有失误,要让一切变化和风险都在掌控中、努力中化解,绝不留缺陷和隐患。

　　沿着"零质量事故、零安全事故"管理目标的要求,我们如临深渊、如履薄冰地走在这条精益求精建设水电工程的路上,路程中必然有波折,有矛盾,面对技术、质量、安全、环评、建设手续以及生产关系的挑战,我们有过困惑,有过不安,有过争论,但更有共识,更有行动,支撑我们的就是凝聚在心底的建设溪洛渡典范工程的召唤。

　　经过溪洛渡参建单位创建西部水电开发典范工程的广泛深入讨论,通过与国际和国内同类工程对标,形成了溪洛渡典范工程总体要求及可量化的标准。"工程建设好"就是各种工程建设风险受控,实现质量一流、安全达标、进度合理、投资受控的建设目标。"环境保护好"就是坚持环境建设与工程建设同步,逐步实现环境友好型绿色水电站的目标。"移民安置好"就是做到政策落实、标准到位、配合有力、沟通及时,实现"搬得出、稳得住、生活逐步能改善"的目标。"综合治理好"就是实现环境美化、安全文明、团结协作、市场规范的和谐工区目标,并提出分三个阶段进行典范工程创建:第一阶段是 2003—2005 年的工程筹建期,主要是确立典范工程建设目标,实现工程正式开工;第二阶段是 2006—2007 年的工程准备期,主要是确定"四好"具体标准,制定配套制度,建立相关体系,实现过程基本受控,初显创建成效,要通过夯实典范工程创建基础,实现工程截流目标,全面做好大坝、地下厂房、泄洪洞等三大主体建筑物高强度、高质量建设的准备;第三阶段是 2008—2015 年的主体工程施工期,为全面创建典范工程的阶段,要如期实现工程蓄水发电目标,经得起工程运行和社会各界的检验,达到"四好"要求。面对溪洛渡工程"高拱坝、高地震区、高边坡、高水头、高流速以及大洞室群、大泄量、大地下厂房、大隧洞、大机组"的特点,围绕工程建设的质量、安全、进度、移民和生态环境保护等提出的具体要求和指标,着力体现了溪洛渡典范工程创建的代表性、先进性、示范性和可操作性。

　　2006 年 4 月 13 日在溪洛渡工地召开了创建西部水电开发典范工程活动启动动员会,我在会上的报告主题就是"典范工程:我们的承诺与追求"。创建西部水电开发典范工程,成为全体溪洛渡建设者共同的承诺和自觉的追求。溪洛渡工程建设的十多年,无论你何时来到现场,进入施工区,开车踏上对外交通专用公路,工区环境卫生和社会管理都保持着规范有序和优美整洁;无论是在筹建阶段,还是在截流阶段,以及主体工程建设阶段,你看到的溪洛渡建设者始终都洋溢着一种奋发向上的朝气,一种开拓创新的精神;无论是在地下厂房大型复杂洞室群、在龙落尾高流速大断面的泄洪洞,还是在主河床的双曲拱坝和水垫塘二道坝系统,你可以在开挖、混凝土、金结机电安装以及机电液系统调试运行的各个阶段,看到新材料、新技术、新工艺的探索、试验和应用,看到精细化管理的成效。创建溪洛渡典范工程的追求,默默地、深深地融入了溪洛渡建设者的人生,在铸就的金沙江水电开发的历史丰碑上留下了一段持之以恒、可歌可泣的故事，在中国大地上树立了一座无言有魂的地标。

看看蓄水运行中的大坝，读读八局编写的这本书，字里行间无不浸润着他们化承诺为追求的有力的行动，无不呈现了他们面对变化和挑战的从容与睿智，渗透着日复一日、三年攻坚、"仓仓样板"中的不懈努力。我为大坝建设者团队凝结在"拱坝精品、西部典范"中的智慧所折服，眼眶为那些留存在心底此刻被唤起的大坝工地的建设画面润湿。

那是一个阳光从薄雾中透射在溪洛渡峡谷的清晨，我和同事们来到溪洛渡右岸边坡开挖现场查勘，重点是去看开挖揭露的玄武岩层间、层内错动带的性状，以及陡立边坡自然卸荷的表现特征，为制定适宜的陡立天然边坡治理方案开展调查。此时坝后右岸边坡已开挖到了溪洛渡大坝混凝土拌合系统骨料竖井上平台高程，我们碰到了已在现场巡查的时任水电八局溪洛渡施工局的吴海涛局长。听其他同事讲，吴局长每天都是提早到现场检查，并且到工作面一蹲就是几小时以掌握实际作业情况，这使我高兴，看来灌浆出身的吴局长深知自己担起的这份责任，也深知学习与实践的重要性和促进性。查勘回来进入道路交叉口，在临江边坡的一块大石上，坐着一位全身工装、头戴安全帽的开挖工人，他悠闲、轻松、开怀地哼着曲，唱着歌，刹那间，我为这一幅立于天地间、山河间的生动画面和蕴含着的乐观、豪放所激动、感动。这个地方，由于地势以及交通的方便，在工程建设工程中成为右岸观看工程截流和大坝建设现场的最佳观景点。

（二）溪洛渡拱坝的挑战

溪洛渡拱坝因其坝高水压大、地震烈度高、坝身泄洪量大，结构与体型设计、泄洪消能与抗冲磨设计、强地震下水库地基高坝联合作用与抗震设计，无不具有挑战，决定着工程的永久运行安全。位于狭窄河谷的高拱坝建设工期决定着电站的蓄水发电和综合效益的按期发挥，导流方式的分期转换和年度工程度汛目标要求大坝建设满足关键节点工期的要求。大坝建设过程中建基面选择，河床地质条件变化后的体型与结构，低收缩混凝土的温控防裂，接缝灌浆分层，多层过流孔口多专业交叉，过流面体型控制，左右岸高低单平台 5 台国产缆机群运行安全等关键技术，还有更细节的混凝土原材料品质、混凝土振捣、塑料冷却水管埋置、混凝土冬季平立面保温、结构缝与施工缝的缝面处理、进回浆管路的直观与畅通、倒悬度与体型控制、悬臂结构模板型式、高标号抗冲磨硅粉混凝土养护等，无不在耐久性、整体性、均匀性、稳定性、协调性上事关拱坝的建设质量，事关拱坝有效安全运行。当来自湖南成就了东江、二滩、小湾、枸皮滩水电站的水电八局和来自青海高原书写了龙羊峡、李家峡、小湾水电站的水电四局，汇集在溪洛渡的峡谷，历史的成就荣誉与现实的责任创新注定书写溪洛渡大坝的光荣。水电八局与水电四局同台竞技拱坝两岸边坡和拱肩槽的开挖并取得拱肩槽开挖堪比雕刻的精品成果后，双双进入河床承担大坝、水垫塘、二道坝的混凝土以及灌浆施工任务。八局承担的溪洛渡大江截流、上下游围堰以及拱坝主体工程建设、后期导流洞封堵与下闸蓄水的任务，可谓举足轻重，万众瞩目。拱坝建设中的关键技术问题和精细化施工工艺以及管理对策和进步，在水电八局的总结中都有丰富的内容和可操作性的办法。我在此主要就溪洛渡高拱坝建基面选择以及混凝土温控防裂两大挑战的应对历程谈谈自己身在其中的体会。

溪洛渡拱坝建设的第一个挑战就是拱坝建基面的设计优化和河床地质条件变化后的体型调整和结构复核。

　　混凝土拱坝是基础岩体、坝体混凝土结构以及水库库水的联合体。建基面的确定是一个以工程地质工作为基础,综合考虑拱坝体型、结构、稳定等要素,通过技术经济综合比较的选择。按照规程规范,拱坝基础只要置于微风化与新鲜基岩上即可,简单直接。由于拱坝尤其是高双曲拱坝拱梁联合作用在全坝高度上的不同表现,在保证安全与质量基础上,充分利用满足拱坝运行安全要求的弱风化岩体一直是工程师们的追求。在可行性研究阶段,溪洛渡拱坝建基面确定为微新岩石,审查意见提出了开展建基面优化的建议。随着溪洛渡拱坝地质工作的深入,随着拱坝体型和结构设计技术的进步,尤其是已建高拱坝如雅砻江二滩240m 高双曲拱坝的工程实践和运行检验,溪洛渡水电站主体设计单位成都勘测设计院提出了拱坝建基面优化方案。

　　首次面对溪洛渡拱坝建基面优化课题是 2004 年 3 月上旬在成都锦江宾馆,由溪洛渡主体设计院召开的技术咨询会。成都溪洛渡拱坝建基面优化设计成果咨询会议肯定了设计院的成果,潘家铮院士在会议上做了充满辩证思想的总结。在这次会议的基础上,成都勘测设计院集中国内主要院校科研力量进行了进一步的复核和补充,溪洛渡水电站拱坝建基面优化设计审查会议在 2004 年 10 月 15 日完成。如何建设高质量的溪洛渡大坝,避免失误,避免走弯路,一直是我们思考的问题。我在会议上讲道:溪洛渡拱坝建基面优化设计成果是中国工程界聪明智慧与丰富经验的集体结晶,是中国工程师有信心、负责任的表现,会议成果必将促进溪洛渡工程截流前的关键项目大坝坝肩以及缆机平台开挖工程的顺利实施。古人说:祸故藏于隐微,而发于人之所疏。与会各位院士与专家全面、仔细、科学地盘衡优化设计的得与失,重点审查分析了优化设计后的建基岩体状况和必须采取的地质处理工程措施,指出了需要进一步开展的工作和注意的问题,我们将和设计院进一步做好现场地质工作,并对大坝以及地下厂房已有的地质设计成果进行复核、预测。要进一步明确工程设计要求,细化建基面开挖设计技术要求,补充开展必要的科研与现场生产性试验,评估基础处理各项措施的使用效果与范围,并将相关成果落实到工程的招标文件及工程施工中。

　　时光如梭,溪洛渡拱坝拱肩槽的精细开挖以及 2007 年 11 月 8 日截流成功,让我们迎来了 2008 年汛后基坑渗水和河床基础开挖的新挑战。溪洛渡拱坝基础开挖进入高程 400m以下,地质情况比设计预期要差,面对开挖工期较合同工期滞后,大坝基础约束区混凝土开始浇筑时间要进入高温不利季节的情况,三峡总公司一致要求大坝基础要不留先天不足、不留地质缺陷、不留任何隐患,一开始浇筑的大坝主体混凝土就是优质的混凝土。设计地质根据实际揭露的基础岩石情况,开展了补充地质勘测,结合大坝不同高程和部位的应力应变特性,对建基面出露的不利地质岩体采取了开挖为主、适当修型的处理措施。承担大坝施工的水电八局认真负责,落实措施,积极组织好了春节期间大坝基础开挖和河床基础渗漏处理的队伍,在 2009 年 2 月底基本完成了大坝基础开挖,实现了 3 月底河床坝段混凝土具备浇筑条件的目标。

　　溪洛渡基础地质条件变化,采取基础加深和扩大开挖以来,自己一直关心开挖后大坝体型的连续性和结构复核的安全性。三峡总公司于 2009 年 3 月 6 日—7 日组织对溪洛渡拱坝体型复核成果进行审查,会议认为,复核的拱坝体型维持招标设计体型是合适的,会议明确河床高程332m以下和两岸缓坡段加深开挖部位作为拱坝基础的置换混凝土处理。在这次会议上,专家们有一种顾虑,就是如果按照"泾渭分明"的要求,从把河床坝段建基面以下不可能挖除的部分(15%～20%)Ⅲ₂ 类岩体处理好的目标出发,把招标设计体型以外多开挖的部分分开处理,会对大坝的建设工期产生影响。我希望专家们从大坝安全出发,不要过分考虑工期问题。溪洛渡特高拱坝处于金沙江干流,上百亿立方米的库容,位置重要,安全第一,强调结构安全不为过,即使工期合理延后也值得。对于加深扩大的这一部分混凝土是作为坝体结构还是作为置换混凝土垫座,不同的专家有着不同的认识和经验。如作为结构混凝土连续浇筑上升,需既要在高温季节浇筑好约束区混凝土,做到不产生基础贯穿裂缝、不产生危害性裂缝、不产生超出一般工程概念而难以采取措施进行处理并防止扩大的裂缝,又要在防止基础混凝土开裂的最有效措施即混凝土层间间歇期控制,在间歇期内利用“三进三出”完成基础固结灌浆处理,由此需要处理好多工种交叉作业,实现精细化管理。如把扩大开挖部分作为置换混凝土垫座分开处理,即先施工置换混凝土,再利用一段时间集中做好大坝建基岩体的固结灌浆处理,再大坝主体混凝土上升。变多工种交叉施工,为分阶段、分专业连续作业。这样,首先解放了坝基,有时间集中进行河床坝段基础灌浆加固处理,对建基岩体验收标准可以结合结构运用要求和处理效果综合考虑;其次解放了结构,解决了坝基开挖后的地基不均匀问题,维持了大坝体型结构的完整性和已有设计成果审查的有效性;解放了当前的施工压力,有利于在低温季节浇筑河床约束区混凝土,有利于处理好建基面基础渗水,有利于做好大坝基坑低部位的排水,有利于灌浆处理质量和效果。综合比较大坝结构运行永久安全以及置换混凝土作为固结灌浆作业面长间歇开裂风险后,分开处理更有利于做到结构清晰,泾渭分明。

　　对溪洛渡拱坝开挖后建基面质量以及基础地质缺陷的处理,结合有关工程实践,采用了分高程、分阶段进行现场综合检查并确定处理方案的工作程序。为把好溪洛渡拱坝建基岩体的质量关,三峡总公司会同水电规划总院,组织国内专家,成立了大坝基础专项验收委员会和专家组,在大坝主体混凝土开始浇筑之前,于 2009 年 3 月 11 日—15 日对溪洛渡拱坝建基面进行了专项验收。在大坝基础专项验收通过的基础上,三峡总公司于 2009 年 3 月 15 日—19 日在溪洛渡工地组织召开了溪洛渡水电站工程大坝主体混凝土浇筑前专项检查会。这次会议,设计院按照 3 月 6 日设计复核成果审查会议确定的“对河床高程 332m 以下和两岸缓坡段加深开挖部位按拱坝基础置换混凝土处理”的意见,提出了坝基底部置换混凝土结构设计及相应技术要求。主要内容是:置换混凝土分缝与上部坝体横缝一致;利用置换混凝土浇筑期间完成基础固结灌浆;置换混凝土龄期 90 天后方可浇筑上部坝体混凝土。同时,大坝工程总进度分析表明:大坝接缝灌浆高程在 2012 年与坝体挡水度汛、在 2013 年与初期蓄水发电的设计要求相比滞后 3 个月左右。这次会议,专家们基于置换混凝土停滞 90 天对上部混凝土温控防裂的不利,对大坝总进度的不利,并基于加深部位结构体型和应力应变状态与原设计总体一致的分析,确定置换混凝土上部的坝体混凝土可采用连续上升浇筑的方案。如能互相兼顾,即可满足设计结构安全要求,重点做好基础固结灌浆处理,又能在连续上升中满足混凝土防裂和大坝总进度要求,是一个两全的方案。为了履行决策程序,三峡总公司会同成都设计院主要领导于 2009 年 3 月 23 日召开了总经理专题办公会议,听取了溪洛渡水电站拱坝建设管理、拱坝地质和设计、混凝土原材料与性能等情况的报告和推荐意见,同意溪洛渡大坝混凝土浇筑专项检查专家组的检查意见,同意开始浇筑拱坝基础混凝土。

　　即使决策了,但对于连续浇筑还是不连续浇筑以在结构上做到“泾渭分明”的问题,专家们有不同的认识和顾虑。基于基础混凝土浇筑采用连续上升方式还存在有待进一步解决的问题：一是整体处理以后的结构复核计算成果能否满足规范和设计安全要求；二是基础处理标准和效果对处理时间的要求；三是夏季浇筑基础约束区混凝土的温控防裂要求和混凝土开裂的风险，"三进三出"固结灌浆实际效果与层间间歇期的关系矛盾；四是工期尤其是初期发电工期的问题。在考虑这些问题的关系时，首先不要把工期作为制约性因素和前提，而是放在服从于大坝安全和质量的地位，电站即使晚发电一年，只要结构和安全是确实有保证的，各种条件和关系清晰明确，即使出现问题，如果问题原因可以界定清楚，性质上属于可以在掌控范围内的问题，溪洛渡大坝就可以有所交代，长期的安全运行就可以得到根本的保障。所以，首先是结构安全，各项成果要满足规范和设计技术要求，各种控制指标要满足结构要求；其次是固结灌浆要有充分的时间来达到处理效果，从基础揭示和地质钻孔以及声波测试成果来看，基础处理的重点集中在河床 13～17 号坝段，重点在 15 号坝段；最后是对扩大基础的混凝土的开裂危害要有利弊分析，即使开裂也应有限制裂缝扩展的有效防范措施。

　　溪洛渡大坝由于地质情况的变化带来的工程安全问题，成为了关心支持溪洛渡工程建设的各方以及各位专家关注的焦点。对溪洛渡拱坝，我一直在表明一个观点，这也是金沙江开发几年来我们一直坚持和强调的：在技术问题上尊重科学，尊重专家，安全第一，留有余地。对于有分歧的问题，一般都作进一步的研究论证工作来取得共识。我们不希望溪洛渡大坝基础结构设计出现重大的分歧，给工程留下难以弥补的缺憾，在外界产生不良的影响。我们请四川大学、河海大学、水科院和清华大学，把溪洛渡拱坝河床基础地质条件变化后的结构特点、计算假定和计算条件与成果讲清楚；请成都院把加深基础与原坝体作为整体连续上升和作为独立基础不连续浇筑的结构特性、计算边界和成果以及细部结构，按照规范要求，把情况客观地说清楚，进行利弊综合分析，提出推荐意见；请国内从事拱坝设计和施工的有经验的资深专家建言献策，畅所欲言，把两种方案的利益得失分析清楚。我们和水电规划总院共同对溪洛渡拱坝结构复核成果进行审查，增强审查的权威性和法定性，有利于溪洛渡拱坝的顺利建设，有利于工程安全鉴定和蓄水验收。

　　潘家铮院士一直关注溪洛渡大坝建设的重大技术和安全问题。他亲自来到了溪洛渡工地，重点查看大坝基础开挖情况，指出"如果因为扩挖，使坝体断面有尖锐的突变，从而引起不利的应力集中，在局部首先产生拉裂或屈服，不断扩展，最终恶化坝体和地基的安全。这个影响在拱梁分载法计算中是反映不出来的，即使采用 FEM 法，由于单元尺寸很大，计算给出的应力往往是外推或插补而得的匀化了的值，也反映不出，而问题确实是存在的，必须重视。局部影响是否严重，取决于对扩挖部位的处理。总的原则是要平顺变化，不发生突变（包括几何形状和其他因素，如温度梯度），尤其要避免尖锐的转折。"潘家铮院士在会议讲话中有一段话："从河床段悬臂梁断面看，坝体底部突然扩大，如果由于施工进度要求，希望将它作为坝体延伸部分，与上部坝体连续浇筑施工，也不是不可以，但建议不要把原坝体和扩大部位直接相接，形成断面的突变，而把原坝体外形平顺扩大到新的建基面。"潘家铮院士肯定了建基面岩体发生变化以后采取的挖除处理措施，认为地基的稳定安全是关键性的，对开挖线调整修改后在建基面以下数十米范围内还存在的较多的较差岩体，同意陆佑楣院士关于基础岩体固结灌浆处理的意见，要求对地基加固工程，要充分重视，精心分析设计，精心施工和检查，务必满足安全要求。他还于 2009 年 3 月 27 日专门写了书面意见，提出扩展部位最好作为地基处理，如果扩展部位一定要和坝体结合浇筑，提出了结构上必须要做到的体型平顺、坝踵避免尖角、转角配置钢筋、上游坝面与基岩脱开等要求。

陆佑楣院士对于大坝基础岩体的处理效果以及地基质量对坝体带来的结构影响表示了极大的关注,要求从安全出发,不要以工期来制约和影响大家对溪洛渡大坝基础结构安全的判断和评价。陆佑楣院士在我准备的会议发言稿上有一段意见,"溪洛渡的主要问题是 III_2 类岩体的问题,首先是'加固地基'的问题,其次是坝的体型适应问题。地基稳固了,大坝就放心了"。

为慎重起见并集中专家们的意见,三峡总公司于 2009 年 4 月 17 日在三峡工地召开了溪洛渡大坝体型复核和细部结构专题会议,设计院提出了河床高程 332m 以下结构计算成果;于 2009 年 5 月 7 日到 9 日,在北京深圳大厦召开了溪洛渡水电站拱坝底部体型设计和混凝土浇筑专题审查会议。我在会议开始和结束时做了发言,在 9 日的总结会议中说道:溪洛渡河床建基面地质变化带来的大坝底部结构设计与混凝土施工问题已经召开了多次专家会议,这次会议的成果很丰富,大家统一了意见。仔细想想,这也正体现了建设各方和专家,在溪洛渡拱坝下部地质条件发生重大变化时,在拱坝体型和结构需要复核明确时,在拱坝置换区混凝土开始浇筑初期,对工程永久运行安全、对工程质量高度负责的精神。共识有三:一是解决了大坝底部结构设计的合规性问题,按照现在提出来的成果,满足规范要求,溪洛渡大坝高度由 278m 变为 285.5m;二是在规范确定的拱冠梁计算方法上,解决了设计计算体型和施工实施体型之间的差异,统一了共识;三是统一了对坝体连续上升的认识。基于对下部加深扩挖部分是大坝整体的定位,连续上升成为共识。下阶段的挑战有两个问题:一是基础固结灌浆处理要达到设计要求,保证大坝永久变形安全;二是混凝土全过程的温度控制要达到防止混凝土开裂的要求。为此,设计院提出的推荐性体型,除了满足规范规定的要求外,更要做好建基面加深扩大开挖后扩大结构底缘、拱坝上下游面竖向以及拱向之间等三个方面的平顺衔接,做好细部结构的设计;充分重视溪洛渡拱坝混凝土温控防裂设计,对可能产生的混凝土裂缝如陡坡坝段等要采取结构措施主动防范。鉴于河床建基岩体内存在 15% 左右的 III_2 级岩体,切实把固结灌浆做好,应结合生产性试验完善固结灌浆工艺,复核固结灌浆质量验收标准,处理好固结灌浆和混凝土上升之间的关系。

在溪洛渡大江截流目标顺利实现后,一直伴随着三峡工程和金沙江下游向家坝和溪洛渡工程建设进程的谭靖夷院士,给三峡总公司领导提交了一份书面报告,分析了溪洛渡大坝关键技术问题的解决方案,分析了大坝施工设备和混凝土施工条件,在保证质量和安全的前提下,有可靠的施工措施可使大坝混凝土工期有一年的努力空间。后来的实践证明,这个工期空间被河床地质条件的变化所消化。面对地质条件的变化,三峡总公司及时决策,增加了大坝混凝土拌合系统,补充采购了一台缆机,也明确了合同经济措施;施工单位面对大坝基础混凝土和固结灌浆施工的严峻挑战,及时果断地调整了现场施工组织形式,强化了精细化管理,加强了一线作业人员的培训。大坝建设各方认真履职,严格管理。现在的溪洛渡大坝已经巍然耸立,经受了初期蓄水 560m 高程的检验,各项观测成果正常。对于河床坝基沉降变形,在坝基上升和蓄水后都一直作为重点进行观测。结合渗压监测对部分坝段基础帷幕采取了水泥化学复合灌浆措施。

溪洛渡高拱坝建设的第二个挑战就是混凝土的温控防裂。面对溪洛渡拱坝混凝土温控防裂问题,我于 2009 年 5 月 7 日在北京深圳大厦召开的溪洛渡拱坝底部体型结构设计审查会开始时做了一个系统的说明。具体是:溪洛渡拱坝所处的位置天造地设,地质地形条件都是其他拱坝难以比拟的。进入实施阶段,首先困扰的是拱坝混凝土抗裂能力,实施阶段大坝混凝土变形性能试验成果与可研阶段成果相比有很大的差异。

2004—2006 年,在溪洛渡水电站可行性研究成果的基础上,我们组织开展了大坝工程招标设计阶段混凝土原材料和配合比试验研究。在可行性研究报告确定的大坝混凝土由玄武岩粗骨料和灰岩细骨料组成的基础上优选推荐了水泥、粉煤灰、外加剂等原材料和混凝土配合比,并提出原材料的技术指标。有三家平行试验单位提交的溪洛渡主体工程原材料选择、混凝土配合比以及混凝土性能试验成果表明:大坝 A、B、C 区混凝土 180 天极限拉伸值偏低,比设计要求的 A、B、C 三区的 1.05×10^{-4}、1.00×10^{-4} 和 0.95×10^{-4} 指标值均低 0.05×10^{-4};混凝土自生体积变形呈收缩特性,存在 $25 \times 10^{-6} \sim 39 \times 10^{-6}$ 收缩变形,达不到设计要求的 $0 \sim 50 \times 10^{-6}$;其他各项指标如大坝混凝土抗压、抗拉、抗渗、抗冻、劈拉等指标满足设计指标要求,线膨胀系数和混凝土绝热温升指标较好,弹性模量偏大,均满足设计指标要求。由此,溪洛渡大坝施工招标文件中将大坝工程 A、B、C 区混凝土的极限拉伸值均分别降低 0.05×10^{-4},混凝土设计指标中不明确具有 $0 \sim 50 \times 10^{-6}$ 微膨胀。鉴于大坝混凝土自生体积变形呈收缩型和极限拉伸值偏低,对大坝的抗裂极为不利,混凝土开裂风险较大,要求设计补充开展温控计算和防裂安全复核,并加紧水泥优选工作,提高混凝土抗裂性能。

溪洛渡大坝混凝土极限拉伸值主要受骨料弹性模量高的影响,自生体积变形主要受水泥矿物成分的影响,试验用中热水泥氧化镁含量已接近 5% 的高限。为改善混凝土自生体积变形特性,在进一步优化混凝土配合比、大坝基础约束区使用全灰岩骨料、水泥厂掺轻烧氧化镁等多项措施中,水泥与混凝土专家认为在中热水泥中掺轻烧氧化镁且控制水泥中氧化镁总含量不超过国标要求 5% 的措施有望取得较明显效果,争取大坝水泥自生体积变形性能有所技术突破,也为白鹤滩大坝混凝土水泥选用提供技术保障。外掺氧化镁技术是我国具有独立自主知识产权的一项筑坝技术,我国已有成熟的应用经验,专家对金沙江项目采用外掺氧化镁技术措施持基本肯定态度,绝大多数专家认为采用分磨再混合工艺较好,氧化镁细度可控,宜在工地建生产线专门负责混合。部分专家主张氧化镁与水泥熟料共磨,均匀性有保证,但细度不易控制。也有水泥成品与轻烧氧化镁粉成品混合方式,即设置专门的混料设备,水泥和轻烧氧化镁分别按相关标准生产和检验,将水泥和轻烧氧化镁按比例混合,可以有效保障氧化镁的均匀性和准确性。由此,确定主要的工作方向是启动水泥中掺轻烧氧化镁的机理试验研究,与潜在供货厂家研究厂掺氧化镁的工艺和开展生产性试验,开展同类工程应用调查和轻烧氧化镁市场生产和质量调查。为了对水泥掺氧化镁技术进行充分论证,对氧化镁内含法和外掺法同步进行试验。

为切实做好溪洛渡与向家坝两个工程的水泥供应与管理工作,保障混凝土质量和提高工程混凝土的耐久性,中国三峡总公司于 2007 年 4 月 10 日—12 日在成都组织召开了"金沙江项目水泥与混凝土技术交流会"。会议第一阶段就"氧化镁应用、抗硫酸盐水泥应用"进行了技术交流和研讨,针对轻烧氧化镁的技术标准以及水泥掺氧化镁的方式、工艺流程、试验方法、技术标准、质量控制重点和难点,以及向家坝主体混凝土抗硫酸盐侵蚀水泥技术标准进行讨论;第二阶段就"水泥外掺氧化镁、水泥抗硫酸盐技术要求"等与 11 家水泥生产单位进行了技术交流。本次会议涉及混凝土原材料生产技术、混凝土耐久性、水工结构分析的多个方面。我在会议上要求溪洛渡大坝混凝土温控防裂措施要做到可靠且落实。在未找到稳妥可靠、切实可行的温控防裂技术解决方案之前,溪洛渡拱坝不能开仓浇筑。设计院必须在拱坝设计控制指标、混凝土性能研究、原材料选取（包括胶凝材料、骨料等）和混凝土浇筑方案及温控措施优化等方面开展综合研究，提出专题报告和明确结论。为此，三峡总公司委托多家科研试验单位平行开展了提高水泥中氧化镁含量和外掺轻烧氧化镁的混凝土试验研究，并请设计院开展拱坝混凝土温控防裂设计复核和解决措施的研究，以期改善混凝土的自生体积变形和提高混凝土防裂性能。

由三峡总公司和设计院分别组织进行的"氧化镁工程应用及轻烧氧化镁料源"调研情况显示，外掺氧化镁技术已在一些水电工程上全面或部分（基础、填塘等）进行了应用，有许多经验值得借鉴，工程规模小，绝大部分大坝修筑于小溪、小河上，坝高大都在 $50\sim80m$，混凝土方量为 3 万～9 万 m^3，且基本在一个低温季节施工完毕；从有限的大坝混凝土变形观测资料看，有的膨胀量很小，有的膨胀量大，且膨胀变形 5～6 年后还在缓慢增长，尚未稳定，膨胀量都比较大，约 100×10^{-6}；轻烧氧化镁产品均来源于辽宁海城，虽然矿产资源丰富，品位很高，立窑生产质量可控性差，质量不稳定。上述工程应用情况表明，高掺氧化镁混凝土的膨胀量、膨胀速率和膨胀过程并不处于完全受控状态，安全性检测方法和标准也存争议。对两个厂家、两种窑型的轻烧氧化镁检测结果表明，立窑实测细度与厂家标称细度相差太大，各单位之间结果偏差也较大，产品均匀性差，需要特别关注轻烧氧化镁的工艺技术、产品质量主要指标等。沸腾窑生产轻烧氧化镁具有较好的质量控制措施，且轻烧氧化镁颗粒越细，活性越高，膨胀越大，结合设计希望 90 天基本膨胀完的要求，采用沸腾窑生产细度 6% 的轻烧氧化镁。混凝土中外掺轻烧氧化镁可以改善混凝土变形性能，从机理分析，可以做到控制膨胀时间、膨胀量和动力学曲线，是解决混凝土防裂的一条重要技术路径，并在一些混凝土坝中有过成功的使用经验。鉴于溪洛渡水电站拱坝坝高达 278m，应力水平高，其工程安全性关系重大；且目前市场中轻烧氧化镁品质不稳定、质量难以保证；同时国家还没有外掺轻烧氧化镁混凝土安定性的专门检测标准，外掺轻烧氧化镁可以使混凝土具有一定的微膨胀效果，参照现行国家水泥安定性检测标准，安定性尚不能满足要求，尚不具备在溪洛渡水电站的拱坝混凝土中使用外掺轻烧氧化镁的条件。

在四个厂家内开展了含低镁、高镁的水泥试验，四个厂的高镁水泥混凝土自生体积变形仍呈收缩变形，开始收缩的时间约为 5 天，28 天自生体积变形平均约为 -6.00×10^{-6}。低镁水泥外掺氧化镁混凝土自生体积变形基本呈微膨胀变形，膨胀量为 $10\times10^{-6}\sim20\times10^{-6}$。几家试验单位后期提交的内含氧化镁混凝土和外掺轻烧氧化镁混凝土试验成果均具有一定规律性。试验成果表明：通过厂家改善工艺措施将水泥中内含氧化镁含量控制在 4.5% 左右，可以将混凝土自生体积变形控制在 -15×10^{-6} 以内，可以满足实施阶段设计提出的大坝混凝土抗裂安全系数的要求。

在大量基础工作的基础上，溪洛渡水电站大坝混凝土温控防裂专题审查会于 2007 年12 月 15 日—18 日在北京召开。会议由三峡总公司总工程师张超然院士主持，两院院士潘家铮，中国工程院院士谭靖夷、朱伯芳、陆佑楣、唐明述、郑守仁、马洪琪，中国科学院院士张楚汉和相关科研院校设计施工监理单位的 18 位专家参加了审查。会议听取了《溪洛渡水电站大坝工程混凝土温控与防裂专题报告》《溪洛渡水电站大坝混凝土性能试验研究综合报告》《溪洛渡水电站外掺氧化镁料源和工艺调研报告》《氧化镁膨胀特性及微观分析报告》和《溪洛渡水电站大坝温度控制工艺与技术方案专题报告》的汇报，重点对溪洛渡大坝工程混凝土配合比、温控防裂标准以及温控防裂措施等问题进行了认真讨论。会议确定了"混凝土抗裂安全系数 1.8,陡坡坝段基础约束区混凝土浇筑温度按 $10\sim12℃$,混凝土 180 天自生体积变形可按收缩率不大于 20×10^{-6} 控制,中热水泥内含氧化镁($4.5\%\pm0.3\%$),混凝土 180 天极限拉伸值 A 区不低于 1.00×10^{-4},B 区不低于 0.95×10^{-4},C 区不低于 0.90×10^{-4},掺 Ⅰ 级粉煤灰且最大掺量 35%,个性化通水冷却,加强表面保温,加强温控监测,加强过程控制和反馈分析"的溪洛渡拱坝混凝土温控防裂的主要指标和综合措施。

围绕混凝土自身体积变形和混凝土极限拉伸值,三年来开展了多技术路线、多水泥厂家、多试验单位,对水泥品质和混凝土性能的对比试验,通过调研、多次送样试验对比、技术筛选,竞争性招标等方式,解决了水泥生产供应的品质问题。通过专家审查确定了拱坝混凝土综合温控防裂措施,调整了溪洛渡拱坝混凝土设计指标、水泥控制标准以及混凝土温度抗裂安全指标。为满足溪洛渡大坝混凝土变形性能的要求,制定了溪洛渡大坝中热特供水泥的技术要求,并委托驻厂监理,对水泥生产的全过程进行检查和控制,严格原材料进场品质检查,开展了水泥生产质量和稳定供应的危险源分析并制定了应急预案。从目前的试验成果来看,混凝土自身体积变形基本控制在设计要求的-20 微应变内,混凝土极限拉伸值基本满足调整后的设计要求。对内含氧化镁水泥的膨胀机理和长期变形规律等开展补充试验研究,并研究确定合理应用部位,重视长系列试验研究,加强反馈分析。同时,考虑溪洛渡水电站为混凝土双曲拱坝,结构应力较为复杂,结合混凝土性能试验的情况,开展全级配混凝土性能、长期持荷条件下混凝土性能、多向应力状态下混凝土性能试验研究。继续开展外掺轻烧氧化镁混凝土安定性检测标准、混凝土膨胀机理以及长期变形特性研究,为今后其他大中型混凝土大坝工程采用轻烧氧化镁提供技术支持。

2008 年 11 月,开始了拱坝陡坡坝段置换混凝土回填施工,混凝土性能试验出现抗冻指标不合格问题。这种现象,在多家试验单位进行的历次大坝混凝土原材料试验、配合比设计和混凝土性能试验中,从来没有出现过。围绕着突然出现的抗冻指标仅有 $50\sim100$ 次的情况,我们集中混凝土专家在 2009 年春节前后,对大坝骨料系统和混凝土拌合系统按流程工艺和质量标准进行了多次现场调查和分析,通过对混凝土一条龙系统的优化,尤其是骨料裹粉和含泥量的严格控制,以及对外加剂掺量和混凝土含气量的过程控制,这个问题得到了解决,消除了大坝主体混凝土浇筑之前的制约。对外加剂制定了从厂家生产源头到现场掺加工艺全过程的质量监理制度。

2008 年溪洛渡工程建设年度计划会议上,我在发言中说:"高拱坝对混凝土品质,在耐久性、抗裂性、均匀性等方面提出了更高的要求。从 2006 年溪洛渡拱坝混凝土性能初步试验成果看,混凝土极限拉伸值和自身体积变形指标与设计技术要求存在差别,导致混凝土抗裂指标降低。成都设计院的专家曾指出,溪洛渡大坝混凝土一浇筑就会发生裂缝。溪洛渡大坝混凝土施工期温度裂缝的控制成为工程建设的敏感问题和关键问题。对于溪洛渡大坝混凝土的品质,自己一直抱着如临深渊、如履薄冰的心态,时刻感受到一种压力,随着溪洛渡大坝混凝土将要进入实施阶段,这种压力日益增大。近一年来,围绕混凝土性能,从内含氧化镁和外掺轻烧氧化镁两条技术路线,结合施工期温度控制措施的落实等方面开展了大坝混凝土温控防裂研究,并要求对各种技术措施的实施风险和安全可靠性进行分析。2007 年 12 月,在北京召开了溪洛渡拱坝混凝土温控防裂专题会议,专家们本着对溪洛渡大坝长期安全运行高度负责的精神,尊重科学,尊重规律,从综合措施出发,采用提高水泥内含氧化镁含量的技术路线,明确了大坝温控防裂的控制标准和主要技术要求。潘家铮院士做了重要讲话,要求建设无裂缝的溪洛渡拱坝。这些要求不是放松对工程的要求,更不能减轻我们的责任。我们溪洛渡大坝的建设团队要牢记各位专家的嘱托,严格落实各位专家的要求,团结一心,扎实工作,把各项措施做到位,做得更好,建设无裂缝的溪洛渡拱坝!"

三峡总公司 2008 年的工作会议在溪洛渡工地召开,来自全国各地的同志在雪后经过水麻高速公路接溪洛渡对外交通专用公路来到了大山中的溪洛渡建设工地。面对溪洛渡大坝工程的挑战,我在工作会议上要求溪洛渡建设者"树立大坝混凝土'零裂缝'管理目标,杜绝产生危害性裂缝,严防产生微细裂缝,从一开始就浇筑优质的混凝土。"为此,一是要把"标准科学、综合措施、个性设计、精细施工、过程监测、动态调整,严格管理"的系统控制思想落实到每一块混凝土上,实现"所浇即所得!"。二是溪洛渡拱坝混凝土温控防裂设计要注重分析温控仿真设计在单坝段与全坝段上的差异,用全坝段三维动态仿真成果来严格标准、指导施工;重新认识高拱坝封拱条件下混凝土强弱约束区的动态特性,不能放松对弱约束区混凝土的温控要求;重视混凝土初期冷却和后期冷却的温度回升,运用中期冷却手段减少温度应力;严格混凝土降温速率,既要控制主降温块的内外温度梯度,也要控制周边块体的冷却高度和温度梯度;重视大坝上下游面苯板保温的同时严格大坝孔洞和廊道的保温;高度重视最容易开裂以及开裂后后果较大的部位,做好施工期预防措施的同时要考虑永久性预防措施。三是施工上要细化施工设计,对混凝土施工全过程进行精细化施工、动态控制和个性化管理,在缆机浇筑效率的提高上下工夫,在通水控制上下工夫,在保温上下工夫,在混凝土施工队伍的培训和案例教育上下工夫。确实把每一仓混凝土的仓面设计、工艺设计和资源配置做好,使每一仓混凝土质量处于受控状态,每一仓混凝土浇筑要做到心中有数。

对拱坝采用缆机浇筑大坝混凝土是一个通常的选择,缆机是拱坝混凝土施工的主要甚至是唯一设备,在现在采购国产缆机已是不二的选择,但在溪洛渡工程以及向家坝工程缆机国际招标采购时,决策 30t 国产缆机无疑是在第一个吃螃蟹的。三峡总公司对此十分慎重,在专家评标的基础上,又进行了市场调查和专题技术经济分析。决策使用国产缆机后,成立了集国内专家一体的缆机专家组,对缆机的设计、制造、出厂以及安装、调试、运行进行全面、全过程的技术把关,选择有经验的单位独立承担缆机设备的运行监理。溪洛渡 5 台缆机采用了单高低平台布置,5 年时间浇筑了近 700 万 m³ 混凝土,单台缆机最大浇筑强度达到了年 47 万 m³、月 4.64 万 m³。缆机高强度作业带来了部分缆机主索断丝和副塔结构开裂的安全隐患,在原因分析的基础上,完善并细化了相应的管理和维护措施,在主索安全监护以及主索应急更换措施的保障下,溪洛渡国产 30t 缆机忠实地履行了自身的职责,这是国产大型混凝土施工机械设备技术的重大进步,改变了只能依靠国外厂商的进口缆机才能保证工程质量和施工进度的历史格局。工程实践告诉我们:只要精心设计,严格过程管理,加强风险分析和源头控制,就能协调好大坝上升速度和混凝土质量控制的关系,就能做到大坝施工的又好又快,稳中有快。

(三)溪洛渡"数字大坝"

我体会,混凝土重力坝过了基础约束区后,混凝土越往上浇,相对越简单,越轻松。而双曲拱坝先是悬臂梁体系往上浇,浇到一定高度开始并缝,结构转换与坝体倒悬、高差在动态变化中。双曲拱坝越往上浇,体型越复杂,难度越大,要求更高,各项工作一点都不能轻松,施工组织、施工管理压力变大。从溪洛渡拱坝建基面优化到河床地质条件变化带来的拱坝体型调整和结构复核,从混凝土变形特性和温控防裂综合技术要求,考虑大坝建设和运行全过程中的各个阶段的结构特点和质量控制要求,建设一个覆盖溪洛渡拱坝地基、固结灌浆、混凝土和金结机电等专业,包含各类设计参数和技术要求、施工过程数据和安全监测成果,并充分利用国内富有高拱坝建设技术经验的科研院校的能力,重点对混凝土温控防裂和拱坝体型与应力状态进行实时分析和预警预测的溪洛渡后拱坝数字系统,是那么的必须和迫切。在2009年5月9日溪洛渡拱坝底部结构设计审查会议上,我在工地有关会议的基础上进一步明确提出要建立溪洛渡拱坝动态综合分析模型。

溪洛渡拱坝动态三维数字综合仿真分析系统,是在设计基础上,把单元块施工信息、温度实时监测信息、永久安全监测及施工安全监测信息,综合反映到三维数字模型上,有实时的,也有历程的。根据不同阶段大坝的实际状态,与设计初始阶段和目前阶段的仿真成果进行对比,以深入全面地掌握大坝的温度和应力、应变过程,判断大坝在每个阶段的状态是否和预期一致。如果有差异、有变化,也能及时地发现、反映问题。

溪洛渡大坝数字系统是一个面向问题的系统,是为溪洛渡拱坝全生命周期服务的系统。随着溪洛渡实体大坝的上升,溪洛渡数字大坝也同步建设,成为建设各方和科研单位共同工作的平台,及时直接地解决了大坝建设过程中的重大技术问题,成为设计优化、施工优化和提升管理的有效工具。工程信息化不仅仅是一个工程的数字化记录,也不仅仅是通过漂亮的三维直观图形体现计算机技术、网络通信技术、数字采集技术和项目管理技术综合应用的花瓶,而是一个融入大坝建设管理过程、极大地促进大坝质量、安全、进度和技术进步与管理提升的有用的技术和工具。溪洛渡拱坝混凝土全过程温度监测实时在线系统和混凝土温度通水冷却智能系统的应用,为溪洛渡拱坝混凝土防裂和大坝并缝质量提供了可靠的技术保证。汪恕诚同志在溪洛渡蓄水前夕来到了溪洛渡工地,他指出:在三峡工程建设的基础上,国内大型水电工程建设的技术与管理进步会体现在哪里?水电资源开发和大型工程建设的体制机制创新会体现在哪里?新的时代背景和发展要求,必然产生与之相适应的并提高生产力水平的技术与管理。他认为,溪洛渡数字大坝的建设和应用应该是一个技术与管理的创新。

建设溪洛渡典范工程一直是溪洛渡建设者们思考和实践的主题。我认为"优质的工程＝科学技术＋优质材料＋精细施工＋稳定队伍＋严格监管＋自主创新"。在这个公式中我更强调稳定的施工队伍和严谨的工艺,强调执行力和细节。要实现典范工程,既要脚踏实地,又要重视技术与管理上的进步与创新。国内与溪洛渡同期建设的300m级高拱坝有多座,每个工程都有不同的特点与挑战,溪洛渡拱坝建设也必然形成自身的特点,是溪洛渡建设者团队所共同拥有的品牌。从拱坝建基面精细开挖成果的取得,到实体大坝与数字大坝同建,到大坝主体混凝土温控防裂综合技术的有效实现,溪洛渡拱坝的顺利建设是一个继承与创新的过程。战略与目标确定后,组织的执行力是关键。创建溪洛渡典范工程不是一个空洞的口号,不仅要在思想上高度重视,更要在行动上高度重视,要通过有效的措施和制度把它落到实处。工程建设状况与管理水平是相关的,管理水平取决于建设队伍的素质,尤其取决于领导班子的素质。执行首先从项目的领导做起,做好示范,发挥正能量,起到引导作用。执行还在于有秩序的有效沟通,并不断对施工现场组织执行的手段进行调整和适应。水电八局的这本书就在展现这个过程,现在看来它是那么的简单,过程的艰辛和努力留在了经历者的经验中,凝聚在铅印的书香中。溪洛渡大坝下游树立着"拱坝精品,西部典范"的八个大字,在泄洪水流与阳光、蓝天的动态辉映中显得格外的有力与真实。

溪洛渡工程的答卷已然写在大地,但 2013 年的成果仅仅是期中考试,真正的考分要等蓄水到设计正常水位并接受汛期运行检验后再确定,溪洛渡建设者对此充满信心。溪洛渡拱坝建设 2014 年汛前要全面达到设计要求,汛期大坝深孔与表孔要全部投入防洪运行,汛后水库蓄水到正常设计水位 600m,溪洛渡大坝和工程开始全面发挥效益。水电八局和溪洛渡大坝建设者依然重任在肩,我们仍然需要以如临深渊、如履薄冰的态度,把后续工程优质地建设好,让高坝大库安全持续地运行,为国家经济社会发展和周边群众的脱贫致富注入动力。

写这段文字,必须写上对溪洛渡拱坝以及溪洛渡工程呕心沥血、科学务实、无私奉献的三峡总公司总工程师张超然院士以及以他为代表的一批中国水电专家。张总工不仅以其渊博的专业知识和丰富的工程经验,更以其人格的力量,为溪洛渡这个世界级的超级工程把好了工程技术这道关,更成为年轻一代水电工程师学习的楷模和引路的明灯。每每看到超然总瘦弱的身躯奔波于金沙江下游水电工地,攀爬于大坝与廊道,心里总是一种无言的敬佩和激励;每每看到一个个专项笔记本上记录的国内外同类工程以及本工程各阶段的数据,心里就是一种感动和信心;每每相伴超然总主持的重大技术审查与咨询会议、读到审定的会议纪要和工作报告,心底就是一种踏实。这里,除了文中提到的各位专家外,还要借此机会感谢相伴溪洛渡拱坝建设历程的众多的国内专家和科研人员,他们以工程为重,以质量为本,把自己的知识和经验无私地奉献给了溪洛渡拱坝。有这些老专家、老同志相伴前行在金沙江下游水电开发的道路上真好!

雄关漫道真如铁,而今迈步从头越。溯溪洛渡而上,就是正在筹建的总装机容量16000MW 和 10200MW 的白鹤滩水电站与乌东德水电站。两个水电站都要建设 300m 级的混凝土双曲拱坝,地质地形和体型结构将继续检验我们的工程技术水平和项目管理能力。我在此表达的任何言语相比屹立在永善、雷波交界的金沙江峡谷中的溪洛渡拱坝来说都那么无力与苍白,但溪洛渡拱坝建设者的管理进步与创新,如同注入在这个世界水电新地标身上的灵魂,凝聚着建设者们的智慧与劳动,将继续指引水电建设者们前行,奠定我们继续建设好白鹤滩与乌东德两个世界级工程的基础和信心,为实现伟大的中国梦提供可持续的清洁能源!